Solutions Manual

Second Edition

ELECTRIC CIRCUIT ANALYSIS

David E. Johnson
Birmingham-Southern College

Johnny R. Johnson
University of North Alabama

John L. Hilburn
President, Microcomputer Systems Inc.

Prentice Hall, Englewood Cliffs, New Jersey 07632

A Simon & Schuster Company
Englewood Cliffs, N.J. 07632

10 9 8 7 6 5 4 3 2 1

ISBN 0-13-251117-7
Printed in the United States of America

CONTENTS

Chapter 1 1
Chapter 2 7
Chapter 3 21
Chapter 4 28
Chapter 5 40
Chapter 6 58
Chapter 7 68
Chapter 8 84
Chapter 9 102
Chapter 10 131
Chapter 11 145
Chapter 12 159
Chapter 13 179
Chapter 14 194
Chapter 15 218
Chapter 16 234
Chapter 17 252
Chapter 18 276
Chapter 19 293
Chapter 20 316
Solutions to Computer Application Problems 347

CHAPTER 1

– EXERCISES –

1.1.1 (a) $0.5\,s = 0.5 \times 10^9\ ns = \underline{5 \times 10^8\ ns}$

(b) $30\ ms = 30 \times 10^{-3}\ s = 30(10^{-3})(10^9)\ ns = \underline{3 \times 10^7\ ns}$

(c) $15\ \mu s = 15 \times 10^{-6}\ s = 15(10^{-6})(10^9)\ ns = \underline{15{,}000\ ns}$

1.1.2 (a) $22\ \mu s = 22 \times 10^{-6}\ s = \underline{2.2 \times 10^{-5}\ s}$

(b) $1\ Km = 10^3(0.00062137)\ mi$ (Example 1.1)

$1\ mi = (0.62137)^{-1}\ Km = \underline{1.609\ Km}$

(c) work = force × distance

$= (200 \times 10^{-6}\ N)(50\ m) = 10^{-2}\ J = \underline{10\ mJ}$

1.1.3 800m: $\frac{800}{102.4}\ \frac{m}{s} = \frac{800}{102.4}(0.00062137 \frac{mi}{m})(3600 \frac{s}{h}) = \underline{17.5\ mph}$

1 mi: $\frac{1}{180+32.1}\ \frac{mi}{s}(3600 \frac{s}{h}) = \underline{15.7\ mph}$

1500m: $\frac{1500}{180+49}\ \frac{mi}{s}(0.00062137 \frac{mi}{m})(3600 \frac{s}{h}) = \underline{15.8\ mph}$

1.1.4 Hayes: $\frac{100}{9.1}\ \frac{yd}{s}\left(\frac{3}{5280}\ \frac{mi}{yd}\right)(3600 \frac{s}{h}) = \underline{22.48\ mph}$

Johnson: $\frac{100}{9.79}\ \frac{m}{s}(0.00062137 \frac{mi}{m})(3600 \frac{s}{h}) = \underline{22.85\ mph}$

Lewis: $\frac{100}{9.92}\ \frac{m}{s}(0.00062137 \frac{mi}{m})(3600 \frac{s}{h}) = \underline{22.55\ mph}$

1.2.1 $0.64084\ pC = \frac{0.64084 \times 10^{-12}\ C}{1.6021 \times 10^{-19}\ C/electron} = \underline{4 \times 10^6\ electrons}$

1.2.2 $i = \frac{dq}{dt} = \frac{d}{dt}(2t^3 - 4t\ mC) = 6t^2 - 4\ mA$

$i(0) = \underline{-4\ mA}$; $i(2s) = \underline{20\ mA}$

1.2.3 $q = \int_0^{1.5} (1 + \pi \sin 2\pi t)dt = (t - \frac{1}{2}\cos 2\pi t)\Big|_0^{1.5} = \underline{2.5\ C}$

1.3.1 (a) $v = \frac{p}{i} = \frac{40\ mW}{8\ mA} = 5\ V$; (b) $v = -\frac{p}{i} = -\frac{16\ mW}{8\ mA} = \underline{-2\ V}$

1.3.2 (a) $p = vi = 12(5) = \underline{60\ W}$

(b) $w = \int_2^4 p\,dt = \int_2^4 60\,dt = 60t\Big|_2^4 = \underline{120\ J}$

1.3.3 $0 \le t \le 2\ ms$: $w = [(10 \times 10^{-3})/(2 \times 10^{-3})]t = \underline{5t\ J}$

$p = \frac{dw}{dt} = 5\ W$

1.3.3 (cont.)

$$v(1ms) = \frac{p}{i} = \frac{5}{100[\cos 1000\pi(10^{-3})]\times 10^{-3}} = -50\ V$$

$$t = 4\,ms:\ p = \frac{dw}{dt} = \text{slope} = \frac{3\times10^{-3}}{6\times10^{-3}}\frac{J}{s} = \frac{1}{2}\ W$$

$$v(4ms) = \frac{0.5}{(100\times10^{-3})\cos[1000\pi(4\times10^{-3})]} = 5\ V$$

1.4.1 (a) $p = vi = 6(3) = 18\ W$; (b) $p = \ \ (2) = 16\ W$

(c) $p = 5(-4) = -20\ W$; (d) $p = -9(5) = -45\ W$

1.4.2 $i = \frac{dq}{dt} = \frac{d}{dt}(-2\cos 2t \times 10^{-3}) = (4\times10^{-3})\sin 2t\ A$

$i = 4\sin 2t\ mA$; $p = vi = (6\sin 2t)(4\sin 2t)\ mW$

$p = 24\sin^2 2t\ mW = 12(1-\cos 4t)\ mW$

$$w = \int_0^t p\,d\tau = (12\times10^{-3})\int_0^t (1-\cos 4\tau)\,d\tau\ \ J$$

$$= 12(t - \tfrac{1}{4}\sin 4t)\ mJ$$

—PROBLEMS—

1.1 Styron: $\frac{220}{21.9}\frac{yd}{s}\left(\frac{3}{5280}\frac{mi}{yd}\right)\left(3600\frac{s}{h}\right) = 20.55\ mph$

Griffith Joyner: $\frac{200}{21.34}\frac{m}{s}(0.00062137\frac{mi}{m})(3600) = 20.96\ mph$

1.2 Bannister: $\frac{1}{239.4}\frac{mi}{s}\left(3600\frac{s}{h}\right) = 15.04\ mph$

Kazankina: $\frac{1500}{232.47}\frac{m}{s}(0.00062137)(3600) = 14.43\ mph$

Slaney: $\frac{1}{256.71}\frac{mi}{s}(3600) = 14.02\ mph$

1.3 (a) $q = \int_4^9 i\,dt$ = area under graph between 4 + 9

$q = 6(6-4) + \frac{1}{2}(6+8)(7-6) + \frac{1}{2}(8+2)(9-7) = 29\ C$

(b) $q = \int_0^8 i\,dt = \frac{1}{2}(6)(4) + 6(6-4) + \frac{1}{2}(6+8)(7-6) + \frac{1}{2}(8+5)(8-7)$

$= 37.5\ C$

(c) $i(1) = \frac{1}{4}(6) = 1.5\ A$; $i(5) = 6\ A$; $i(8) = \frac{8+2}{2} = 5\ A$

1.4 $q_T = q(9) - q(4) = 2 - 6 = -4\ C$; $i = \frac{dq}{dt}$ = slope

$i(6.5) = \frac{8-6}{8-7} = 2\ A$; $i(8) = \frac{2-8}{9-7} = -3\ A$

1.5 For Prob. 1.3, $p = vi = 6i$; $p(1) = 6(6/4) = 9$ W
$p(5) = 6(6) = 36$ W; $p(8) = 6(5) = 30$ W
$p(10) = 6(2) = 12$ W
For Prob. 1.4, $p = 6 \times \text{slope}$; $p(1) = 6(6/4) = 9$ W
$p(5) = 6(0) = 0$; $p(8) = 6(-6/2) = -18$ W
$p(10) = 6(0) = 0$

1.6 $i(7\text{ms}) = 10 + \frac{14-10}{10-4}(7-4) = 12$ mA

$p(7\text{ms}) = 8(12\times 10^{-3})$ W $= 96$ mW

$q_T = \int_0^{10^{-2}} i\,dt = \left[\frac{1}{2}(4)(10) + \frac{1}{2}(6)(10+14)\right]\times 10^{-6}$ C

$= 92\ \mu$C

$w = \int_0^{10^{-2}} vi\,dt = 8\int_0^{10^{-2}} i\,dt = 8q_T = 736\,\mu$J

1.7 (a) $p = vi = 6 \times \text{slope}$; $p(3\text{ms}) = 6\left(\frac{10\text{ mA}}{4\text{ ms}}\right) = 15$ W

$p(6\text{ ms}) = 6\left(\frac{14-10}{10-4}\right) = 4$ W; $p(8\text{ms}) = p(6\text{ms}) = 4$ W

(b) $w = \int_0^{10^{-2}} vi\,dt = 6\int_0^{14\times 10^{-3}} dq = 6[14\times 10^{-3} - 0]$ J

$= 84$ mJ

1.8 $p = vi = 3v$ mW; $p(2\text{ms}) = 3(\frac{1}{2})(10) = 15$ mW

$p(6\text{ms}) = 3\left[10 + \frac{14-10}{10-4}(6-4)\right] = 34$ mW

1.9 $p = vi = 10^{-6} v \frac{dv}{dt} = 10^{-6}\, v \times \text{slope}$

$p(1\text{ms}) = 10^{-6}\left(\frac{10}{4}\right)\left(\frac{10\text{ V}}{4\times 10^{-3}\text{ s}}\right)$ W $= \frac{25}{4}$ mW

$p(7\text{ms}) = \frac{1}{2}(14+10)\frac{14-10}{10-4} = 8$ mW

1.10 $p = vi = v\frac{dq}{dt}$

$= (6\sin 125\pi t)(10)(-125\pi \sin 125\pi t)(10^{-3})$ W

$= -7.5\pi \sin^2 125\pi t$ W

$p(2\text{ ms}) = -7.5\sin^2\frac{\pi}{4} = -11.8$ W

1.11 $w = \int_0^{0.008} p\,dt = \int_0^{0.008} (-7.5\pi)\sin^2 125t\,dt$

$w = \frac{-7.5\pi}{125\pi}\left[\frac{125\pi t}{2} - \frac{1}{4}\sin 250\pi t\right]_0^{.008} = -0.03\pi$ J $= -94.25$ mJ

1.12 $i = \frac{dq}{dt} = \frac{d}{dt}(2-2e^{-4t}) = 8e^{-4t}$ mA

(a) $v = \frac{p}{i} = \frac{24e^{-8t}\ \text{mW}}{8e^{-4t}\ \text{mA}} = 3e^{-4t}$ V

(b) $w = \int_0^{1/4} p\,dt = \int_0^{1/4} 24e^{-8t}dt = -3\left[e^{-8t}\right]_0^{1/4}$

$= 3(1-e^{-2})$ mJ $= 2.59$ mJ

1.13 $i = \frac{p}{v} = \frac{12\sin 4t}{4\sin 2t} = \frac{24\sin 2t\cos 2t}{4\sin 2t} = 6\cos 2t$ A

$q_T = \int_0^{\pi/4} i\,dt = \int_0^{\pi/4} 6\cos 2t\,dt = 3\sin 2t\Big]_0^{\pi/4} = 3$ C

1.14 $p = vi = (4i)i = 4i^2;\ i = \sqrt{\frac{p}{4}} = \sqrt{\frac{1}{4}(16e^{-10t})} = 2e^{-5t}$ A

$v = 4i = 8e^{-5t}$ V; $q = \int_0^t i\,dt = \int_0^t 2e^{-5t}dt$

$q = -\frac{2}{5}e^{-5t}\Big]_0^t = \frac{2}{5}(1-e^{-5t})$ C

1.15 (a) $p = vi = 3i^2 = 3(-4e^{-2t})^2 = \underline{48e^{-4t}\ \text{W}}$

$w = \int_0^t 48e^{-4t}dt = -12e^{-4t}\Big|_0^t = \underline{12(1-e^{-4t})\ \text{J}}$

(b) $p = 2i\frac{di}{dt} = 2(-4e^{-2t})(8e^{-2t}) = \underline{-64e^{-4t}\ \text{W}}$

$w = \int_0^t (-64)e^{-4t}dt = 16e^{-4t}\Big|_0^t = \underline{16(e^{-4t}-1)\ \text{J}}$

(c) $p = i\left[3\int_0^t i\,dt + 6\right] = -4e^{-2t}\left[6(e^{-2t}-1)+6\right]$

$= \underline{-24e^{-4t}\ \text{W}}$

$w = \int_0^t (-24)e^{-4t}dt = 6e^{-4t}\Big|_0^t = \underline{6(e^{-4t}-1)\ \text{J}}$

1.16 $i = 4\sin 2t$ A, $t>0$; $i = 0, t<0$

(a) $v = 2i = 8\sin 2t$ V, $t>0$; $v = 0, t>0$

$p = vi = \underline{32\sin^2 2t\ \text{W}}, t>0; p = 0, t<0$

$q = \int_0^{\pi/4} i\,dt = \int_0^{\pi/4} 4\sin 2t\,dt = -2\cos 2t\Big|_0^{\pi/4}$

$= -2\left[\cos\frac{\pi}{2} - \cos 0\right] = \underline{2\ \text{C}}$

(b) $v = 2\frac{di}{dt} = 2(4)(2)\cos 2t = 16\cos 2t$ V

$p = (4)(16)\sin 2t\cos 2t = 64\sin 2t\cos 2t$ W

$= \underline{32\sin 4t\ \text{W}}, t>0$

(c) $v = 2\int_0^t i\,dt - 4 = 2\int_0^t 4\sin 2t\,dt - 4 = -4\cos 2t\Big|_0^t - 4$

$= -4\cos 2t$ V

1.16 (Cont.) $p = -4\cos 2t(4\sin 2t) = -16\sin 2t\cos 2t$ W

$= \underline{-8\sin 4t \text{ W}}$

1.17 $w = \int_0^1 vi\,dt = \int_0^1 4i^2\,dt = \int_0^1 4(16)e^{-4t}dt = -16e^{-4t}\Big|_0^1$

$= \underline{16(1-e^{-4}) \text{ J}}$

1.18 $p = vi = (6e^{-3t})\,2\frac{d}{dt}(6e^{-3t}) = \underline{-216e^{-6t} \text{ W}}$

$q = \int_0^4 i\,dt = \int_0^4 (-36)e^{-3t}dt = 12e^{-3t}\Big|_0^4 = 12(e^{-12}-1)$ C

$q \approx -12$ C

1.19 $i = 0.4$ A, $v = 12$ V, $p = 4.8$ W ; 2 hr = 7200 s

(a) $w = \int_0^{7200} 4.8\,dt = 4.8(7200) = \underline{34{,}560 \text{ J}}$

(b) $q = \int_0^{7200} 0.4\,dt = 0.4(7200) = \underline{2880 \text{ C}}$

1.20 30 min = 30(60) = 1800 s

$q = 2880 \text{ C} = \int_0^{1800} I\,dt = 1800I \Rightarrow I = \underline{1.6 \text{ A}}$

1.21 10 min = 600 s ; $v = \frac{18-6}{600}t + 6 = \frac{t}{50} + 6$ V ; $i = 2$ A

$p = vi = \frac{t}{25} + 12$ W

(a) $w = \int_0^{600}\left(\frac{t}{25}+12\right)dt = \frac{t^2}{50} + 12t\Big|_0^{600} = \underline{14{,}400 \text{ J}}$

(b) $q = it = 2(600) = \underline{1200 \text{ C}}$

1.22 $t>0$: $i = I\sin kt$, $v = ai \Rightarrow p = ai^2 = aI^2\sin^2 kt$ V

(a) $w = \int_0^T aI^2\sin^2 kt\,dt = \frac{aI^2}{2}\int_0^T (1-\cos 2kt)dt$

$= \frac{aI^2}{2}\left(t - \frac{1}{2k}\sin 2kt\right)\Big|_0^T = \frac{aI^2}{2}\left(T - \frac{1}{2k}\sin 2kT\right)$ J

$= \underline{\frac{aI^2}{4k}(2kT - \sin 2kT) \text{ J}}$

(b) $i = b$, $v = ab \Rightarrow p = ab^2$; $w = \int_0^{\pi/k} ab^2\,dt = \frac{ab^2\pi}{k}$

$\frac{ab^2\pi}{k} = \frac{aI^2}{4k}\left(2k\frac{\pi}{k} - \sin 2k\frac{\pi}{k}\right) = \frac{a\pi I^2}{2k} \Rightarrow \underline{b = \frac{I}{\sqrt{2}}}$

1.23 $i = a\sin kt$ A, $t>0$; $i = 0$, $t<0$

$v = b\int_{-\infty}^t i\,dt = b\int_0^t i\,dt$, $t>0$; $v = 0$, $t<0$

$t>0$: $v = b\int_0^t a\sin kt\,dt = -\frac{ab}{k}\cos kt\Big|_0^t = \frac{ab}{k}(1-\cos kt)$

$w = \int_{-\infty}^t vi\,dt = 0$ for $t<0$

$t>0$: $w = \int_0^t \frac{a^2b}{k}\sin kt(1-\cos kt)dt$

$= \frac{a^2b}{k}\left[-\frac{1}{k}\cos kt + \frac{1}{2k}\cos^2 kt\right]_0^t$

1.23 (cont.) $w = \frac{a^2 b}{2k^2}[-2\cos kt + \cos^2 kt + 2 - 1]$

$w = \underline{\frac{a^2 b}{2k^2}(\cos kt - 1)^2 \text{ J}}$

1.24 (a) $w = \int_{-\infty}^{t} vi\,dt = \int_0^t (2\sin 4t)(3)(8\cos 4t)\,dt$ J $(t \geq 0)$

$= 12(\frac{1}{2})\sin^2 4t\Big|_0^t = \underline{6\sin^2 4t \text{ J}}$; $w \geq 0, t \geq 0; w = 0, t < 0$

(b) $v = 3\int_0^t 2\sin 4t\,dt = -\frac{3}{2}\cos 4t\Big|_0^t = \frac{3}{2}(1 - \cos 4t)$ V

$w = \int_0^t (2\sin 4t)(\frac{3}{2})(1 - \cos 4t)\,dt = -\frac{3}{4}\cos 4t - \frac{3}{4}\frac{\sin^2 4t}{2}\Big|_0^t$

$= \frac{3}{4}(1 - \cos 4t - \frac{1}{2}\sin^2 4t) = \frac{3}{8}(2 - 2\cos 4t - \sin^2 4t)$

$= \frac{3}{8}(2 - 2\cos 4t - 1 + \cos^2 4t) = \underline{\frac{3}{8}(\cos 4t - 1)^2 \text{ J}}$

$w \geq 0$ for $t \geq 0$ and $w = 0$ for $t < 0$.

1.25 $w = 0$ for $t < 0$. For $t > 0$

$w = \int_0^t 2(e^{-2t} - 1)(3)(2)(-2e^{-2t})\,dt$

$= -24\int_0^t (e^{-4t} - e^{-2t})\,dt = -24\left[-\frac{1}{4}e^{-4t} + \frac{1}{2}e^{-2t}\right]_0^t$

$= 6(e^{-4t} - 2e^{-2t} + 1) = \underline{6(e^{-2t} - 1)^2 \text{ J}} \geq 0$

1.26 $q = \int_{-\infty}^{\pi/8} i\,dt = \int_0^{\pi/8} 2\sin 4t\,dt = -\frac{1}{2}\cos 4t\Big]_0^{\pi/8} = \underline{\frac{1}{2} \text{ C}}$

$p = vi = 0, t < 0$

$t > 0$: $p = (2\sin 4t)(3)(8\cos 4t) = 48\sin 4t\cos 4t$

$p(\pi/16) = 48\sin\frac{\pi}{4}\cos\frac{\pi}{4} = \underline{24 \text{ W}}$

CHAPTER 2

-EXERCISES-

2.1.1 (a) $G = \frac{1}{R} = \frac{1}{20} = 0.05 \text{ mS} = 50\mu S$

(b) $i = Gv = 0.05(100) = 5 \text{ mA}$

(c) $p = vi = 100(5) = 500 \text{ mW} = 0.5 \text{ W}$

2.1.2 $v = \frac{p}{i} = \frac{4 \sin^2 377t}{(40 \sin 377t)10^{-3}} = 100 \sin 377t \text{ V}$

2.1.3 $i = -\frac{v}{R} = -\frac{12}{6} = -2\ \mu A;\ p = vi = (-12)(-2)\ \mu W$

$p = 24\ \mu W$

2.2.1 $i_1 = \frac{8}{2} = 4 A$

$i_2 = i_1 - 3 = 1 A$

$i_3 = i_2 + 4 + 2 = 7 A$

$i = i_3 - 8 = \underline{-1 A}$

$v_4 = 6i = -6 \text{ V}$

$v_{ab} = 8 + v_2 + v_3 + v_4$

$= \underline{62 \text{ V}}$

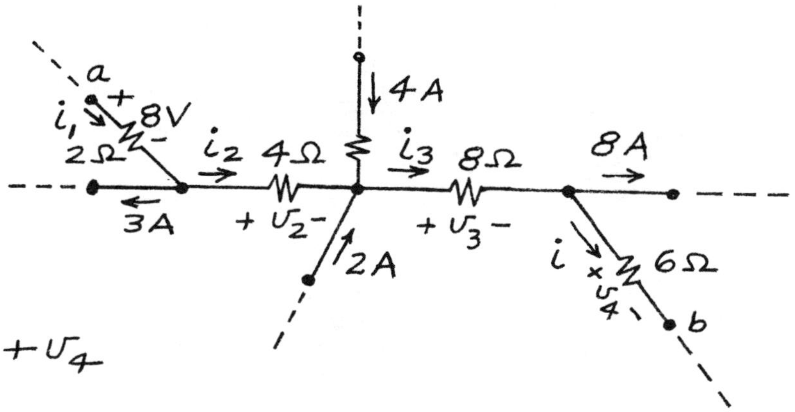

2.2.2

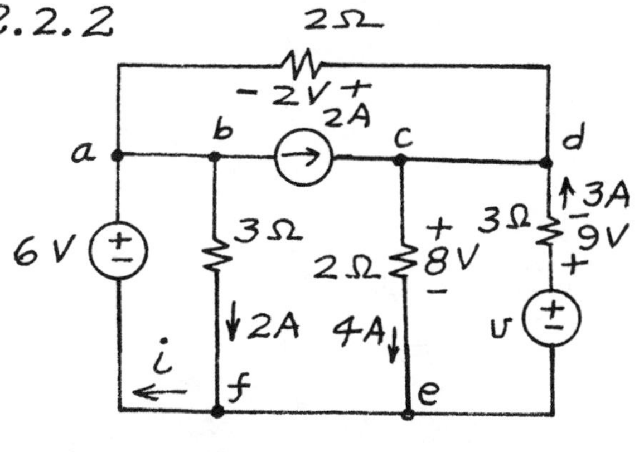

KVL: $v_{cb} = 8 - 6 = 2 \text{ V}$

Ohm's Law: $i_{ce} = \frac{8}{2} = 4 A$

$i_{bf} = \frac{6}{3} = 2 A;\ i_{da} = \frac{2}{2} = 1 A$

KCL: $i_{dc} = 4 - 2 = 2 A$

$i_{ab} = 2 + 2 = 4;\ i_{ed} = 2 + 1 = 3$

KVL: $v = 8 + 3(3) = 17 \text{ V}$

KCL: $i = 4 - 1 = 3 A$

2.3.1 (a) $R_S = 6 + 10 + 8 = 24 \Omega$ (b) $i = \frac{12}{R_S} = \frac{12}{24} = 0.5 A$;

(c) $p = 12i = 12(0.5) = 6 \text{ W}$; (d) $v_1 = \frac{10}{24}(12) = 5 \text{ V}$;

(e) $v_2 = \frac{-8}{24}(12) = -4 \text{ V}$; (f) $p = 6i^2 = 6(0.5)^2 = 1.5 \text{ W}$

2.3.2 (a) voltage division: $4e^{-t} = \frac{R_2}{R_2 + 24} 16e^{-t} \Rightarrow R_2 = 8\Omega$

(b) $p = v_2^2 / R_2 = (4e^{-t})^2 / 8 = 2e^{-2t} \text{ W}$

2.3.2 (Cont.) (c) $i = \frac{v}{R_1 + R_2} = \frac{16e^{-t}}{24+8} = 0.5e^{-t}$ A

2.3.3 (a) $R_2 = v_2^2/p_2 = \frac{4^2}{2} = 8\,\Omega$; $i = v_2/R_2 = \frac{4}{8} = 0.5$ A

(b) voltage division: $\frac{8}{R_1+8} = \frac{4}{12} \Rightarrow R_1 = 16\,\Omega$

(c) $p_1 = R_1 i^2 = 16(0.5)^2 = 4$ W

2.3.4 $v_1 = \frac{v}{4} = \frac{4}{1+4+2+R}v$; $1+2+4+R = 4(4) \Rightarrow \underline{R = 9\,k\Omega}$

$R_S = 1+4+2+9 = 16\,k\Omega$; $p = 9(10^{-3}) = \frac{v^2}{16}(10^{-3})$

$v = \sqrt{9(16)} = \underline{12\text{ V}}$; $v_1 = \frac{4}{16}(12) = \underline{3\text{ V}}$

$i = \frac{v}{R_S} = \frac{12}{16} = \underline{0.75\text{ mA}}$

2.4.1 $R_{eq} = 3 + \frac{6(30)}{36} = 8\,\Omega$; $i = \frac{48}{R_{eq}} = \frac{48}{8} = 6$ A

$i_1 = \frac{30}{36}(6) = 5$ A; $v = 6i_1 = 30$ V

2.4.2 $i_2 = \frac{R_1}{R_1+R_2}i \Rightarrow \frac{R_1+R_2}{R_1} = 1 + \frac{R_2}{R_1} = \frac{i}{i_2} = \frac{9}{6} \Rightarrow \frac{R_2}{R_1} = \frac{1}{2}$

2.4.3 $v = \frac{p}{i} = \frac{48}{3} = 16$ V; $R_L = \frac{v}{i} = \frac{16}{3}\,\Omega$

current division: $\frac{R}{\frac{16}{3}+R}(5) = 3$; $5R = 16 + 3R$

$\therefore \underline{R = 8\,\Omega}$

2.4.4 R_{eq} = resistance seen by the source

$= \frac{v^2}{p} = \frac{(12\sin t)^2}{24\sin^2 t} = 6\,\Omega$

(a) $\frac{1}{R_{eq}} = \frac{1}{6} = \frac{1}{9} + \frac{1}{72} + \frac{1}{R_3} \Rightarrow R_3 = 24\,\Omega$

(b) $i = v/R_{eq} = 12\sin t/6 = 2\sin t$ A

(c) current division: $i_3 = \frac{G_3}{G_1+G_2+G_3}i$

$i_3 = \frac{\frac{1}{24}(2\sin t)}{\frac{1}{9}+\frac{1}{72}+\frac{1}{24}} = 0.5\sin t$ A

2.4.5 Combining parallel and series resistors:

$\frac{6(6)}{6+6} = 3$; $21+3 = 24$, $\frac{24(8)}{24+8} = 6$; $6+18 = 24$

The equivalent circuit is as shown.

2.4.5 (Cont.)

$R_{eq} = 2 + \frac{12(24)}{36} = \underline{10\ \Omega}$

$i_S = \frac{30}{10} = 3\text{ A}$

$i = \frac{24}{12+24}(3) = \underline{2\text{ A}}$

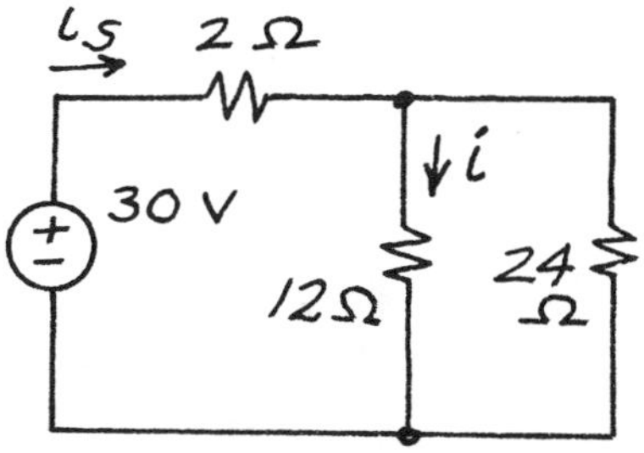

2.5.1 i = clockwise loop current $= \frac{10+5}{20+60+40+30} = \frac{1}{10}$ A

KVL: $v_{ab} = 10-(30+20)i = 10-50(0.1) = 5$ V

Power delivered by 5-V source $= 5i = 5(0.1) = 0.5$ W

2.5.2 $i_{eq} = 7\sin t - 4\sin t = 3\sin t$ upward

$G_{eq} = \frac{1}{100} + \frac{1}{25} + \frac{1}{R} = \frac{1}{20} + \frac{1}{R} = \frac{R+20}{20R} = \frac{i_{eq}}{v}$

$\frac{R+20}{20R} = \frac{3\sin t}{30\sin t} \Rightarrow R = 20\ \Omega \Rightarrow G_{eq} = \frac{1}{20} + \frac{1}{20} = \frac{1}{10}$ S

$\therefore\ R_{eq} = 1/G_{eq} = 10\ \Omega$

2.5.3 Equivalent R's:

$6 + \frac{3(6)}{3+6} = 8;\ 6+8=14$

$\frac{14(56)}{14+56} = 7;\ 7+3=10$

Equiv. circuit is (a).

$R_{eq} = 2 + \frac{10(15)}{10+15} = 8\ \Omega$

$i = 16/8 = 2$ A; $i_1 = \frac{10}{25}(2)$

$i_1 = \underline{0.8\text{ A}}$; $i_3 = i - i_1 = 1.2$ A

For i_2, equivalent circuit is (b).

$i_4 = \frac{56}{56+8}(1.2) = 1.05$ A

$i_2 = \frac{6}{9} i_4 = \underline{0.7\text{ A}}$

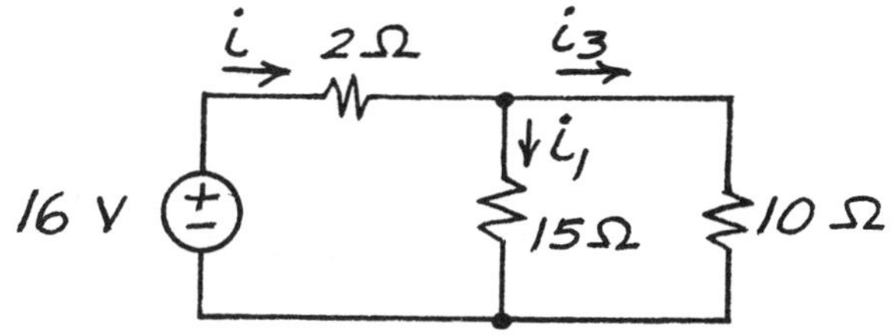

(a)

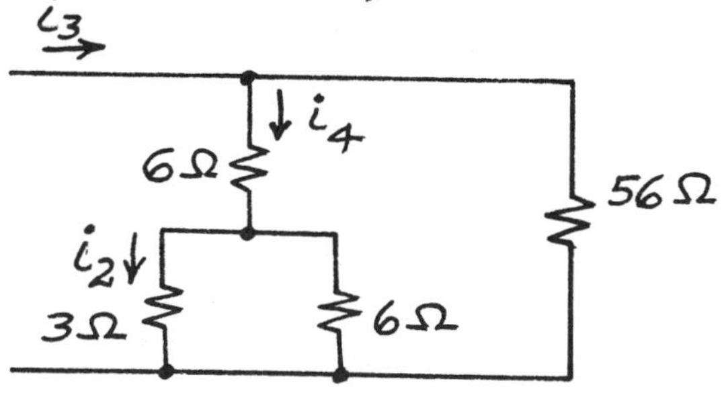

(b)

2.5.4

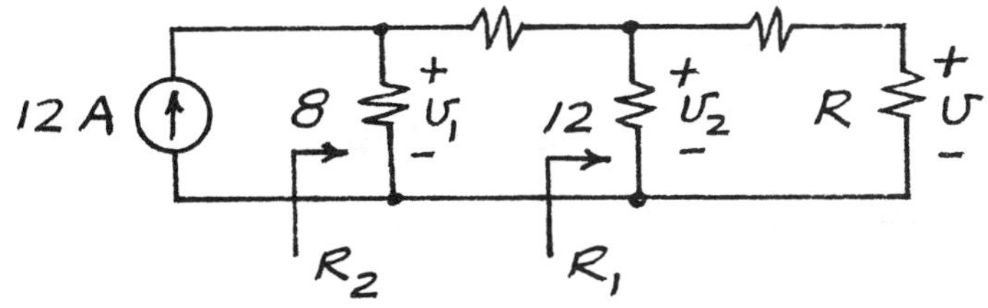

$\frac{1}{R} = \frac{1}{6} + \frac{1}{12} + \frac{1}{4} = \frac{6}{12}$

$R = 2\ \Omega$

2.5.4 (cont.)

$$R_1 = \frac{12(4+2)}{12+4+2} = 4\ \Omega;\quad R_2 = \frac{8(4+20)}{8+4+20} = 6\ \Omega$$

$$v_1 = 12R_2 = 72\text{ V};\quad v_2 = \frac{R_1}{20+R_1}v_1 = \frac{4}{24}(72) = 12\text{ V}$$

$$v = \frac{R}{R+4}v_2 = \frac{2}{6}(12) = \underline{4\text{ V}};\ p = 12v_1 = 12(72) = \underline{864\text{ W}}$$

2.6.1 (a) $R_p = \dfrac{R_M I_{FS}}{i_{FS} - I_{FS}} = \dfrac{50(1)}{1-1} = \infty$; (b) $R_p = \dfrac{50(1)}{10-1} = 5.556\Omega$

(c) $R_p = \dfrac{50(1)}{100-1} = 0.505\ \Omega$

2.6.2 (a) $R_S = \dfrac{v_{FS}}{I_{FS}} - R_M = \dfrac{100}{50\times10^{-6}} - 100 \approx 2\text{ M}\Omega$

$$\Omega/V = R_S/v_{FS} = \frac{2\times10^6}{100} = 20\text{ k}\Omega/V$$

(b) $R_S = \dfrac{100}{10^{-3}} - 50 \approx 100\text{ k}\Omega;\ \Omega/V = \dfrac{100\times10^3}{100} = 1\text{ k}\Omega/V$

2.6.3 (a) $v = \dfrac{(10^4)R_S}{10^4+R_S}I = \dfrac{10^4(2\times10^6)}{10^4+(2\times10^6)}10^{-2} = 99.5\text{ V}$

(b) $v = \dfrac{10^4(10^5)}{10^4+10^5}10^{-2} = 90.9\text{ V}$

2.6.4 If $i = I_{FS}/2$ when $R_X = 10^4\ \Omega$, then $R_S + R_M = 10^4\ \Omega$. Therefore $R_S = 9.95\text{ k}\Omega$ and $E = (R_S + R_M + R_X)i$

$$E = [(9.95\times10^3) + 50 + 10^4](0.5\times10^{-3}) = 10\text{ V}$$

2.7.1 (a) $R = (1\times10+0)\times10^2 \pm 10\%$: Range– 900–1100 Ω

(b) $R = (2\times10+7)\times10^4 \pm 10\%$: Range– 247–297 kΩ

(c) $R = (6\times10+8)\times10^{-1} \pm 5\%$: Range– 6.46–7.14 Ω

– PROBLEMS –

2.1 $v = (1\text{ k}\Omega)(6\text{ mA}) = 6\text{ V}$ = terminal voltage

$$i = \frac{6}{30} = \underline{0.2\text{ A}} = \underline{200\text{ mA}}$$

2.2 $R = \dfrac{6}{12\times10^{-3}} = 0.5\times10^3\ \Omega = 0.5\text{ k}\Omega = 500\ \Omega$

Resistance/ft. $= \dfrac{500}{1000} = 0.5\ \Omega/\text{ft.}$

2.3 $p = 960\text{ W},\ v = 120\text{ V}:\ i = \frac{p}{v} = \frac{960}{120} = 8\text{ A}$

$R = \frac{v}{i} = \frac{120}{8} = 15\ \Omega$

2.4 $w = \int_0^{10} p\,dt = \int_0^{10} \frac{v^2}{R}dt = \int_0^{10} \frac{(120)^2}{12}dt = 12{,}000\text{ W}$

$= 12\text{ kW}$

2.5

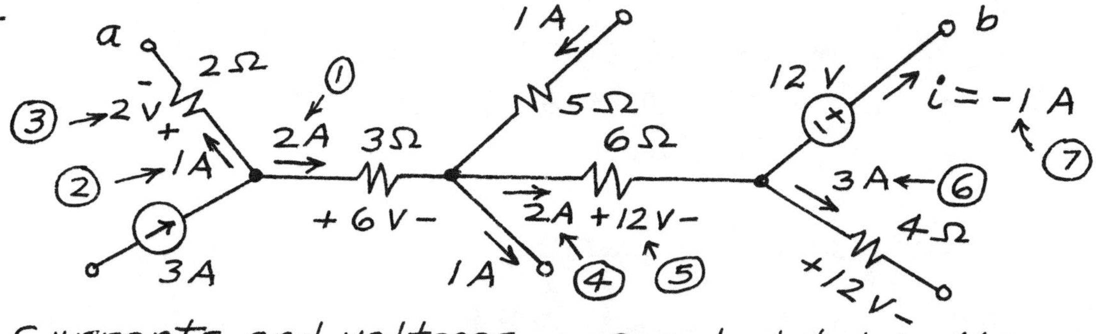

Currents and voltages are calculated in the order indicated by the circled numbers using Ohm's law, KCL, and KVL. Therefore $i = \underline{-1\text{ A}}$.

KVL: $v_{ab} = -12 + 12 + 6 - 2 = \underline{4\text{ V}}$

2.6

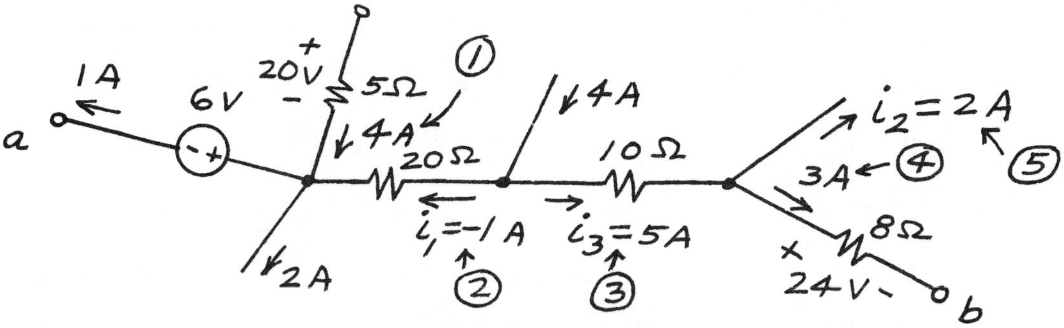

Currents are calculated in the order indicated by the circled numbers using Ohm's law and KCL. $\therefore\ i_1 = \underline{-1\text{ A}},\ i_2 = \underline{2\text{ A}}$

KVL: $v_{ab} = 24 + 10(5) - (20)(-1) - 6 = \underline{88\text{ V}}$

2.7

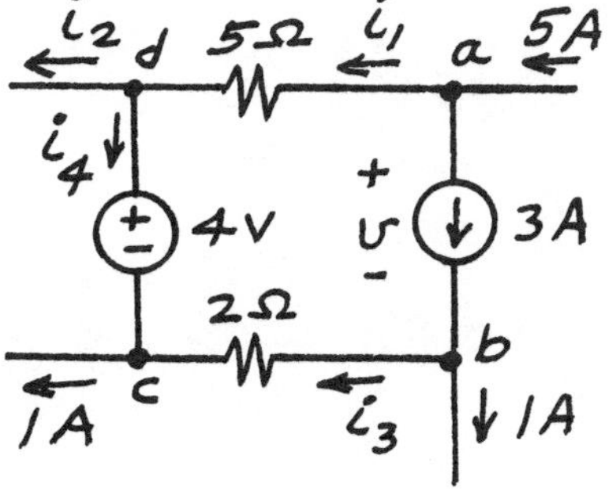

Node a: $i_1 = 5 - 3 = \underline{2\text{ A}}$

Node b: $i_3 = 3 - 1 = 2\text{ A}$

Node c: $i_4 = 1 - i_3 = -1\text{ A}$

Node d: $i_2 = i_1 - i_4 = \underline{3\text{ A}}$

KVL: $v_{ab} + 2i_3 - 4 - 5i_1 = 0$

$v_{ab} = -2i_3 + 5i_1 + 4 = -4 + 10 + 4$

$= \underline{10\text{ V}}$

2.8

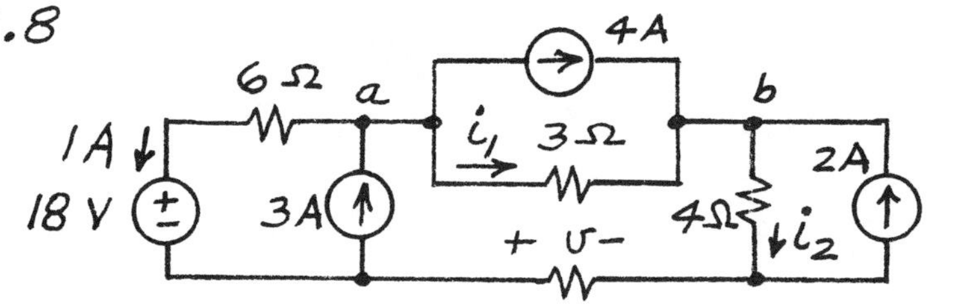

KCL at node a:

$1-3+4+i_1=0$

$i_1=-2\text{ A}$

KCL at node b:

$-4-i_1+i_2-2=0$

$i_2=4\text{ A}$

KVL (loop without current sources):

$3i_1+4i_2-v-18-6(1)=0$

$v=3(-2)+4(4)-24=\underline{-14\text{ V}}$

2.9

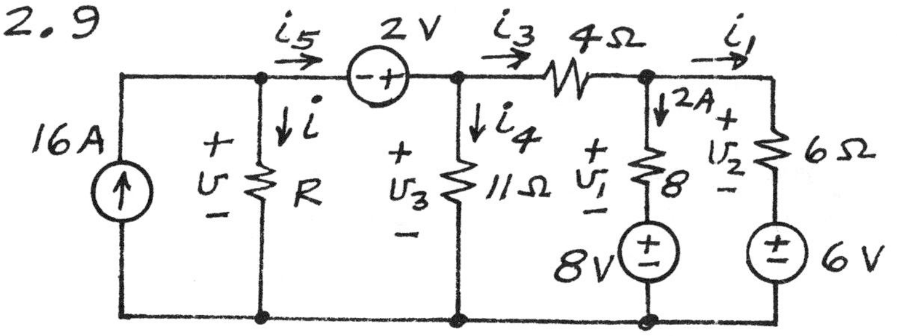

$v_1=8(2)=16\text{ V}$

$v_2+6-8-v_1=0$

$v_2=-6+8+16=18\text{ V}$

$i_1=v_2/6=3\text{ A}$

$i_3=2+i_1=5\text{ A}$

$v_3=4i_3+v_1+8=44\text{ V}$; $i_4=v_3/11=4\text{ A}$

$i_5=i_3+i_4=9\text{ A}$; $i=16-i_5=\underline{7\text{ A}}$

$v=v_3-2=\underline{42\text{ V}}$; $R=\frac{v}{i}=\frac{42}{7}=\underline{6\ \Omega}$

2.10 KVL: $5i+3i+10+4i+4+10i-20=0$

$i=\underline{\frac{3}{11}\text{ A}}$; $v_{ab}=5i+3i+10+4i=12(\frac{3}{11})+10$

$v_{ab}=\frac{146}{11}\text{ V}$; $v_{eq}=20-10-4=\underline{6\text{ V}}$

$R_{eq}=5+3+4+10=\underline{22\ \Omega}$

2.11 $R_{eq}=\frac{v}{i}=\frac{10}{50\times10^{-3}}=200\,\Omega$; $\frac{10}{20\times10^{-3}}=200+R$

$\therefore R=\underline{300\,\Omega}$

2.12 $v_{R_1}=\frac{R_1}{R_1+R_2}(50)=\frac{R_1}{5R_1}(50)=10\text{ V}$; $v_{R_2}=50-v_{R_1}$

$v_{R_2}=\underline{40\text{ V}}$

2.13 $R=\frac{12}{60\times10^{-3}}=200\,\Omega$; $\frac{12}{200+R_1}=\frac{8}{R_1}\Rightarrow R_1=400\,\Omega$

2.14

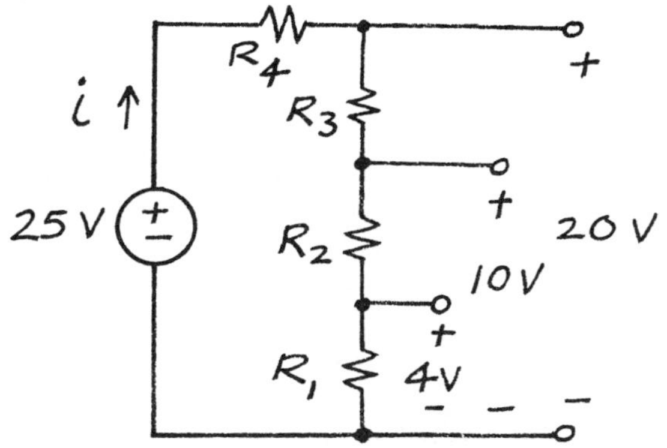

$$i = \frac{p}{v} = \frac{25\,mW}{25\,V} = 1\,mA$$

$$R_1 = \frac{4}{1} = 4\,k\Omega$$

$$R_2 = \frac{10-4}{1} = 6\,k\Omega$$

$$R_3 = \frac{20-10}{1} = 10\,k\Omega$$

$$R_4 = \frac{25-20}{1} = 5\,k\Omega$$

2.15

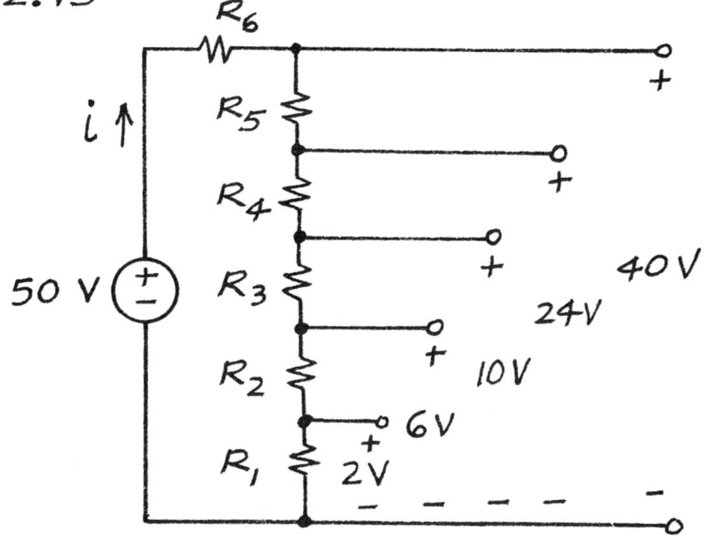

$$i = \frac{p}{v} = \frac{100\,mW}{50\,V} = 2\,mA$$

$$R_1 = \frac{2}{2} = 1\,k\Omega$$

$$R_2 = \frac{6-2}{2} = 2\,k\Omega$$

$$R_3 = \frac{10-6}{2} = 2\,k\Omega$$

$$R_4 = \frac{24-10}{2} = 7\,k\Omega$$

$$R_5 = \frac{40-24}{2} = 8\,k\Omega$$

$$R_6 = \frac{50-40}{2} = 5\,k\Omega$$

2.16

$$\frac{R_2}{R_1+R_2} = \frac{v_{out}}{60}$$

(a) $v_{out} = 40\,V$: $40(R_1+R_2) = 60R_2$

$R_2 = 2R_1 \Rightarrow$ 3 10-kΩ resistors needed with

$$R_2 = 2(10) = 20\,k\Omega$$

(b) $v_{out} = 30\,V$: $R_1 + R_2 = 2R_2 \Rightarrow R_1 = R_2$

Two 10-kΩ resistors are needed.

2.17

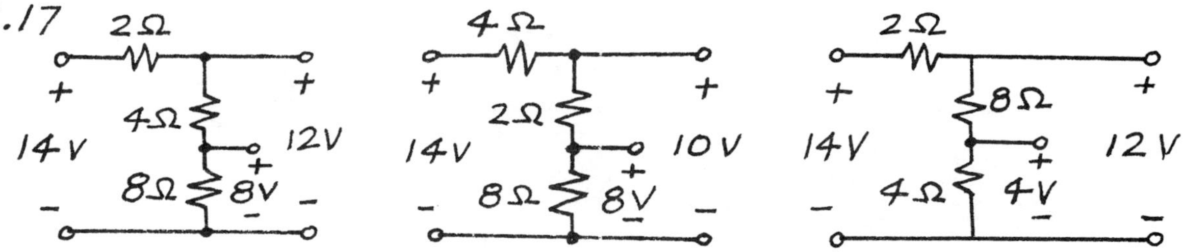

2.17 (Cont.)

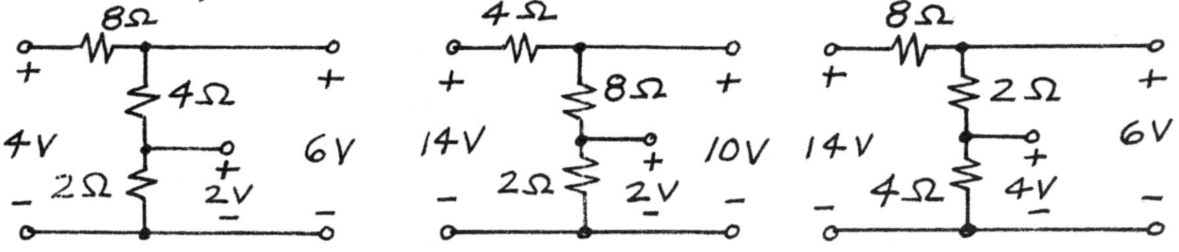

2.18 $i_{eq} = 6 - 12\sin t$ A upward

current division: $i = \dfrac{(1/6)}{\frac{1}{6}+\frac{1}{12}+\frac{1}{4}}(6-12\sin t)$

$i = \underline{2(1-2\sin t)\text{ A}}$

$i_{4\Omega} = \dfrac{1/4}{\frac{1}{6}+\frac{1}{12}+\frac{1}{4}}(6-12\sin t) = 3(1-2\sin t)$ A

$p_{4\Omega} = 4[3(1-2\sin t)]^2 = \underline{36(1-2\sin t)^2\text{ W}}$

2.19

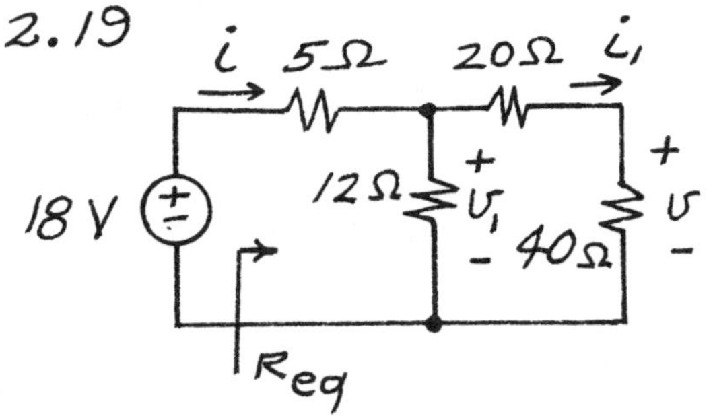

$R_{eq} = 5 + \dfrac{60(12)}{60+12} = 15\,\Omega$

$i = \dfrac{18}{R_{eq}} = \dfrac{18}{15} = \dfrac{6}{5}$ A

$i_1 = \dfrac{12}{12+20+40}\,\dfrac{6}{5} = \dfrac{1}{5}$ A

$v = 40 i_1 = \underline{8\text{ V}}$

2.20 $\dfrac{1}{R_{eq}} = \dfrac{1}{4} = \dfrac{1}{20} + \dfrac{1}{30} + \dfrac{1}{R} \Rightarrow R = \underline{6\,\Omega}$

$i = \dfrac{1/6}{\frac{1}{20}+\frac{1}{30}+\frac{1}{6}}(6) = \underline{4\text{ A}}$

2.21 $\dfrac{1}{R_{eq}} = \dfrac{1}{20} + \dfrac{1}{40} + \dfrac{1}{60} + \dfrac{1}{120} = \dfrac{12}{120} \Rightarrow R_{eq} = \underline{10\text{ k}\Omega}$

$i = \dfrac{(1/20)}{(1/10)}(120) = \underline{60\text{ mA}}$

2.22 R_1 = equivalent resistance of 9 equal R's $= \frac{60}{9} = \frac{20}{3}$ kΩ

R_p = divider resistance $= \dfrac{20R_1}{20+R_1} = \dfrac{20(\frac{20}{3})}{20+\frac{20}{3}} = \underline{5\text{ k}\Omega}$

$i_{20k\Omega} = \dfrac{(20/3)}{20+\frac{20}{3}}(40) = 10\text{ mA}$

2.23

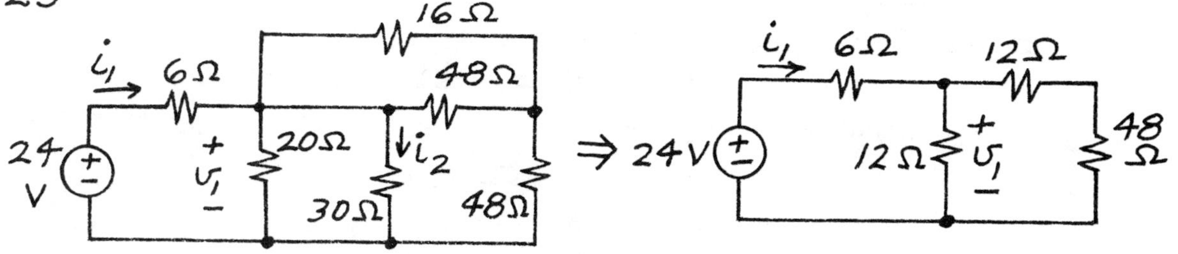

$$\frac{20(30)}{20+30}=12;\quad \frac{16(48)}{16+48}=12;\quad R_{eq}=6+\frac{60(12)}{60+12}=16\,\Omega$$

$$i_1=\frac{24}{R_{eq}}=\frac{24}{16}=\underline{1.5\text{ A}};\quad v_1=24-6i_1=24-9=15\text{ V}$$

$$i_2=\frac{v_1}{30}=\frac{15}{30}=\underline{0.5\text{ A}}$$

2.24 Resistance seen by source $=R_{eq}=\dfrac{5\left[16+\frac{6(12)}{18}\right]}{5+16+\frac{6(12)}{18}}$

$$R_{eq}=4\text{ k}\Omega;\quad v=30R_{eq}=30(4)=\underline{120\text{ V}}$$

$$i_{16\text{ k}\Omega}=\frac{v}{16+\frac{6(12)}{18}}=\frac{120}{20}=6\text{ mA};\; i=\frac{6}{6+12}(6)=\underline{2\text{mA}}$$

2.25 Equivalent circuit:

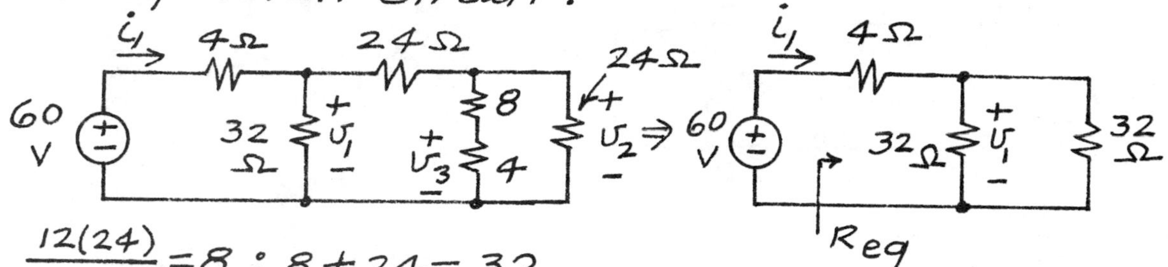

$$\frac{12(24)}{12+24}=8;\; 8+24=32$$

$$R_{eq}=4+\frac{32}{2}=20\,\Omega;\quad i_1=\frac{60}{20}=\underline{3\text{ A}}$$

$$v_1=32\left(\tfrac{1}{2}i_1\right)=32\left(\tfrac{3}{2}\right)=48\text{ V}$$

$$v_2=\frac{\frac{12(24)}{36}}{\frac{12(24)}{36}+24}v_1=\frac{8}{8+24}(48)=12\text{ V}$$

$$v_3=\frac{4}{4+8}v_2=\frac{4}{12}(12)=4\text{ V};\; i=\frac{v_3}{12}=\frac{4}{12}=\underline{\frac{1}{3}\text{ A}}$$

$$v=\frac{16}{16+8}v_2=\frac{16}{24}(12)=\underline{8\text{ V}}$$

2.26 1 Resistor: $R = 6\,\Omega$.

2 Resistors: $R = 6 + 6 = 12\,\Omega$ (series)

$R = \frac{6}{2} = 3\,\Omega$ (parallel)

3 Resistors: $R = 6 + 6 + 6 = 18\,\Omega$ (series)

$R = \frac{6}{3} = 2\,\Omega$ (parallel)

$R = 6 + \frac{6}{2} = 9\,\Omega$ (series-parallel)

$R = \frac{12(6)}{18} = 4\,\Omega$ (one in parallel with two in series)

2.27 $R_{eq} = 2 + \frac{2R}{R+2} = 2.4\text{ k}\Omega$; $2R + 4 + 2R = 2.4R + 4.8$

$R = \frac{0.8}{1.6} = 0.5\text{ k}\Omega = \underline{500\,\Omega}$

$i_{total} = \frac{12}{R_{eq}} = \frac{12}{2.4} = \underline{5\text{ mA}}$

$i = \frac{2}{2+0.5}\, i_{total} = \frac{2}{2.5}(5) = \underline{4\text{ mA}}$

2.28 $\frac{6(12)}{6+12} = 4$, $\frac{6(30)}{6+30} = 5$, $32 + 40 = 72$

Equivalent Circuit:

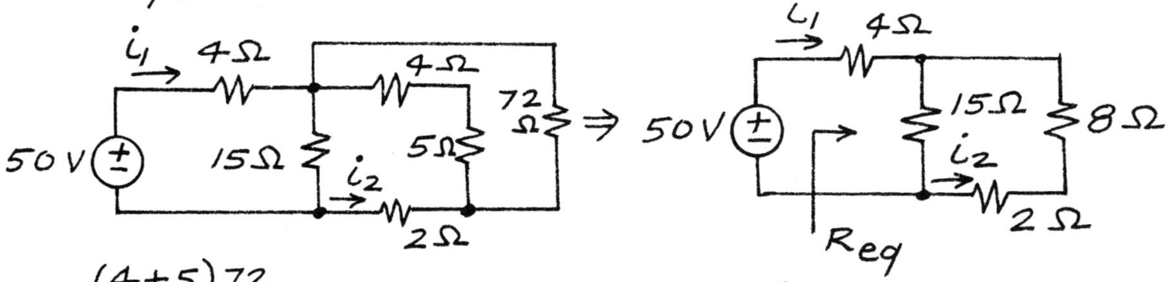

$\frac{(4+5)72}{4+5+72} = 8$; $R_{eq} = 4 + \frac{15(2+8)}{15+2+8} = 10\,\Omega$

$i_1 = \frac{50}{10} = \underline{5\text{ A}}$; $i_2 = -\frac{15}{15+10}\, i_1 = \underline{-3\text{ A}}$

2.29 Equivalent circuit:

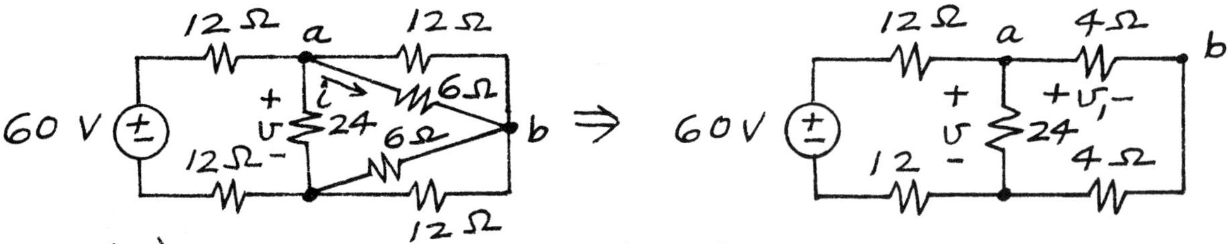

$\frac{6(12)}{6+12} = 4\,\Omega$; $\upsilon = \frac{(24)(8)/(24+8)}{\frac{24(8)}{24+8} + 12 + 12}(60) = 12\text{ V}$

2.29 (Cont.) $v_1 = \frac{4}{4+4} v = \frac{1}{2}(12) = 6\text{ V}$

$i = \frac{v_1}{6} = \frac{6}{6} = \underline{1\text{ A}}$

2.30 Equivalent circuit

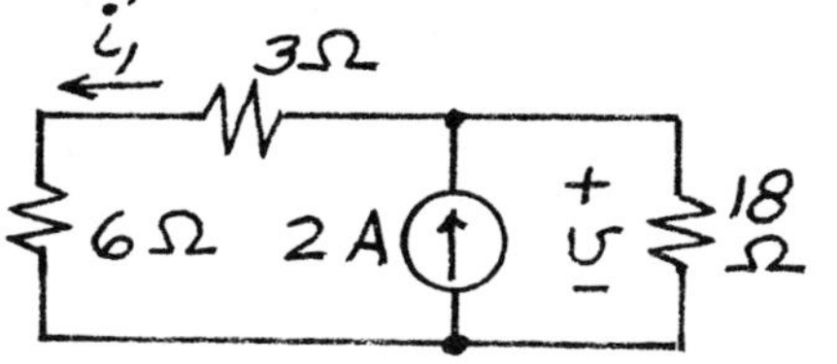

$\frac{24(8)}{24+8} = 6;\ v = \frac{9}{9+18}(2)(18)$

$v = 12\text{ V};\ i_1 = \frac{v}{3+6} = \frac{4}{3}\text{ A}$

$i = \frac{24}{24+8} i_1 = \frac{3}{4}\frac{4}{3} = \underline{1\text{ A}}$

2.31

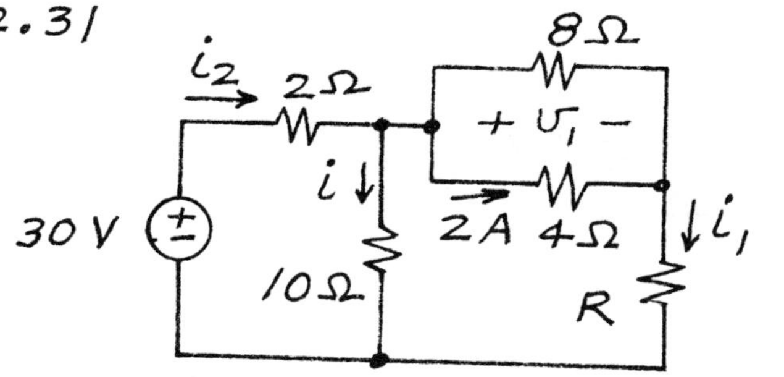

$v_1 = 4(2) = 8\text{ V},\ i_1 = 2 + \frac{v_1}{8}$

$i_1 = 3\text{ A};\ i_2 = i + 3$

KVL: $30 = 2(i+3) + 10i$

$\therefore i = \underline{2\text{ A}}$

KVL: $10i = 20 = v_1 + Ri_1$

$R = \frac{20-8}{3} = \underline{4\ \Omega}$

2.32 KCL: current leaving positive source terminal is $i-2$. KVL around left loop yields

$10 - 4(i-2) - 2i = 0 \Rightarrow i = \underline{3\text{ A}}$

2.33 (a) c-d open: $R_{ab} = \frac{(720+1080)(360+1080)}{720+1080+360+1080} = \underline{800\Omega}$

c-d shorted: $R_{ab} = \frac{720(360)}{720+360} + \frac{(1080)(1080)}{1080+1080} = \underline{780\ \Omega}$

(b)

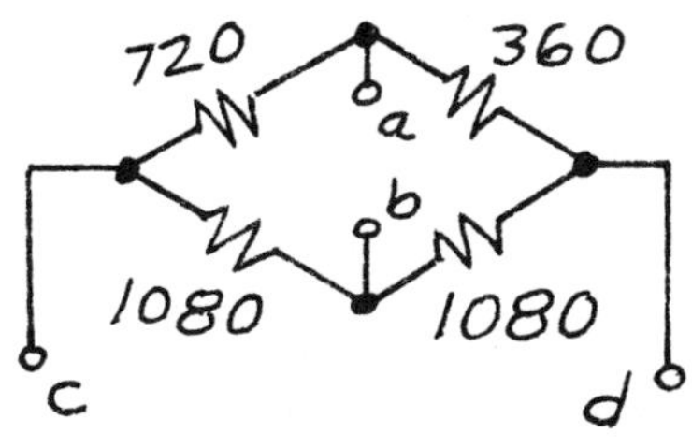

a-b open:

$R_{cd} = \frac{(720+360)(1080+1080)}{720+360+1080+1080}$

$= \underline{720\ \Omega}$

a-b shorted:

$R_{cd} = \frac{720(1080)}{720+1080} + \frac{360(1080)}{360+1080} = \underline{702\ \Omega}$

2.34

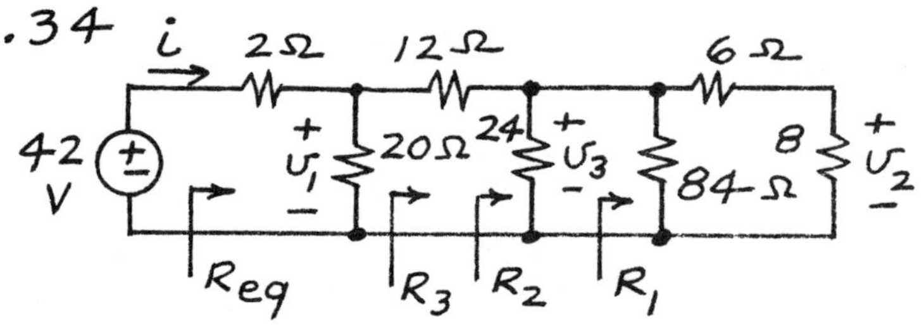

$$R_1 = \frac{84(6+8)}{84+6+8} = 12\,\Omega$$

$$R_2 = \frac{24(12)}{24+12} = 8\,\Omega$$

$$R_3 = 12 + R_2 = 20\,\Omega$$

$$R_{eq} = 2 + \frac{20}{2} = 12\,\Omega\ ; \quad i = \frac{42}{R_{eq}} = \frac{42}{12} = \underline{3.5\ A}$$

$$v_1 = \frac{20R_3}{20+R_3}\,i = \frac{0}{2}(3.5) = \underline{35\ V}\ ; \quad v_3 = \frac{R_2}{R_2+12}\,v_1 = \frac{8(35)}{8+12}$$

$$v_3 = 14\ V, \quad v_2 = \frac{8}{6+8}\,v_3 = \frac{8}{14}(14) = \underline{8\ V}$$

2.35

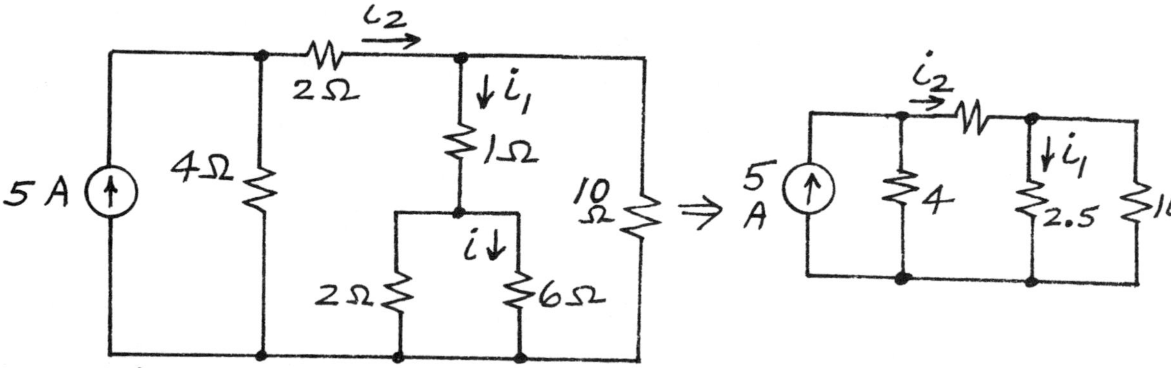

$$\frac{2(6)}{2+6} = 1.5\,\Omega, \quad 1 + 1.5 = 2.5\,\Omega$$

$$i_2 = \frac{4}{4+2+\frac{(10)(2.5)}{10+2.5}}(5) = 2.5\ A$$

$$i_1 = \frac{10}{2.5+10}\,i_2 = \frac{10}{12.5}(2.5) = 2\ A$$

$$i = \frac{2}{2+6}\,i_1 = \frac{2}{8}(2) = 0.5\ A$$

$$p = 6i^2 = 6(0.5)^2 = \underline{1.5\ W}$$

2.36 $R_p = \frac{12(4)}{12+4} = 3\,\Omega$

i = current in R to right $= \frac{15}{R} = \frac{8}{8+R+3}(6)$

$R = \underline{5\,\Omega}$; By voltage division, $\frac{v}{15} = \frac{3}{R} = \frac{3}{5} \Rightarrow v = \underline{9\ V}$

2.37

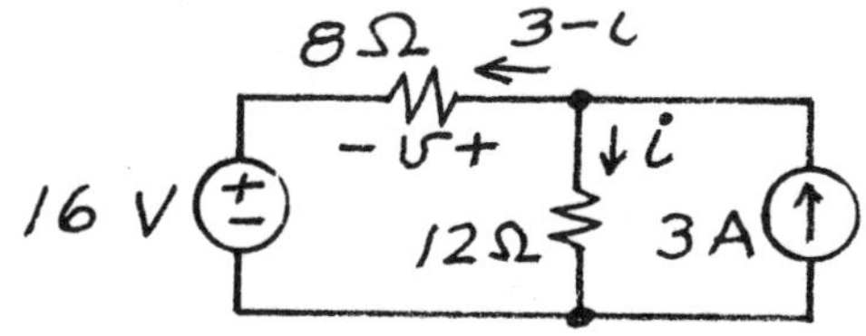

KVL: $8(3-i)+16-12i=0$

$i = \underline{2\ A}$

$v = 8(3-i) = \underline{8\ V}$

2.38 R_{eq} = resistance seen by source

$$= 6+2+\frac{(\frac{4}{2}+6)8}{\frac{4}{2}+6+8} = 12\ k\Omega$$

$$i_1 = \frac{48}{R_{eq}} = \frac{48}{12} = \underline{4\ mA};\ i_{6k\Omega} = \tfrac{1}{2}i_1 = 2\,mA$$

$$i_2 = \tfrac{1}{2}\, i_{6k\Omega} = \underline{1\ mA}$$

2.39

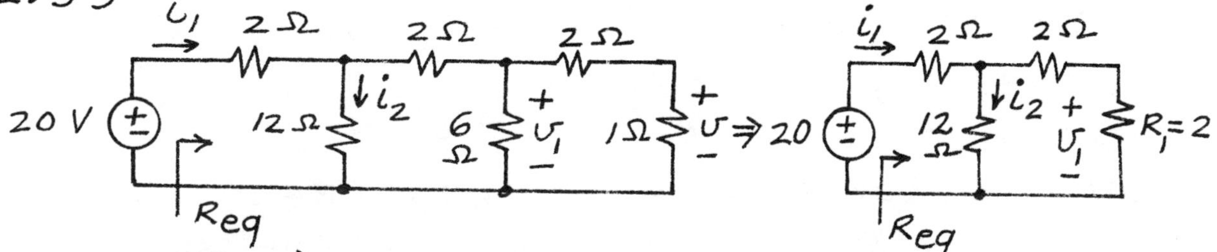

$$R_1 = \frac{6(2+1)}{6+2+1} = 2\,\Omega;\ R_{eq} = 2+\frac{12(2+2)}{12+2+2} = 5\,\Omega$$

$$i_1 = \frac{20}{R_{eq}} = \frac{20}{4} = \underline{5\ A};\ i_2 = \frac{4}{4+12}i_1 = \frac{4}{16}(4) = \underline{1\ A}$$

$$v_1 = \frac{2}{2+2}(12 i_2) = 6V;\ v = \frac{1}{1+2}v_1 = \frac{6}{3} = \underline{2\ V}$$

2.40 $R_{eq} = \dfrac{4.9(0.1)}{4.9+0.1} = 0.098\,\Omega;\ 1\,mA = i_{FS}\dfrac{0.1}{4.9+0.1}$

$\therefore\ i_{FS} = \underline{50\ mA};\ v = I_{FS}R_M = (1\,mA)(4.9\,\Omega) = \underline{4.9\ mV}$

2.41 $R_{eq} = v_{FS}(20{,}000\ \Omega/V) = 120(20{,}000)\,\Omega = 2.4\ M\Omega$

$i = v/R_{eq} = (90\ V)/(2.4\,M\Omega) = \underline{37.5\,\mu A}$

2.42 (a) $R_{eq} = \dfrac{(10)(2.4\times10^3)}{10+(2.4\times10^3)} = 9.96\ k\Omega$

$$i = \frac{100}{(10+9.96)} = 5.01\ mA$$

$$v = R_{eq}\, i = (9.96)(5.01) = \underline{49.9\ V}$$

2.42 (Cont.) (b) $R_{eq} = \frac{1(2.4)}{1+2.4}\ M\Omega = 705\ k\Omega$

$i = \frac{100}{1+0.705} = 58.6\ \mu A$

$v = R_{eq} i = (705)(58.6)$

2.43 $I_{FS} = 1\ mA,\ R_M = 4.9\ \Omega;\ (1\ mA)(4.9 + R_S) = 1.5$

$R_S \approx 1.5\ k\Omega;\ R = \frac{1.5}{250\times10^{-6}} - (1.5\times10^{3}) = 4.5\ k\Omega$

2.44 (a) Tolerance $= \frac{1}{2}(5.17 - 4.23) = 0.47$

Nominal Resistance $= 4.23 + 0.47 = 4.7\ \Omega$

% tolerance $= \frac{0.47}{4.7}\times100 = 10\%$

$(10a+b)10^c = 4.7 = 47\times10^{-1};\ 10a+b = 47$

$\therefore\ a = 4,\ b = 7,\ c = -1$

Color code is yellow-violet-gold-silver

(b) tolerance $= \frac{1}{2}(7140 - 6460) = 340$

Nominal Resistance $= 6460 + 340 = 6800\ \Omega$

% tolerance $= \frac{340}{6800}\times100 = 5\%$

$(10a+b)10^c = 6800 \Rightarrow c = 2,\ a = 6,\ b = 8$

Color code is blue-gray-red-gold

(c) tolerance $= \frac{1}{2}(3.465 - 3.135)(10^6) = 0.165\times10^6$

Nominal Resistance $= 3.135 + 0.165 = 3.3\ M\Omega$

% tolerance $= \frac{0.165\times10^6}{3.3\times10^6}\times100 = 5\%$

$(10a+b)10^c = 3.3\times10^6 = 33\times10^5$

$\therefore\ c = 5,\ a = b = 3$

Color code is orange-orange-green-gold

CHAPTER 3

– EXERCISES –

3.2.1 KVL: $-v_1 + 3v_1 + 6i = 6$; $v = -i$; $i - 3i + 6i = 6$

$\therefore i = \underline{1.5\text{ A}}$; $v_1 = \underline{-1.5\text{ V}}$; $R = \frac{6}{i} = \frac{6}{1.5} = \underline{4\ \Omega}$

3.2.2 KVL: $-v_1 + 3v_1 + 6i = 6 \Rightarrow 2v_1 + 6i = 6$; $v_1 = -4i$

$\therefore -8i + 6i = 6 \Rightarrow i = \underline{-3\text{ A}}$; $v_1 = -4(-3) = \underline{12\text{ V}}$

$R = \frac{6}{i} = \frac{6}{-3} = \underline{-2\ \Omega}$

3.2.3 KVL: $R_2(i_g - i_1) + 5i_1 - 2i_1 = 0$; $i_1 = \frac{v_g}{2}$

$R_2 i_g - (R_2 - 3)\frac{v_g}{2} = 0$; $R_g = \frac{v_g}{i_g} = \frac{2R_2}{R_2 - 3}$

(a) $R_2 = 4\Omega \Rightarrow R_g = \frac{2(4)}{4-3} = \underline{8\ \Omega}$

(b) $R_2 = 2\ \Omega \Rightarrow R_g = \frac{2(2)}{2-3} = \underline{-4\Omega}$

3.2.4 $v_1 = 8(3) = \underline{24\text{ V}}$

$$i_2 = \frac{3v_1}{8 + \frac{6(12)}{6+12}}\left(\frac{6}{6+12}\right) = \frac{3(24)(6)}{(8+4)(18)} = \underline{2\text{ A}}$$

3.4.1 $v_2 = \mu v_1 = \left(1 + \frac{16}{R_1}\right)(2)$; $i = 2 = \frac{v_2}{R}$

$v_2 = 2R \Rightarrow 2\left(1 + \frac{16}{R_1}\right) = 2(5) \Rightarrow R_1 = \underline{4\text{ k}\Omega}$

3.4.2 $i_1 = 1 = \frac{v_1}{R_1} = \frac{2}{R_1} \Rightarrow R_1 = \underline{2\text{ k}\Omega}$

$v_2 = -8 = -\frac{R_2}{R_1}v_1 = -\frac{R_2}{2}(2) \Rightarrow R_2 = \underline{8\text{ k}\Omega}$

3.4.3 (a) voltage division: $v_1 = \dfrac{\frac{3(6)}{3+6}v_g}{\frac{3(6)}{3+6} + 6} = \underline{\frac{1}{4}v_g}$

(b) current into noninverting op amp terminal is zero. The 6-kΩ resistors carry the same current and form a voltage divider. Input voltage for voltage follower is $v_g/2$ and therefore $v_2 = \frac{v_g}{2}$

– PROBLEMS –

3.1 i = clockwise loop current. Then $i = -\frac{v_1}{5}$ and

$$-30 + 10i - 3v_1 + 5i + 3 + 15i = 0$$

$$30\left(-\frac{v_1}{5}\right) - 3v_1 = 27;\ v_1 = \underline{-3\ V}$$

$$p = 10i^2 = 10\left(\frac{3}{5}\right)^2 = \underline{3.6\ W}$$

3.2 $i_1 = \frac{v_1}{4}$; KVL: $-12 + 8i_1 - 3v_1 + v_1 + 8 - 10i_1 = 0$

$$-4 - 2v_1 - 2\left(\frac{v_1}{4}\right) = 0 \Rightarrow v_1 = -\frac{8}{5}\,V;\ i_1 = \frac{1}{4}\left(-\frac{8}{5}\right) = \underline{-\frac{2}{5}\ A}$$

3.3 v is the voltage across each element, + at top.

KCL: $8 + \frac{v}{3} - 3i_1 + i_1 - 4 = 0$; $v = 2i_1$

$$\frac{2}{3}i_1 - 3i_1 + i_1 = 4 - 8 \Rightarrow i_1 = \underline{3\ A}$$

3.4 v_1 = voltage across each element, + at top.

KCL: $-6 + \frac{v_1}{R} - 2i_1 + i_1 + 2 = 0$; $v_1 = 3i_1 \Rightarrow \left(\frac{3}{R} - 1\right)i_1 = 4$

(a) $R = 1\,\Omega$: $i_1 = \frac{4}{3-1} = \underline{2\ A}$

(b) $R = 9\,\Omega$: $i_1 = \frac{4}{\frac{3}{9} - 1} = \underline{-6\ A}$

3.5 KVL (left loop): $Ri_1 - 5i_1 = 5 \Rightarrow i_1 = \frac{5}{R-5}$ (1)

KVL (right loop): $10i - 5i_1 = 25$; $10i - 5\left(\frac{5}{R-5}\right) = 25$

$i = \frac{5}{2}\left(\frac{R-4}{R-5}\right)$: (a) $R = 6\,\Omega \Rightarrow i = \frac{5}{2}\left(\frac{6-4}{6-5}\right) = \underline{5\ A}$

(b) $R = 4.5\,\Omega \Rightarrow i = \frac{5}{2}\left(\frac{4.5-4}{4.5-5}\right) = \underline{-2.5\ A}$

3.6 KVL (left): $Ri_1 - 5i_1 - 5 = 0 \Rightarrow i_1 = \frac{5}{R-5}$

KVL (right): $10i - 25 - 5i_1 = 0 \Rightarrow i_1 = \frac{10i - 25}{5}$

$i = 3\ A \Rightarrow i_1 = \frac{30-25}{5} = 1\ A$: From (1) $R = 5 + \frac{5}{i_1} = \underline{10\,\Omega}$

3.7 KVL (left): $3i_1 - v - 3 = 0 \Rightarrow i_1 = \frac{v}{3} + 1$ (1)

KCL: Clockwise current in right loop $= \frac{v}{4} - i_1$

KVL (rt. loop): $R\left(\frac{v}{4} - i_1\right) + 9 - 3 = 0 \Rightarrow \frac{v}{4} - i_1 = -\frac{6}{R}$

Using (1): $\frac{v}{4} - \left(\frac{v}{3} + 1\right) = -\frac{6}{R} \Rightarrow v = -12 + \frac{72}{R}$

(a) $R = 4\,\Omega$: $v = -12 + \frac{72}{4} = \underline{6\ V}$, $i_1 = \frac{6}{3} + 1 = \underline{3\ A}$

(b) $R = 12\,\Omega$: $v = -12 + \frac{72}{12} = \underline{-6\ V}$, $i_1 = \frac{-6}{3} + 1 = \underline{-1\ A}$

3.8 Since $8+\frac{6(3)}{6+3}=10\,\Omega$, an equivalent circuit is

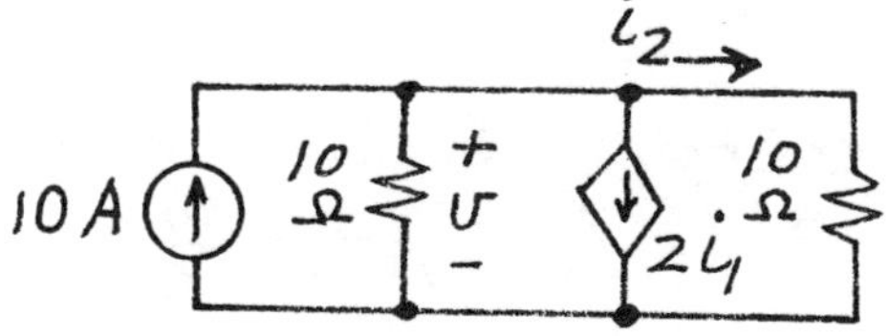

KCL: $-10+\frac{v}{10}+2i_1+\frac{v}{10}=0$

current division: $i_1=\frac{3}{6+3}i_2$

$i_1=\frac{2}{3}i_2$ or $i_2=\frac{3}{2}i_1$

$v=10i_2=15i_1$; (KCL Eq.): $\frac{2}{10}(15i_1)+2i_1=10 \Rightarrow i_1=\underline{2A}$

$v=15i_1=\underline{30\ V}$

3.9 KCL : Current leaving upper terminal $= i-2\cos 2t$

KVL (left loop): $-6i+4(i-2\cos 2t)+Ri=0$

$$i=\frac{8\cos 2t}{R-2}$$

Resistance seen by the current source is

$$R_{source}=\frac{Ri}{2\cos 2t}=\frac{8R\cos 2t}{(R-2)(2\cos 2t)}=\frac{4R}{R-2}$$

(a) $R=6\,\Omega$: $i=\frac{8\cos 2t}{6-2}=\underline{2\cos 2t\ A}$

$$R_{source}=\frac{4(6)}{6-2}=\underline{6\,\Omega}$$

(b) $R=1\,\Omega$: $i=\frac{8\cos 2t}{1-2}=\underline{-8\cos 2t\ A}$

$$R_{source}=\frac{4(1)}{1-2}=\underline{-4\,\Omega}$$

3.10 $v_1=3$ V; $i_1=$ current leaving + terminal of $4v_1$-V source. $i_1=\frac{4v_1}{6+\frac{4(12)}{4+12}}=\frac{4}{3}A \Rightarrow i=\frac{12}{12+4}i_1=\underline{1\ A}$

3.11 $v_1=\frac{8}{8+4}(18)=12$ V. The current i entering the negative terminal of v is

$$i=\frac{36}{36+12+6}\left(\frac{v_1}{6}\right)=\frac{4}{3}A\ ;\ v=-12i=\underline{-16\ V}$$

3.12 $i_{10\Omega}=i-3i=-2i$ to the right

KVL: $-25+4i+10(-2i)+6i=0 \Rightarrow i=\underline{-2.5\ A}$

3.13 $i=$ current to right in 6-Ω resistor

KCL: $\frac{v}{2}+i=5-\frac{v}{3} \Rightarrow i=5-\frac{5v}{6}$

KVL: $6i+2\left(i+\frac{v}{2}\right)-v=0 \Rightarrow 8\left(5-\frac{5v}{6}\right)+v-v=0$

$v=\frac{6}{5}(5)=\underline{6\ V}$

3.14 Let i_1, i_2, i_o be the currents to the right in R_1, R_2, R_o. KVL around the two loops containing a

3.14 (cont.) source, a resistor, and the op amp input:

$v_1 - R_1 i_1 = 0 \Rightarrow i_1 = \frac{v_1}{R_1}$; $v_2 - R_2 i_2 = 0 \Rightarrow i_2 = \frac{v_2}{R_2}$

(The input op amp voltage is zero.) KCL at the inverting op amp terminal yields $i_o = i_1 + i_2 = \frac{v_1}{R_1} + \frac{v_2}{R_2}$.
KVL around the loop containing v_3, R_o, and the op amp input gives $v_3 + R_o i_o = 0$. Therefore

$$v_3 = -R_o i_o = -R_o\left(\frac{v_1}{R_1} + \frac{v_2}{R_2}\right)$$

3.15 (a) $v_3 = -10\left(\frac{v_1}{R_1} + \frac{v_2}{R_2}\right) = -\frac{1}{2}(v_1 + v_2)$

$$\frac{10}{R_1} = \frac{10}{R_2} = \frac{1}{2} \Rightarrow R_1 = R_2 = \underline{20\ k\Omega}$$

(b) $-16 = -2\left(\frac{6}{R_1} + \frac{8}{4}\right) \Rightarrow \frac{6}{R_1} = 8 - 2 \Rightarrow R_1 = \underline{1\ k\Omega}$

3.16 KVL around loop of v_1, op amp input and v_2:

$$v_1 + 0 - v_2 = 0 \Rightarrow v_1 = v_2$$

Op amp input currents are zero. Therefore i_1 and i_2 are the currents through R_1 and R_2, respectively. KVL around loop of R_1, R_2, and op amp input: $R_1 i_1 - R_2 i_2 = 0 \Rightarrow \underline{i_1 = \frac{R_2}{R_1} i_2}$.

3.17 $R_2 = R_1 \Rightarrow i_1 = i_2$; $v_2 = -R_2 i_2$; $R_{ab} = \frac{v_1}{i_1} = \frac{v_2}{i_2}$

$\therefore R_{ab} = \underline{-R}$

3.18 $p = 2\ W = R_1 i_1^2 = R_1 i_2^2 = R_1\left(-\frac{v_2}{R}\right)^2 = R_1\left(\frac{v_1}{R_1}\right)^2 = \frac{36 R_1}{R^2}$

$R = -6\ \Omega \Rightarrow 2 = \frac{36 R_1}{36} \Rightarrow \underline{R_1 = 2\ \Omega \ (R_1 = R_2)}$

3.19 v_1 = output voltage of the op amp.

$v_1 = \mu(2 \sin 3t) = \left(1 + \frac{6}{2}\right)(2 \sin 3t) = 8 \sin 3t$ V

voltage division:

$$v = \frac{\frac{8(24)}{8+24}(8 \sin 3t)}{2 + \frac{8(24)}{8+24}} = \underline{6 \sin 3t\ V}$$

3.20 $v_g = 4.2 \cos 2t$ V, v_2 = op amp output voltage

R = equivalent resistance across $v_2 = 6 + \frac{7(42)}{7+42}$

$R = 12\ k\Omega$

voltage division: $v_{42k\Omega} = \frac{\left(\frac{7(42)}{7+42}\right)}{6+6} v_2 = \frac{1}{2} v_2$

3.20 (cont.)

$$v_2 = -\frac{10}{2} v_g = -5(4.2\cos 2t) = -21\cos 2t \text{ V}$$

$$i = -\frac{v_{42k\Omega}}{42} = -\frac{\frac{1}{2}(-21\cos 2t)}{42} = \underline{\frac{1}{4}\cos 2t \text{ mA}}$$

3.21 v_2 = op amp output voltage = 4 V (voltage follower)

$v_R = Ri = \frac{R}{10}$. By voltage division

$$v_R = \frac{R}{10} = \frac{36R/(R+36)}{[36R/(R+36)]+12}(4) = \frac{4(36R)}{36R+12(R+36)}$$

$$\therefore\ 48R + 12(36) = (10)(4)(36) \Rightarrow \underline{R = 21\Omega}$$

3.22 v_1 = voltage across the 4-kΩ resistor

i_g = source current leaving + terminal

$$i_g = \frac{11-v_1}{2} = \frac{v_1}{4} + \frac{v_1}{6} \quad \text{(zero current into op amp input terminals)}$$

$$\therefore\ v_1 = 6\text{ V};\ v_o = -\frac{18}{6}v_1 = \underline{-18\text{ V}}$$

3.23 i_g = current leaving + terminal of source

$i_g = \frac{8}{4} = 2$ A. Current division: $i = \frac{24}{8+24} i_g$

$$i = \frac{24}{32}(2) = \underline{1.5\text{ A}}$$

3.24 v_1 = voltage across 12-kΩ resistor

v_2 = voltage across 3-kΩ resistor

voltage division: $v_1 = \frac{12}{12+4}(8) = 6$ V

VCVS: $v_2 = (1+\frac{4}{2})v_1 = 18$ V; $i = \frac{v_2}{3} = \underline{6\text{ mA}}$

3.25

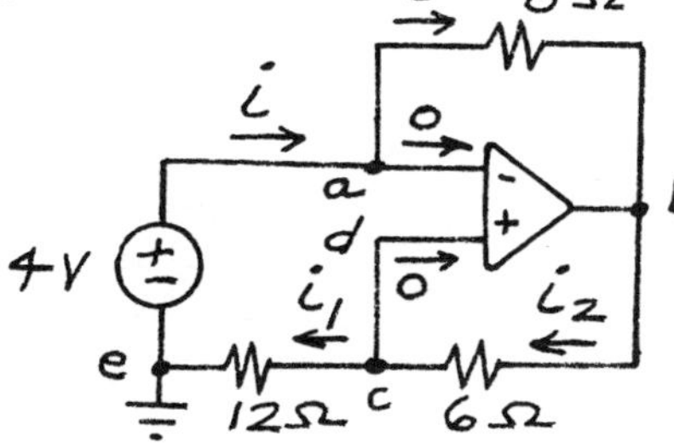

KCL at node c: $i_1 = i_2$

KVL around eadca:

$$12i_1 - 4 = 0 \Rightarrow i_1 = \frac{1}{3}\text{ A}$$

KVL around abcda:

$$8i + 6i_2 = 0 \Rightarrow i = -\frac{3}{4}i_2 = -\frac{3}{4}i_1$$

$$i = -\frac{3}{4}\left(\frac{1}{3}\right) = \underline{-\frac{1}{4}\text{ A}}$$

3.26 output voltage of voltage follower $= v_1 = 16$ V

Resistance across $v_1 = R = 2 + \frac{8(4+20)}{8+4+20} = 8$ kΩ

current through 20-kΩ resistor by current division is

$$i = \frac{v_1}{R}\,\frac{8}{8+4+20} = \frac{16}{8}\,\frac{8}{32} = \frac{1}{2}\text{ mA}$$

$$\therefore\ v = 20i = \underline{10\text{ V}}$$

3.27 output voltage of left op amp $= v_1 = -\frac{12}{4}(2\sin 3000t)$

$\therefore v_1 = -6\sin 3000t$ V

Output voltage of right op amp $= v_2 = -\frac{16}{8}v_1 = 12\sin 3000t$

$i = \frac{v_2}{12} = \underline{\sin 3000t \text{ mA}}$

3.28 v_1 = voltage across 8-kΩ resistor $= \frac{8}{8+4}(9) = 6$ V

v_2 = voltage across 3-kΩ resistor $= (1+\frac{6}{2})v_1 = 24$ V

$i = \frac{v_2}{3} = 8$ mA. Since the voltage across the op amp input is zero, the voltage across the 2-kΩ resistor is also v_1. By KVL, $-v_1 + v + v_2 = 0$.

$\therefore v = v_1 - v_2 = 6 - 24 = \underline{-18 \text{ V}}$

3.29 v_3 = input voltage of VCVS; i_1 and i_2 are the currents leaving + terminal of v_1 and v_2. By KCL at inverting terminal, $i_1 + i_2 = 0$ or $i_2 = -i_1$. By KVL, $v_1 - R_1 i_1 + R_2 i_2 - v_2 = 0$; $\therefore v_1 - v_2 = R_1 i_1 - R_2 i_2$.

$$v_1 - v_2 = (R_1 + R_2)i_1 \Rightarrow i_1 = \frac{v_1 - v_2}{R_1 + R_2}; \quad v_3 = v_1 - R_1 i_1$$

$$v_3 = v_1 - R_1 \frac{v_1 - v_2}{R_1 + R_2} = \frac{R_2 v_1 + R_1 v_2}{R_1 + R_2}$$

(a) $v_o = \mu v_3 = \mu\left(\frac{R_2 v_1 + R_1 v_2}{R_1 + R_2}\right)$, $\mu = 1 + \frac{R_f}{R}$

(b) $v_1 = 3$ V, $v_2 = 2$ V, $R_1 = 4$ kΩ, $R_2 = 3$ kΩ

$R_f = 6$ kΩ, $R = 1$ kΩ; $\mu = 1 + \frac{6}{1} = 7$

$$v_o = 7\left[\frac{(3)(3)+(4)(2)}{4+3}\right] = \underline{17 \text{ V}}$$

3.30 $R_f = R_1 = 1$ kΩ $\Rightarrow \mu = 1 + \frac{R_f}{R} = 1 + \frac{1}{R}$

$$v_o = \frac{\mu(R_2 v_1 + R_1 v_2)}{R_1 + R_2} = v_1 + v_2; \quad \frac{\mu R_2}{R_1 + R_2} = \frac{\mu R_1}{R_1 + R_2} = 1$$

$$\therefore R_2 = 1\text{ k}\Omega \Rightarrow \frac{\mu R_1}{R_1 + R_2} = \frac{\mu}{2} = 1 \Rightarrow \mu = 2 = 1 + \frac{1}{R}$$

$\therefore R = \underline{1 \text{ kΩ}}$

3.31

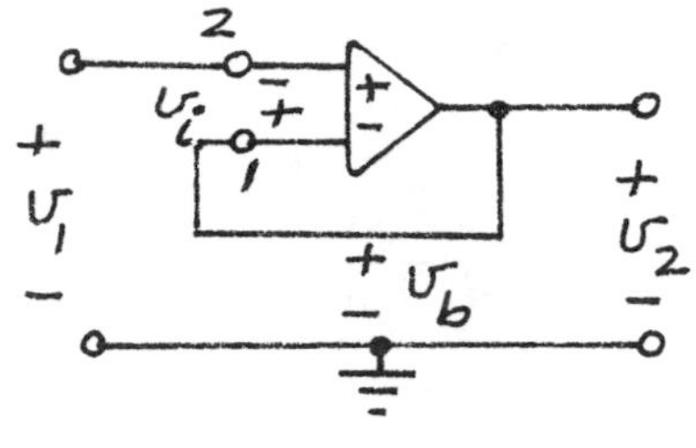

(a) $v_2 = v_b$. By KVL

$-v_1 - v_i + v_2 = 0$

$v_2 = -Av_i \Rightarrow v_i = -\frac{1}{A}v_2$

3.31 (Cont.) $v_1 = v_2 - v_i = (1+\frac{1}{A})v_2$

$$\therefore\ v_2 = \frac{1}{1+\frac{1}{A}} v_1 = \underline{\frac{A}{1+A} v_1}$$

(b) $A = 10^5$: $v_2 = \frac{1}{1+10^{-5}} v_1 = \underline{0.999990\ v_1}$

$A = 100$: $v_2 = \frac{100}{101} v_1 = \underline{0.9900990\ v_1}$

$A = 1$: $v_2 = \frac{1}{2} v_1 = \underline{0.5\ v_1}$

3.32

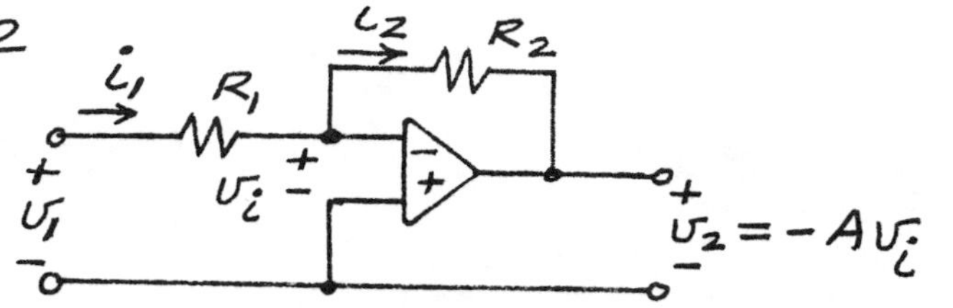

$$-v_1 + R_1 i_1 + R_2 i_2 + v_2 = 0\ ;\quad i_1 = i_2 = \frac{v_1 - v_i}{R_1}$$

$$-v_1 + (R_1+R_2)\left(\frac{v_1 - v_i}{R_1}\right) + v_2 = 0$$

$$\left(-1 + \frac{R_1+R_2}{R_1}\right) v_1 + \left(\frac{R_1+R_2}{R_1} + A\right)\frac{v_2}{A} = 0$$

$$\frac{v_2}{v_1} = \frac{-A(R_2/R_1)}{A+1+\frac{R_2}{R_1}}.\ \text{If } \frac{R_2}{R_1} = 2, \text{ then } \frac{v_2}{v_1} = \frac{-2A}{A+3}.$$

$$A = 10^5:\quad \frac{v_2}{v_1} = \frac{-2(10^5)}{10^5+3} = -1.99994 \approx -2$$

$$A = 100:\quad \frac{v_2}{v_1} = \frac{-200}{100+3} = -1.94175$$

$$A = 1:\quad \frac{v_2}{v_1} = \frac{-2}{1+3} = -0.5$$

CHAPTER 4

– EXERCISES –

4.2.1 Eqs (4.1) and (4.2) become

$$\left(\frac{1}{8}+\frac{1}{8}\right)v_1-\frac{1}{8}v_2=1;\ -\frac{1}{8}v_1+\left(\frac{1}{8}+\frac{1}{16}\right)v_2=2$$

or $2v_1-v_2=8;\ -2v_1+3v_2=32$

Adding: $2v_2=40 \Rightarrow v_2=\underline{20\text{ V}},\ v_1=\frac{1}{2}(8+v_2)=\underline{14\text{ V}}$

4.2.2 KCL at nodes denoted v_1 and v_2:

$$\left(\frac{1}{8}+\frac{1}{4}\right)v_1-\frac{1}{8}v_2=4-7 \text{ or } 3v_1-v_2=-24$$

$$-\frac{1}{8}v_1+\left(\frac{1}{8}+\frac{1}{12}\right)v_2=7 \text{ or } -3v_1+5v_2=7(24)$$

Adding: $4v_2=6(24)\Rightarrow v_2=\underline{36\text{ V}};\ v_1=\frac{1}{3}(-24+v_2)=\underline{4\text{ V}}$

$i=\frac{1}{8}(v_2-v_1)=\frac{1}{8}(36-4)=\underline{4\text{ A}}$

4.2.3 With bottom node as reference, KCL at nodes v_2 and v_3 yields

v_2: $\left(\frac{1}{2}+\frac{1}{4}\right)v_2-\frac{1}{4}v_3=3-5$ or $3v_2-v_3=-32$ (1)

v_3: $-\frac{1}{4}v_2+\left(\frac{1}{4}+\frac{1}{4}\right)v_3=6+5$ or $-v_2+2v_3=44$ (2)

Add twice (1) to (2): $5v_2=-20\Rightarrow v_2=\underline{-4\text{ V}}$

$v_3=3v_2+32=\underline{20\text{ V}};\ v_1=v_3-v_2=20-(-4)=\underline{24\text{ V}}$

4.3.1 Take bottom node as reference. The other nodes 2 V (top of x), 14 V (top of 16-Ω resistor), 15 V (top of 15-V source), and $14-v$ (top of 8-Ω resistor). KCL at top of 8-Ω resistor:

$$\frac{14-v-2}{6}+\frac{14-v}{8}-\frac{v}{12}=0;\quad v=\underline{10\text{ V}}$$

4.3.2 Take bottom node as reference. Other nodes are v_1 (top of 8 Ω), v_1+v (top of 16 Ω), 15 V (top of 15-V source), and v_1+v-12 (top of x). KCL at top of 8 Ω:

$$\frac{v_1-(v_1+v-12)}{6}+\frac{v_1}{8}-\frac{v}{12}=0 \text{ or } 2v-v_1=16 \quad (1)$$

KCL at supernode containing 12-V source:

$$\frac{v_1+v-12-v_1}{6}+\frac{v}{12}+\frac{v_1+v-15}{16}=i_g \text{ or } 5v+v_1=159 \quad (2)$$

Add (1) and (2): $7v=175;\ v=\underline{25\text{ V}}$

4.3.3 Reference at bottom node. Other nodes are $4i$ (top of x), $4i+12$ (top of 16 Ω), $8i$ (top of 8 Ω) and 15 V (top of 15-V source). KCL at top of 8-Ω resistor:

4.3.3 (Cont.)

$$\frac{8i-4i}{6}+\frac{8i-(4i+12)}{12}+i=0 \quad \text{or} \quad i=\frac{1}{2}\ A$$

$$v = 4i+12-8i = 12-4i = 12-4(\tfrac{1}{2}) = \underline{10\ V}$$

4.4.1 v = output voltage of op amp. Then

$$v = (1+\tfrac{12}{4})(2\cos 4t) = 8\cos 4t \ V$$

$$i = \frac{v}{2} = \underline{4\cos 4t \ mA}$$

4.4.2 KCL at inverting op amp terminal:

$$\frac{v_1}{R_1}+\frac{v_2}{R_2}+\frac{v_3}{R_3}+\frac{v_o}{R_o}=0 \Rightarrow \underline{v_o = -R_o\left(\frac{v_1}{R_1}+\frac{v_2}{R_2}+\frac{v_3}{R_3}\right)}$$

4.4.3 KCL at inverting input: $\frac{v_1-v_g}{4}+\frac{v_1-v}{1}=0$

$$\therefore 5v_1 - 4v = v_g$$

KCL at noninverting input: $\frac{v_1-v_g}{4}+\frac{v_1}{4}=0 \Rightarrow 2v_1 = v_g$

$$\therefore v = \tfrac{1}{4}(5v_1 - v_g) = \tfrac{1}{4}(\tfrac{3}{2}v_g) = \tfrac{3}{8}(4\cos 2t) = \underline{1.5\cos 2t\ V}$$

4.5.1 Mesh equations: $(3+6)i_1 - 6i_2 = 12$

$$-6i_1 + (12+6)i_2 = 6$$

$$i_1 = \begin{vmatrix} 12 & -6 \\ 6 & 18 \end{vmatrix} \Big/ \begin{vmatrix} 9 & -6 \\ -6 & 18 \end{vmatrix} = \frac{252}{126} = \underline{2A}$$

$$i_2 = \tfrac{-1}{6}(12-9i_1) = \underline{1A}$$

4.5.2 Mesh equations: $15i_1 - 12i_2 = 21 \quad (1)$

$$-12i_1 + 18i_2 = 0 \quad (2)$$

From (2), $i_2 = \frac{2}{3}i_1$, and from (1), $15i_1 - 12(\frac{2}{3}i_1) = 21$

$\therefore i_1 = \underline{3A}$; $i_2 = \frac{2}{3}(3) = \underline{2A}$

With $v_{g_2}=0$, $R_{eq} = 3 + \frac{6(12)}{6+12} = 7\Omega$

$i_1 = \frac{21}{7} = \underline{3A}$; $i_2 = \frac{12}{12+6}(3) = \underline{2A}$

4.5.3 $(2+3)i_1 - 3i_2 = 16-9 \quad \text{or} \quad 5i_1 - 3i_2 = 7$

$$-3i_1 + (6+3)i_2 = 9-6 \quad \text{or} \quad -i_1 + 3i_2 = 1$$

Adding: $4i_1 = 8 \Rightarrow i_1 = \underline{2A}$; $i_2 = \frac{1}{3}(1+i_1) = \underline{1A}$

4.5.4 $5i_1 - 3i_2 = 7$; $-3i_1 - 6i_1 + 9i_2 = 9 \Rightarrow -i_1 + i_2 = 1$

$\therefore 5i_1 - 3(1+i_1) = 7 \Rightarrow i_1 = \underline{5A}$, $i_2 = \underline{6A}$

4.6.1 The clockwise mesh currents are 19 A, i, and $-2A$. KVL around the midde mesh is

$$6i + 16(i+2) + 8(i-19) = 0$$

4.6.1 (Cont.) $\therefore\ i = \dfrac{19(8)-2(16)}{30} = \underline{4\ A}$

4.6.2 The clockwise mesh currents in mA are 12, i, and $2v_1$. KVL: $8+6(i-2v_1)+2(i-12)=0$

Also $v_1 = 2(12-i)$ or $i = 12 - \frac{v_1}{2}$

$$8\left(12-\frac{v_1}{2}\right) - 12v_1 + 8 - 24 = 0 \Rightarrow v_1 = \underline{5\ V}$$

4.6.3 $i_2 = -4A$, $i_3 = 6A$

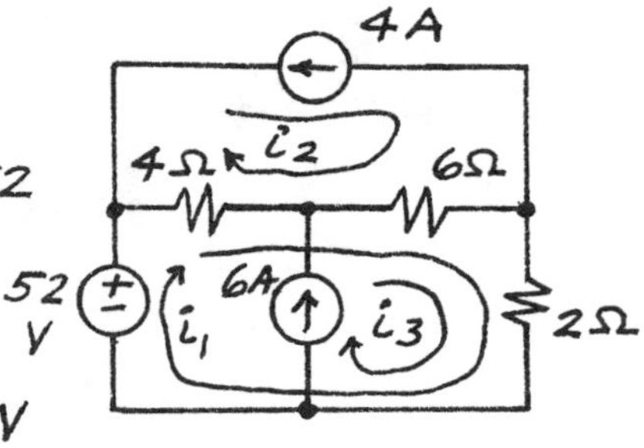

KVL for loop with current i_1:

$(4+6+2)i_1 - (4+6)i_2 + (6+2)i_3 = 52$

$\therefore 12i_1 = 52 + 10(-4) - 8(6)$

$i_1 = -3\ A$

$P_{2\Omega} = (i_1+i_3)^2(2) = (-3+6)^2(2) = \underline{18\ W}$

4.7.1

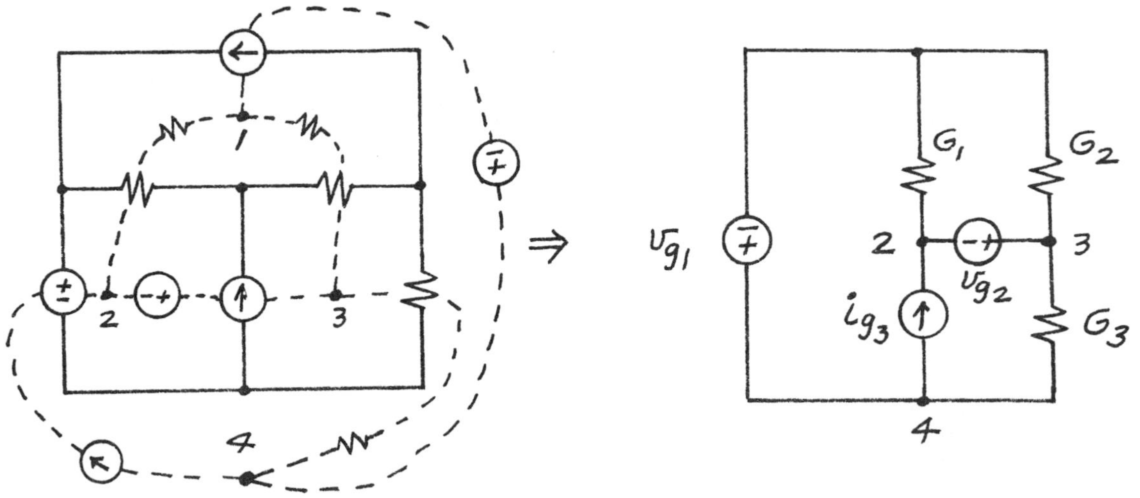

— PROBLEMS —

4.1 KCL: $\left(\frac{1}{8}+\frac{1}{16}\right)v_1 - \frac{1}{16}v_2 = 9 \Rightarrow 3v_1 - v_2 = 144$

$-\frac{1}{16}v_1 + \left(\frac{1}{12}+\frac{1}{16}\right)v_2 = 3 \Rightarrow -3v_1 + 7v_2 = 144$

Add: $6v_2 = 288 \Rightarrow v_2 = \underline{48\ V}$; $v_1 = \frac{144+v_2}{3} = \frac{192}{3} = \underline{64\ V}$

4.2 Node voltages are v_1 (top of 3 kΩ) and v_2 (top of 1 kΩ). Nodal equations (currents in mA)

$\left(\frac{1}{3}+\frac{1}{2}\right)v_1 - \frac{1}{2}v_2 = 2+12 \Rightarrow 5v_1 - 3v_2 = 84$

$-\frac{1}{2}v_1 + \left(\frac{1}{2}+\frac{1}{1}\right)v_2 = 6-12 \Rightarrow -v_1 + 3v_2 = -12$

Add: $4v_1 = 72 \Rightarrow v_1 = 18\ V$; $v_2 = \frac{v_1-12}{3} = 2\ V$

Then $i = \frac{v_1 - v_2}{2} = \frac{18-2}{2} = \underline{18\ mA}$

4.3 The node voltages are $v_1 = 4i_1$ and $v_2 = 4i_2$. KCL gives

$$\left(\frac{1}{4}+\frac{1}{8}\right)v_1 - \frac{1}{8}v_2 = 6-5 \Rightarrow 3v_1 - v_2 = 8$$

$$-\frac{1}{8}v_1 + \left(\frac{1}{4}+\frac{1}{8}\right)v_2 = 5 \Rightarrow -v_1 + 3v_2 = 40$$

$$v_1 = \begin{vmatrix} 8 & -1 \\ 40 & 3 \end{vmatrix} \Big/ \begin{vmatrix} 3 & -1 \\ -1 & 3 \end{vmatrix} = \frac{24+40}{9-1} = 8\text{ V}; \quad i_1 = \frac{v_1}{4} = \underline{2\text{ A}}$$

$$v_2 = 3v_1 - 8 = 3(8) - 8 = 16\text{ V}; \quad i_2 = \frac{v_2}{4} = \underline{4\text{ A}}$$

4.4 The node voltages are v_1 (top of 2 Ω) and v_2 (top of 4 Ω). KCL gives

$$\left(\frac{1}{2}+\frac{1}{3}\right)v_1 - \frac{1}{3}v_2 = 15 - 2i_1, \quad \text{where } i_1 = v_1/2$$

$$-\frac{1}{3}v_1 + \left(\frac{1}{3}+\frac{1}{4}\right)v_2 = 2i_1$$

These equations simplify to

$$11v_1 - 2v_2 = 90, \quad -16v_1 + 7v_2 = 0$$

$$v_1 = \begin{vmatrix} 90 & -2 \\ 0 & 7 \end{vmatrix} \Big/ \begin{vmatrix} 11 & -2 \\ -16 & 7 \end{vmatrix} = \frac{90(7)}{77-32} = 14\text{ V}; \quad i_1 = \frac{v_1}{2} = \underline{7\text{A}}$$

$$v_2 = \frac{16}{7}v_1 = 32\text{ V}, \quad i = \frac{v_2}{4} = \underline{8\text{ A}}$$

4.5 Node voltages are v_1 (top of 10 Ω) and v_2 (top of 20 Ω).

$$\frac{v_1}{10} + \frac{v_1 - v_2}{40} = 6i_1 - 12; \quad \frac{v_2 - v_1}{40} + \frac{v_2}{20} = 2 - 6i_1; \quad v_1 = 10i_1$$

$$\frac{1}{8}(10i_1) - \frac{1}{40}v_2 = 6i_1 - 12; \quad -\frac{1}{40}(10i_1) + \frac{3}{40}v_2 = 2 - 6i_1$$

$$\left(\frac{30}{8} - 18\right)i_1 - \frac{3}{40}v_2 = -36; \quad \left(-\frac{10}{40} + 6\right)i_1 + \frac{3}{40}v_2 = 2$$

$$\text{Add: } \left(\frac{15}{4} - 18 - \frac{1}{4} + 6\right)i_1 = -34 \Rightarrow i_1 = \underline{4\text{ A}}$$

4.6 Node voltages are v_1 and v_2 (top of 8 Ω).

$$\frac{v_1}{4} + \frac{v_1 - v_2}{2} = 2; \quad \frac{v_2}{8} + \frac{v_2 - v_1}{2} = \frac{v_1}{3}$$

$$3v_1 - 2v_2 = 8; \quad 4v_1 - 3v_2 = 0 \Rightarrow v_2 = \frac{4}{3}v_1$$

$$\left[3 - 2\left(\frac{4}{3}\right)\right]v_1 = 8 \Rightarrow v_1 = 24\text{ V}, \quad v_2 = \frac{4}{3}(24) = 32\text{ V}$$

$$p = \frac{1}{2}(v_1 - v_2)^2 = \frac{1}{2}(-8)^2 = \underline{32\text{ W}}$$

4.7 Node voltages are v_1 (top of 6 Ω at right), v_2 (top of 6 Ω at left), and $v_1 + 4i$ (top of 18 Ω). Nodal equations are

$$\left(\frac{1}{6}+\frac{1}{12}\right)v_1 - \frac{1}{12}v_2 - i = 0; \quad -\frac{1}{12}v_1 + \left(\frac{1}{6}+\frac{1}{12}\right)v_2 - \frac{1}{6}(v_1 + 4i) = 5$$

$$-\frac{1}{6}v_2 + \left(\frac{1}{6}+\frac{1}{18}\right)(v_1 + 4i) + i = 0$$

or

$$\left.\begin{array}{l} 3v_1 - v_2 - 12i = 0 \\ -3v_1 + 3v_2 - 8i = 60 \\ 4v_1 - 3v_2 + 34i = 0 \end{array}\right\} \quad i = \begin{vmatrix} 3 & -1 & 0 \\ -3 & 3 & 60 \\ 4 & -3 & 0 \end{vmatrix} \Big/ \begin{vmatrix} 3 & -1 & -12 \\ -3 & 3 & -8 \\ 4 & -3 & 34 \end{vmatrix} = \frac{300}{200} = \underline{1.5\text{A}}$$

4.8 The node voltages are v, $v-4$, and 14. KCL gives

$$\frac{(v-4)-14}{4} + \frac{v-4}{2} + \frac{v}{12} + \frac{v}{4} = 0 \Rightarrow v = \underline{6\ \text{V}};\ i = \frac{v-4}{2}$$

$i = \underline{1\ \text{A}}$

4.9 Node voltages are v (right node of $4\,\Omega$) and $v+4i$ (left node of $4\,\Omega$). KCL gives

$$\left(\tfrac{1}{8}+\tfrac{1}{8}\right)(v+4i) + i - \tfrac{1}{8}(24) = 5 \quad \text{or} \quad v + 8i = 32$$

$$\left(\tfrac{1}{8}+\tfrac{1}{8}\right)v - i - \tfrac{1}{8}(8) = -5 \quad \text{or} \quad v - 4i = -16$$

subtracting: $12i = 48 \Rightarrow i = \underline{4\ \text{A}}$

4.10 v = node voltage at top of left $2\text{-}\Omega$ resistor

Node voltages are -17 V, v, and $v+6$. KCL gives

$$\frac{v+17}{3} + \frac{v}{2} + \frac{v+6}{2} + 2 = 0 \Rightarrow v = -8\ \text{V}$$

for the supernode containing the 6-V source.

At node $v+6$: $i = 2 + \frac{v+6}{2} + \frac{6}{3} = 2 - 1 + 2 = \underline{3\ \text{A}}$

4.11 v_1 = voltage across right $4\text{-k}\Omega$ resistor

Node voltages are v_1, v_1+9, v_1+v, right to left.

KCL (currents in mA):

Supernode: $$\frac{v_1}{4} - \frac{v}{12} + \frac{(v_1+9)-(v_1-v)}{6} = 6$$

$v_1 + v$: $$\frac{v_1+v}{4} + \frac{(v_1+v)-(v_1+9)}{6} + \frac{v}{12} = 18$$

or $v_1 - v = 18$, $v_1 + 2v = 78$. Subtracting, $3v = 60$

$\therefore\ v = \underline{20\ \text{V}}$

4.12 Reference is negative source terminal. v_1 = node voltage at negative terminal of v. KCL gives

v_1+v: $$\frac{v_1+v-18}{2} + \frac{v_1+v}{4} + \frac{v}{4} = 0 \Rightarrow 4v + 3v_1 = 36$$

v_1: $$-\frac{v}{4} + \frac{v_1-18}{8} + \frac{v_1}{4} = 0 \Rightarrow \quad -2v + 3v_1 = 18$$

subtracting: $6v = 18 \Rightarrow v = \underline{3\ \text{V}}$

4.13 Let v_1, v_2 (top of dependent source) and 4 be nonreference node voltages. KCL gives

$$\left(\tfrac{1}{4}+\tfrac{1}{2}\right)v_1 - \tfrac{1}{2}(4) - \tfrac{1}{4}v_2 = 2 \quad \text{or} \quad 3v_1 - v_2 = 16$$

$$\left(\tfrac{1}{2}+\tfrac{1}{4}+1\right)v_2 - \tfrac{1}{4}v_1 - (1)(4) = 3v_1 \quad \text{or} \quad -13v_1 + 7v_2 = 16$$

$$v_1 = \begin{vmatrix} 16 & -1 \\ 16 & 7 \end{vmatrix} \Big/ \begin{vmatrix} 3 & -1 \\ -13 & 7 \end{vmatrix} = \frac{128}{8} = 16\ \text{V};\quad v_2 = 3v_1 - 16 = 32\ \text{V}$$

$$p = \frac{(v_1-v_2)^2}{4} = \frac{(16-32)^2}{4} = \underline{64\ \text{W}}$$

4.14

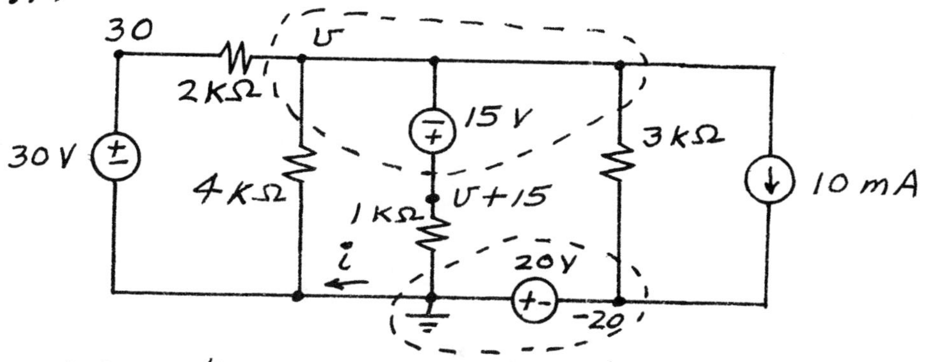

KCL at upper supernode (mA):

$$\frac{v-30}{2}+\frac{v}{4}+\frac{v+15}{1}+\frac{v+20}{3}=-10 \Rightarrow v=-8\ \text{V}$$

KCL at lower supernode (mA):

$$i=\frac{v+15}{1}+\frac{v+20}{3}+10=\underline{21\ \text{mA}}$$

4.15 Node voltages are v, $v-6$, $v-6-4i_1=-3v-6$, and $-3v-6+v_1$ with reference at bottom node.

KCL for supernode containing the two voltage sources yields

$$\frac{v}{1}+\frac{v-6}{4}-\frac{v_1}{1}-1.5v_1=6 \quad \text{or} \quad v-2v_1=6$$

KCL at top of 2-Ω resistor yields

$$\frac{v_1}{1}+\frac{-3v-6+v_1}{2}=-6 \quad \text{or} \quad -v+v_1=-2$$

Adding:

$$-v_1=4 \text{ or } v_1=\underline{-4\text{V}}. \text{ Then } v=6+2v_1=\underline{-2\text{ V}}$$

4.16 With top node as reference, the nonreference node voltages are $20i_1$, v_1, and v_2, left to right.

$$\frac{v_1-20i_1}{4}+\frac{v_1}{4}+\frac{v_1-v_2}{10}=0, \quad v_2=-8i_1$$

$$\frac{v_2-v_1}{10}+\frac{v_2}{8}+\frac{v_2}{4}+9=0$$

These equations simplify to: $v_1=7i_1$, $v_1+38i_1=90$

$$\therefore 45i_1=90 \Rightarrow i_1=\underline{2\text{ A}}$$

4.17 Node voltages are v_1 (top of 6-A source), v_2 (top of 24 Ω), and v. KCL gives

$$\left(\frac{1}{8}+\frac{1}{4}\right)v_1-\frac{1}{4}v_2=6 \quad \text{or} \quad 3v_1-2v_2=48$$

$$\left(\frac{1}{4}+\frac{1}{24}+\frac{1}{8}\right)v_2-\frac{1}{4}v_1-\frac{1}{8}v=2 \quad \text{or} \quad -6v_1+10v_2-3v=48$$

$$\left(\frac{1}{16}+\frac{1}{8}\right)v-\frac{1}{8}v_2=-2 \quad \text{or} \quad -2v_2+3v=-32$$

4.17 (Cont.)

$$v = \begin{vmatrix} 3 & -2 & 48 \\ -6 & 10 & 48 \\ 0 & -2 & -32 \end{vmatrix} \Bigg/ \begin{vmatrix} 3 & -2 & 0 \\ -6 & 10 & -3 \\ 0 & -2 & 3 \end{vmatrix} = \frac{288}{36} = \underline{8\ \text{V}}$$

4.18 v_1 = node voltage at right node of $4\,\Omega$

KCL at v_1: $\frac{v_1 - v_g}{4} + \frac{v_1}{8} + \frac{v_1}{16} + \frac{v_1 - v}{8} = 0 \qquad (1)$

Inverting input: $\frac{v_1}{16} + \frac{v}{24} = 0 \Rightarrow v_1 = -\frac{2}{3}v$

(1) simplifies to $9v_1 - 2v = 4v_g$

$\therefore\ [9(-\frac{2}{3}) - 2]v = 4(8\sin 6t) \Rightarrow v = \underline{-4\sin 6t\ \text{V}}$

4.19 Let v_2 = node voltage at common node of $12\,\Omega$ and $6\,\Omega$. KCL gives

$(\frac{1}{12} + \frac{1}{6} + \frac{1}{30})v_2 - \frac{1}{6}v_1 - \frac{1}{30}v = \frac{1}{12}v_g \Rightarrow -10v_1 + 17v_2 - 2v = 5v_g$

$(\frac{1}{6} + \frac{1}{6})v_1 - \frac{1}{6}v_2 = 0 \Rightarrow 2v_1 - v_2 = 0 \Rightarrow v_2 = 2v_1$

VCVS: $v_1 = \frac{v}{2} \Rightarrow v = v_2 = 2v_1$

$-10(\frac{v}{2}) + 17v - 2v = 5v_g \Rightarrow 10v = 5v_g \Rightarrow v = \frac{1}{2}v_g$

$\therefore\ v = \frac{1}{2}(4\cos 3t) = \underline{2\cos 3t\ \text{V}}$

4.20 v_1 = output voltage of first op amp

KCL at inverting inputs in mA:

$\frac{v_g}{3} + \frac{v_1}{10} + \frac{v}{6} = 0 \Rightarrow 3v_1 + 5v = -10v_g \qquad (1)$

$\frac{v_g}{2} + \frac{v_1}{10} + \frac{v}{12} = 0 \Rightarrow 6v_1 + 5v = -30v_g \qquad (2)$

Twice (1) minus (2): $v = 2v_g = \underline{8\cos 6t\ \text{V}}$

4.21 Let v_1 = node voltage at the left node of R.

Inverting input: $\frac{v_g}{5} + \frac{v_1}{5} = 0$ or $v_1 = -v_g$

node v_1: $(\frac{1}{5} + \frac{1}{5} + \frac{1}{R})v_1 - \frac{1}{R}v_o = 0$

$v_o = R(\frac{2}{5} + \frac{1}{R})v_1 = -R(\frac{2}{5} + \frac{1}{R})v_g$

$\therefore\ -R(\frac{2}{5} + \frac{1}{R})v_g = -9v_g \Rightarrow \frac{2}{5}R + 1 = 9 \Rightarrow R = \underline{20\ \text{k}\Omega}$

4.22 v = op amp output node voltage

v_g = node voltage at both noninverting and inverting inputs

$\frac{v_g}{2} + \frac{v_g - v}{20} = 0 \Rightarrow v = 11v_g = 44\cos 100t\ \text{V}$

4.22 (Cont.) $i = \frac{v}{5.5} = \frac{44\cos 100t}{5.5} = \underline{8\cos 100t \text{ mA}}$

4.23 Clockwise mesh currents are $2, i_1, -6$, and -12 mA, where $i = i_1 + 12$ mA. KVL for inner mesh of 3 resistors gives

$$6i_1 - 3(2) - 2(-12) - (1)(-6) = 0 \text{ or } i_1 = -4 \text{ mA}$$

$$i = i_1 + 12 = \underline{8 \text{ mA}}$$

4.24 The clockwise mesh currents are 6 A, 5 A, and i_2. KVL around the mesh of resistors yields

$$(4+8+4)i_2 - 6(4) - 5(8) = 0 \Rightarrow i_2 = \frac{24+40}{16} = \underline{4 \text{ A}}$$

$$i_1 = 6 - i_2 = \underline{2 \text{ A}}$$

4.25 For the loops shown KVL yields

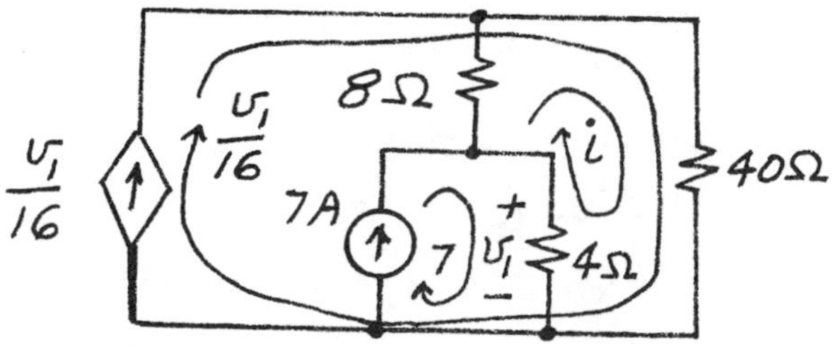

$$8i + 40\left(i + \frac{v_1}{16}\right) + 4(i-7) = 0$$

$$v_1 = 4(7-i)$$

$$(8+40+4)i - 28 + \frac{40}{16}(4)(7-i) = 0$$

$$\therefore 42i = 28 - 70 \Rightarrow i = -1 \text{ A} \Rightarrow p = 8i^2 = \underline{8 \text{ W}}$$

4.26 KVL for the loop with current i yields

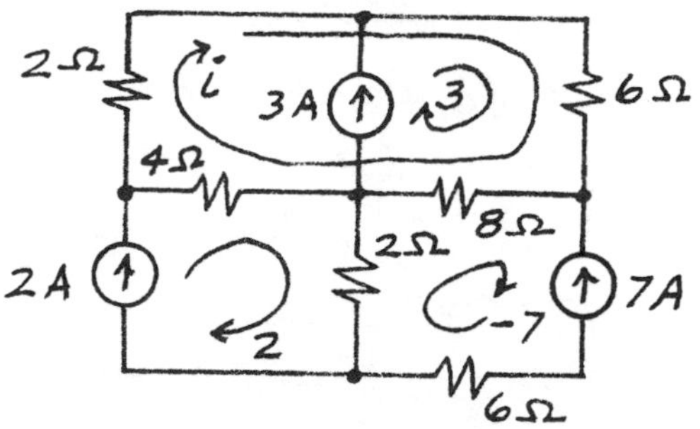

$$(2+6+8+4)i + 3(6+8) - 8(-7) - 2(4) = 0$$

$$\therefore i = -\frac{9}{2} \text{ A}$$

$$v = 4(2-i) = 4\left(2+\frac{9}{2}\right) = \underline{26 \text{ V}}$$

4.27 For the supernode containing the 4-V source, KVL yields

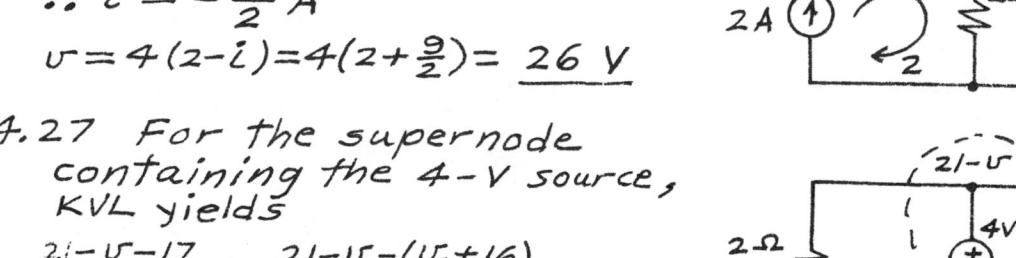

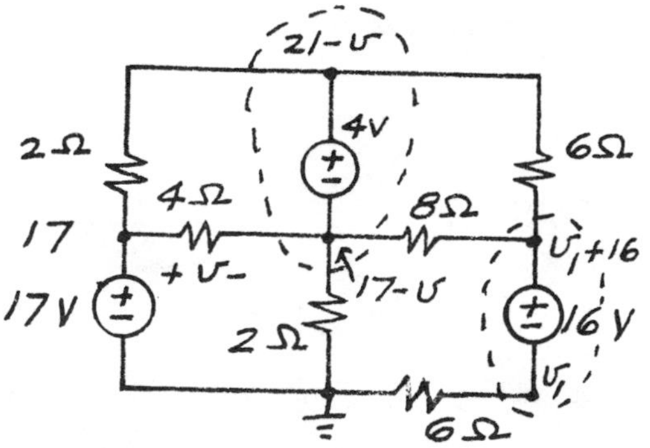

$$\frac{21-v-17}{2} + \frac{21-v-(v_1+16)}{6} + \frac{17-v}{2} - \frac{17-v-(v_1+16)}{8} - \frac{v}{4} = 0$$

For the supernode containing the 16-V source, KCL yields

$$\frac{v_1+16-(21-v)}{6} + \frac{v_1+16-(17-v)}{8} + \frac{v_1}{6} = 0$$

4.27 (Cont.) The simplified equations are

$$37v + 7v_1 = 275, \quad 7v + 11v_1 = 23$$

$$\therefore \; v = \begin{vmatrix} 275 & 7 \\ 23 & 11 \end{vmatrix} \Big/ \begin{vmatrix} 37 & 7 \\ 7 & 11 \end{vmatrix} = \underline{8 \text{ V}}$$

4.28 (a) Nodal analysis:

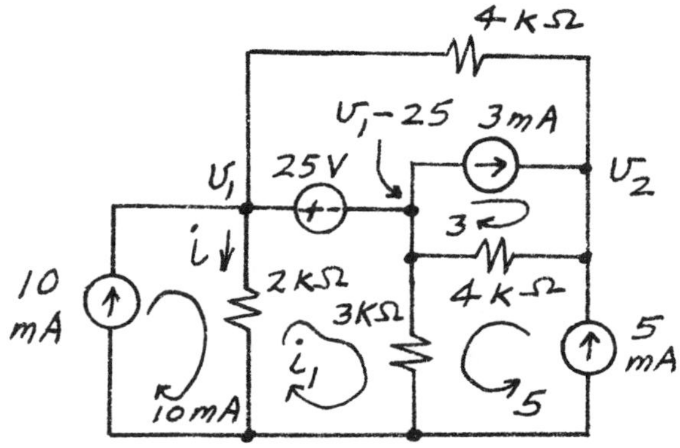

v_1 and v_2 are node voltages as shown. KCL in mA gives

$$\frac{v_1}{2} + \frac{v_1 - v_2}{4} + \frac{v_1 - 25}{3} + \frac{v_1 - 25 - v_2}{4} = 10 - 3$$

$$\frac{v_2 - (v_1 - 25)}{4} + \frac{v_2 - v_1}{4} = 3 + 5$$

These simplify to

$$\frac{8}{3}v_1 - v_2 = \frac{259}{6}, \quad -v_1 + v_2 = \frac{7}{2}. \quad \text{Adding, } \frac{5}{3}v_1 = \frac{280}{6}.$$

$$\therefore \; v_1 = 28 \text{ V}; \quad i = \frac{v_1}{2} = \frac{28}{2} = 14 \text{ mA}$$

(b) Mesh analysis: KVL for mesh i_1 gives

$$2(i_1 - 10) + 3(i_1 + 5) = -25 \Rightarrow i_1 = -4 \text{ mA}$$

$$i = 10 - i_1 = \underline{14 \text{ mA}}$$

4.29 Loop currents as shown

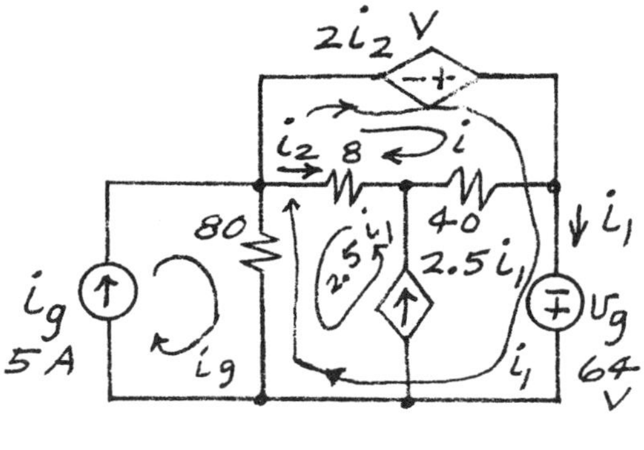

where $i = -i_2 - 2.5i_1$.

KVL for loop i_1:

$$80(i_1 - 2.5i_1 - 5) - 2i_2 = 64$$

Mesh i:

$$-2i_2 + 40i - 8i_2 = 0$$

These equations become

$$(1)\; -120i_1 - 2i_2 = 464; \quad (2)\; -10i_2 + 40(-i_2 - 2.5i_1) = 0$$

From (2), $i_2 = -2i_1$. Then (1) becomes

$$-120i_1 - 2(-2i_1) = 464 \Rightarrow i_1 = \underline{-4\text{A}}, \; i_2 = -2i_1 = \underline{8\text{A}}$$

4.30

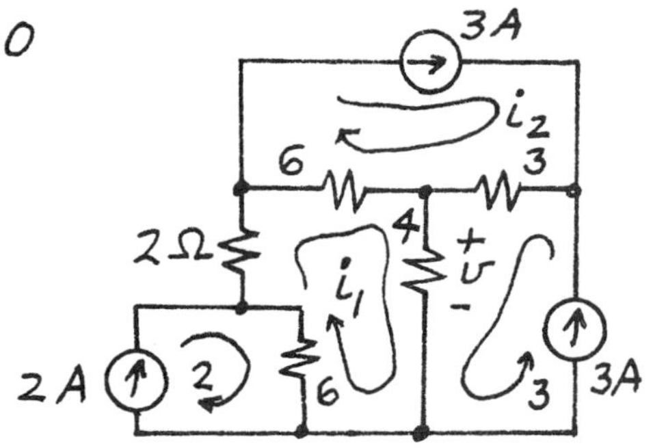

Nodal analysis requires 3 equations and mesh analysis requires 2. The mesh eqs. for i_1 and i_2 are

$$6(i_1 - 2) + 2i_1 + 6(i_1 - i_2) + 4(i_1 + 3) = 0$$

4.30 (Cont.) $6(i_2 - i_1) + 3(i_2 + 3) = -12$

These simplify to $3i_1 - i_2 = 0$, $-2i_1 + 3i_2 = -7$

or $-2i_1 + 3(3i_1) = -7 \Rightarrow i_1 = -1\ A$; $v = 4(i_1 + 3) = \underline{8\ V}$

4.31

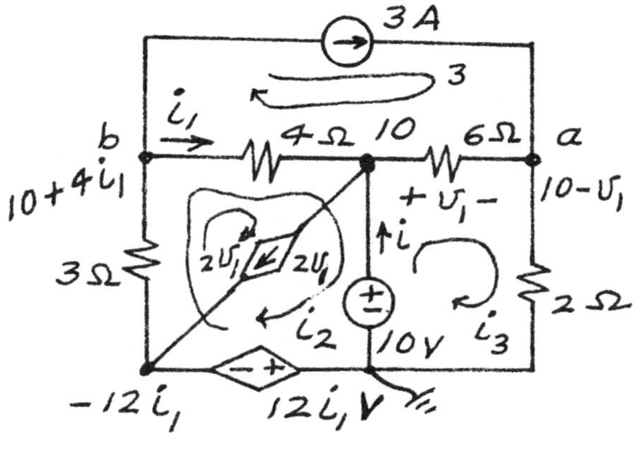

Nodal analysis:

Node a: $-\frac{v_1}{6} + \frac{10 - v_1}{2} = 3 \Rightarrow v_1 = 3V$

Node b: $i_1 + \frac{10 + 4i_1 - (-12i_1)}{3} = -3$

$\therefore i_1 = -1\ A$

KCL: $i = \frac{v_1}{6} + 2v_1 - i_1 = 7.5\ A$

Power delivered by 10-V source $= 10i = \underline{75\ W}$

Loop analysis: For mesh i_3 and loop i_2, KVL gives

$6(i_3 - 3) + 2i_3 = 10 \Rightarrow i_3 = 3.5\ A$

$4(i_2 + 2v_1 - 3) + 3(2v_1 + i_2) = -10 - 12i_1$

or $7i_2 + 14v_1 + 12i_1 = 2$

$v_1 = 6(i_3 - 3) = 6(3.5 - 3) = 3\ V$; $i_1 = 2v_1 - 3 + i_2$

$\therefore i_1 = i_2 + 3$; $7i_2 + 14(3) + 12(i_2 + 3) = 2 \Rightarrow i_2 = -4\ A$

$i = i_3 - i_2 = 3.5 - (-4) = 7.5\ A$

Power delivered by 10-V source $= 10i = \underline{75\ W}$

4.32 The mesh currents are I_g and i_1 clockwise and $50i_1$ counterclockwise. KVL gives

mesh i_1: $(100 + R)i_1 + (3 \times 10^{-4})v_2 = RI_g$

mesh $50i_1$: $v_2 = -10^3(50i_1) \Rightarrow i_1 = -v_2/(5 \times 10^4)$

$\therefore (100 + R)\frac{-v_2}{5 \times 10^4} + (3 \times 10^{-4})v_2 = RI_g$

$v_2 = -\frac{5RI_g \times 10^4}{85 + R}$; if $R = 10\ k\Omega$, then $85 + R \approx R$

and $v_2 \approx -(5 \times 10^4)I_g$

4.33 Node voltages as shown.

KCL gives

$\frac{6i_1 - 16 + v_1}{4} + \frac{v_1}{2} = 5$

supernode:

$\frac{-2i_1 - 16}{4} - i_1 + 5 - \frac{v_1}{2} + \frac{3}{4}v_1 = 0$

$3v_1 + 6i_1 = 36$, $v_1 - 6i_1 = -4$

Add: $4v_1 = 32 \Rightarrow v_1 = \underline{8\ V}$

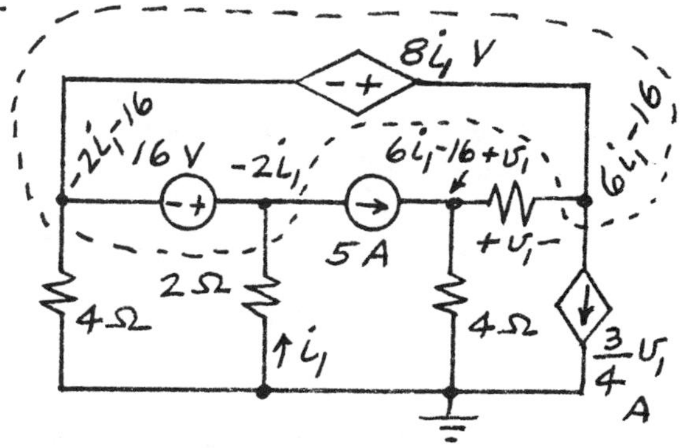

4.34 v = op amp output voltage

i_1 = current in op amp output lead in 4-Ω resistor

$$v = -\frac{6}{2}(4\cos 2t) = -12\cos 2t \text{ V}$$

$$i_1 = \frac{v}{4 + \frac{24(8)}{32}} = -1.2\cos 2t \text{ A}$$

$$i = \frac{24}{24+8} i_1 = \underline{-0.9\cos 2t \text{ A}}$$

4.35 Node voltages are v_1 (output of first op amp) and v_2 (output of second op amp). Nodal equations are

$$\frac{v_g}{1} + \frac{v_1}{10} + \frac{v_2}{5} = 0 \text{ or } v_1 + 2v_2 = -10v_g$$

$$\left(\frac{1}{4}+\frac{1}{2}\right)v_2 - \frac{1}{4}v_1 = 0 \text{ or } -v_1 + 3v_2 = 0$$

Add: $5v_2 = -10v_g \Rightarrow v_2 = -2v_g$

$$i = \frac{-v_2}{1} = 2v_g = \underline{6\cos 1000t \text{ mA}}$$

4.36 $$i_1 = \frac{v_1}{R_1} + \frac{v_1 - v_2}{R_2}$$

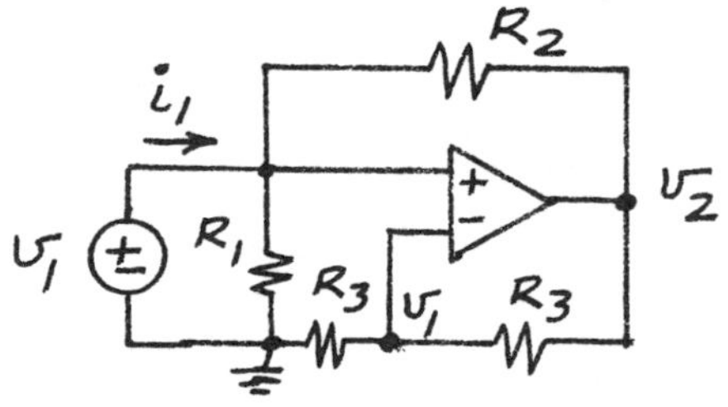

inverting input: $$\frac{v_1}{R_3} + \frac{v_1 - v_2}{R_3} = 0$$

$\therefore v_2 = 2v_1$

$$i_1 = \frac{v_1}{R_1} + \frac{v_1 - 2v_1}{R_2} = \left(\frac{1}{R_1} - \frac{1}{R_2}\right)v_1$$

$$\therefore R_{in} = \frac{v_1}{i_1} = \left(\frac{1}{R_1} - \frac{1}{R_2}\right)^{-1} = \frac{R_1R_2}{R_2 - R_1} \text{ and } R_2 = \frac{R_1R_{in}}{R_{in} - R_1}$$

(a) $R_1 = R_3 = 2$ kΩ ; $R_{in} = 6$ kΩ

$$R_2 = \frac{2(6)}{6-2} = \underline{3 \text{ k}\Omega}$$

(b) $R_{in} = -1$ kΩ $\Rightarrow R_2 = \frac{2(-1)}{-1-2} = \underline{\frac{2}{3} \text{ k}\Omega}$

4.37 A 2-Ω resistor is common to meshes 1 and 2. A 1-Ω resistor is common to meshes 2 and 3. Meshes 1 and 3 have no common elements and are not adjacent. The sum of elements in mesh 1 is 10 Ω, in mesh 2 8Ω and 11Ω in mesh 3. Meshes 1 and 3 have voltage sources, while mesh 2 has none.

The dual circuit would be described by

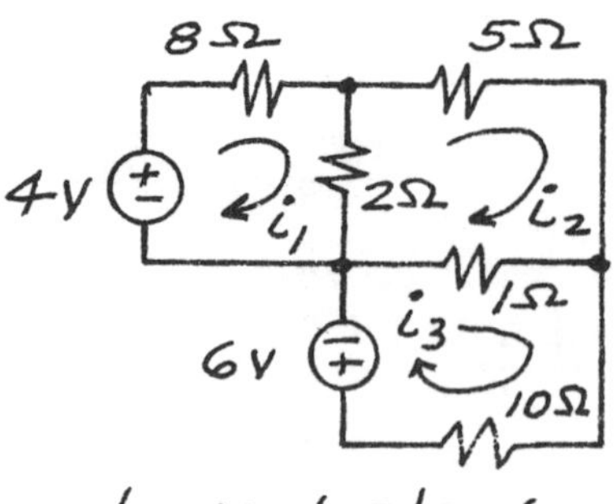

$$(8+2)v_1 - 2v_2 = 4$$

$$-2v_1 + (1+5+2)v_2 - v_3 = 0$$

$$-v_2 + (1+10)v_3 = -6$$

The corresponding circuit is shown below.

4.37 (cont.)

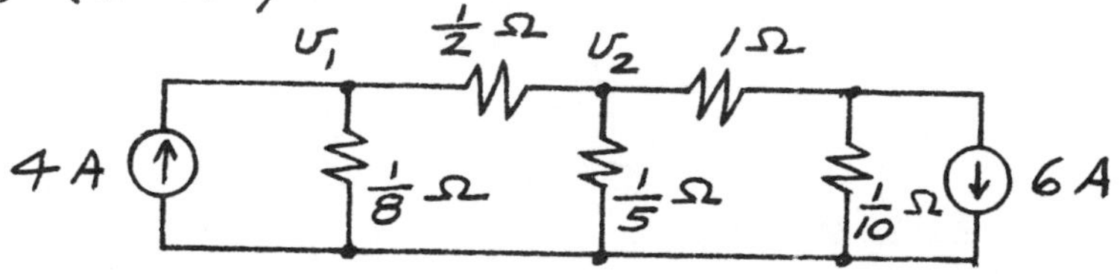

4.38

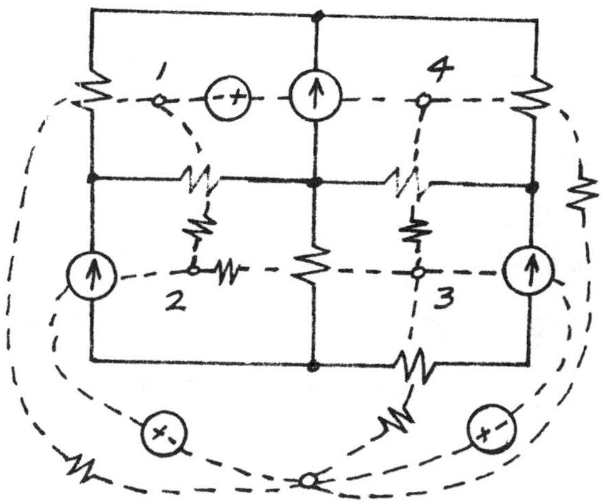

Dual circuit redrawn:

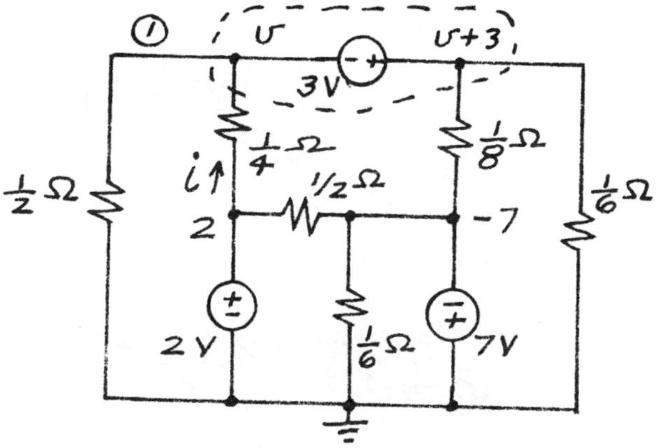

KCL for supernode: $4(v-2)+2v+8(v+3-7)$
$+6(v+3)=0$

$\therefore\ v=\underline{-4.5\ \text{V}}$ and $i=4(2-v)=\underline{26\ \text{A}}$

4.39

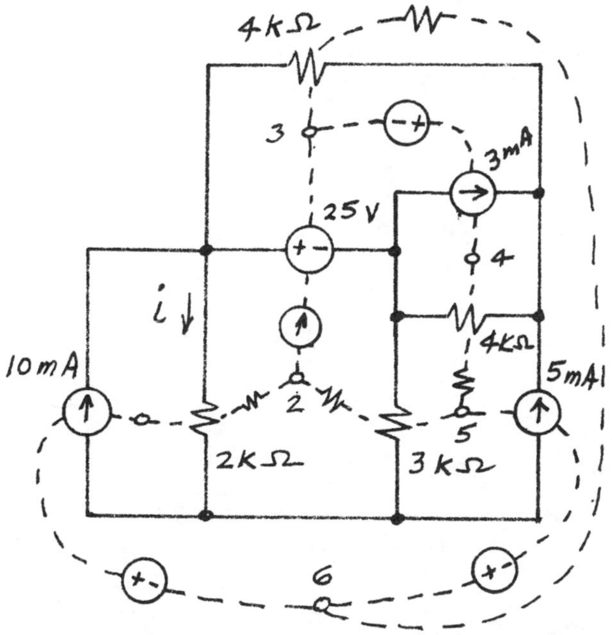

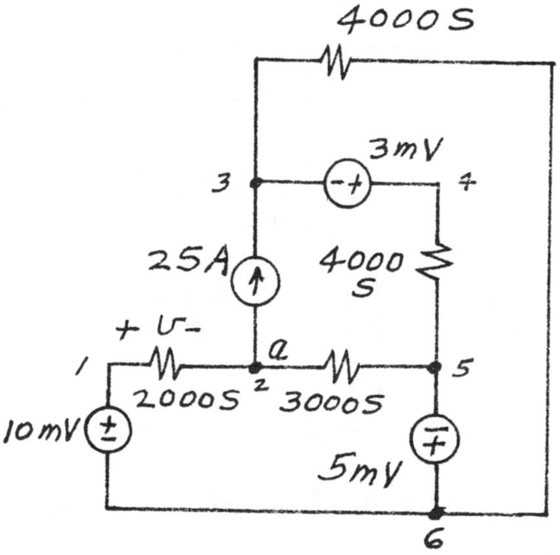

At a: $-2000v+3000(0.01-v+0.005)+25=0$

$v=\dfrac{-70}{-5000}\ \text{V}=\underline{14\ \text{mV}}$

CHAPTER 5

— EXERCISES —

5.1.1 KVL for supernode containing v_{g2}:

$$\frac{v_3}{6} + \frac{v_3 - v_{g1}}{2} - \frac{v_3 - v_{g2} - v_{g1}}{3} = i_g$$

v_{g1} is the 24-V source; v_{g2} is the 12-V source; i_g is the 4-A source

$$\left(\frac{1}{6} + \frac{1}{2} + \frac{1}{3}\right) v_3 = v_3 = \frac{5}{6} v_{g1} + \frac{1}{3} v_{g2} + i_g$$

(a) $v_{g1} = 24$ V, $v_{g2} = 12$ V, $i_g = 4$ A

$v_3 = \frac{5}{6}(24) + \frac{1}{3}(12) + 4 = \underline{28\text{ V}}$

$v_1 = 28 - 24 = \underline{4\text{ V}}$; $v_2 = 24 - 28 + 12 = \underline{8\text{ V}}$

(b) $v_{g1} = 12$ V, $v_{g2} = 6$, $i_g = 2$ A

$v_3 = \frac{5}{6}(12) + \frac{1}{3}(6) + 2 = \underline{14\text{ V}}$, $v_1 = 14 - 12 = \underline{2\text{ V}}$

$v_2 = 12 - 14 + 6 = \underline{4\text{ V}}$

(c) $v_{g1} = 48$ V, $v_{g2} = 24$ V, $i_g = 8$ A

$v_3 = \frac{5}{6}(48) + \frac{1}{3}(24) + 8 = \underline{56\text{ V}}$, $v_1 = 56 - 48 = \underline{8\text{ V}}$

$v_2 = 48 - 56 + 24 = \underline{16\text{ V}}$

5.1.2 In Example 5.3, if $v_1 = 1$ V, then $i_1 = 2$ A, $v_2 = 9$ V, $v_3 = 10$ V, $v_4 = 5$ V, $i_5 = 5$ A, $v_g = 15$ V. For $v_g = 45$ V, the proportionality factor is 45 V/15 V = 3.

$\therefore$ $i_1 = 3(2) = 6$ A, $v_2 = 3(9) = 27$ V, $v_3 = 3(10) = 30$ V, $v_4 = 3(5) = 15$ V, $i_5 = 3(5) = 15$ A.

5.1.3

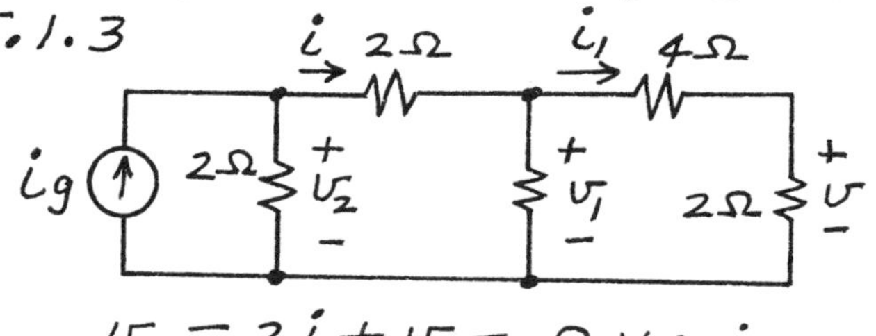

Let $i_1 = 1$ A. Then

$v = 2i_1 = 2$ V

$v_1 = (4+2)i_1 = 6$ V

$i = \frac{v_1}{12} + i_1 = \frac{3}{2}$ A

$v_2 = 2i + v_1 = 9$ V; $i_g = \frac{v_2}{2} + i = 6$ A. $\therefore$ $K = \frac{12}{i_g} = 2$

$v = K(2) = \underline{4\text{ V}}$; $i = K\left(\frac{3}{2}\right) = \underline{3\text{ A}}$

5.1.4 KVL: (a) $i^2 + 2i = v_g = 8 \Rightarrow i = \frac{1}{2}(-2 + \sqrt{4+32}) = \underline{2\text{ A}}$

(b) $i^2 + 2i = 16 \Rightarrow i = \frac{1}{2}(-2 + \sqrt{4+64}) = \underline{3.123\text{ A}}$

5.2.1 Kill 5-A and 6-A sources. By current division

$i_{31} = \frac{2}{2+6+4}(4) = \frac{2}{3}$ A; $v_{11} = 4\left(\frac{2}{3}\right) = \frac{8}{3}$ V

$v_{31} = -6\left(\frac{2}{3}\right) = -4$; $v_{21} = v_{31} - v_{11} = -\frac{20}{3}$ V [Fig. next page]

5.2.1 (Cont)

Kill 4-A and 6-A sources:

current division: $i_{32} = \dfrac{4(5)}{2+6+4} = \dfrac{5}{3}$ A

$v_{32} = 6(\frac{5}{3}) = 10$ V; $v_{22} = -2(\frac{5}{3}) = -\frac{10}{3}$ V

$v_{12} = v_{32} - v_{22} = 10 + \frac{10}{3} = \frac{40}{3}$ V

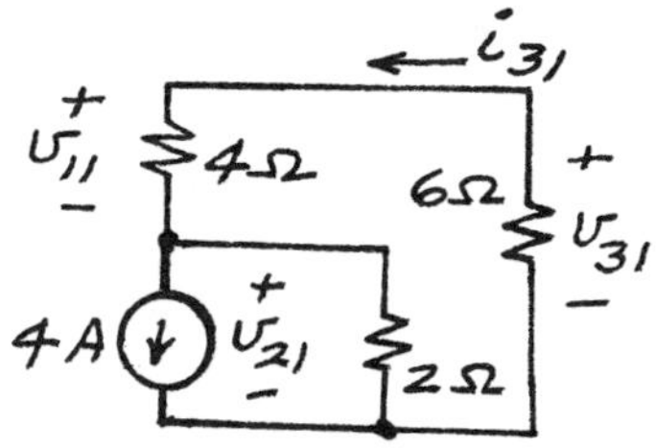

Kill 4-A and 5-A sources:

Current division: $i_{13} = \dfrac{6(6)}{2+6+4} = 3$ A

$v_{13} = 4(3) = 12$ V, $v_{23} = 2(3) = 6$ V

$v_{33} = v_{13} + v_{23} = 12 + 6 = 18$ V

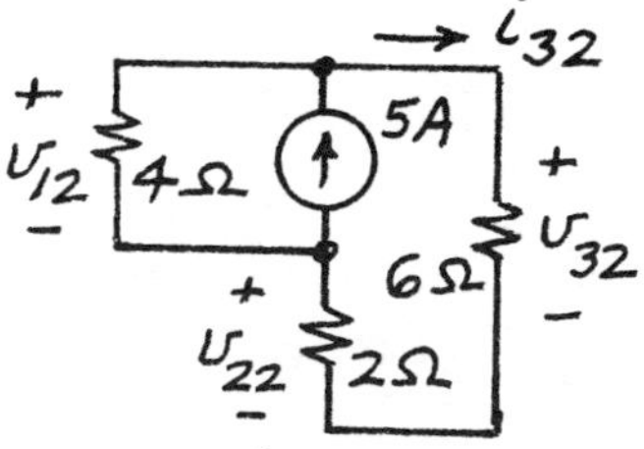

By superposition

$v_1 = v_{11} + v_{12} + v_{13} = \frac{8}{3} + \frac{40}{3} + 12 = \underline{28\text{ V}}$

$v_2 = v_{21} + v_{22} + v_{23} = -\frac{20}{3} - \frac{10}{3} + 6 = \underline{-4\text{ V}}$

$v_3 = v_{31} + v_{32} + v_{33} = -4 + 10 + 18 = \underline{24\text{ V}}$

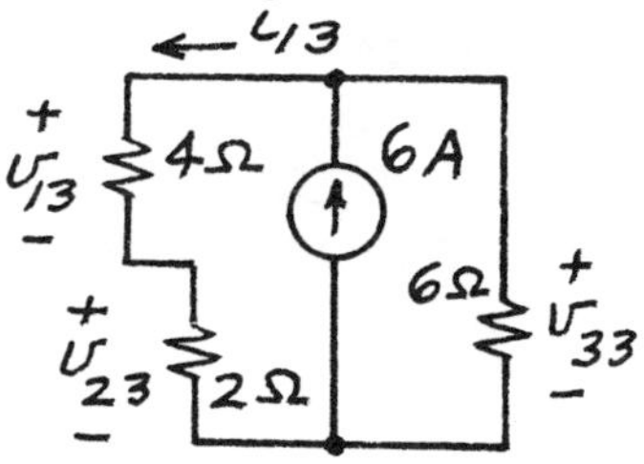

5.2.2 Killing v_2 and applying KCL at the inverting op amp input gives

$$\frac{1}{R_1}(-v_1) + \frac{1}{R_o}(-v_{31}) = 0 \Rightarrow v_{31} = -\frac{R_o}{R_1} v_1$$

Killing v_1 and applying KCL at the inverting input:

$$\frac{1}{R_2}(-v_2) + \frac{1}{R_o}(-v_{32}) = 0 \Rightarrow v_{32} = -\frac{R_o}{R_1} v_2$$

By superposition $v_3 = v_{31} + v_{32} = -R_o\left(\frac{v_1}{R_1} + \frac{v_2}{R_2}\right)$

5.2.3 In Fig. 5.8 (a) KVL gives $(3+1+2)i_1 = 12$ or $i_1 = 2$ A. ∴ $P_{3\Omega} = i_1^2(3) = 12$ W. In Fig. 5.8 (b) the mesh currents are i_2 and 6 A. KVL for the left mesh gives $(3+1+2)i_2 = 3(6)$. ∴ $i_2 = 3$ A. Then $P_{3\Omega} = i_2^2(3) = 27$ W. Therefore

$$12 + 27 \neq 75 \text{ W}$$

where the power delivered to the 3-Ω resistor is 75 W in Fig. 5.7.

5.3.1 KVL: $4i_1 + 12(i_1+1) = 8$

$i_1 = -\frac{1}{4}$ A

$v_{oc} = 12(i_1+1) = 12(-\frac{1}{4}+1) = 9$ V

Looking in at a-b with sources dead

$R_{th} = \dfrac{4(12)}{4+12} = 3\,\Omega$

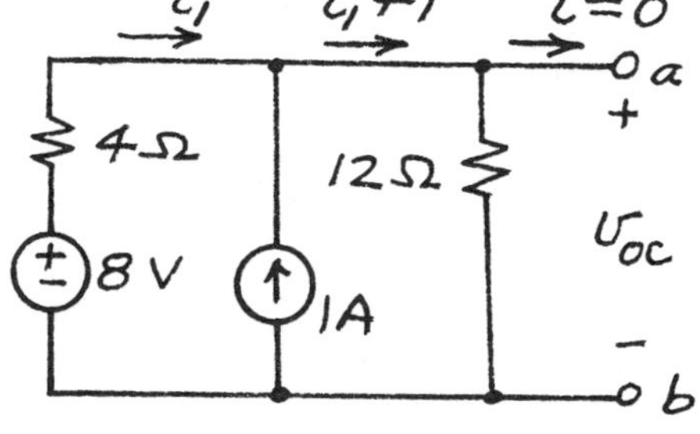

5.3.1 (Cont.) From the Thevenin circuit on the right

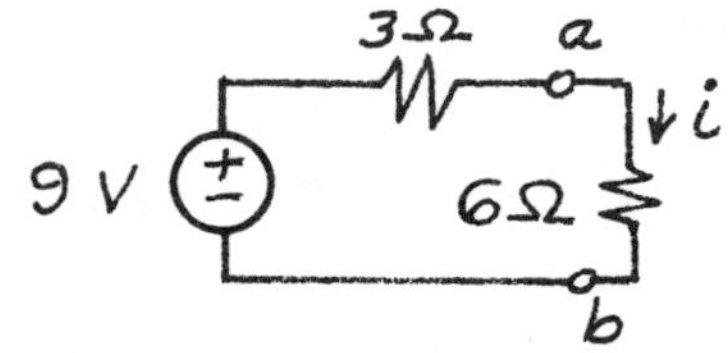

$$i = \frac{9}{3+6} = \underline{1\ A}$$

5.3.2

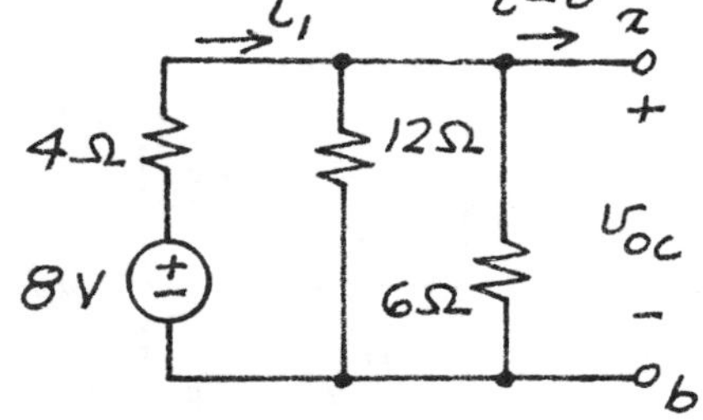

$$i_1 = \frac{8}{4 + \frac{12(6)}{12+6}} = 1\ A$$

$$v_{oc} = (1)\ \frac{12(6)}{12+6} = 4\ V$$

Looking in at a–b with the source dead

$$R_{th} = \left(\tfrac{1}{4} + \tfrac{1}{6} + \tfrac{1}{12}\right)^{-1} = 2\ \Omega$$

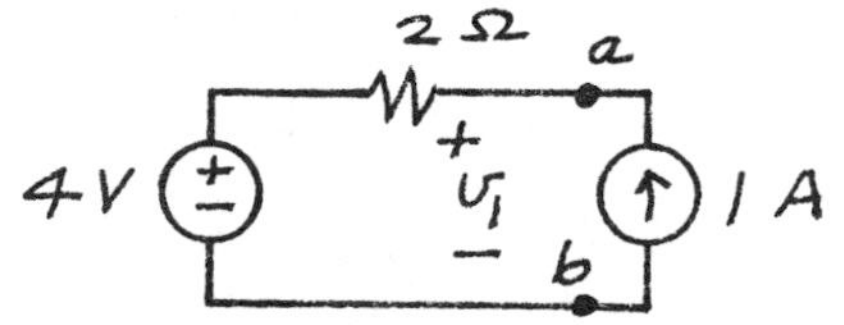

From the Thevenin circuit

$$v_1 = 4 + 2(1) = \underline{6\ V}$$

5.3.3

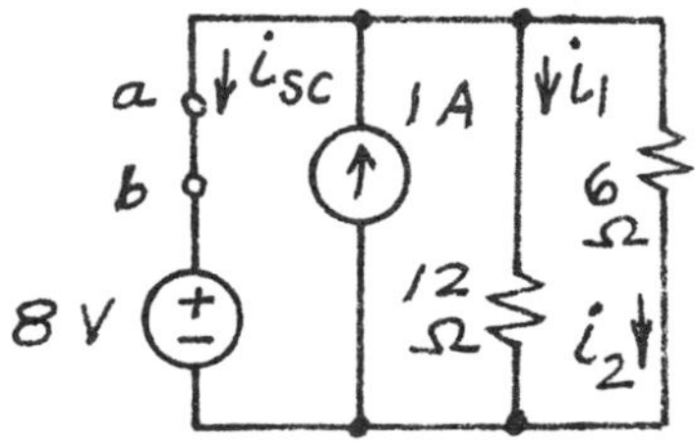

$$i_1 = \frac{8}{12} = \frac{2}{3}\ A, \quad i_2 = \frac{8}{6} = \frac{4}{3}\ A$$

KCL: $i_{sc} = 1 - i_1 - i_2 = \underline{-1\ A}$

Looking in at open-circuited terminals a–b with sources dead

$$R_{th} = \frac{6(12)}{6+12} = \underline{4\ \Omega}$$

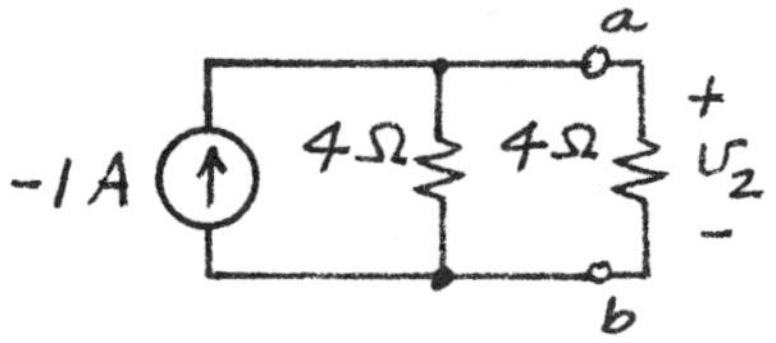

From the Norton circuit

$$v_2 = (4)\ \frac{4}{4+4}\ (-1) = \underline{-2\ V}$$

5.4.1

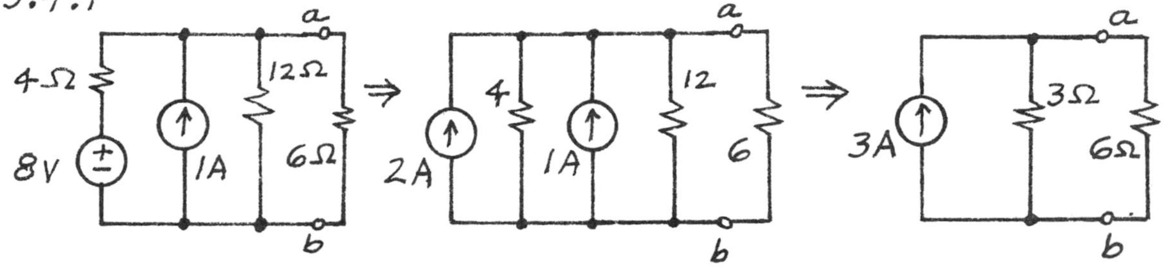

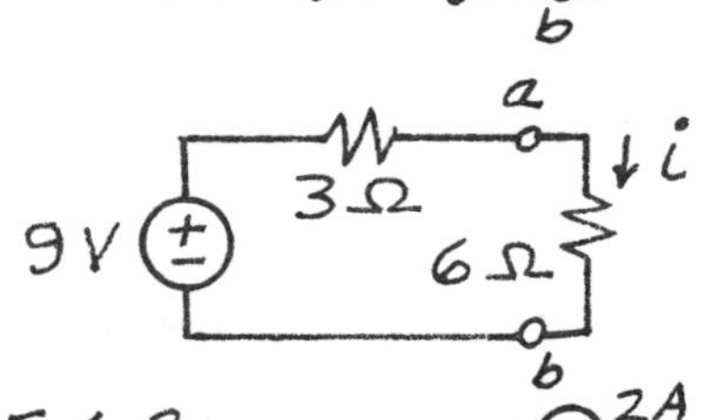

$$i = \frac{9}{3+6} = \underline{1\ A}$$

5.4.2

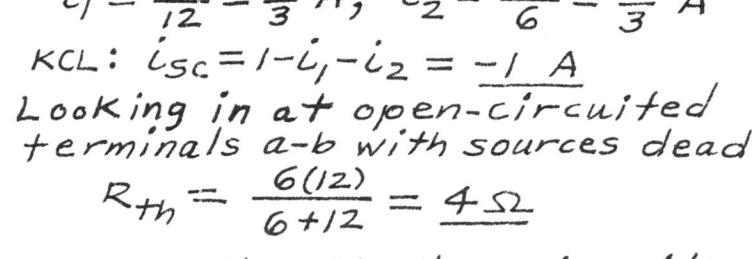

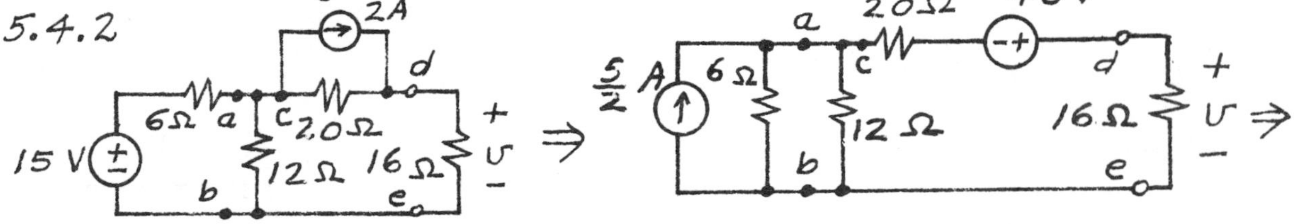

5.4.2 (cont.)

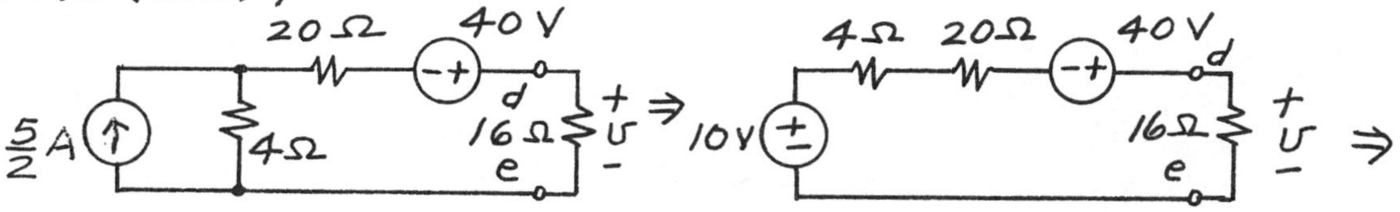

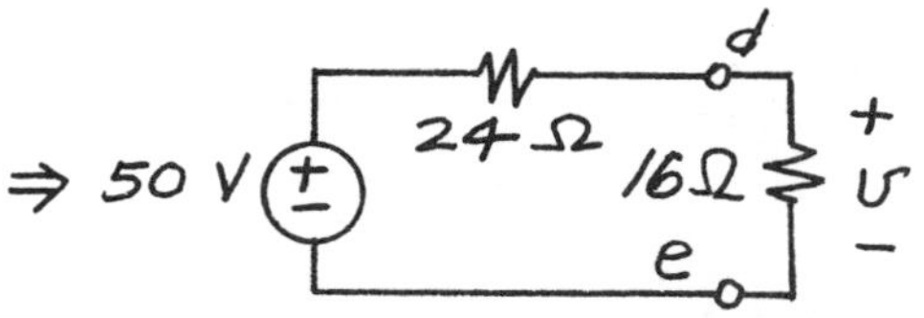

$\therefore \quad R = \underline{24\ \Omega}$

$v = \frac{16}{40}(50) = \underline{20\ \text{V}}$

5.4.3

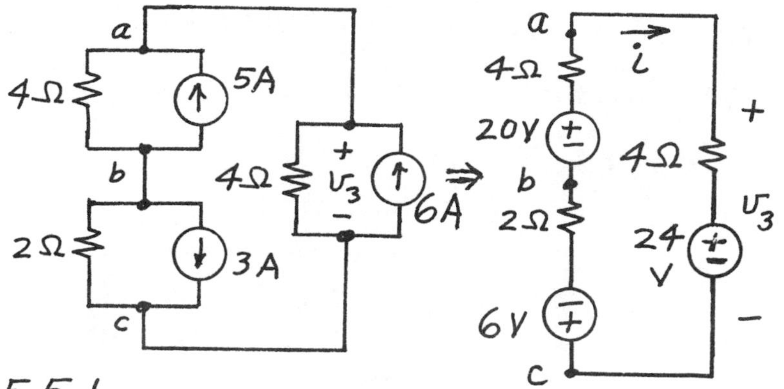

KVL and Ohm's law:

$i = \frac{20-6-24}{4+2+4}$

$= -1\ \text{A}$

$v_3 = 24 + 4i$

$= 24 - 4$

$v_3 = \underline{20\ \text{V}}$

5.5.1

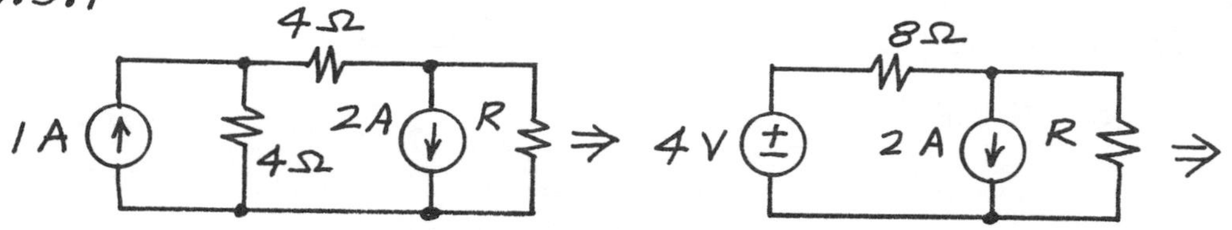

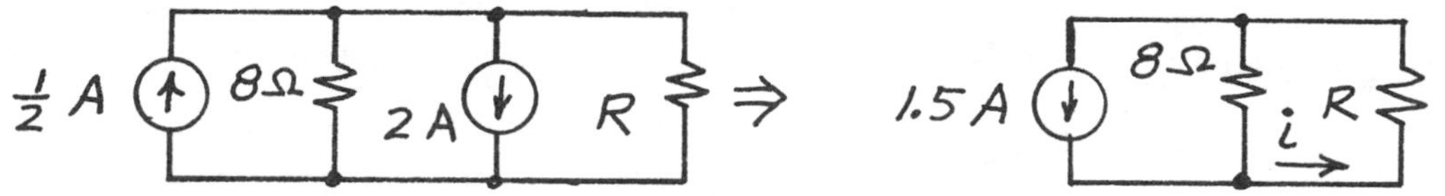

$p = Ri^2 = R\left[\left(\frac{8}{8+R}\right)(1.5)\right]^2$

(a) $R = 12\ \Omega$: $p = 12\left[\frac{8}{20}(1.5)\right]^2 = \underline{4.32\ \text{W}}$

(b) $R = 4\ \Omega$: $p = 4\left[\frac{8}{12}(1.5)\right]^2 = \underline{4\ \text{W}}$

(c) p_{max} occurs when $R = R_{th} = 8\ \Omega$

$p_{max} = 8\left[\frac{1}{2}(1.5)\right]^2 = \underline{4.5\ \text{W}}$

5.5.2 In (a) at terminals a–b, $v_{oc} = (2)(4) = 8$ V, and in (b) $i_{sc} = \frac{8}{4} = 2$ A from $\underline{a}$ to $\underline{b}$. Therefore, (a) is the Norton equivalent circuit of (b), and (b) is the Thevenin equivalent circuit of (a) as seen

5.5.2 (Cont.) from a-b. In each case the 12-Ω resistor absorbs

$$P = \left(\frac{8}{4+12}\right)^2 (12) = 3\text{ W}$$

In (a) the power absorbed by the 4-Ω resistor is

$$P_{4\Omega} = \left[\frac{12}{4+12}(2)\right]^2 (4) = \underline{9\text{ W}} \qquad (a)$$

In (b)

$$P_{4\Omega} = \left[\frac{8}{4+12}\right]^2 (4) = \underline{1\text{ W}} \qquad (b)$$

5.5.3 $p = \left(\frac{v_g}{R_g + R_L}\right)^2 R_L$. If $R_L > 0$ and $R_g \geq 0$, then the power is a maximum if $R_g = 0$. $\therefore$ $\underline{p_{max} = \frac{v_g^2}{R_L}}$

— PROBLEMS —

5.1 Assume $i_1 = 1$ A. Then

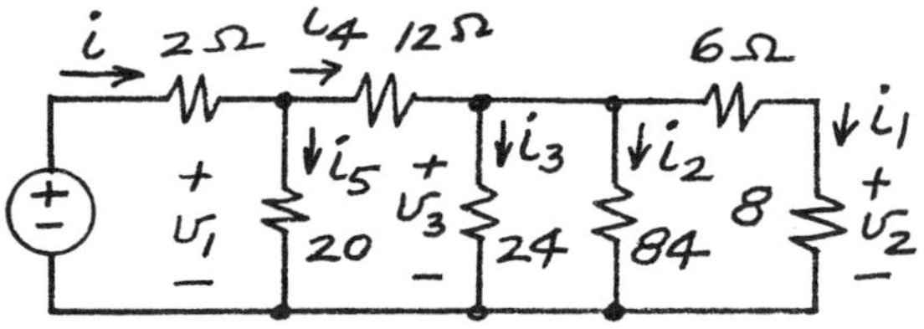

$v_2 = 8$ V, $v_3 = (6+8)(1) = 14$ V,

$i_4 = i_1 + i_2 + i_3 = 1 + 14\left(\frac{1}{84} + \frac{1}{24}\right)$,

or $i_4 = \frac{7}{4}$ A; $v_1 = v_3 + 12 i_3$

or $v_1 = 14 + 12\left(\frac{7}{4}\right) = 35$ V, $i_5 = \frac{v_1}{20} = \frac{35}{20} = \frac{7}{4}$ A,

$i = i_4 + i_5 = \frac{7}{4} + \frac{7}{4} = \frac{7}{2}$ A, $v_g = v_1 + 2i = 35 + 7 = 42$ V

Since $i_1 = 1$ A produces the correct value of v_g, it follows that $i = \frac{7}{2} = \underline{3.5\text{ A}}$, $v_1 = \underline{35\text{ V}}$, $v_2 = \underline{8\text{ V}}$.

5.2 Let $i_2 = 1$ mA. Then

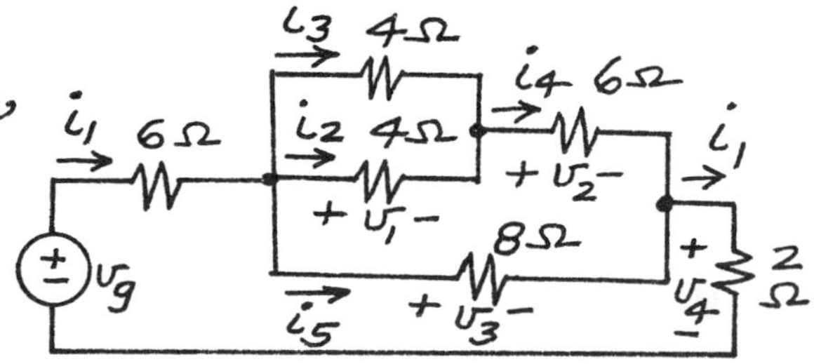

$v_1 = 4 i_2 = 4$ V, $i_3 = i_2 = 1$ mA,

$i_4 = i_2 + i_3 = 2$ mA

$v_2 = 6 i_4 = 12$ V

$v_3 = v_1 + v_2 = 4 + 12 = 16$ V

$i_5 = \frac{v_3}{8} = 2$ mA, $i_1 = i_4 + i_5 = 4$ mA, $v_4 = 2 i_1 = 8$ V

$v_g = 6 i_1 + v_3 + v_4 = 48$ V. Since v_g is actually 48 V, then $i_1 = \underline{4\text{ mA}}$ and $i_2 = \underline{1\text{ mA}}$.

5.3 Let $i = 1$ mA. Then the output voltage of the op amp is $v_1 = 2i = 2$ V, and $v_g = \frac{v_1}{1 + \frac{12}{4}} = \frac{1}{2}$ V.

The actual input voltage is $v_g = 2\cos 4t$ V, so that $K = (2\cos 4t)/\left(\frac{1}{2}\right) = 4\cos 4t$.

5.3 (Cont.) $\therefore\ i = (4\cos 4t)(1) = \underline{4\cos 4t \text{ mA}}$

5.4 Assume $v_2 = 1$ V. Then $50 i_1 = -1\text{ V}/(1\text{k}\Omega)$ or
$i_1 = -\frac{1}{50}$ mA; $v_R = 100 i_1 + (3\times10^{-4}) v_2$ or
$v_R = (3\times10^{-4})(1) - (2\times10^{-3}) = -17\times10^{-4}$ V;
$I_g = i_1 + \frac{v_R}{R} = -0.02\times10^{-3} - (17\times10^{-7})$ A
$I_g \approx -0.02$ mA; $k \approx I_g/(-0.02\times10^{-3}) = -50\times10^3 I_g$
$\therefore\ v_2 \approx (1)(-50\times10^3 I_g) = \underline{-5\times10^4 I_g}$

5.5 Let $i_1 = 1$ mA. Then $v_2 = -5(36 i_1) = -180$ V
v_1 = voltage across 40-Ω resistor $= 100 i_1 + 2(10^{-4}) v_2$
$= 0.064$ V
i_g = current in source $= \frac{v_1}{40} + i_1 = \frac{0.064}{40} + 0.001$ A
$= 2.6$ mA
$v_g = 10 i_g + v_1 = 0.026 + 0.064 = 0.09$ V; $k = \frac{.05}{.09} = \frac{5}{9}$
$v_2 = -180k = -180\left(\frac{5}{9}\right) = \underline{-100 \text{ V}}$

5.6 Let $i = \cos 2t$ A. Then

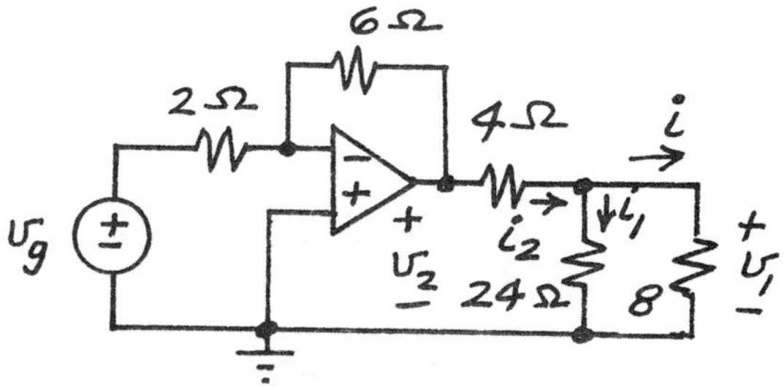

$v_1 = 8\cos 2t$ V
$i_1 = \frac{v_1}{24} = \frac{1}{3}\cos 2t$ A
$i_2 = i + i_1 = \frac{4}{3}\cos 2t$ A
$v_2 = v_1 + 4 i_2 = \frac{40}{3}\cos 2t$ V
$v_2 = -\frac{6}{2} v_g \Rightarrow v_g = -\frac{1}{3} v_2 = -\frac{40}{9}\cos 2t$ V
proportionality constant $k = \dfrac{4\cos 2t}{-\frac{40}{9}\cos 2t} = -0.9$

$\therefore\ i = k\cos 2t = \underline{-0.9\cos 2t \text{ A}}$

5.7

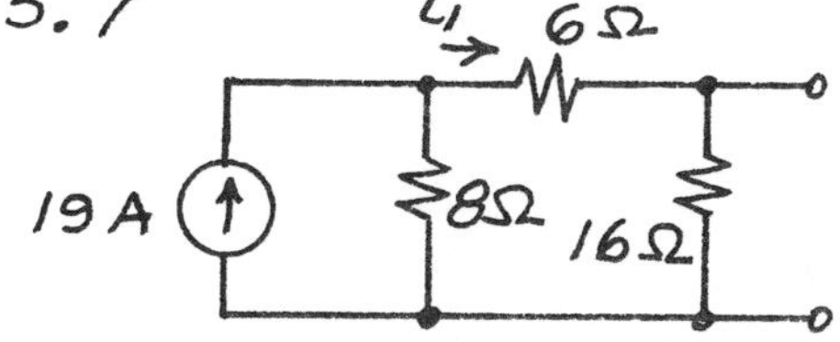

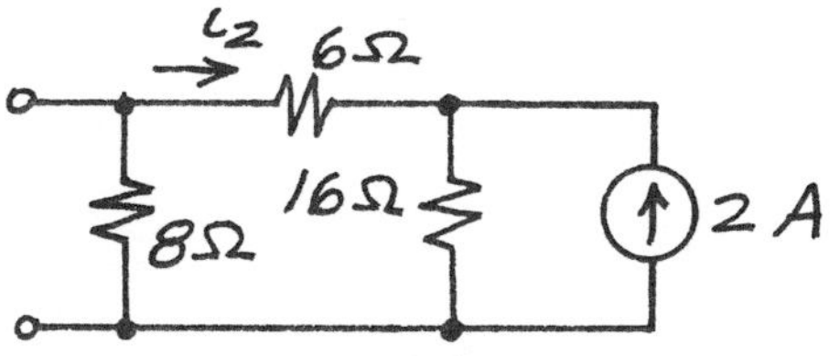

$i_1 = \frac{8}{8+6+16}(19) = \frac{76}{15}$ A

$i_2 = \frac{16}{8+6+16}(-2) = -\frac{16}{15}$ A

$i = i_1 + i_2 = \frac{76}{15} + \left(-\frac{16}{15}\right) = \underline{4 \text{ A}}$

5.8

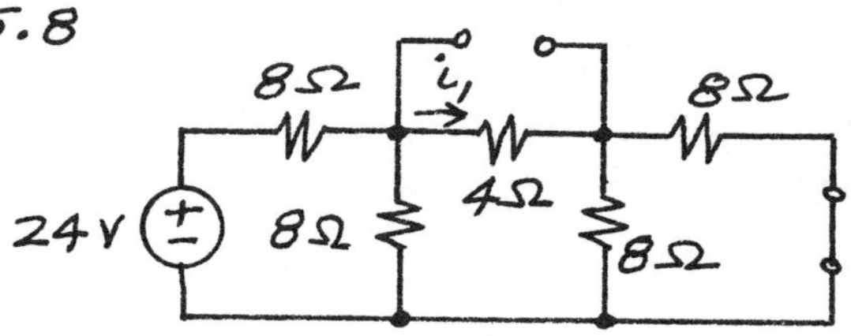

$$i_1 = \frac{1}{2}\left[\frac{24}{8+\frac{8(8)}{16}}\right] = 1\ \text{A}$$

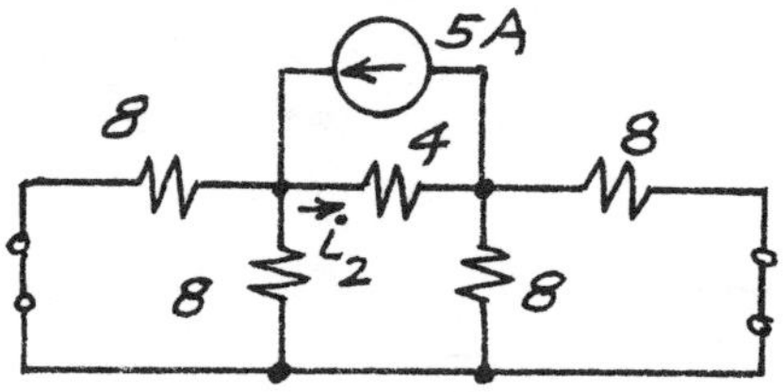

$$i_2 = \frac{8}{4+8}(5) = \frac{10}{3}\ \text{A}$$

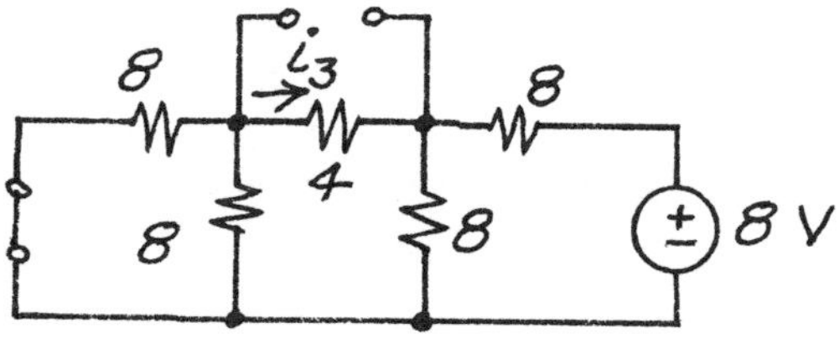

$$i_3 = \frac{8}{8+4+4}\left[\frac{-8}{8+\frac{8(8)}{16}}\right]$$

$$i_3 = -\frac{1}{3}\ \text{A}$$

$$i = i_1 + i_2 + i_3$$

$$= 1 + \frac{10}{3} - \frac{1}{3} = \underline{4\ \text{A}}$$

5.9

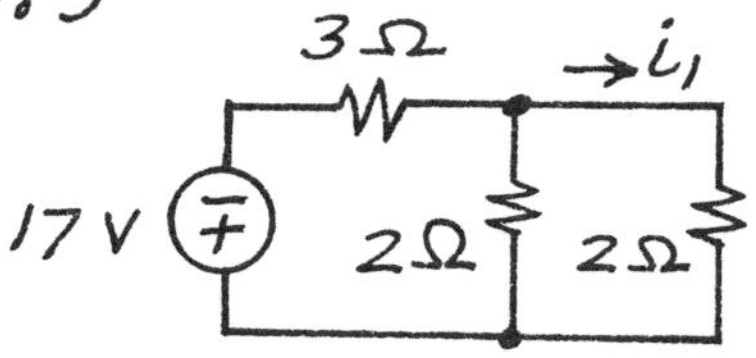

$$i_1 = -\frac{2}{2+2}\left[\frac{17}{3+\frac{2(2)}{4}}\right] = -\frac{17}{8}\ \text{A}$$

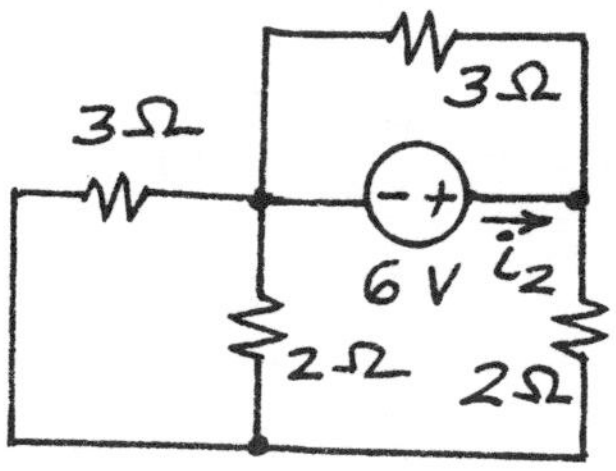

$$R_{eq} = \frac{3\left[2+\frac{2(3)}{5}\right]}{3+2+\frac{2(3)}{5}} = \frac{48}{31}\ \Omega$$

$$i_2 = \frac{6}{R_{eq}} = (6)\frac{31}{48} = \frac{31}{8}\ \text{A}$$

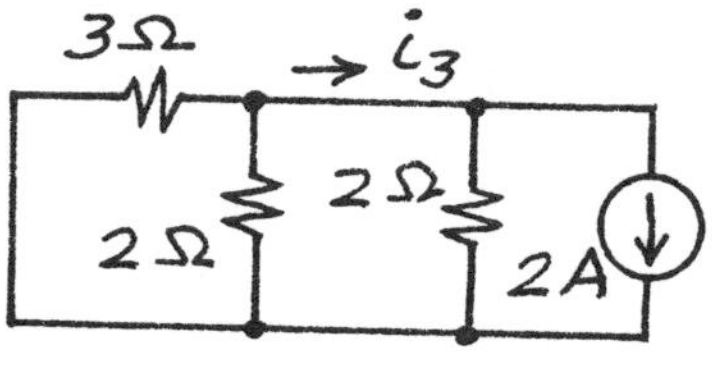

$$i_3 = \frac{2}{2+\frac{6}{5}}(2) = \frac{10}{8}\ \text{A}$$

$$i = i_1 + i_2 + i_3 = -\frac{17}{8} + \frac{31}{8} + \frac{10}{8} = \underline{3\ \text{A}}$$

5.10

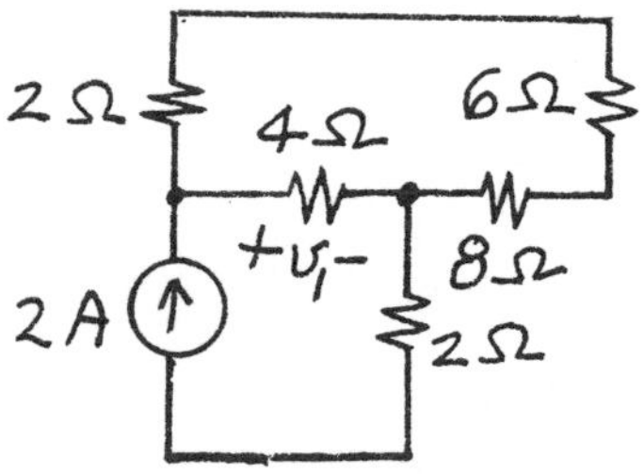

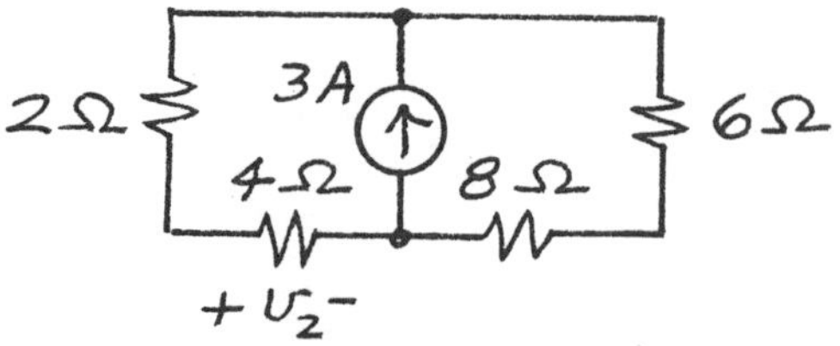

$$v_1 = 4\left[\frac{16}{16+4}(2)\right] = 6.4\ \text{V}$$

$$v_2 = 4\left[\frac{14}{14+6}(3)\right] = 8.4\ \text{V}$$

5.10 (Cont.)

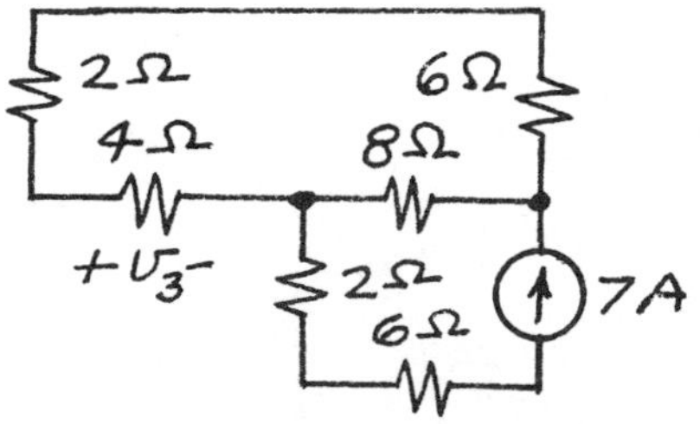

$$v_3 = 4\left[\frac{8}{8+12}(7)\right] = 11.2 \text{ V}$$

$$v = v_1 + v_2 + v_3$$

$$= 6.4 + 8.4 + 11.2 = \underline{26 \text{ V}}$$

5.11

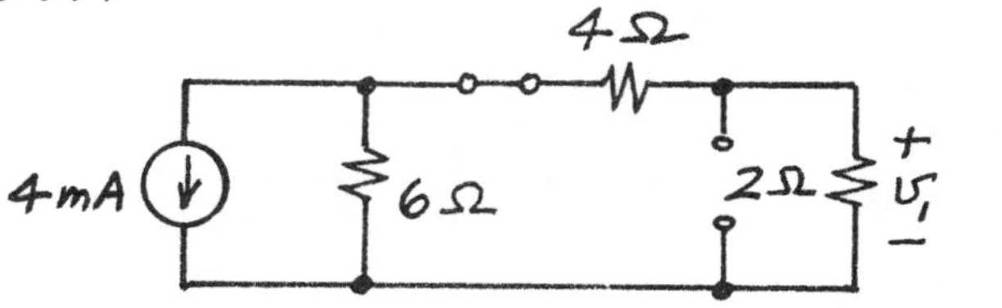

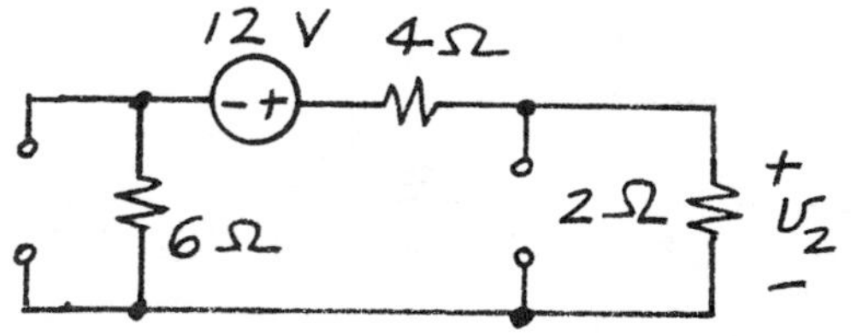

$$v_1 = 2\left[\frac{6}{6+6}(-4)\right] = -4\text{ V}$$

$$v_2 = \frac{2}{2+4+6}(12) = 2 \text{ V}$$

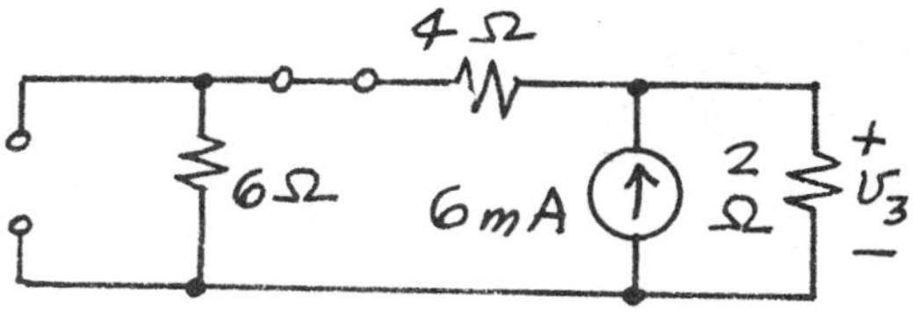

$$v_3 = 2\left[\frac{10}{10+2}(6)\right] = 10 \text{ V}$$

$$v = v_1 + v_2 + v_3 = -4 + 2 + 10 = \underline{8 \text{ V}}$$

5.12

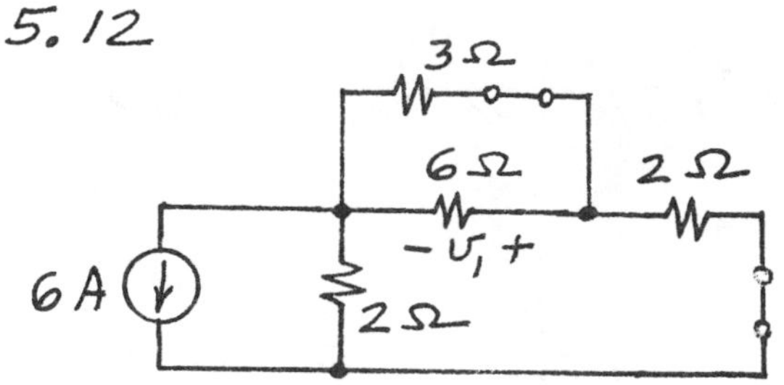

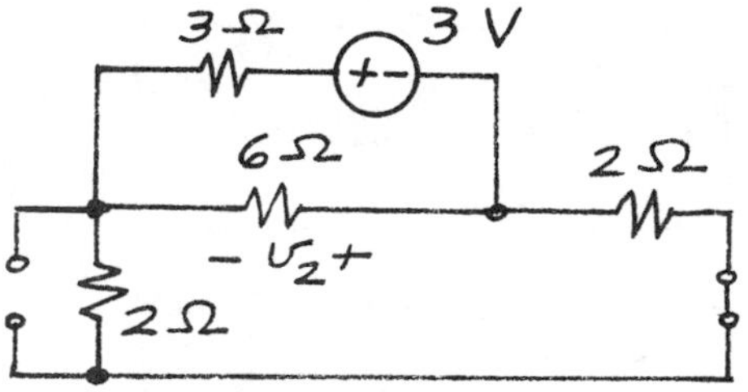

$$v_1 = 6\left[\frac{2}{2+4}(6)\right] = 12\text{ V}$$

$$v_2 = -\left[\frac{6(4)}{10}\right]\Big/\left[\frac{6(4)}{10} + 3\right] = -\frac{4}{3}\text{ V}$$

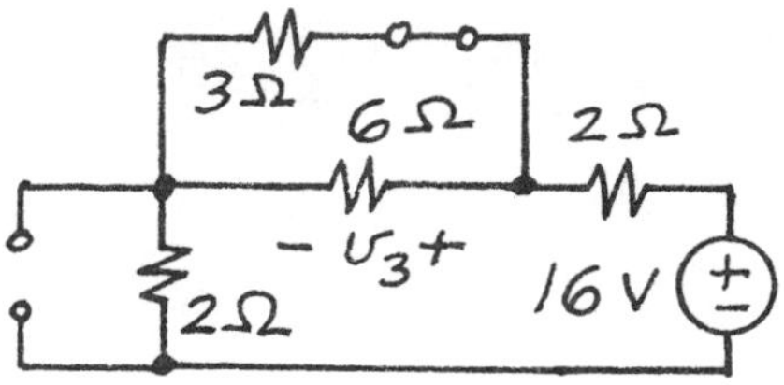

$$v_3 = \frac{2}{2+4}(16) = \frac{16}{3} \text{ V}$$

$$v = v_1 + v_2 + v_3 = 12 - \frac{4}{3} + \frac{16}{3} = \underline{16\text{ V}}$$

5.13

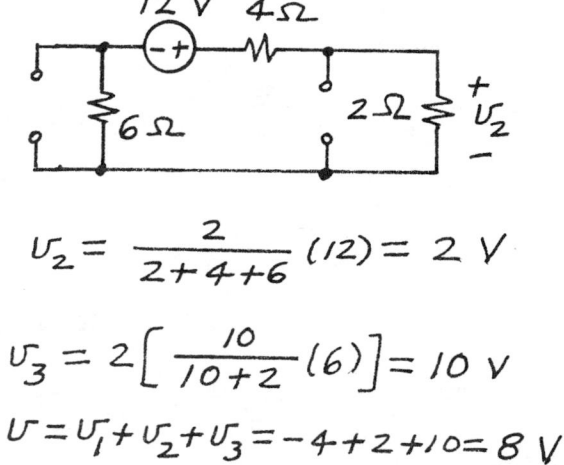

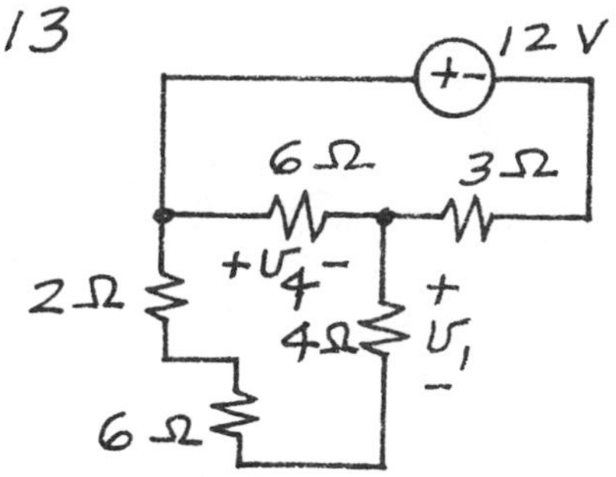

$$v_4 = \frac{6(12)/(6+12)}{3 + \frac{6(12)}{6+12}}(12) = \frac{48}{7} \text{ V}$$

$$v_1 = -\frac{4}{12} v_4 = -\frac{16}{7} \text{ V}$$

5.13 (Cont.)

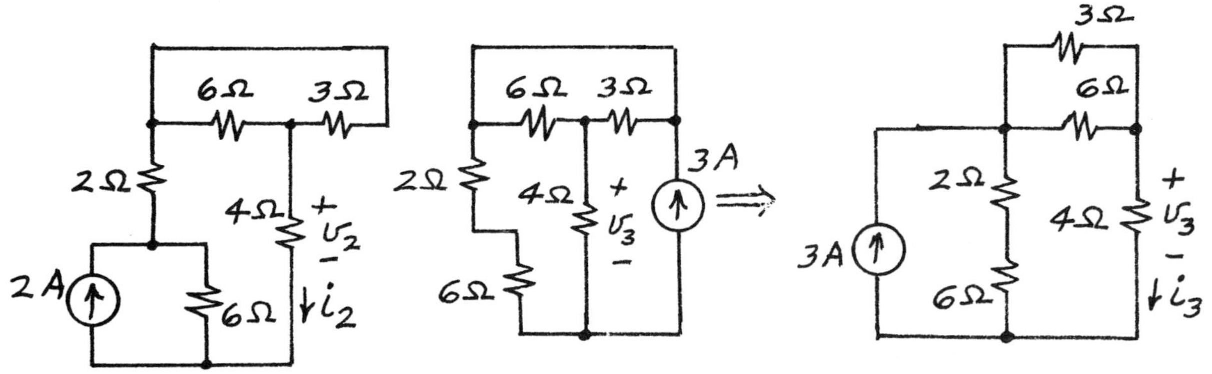

$$i_2 = \frac{6(2)}{6+[2+4+(6)(3)/9]}$$

$$= \frac{6}{7}\ \text{A}$$

$$v_2 = 4i_2 = \frac{24}{7}\ \text{V}$$

$$i_3 = \frac{8(3)}{8+4+(6)(3)/(6+3)}$$

$$= \frac{12}{7}\ \text{A}$$

$$v_3 = 4i_3 = \frac{48}{7}\ \text{V}$$

$$v = v_1 + v_2 + v_3 = -\frac{16}{7} + \frac{24}{7} + \frac{48}{7} = 8\ \text{V}$$

$$p = \frac{v^2}{4} = \frac{(8)^2}{4} = \underline{16\ \text{W}}$$

5.14

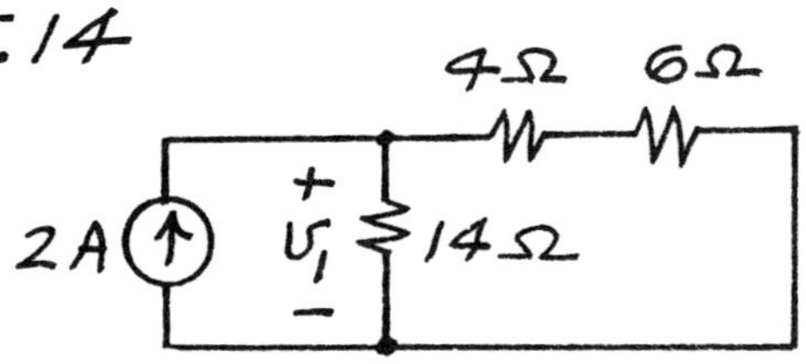

$$v_1 = 14\left[\frac{10}{14+10}(2)\right] = \frac{35}{3}\ \text{V}$$

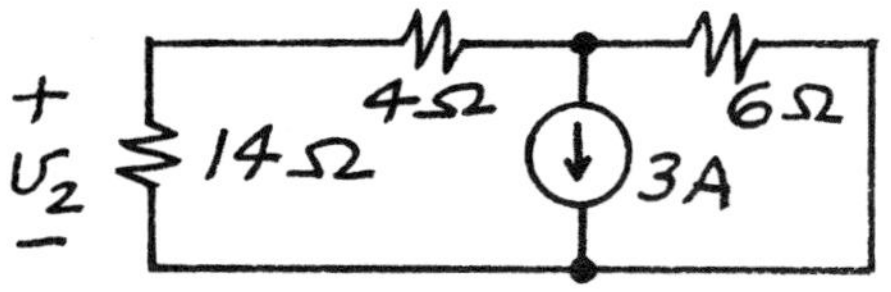

$$v_2 = -14\left[\frac{6}{24}\right](3) = -\frac{21}{2}\ \text{V}$$

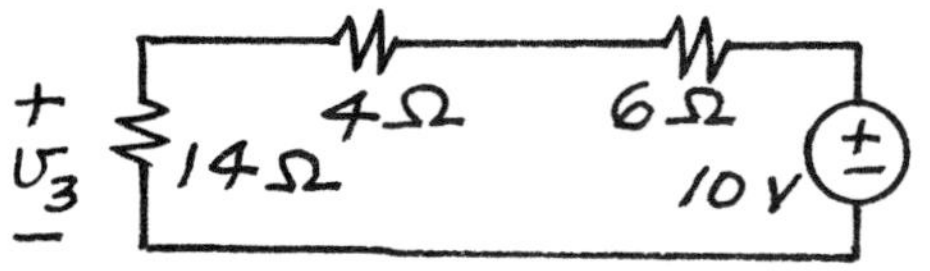

$$v_3 = \frac{14(10)}{14+10} = \frac{35}{6}\ \text{V}$$

$$v = v_1 + v_2 + v_3 = \frac{35}{3} - \frac{21}{2} + \frac{35}{6}$$

$$v = \underline{7\ \text{V}}$$

5.15

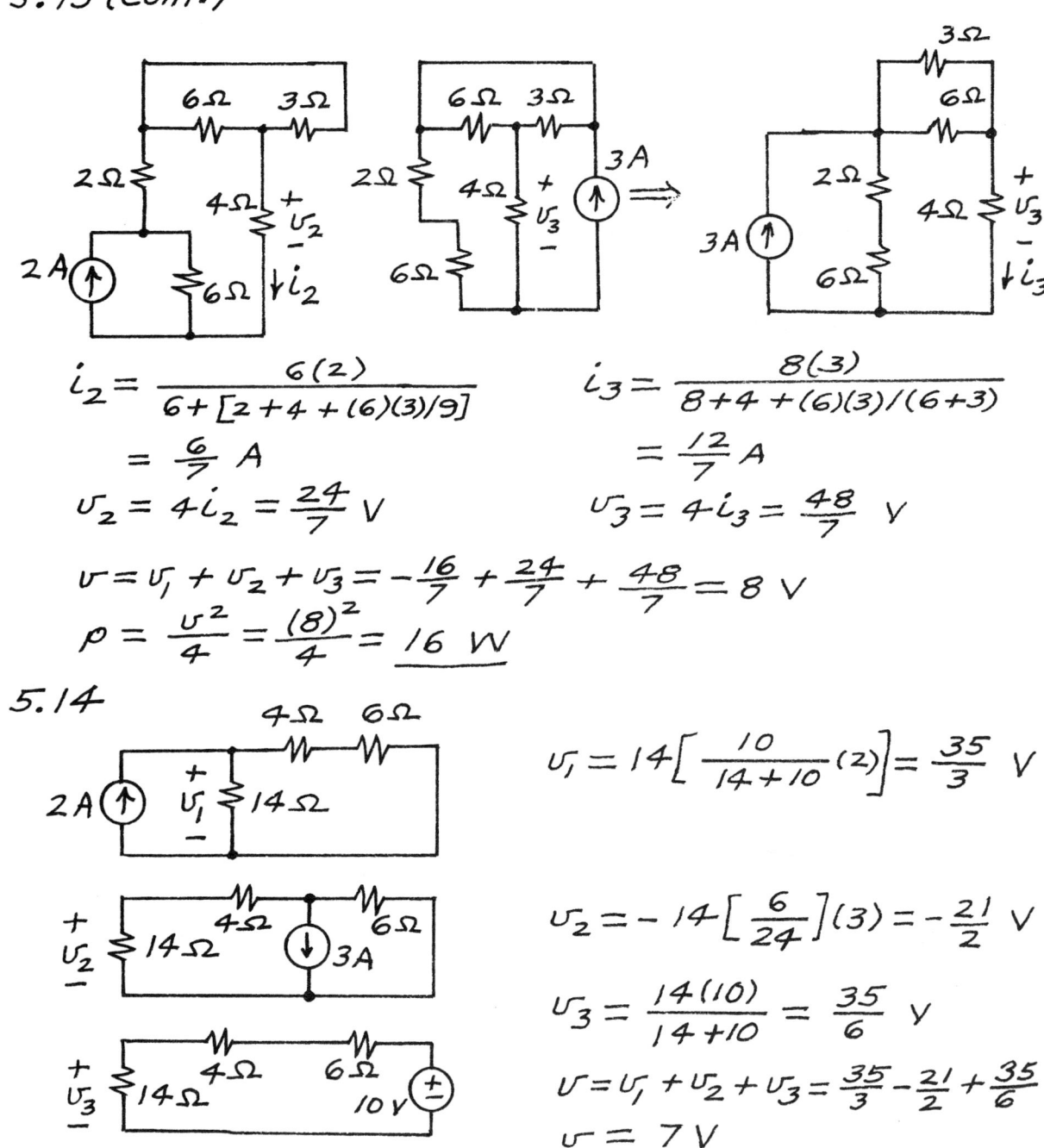

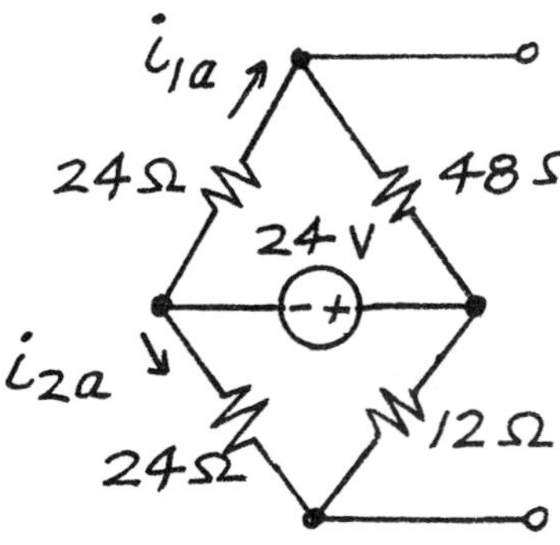

$$i_{1a} = -\frac{24}{24+48} = -\frac{1}{3}\ \text{A}$$

$$i_{2a} = -\frac{24}{24+12} = -\frac{2}{3}\ \text{A}$$

5.15 (Cont.)

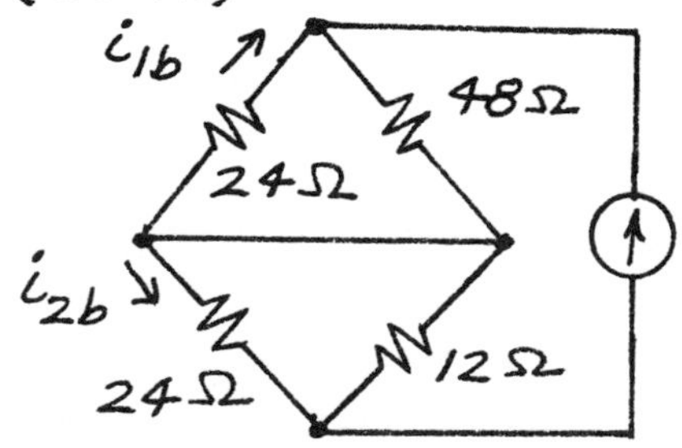

⇒

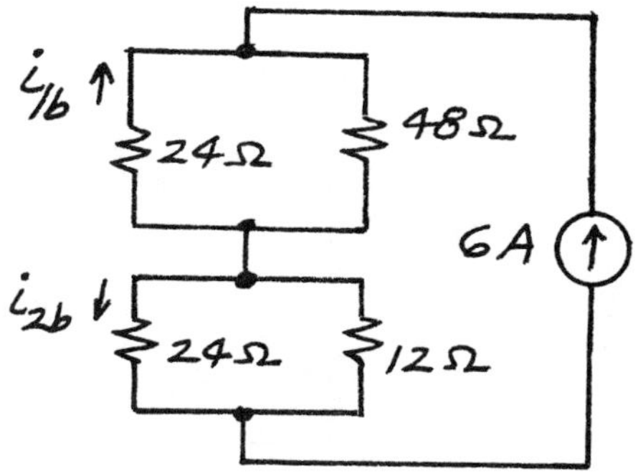

$$i_{1b} = \frac{-48}{24+48}(6) = -4\,A$$

$$i_{2b} = \frac{12}{24+12}(6) = 2\,A; \quad i_1 = i_{1a} + i_{1b} = -\tfrac{1}{3} - 4 = -\tfrac{13}{3}\,A$$

$$i_2 = i_{2a} + i_{2b} = -\tfrac{2}{3} + 2 = \tfrac{4}{3}\,A; \quad i = -(i_1 + i_2) = -\left(-\tfrac{13}{3} + \tfrac{4}{3}\right)$$

$$i = \underline{3\,A}$$

5.16

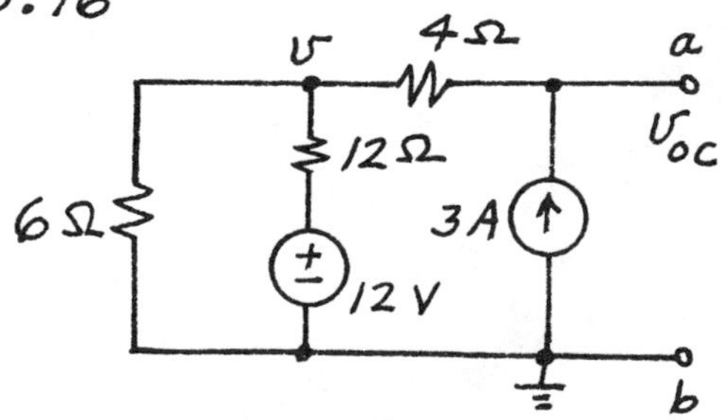

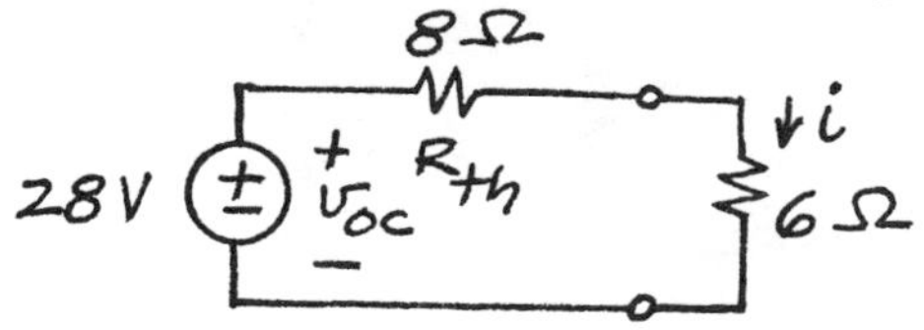

$$R_{th} = 4 + \frac{6(12)}{18} = 8\,\Omega$$

$$\frac{v}{6} + \frac{v-12}{12} + \frac{v-v_{oc}}{4} = 0$$

$$v = v_{oc} - 4(3) = v_{oc} - 12$$

$$\left(\tfrac{1}{6} + \tfrac{1}{12} + \tfrac{1}{4}\right)(v_{oc} - 12) - \frac{v_{oc}}{4} = 1$$

$$v_{oc} = 28\,V$$

$$i = \frac{v_{oc}}{R_{th}+6} = \frac{28}{8+6} = \underline{2\,A}$$

5.17

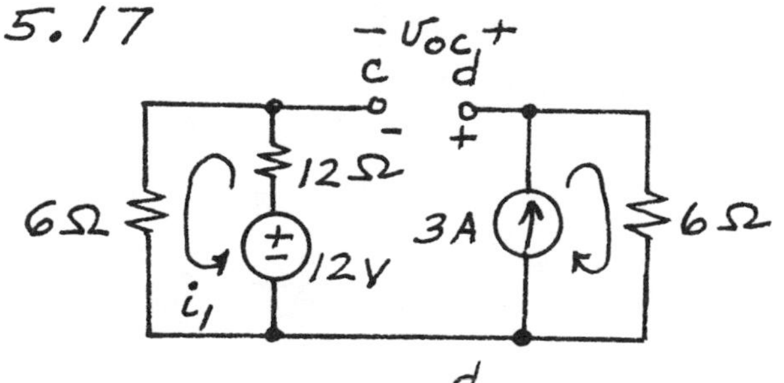

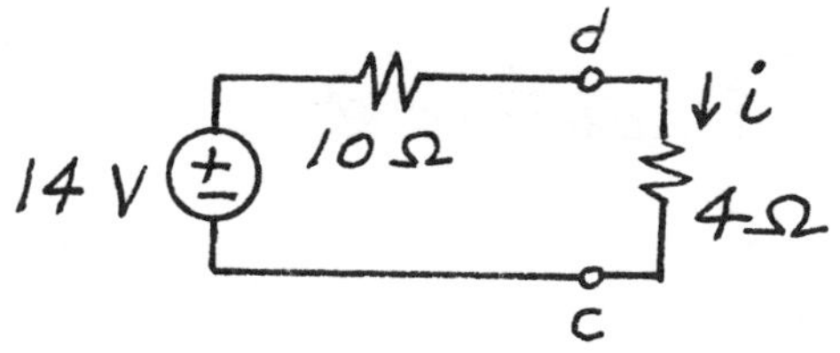

$$i_1 = \frac{12}{6+12} = \frac{2}{3}\,A$$

$$v_{oc} = 12\,i_1 - 12 + 6(3) = 14\,V$$

$$R_{th} = 6 + \frac{6(12)}{6+12} = 10\,\Omega$$

Thevenin circuit:

$$i = \frac{14}{10+4} = 1\,A$$

$$p = 4i^2 = 4(1)^2 = \underline{4\,W}$$

5.18

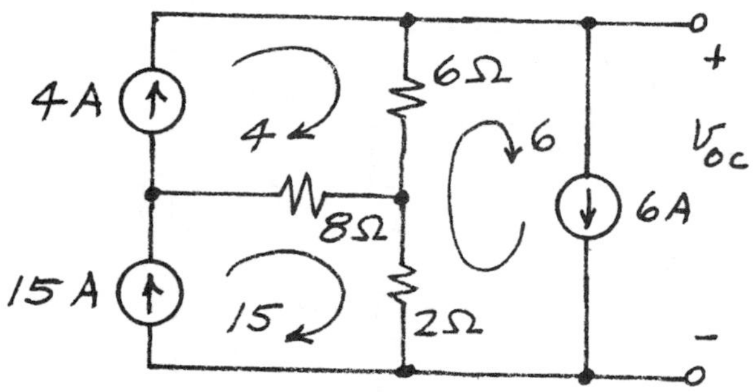

$$R_{th} = 6 + 2 = 8\ \Omega$$

$$v_{oc} = 6(4-6) + 12(15-6) = 6\ \text{V}$$

$$v = \frac{4}{4+R_{th}} v_{oc} = \frac{4}{4+8}(6)$$

$$v = \underline{2\ \text{V}}$$

5.19

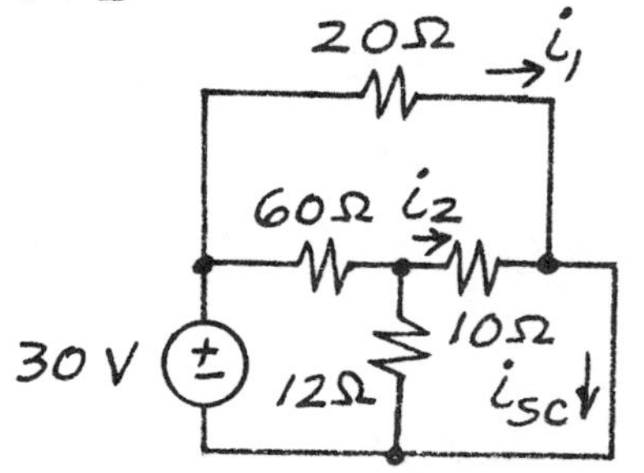

⇒

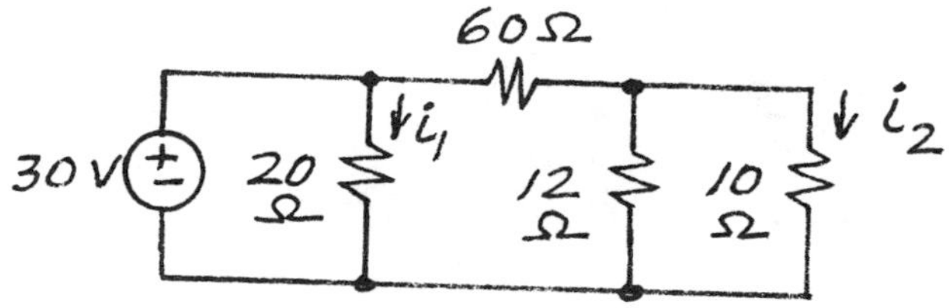

$$i_1 = \frac{30}{20} = 1.5\ \text{A}\ ; \quad i_2 = \left[\frac{30}{60 + \frac{12(10)}{12+10}}\right]\frac{12}{12+10} = \frac{1}{4}\ \text{A}$$

$$i_{sc} = i_1 + i_2 = 1.5 + 0.25 = 1.75\ \text{A}$$

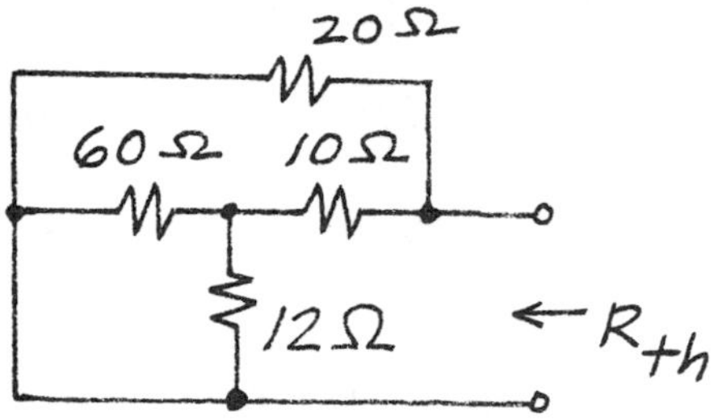

⇒

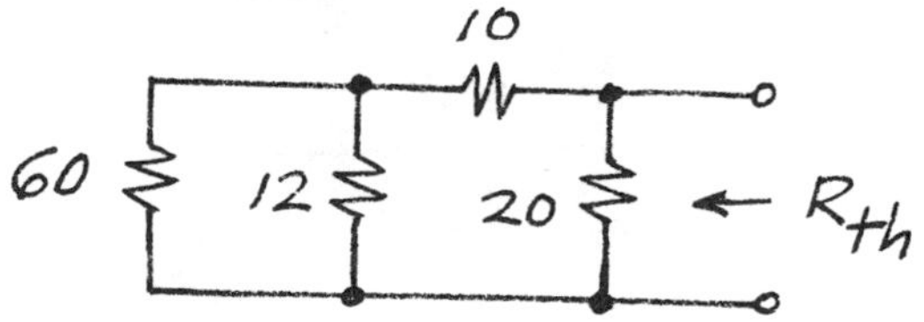

$$R_{th} = \frac{20\left[10 + \frac{60(12)}{60+12}\right]}{20 + 10 + \frac{60(12)}{60+12}} = 10\Omega$$

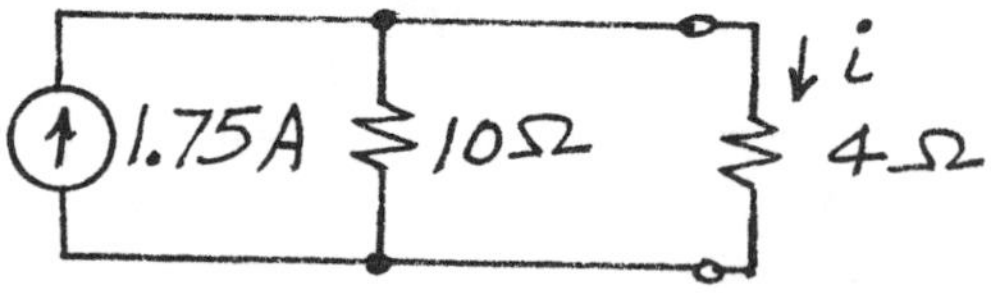

$$i = \frac{10}{10+4}(1.75) = \underline{1.25\ \text{A}}$$

5.20

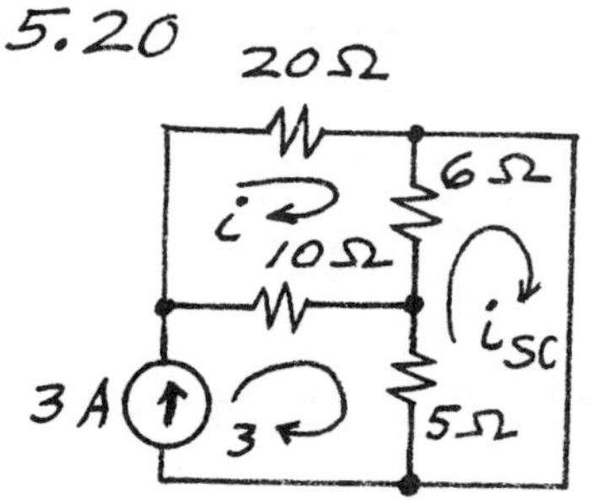

$$R_{th} = 5 + \frac{6(20+10)}{6+20+10} = \underline{10\Omega}$$

$$36i - 6i_{sc} - 10(3) = 0 \quad (1)$$

$$-6i - 5(3) + 11 i_{sc} = 0 \quad (2)$$

$$(1) + 6 \text{ times } (2):\ 60\, i_{sc} = 120$$

$$\therefore\ i_{sc} = \underline{2\ \text{A}}$$

5.20 (cont.)

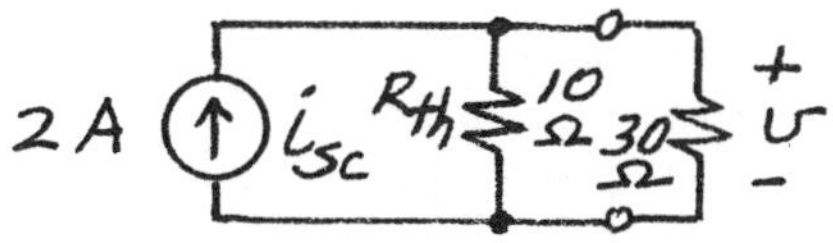

$$v = 30\left[\frac{R_{th}}{R_{th}+30}\right] i_{sc} = \frac{30(10)}{40}(2)$$

$$v = \underline{15\ \text{V}}$$

5.21

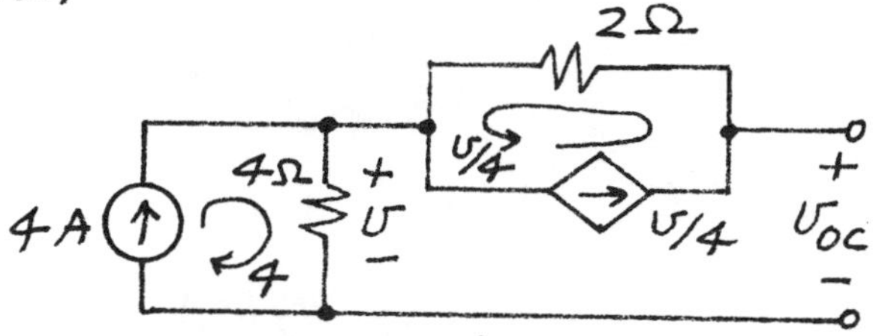

$$v_{oc} = v + 2\left(\frac{v}{4}\right) = \frac{3}{2}v$$

$$v = 4(4) = 16\ \text{V} \Rightarrow v_{oc} = 24\ \text{V}$$

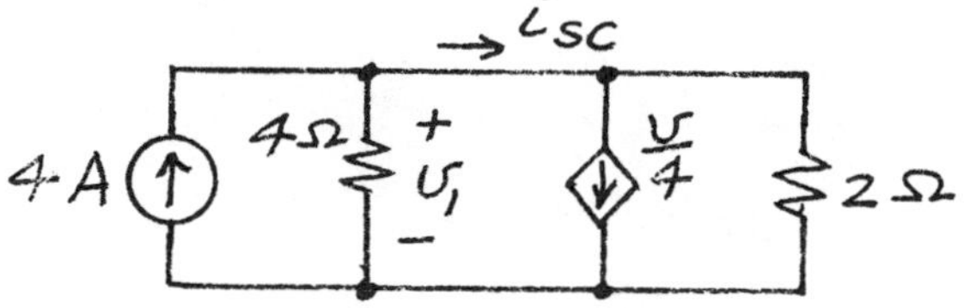

$$\text{KCL}: \frac{v_1}{4} + \frac{v_1}{4} + \frac{v_1}{2} = 4 \Rightarrow v_1 = 4\ \text{V}$$

$$i_{sc} = 4 - \frac{v_1}{4} = \underline{3\ \text{A}}$$

$$R_{th} = \frac{v_{oc}}{i_{sc}} = \frac{24}{3} = \underline{8\ \Omega}$$

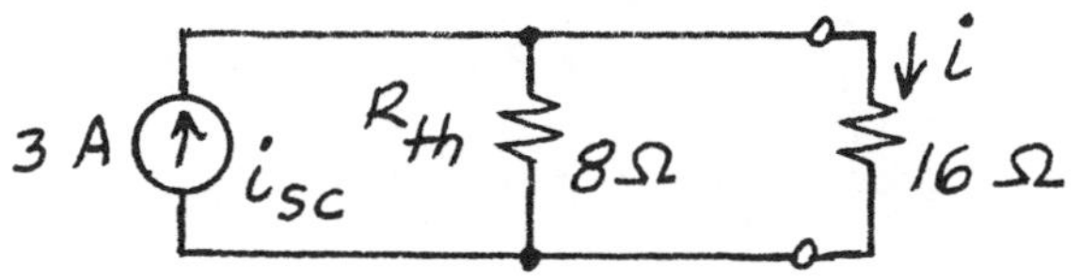

$$i = \frac{8}{8+16}(3) = \underline{1\ \text{A}}$$

5.22 $v_{oc} = 0$ since there is no independent source.

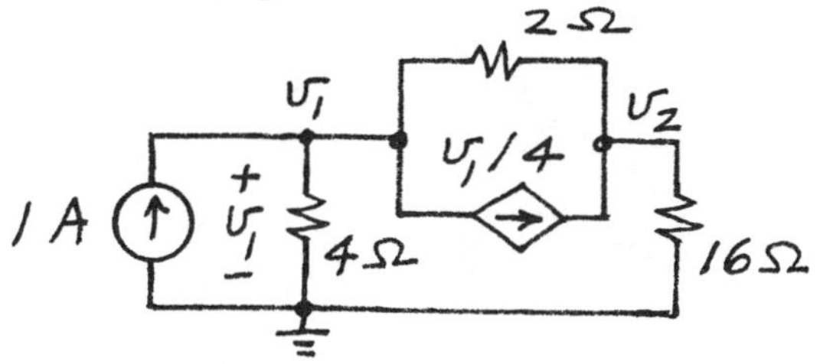

$$\frac{v_1}{4} + \frac{v_1}{4} + \frac{v_1 - v_2}{2} = 1$$

$$\frac{v_2 - v_1}{2} - \frac{v_1}{4} + \frac{v_2}{16} = 0$$

$$2v_1 - v_2 = 2, \quad -12v_1 + 9v_2 = 0$$

$$\therefore\ v_1 = 3\ \text{V} \Rightarrow R_{th} = \frac{v_1}{1} = 3\,\Omega$$

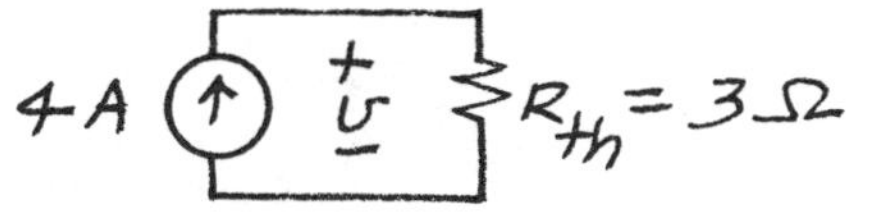

$$v = 3(4) = 12\ \text{V}$$

5.23

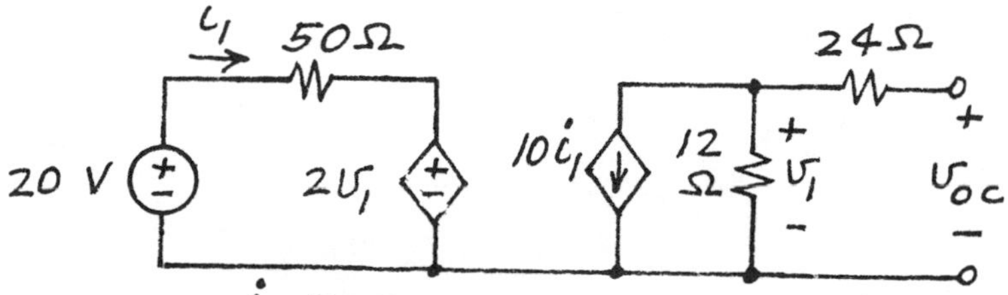

$$v_1 = v_{oc}$$

$$10i_1 = -\frac{v_1}{12}; \quad i_1 = -\frac{v_{oc}}{120}$$

$$2v_1 + 50i_1 = 20$$

$$2v_{oc} + 50\left(-\frac{v_{oc}}{120}\right) = 20$$

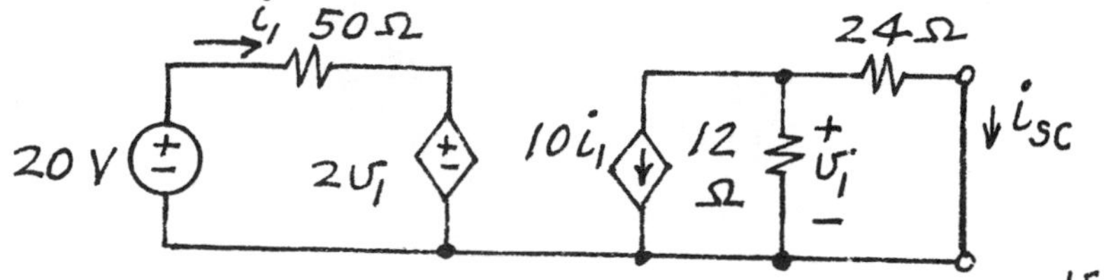

$$i_{sc} = -\frac{12}{12+24}(10i_1)$$

$$i_1 = -0.3\, i_{sc}$$

$$v_1 = 24\, i_{sc}; \quad 2v_1 + 50i_1 = 20$$

5.23 (Cont.) $2(24 i_{sc}) + 50\left(-\frac{3}{10} i_{sc}\right) = 20;\ i_{sc} = \frac{20}{33}$ A

$$v_{oc} = \frac{20}{2 - \frac{5}{12}} = \underline{\frac{240}{19}\text{ V}};\quad R_{th} = \frac{v_{oc}}{i_{sc}} = \frac{240/19}{20/33} = \underline{\frac{396}{19}}\ \Omega$$

$$v = \frac{36}{36+R_{th}} v_{oc} = \frac{36}{36+\frac{396}{19}}\left(\frac{240}{19}\right) = \underline{8\text{ V}}$$

5.24

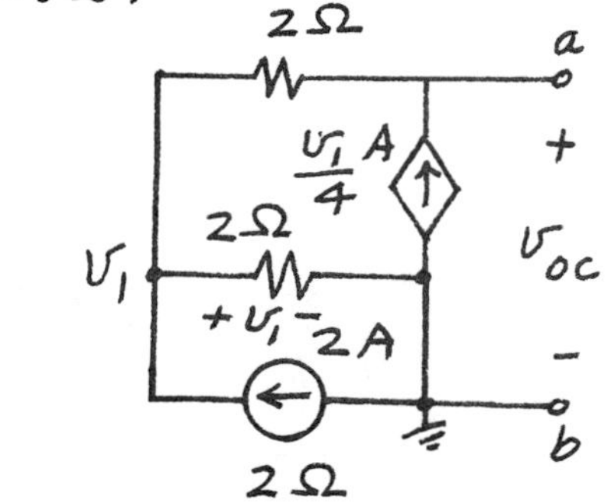

$$\frac{v_1}{4} = \frac{v_{oc} - v_1}{2} \Rightarrow v_1 = \frac{2}{3} v_{oc}$$

$$\frac{v_1 - v_{oc}}{2} + \frac{v_1}{2} = 2 \Rightarrow \frac{2}{3} v_{oc} - \frac{1}{2} v_{oc} = 2$$

$$v_{oc} = \underline{12\text{ V}}$$

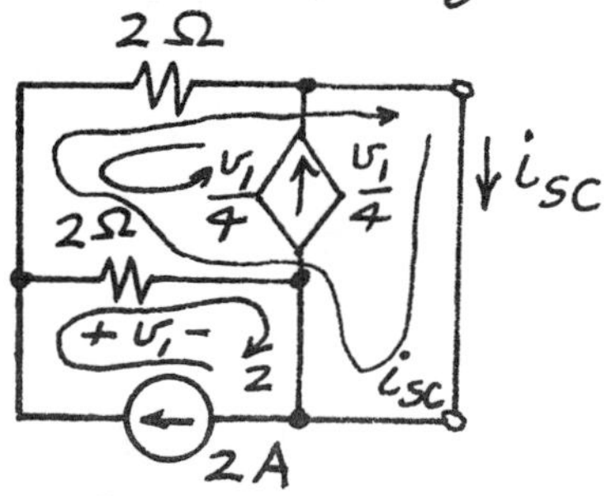

KVL around loop containing the dependent source:

$$-v_1 + 2\left(i_{sc} - \frac{v_1}{4}\right) = 0 \Rightarrow v_1 = \frac{4}{3} i_{sc}$$

Also $v_1 = 2\left(\frac{v_1}{4} + 2 - i_{sc}\right)$

$$\frac{1}{2} v_1 = \frac{1}{2}\left(\frac{4}{3}\right) i_{sc} = 4 - 2 i_{sc}$$

$$\therefore\ i_{sc} = \frac{3}{2}\text{ A};\ R_{th} = \frac{v_{oc}}{i_{sc}} = \frac{12}{\frac{3}{2}}$$

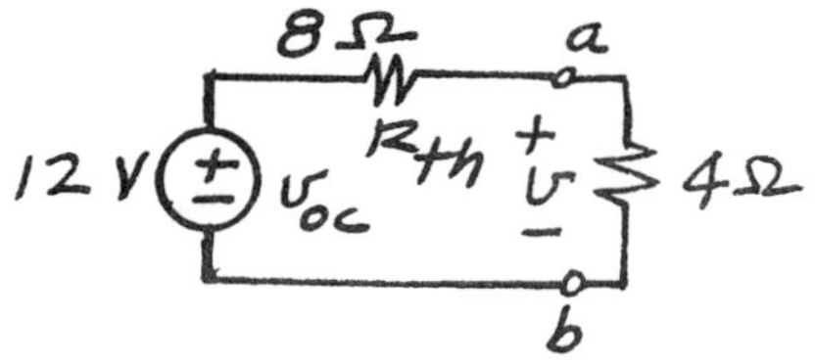

$$R_{th} = \underline{8\ \Omega}$$

$$v = \frac{4}{4+8}(12) = \underline{4\text{ V}}$$

R_{th} could also be found by opening the 2-A source and exciting the network with a current source across a–b.

5.25

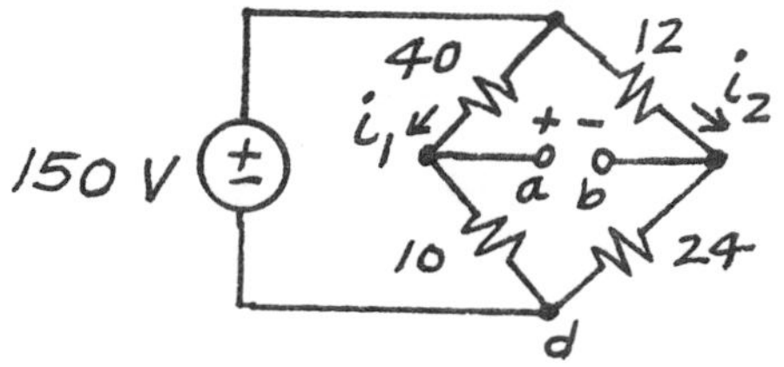

$$v_{oc} = v_{ab};\ i_1 = \frac{150}{40+10} = 3\text{ A}$$

$$i_2 = \frac{150}{12+24} = \frac{25}{6}\text{ A}$$

$$v_{oc} = 12 i_2 - 40 i_1 = 50 - 120 = \underline{-70\text{ V}}$$

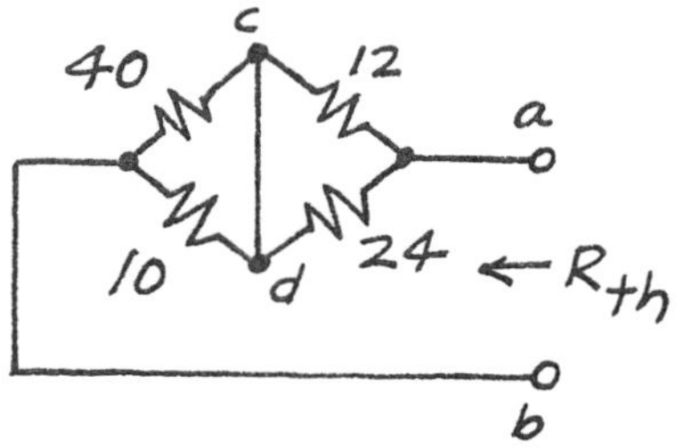

$$R_{th} = \frac{40(10)}{50} + \frac{12(24)}{36} = \underline{16\ \Omega}$$

$$i = \frac{v_{oc}}{4+R_{th}} = \frac{-70}{4+16} = \underline{-3.5\text{ A}}$$

5.26 v_1 = op amp output $= -\frac{8}{4}v_g = -2v_g$; $v_{oc} = \frac{12}{16}v_1 = -\frac{3}{2}v_g$

$v_{oc} = -\frac{3}{2}(6\cos 2t) = -9\cos 2t$ V ; $i_{sc} = v_1/4 = -\frac{1}{2}v_g$,

$i_{sc} = \underline{-3\cos 2t \text{ mA}}$; $R_{th} = \frac{v_{oc}}{i_{sc}} = \frac{-9\cos 2t}{-3\cos 2t} = \underline{3\text{ k}\Omega}$

$$p = 6\left(\frac{R_{th}\, i_{sc}}{6+R_{th}}\right)^2 = 6\left[\tfrac{3}{9}(-3\cos 2t)\right]^2 = \underline{6\cos^2 2t \text{ mW}}$$

5.27

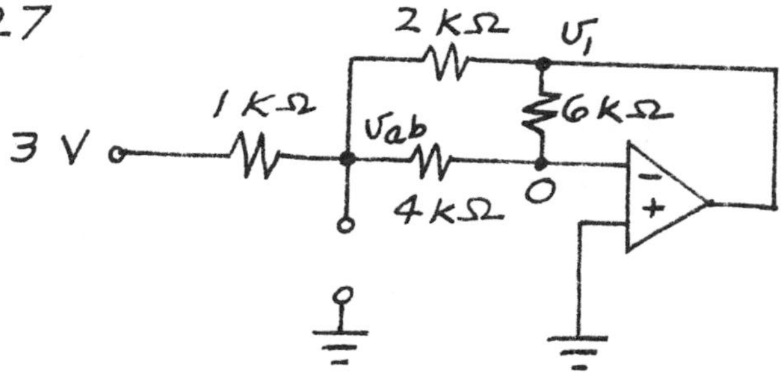

a-b open: $v_{oc} = v_{ab}$

$$\frac{v_{oc}-3}{1} + \frac{v_{oc}-v_1}{2} + \frac{v_{oc}}{4} = 0$$

or $(1+\frac{1}{2}+\frac{1}{4})v_{oc} - \frac{1}{2}v_1 =$

$$\frac{v_{oc}}{4} + \frac{v_1}{6} = 0 \Rightarrow v_1 = -\frac{3}{2}v_{oc}$$

$$\frac{7}{4}v_{oc} - \frac{1}{2}\left(-\frac{3}{2}v_{oc}\right) = 3 \Rightarrow v_{oc} = \underline{\frac{6}{5}\text{ V}}$$

a-b shorted: $i_{sc} = i_{ab}$; $v_{ab} = 0$. ∴ The currents in the 4-kΩ and 6-kΩ resistors are both zero. ∴ $v_1 = 0$ and $v_{ab} - v_1 = 0$. The current in the 2-kΩ resistor is also zero. At node $\underline{a}$, $-\frac{3}{1} + i_{sc} = 0$.

$$i_{sc} = 3\text{ mA},\quad R_{th} = \frac{v_{oc}}{i_{sc}} = \frac{6/5}{3} = 0.4\text{ k}\Omega = \underline{400\,\Omega}$$

$$i = \frac{v_{oc}}{R+R_{th}} = \frac{6/5}{2+0.4} = \underline{0.5\text{ mA}}$$

5.28

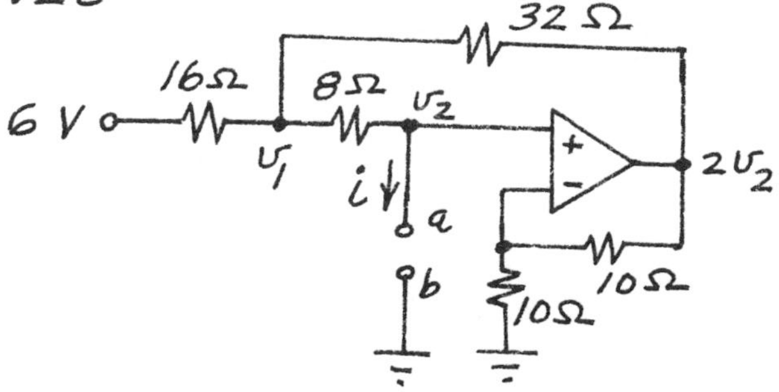

a-b open: $v_1 = v_2 = v_{oc}$ (input op amp current = 0)

$$\frac{v_1-6}{16} - \frac{v_1-2v_1}{32} = 0$$

$$v_{oc} = v_1 = \underline{12\text{ V}}$$

a-b shorted: $v_2 = 0$, $i = i_{sc}$

$$\frac{v_1-6}{16} + \frac{v_1}{8} + \frac{v_1}{32} = 0 \Rightarrow v_1 = \frac{12}{7}\text{ V};\ i_{sc} = \frac{v_1}{8} = \frac{3}{14}\text{ A}$$

$$R_{th} = \frac{v_{oc}}{i_{sc}} = \frac{12}{3/14} = \underline{56\,\Omega};\ i = \frac{v_{oc}}{4+R_{th}} = \frac{12}{60} = \underline{0.2\text{ A}}$$

5.29

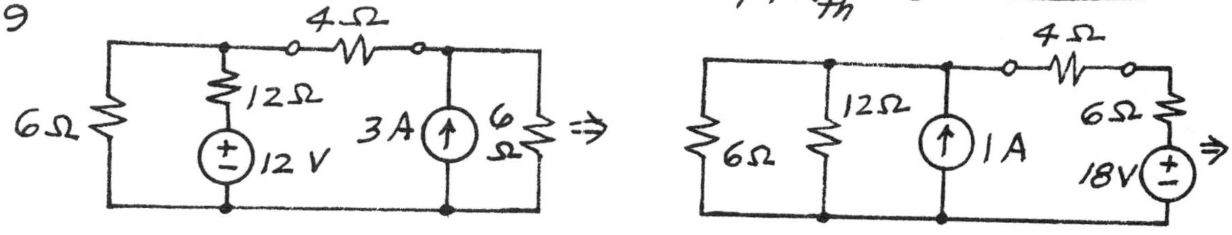

5.29 (Cont.) $12(6)/(12+6) = 4\,\Omega$

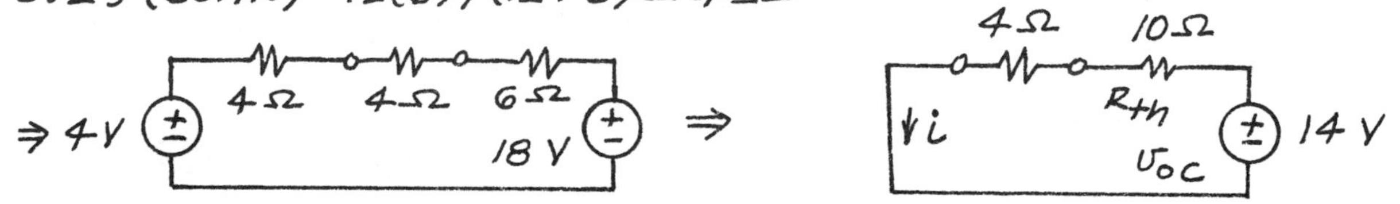

$R_{th} = \underline{10\,\Omega}$, $v_{oc} = \underline{14\text{ V}}$; $i = \frac{14}{14} = 1\text{ A} \Rightarrow p = 4(1)^2 = \underline{4\text{ W}}$

5.30 An equivalent circuit is

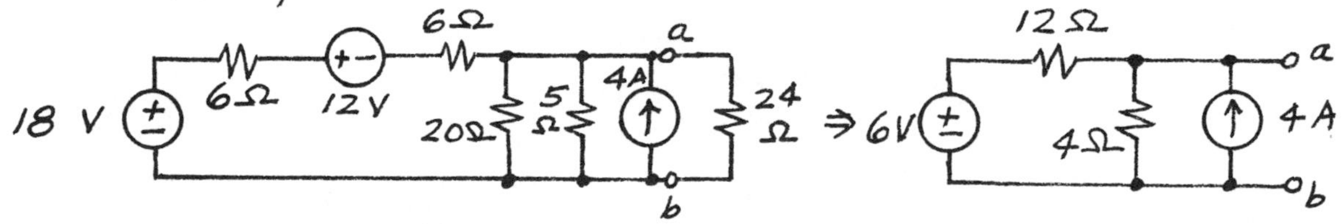

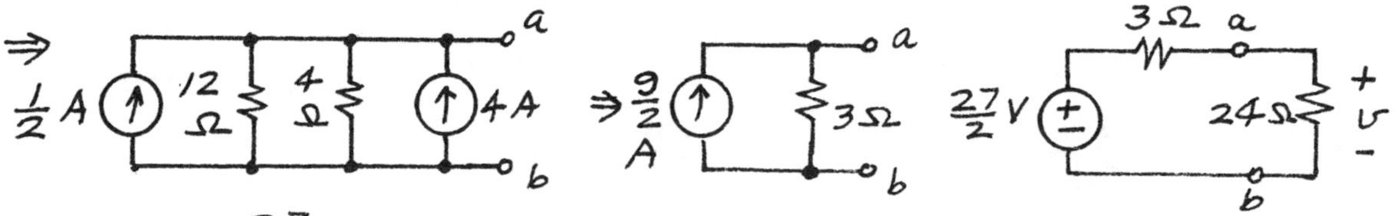

$v_{oc} = \underline{\frac{27}{2}\text{ V}}$, $R_{th} = \underline{3\,\Omega}$, $v = \frac{24}{24+3}\left(\frac{27}{2}\right) = \underline{12\text{ V}}$

5.31 Equivalent circuit

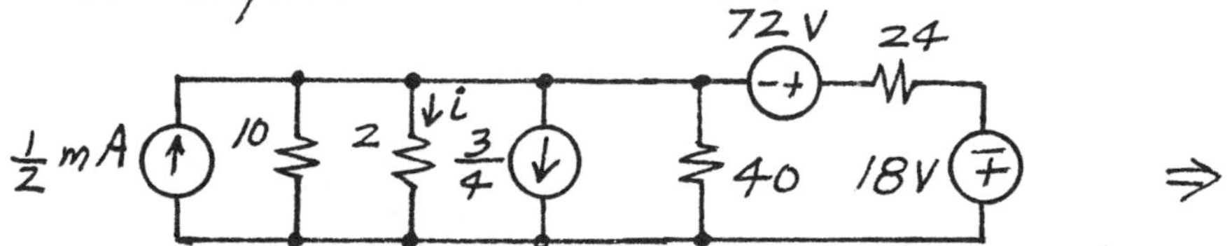

Resistances in kΩ, currents in mA.

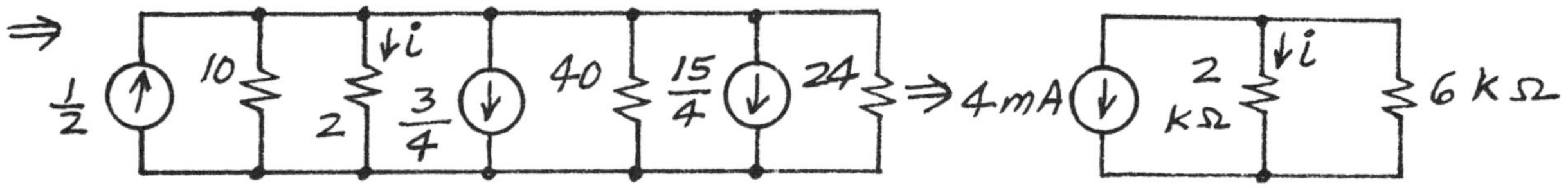

$i = \frac{-6}{6+2}(4) = \underline{-3\text{ mA}}$

5.32 Equivalent circuit:

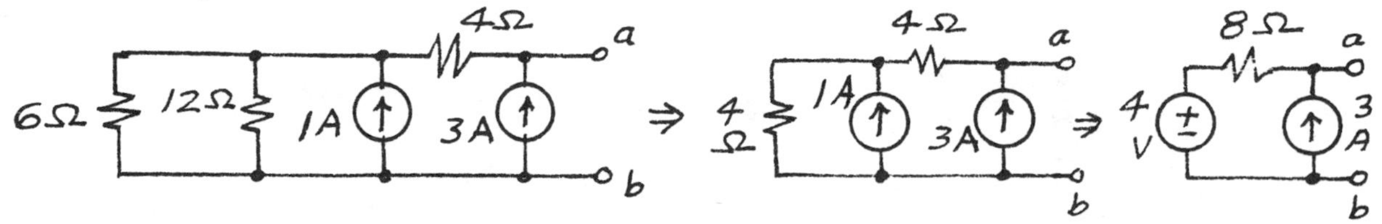

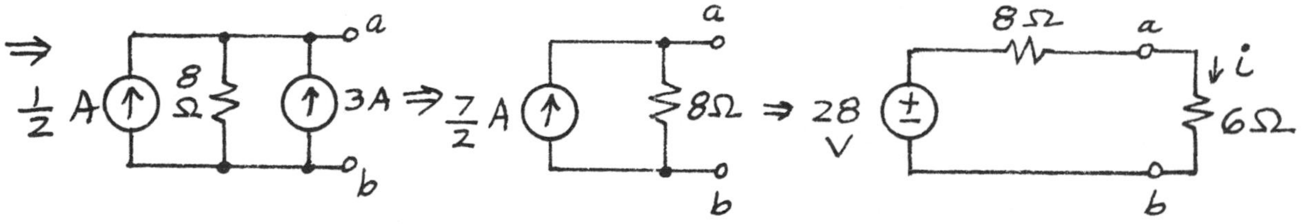

5.32 (Cont.) $v_{oc} = \underline{28\text{ V}}$, $R_{th} = \underline{8\,\Omega}$, $i = \frac{28}{8+6} = \underline{2\text{ A}}$

5.33 Equivalent circuit:

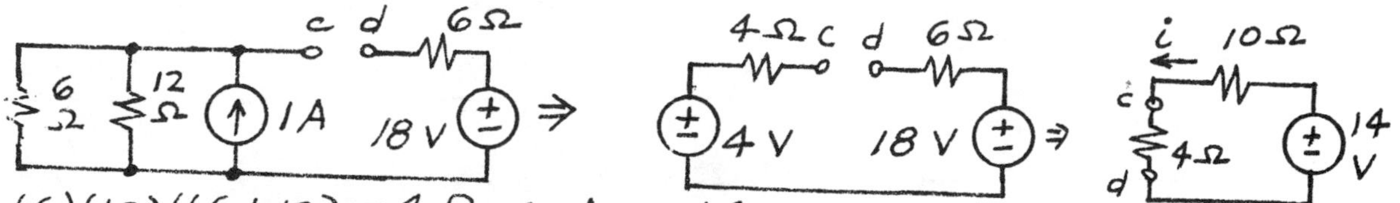

$(6)(12)/(6+12) = 4\,\Omega$; $i = \frac{14}{10+4} = 1\text{ A}$; $p = 4(1)^2 = \underline{4\text{ W}}$

5.34

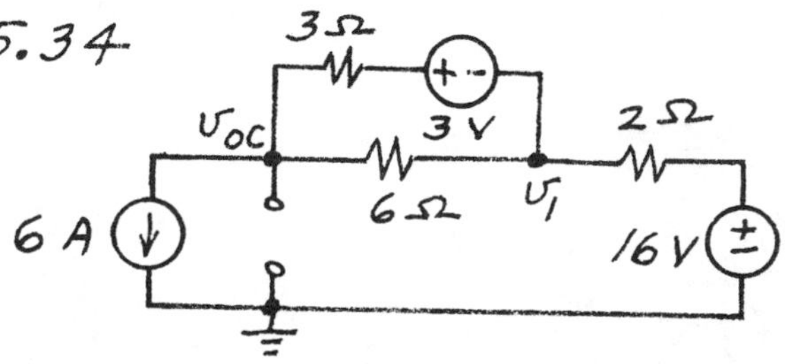

$$R_{th} = \frac{3(6)}{3+6} + 2 = 4\,\Omega$$

$$\frac{v_{oc} - v_1}{6} + \frac{v_{oc} - v_1 - 3}{3} + 6 = 0$$

$$v_1 = 16 - 6(2) = 4\text{ V}$$

$$\left(\tfrac{1}{6} + \tfrac{1}{3}\right) v_{oc} = \left(\tfrac{1}{6} + \tfrac{1}{3}\right) v_1 - 5$$

$v_{oc} = v_1 - 10 = -6\text{ V}$. Maximum power is delivered to R when $R = R_{th} = \underline{4\,\Omega}$.

$$p_{max} = 4\left(\frac{v_{oc}}{4+4}\right)^2 = 4\left(\frac{-6}{8}\right)^2 = \underline{2.25\text{ W}}$$

5.35 From Prob. 5.27, $v_{oc} = \frac{6}{5}$ V and $R_{th} = 400\,\Omega$. For maximum power $R = R_{th} = \underline{400\,\Omega}$, and

$$p_{max} = R\left(\frac{v_{oc}}{2R}\right)^2 = \frac{v_{oc}^2}{4R} = \frac{(6/5)^2}{4(400)}\text{ W} = \underline{0.9\text{ mW}}$$

5.36

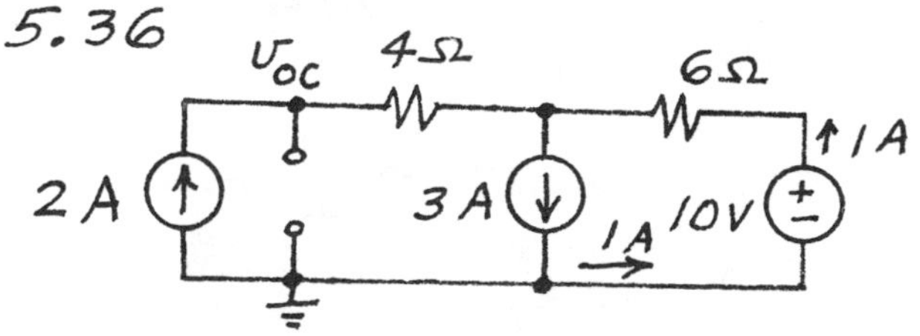

$R = R_{th} = 4 + 6 = \underline{10\,\Omega}$

$-v_{oc} + 2(4) - 6(1) + 10 = 0$

$v_{oc} = 12\text{ V}$

$$p_{max} = \frac{v_{oc}^2}{4R} = \frac{(12)^2}{4(10)} \quad \underline{3.6\text{ W}}$$

5.37

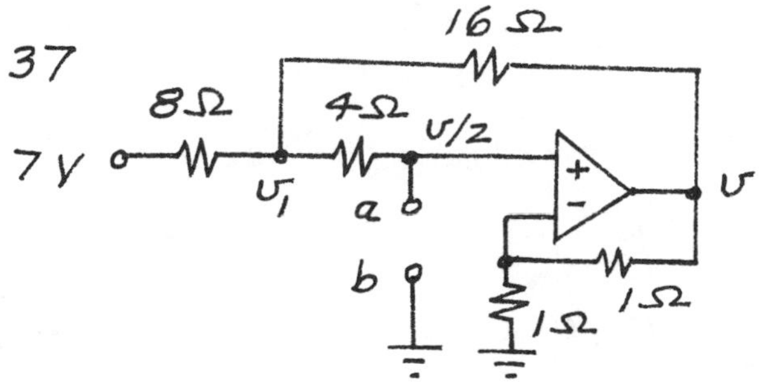

a–b open: $v_1 = \frac{v}{2} = v_{oc}$

$$\frac{v}{2}\left(\frac{1}{8} + \frac{1}{16}\right) - \frac{v}{16} = \frac{7}{8}$$

$v = 28\text{ V} \Rightarrow v_{oc} = 14\text{ V}$

a–b shorted: $\frac{v}{2} = 0 \Rightarrow v = 0$

$$v_1\left(\frac{1}{8} + \frac{1}{16} + \frac{1}{4}\right) = \frac{7}{8}$$

$\therefore v_1 = 2\text{ V}$; $i_{sc} = \frac{v_1}{4} = \frac{1}{2}\text{ A}$; $R_{th} = \frac{v_{oc}}{i_{sc}} = \frac{14}{(1/2)} = 28\,\Omega$

$R = R_{th} = \underline{28\,\Omega}$; $p_{max} = \frac{v_{oc}^2}{4R} = \frac{(14)^2}{4(28)} = \frac{7}{4}\text{ W} = \underline{1.75\text{ W}}$

5.38

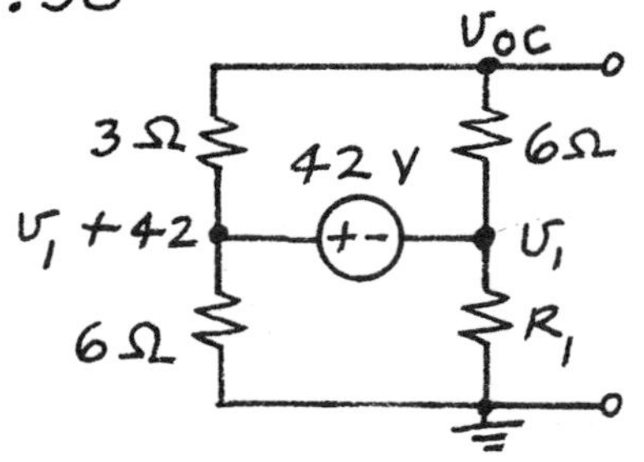

$$R_{th} = \frac{3(6)}{3+6} + \frac{6R_1}{R_1+6} = 2 + \frac{6R_1}{R_1+6}$$

$$\frac{v_{oc} - v_1}{6} + \frac{v_{oc} - v_1 - 42}{3} = 0$$

$$\frac{v_1+42}{6} + \frac{v_1}{R_1} = 0 \Rightarrow v_1 = -\frac{42R_1}{R_1+6}$$

$$\left(\frac{1}{6} + \frac{1}{3}\right)v_{oc} = \left(\frac{1}{6} + \frac{1}{3}\right)v_1 + 14$$

$$v_{oc} = 28 - \frac{42R_1}{R_1+6} \quad \text{(a) } R_1 = 12\,\Omega: v_{oc} = 28 - \frac{42(12)}{12+6} = 0$$

$P_{max} = \underline{0}$ (Balanced bridge ⇒ zero current in R)

(b) $R_1 = 30: \; R_{th} = 2 + \frac{6(30)}{30+6} = 7\,\Omega = R$

$$v_{oc} = 28 - \frac{42(30)}{30+6} = -7\text{ V}; \; P_{max} = 7\left(\frac{-7}{7+7}\right)^2 = \frac{7}{4} = \underline{1.75\text{ W}}$$

5.39

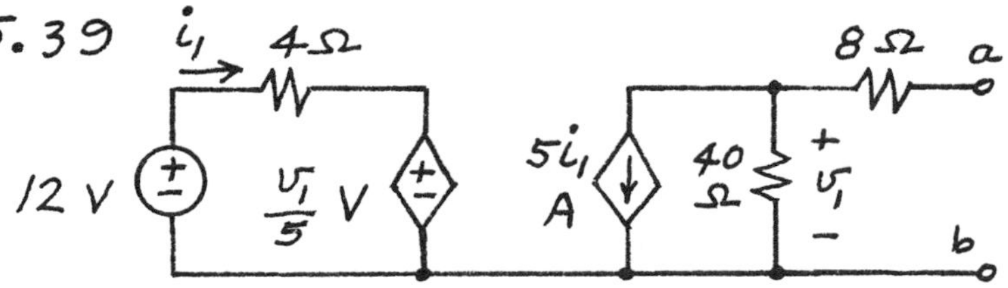

a–b open: $v_1 = v_{oc}$

$$v_1 = 40(-5i_1) = -200i_1$$

$$4i_1 + \frac{v_1}{5} = 12$$

$$4i_1 - \frac{200i_1}{5} = 12 \Rightarrow i_1 = -\frac{1}{3}\text{ A}; \; v_{oc} = -200i_1 = -200\left(-\frac{1}{3}\right)$$

$$v_{oc} = \frac{200}{3}\text{ V}$$

a–b shorted: $i_{ab} = i_{sc}$; $v_{ab} = 0$; $i_{sc} = -\frac{40}{40+8}(5i_1)$

$$i_{sc} = -\frac{25}{6}i_1; \; v_1 = \frac{40(8)}{40+8}(-5i_1) = -\frac{100}{3}i_1;$$

$$4i_1 + \frac{v_1}{5} = 12; \; 4i_1 - \frac{100i_1}{3(5)} = 12 \Rightarrow i_1 = -\frac{9}{2}\text{ A}$$

$$i_{sc} = -\frac{25i_1}{6} = -\frac{25}{6}\left(-\frac{9}{2}\right) = \frac{75}{4}\text{ A}; \; R_{th} = \frac{v_{oc}}{i_{sc}} = \frac{200/3}{75/4}$$

$$\underline{R_{th} = \frac{32}{9}\,\Omega = R}; \; P_{max} = \frac{v_{oc}^2}{4R} = \frac{1}{4}\left(\frac{200}{3}\right)^2\left(\frac{32}{9}\right)^{-1} = \underline{312.5\text{ W}}$$

5.40

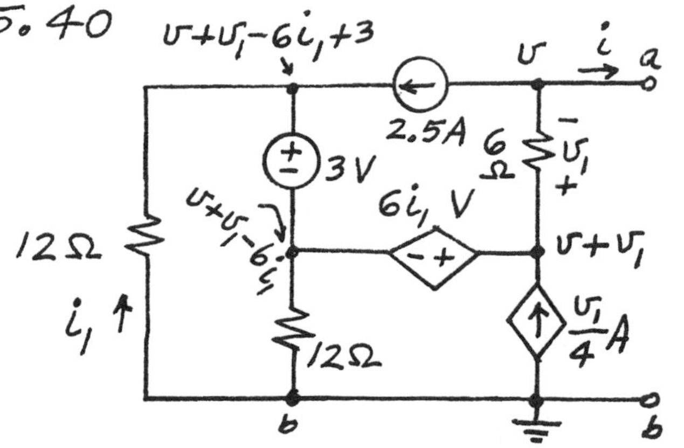

a–b open: $i = 0$, $v = v_{oc}$

(a) $2.5 - \frac{v_1}{6} = 0 \Rightarrow v_1 = 15\text{ V}$

(b) $i_1 - \frac{v_{oc} + v_1 - 6i_1}{12} + \frac{v_1}{4} = 0$

$$-12i_1 = v + v_1 - 6i_1 + 3$$

$$-\frac{1}{12}v_{oc} + \left(\frac{1}{4} - \frac{1}{12}\right)(15) + \left(1 + \frac{6}{12}\right)i_1 = 0$$

5.40 (cont.) $v_{oc} - (6-12)i_1 + 15 + 3 = 0$

$$\therefore \quad \left.\begin{aligned} -v_{oc} + 18i_1 &= -30 \\ v_{oc} + 6i_1 &= -18 \end{aligned}\right\} \Rightarrow v_{oc} = -6\text{ V}$$

a-b shorted: $v = 0, \; i = i_{sc}$

(a) $i_{sc} - \frac{v_1}{6} + 2.5 = 0 \Rightarrow v_1 = 6i_{sc} + 15$

(b) $i_1 - \frac{v_1 - 6i_1}{12} + \frac{v_1}{4} - i_{sc} = 0 \Rightarrow \frac{3}{2}i_1 + \frac{1}{6}v_1 - i_{sc} = 0$

$-12i_1 = v_1 - 6i_1 + 3 \Rightarrow -6i_1 = v_1 + 3$

$\frac{3}{2}i_1 + \frac{1}{6}(6i_{sc} + 15) - i_{sc} = 0 \Rightarrow i_1 = -\frac{5}{3}\text{ A}$

$v_1 = -6(-\frac{5}{3}) - 3 = 7\text{ V} = 6i_{sc} + 15 \Rightarrow i_{sc} = -\frac{4}{3}\text{ A}$

$$R_{th} = \frac{v_{oc}}{i_{sc}} = \frac{-6}{-\frac{4}{3}} = \frac{9}{2}\,\Omega = 4.5\,\Omega$$

For maximum power $R = R_{th} = \underline{4.5\,\Omega}$

$$p_{max} = \frac{v_{oc}^2}{4R} = \frac{(-6)^2}{4(4.5)} = \underline{2\text{ W}}$$

– EXERCISES –

6.1.1

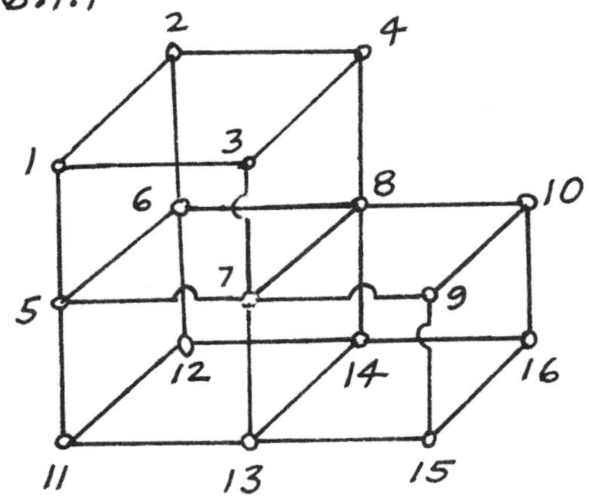

(a)

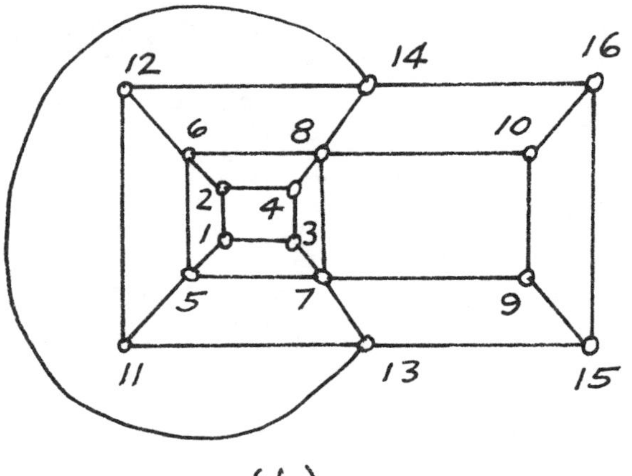

(b)

If the nodes are numbered as in (a), the graph may be drawn again as in (b).

6.1.2 Identify the nodes and branches of the given graph as in (a). Then it may be redrawn as in (b).

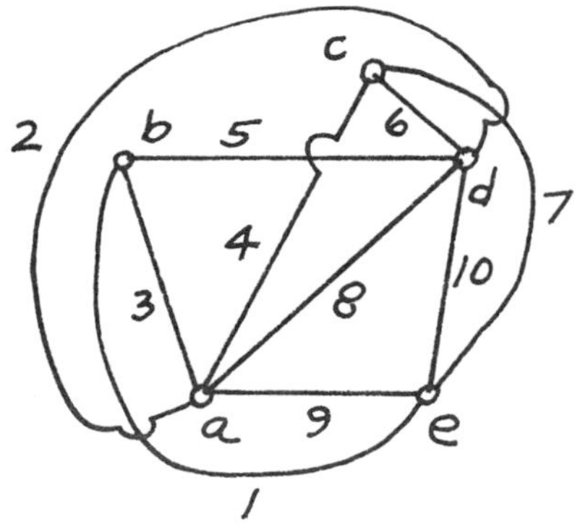

(a)

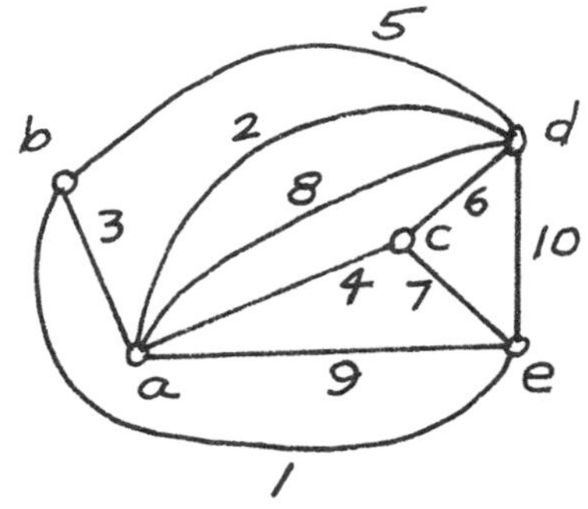

(b)

6.2.1 The number of tree branches is $N-1=6-1=5$. The remaining branches, $B-(N-1)=9-5=4$, are links.

6.2.2 There are $N-1=4-1=3$ branches in each tree. There 10 combinations of 5 graph branches taken 3 at a time: 123, 124, 125, 134, 135, 145, 234, 235, 245, 345. All of these are trees except 123 and 345, which are loops.

6.2.3 KCL for the curves a, b, and c yields

$i_1 = -i_2$, $i_3 = i_2 - i_4$, $i_5 = i_4$

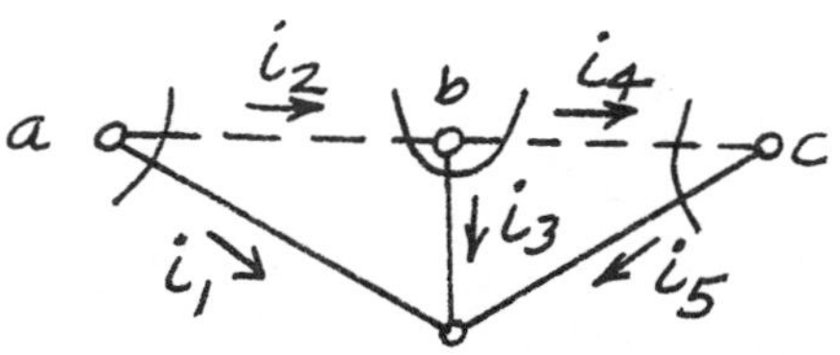

6.2.4 Each tree contains 3 branches. There 20 combinations of 6 things taken 3 at a time:

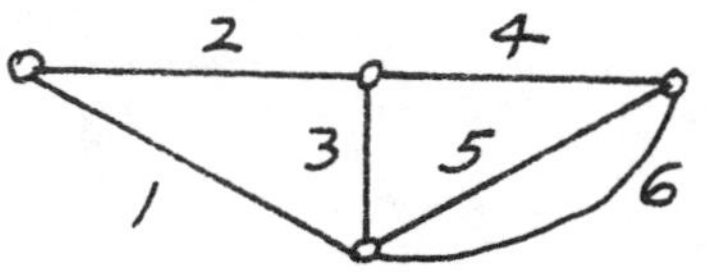

123, 124, 125, 126, 134, 135, 136, 145, 146, 156, 234, 235, 236, 245, 246, 256, 345, 346, 356, 456

Of these, 123, 156, 256, 345, 346, 456 are loops; the remaining are trees.

6.3.1

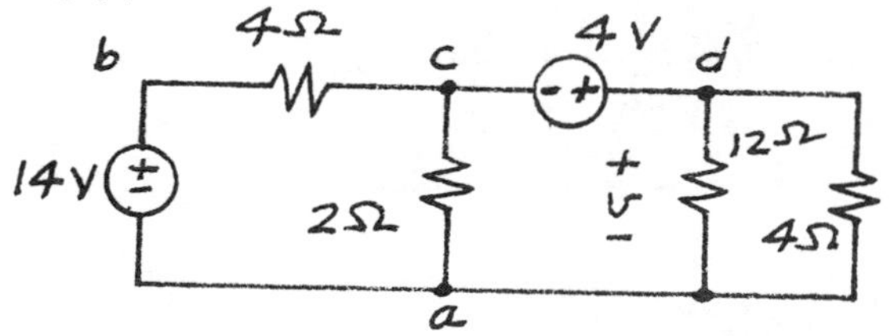

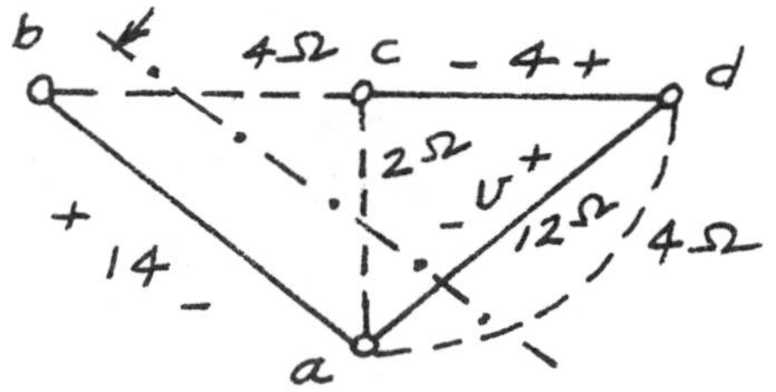

$$\text{KCL: } \frac{v_{cb}}{4} + \frac{v_{ca}}{2} + \frac{v}{12} + \frac{v}{4} = 0$$

$$v_{ca} = v - 4, \quad v_{cb} = -14 + v - 4 = v - 18$$

$$\frac{v-18}{4} + \frac{v-4}{2} + \frac{v}{12} + \frac{v}{4} = 0 \Rightarrow v = \underline{6\text{ V}}$$

6.3.2

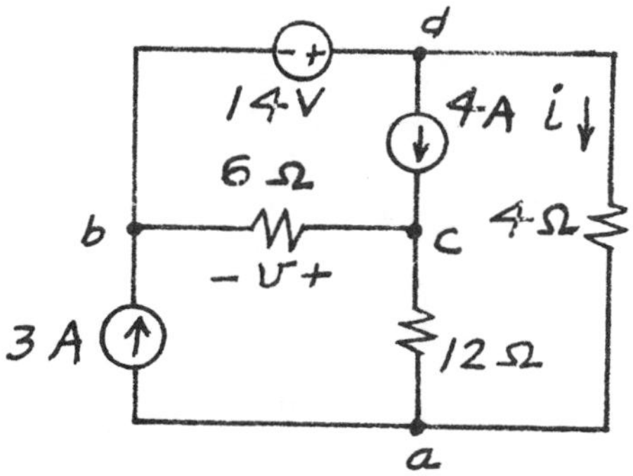

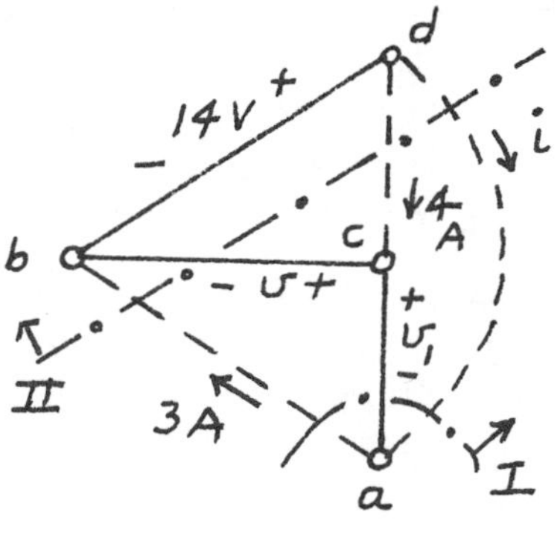

$$\text{KCL I: } 3 - \frac{v_1}{12} - i = 0 \Rightarrow 3 - \frac{v - 14 + 4i}{12} - i = 0$$

$$\text{KCL II: } 3 + \frac{v}{6} - 4 - i = 0 \Rightarrow v - 6i = 6$$

From I, $v + 16i = 50$

$$v = \begin{vmatrix} 6 & -6 \\ 50 & 16 \end{vmatrix} \Big/ \begin{vmatrix} 1 & -6 \\ 1 & 16 \end{vmatrix} = \underline{18\text{ V}}$$

6.3.3

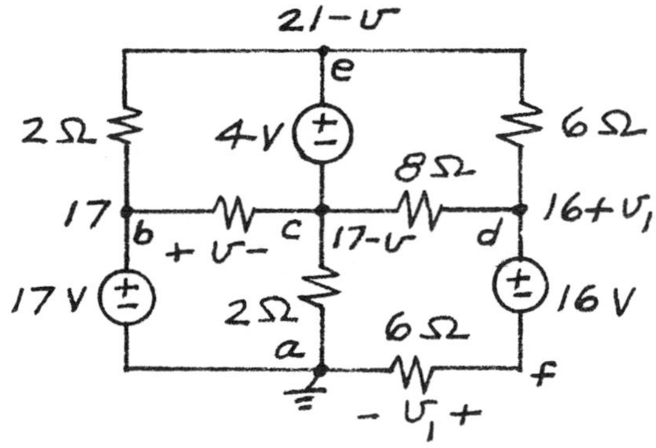

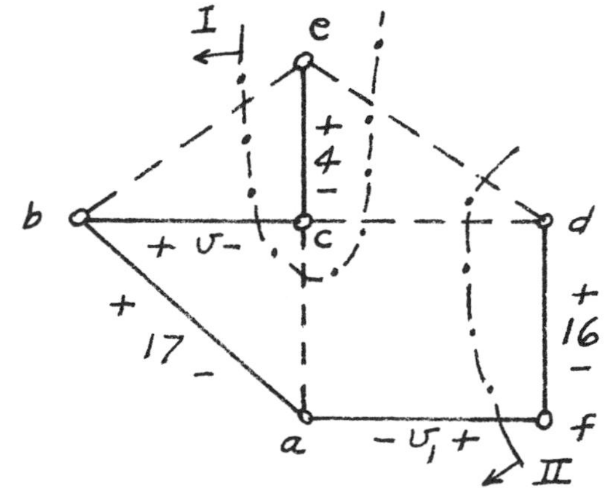

KCL I: $-\frac{v}{2} + \frac{17-v}{2} + \frac{(21-v)-17}{2} + \frac{(21-v)-(16+v_1)}{6} + \frac{(17-v)-(16+v_1)}{8} = 0$

II: $\frac{v_1}{2} + \frac{(16+v_1)-(21-v)}{6} + \frac{(16+v_1)-(17-v)}{8} = 0$

$37v + 7v_1 = 275, \quad 7v + 11v_1 = 23$

$v = [275(11) - (23)(7)]/[37(11) - 7(7)] = \underline{8\text{ V}}$

6.4.1 Prob. 4.26: $M=4$, $B=9$, $N=6$
Prob. 4.28: $M=5$, $B=8$, $N=4$
Prob. 4.33: $M=4$, $B=8$, $N=5$
In all cases, $M = B - N + 1$

6.4.2

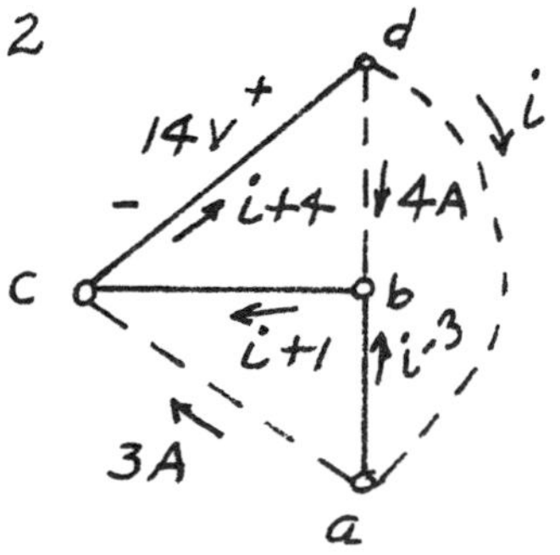

KVL around abcda:

$12(i-3) + 6(i+1) - 14 + 4i = 0$

$22i = 36 - 6 + 14 = 44$

$i = \underline{2\text{ A}}$

6.5.1

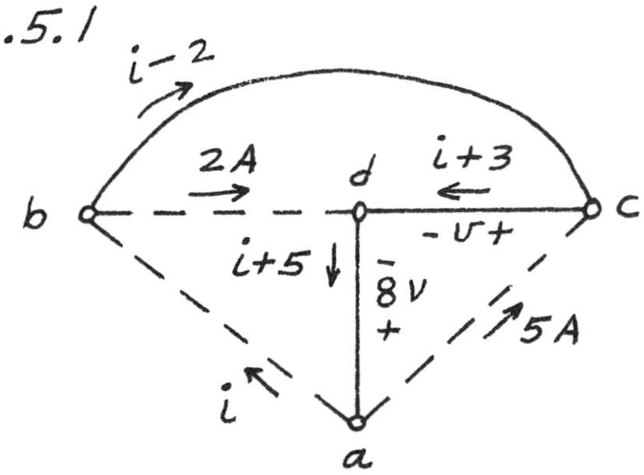

KVL around abcda:

$2i + 6(i-2) + 3(i+3) - 8 = 0$

$11i = 12 - 9 + 8 = 11$

$i = \underline{1\text{ A}}$

6.5.2

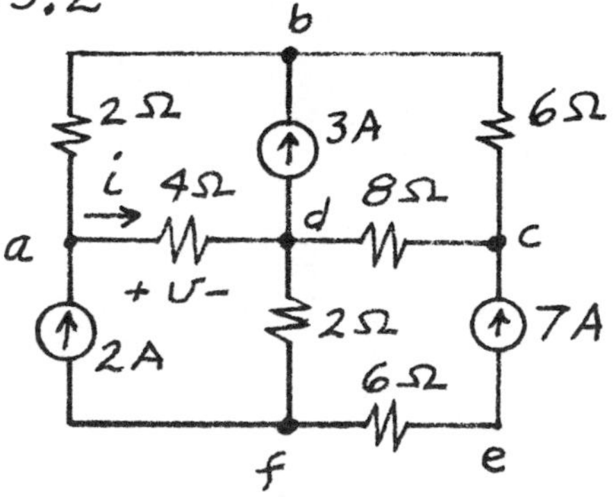

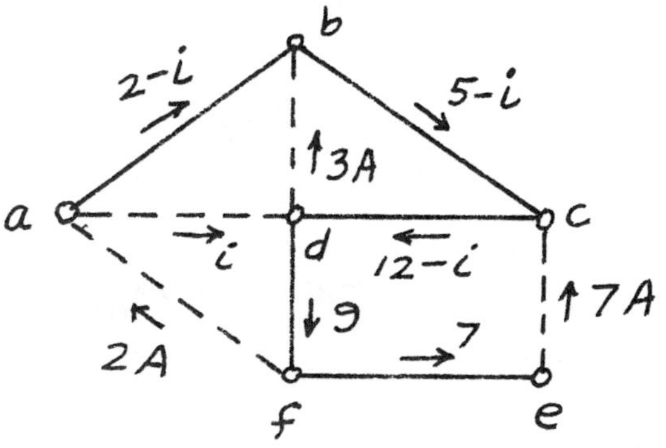

KVL around abcda: $2(2-i)+6(5-i)+8(12-i)-4i=0$

$$4+30+96-(2+6+8+4)i=0 \Rightarrow i=\underline{6.5\text{ A}}$$

6.5.3

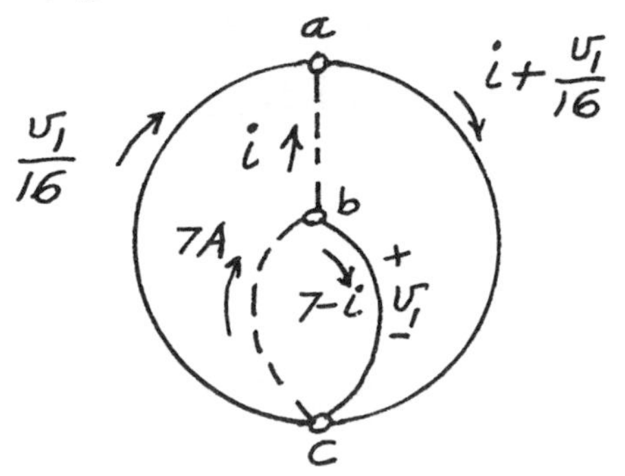

KVL around right loop abca:

$$40\left(i+\frac{v_1}{16}\right)-v_1+8i=0$$

$$v_1=4(7-i)$$

$$(40+8)i+\left(\frac{40}{16}-1\right)(28-4i)=0$$

$$42i=-42 \Rightarrow i=-1\text{ A}$$

$$P_{8\Omega}=8(-1)^2=\underline{8\text{ W}}$$

—PROBLEMS—

6.1

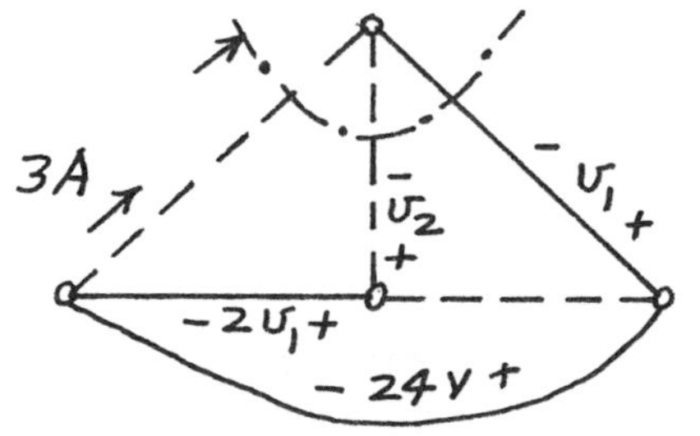

By KVL, $v_2-v_1+24-2v_1=0$

or $v_2=3v_1-24$

For cutset shown, KCL is

$$3+\frac{v_2}{6}+\frac{v_1}{2}=0 \quad \text{or}$$

$$3+\frac{3v_1-24}{6}+\frac{v_1}{2}=0 \Rightarrow v_1=\underline{1\text{ V}}$$

6.2

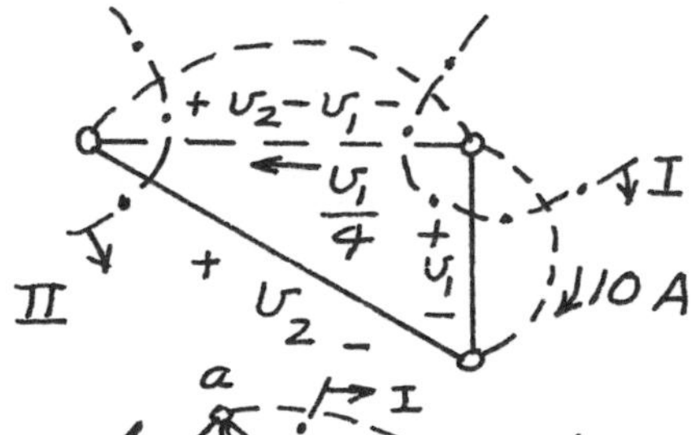

$$\text{I: } \frac{v_1}{4}+\frac{v_1-v_2}{4}+\frac{v_1}{2}+10=0$$

$$\text{or } v_1-\tfrac{1}{4}v_2=-10$$

$$\text{II: } \frac{v_2}{2}-\frac{v_1}{4}+\frac{v_2-v_1}{4}=0 \Rightarrow v_2=\tfrac{2}{3}v_1$$

$$v_1=-10/\left[1-\tfrac{1}{4}\left(\tfrac{2}{3}\right)\right]=\underline{-12\text{ V}}$$

6.3

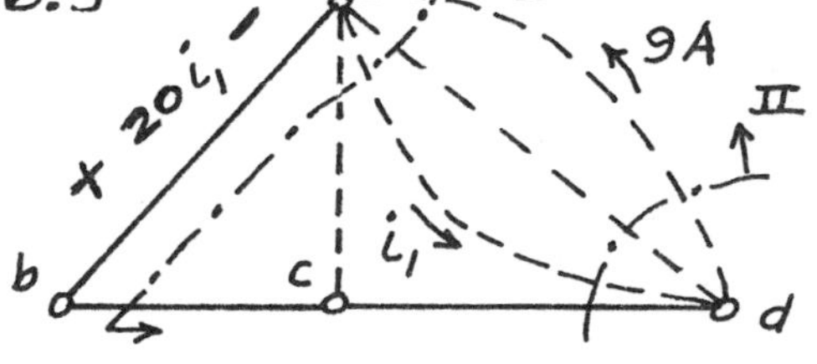

With $\underline{a}$ as reference, $v_b=20i_1$,

$v_d=-8i_1$, $v_c=v$.

$$\text{I: } \frac{v_b-v_c}{4}-\frac{v_c}{4}+i_1-\frac{v_d}{4}-9=0$$

6.3 (cont.) II: $\frac{v_d - v_c}{10} - i_1 + \frac{v_d}{4} + 9 = 0 \Rightarrow$

$$\frac{20i_1 - v}{4} - \frac{v}{4} + i_1 - \frac{-8i_1}{4} = 9 \Rightarrow 16i_1 - v = 18$$

$$\frac{-8i_1}{10} - i_1 + \frac{-8i_1}{4} + 9 = 0 \Rightarrow 38i_1 + v = 90$$

Adding: $54i_1 = 108 \Rightarrow i_1 = \underline{2\ A}$

6.4 With $\underline{a}$ as reference, $v_b = 10$ V, $v_d = v_2$, $v_e = 10 - v_1$, $v_c = 10 - v_1 + 3v_2$. KCL at node $\underline{d}$ yields

$$2(v_d - v_c) + 3v_d - 2v_1 = 0 \Rightarrow 2(v_2 - 10 + v_1 - 3v_2) + 3v_2 - 2v_1 = 0$$

$\therefore\ v_2 = \underline{-20\ V}$

Supernode: $2(v_c - v_d) + \frac{1}{2}(v_c - v_b) - \frac{v_1}{2} + 3v_e - 6 = 0$

or $2(10 - v_1 + 2v_2) + \frac{1}{2}(-v_1 + 3v_2) - \frac{1}{2}v_1 + 3(10 - v_1) - 6 = 0$

$$-12v_1 + 11v_2 + 88 = 0 \Rightarrow v_1 = \underline{-11\ V}$$

6.5

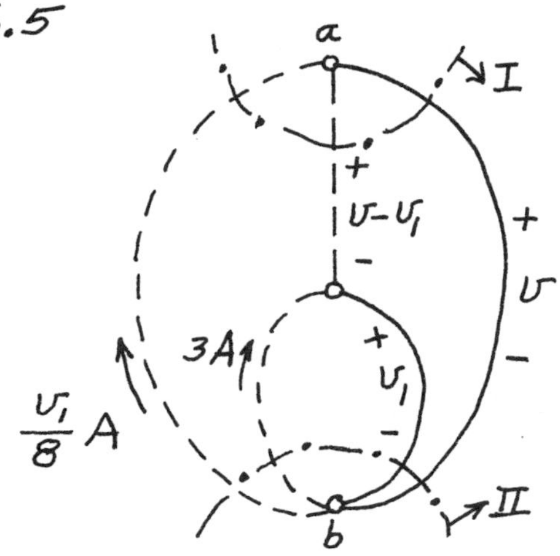

$$\text{I}: \frac{v}{8} + \frac{v - v_1}{4} - \frac{v_1}{8} = 0 \Rightarrow v = v_1$$

$$\text{II}: \frac{v_1}{8} + 3 - \frac{v_1}{4} - \frac{v}{8} = 0$$

$$\therefore\ v + v_1 = 24$$

$$v = \underline{12\ V}$$

6.6

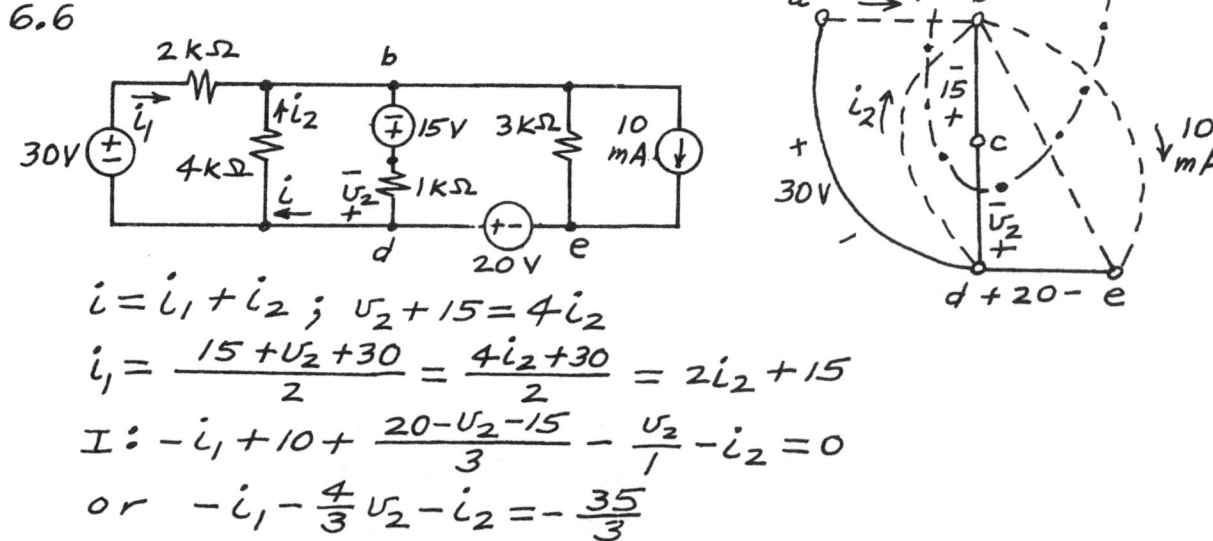

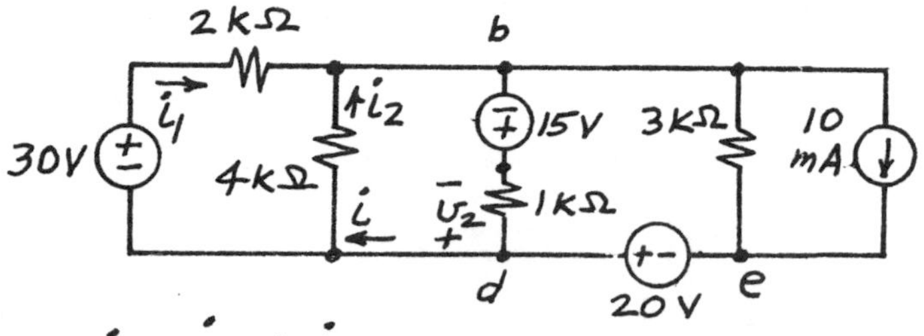

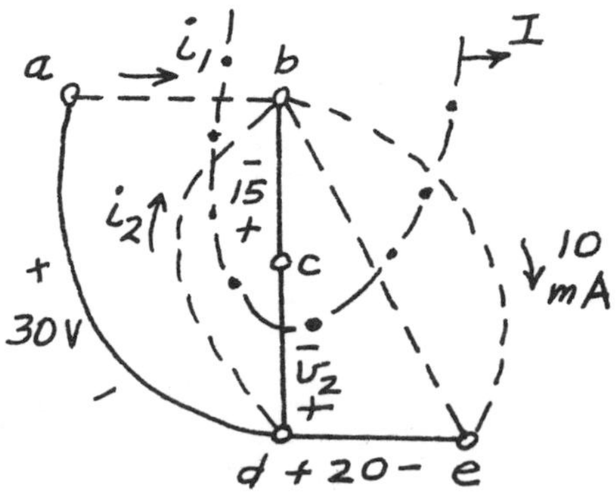

$i = i_1 + i_2$; $v_2 + 15 = 4i_2$

$$i_1 = \frac{15 + v_2 + 30}{2} = \frac{4i_2 + 30}{2} = 2i_2 + 15$$

$$\text{I}: -i_1 + 10 + \frac{20 - v_2 - 15}{3} - \frac{v_2}{1} - i_2 = 0$$

or $-i_1 - \frac{4}{3}v_2 - i_2 = -\frac{35}{3}$

$$-(2i_2 + 15) - \frac{4}{3}(4i_2 - 15) - i_2 = -\frac{35}{3} \Rightarrow i_2 = 2\ \text{mA}$$

6.6 (cont.) $i = i_1 + i_2 = (2i_2 + 15) + i_2 = \underline{21\text{ mA}}$

6.7

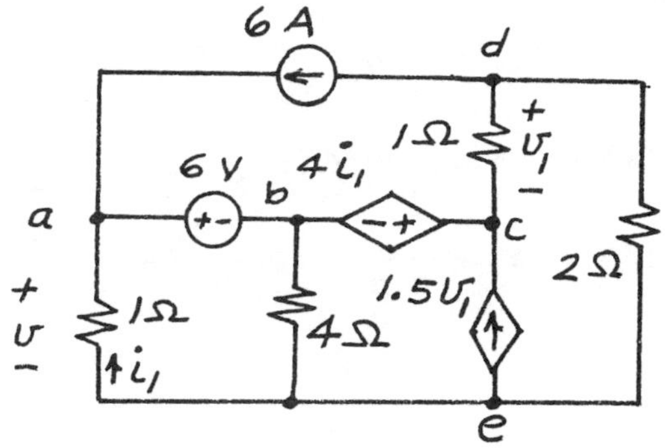

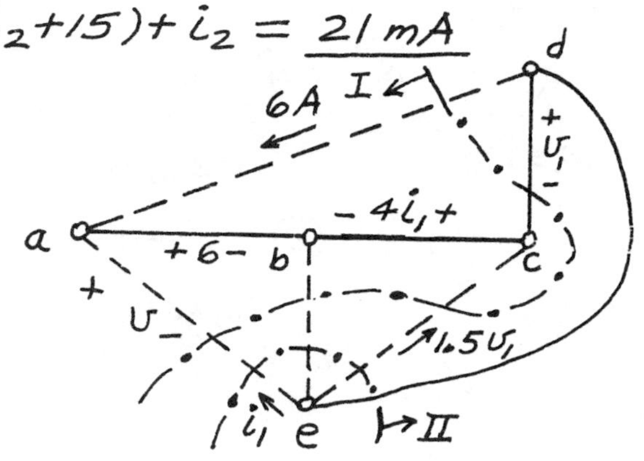

$v_{be} = -(6 + i_1),\ v_{de} = -i_1 - 6 + 4i_1 + v_1 = v_1 + 3i_1 - 6$

I: $6 + v_1 + 1.5v_1 + \dfrac{6+i_1}{4} + i_1 = 0 \Rightarrow 2v_1 + i_1 = -6$

II: $i_1 + \dfrac{6+i_1}{4} + 1.5v_1 - \dfrac{v_1 + 3i_1 - 6}{2} = 0 \Rightarrow 4v_1 - i_1 = -18$

$\therefore\ v_1 = \dfrac{-24}{6} = -4\text{ V};\ v = -i_1 = -18 - 4v_1 = \underline{-2\text{ V}}$

6.8

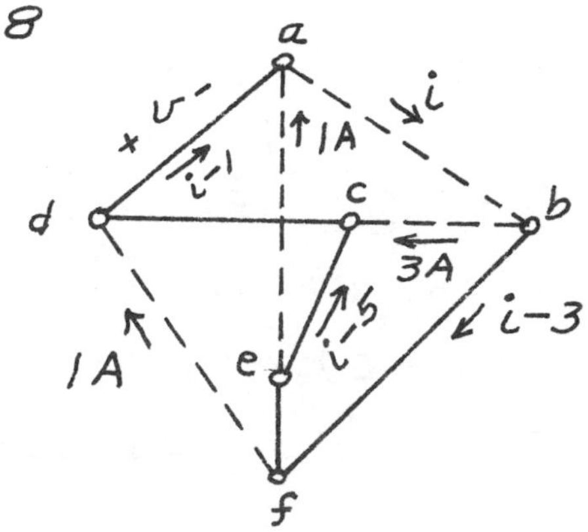

KCL for loop abfecda gives

$i + (i-3) + (i-4) + (i-5) + (i-2) + (i-1) = 0$

$\therefore\ i = \underline{2.5\text{ A}}$

6.9

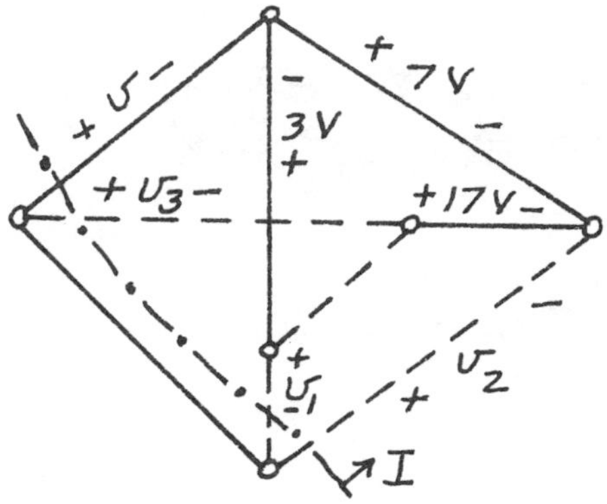

By KVL, $v_1 = 3 - v + 5 = 8 - v$

$v_2 = 7 + v - 5 = v + 12$

$v_3 = v + 7 - 17 = v - 10$

KCL at I:

$\dfrac{v_2}{1} - \dfrac{v_1}{1} + \dfrac{v_3}{1} + \dfrac{v}{1} = 0$

$(v+2) - (8 - v) + (v - 10) + v = 0$

$\therefore\ v = \underline{4\text{ V}}$

6.10 $n = 6:\ a_6 = a_4 + a_5 = 5 + 8 = 13$

(a)

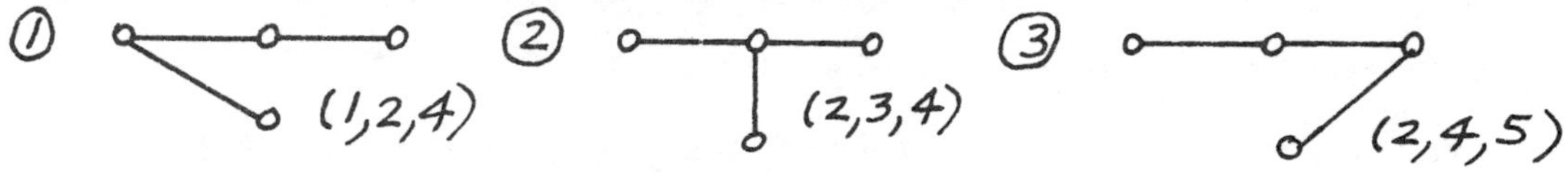

6.10 (cont.)

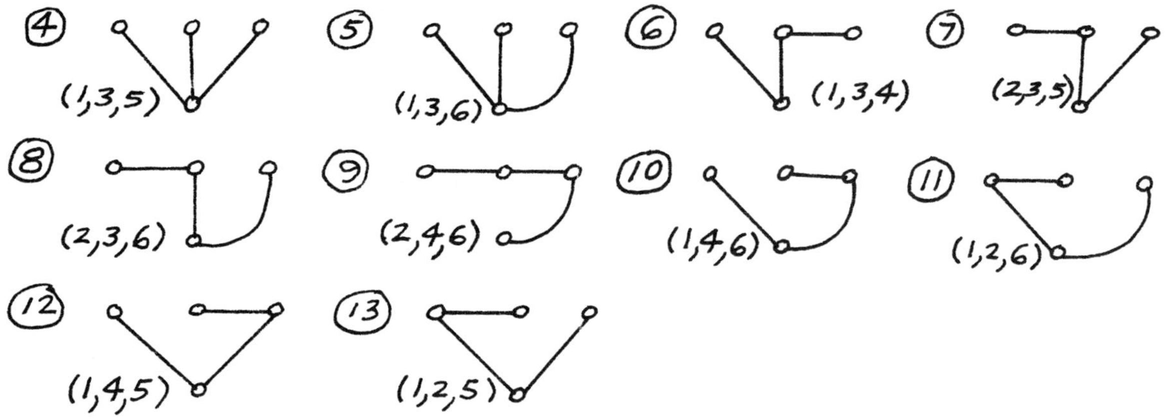

(b) $n=5: \; a_5 = a_3 + a_4 = 3+5 = 8$

(1,5), (2,4), (1,3), (2,3), (3,5), (3,4), (1,4), (2,5)

(c)

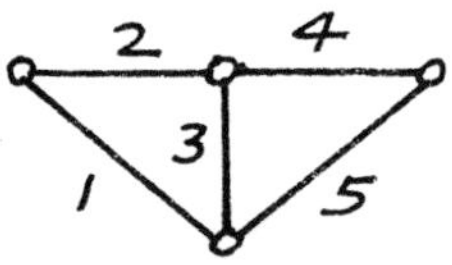

Trees: (1,2,4), (1,2,5), (1,3,4), (1,3,5), (1,4,5), (2,3,4), (2,3,5), (2,4,5)

6.11

(a)

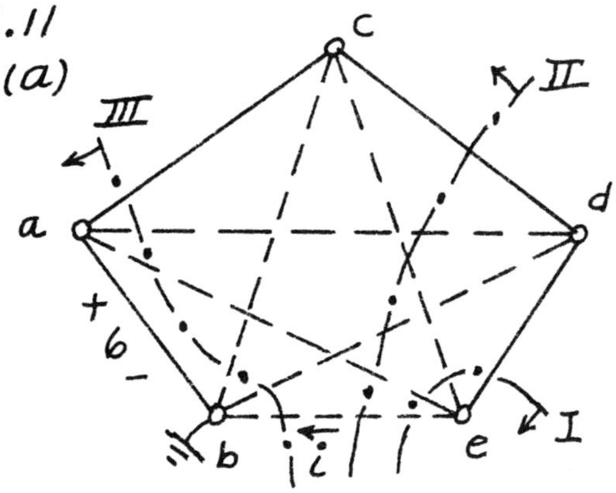

$$\text{I}: (v_d - v_e) + (v_c - v_e) + (6 - v_e) - v_e = 0$$

$$\text{or } v_c + v_d - 4v_e = -6 \quad (1)$$

$$\text{II}: (v_d - v_c) + (v_d - 6) + (v_e - v_c) + v_d + (v_e - 6) + v_e = 0$$

$$\text{or } -2v_c + 3v_d + 3v_e = 6 \quad (2)$$

$$\text{III}: (v_c - 6) + (v_d - 6) + (v_e - 6) + v_c + v_d + v_e = 0$$

$$\text{or } 2v_c + 2v_d + 2v_e = 18 \Rightarrow v_c + v_d + v_e = 9 \quad (3)$$

Subtract (1) from (3): $5v_e = 15 \Rightarrow v_e = 3\text{ V}$

$$\therefore \; i = \frac{v_e}{1} = 3\text{ A}$$

(b)

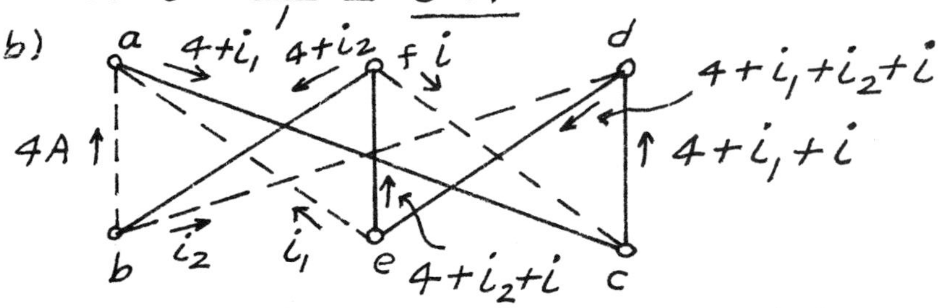

KVL applied to loops formed by each link with currents i, i_1, and i_2 and tree branches:

fcdef: $i + (4+i_1+i) + (4+i_1+i_2+i) + (4+i_2+i) = 0$

6.11 (b) (Cont.) or $4i + 2i_1 + 2i_2 = -12 \Rightarrow 2i + i_1 + i_2 = -6$

bdefb: $i_2 + (4 + i_1 + i_2 + i) + (4 + i_2 + i) + (4 + i_2) = 0$

or $2i + i_1 + 4i_2 = -12$

eacde: $i_1 + (4 + i_1) + (4 + i_1 + i) + (4 + i_1 + i_2 + i) = 0$

or $2i + 4i_1 + i_2 = -12$

$$i = \begin{vmatrix} -6 & 1 & 1 \\ -12 & 1 & 4 \\ -12 & 4 & 1 \end{vmatrix} \Bigg/ \begin{vmatrix} 2 & 1 & 1 \\ 2 & 1 & 4 \\ 2 & 4 & 1 \end{vmatrix} = (18)/(-18) = \underline{-1\ A}$$

6.12

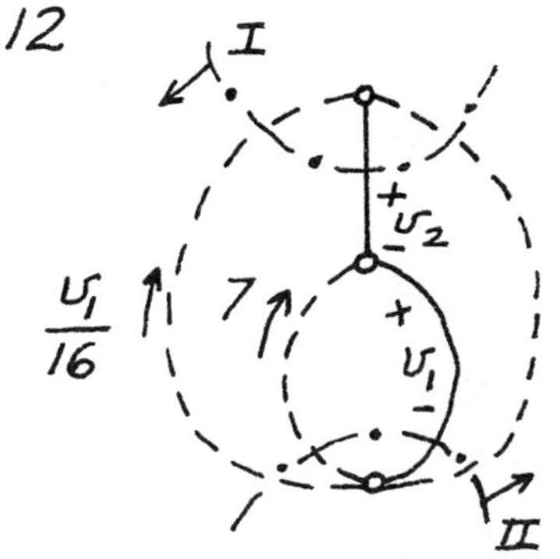

KCL:

I: $-\frac{v_1}{16} + \frac{v_2}{8} + \frac{v_1 + v_2}{40} = 0$

II: $\frac{v_1}{16} + 7 - \frac{v_1}{4} - \frac{v_1 + v_2}{40} = 0$

or $-v_1 + 4v_2 = 0 \Rightarrow v_1 = 4v_2$

$17v_1 + 2v_2 = 560$

$17(4v_2) + 2v_2 = 560 \Rightarrow v_2 = 8\ V$

$p = \frac{v_2^2}{8} = \frac{8^2}{8} = \underline{8\ W}$

6.13

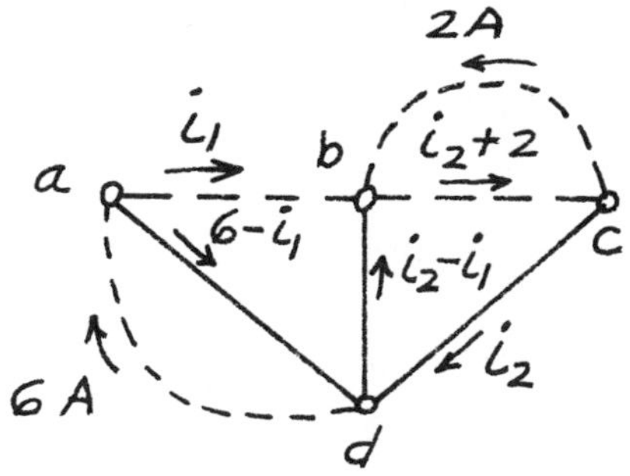

For the currents as shown, KVL yields

abda: $4i_1 - 24(i_2 - i_1) - 8(6 - i_1) = 0$

bcdb: $8(i_2 + 2) + 16i_2 + 24(i_2 - i_1) = 0$

or $3i_1 - 2i_2 = 4$

$-3i_1 + 6i_2 = -2$

Adding, $4i_2 = 2$; $i_2 = \frac{1}{2}\ A$. Then $v = 16i_2 = \underline{8\ V}$

6.14

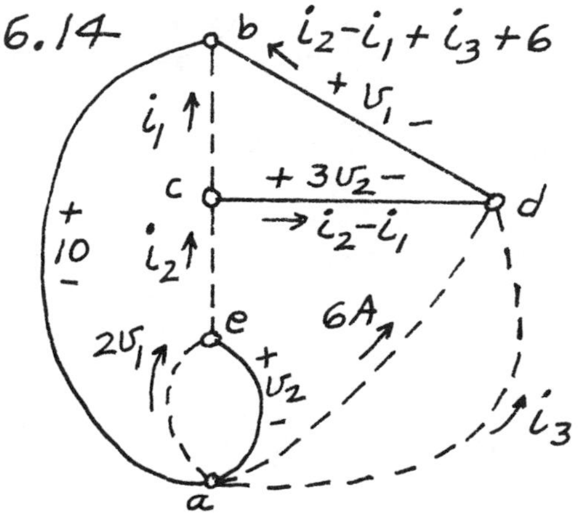

KVL equations:

cbdc: $2i_1 + v_1 - 3v_2 = 0$

ecdbae: $-v_2 + \frac{1}{2}i_2 + 3v_2 - v_1 + 10 = 0$

abda: $\frac{1}{3}i_3 - v_1 + 10 = 0$

where $v_1 = -2(i_2 - i_1 + i_3 - 6)$

$v_2 = \frac{1}{3}(2v_1 - i_2)$ or

$v_2 = \frac{1}{3}(-4i_2 + 4i_1 - 4i_3 - 24 - i_2)$

6.14 (cont.) The loop equations reduce to

$$3i_2 + 2i_3 = -12$$
$$4i_1 - 5i_2 - 4i_3 = -36$$
$$-6i_1 + 6i_2 + 7i_3 = -66$$

$$i_2 = \begin{vmatrix} 0 & -12 & 2 \\ 4 & -36 & -4 \\ -6 & -66 & 7 \end{vmatrix} \Big/ \begin{vmatrix} 0 & 3 & 2 \\ 4 & -5 & -4 \\ -6 & 6 & 7 \end{vmatrix} = \frac{48(-19)}{-24} = 38 \text{ A}$$

$$i_3 = \tfrac{1}{2}(-12 - 3i_2) = -63 \text{ A}$$

$$i_1 = \tfrac{1}{4}(-36 + 5i_2 + 4i_3) = -\tfrac{49}{2} \text{ A}$$

$$v_1 = -2\left(38 + \tfrac{49}{2} - 63 + 6\right) = \underline{-11 \text{ V}}$$

$$v_2 = \tfrac{1}{3}(-22 - 38) = \underline{-20 \text{ V}}$$

6.15

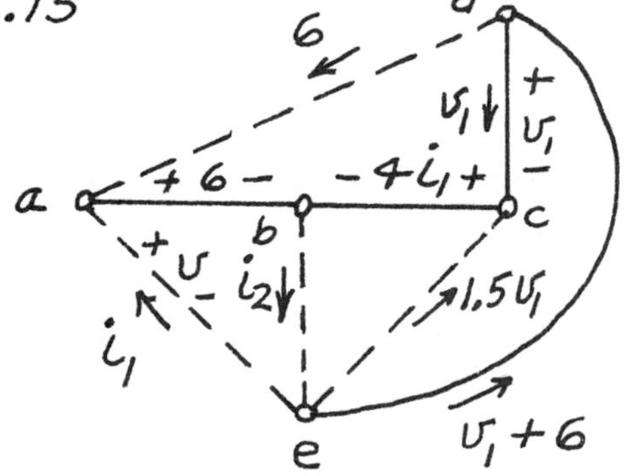

KVL gives

abcdea: $i_1 + 6 - 4i_1 - v_1 - 2(v_1 + 6) = 0$

or $-3i_1 - 3v_1 = 6 \Rightarrow i_1 + v_1 = -2$

$i_2 = i_1 + 1.5v_1 + v_1 + 6 = i_1 + 2.5v_1 + 6$

bcdeb: $4i_2 + 4i_1 + v_1 + 2(v_1 + 6) = 0$

or $8i_1 + 13v_1 = -36$

$8(-2 - v_1) + 13v_1 = -36 \Rightarrow v_1 = \underline{-4 \text{ V}}$

$v = -i_1 = v_1 + 2 = \underline{-2 \text{ V}}$

6.16

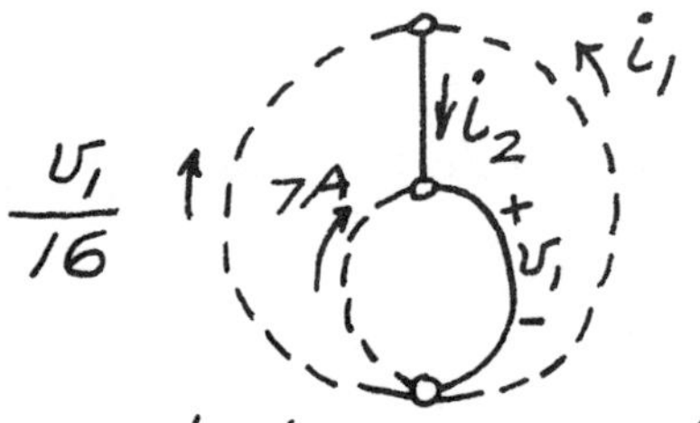

$$i_2 = i_1 + \frac{v_1}{16}$$

KVL for mesh closing i_1:

$$8\left(i_1 + \frac{v_1}{16}\right) + v_1 + 40i_1 = 0$$

or $v_1 + 32i_1 = 0$

Ohm's law: $v_1 = 4\left(7 + i_1 + \frac{v_1}{16}\right) \Rightarrow 3v_1 - 16i_1 = 112$

$\therefore\ 3(-32i_1) - 16i_1 = 112 \Rightarrow i_1 = -1 \text{ A};\ v_1 = -32i_1 = 32 \text{ V}$

$$p = 8i_2^2 = 8\left(i_1 + \frac{v_1}{16}\right)^2 = 8\left(-1 + \frac{32}{16}\right)^2 = \underline{8 \text{ W}}$$

6.17

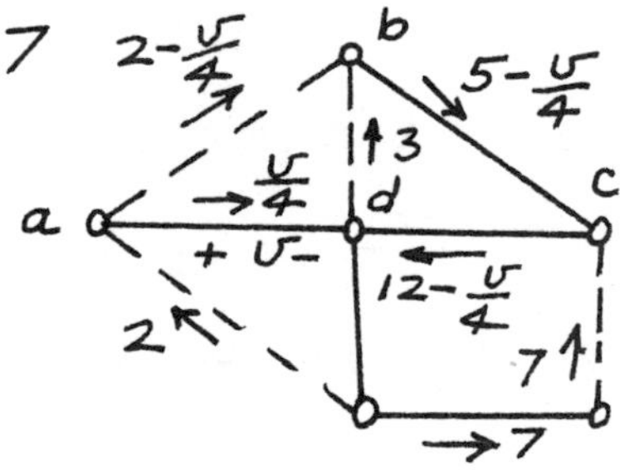

KVL for loop abcda:

$$-v + 2\left(2 - \frac{v}{4}\right) + 6\left(5 - \frac{v}{4}\right) + 8\left(12 - \frac{v}{4}\right) = 0$$

$$\therefore\ v = \underline{26 \text{ V}}$$

6.18

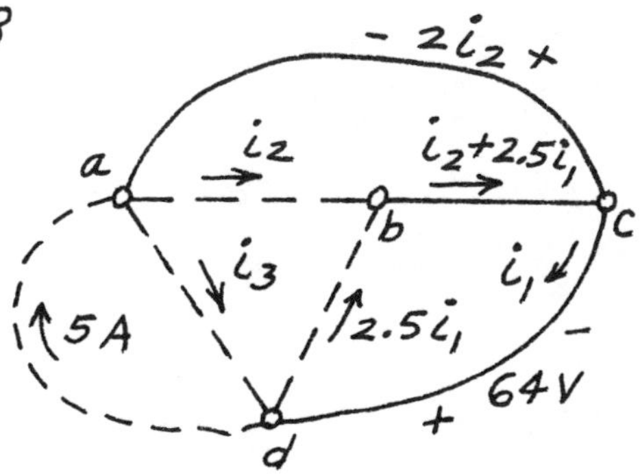

$i_3 = 5 + 2.5i_1 - i_1 = 5 + 1.5i_1$

abca: $8i_2 + 40(i_2 + 2.5i_1) + 2i_2 = 0$

adca: $80i_3 + 64 + 2i_2 = 0$

or $50i_2 + 100i_1 = 0$ (1)

$80(5 + 1.5i_1) + 2i_2 = -64$

or $120i_1 + 2i_2 = -464$ (2)

From (1), $i_2 = -2i_1$, and from (2), $120i_1 + 2(-2i_1) = -464$

$\therefore\ i_1 = \underline{4\text{ A}}$ and $i_2 = \underline{-8\text{ A}}$

6.19

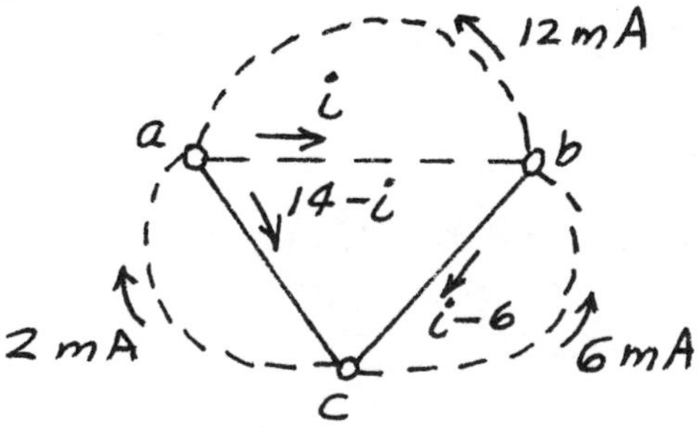

KVL for abca:

$2i + (1)(i-6) - 3(14-i) = 0$

$\therefore\ i = \underline{8\text{ mA}}$

6.20

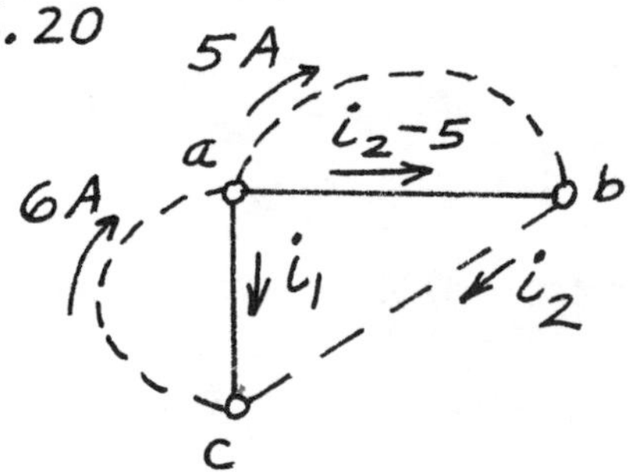

KVL for abca:

$4i_2 - 4i_1 + 8(i_2 - 5) = 0$

or $12i_2 - 4i_1 = 40$

or $3i_2 - i_1 = 10$

By KCL, $i_1 = 6 - i_2$ or $i_2 = 6 - i_1$

$3(6 - i_1) - i_1 = 10 \Rightarrow 4i_1 = 8$

$i_1 = \underline{2\text{ A}}$, $i_2 = 6 - i_1 = \underline{4\text{ A}}$

CHAPTER 7

- EXERCISES -

7.1.1. $i = C\frac{dv}{dt} = 10^{-6}\frac{d}{dt}(10\cos 1000t) = -10^{-6}(10^4)\sin 1000t \text{ A}$

$= \underline{0 \sin 1000t \text{ mA}}$

7.1.2 $v = \frac{1}{C}\int_0^t i\,d\tau + v(0) = \frac{1}{10^{-5}}\int_0^t (20\times10^{-3})\,d\tau + 10$

$= 10^5(20\times10^{-3})t + 10 = (2\times10^3)(10\times10^{-3}) + 10 = \underline{30 \text{ V}}$

$q = \int_0^t i\,d\tau + q(0) = \int_0^t (20\times10^{-3})\,d\tau + 10(10^{-5})$

$= 2\times10^{-2}t + 10^{-4} = (2\times10^{-2})(10\times10^{-3}) + 10^{-4}$

$= 3\times10^{-4} \text{ C} = \underline{0.3 \text{ mC}}$

7.1.3 $i = C\frac{dv}{dt} = C \times \text{slope} = (0.4\times10^{-6})(\text{slope})$

$i(-9 \text{ ms}) = (0.4\times10^{-6})\frac{5}{2\times10^{-3}} \text{ A} = \underline{1 \text{ mA}}$

$i(-6 \text{ ms}) = 0$; $i(-2 \text{ ms}) = (0.4\times10^{-6})\frac{-5}{4\times10^{-3}} \text{ A} = \underline{-0.5 \text{ mA}}$

$i(1 \text{ ms}) = (0.4\times10^{-6})\frac{-10}{2\times10^{-3}} \text{ A} = \underline{-2 \text{ mA}}$

$i(6 \text{ ms}) = (0.4\times10^{-6})\frac{10}{8\times10^{-3}} \text{ A} = \underline{0.5 \text{ mA}}$

7.1.4 $v = \frac{1}{C}\int_{-\infty}^t i\,d\tau = (4\times10^6)(\text{Area under the curve})$

$v(-9 \text{ ms}) = (4\times10^6)(\frac{1}{2})(\frac{5}{2}\times10^{-3})(1\times10^{-3}) = \underline{5 \text{ V}}$

$v(-6 \text{ ms}) = 4[\frac{1}{2}(2)(5) + 2(5)] = \underline{60 \text{ V}}$

$v(1 \text{ ms}) = 4[\frac{1}{2}(10+4)5 - \frac{1}{2}(1)(5)] = 130 \text{ V}$

$v(10 \text{ ms}) = 4[\frac{1}{2}(10+4)(5) - \frac{1}{2}(10)(10)] = \underline{-60 \text{ V}}$

7.2.1 $v = \frac{q}{C} = \frac{20\times10^{-6}}{0.2\times10^{-6}} = \underline{100 \text{ V}}$

$w = \frac{1}{2}Cv^2 = \frac{1}{2}(2\times10^{-7})(10^2)^2 = 10^{-3} \text{ J} = \underline{1 \text{ mJ}}$

7.2.2 $w = \frac{1}{2}Cv^2 \Rightarrow v = \sqrt{\frac{2w}{C}} = \sqrt{\frac{2(25)}{(1/8)}} = \underline{20 \text{ V}}$

$q = Cv = \frac{1}{8}(20) = \underline{2.5 \text{ C}}$

7.2.3 $t = 0^-$: (a) $v_C(0^-) = (2)(4) = 8 \text{ V}$, $q(0^-) = \frac{1}{4}(8) = \underline{2 \text{ C}}$

(b) $i_1(0^-) = \frac{20-8}{4} = \underline{3 \text{ A}}$ = current in R_1

7.2.3 (cont.) (c) $i_C(0^-) = i_1(0^-) - i_2(0^-) = 3 - 2 = \underline{1\ A}$

(d) $\frac{dv_C(0^-)}{dt} = \frac{1}{C} i_C(0^-) = 4(1) = \underline{4\ V/s}$

$t = 0^+$: (a) $v_C(0^+) = v_C(0^-) = 8\ V$, $q(0^+) = \underline{2C}$

(b) $i_1(0^+) = \underline{0}$ (open circuit)

(c) $i_C(0^+) = i_1(0^+) - i_2(0^+) = 0 - (8/4) = \underline{-2\ A}$

(d) $\frac{dv_C(0^+)}{dt} = 4(-2) = \underline{-8\ V/s}$

7.3.1 maximum ⇒ capacitors are in parallel

$C_{max} = 10(10^{-6})\,F = \underline{10\ \mu F}$

minimum ⇒ capacitors are in series

$C_{min} = \frac{1}{10}(1\mu F) = 0.1\ \mu F$

7.3.2

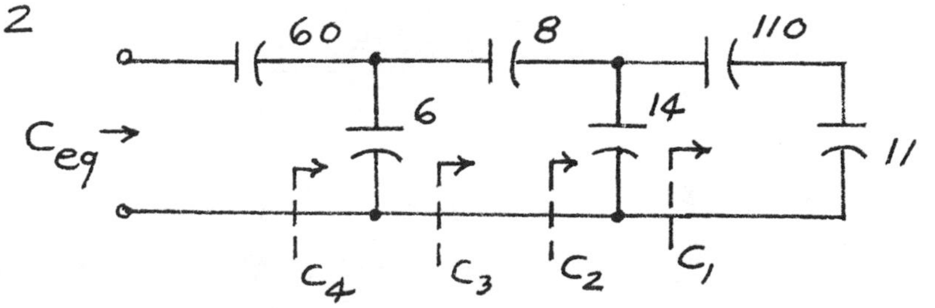

$C_1 = \frac{11(110)}{11+110} = 10\mu F$; $C_2 = 14 + C_1 = 24\mu F$

$C_3 = \frac{8C_2}{8+C_2} = \frac{8(24)}{8+24} = 6\ \mu F$; $C_4 = 6 + C_3 = 12\mu F$

$C_{eq} = \frac{60\,C_4}{60+C_4} = \frac{60(12)}{60+12} = \underline{10\ \mu F}$

7.3.3 $i = C_1\frac{dv}{dt} + C_2\frac{dv}{dt} = (C_1+C_2)\frac{dv}{dt} \Rightarrow \frac{dv}{dt} = \frac{i}{C_1+C_2}$

$i_1 = C_1\frac{dv}{dt} = \underline{\frac{C_1}{C_1+C_2} i}$; $i_2 = C_2\frac{dv}{dt} = \underline{\frac{C_2}{C_1+C_2} i}$

7.3.4 $v = \frac{1}{C_1}\int_{t_0}^{t} i\,d\tau + \frac{1}{C_2}\int_{t_0}^{t} i\,d\tau \Rightarrow \int_{t_0}^{t} i\,d\tau = v\left(\frac{1}{C_1} + \frac{1}{C_2}\right)^{-1}$

$v_1 = \frac{1}{C_1}\,\frac{C_1C_2}{C_1+C_2}\,v = \underline{\frac{C_2}{C_1+C_2} v}$; $v_2 = \frac{1}{C_2}\,\frac{C_1C_2}{C_1+C_2}\,v = \underline{\frac{C_1}{C_1+C_2} v}$

7.4.1 $v = L\frac{di}{dt} = 10^{-2}\frac{d}{dt}[(50\times10^{-3})\cos 1000t] = \underline{-0.5\sin 1000t\ V}$

$\lambda = Li = 10^{-2}(50\cos 1000t)(10^{-3})\ Wb = \underline{0.5\ \cos 1000t\ mWb}$

7.4.2 $i = \frac{1}{L}\int_0^t v\,d\tau + i(0) = \frac{1}{0.02}\int_0^t 4\sin 10\tau\,d\tau - 20$

$= -20\cos 10\tau\Big|_0^t - 20 = \underline{-20\cos 10t\ A}$

7.4.3 $0 \le t \le 1$: $i = \frac{1}{0.5}\int_0^t 5\,d\tau + 0 = \underline{10t\ A}$; $i(1) = 10\ A$

$1 \le t \le 2$: $i = 2\int_1^t (-5)\,d\tau + 10 = -10\tau\Big|_1^t + 10 = \underline{10(2-t)\ A}$

7.5.1 $\lambda = Li \Rightarrow i = \lambda/L$; $w_L = \frac{1}{2}Li^2 = \frac{1}{2}L(\lambda/L)^2 = \underline{\frac{\lambda^2}{2L}}$

7.5.2 $\lambda = (40\times10^{-3})(100\cos\frac{10\pi}{30})\ \text{Wb} = \underline{2\ \text{mWb}}$

7.5.3 $i = \frac{1}{L}\int_0^t v\,d\tau + i(0) = \frac{1}{2\times10^{-3}}\int_0^t 4\sin 2000\tau\,d\tau + 1.5$

$i = -\cos 2000\tau\Big|_0^t + 1.5 = 2.5 - \cos 2000t\ A$

$i(\frac{\pi}{6}\text{ms}) = 2.5 - \cos[2000(\frac{\pi}{6}\times10^{-3})] = 2A$

$w = \frac{1}{2}Li^2 = \frac{1}{2}(2\times10^{-3})(2)^2\ J = \underline{4\ mJ}$

7.5.4 $i_L(0^-) = I - i_1(0^-) = 5 - 2 = \underline{3A}$; $i_L(0^+) = i_L(0^-) = \underline{3A}$

$v_{R_1}(0^+) = 0$ (short circuit); $i_1(0^+) = v_{R_1}(0^+)/R_1 = \underline{0}$

KVL: $L\frac{di_L(0^+)}{dt} + R_2 i_L(0^+) = 0 \Rightarrow \frac{di_L(0^+)}{dt} = -\frac{R_2}{L}i_L(0^+)$

$\frac{di_L(0^+)}{dt} = -\frac{4}{2}(3) = \underline{-6\ A/s}$

7.6.1 maximum inductance $\Rightarrow$ series connection

$L_{max} = 10(10) = \underline{100\ mH}$

Minimum inductance $\Rightarrow$ parallel connection

$L_{min} = \frac{1}{10}(10) = \underline{1\ mH}$

7.6.2

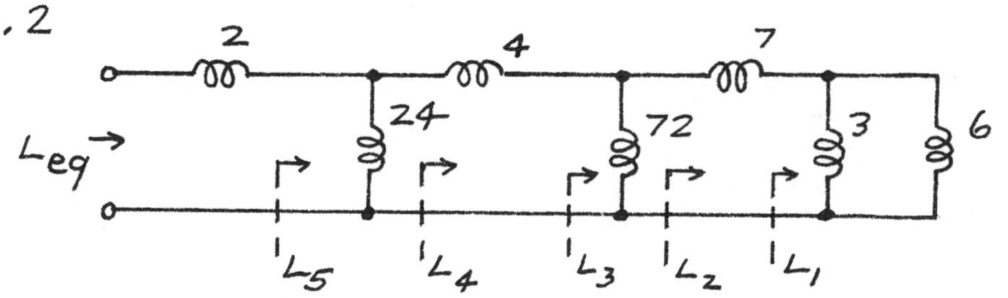

$L_1 = \frac{3(6)}{3+6} = 2$, $L_2 = 7+2 = 9$, $L_3 = \frac{72L_2}{72+L_2} = 8$, $L_4 = 4 + L_3 = 12$

$L_5 = \frac{24L_4}{24+L_4} = \frac{24(12)}{24+12} = 8$

$L_{eq} = 2 + L_5 = \underline{10\ mH}$

7.6.3 $v = v_1 + v_2 = L_1 \frac{di}{dt} + L_2 \frac{di}{dt} = (L_1+L_2)\frac{di}{dt}; \frac{di}{dt} = \frac{v}{L_1+L_2}$

$v_1 = L_1 \frac{di}{dt} = \underline{\frac{L_1}{L_1+L_2} v}; \quad v_2 = L_2 \frac{di}{dt} = \underline{\frac{L_2}{L_1+L_2} v}$

7.6.4 $i = i_1 + i_2 = \frac{1}{L_1}\int_0^t v\,d\tau + \frac{1}{L_2}\int_0^t v\,d\tau = \frac{L_1+L_2}{L_1 L_2}\int_0^t v\,d\tau$

$\int_0^t v\,d\tau = \frac{L_1 L_2}{L_1+L_2} i; \; i_1 = \frac{1}{L_1}\int_0^t v\,d\tau = \underline{\frac{L_2}{L_1+L_2} i}; \; i_2 = \underline{\frac{L_1}{L_1+L_2} i}$

7.7.1

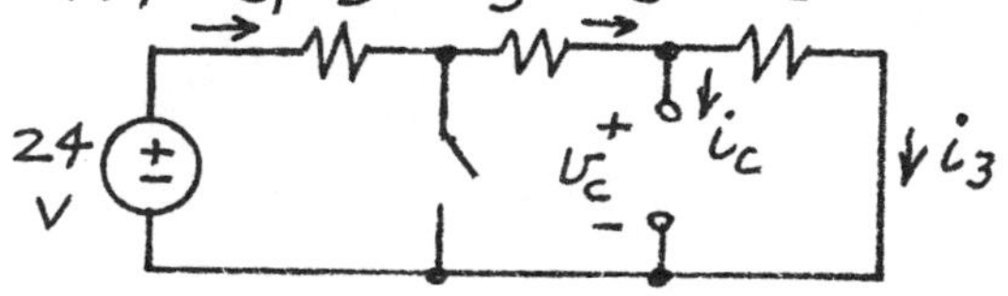

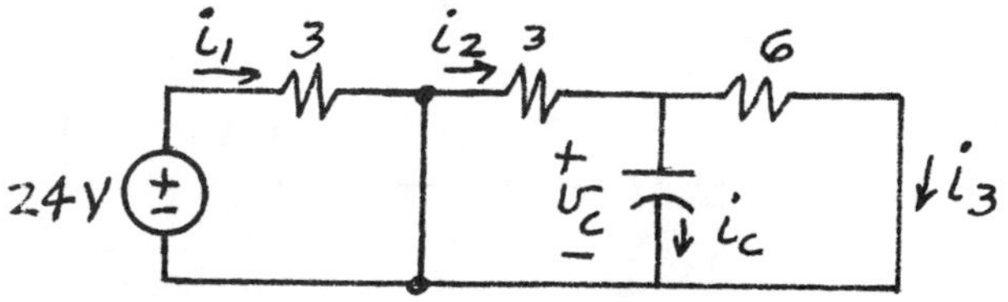

$t = 0^-: i_1 = i_2 = i_3 = \frac{24}{12} = \underline{2A}$

$i_C = \underline{0}, v_C = 6(2) = \underline{12\ V}$

$t = 0^+: i_1 = \frac{24}{3} = \underline{8A}$

$v_C(0+) = v_C(0-) = \underline{12\ V}$

$i_3(0^+) = 12/6 = \underline{2A}$

$i_2(0^+) = -12/3 = \underline{-4A}$

$i_C(0^+) = i_2 - i_3 = -4 - 2 = \underline{-6A}$

7.7.2

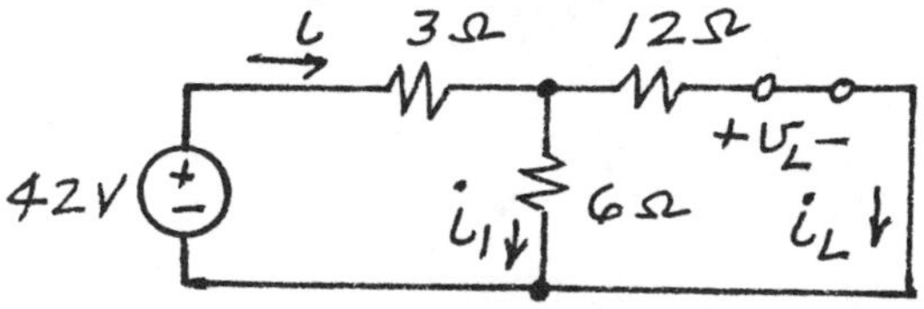

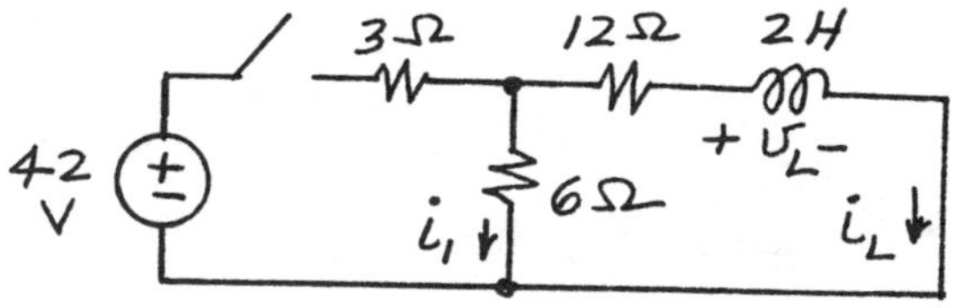

$t=0^-: i = 42/[3 + \frac{12(6)}{18}] = \underline{6A}$

$i_1 = \frac{12}{18} i = \underline{4A}, i_L = 6 - 4 = \underline{2A}$

$v_L = \underline{0}$ (short)

$t=0^+: i_L(0^+) = i_L(0^-) = \underline{2A}$

$i_1(0^+) = -i_L(0^+) = \underline{-2A}$

$v_L(0^+) + 2[6+12] = 0$

$v_L(0^+) = \underline{-36\ V}$

7.7.3

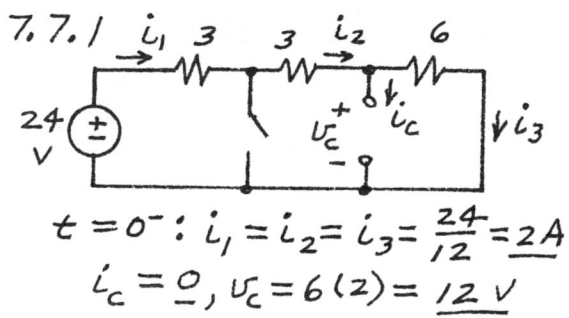

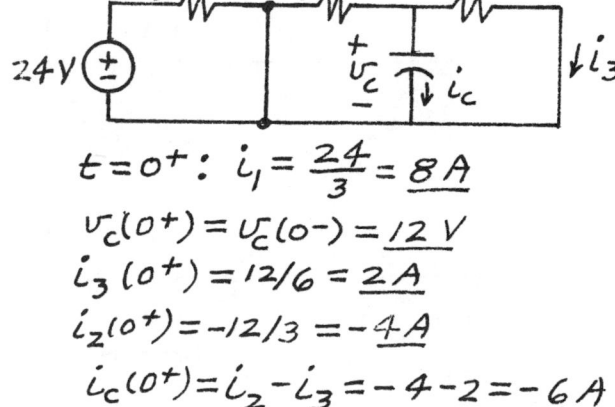

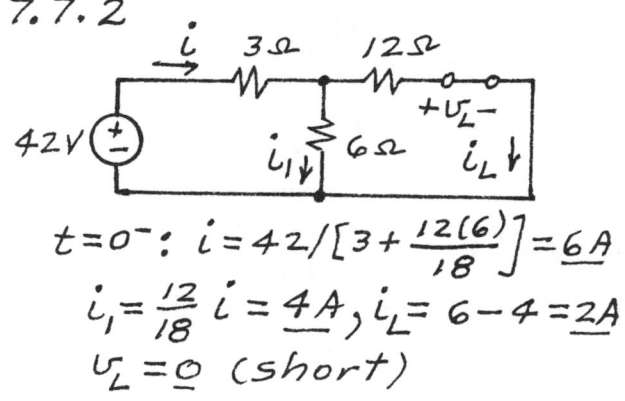

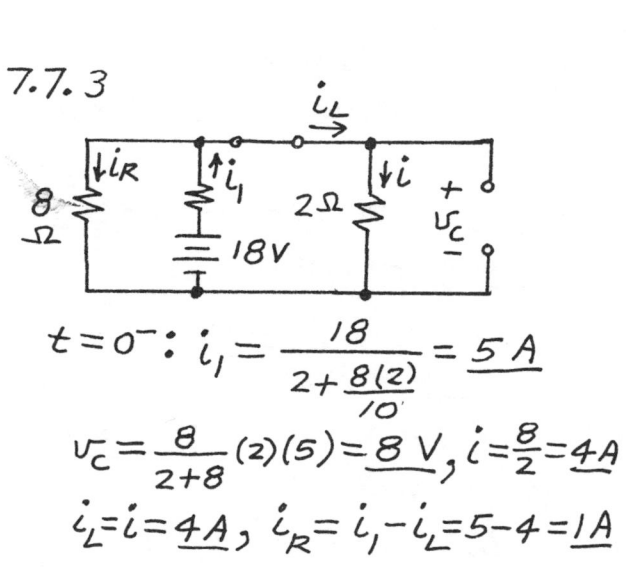

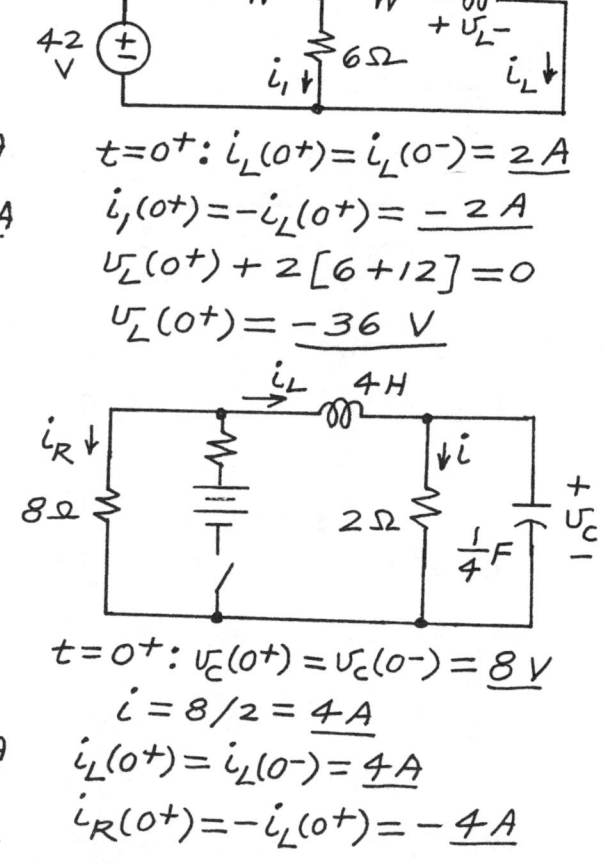

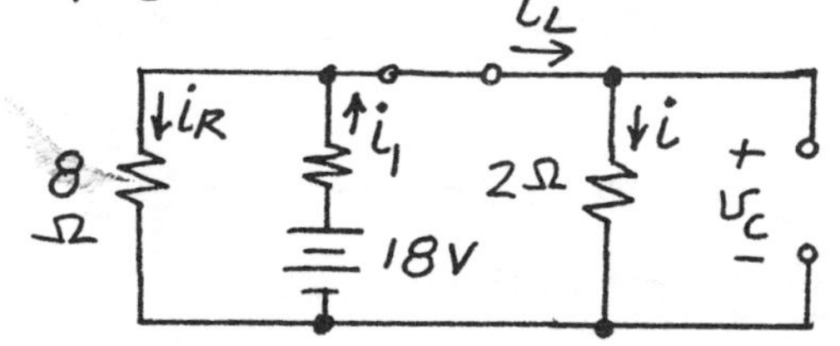

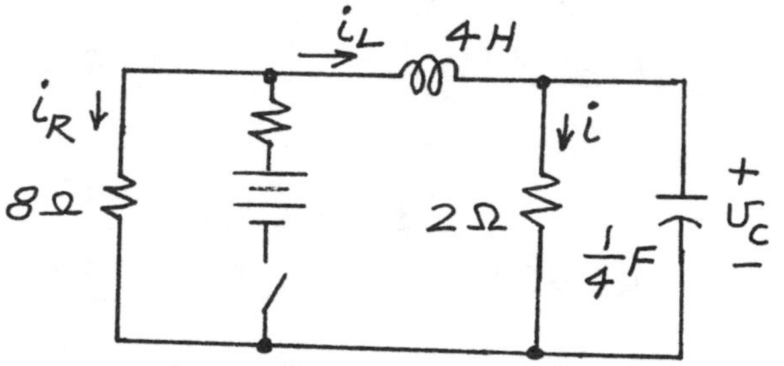

$t=0^-: i_1 = \frac{18}{2 + \frac{8(2)}{10}} = \underline{5A}$

$v_C = \frac{8}{2+8}(2)(5) = \underline{8\ V}, i = \frac{8}{2} = \underline{4A}$

$i_L = i = \underline{4A}, i_R = i_1 - i_L = 5 - 4 = \underline{1A}$

$t = 0^+: v_C(0^+) = v_C(0^-) = \underline{8\ V}$

$i = 8/2 = \underline{4A}$

$i_L(0^+) = i_L(0^-) = \underline{4A}$

$i_R(0^+) = -i_L(0^+) = \underline{-4A}$

7.8.1 (a) $(100 \times 10^{-12}) R = 10^5 \Rightarrow R = \underline{10^{15}\ \Omega}$

(b) $(0.1 \times 10^{-6}) R = 10^5 \Rightarrow R = \underline{10^{12}\ \Omega}$

(c) $(1 \times 10^{-6}) R = 10^5 \Rightarrow R = \underline{10^{11}\ \Omega}$

7.9.1 (a)

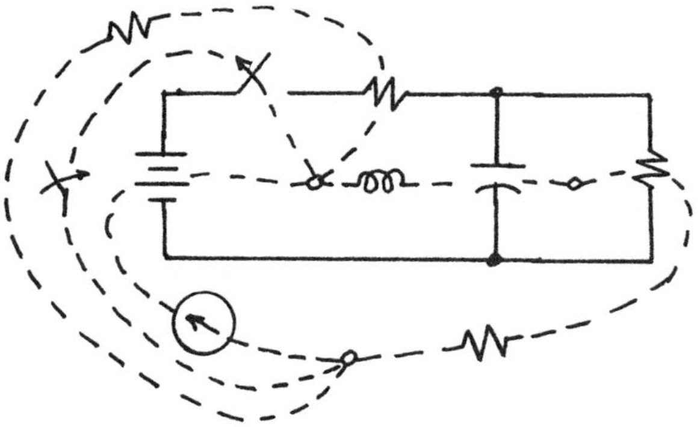

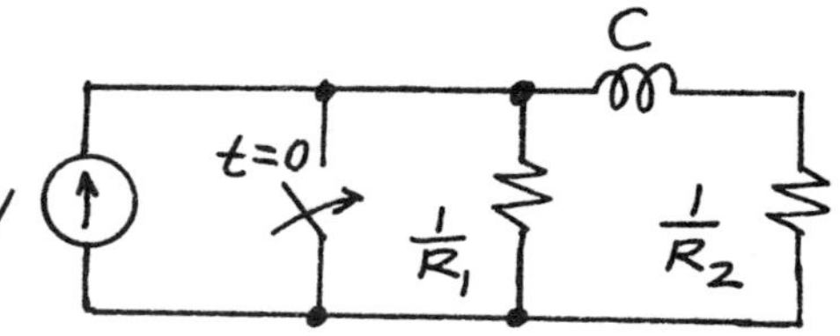

Dual

(b)

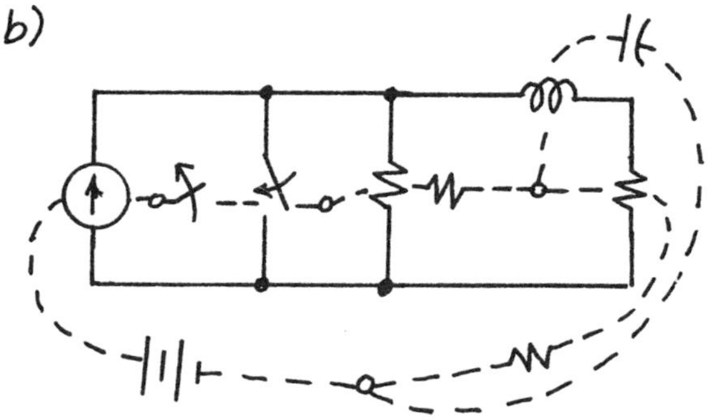

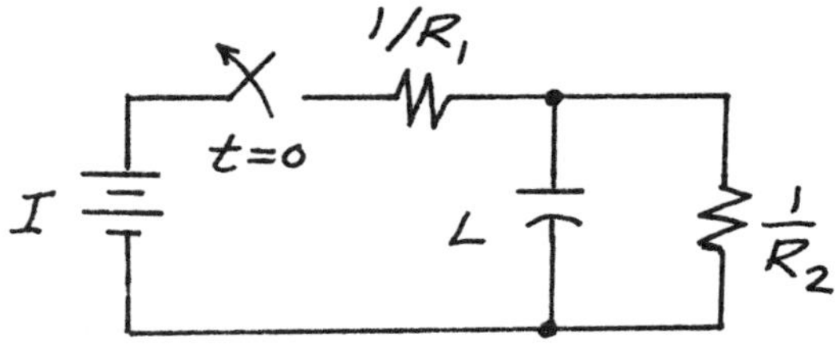

Dual

(c)

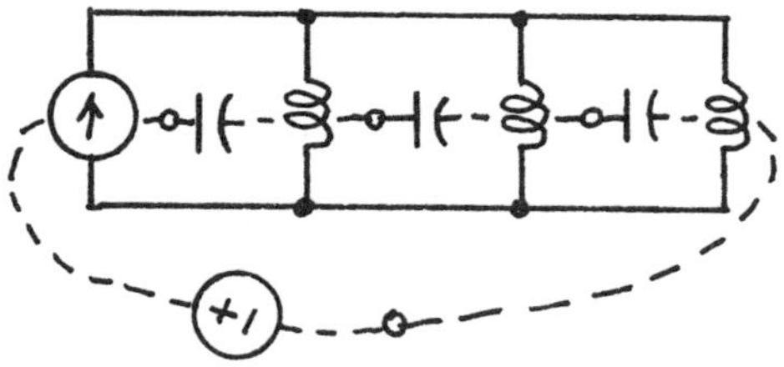

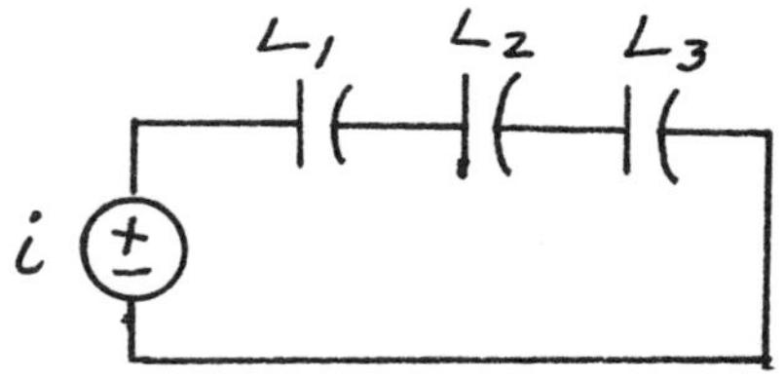

Dual

7.10.1 From (7.19), $\frac{1}{2}[v_1(0^+) - 10] + (1)[v_2(0^+) - 4] = 0$

$\therefore \frac{1}{2} v_1(0^+) + v_2(0^+) = 9$; $v_1(0^+) = v_2(0^+) \Rightarrow \frac{3}{2} v_1(0^+) = 9$

$v_1(0^+) = v_2(0^+) = \underline{6\ V}$

$w(0^-) = \frac{1}{2} C_1 [v_1(0^-)]^2 + \frac{1}{2} C_2 [v_2(0^-)]^2 = \underline{33\ J}$

$w(0^+) = \frac{1}{2} C_1 [v_1(0^+)]^2 + \frac{1}{2} C_2 [v_2(0^+)]^2 = \underline{27\ J}$

7.10.2 $L_1 i_1(0^-) + L_2 i_2(0^-) = L_1 i_1(0^+) + L_2 i_2(0^+)$

$= (L_1 + L_2)\, i_1(0^+)$

$4(3) + (2)(6) = (4+2)\, i_1(0^+) \Rightarrow i_1(0^+) = i_2(0^+) = \underline{4\ A}$

$w(0^-) = \frac{1}{2} L_1 [i_1(0^-)]^2 + \frac{1}{2} L_2 [i_2(0^-)]^2 = \underline{54\ J}$

$w(0^+) = \frac{1}{2} L_1 [i_1(0^+)]^2 + \frac{1}{2} L_2 [i_2(0^+)]^2 = \underline{48\ J}$

– PROBLEMS –

7.1 $i = C\frac{dv}{dt} = (2\times10^{-7})\frac{dv}{dt}$

$0<t<0.5,\ 1<t<1.5,\ 2<t<2.5:\ i=(2\times10^{-7})\frac{5}{0.5}\,A = \underline{2\,\mu A}$

$0.5<t<1,\ 1.5<t<2,\ 2.5<t<3\,s:\ i=(2\times10^{-7})\frac{-5}{0.5}\,A = -2\,\mu A$

$p = vi$:

$0<t<0.5:\ p = 2(10t) = \underline{20t\ \mu W};\ 0.5<t<1:\ p = \underline{-20(t-1)\,\mu W}$

$1<t<1.5:\ p = \underline{20(t-1)\,\mu W};\ 1.5<t<2:\ p = \underline{-20(t-2)\,\mu W}$

$2<t<2.5:\ p = \underline{20(t-2)\,\mu W};\ 2.5<t<3:\ p = \underline{-20(t-3)\,\mu W}$

7.2 $q = it:\ i = \frac{40\times10^{-6}}{4\times10^{-6}}\,A = \underline{10\ mA}$

7.3 $q = \int_0^t i\,dt = 80\times10^{-6} = \int_0^t (20\times10^{-3})dt = (20\times10^{-3})t$

$t = \frac{80\times10^{-6}}{20\times10^{-3}}\,s = \underline{4\ ms};\ v = \frac{q}{C} = \frac{80\times10^{-6}}{20\times10^{-6}} = \underline{4\ V}$

7.4 $v_g = v_C + 1000(80\times10^{-6}\frac{dv_C}{dt})$

$= 25e^{-10t} + (8\times10^{-2})(-10)(25e^{-10t}) = \underline{5e^{-10t}\ V}$

7.5 (a) $i = (2\times10^{-6})\frac{dv}{dt} = (2\times10^{-6})\frac{d(100)}{dt} = \underline{0}$

(b) $i = (2\times10^{-6})\frac{d}{dt}[10(1-t)]\ A = \underline{-20\,\mu A}$

(c) $i = (2\times10^{-6})\frac{d}{dt}[5(1-e^{-2t})]\ A = \underline{20e^{-2t}\,\mu A}$

(d) $i = (2\times10^{-6})\frac{d}{dt}(15\sin 100t)\ A = \underline{3\cos 100t\ mA}$

7.6 $v_C = \frac{1}{C}\int_0^t i\,dt + v_C(0) = 4\int_0^t i\,d\tau + 5$

(a) $v_C = 4\int_0^t 2\,d\tau + 5 = \underline{5+8t\ V}$

(b) $v_C = 4\int_0^t 4\tau\,d\tau + 5 = \underline{5+8t^2\ V}$

(c) $v_C = 4\int_0^t 2e^{-2\tau}d\tau + 5 = -4e^{-2\tau}\Big|_0^t + 5 = \underline{9-4e^{-2t}\ V}$

(d) $v_C = 4\int_0^t 5\cos 4\tau\,d\tau + 5 = 5\sin 4\tau\Big|_0^t + 5 = \underline{5+5\sin 4t\ V}$

7.7 $i = \frac{v}{2} + \frac{1}{8}\frac{dv}{dt} = 4e^{-2t} + \frac{1}{8}\frac{d}{dt}(8e^{-2t}) = 2e^{-2t}\ A$

$p = vi = (8e^{-2t})(2e^{-2t}) = \underline{16e^{-4t}\ W}$

7.8 $i = 5\cos 25t\ A,\ C = 0.01\ F;\ v = \frac{1}{0.01}\int_0^t 5\cos 25\tau\,d\tau$

$v = \frac{500}{25}\sin 25\tau\Big|_0^t = \underline{4\sin 25t\ V}$

$p = vi = \underline{20\cos 25t\sin 25t\ W} = \underline{10\sin 50t\ W}$

$p_{max} = \underline{10\ W}$ when $50t = \frac{\pi}{2}$ or $t = \underline{\pi/100\ s}$

7.9 $v = 4\int_0^t 4\sin 2\tau\, d\tau + 4 = -8\cos 2\tau\Big|_0^t + 4 = 12 - 8\cos 2t$ V

$w = \frac{1}{2}(\frac{1}{4})v^2 = \frac{1}{8}(12-8\cos 2t)^2 = 2(3-2\cos 2t)^2$ J

w_{max} occurs when $\cos 2t = -1$ or $2t = \pi$ or $\underline{t = \frac{\pi}{2}\text{ s}}$

$w_{max} = 2(3+2)^2 = \underline{50\text{ J}}$ at $t = \frac{\pi}{2}$ s. w_{min} occurs when $\cos 2t = 1$ or $t = 0$. $w_{min} = 2(3-2)^2 = \underline{2\text{ J}}$ at $t = \underline{0}$.

7.10 $v = \frac{1}{C}\int_{t_0}^t i\, d\tau + v(t_0)$

$0 \le t \le 30\text{ms}:\ v = \frac{1}{10\times 10^{-3}}\int_0^t (\frac{12}{30}\times 10^3)\tau\, d\tau = (2\times 10^4)t^2$ V

$v(10\text{ms}) = (2\times 10^4)(10^{-2})^2 = \underline{2\text{ V}}$; $v(30\text{ms}) = (2\times 10^4)(3\times 10^{-2})^2$

$30 < t < 50\text{ ms}:\ i = -\frac{12}{20\times 10^{-3}}(t - 50\times 10^{-3})$ A

$v = 10^2(-600)\int_{30ms}^t (\tau - 50\times 10^{-3})\, d\tau + 18$

$v = [-3\times 10^4]\{[t-50\times 10^{-3}]^2 - (-20\times 10^{-3})^2\} + 18$

$v(40\text{ms}) = (-3\times 10^4)\{[(-10)^2 - (-20)^2]10^{-6}\} + 18 = \underline{27\text{ V}}$

$i(10\text{ ms}) = \frac{1}{3}(12) = 4$ A; $p(10\text{ms}) = 2(4) = \underline{8\text{ W}}$

$i(40\text{ms}) = 6$ A; $p(40\text{ ms}) = (27)(6) = \underline{162\text{ W}}$

7.11 $i_g = \frac{v}{5} + 0.005\frac{dv}{dt} = \frac{10e^{-20t}}{5} + 0.005(-20)(10e^{-20t})$

$= \underline{e^{-20t}\text{ A}}$

7.12 $v = 4\int_0^t (2\tau - 4)\, d\tau + V_0 = 4(\tau^2 - 4\tau)\Big|_0^t + V_0 = 4t^2 - 16t + V_0$

$v = 4[(t-2)^2 + \frac{V_0}{4} - 4]$ V

$w = \frac{1}{2}Cv^2 = \frac{1}{2}(\frac{1}{4})(4^2)[(t-2)^2 + \frac{V_0}{4} - 4]^2 = 2[(t-2)^2 + \frac{V_0}{4} - 4]^2$ J

(a) $w_{min} = 2(\frac{V_0}{4} - 4)^2 = 2(\frac{20}{4} - 4)^2 = \underline{2\text{ J}}$ at $t = \underline{2\text{ s}}$.

(b) $w_{min} = 0$ if $\frac{V_0}{4} = 4$ or $V_0 = \underline{16\text{ V}}$.

7.13 $v(0^-) = 20 - 6i(0^-) = 20 - 6(2) = 8$ V, $v(0^+) = v(0^-) = 8$ V

$w_C(0^-) = \frac{1}{2}(\frac{1}{20})(8)^2 = \frac{8}{5}\text{ J} = \underline{1.6\text{ J}}$, $w_C(0^+) = \frac{1}{2}\frac{1}{20}64 = \underline{1.6\text{ J}}$

$v(0^+) = 4[-i_C(0^+)] \Rightarrow i_C(0^+) = -\frac{8}{4} = \underline{-2\text{ A}}$

7.14 $i_2(0^-) = 12 - \frac{v}{8} = 12 - \frac{72}{8} = \underline{3\text{ A}}$; $v_C(0^-) = v(0^-) - 16\, i_2(0^-)$

$v_C(0^-) = 72 - 16(3) = \underline{24\text{ V}}$; $i_1(0^-) = v_C(0^-)/8 = \frac{24}{8} = \underline{3\text{ A}}$

$i_C(0^-) = i_2(0^-) - i_1(0^-) = 3 - 3 = \underline{0}$

7.14 (Cont.) $t=0^+$: $v_C(0^+) = v_C(0^-) = \underline{24\ V}$, $i_1(0^+) = \frac{v_C(0^+)}{8} = \underline{3\ A}$

$i_2(0^+) = -\frac{v_C(0^+)}{8+16} = \underline{-1\ A}$; $i_C(0^+) = i_2(0^+) - i_1(0^+) = -1-3$

$i_C(0^+) = \underline{-4\ A}$

7.15 $v_C(0^-) = 45 - \left[2 + \frac{8(24)}{8+24}\right] i_1 = 45 - 8\left(\frac{15}{4}\right) = 15\ V$

$v_C(0^+) = v_C(0^-) = \underline{15\ V}$; $i_1(0^+) = \frac{45 - v_C(0^+)}{2+8} = \underline{3\ A}$

$i_2(0^+) = i_1(0^+) = \underline{3\ A}$; $i_C(0^+) = i_1(0^+) - \frac{1}{4} v_C(0^+) = 3 - \frac{15}{4} = \underline{-\frac{3}{4}\ A}$

7.16

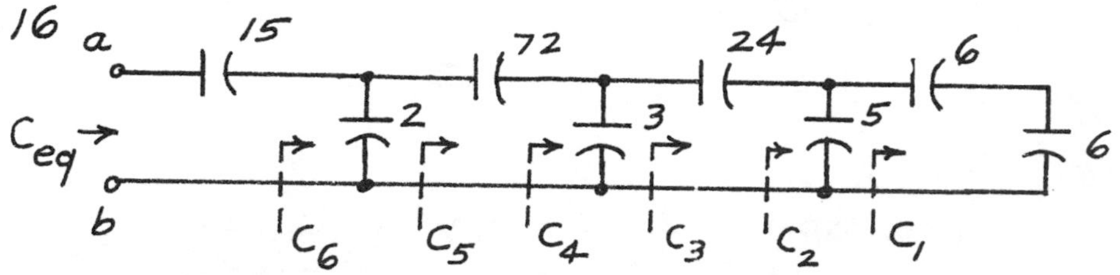

$C_1 = \frac{6(6)}{6+6} = 3$, $C_2 = C_1 + 5 = 8$, $C_3 = \frac{24 C_2}{24 + C_2} = 6$, $C_4 = 3 + C_3 = 9$,

$C_5 = \frac{72 C_4}{72 + C_4} = 8$, $C_6 = 2 + C_5 = 10$, $C_{eq} = C_{ab} = \frac{15 C_6}{15 + C_6}$

$C_{eq} = \underline{6\ \mu F} = C_{ab}$

7.17

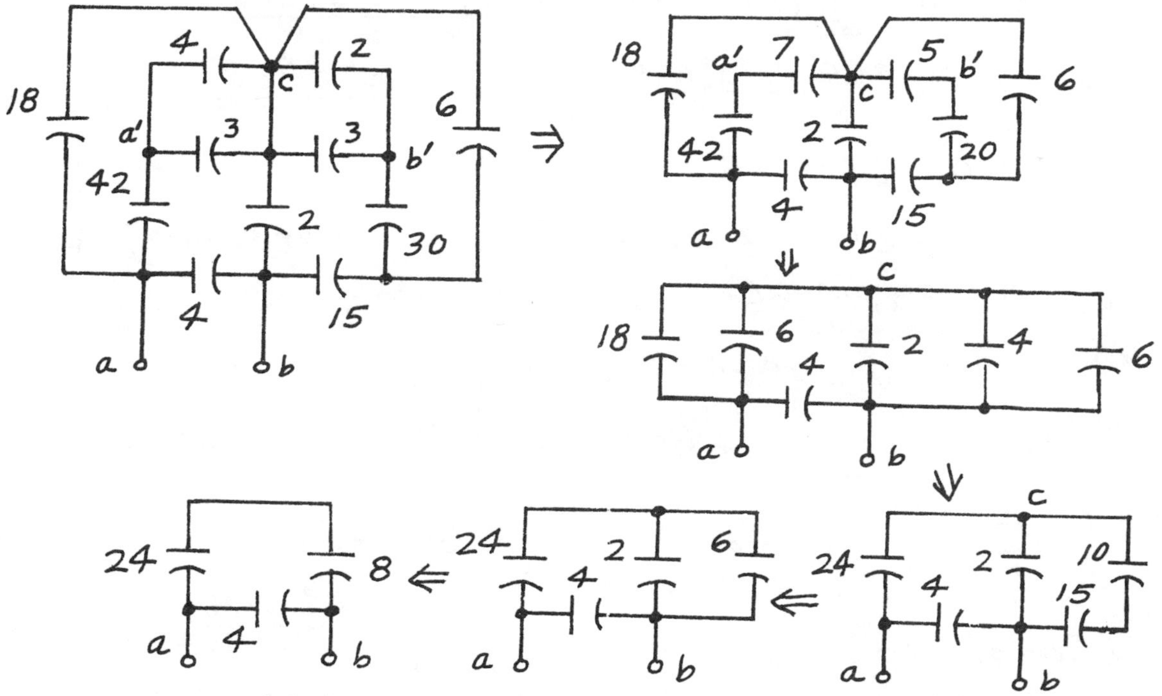

$C_{ab} = \frac{24(8)}{24+8} + 4 = 6 + 4 = \underline{10\ \mu F}$

7.18

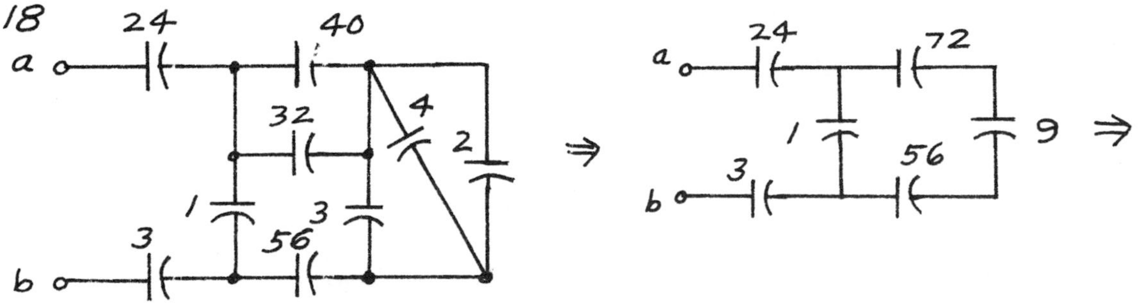

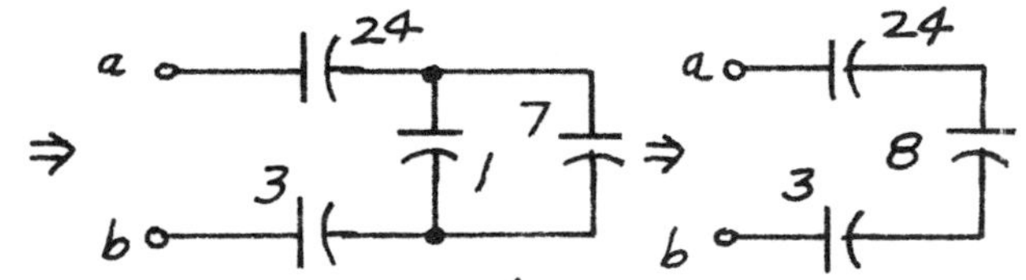

$$C_{ab} = \left(\frac{1}{3} + \frac{1}{8} + \frac{1}{24}\right)^{-1} = \underline{2\,\mu F}$$

7.19 $v = L\frac{di}{dt} = 10^{-2}\frac{di}{dt}$

$0 < t < 20ms: \quad v = 10^{-2}\frac{12}{20\times10^{-3}} = 6\,V \Rightarrow v(10ms) = \underline{6\,V}$

$20 < t < 40ms: \quad v = 10^{-2}(0) = 0 \Rightarrow v(30\,ms) = \underline{0}$

$40 < t < 100\,ms: \quad v = 10^{-2}\frac{12}{60\times10^{-3}} = -2V \Rightarrow v(60ms) = \underline{-2V}$

7.20 (a) $v = 10^{-2}\frac{di}{dt} = 10^{-2}\frac{d}{dt}(2) = \underline{0}$

(b) $v = 10^{-2}\frac{d}{dt}(20t) = (10^{-2})(20) = \underline{0.2\ V}$

(c) $v = 10^{-2}\frac{d}{dt}(10\sin 100t) = \underline{10\cos 100t\ V}$

(d) $v = 10^{-2}\frac{d}{dt}[10(1-e^{-5t})] = \underline{0.5e^{-5t}\ V}$

7.21 (a) $v = 0.1\frac{d}{dt}(10\cos 10t)\times10^{-3}\ V = \underline{-10\sin 10t\ mV}$

(b) $p = vi = [(10\cos 10t)\times10^{-3}][(-10\sin 10t)\times10^{-3}]\ W$

$= -100\sin 10t\cos 10t\ \mu W = \underline{-50\sin 20t\ \mu W}$

(c) $w = \frac{1}{2}(0.1)[(10\cos 10t)\times10^{-3}]^2\ J = \underline{5\cos^2 10t\ \mu J}$

(d) $p_{max} = \underline{50\,\mu W}$ when $20t = \frac{3\pi}{2}$ or $t = \underline{\frac{3\pi}{40}\ s}$.

7.22 $i = \frac{1}{L}\int_{t_0}^{t} v\,d\tau + i(t_0) = 10^3\int_{t_0}^{t} v\,d\tau + i(t_0)$

(a) $0 \le t \le 10\,ms: \quad i = 10^3\int_0^t 5\,d\tau = \underline{(5\times10^3)t\ A}$

$i(10ms) = (5\times10^3)(10\times10^{-3}) = 50\ A$

$10 \le t \le 20\,ms: \quad i = 10^3\int_{10ms}^{t}(-5)\,d\tau + 50 = \underline{-5\times10^3(t-10^{-2}) + 50\ A}$

$i(20ms) = -5\times10^3(2-1)(10^{-2}) + 50 = 0$

7.22 (Cont.)

(b) $0 \le t \le 10\,ms$: $i = 10^3 \int_0^t \frac{5}{10^{-2}} \tau\, d\tau = \underline{5\times10^5 \frac{t^2}{2}\ A}$

$i(10\,ms) = \frac{5}{2}\times10^5(10^{-2})^2 = 25\,A$

$10\,ms \le t \le 30\,ms$: $i = 5\times10^5 \int_{10ms}^{t} (\tau - 2\times10^{-2})\, d\tau + 25$

$i = 25\times10^4(\tau - 2\times10^{-2})^2 \Big|_{10ms}^{t} + 25$

$= 25\times10^4[(t-2\times10^{-2})^2 - (10^{-2} - 2\times10^{-2})^2] + 25$

$= \underline{25\times10^4(t - 2\times10^{-2})^2\ A}$

$i(30\,ms) = 25\times10^{-4}(3\times10^{-2} - 2\times10^{-2})^2 = 25\,A$

7.23 $i = \frac{1}{2}v_g + 2\int_{t_0}^{t} v_g\, d\tau + i(t_0)$

(a) $0 < t < 1s$: $v_g = -2(t-1)\ V$

$i = -(t-1) - 4\int_0^t (\tau - 1)d\tau - 1 = -t - \frac{4}{2}(t-1)^2\Big|_0^t = \underline{3t - 2t^2\ A}$

$i(1) = 1\ A$

(b) $1 < t < 2s$: $i = t - 1 + 4\int_1^t (\tau-1)d\tau + 1 = t + 2(\tau - 1)^2\Big|_1^t$

$= \underline{2t^2 - 3t + 2\ A}$

7.24

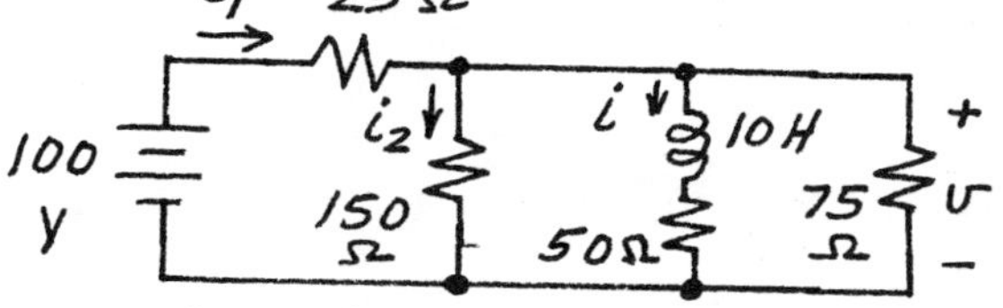

$t = 0^-$, $v(0^-) = 50\ V$

$i_1(0^-) = \frac{100 - v(0^-)}{25} = 2\ A$

$150\, i_2(0^-) = 100 - 25\, i_1(0^-)$

$i_2(0^-) = (50/150) = \frac{1}{3}\ A$

$i(0^-) = i_1(0^-) - i_2(0^-) - \frac{v(0^-)}{75}$

$i(0^+) = i(0^-) = 2 - \frac{1}{3} - \frac{2}{3} = \underline{1A}$, $v(0^+) = 75\left[-\frac{150}{150+75}\, i(0^+)\right]$

$v(0^+) = \underline{-50\ V}$

7.25

$t = 0^-$:

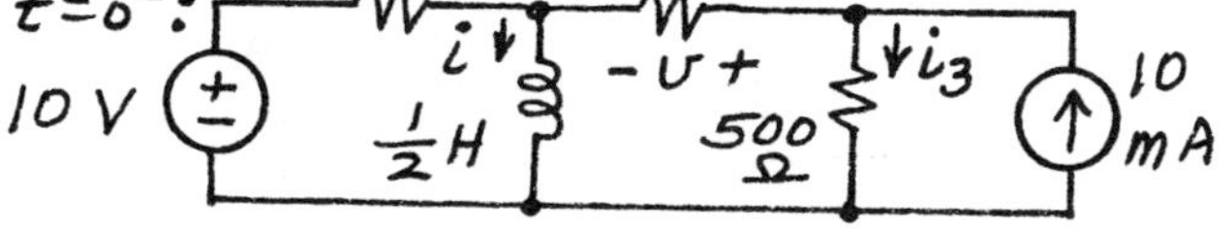

$i_1(0^-) = \frac{2.5}{500}\ A = 5\ mA$

$i_3(0^-) = 10 - i_1(0^-) = 5\ mA$

$10 = 1000\, i_2(0^-) - v(0^-) + 500(5\times10^{-3})$

$i_2(0^-) = \frac{10 + 2.5 - 2.5}{1000}\ A = 10\ mA$; $i(0^+) = i(0^-) = i_1(0^-) + i_2(0^-)$

$i(0^+) = 5 + 10 = \underline{15\ mA}$

$t = 0^+$:

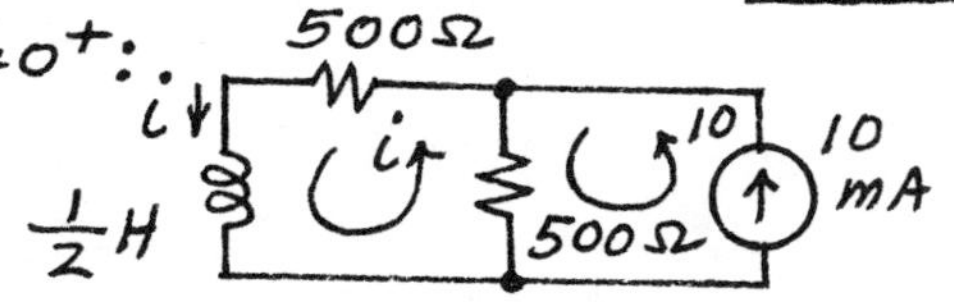

KVL: $\frac{1}{2}\frac{di(0^+)}{dt} + 1000\, i(0^+) = 500(10^{-2})$

$\frac{di(0^+)}{dt} = 2(5 - 15) = \underline{-20\ A/s}$

7.26 $t=0^-$

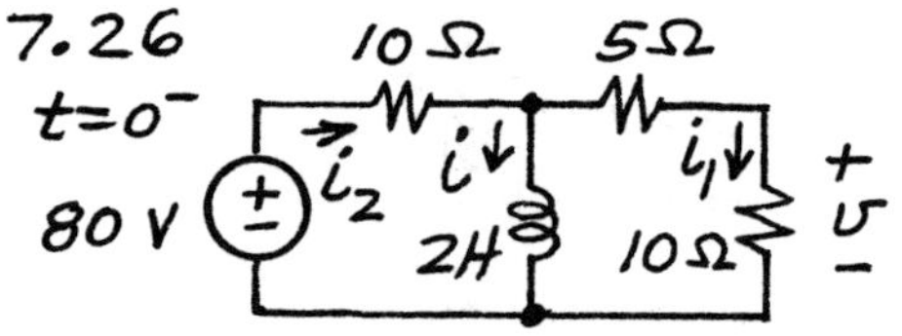

$v(0^-)=0 \Rightarrow i_1(0^-)=0$

$\therefore\ i(0^-)=i_2(0^-)$

$80=10\,i(0^-)+0 \Rightarrow i(0^-)=8\text{ A}$

$i(0^+)=i(0^-)=\underline{8\text{ A}}$

$t=0^+$

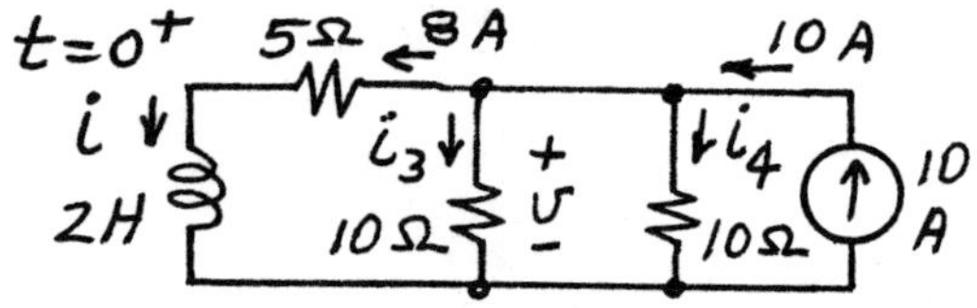

$i_3(0^+)=i_4(0^+)=\frac{1}{2}(10-8)=1\text{ A}$

$v(0^+)=10(1)=\underline{10\text{ V}}$

7.27 $t=0^-$:

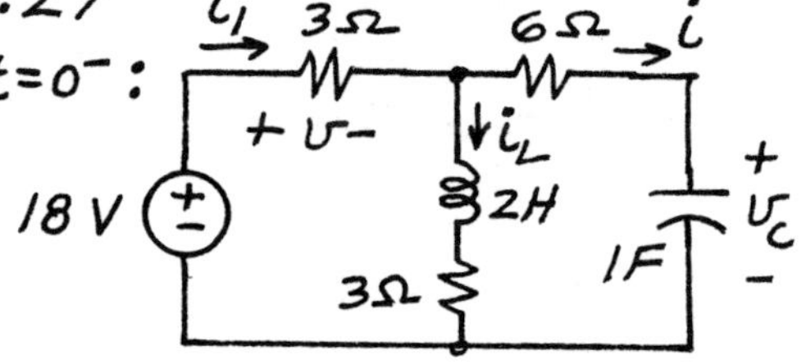

$t=0^-$: $v(0^-)=9\text{ V};\ i(0^-)=1\text{ A}$

$i_1(0^-)=\frac{9}{3}=3\text{ A};\ i_L(0^-)=i_1(0^-)-i(0^-)$

$i_L(0^-)=2\text{ A}$

KVL: $v_C(0^-)=18-v(0^-)-6\,i(0^-)=3\text{ V}$

$t=0^+$:

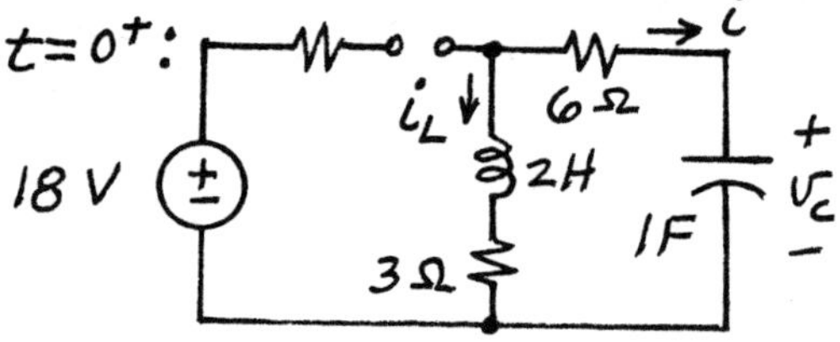

$t=0^+$: $i_L(0^+)=i_L(0^-)=2\text{ A}$

$v_C(0^+)=v_C(0^-)=3\text{ V}$

KCL: $i(0^+)=-i_L(0^+)=\underline{-2\text{ A}}$

KVL: $2\frac{di(0^+)}{dt}+(6+3)i(0^+)+v_C(0^+)=0$

$$\frac{di(0^+)}{dt}=[-9(-2)-3]/2=\underline{7.5\text{ A/s}}$$

7.28

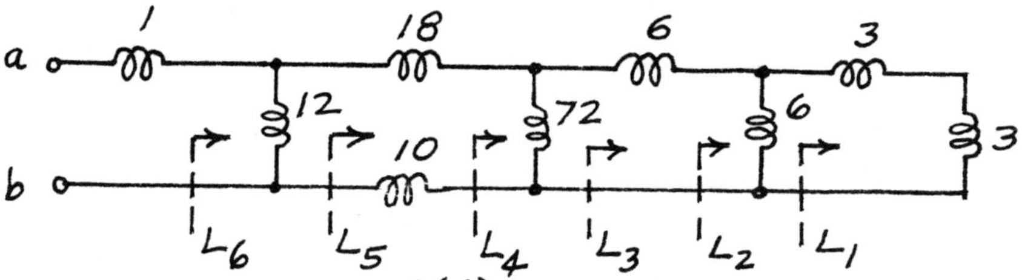

$L_1=3+3=6,\ L_2=\frac{6(6)}{12}=3,\ L_3=6+L_2=9,\ L_4=\frac{72L_3}{72+L_3}$

$L_4=8,\ L_5=18+L_4+10=36,\ L_6=\frac{12L_5}{12+L_5}=9,\ L_{ab}=1+L_6,$

$L_{ab}=1+9=\underline{10\text{ mH}}$

7.29

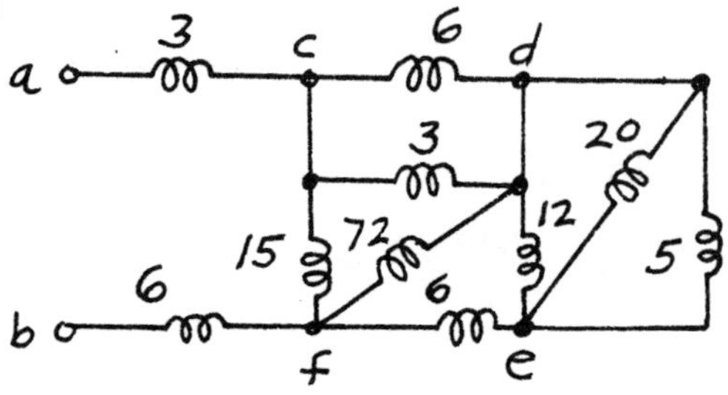

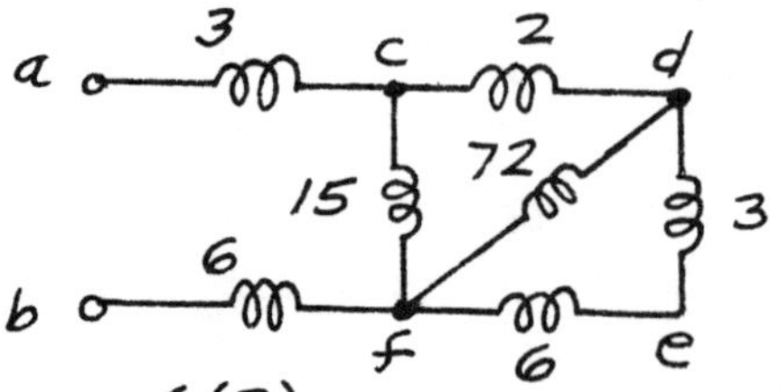

$L_{cd}=\frac{6(3)}{9}=2,\ L_{de}=\frac{1}{\frac{1}{12}+\frac{1}{20}+\frac{1}{3}}$

$L_{de}=3$

$L_{df}=\frac{(3+6)(72)}{81}=8$

$L_{cf}=\frac{(2+8)(15)}{25}=6$

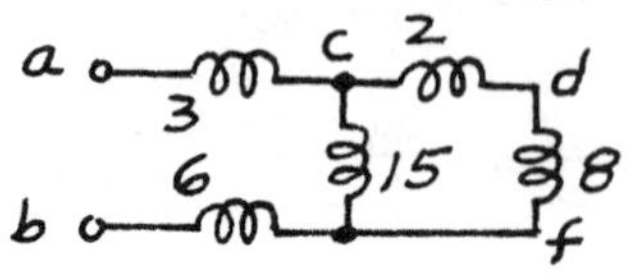

7.29 (cont.) $L_{ab} = 3 + L_{cf} + 6 = 3 + 6 + 6 = \underline{15\ mH}$

7.30

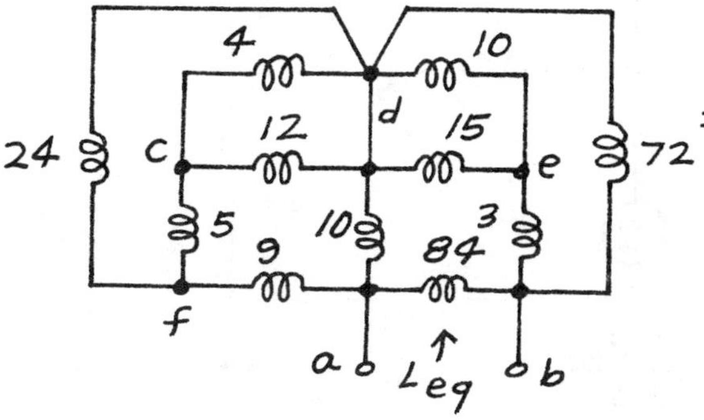

⇒

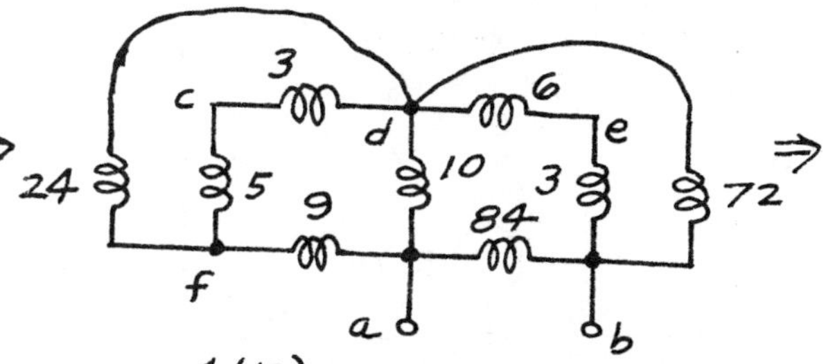

⇒

$$L_{cd} = \frac{4(12)}{16} = 3,\ L_{de} = \frac{10(15)}{25} = 6$$

$$L_{bd} = \frac{(6+3)(72)}{81} = 8,\ L_{df} = \frac{(5+3)(24)}{32}$$

⇒

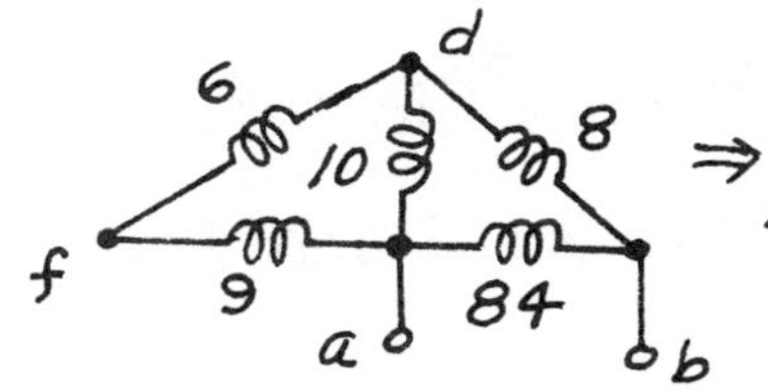

⇒

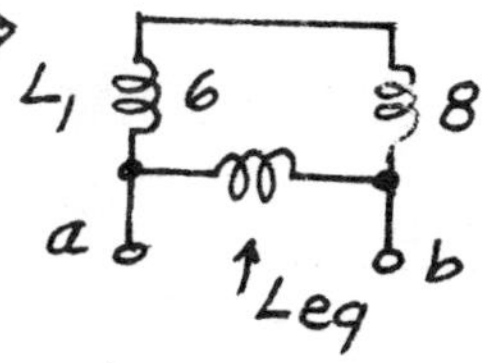

$$L_1 = \frac{(9+6)(10)}{25} = 6$$

$$L_{eq} = \frac{(6+8)(84)}{98} = \underline{12\ mH}$$

7.31 (a) $L_{max} = 10(5mH) = \underline{50\ mH}$ (all 10 in series)

(b) Two connections shown below yield an equivalent inductance of 20 mH.

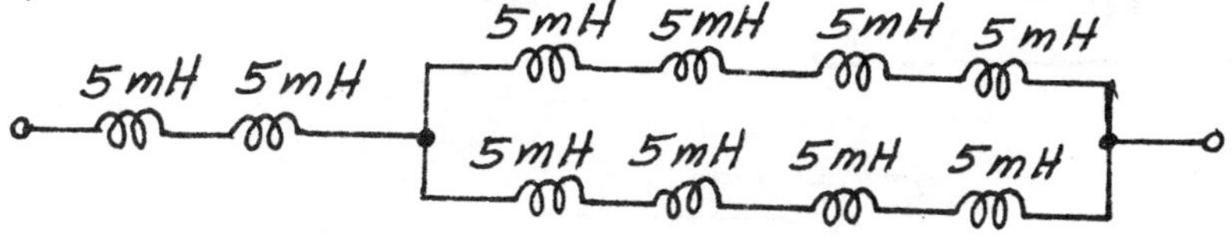

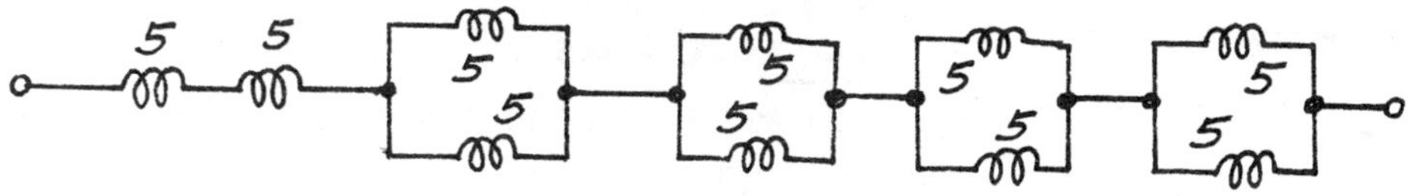

7.32

$t = 0^-$:

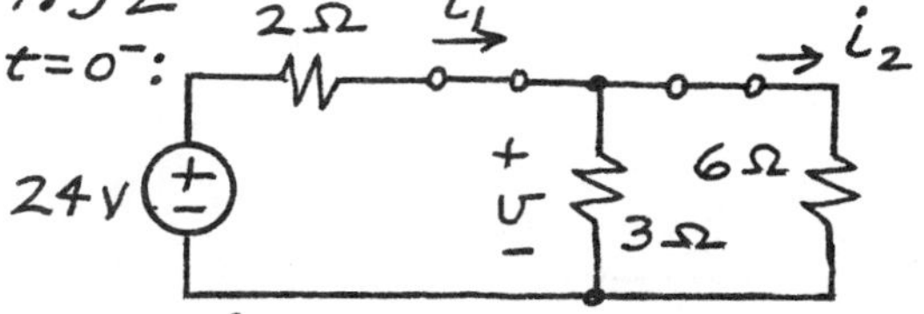

$$i_1(0^-) = \frac{24}{2 + \frac{3(6)}{9}} = 6\ A$$

$$i_2(0^-) = \frac{3}{3+9} i_1(0^-) = 2\ A$$

$t = 0^+$:

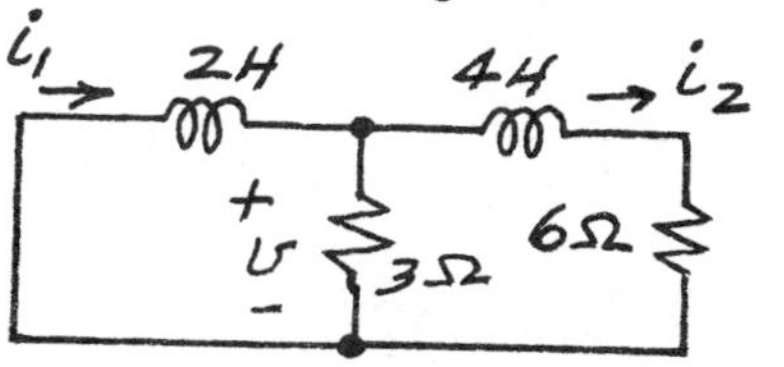

$$i_1(0^+) = i_1(0^-) = \underline{6\ A}$$

$$i_2(0^+) = i_2(0^-) = \underline{2\ A}$$

$$v(0^+) = 3[i_1(0^+) - i_2(0^+)] = 12\ V;\ 2\frac{di_1(0^+)}{dt} + v(0^+) = 0$$

$$\frac{di_1(0^+)}{dt} = -\frac{1}{2}v(0^+) = \underline{-6\ A/s};\ 4\frac{di_2(0^+)}{dt} + 6i_2(0^+) = v(0^+)$$

$$\frac{di_2(0^+)}{dt} = \frac{1}{4}[v(0^+) - 6i_2(0^+)] = \frac{12 - 6(2)}{4} = \underline{0}$$

7.33
$t=0^-$:

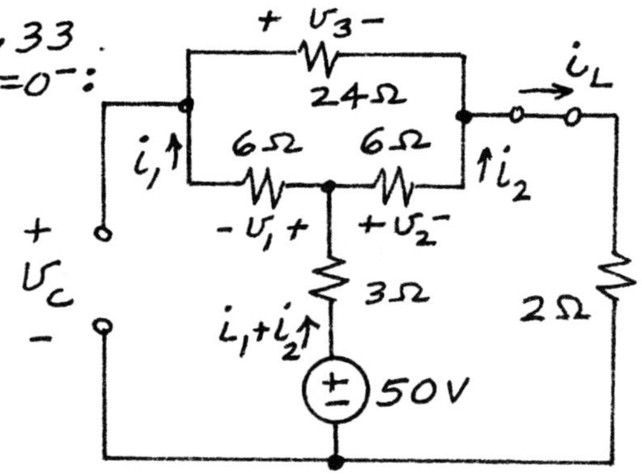

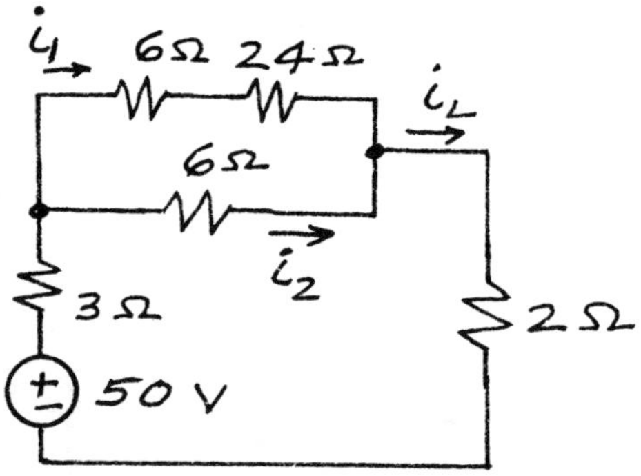

$$i_L(0^-) = \frac{50}{R_{eq}}, \quad R_{eq} = 5 + \frac{6(30)}{36} = 10\,\Omega, \quad i_L(0^-) = 5\,A$$

$$v_c(0^-) = 50 - 3i_L(0^-) - 6i_1(0^-); \quad i_1(0^-) = \frac{6}{6+30} i_L(0^-) = \frac{5}{6}\,A$$

$$v_c(0^-) = 50 - 3(5) - 6\left(\frac{5}{6}\right) = 30\ V; \quad v_1(0^-) = 6i_1(0^-) = \underline{5\ V}$$

$$v_2(0^-) = 6\left[5 - \frac{5}{6}\right] = \underline{25\ V}$$

$t=0^+$:

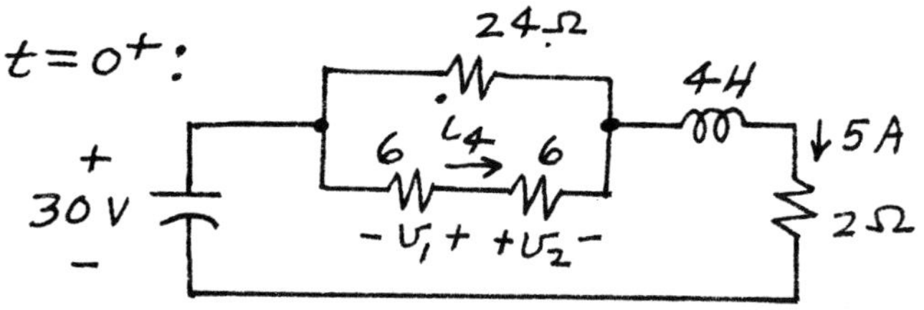

$$i_L(0^+) = i_L(0^-) = 5\,A$$

$$v_c(0^+) = v_c(0^-) = 30\ V$$

$$i_4(0^+) = \frac{24}{36}(5) = \frac{10}{3}\ A$$

$$v_2(0^+) = -v_1(0^+) = 6\,i_4(0^+)$$

$$v_2(0^+) = \underline{20\ V}, \quad v_1(0^+) = \underline{-20\ V}$$

7.34 At $t=0^-$, $v(0^-) = \underline{100\ V}$ (closed switch). Since $i(0^+) = i(0^-) = 2\,A$, (current division and Ohm's law)

$$v(0^+) = -75\left[\frac{150}{150+75}(2)\right] = \underline{-100\ V}$$

KVL: $$10\,\frac{di(0^+)}{dt} + 50\,i(0^+) = v(0^+)$$

$$\therefore \quad \frac{di(0^+)}{dt} = \frac{1}{10}\left[-100 - 50(2)\right] = \underline{-20\ A/s}$$

7.35
$t=0^-$:

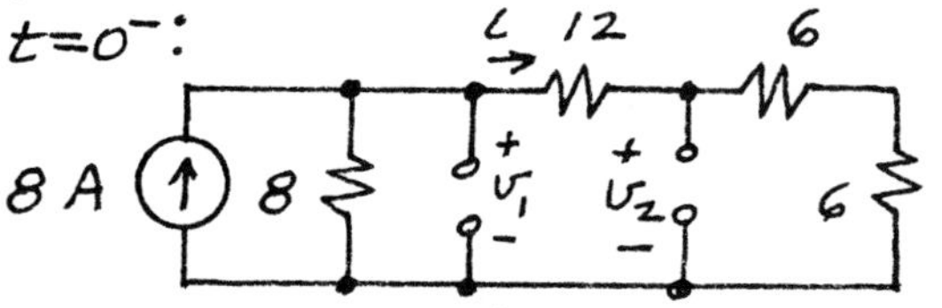

$$i(0^-) = \frac{8}{12+6+6+8}(8) = 2\,A$$

$$v_2(0^-) = (6+6)i(0^-) = 24\ V$$

$$v_1(0^-) = (12+6+6)i(0^-) = 48\ V$$

$t=0^+$:

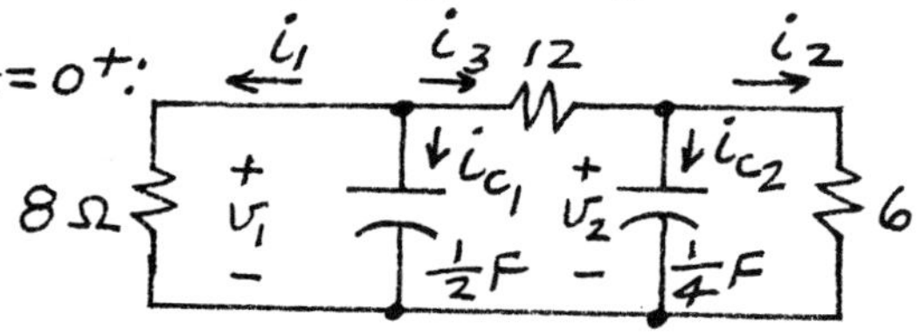

$$v_1(0^+) = v_1(0^-) = 48\ V$$

$$v_2(0^+) = v_2(0^-) = 24\ V$$

$$i_1(0^+) = v_1(0^+)/8 = 6\,A$$

7.35 (cont.) $i_2(0+) = v_2(0+)/6 = 4A$, $i_3(0+) = \dfrac{v_1(0+) - v_2(0+)}{12} = 2A$

$i_{C_1}(0^+) = -[i_1(0^+) + i_3(0^+)] = -8A$, $\dfrac{dv_1(0^+)}{dt} = \dfrac{1}{C_1} i_{C_1}(0^+) = 2(-8)$

$\dfrac{dv_1(0^+)}{dt} = \underline{-16 \text{ V/s}}$, $i_{C_2}(0+) = i_3(0+) - i_2(0+) = 2 - 4 = -2A$

$\dfrac{dv_2(0^+)}{dt} = \dfrac{1}{C_2} i_{C_2}(0+) = 4(-2) = \underline{-8 \text{ V/s}}$

7.36

$t = 0^-$:

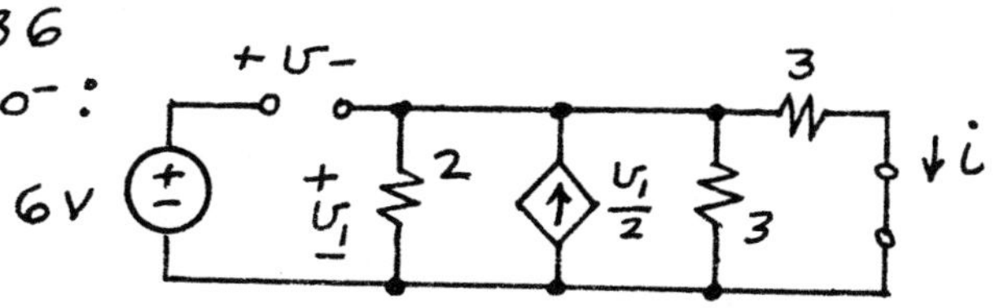

$v(0^-) = 6$ V,

$i(0^-) = 0$

$t = 0^+$

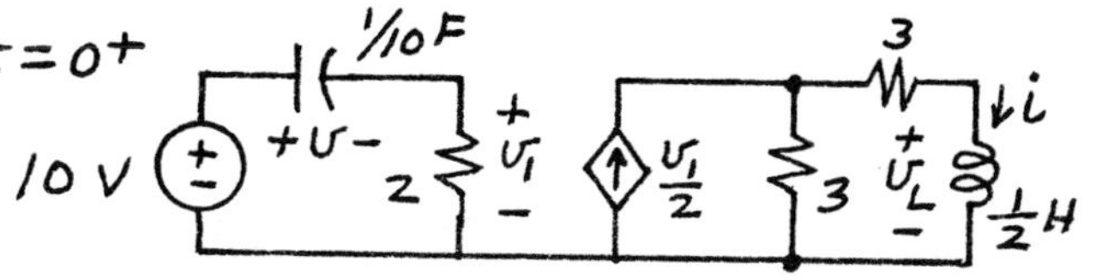

$v(0^+) = v(0^-) = 6$ V

$i(0^+) = i(0^-) = 0$

$v_1(0^+) = 10 - v(0^+) = 4$ V

$i_C(0^+) = v_1(0^+)/2 = 2$ A, $\dfrac{dv(0^+)}{dt} = \dfrac{1}{C} i_C(0^+) = 10(2) = \underline{20 \text{ V/s}}$

$v_L(0^+) = 3\left[\dfrac{v_1(0^+)}{2} - i(0^+)\right] = 3(4/2) = 6$ V

$\dfrac{di(0^+)}{dt} = \dfrac{1}{L} v_L(0^+) = 2(6) = \underline{12 \text{ A/s}}$

7.37 $C_{eq} = 400 + 600 = 1000 \text{ pF} = \underline{1 \text{ nF}}$

$R_1 = \dfrac{10^3}{400 \times 10^{-12}} = \dfrac{1}{0.4 \times 10^{-12}} \ \Omega$

$R_2 = \dfrac{10^3}{600 \times 10^{-12}} = \dfrac{1}{0.6 \times 10^{-12}} \ \Omega$

$G_{eq} = \dfrac{1}{R_1} + \dfrac{1}{R_2} = 10^{-12} \text{ S} \Rightarrow R_{eq} = \underline{10^{12} \ \Omega}$

7.38 (a)

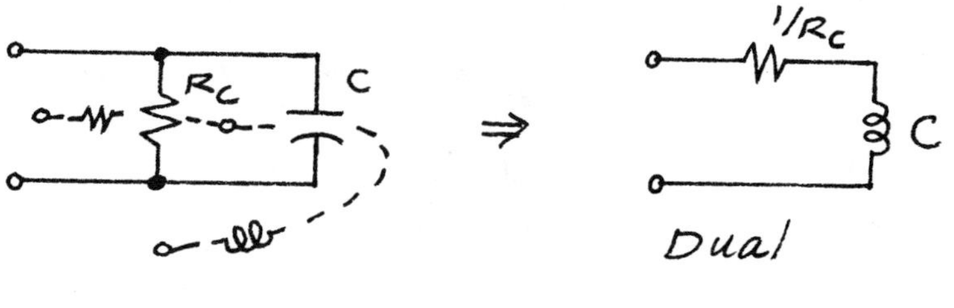

7.38 (b)

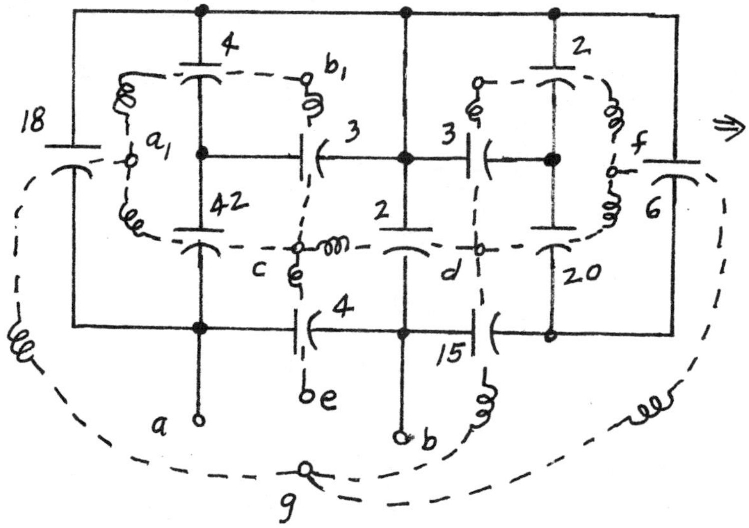

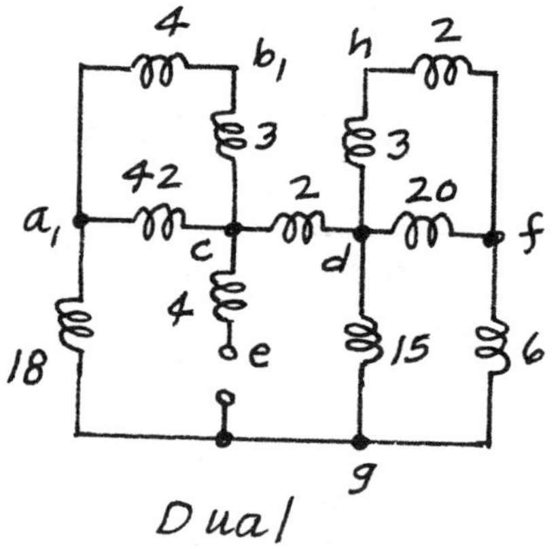

Dual

L's in μH

(c)

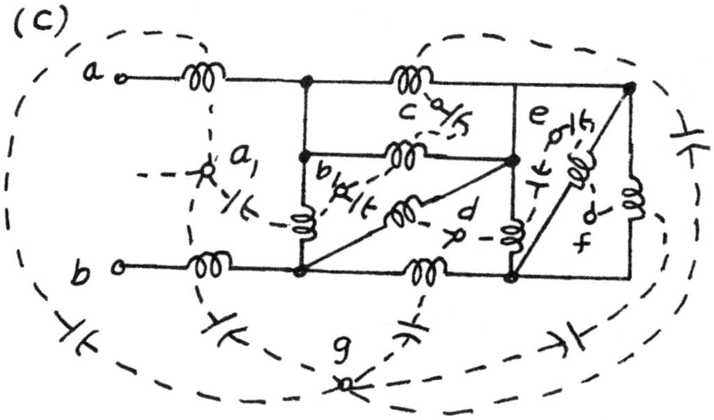

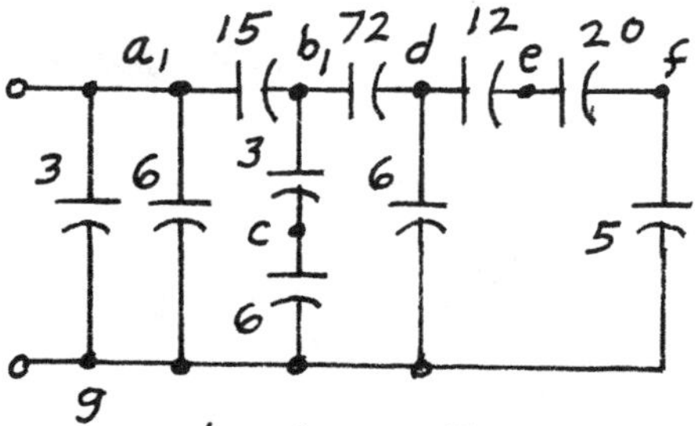

C's in mF.

Dual

7.39 $C_1 v_1(0^-) + C_2 v_2(0^-) = (C_1 + C_2) v_1(0^+) \Rightarrow v_1(0^-) + v_2(0^-) = 2v_1(0^+)$

$$w(0^-) = \tfrac{1}{2} v_1^2(0^-) + \tfrac{1}{2} v_2^2(0^-)$$

$$w(0^+) = \tfrac{1}{2} v_1^2(0^+) + \tfrac{1}{2} v_2^2(0^+) = v_1^2(0^+) = w(0^-) - 4$$

$$\tfrac{1}{2} v_1^2(0^-) + \tfrac{1}{2} v_2^2(0^-) - 4 = v_1^2(0^+) = \left\{\tfrac{1}{2}\left[v_1(0^-) + v_2(0^-)\right]\right\}^2$$

$$= \tfrac{1}{4}\left\{v_1^2(0^-) + 2v_1(0^-)v_2(0^-) + v_2^2(0^-)\right\}$$

or $v_2^2(0^-) - 2v_1(0^-)v_2(0^-) + v_1^2(0^-) - 16 = 0$

$v_1(0^-) = 6\text{ V} \Rightarrow v_2^2(0^-) - 12\, v_2(0^-) + 20 = 0$

or $[v_2(0^-) - 2][v_2(0^-) - 10] = 0 \Rightarrow v_2(0^-) = \underline{2 \text{ or } 10\text{ V}}$

7.40

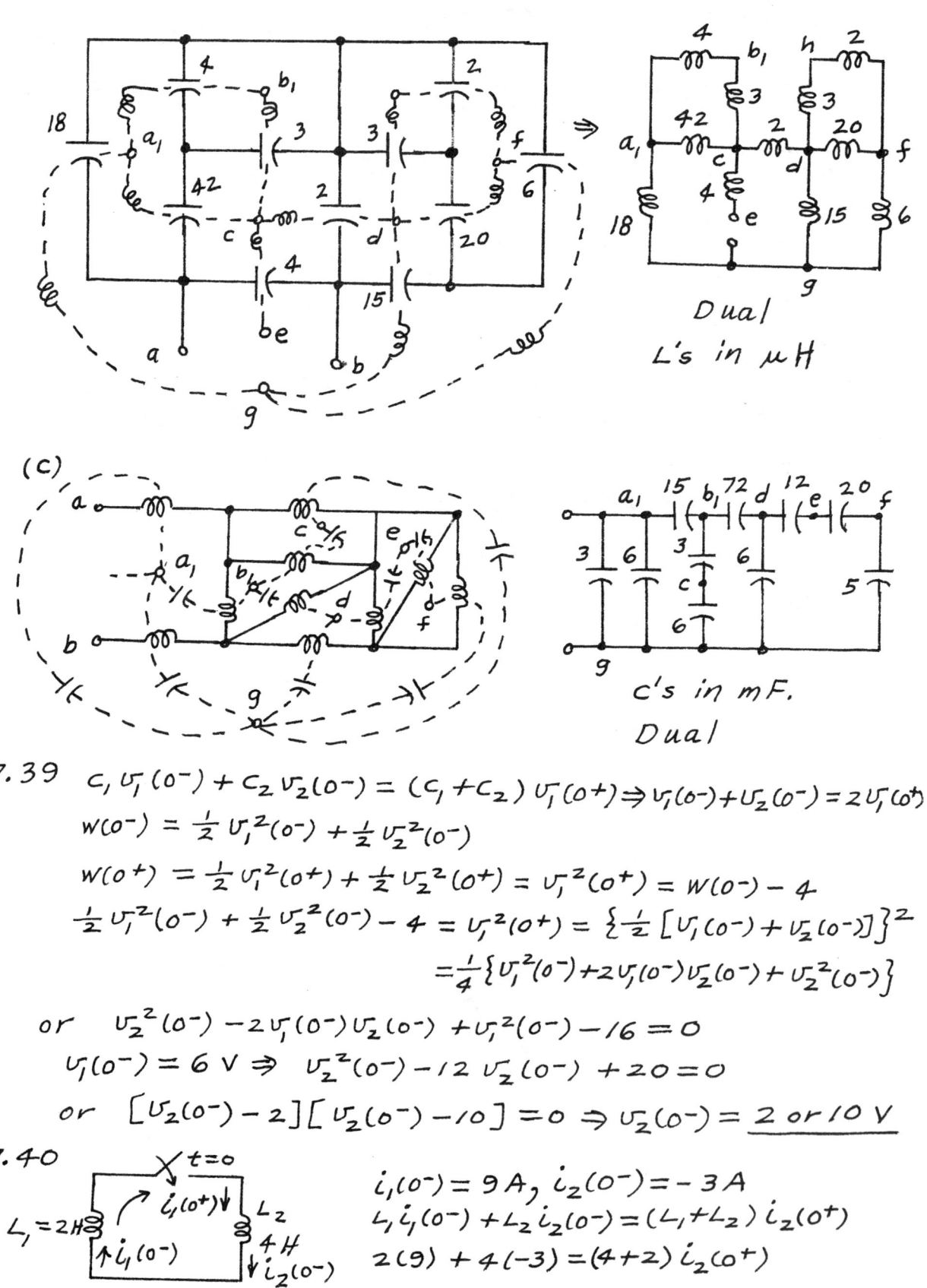

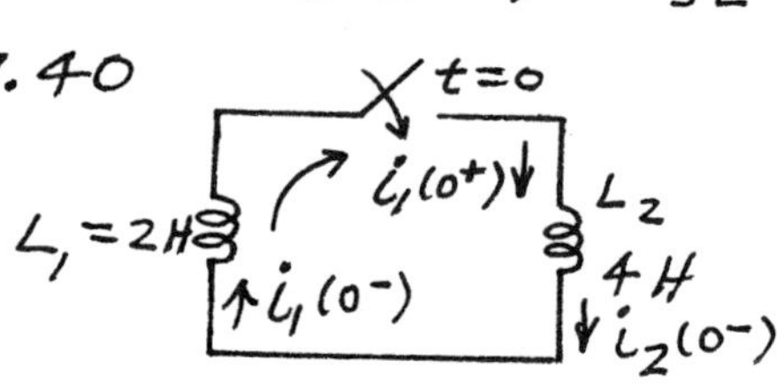

$i_1(0^-) = 9\text{ A},\ i_2(0^-) = -3\text{ A}$

$L_1 i_1(0^-) + L_2 i_2(0^-) = (L_1 + L_2)\, i_2(0^+)$

$2(9) + 4(-3) = (4+2)\, i_2(0^+)$

7.40 (cont.) $\therefore\ i_2(0^+) = i_1(0^+) = \underline{1\text{ A}}$

$w(0^-) = \frac{1}{2}L_1 i_1^2(0^-) + \frac{1}{2}L_2 i_2^2(0^-)$

$= \frac{1}{2}(2)(9)^2 + \frac{1}{2}(4)(-3)^2 = 99\text{ J}$

$w(0^+) = \frac{1}{2}(L_1 + L_2)\,i_1^2(0^+) = \frac{1}{2}(2+4)(1)^2 = 3\text{ J}$

energy radiated $= 99 - 3 = \underline{96\text{ J}}$

CHAPTER 8

– EXERCISES –

8.1.1 $RC = 10^3(10^{-6}) = 10^{-3}$; $v = 10e^{-1000t}$ V

$v(10^{-3}) = 10e^{-10^3(10^{-3})} = \underline{3.68 \text{ V}}$

$i(10^{-3}) = v(10^{-3})/10^3 \text{ A} = \underline{3.68 \text{ mA}}$

$W_C(10^{-3}) = \frac{1}{2}Cv^2(10^{-3}) = \frac{1}{2}(10^{-6})(3.68)^2 \text{ J} = \underline{6.8\,\mu\text{J}}$

8.1.2 $v(0^+) = v(0^-) = \frac{5}{3+5}(40) = 25 \text{ V}$; $RC = 5(\frac{1}{10}) = \frac{1}{2}$ s

$v = \underline{25e^{-2t} \text{ V}}$

8.1.3

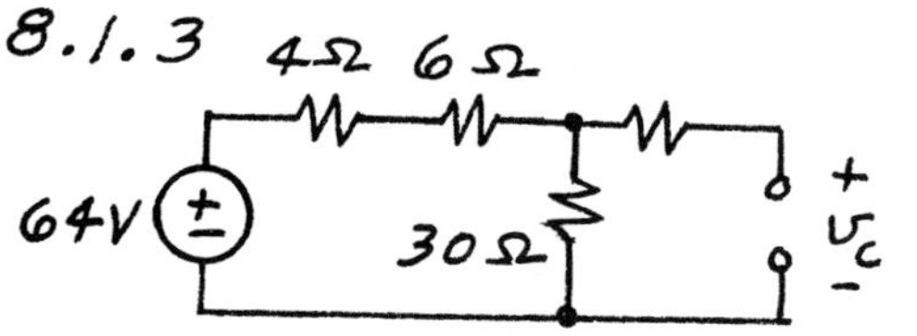

$v_c(0^-) = v_c(0^+) = \frac{30}{30+10}64 = 48\text{V}$

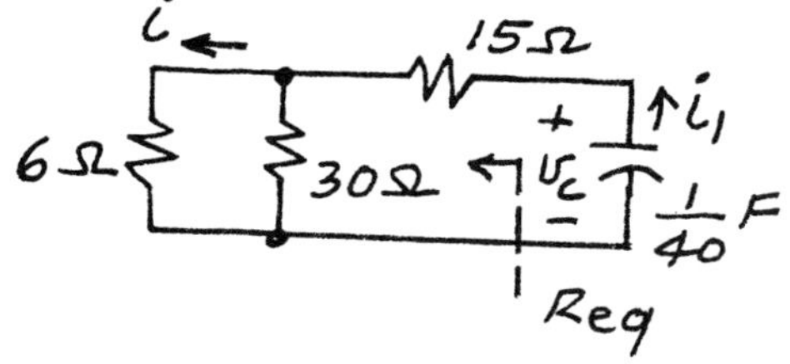

$R_{eq} = 15 + \frac{6(30)}{6+30} = 20\,\Omega$

$R_{eq}C = (20)\frac{1}{40} = \frac{1}{2}$ s

$v_c(t) = 48e^{-2t}$ V

$i_1 = \frac{v_c}{R_{eq}} = \frac{48}{20}e^{-2t} = \frac{12}{5}e^{-2t}$ A

$i = \frac{30}{30+6}i_1 = \underline{2e^{-2t} \text{ A}}$

8.2.1 (a) $\tau = RC = (5\times10^3)(2\times10^{-6}) = 10^{-2} \text{ s} = \underline{10 \text{ ms}}$

(b) $C = \frac{\tau}{R} = \frac{20\times10^{-6}}{10\times10^3} = 2\times10^{-9}\text{F} = \underline{2\text{nF}}$

(c) $v = V_0e^{-t/RC}$: $v(t+20\times10^{-3}) = \frac{1}{2}v(t)$

$V_0e^{-(t+20\times10^{-3})/RC} = \frac{1}{2}V_0e^{-t/RC}$

$\therefore\ e^{-(20\times10^{-3})/RC} = \frac{1}{2} = 2^{-1} \Rightarrow \frac{20\times10^{-3}}{(2\times10^{-6})R} = \ln 2$

$R = \frac{10\times10^3}{\ln 2}\,\Omega = \underline{14.43 \text{ k}\Omega}$

8.2.2 $R = 20\text{ k}\Omega$, $C = 0.05\times10^{-6}\text{F} \Rightarrow RC = 10^{-3}$ s

$v = V_0e^{-t/RC}$, $i = \frac{V_0}{R}e^{-t/RC}$

R_1 and C_1 are new parameters.

v unchanged $\Rightarrow V_0e^{-t/RC} = V_0e^{-t/R_1C_1} \Rightarrow RC = R_1C_1$

$\frac{V_0}{R_1}e^{-t/R_1C_1} = \frac{1}{5}\frac{V_0}{R}e^{-t/RC} \Rightarrow R_1 = 5R = \underline{100 \text{ k}\Omega}$

$C_1 = \frac{R}{R_1}C = C/5 = \underline{0.01\,\mu\text{F}}$

8.2.3

$t=0^-$:

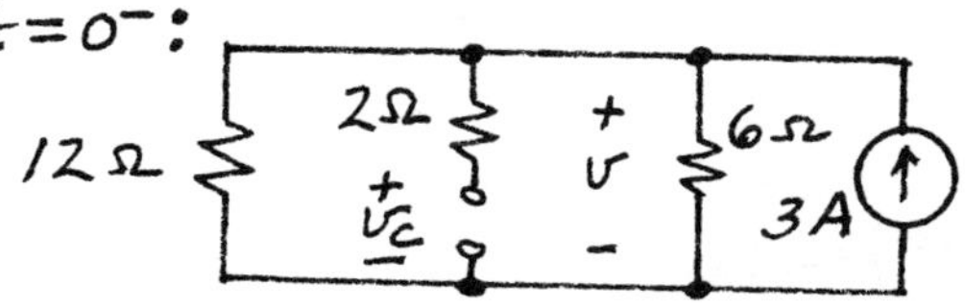

$$v_C(0^-) = \frac{6(12)}{6+12}(3) = 12\ \text{V} = v(0^-)$$

$t>0$:

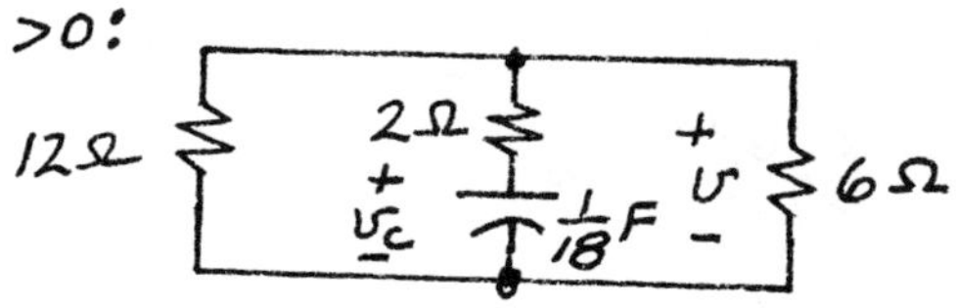

$$R_{eq} = 2 + \frac{6(12)}{6+12} = 6\ \Omega$$

$$v_C = v_C(0^+)\,e^{-t/R_{eq}C}$$

$$v_C(0^+) = v_C(0^-) = 12\ \text{V}$$

$$R_{eq}C = 6/18 = \tfrac{1}{3}\ \text{s} \Rightarrow v_C = 12e^{-3t}\ \text{V}$$

$$v = -6\left(\frac{12}{6+12}\right)\left(\frac{1}{18}\right)\frac{d}{dt}\left(12e^{-3t}\right) = \underline{8e^{-3t}\ \text{V}}$$

8.2.4

$t=0^-$:

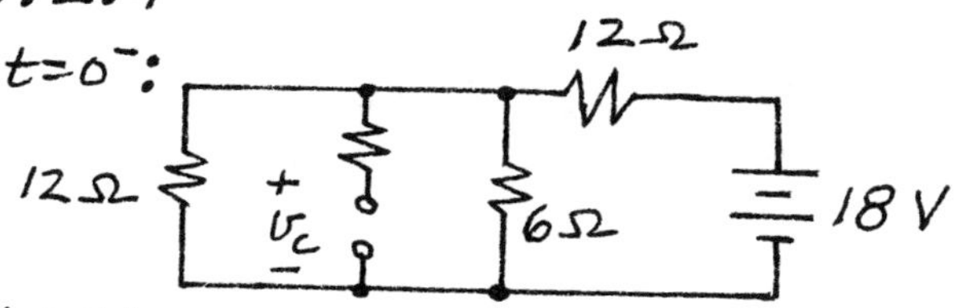

$$\frac{(12)(6)}{12+6} = 4\ \Omega$$

$$v_C(0^-) = v_C(0^+) = \frac{4}{4+12}(18) = \frac{9}{2}\ \text{V}$$

$t>0$:

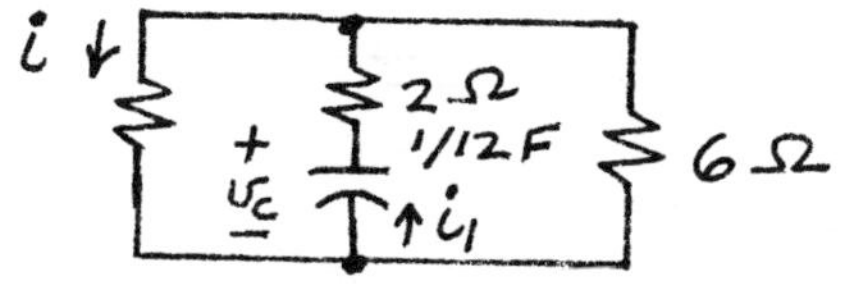

$$R_{eq} = 2 + \frac{6(12)}{6+12} = 6\ \Omega$$

$$R_{eq}C = 6(1/12) = \tfrac{1}{2}\ \text{s}$$

$$v_C = (9/2)e^{-2t}\ \text{V}$$

$$i_1 = \frac{v_C}{R_{eq}} = \frac{3}{4}e^{-2t}\ \text{A},\quad i = \frac{6}{6+12}i_1 = \frac{1}{4}e^{-2t}\ \text{A} = \underline{0.25e^{-2t}\ \text{A}}$$

8.3.1 (a) $i = I_0e^{-Rt/L} = 16e^{-250t/(50\times10^{-3})} = 16e^{-5000t}$ mA

$$v_L = -L\frac{di}{dt} = -(50\times10^{-3})\frac{d}{dt}(16e^{-5000t})\ \text{mV} = \underline{4e^{-5000t}\ \text{V}}$$

or $v_L = v_R = Ri = 250i$

(b) $L = R\tau = (10\times10^3)(10\times10^{-6}) = 0.1\ \text{H}$

(c) $i(t) = I_0e^{-Rt/L} \Rightarrow i(t+10^{-4}) = I_0e^{-R(t+10^{-4})/L} = (I_0e^{-Rt/L})/2$

$$\Rightarrow e^{-(R\times10^{-4})/L} = \frac{1}{2} \Rightarrow 10^{-4}\frac{R}{L} = \ln 2$$

$$R = \frac{L}{10^{-4}}\ln 2 = \frac{10^{-2}}{10^{-4}}\ln 2 = \underline{69.3\ \Omega}$$

8.3.2 $w(t_0) = \frac{1}{2}Li^2(t_0)$

$$w(t_0+10^{-2}) = \frac{1}{2}LI_0^2e^{-2R(t_0+10^{-2})/L} = \frac{1}{2}\left[\frac{1}{2}LI_0^2e^{-2Rt_0/L}\right]$$

$$e^{-2R(10^{-2})/L} = \frac{1}{2} \Rightarrow \frac{2R}{L}\times10^{-2} = \ln 2 \Rightarrow R = 50(1)\ln 2$$

$$R = \underline{34.66\ \Omega}$$

8.3.3 $t=0^-$:

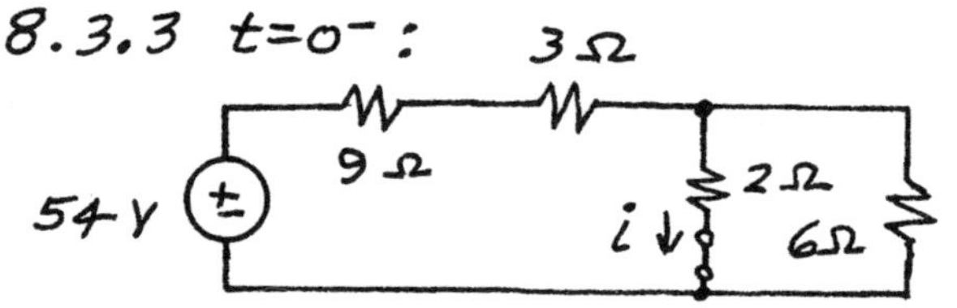

$i(0^-) = \frac{6}{6+2}\,\frac{54}{12+\frac{12}{8}} = 3\text{ A}$

$i(0^+) = i(0^-) = 3\text{ A}$

$t>0$:

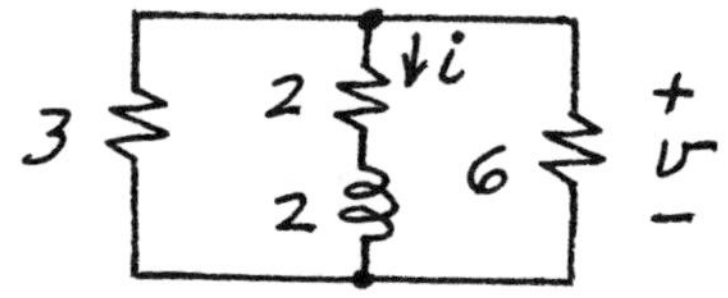

$i = i(0^+)e^{-R_{eq}t/L} = 3e^{-R_{eq}t/2}$

$R_{eq} = 2 + \frac{3(6)}{3+6} = 4\ \Omega$

$v = 6\left[\frac{3}{3+6}(-i)\right] = \underline{-6e^{-2t}\text{ V}}$

8.3.4 $v(0^-)=0 \Rightarrow i_L(0^-) = \frac{10}{5} = 2\text{A}$ down

$t>0:\ i_L + \frac{v}{2} - \frac{v}{6} = 0 \Rightarrow \frac{1}{3}v + i_L = 0;\ v = L\frac{di_L}{dt} = 2\frac{di_L}{dt}$

$\frac{1}{3}\left(2\frac{di_L}{dt}\right) + i_L = 0 \Rightarrow i_L = 2e^{-3t/2}\text{ A}$

$v = 2\frac{di_L}{dt} = 2(2)\left(-\frac{3}{2}\right)e^{-3t/2} = \underline{-6e^{-3t/2}\text{ V}}$

8.4.1 $v(0^-) = 4\text{ V}$: For $t>0$, $v + (5\times10^{-6})(4\times10^{3})\frac{dv}{dt} = 10$

$\frac{dv}{dt} = 500 - 50v \Rightarrow \frac{dv}{10-v} = 50\,dt$

$-\ln|10-v| = 50t - \ln K \Rightarrow 10 - v = Ke^{-50t}$

$t=0^+,\ v(0^+) = 4 \Rightarrow 10 - 4 = K = 6$

$v = \underline{10 - 6e^{-50t}\text{ V}}$

8.4.2 $i(0^-) = \frac{24}{8+4} = 2\text{ A}$ (inductor shorted)

$t>0:\ 8i + 2\frac{di}{dt} = 24 \Rightarrow \frac{di}{dt} = 12 - 4i \Rightarrow \frac{di}{3-i} = 4dt$

$-\ln(3-i) = 4t - \ln K \Rightarrow 3 - i = Ke^{-4t}$

$i(0^+) = i(0^-) = 2:\ 3 - 2 = K = 1 \Rightarrow i = \underline{3 - e^{-4t}\text{ A}}$

8.4.3 with the capacitor open-circuited

$v(0^-) = \frac{8}{4+8}(24) = 16\text{ V}$

$t>0$:

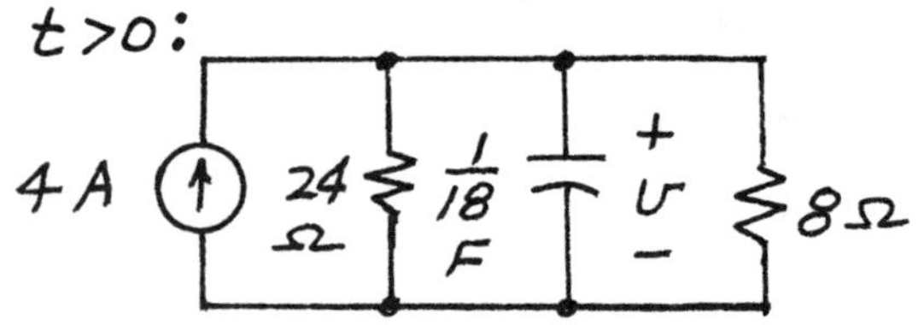

$\text{KCL}: \frac{v}{24} + \frac{v}{8} + \frac{1}{18}\frac{dv}{dt} = 4$

$\frac{dv}{dt} = 72 - 3v = 3(24 - v)$

$\frac{dv}{24-v} = 3\,dt \Rightarrow -\ln(24-v) = 3t - \ln K \Rightarrow 24 - v = Ke^{-3t}$

$v(0^+) = v(0^-) = 16\text{ V} \Rightarrow 24 - 16 = K = 8$

$\therefore\ v = \underline{24 - 8e^{-3t}\text{ V}}$

8.5.1 KCL: $\frac{1}{18}\frac{dv}{dt} + \frac{v}{10} + \frac{v - v_g}{15} = 0$

$$\frac{dv}{dt} + 3v = \frac{6}{5}v_g. \quad v_g = 50\text{ V} \Rightarrow \frac{dv}{dt} + 3v = 60$$

$$e^{3t}\frac{dv}{dt} + 3e^{3t}v = \frac{d}{dt}(e^{3t}v) = 60e^{3t}$$

$$e^{3t}v = 20e^{3t} + K\ ; \quad v(0) = v_g(0) - 15i(0) = 50 - 15 = 35$$

$$\therefore\ 35 = 20 + K \Rightarrow K = 15 \Rightarrow v = \underline{20 + 15e^{-3t}\text{ V}}$$

8.5.2 From Ex. 8.5.1 for $v_g = 30e^{-5t}$ V

$$\frac{dv}{dt} + 3v = \frac{6}{5}(30e^{-5t}) = 36e^{-5t}$$

$$\frac{d}{dt}(e^{3t}v) = 36e^{-5t}e^{3t} = 36e^{-2t}$$

$$e^{3t}v = -18e^{-2t} + K \Rightarrow v = -18e^{-5t} + Ke^{-3t}$$

$$v(0) = 30 - 15(1) = 15\text{ V} \Rightarrow 15 = -18 + K \Rightarrow K = 33$$

$$v = \underline{33e^{-3t} - 18e^{-5t}\text{ V}}$$

8.5.3 KVL: $6i + \frac{di}{dt} + 2(i - i_g) = 0 \Rightarrow \frac{di}{dt} + 8i = 2i_g = 16$

$$i_n = Ae^{-8t},\ i_f = \frac{16}{8} = 2 \Rightarrow i = i_n + i_f = Ae^{-8t} + 2$$

$$i(0) = 4 = A + 2 \Rightarrow A = 2 \Rightarrow i = 2 + 2e^{-8t}\text{ A}$$

8.5.4 $\frac{di}{dt} + 8i = 26\cos t \Rightarrow P = 8,\ Q = 26\cos t$

$$e^{8t}i = 26\int e^{8t}\cos t\, dt + K$$

$$= 26\left[\frac{e^{8t}}{65}(8\cos t + \sin t)\right] + K$$

$$i(0) = 4 \Rightarrow 4 = \frac{26}{65}(8) + K \Rightarrow K = \frac{4}{5}$$

$$i = \frac{2}{5}(8\cos t + \sin t) + \frac{4}{5}e^{-8t}$$

$$i = \underline{0.4(8\cos t + \sin t + 2e^{-8t})\text{ A}}$$

8.6.1

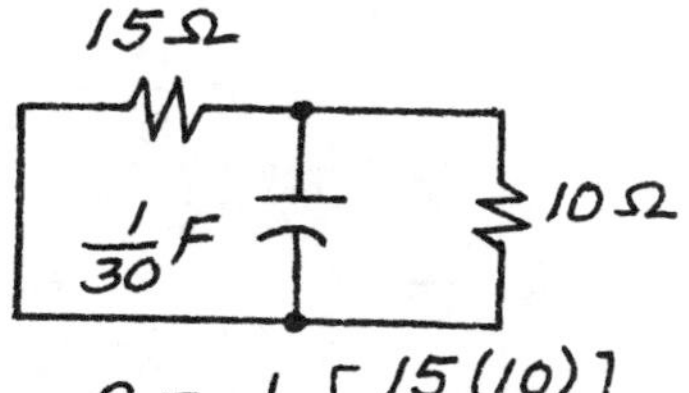

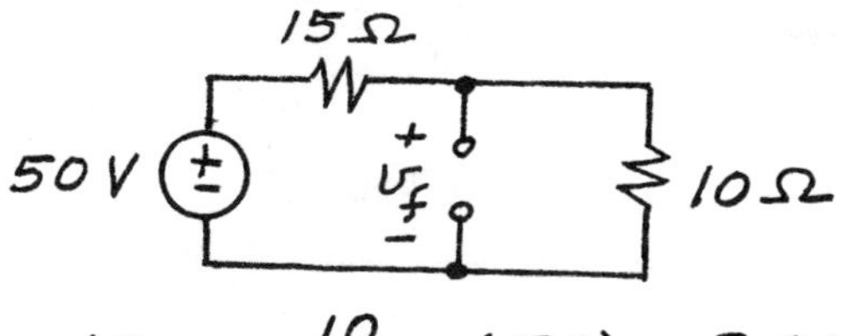

$$R_{eq}C = \frac{1}{30}\left[\frac{15(10)}{25}\right] = \frac{1}{5}\text{ s}$$

$$v_n = Ae^{-5t}$$

$$v_f = \frac{10}{10+15}(50) = 20\text{ V}$$

$$v = v_n + v_f = Ae^{-5t} + 20$$

$$v(0) = 35 = A + 20 \Rightarrow A = 15$$

$$v = \underline{20 + 15e^{-5t}\text{ V}}$$

8.6.2

$t=0^-$

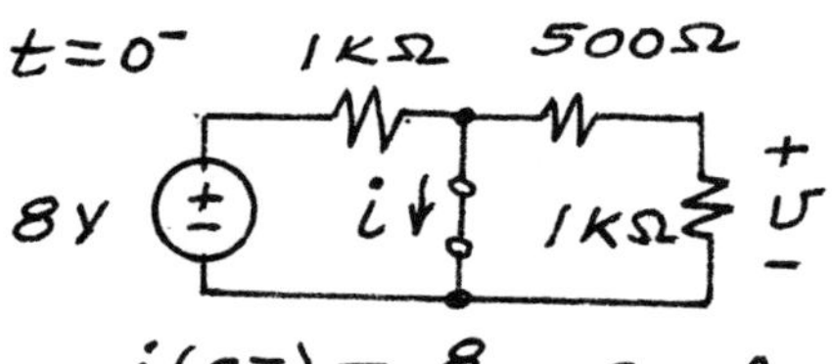

$t>0$:

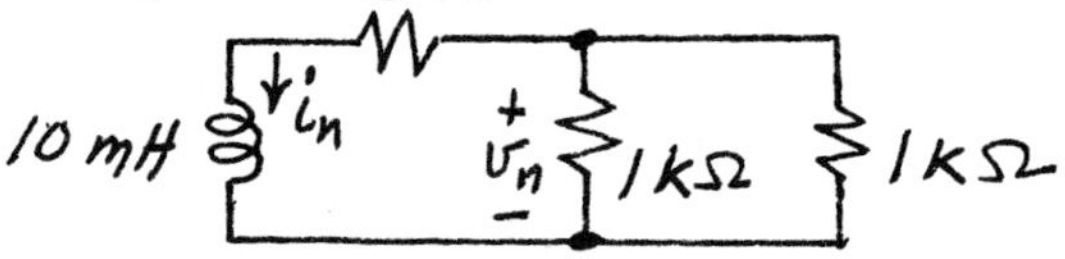

$i(0^-) = \frac{8}{1} = 8\,mA$

$\frac{R_{eq}}{L} = \frac{500+500}{10^{-2}} = 10^5$

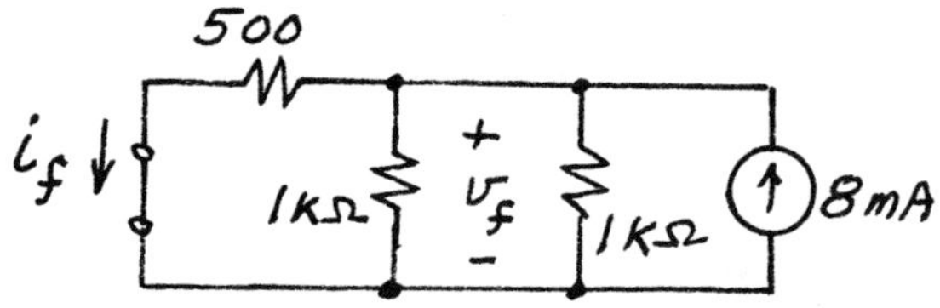

$v_n = Ae^{-10^5 t}, \; i_n = Be^{-10^5 t}$

$i_f = \frac{1}{2}(8) = 4\,mA$

$v_f = (4mA)(500) = 2\,V$

$i = i_n + i_f = Be^{-10^5 t} + 4\,mA$

$i(0) = 8 = B + 4 \Rightarrow B = 4 \Rightarrow i = 4(1+e^{-10^5 t})\,mA$

$i(0^+) = 8\,mA \Rightarrow v(0^+) = 500(8-8)\times 10^{-3} = 0$ [KCL and Ohm's law]

$v = v_n + v_f = Ae^{-10^5 t} + 2\,;\; v(0^+) = 0 = A + 2 \Rightarrow A = -2$

$v = \underline{2(1-e^{-10^5 t})\,V}$

8.6.3

$t=0^-$:

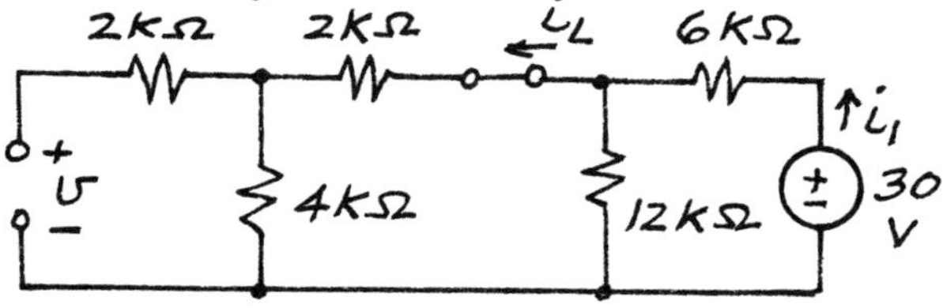

$i_1(0^-) = \frac{30}{6+\frac{12(6)}{18}} = 3\,mA$

$i_L(0^-) = \frac{12}{12+6} i_1(0^-) = 2\,mA$

$v(0^-) = 4 i_L(0^-) = 8\,V$

$t>0$:

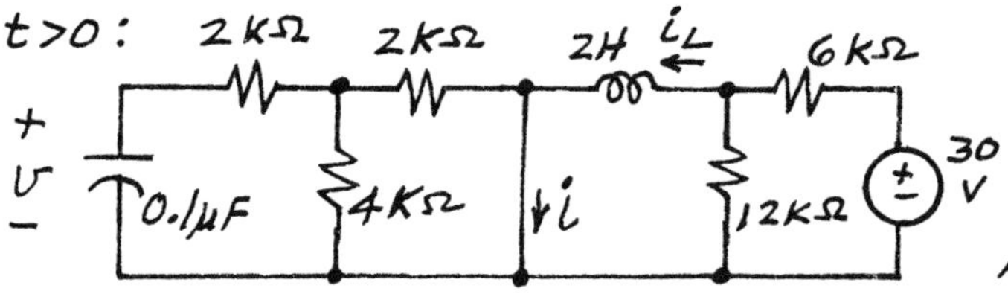

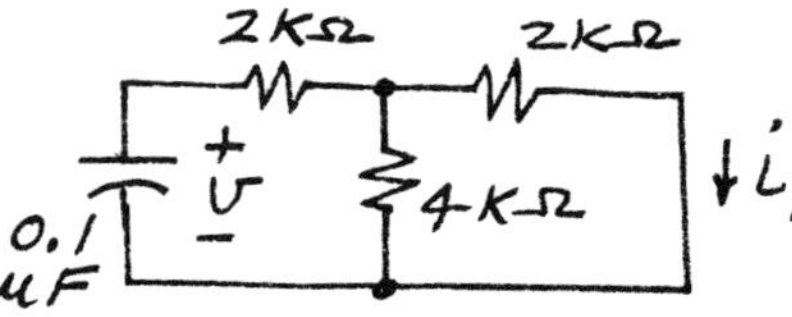

For i_1: $R_{eq} = 2 + \frac{2(4)}{6} = \frac{10}{3}\,k\Omega\,;\; R_{eq}C = (\frac{10}{3}\times 10^3)(\frac{10^{-6}}{10}) = \frac{10^{-3}}{3}\,s$

$v = 8\,e^{-3000t}\,V\,;\; i_1 = \frac{4}{2+4}\left(-10^{-7}\frac{dv}{dt}\right) = \frac{8}{5}e^{-3000t}\,mA$

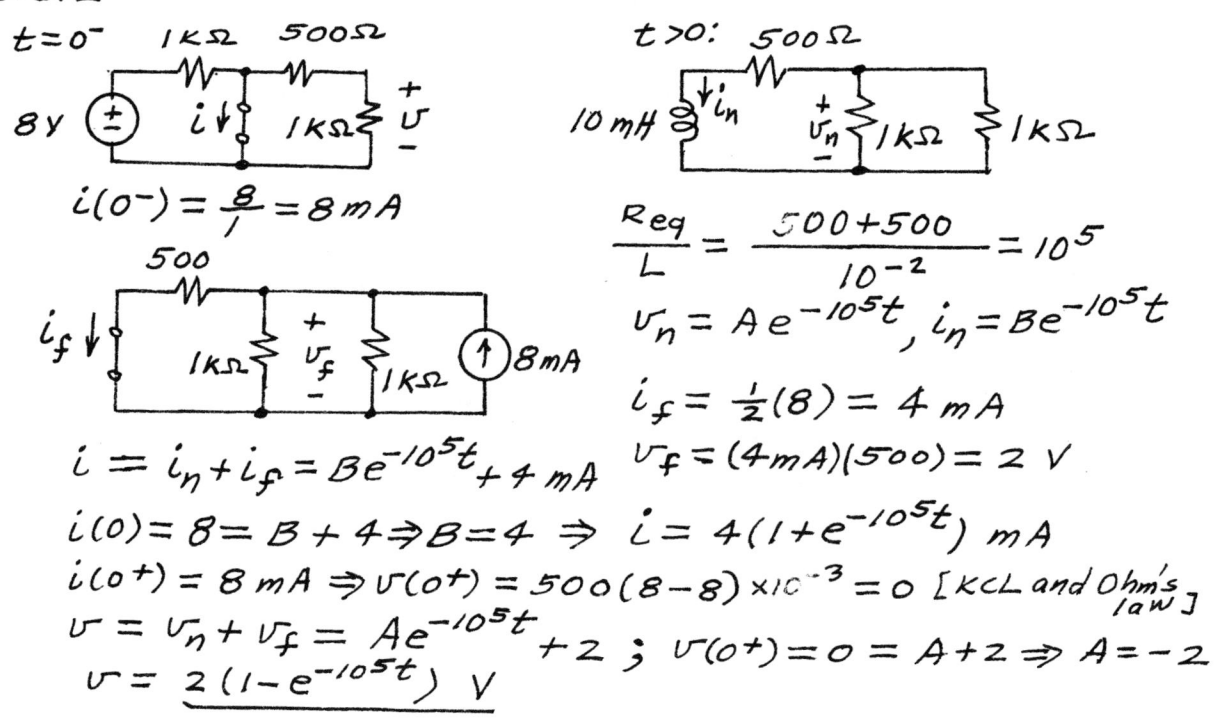

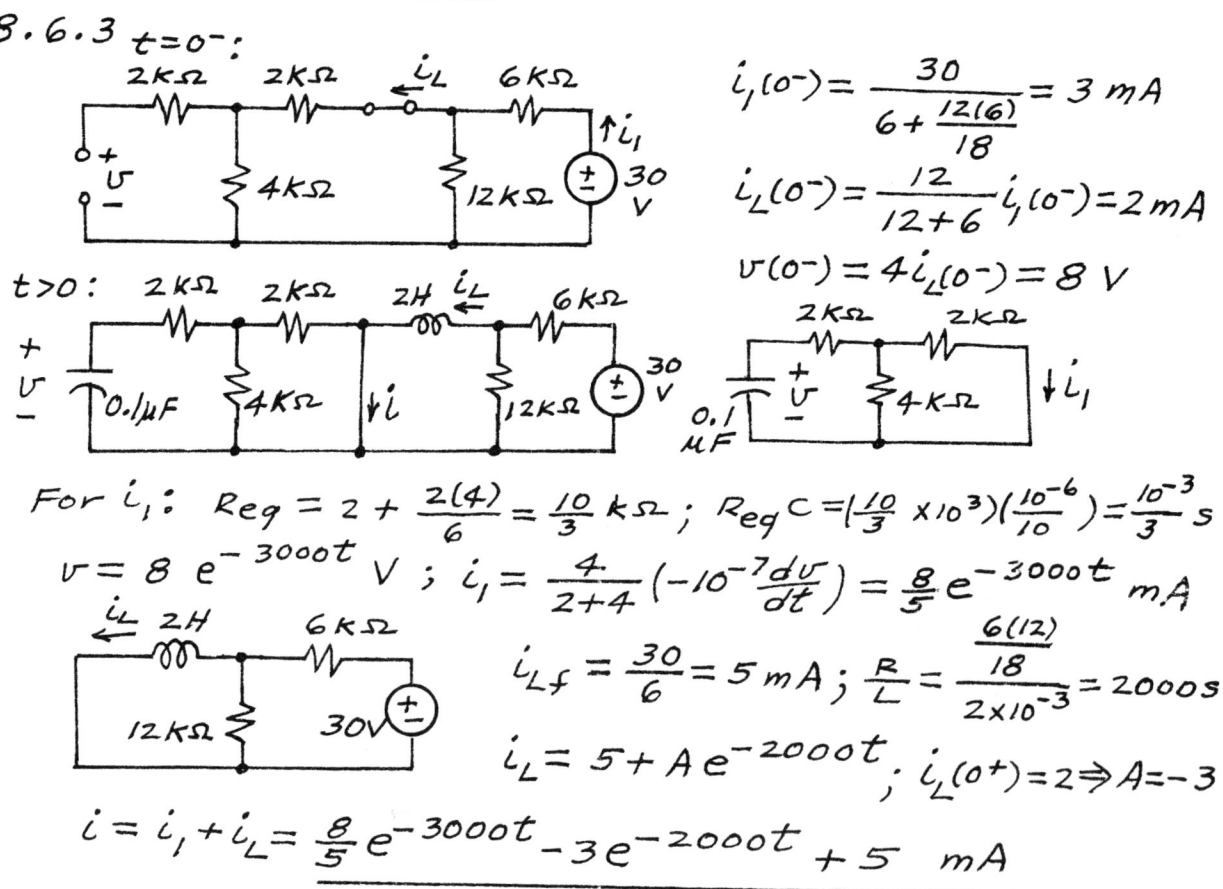

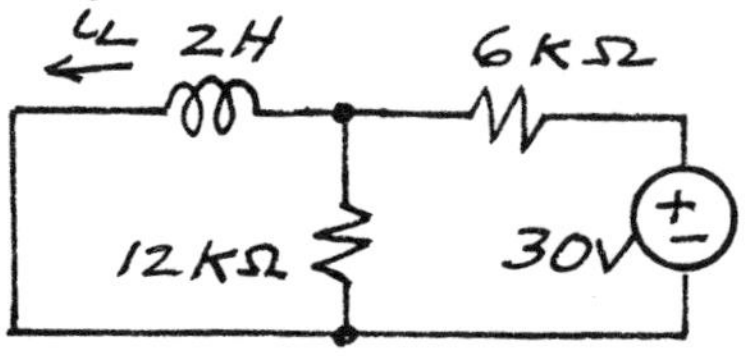

$i_{Lf} = \frac{30}{6} = 5\,mA\,;\; \frac{R}{L} = \frac{\frac{6(12)}{18}}{2\times 10^{-3}} = 2000\,s$

$i_L = 5 + Ae^{-2000t}\,;\; i_L(0^+) = 2 \Rightarrow A = -3$

$i = i_1 + i_L = \underline{\frac{8}{5}e^{-3000t} - 3e^{-2000t} + 5\;\; mA}$

8.6.4 Circuit for i_n:

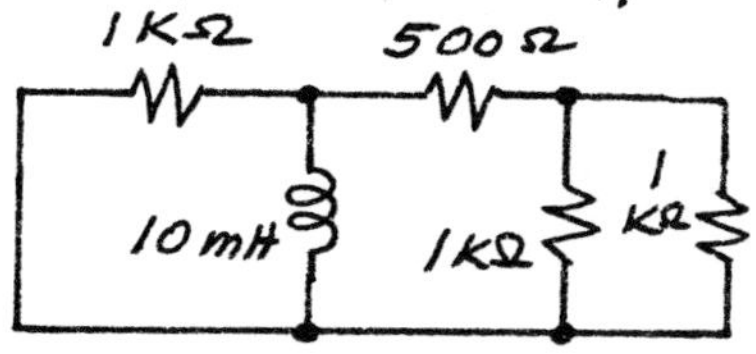

Circuit for i_f:

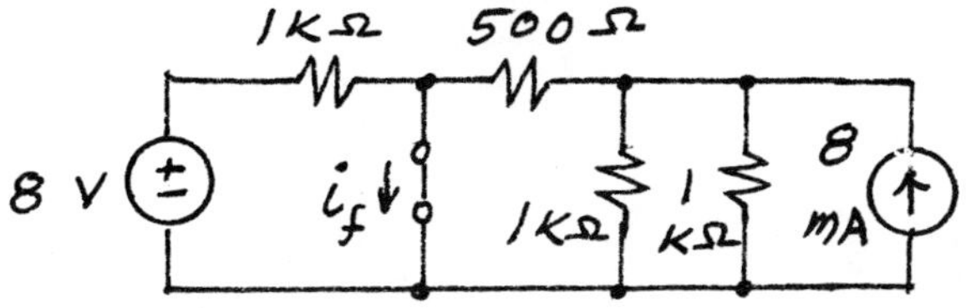

Resistance seen by inductor:

$$R_{eq} = \frac{1000(500+500)}{1000+500+500} = 500\ \Omega$$

$$R_{eq}/L = 500/0.01 = 50{,}000$$

$$i_f = \frac{8}{1} + \frac{1}{2}(8) = 12\ mA$$

$$i = i_n + i_f$$

$$= Ae^{-50{,}000t} + 12$$

$$i(0^+) = 0 = A + 12 \Rightarrow A = -12$$

$$i = 12(1 - e^{-50{,}000t})\ mA$$

8.7.1

(a)

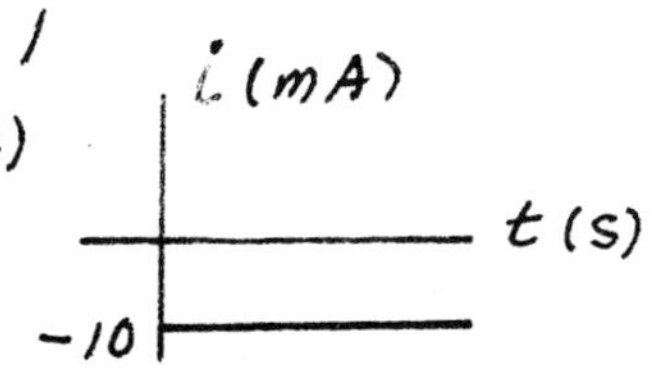

$i = -10\,u(t)\ mA$

(b)

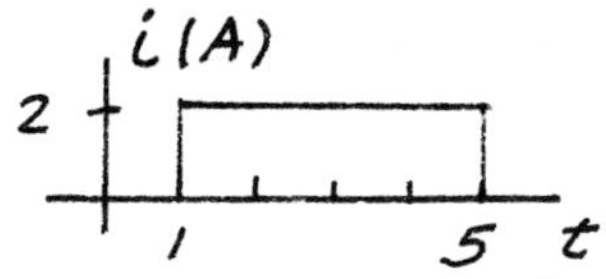

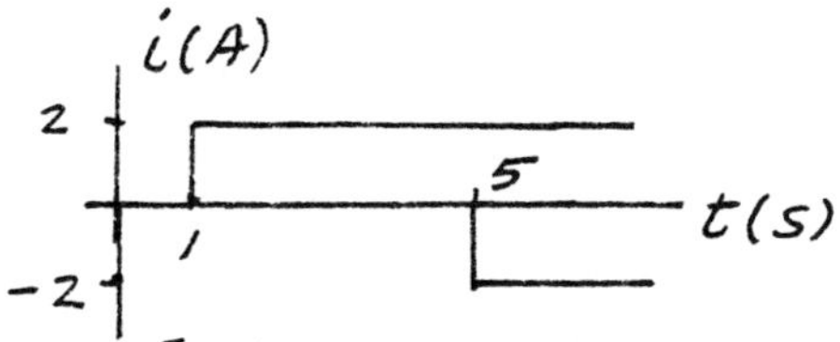

$i = 2[u(t-1) - u(t-5)]\ A$

(c)

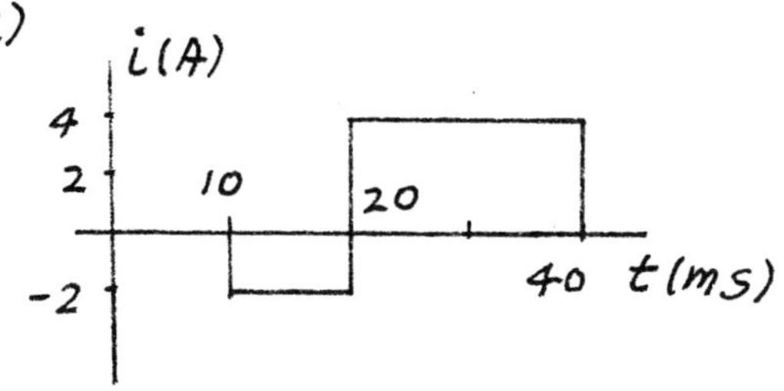

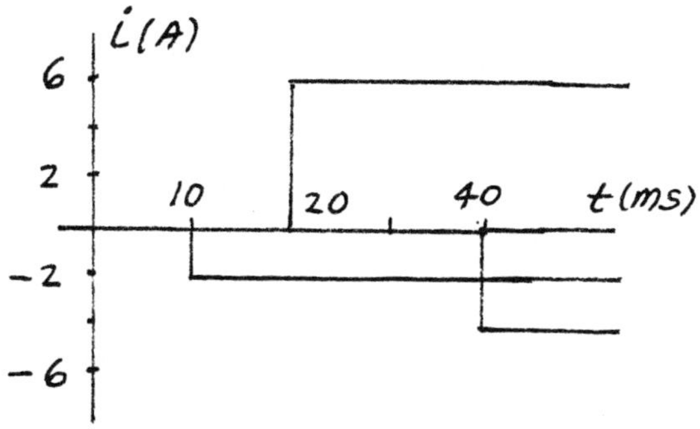

$i = -2u(t-0.01) + 6u(t-0.02) - 4u(t-0.04)\ A$

(d)

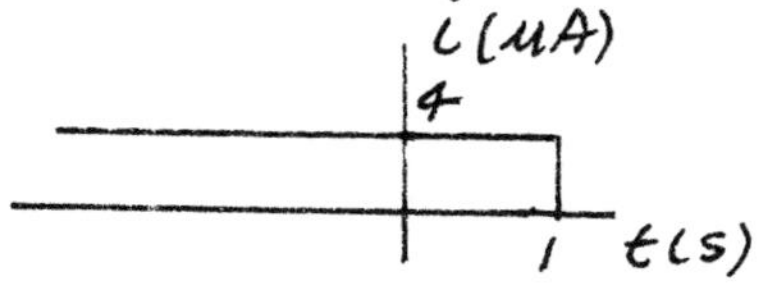

$i = 4u[-(t-1)] = 4u(-t+1)\ \mu A$

8.7.2

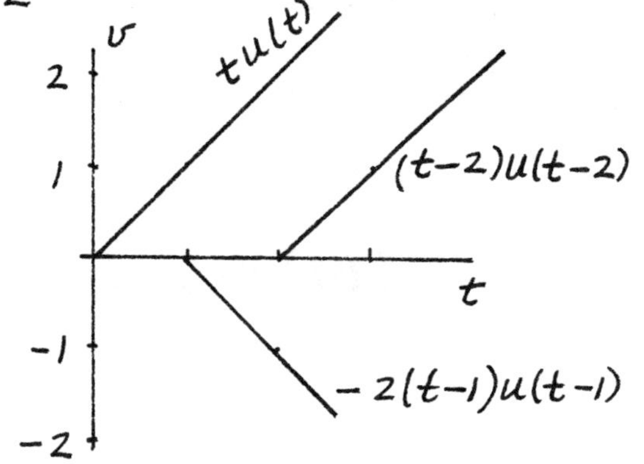

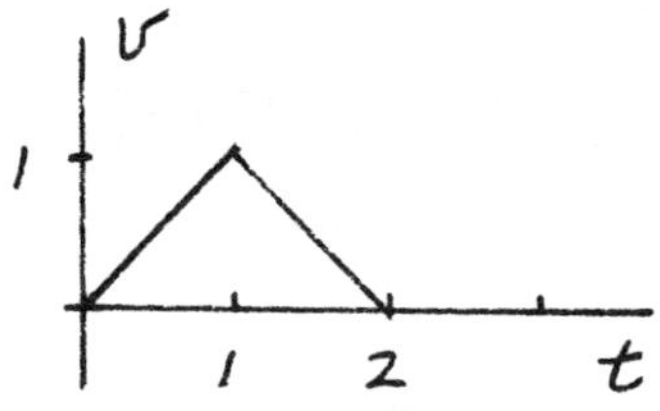

8.7.3 $u(t) - u(t-0.5) = 1, \ 0 < t < 0.5$

$= 0$, otherwise

$v = (10 \sin 2\pi t)[u(t) - u(t-0.5)]$

8.8.1 $i_n = Ae^{-10t}$ since $R_{eq}C = 10(0.01) = 0.1 \text{ s}$

$i_f = 1 \text{ A}, \ v_f = 5 \text{ V}, \ v_n = Be^{-10t}$

$i = 1 + Ae^{-10t}; \ v(0^+) = 0$ and $i(0^+) = \frac{1}{2}$ A

$\frac{1}{2} = 1 + A \Rightarrow A = -\frac{1}{2} \Rightarrow i = \underline{(1 - 0.5e^{-10t}) \text{ A}}$

$v = 5 + Be^{-10t}; \ 0 = 5 + B \Rightarrow B = -5$

$v = \underline{5(1 - e^{-10t}) \text{ V}}$

8.8.2 v = voltage across 6-Ω resistor, positive at top

KCL: $\frac{v - v_g}{3} + \frac{v}{6} + i = 0, \quad v = 2\frac{di}{dt} + 12i$

$3\left(2\frac{di}{dt} + 12i\right) + 6i = 2v_g \Rightarrow \frac{di}{dt} + 7i = \frac{1}{3}v_g = 14, \ t > 0$

$i = Ae^{-7t} + 2; \ i(0^+) = i(0^-) = 0 \Rightarrow A = -2$

$i = \underline{2(1 - e^{-7t})u(t) \text{ A}}$

8.8.3 KVL: $10i_c + v_c = 5i_g \Rightarrow 10\left[0.01\frac{dv_c}{dt}\right] + v_c = 5i_g$

$\frac{dv_c}{dt} + 10v_c = 50\{10[u(t) - u(t-1)]\}$

$v = 0$ for $t < 0, \ v(0^-) = v(0^+) = 0$

$0 < t < 1: \ \frac{dv}{dt} + 10v = 500 \Rightarrow v = 50 + Ae^{-10t}$

$v(0^+) = 0 \Rightarrow 50 + A = 0 \Rightarrow A = -50$

$v = 50(1 - e^{-10t})[u(t) - u(t-1)]$

8.8.3 (cont.) $t>1$: $\frac{dv}{dt}+10v=0 \Rightarrow v=Be^{-10t}$

$v(1^+)=v(1^-)=50(1-e^{-10})=Be^{-10}$

$v=50e^{10}(1-e^{-10})e^{-10t}u(t-1)$

$v=50\{(1-e^{-10t})[u(t)-u(t-1)]+(e^{10}-1)e^{-10t}u(t-1)\}$

$=50\{(1-e^{-10t})u(t)-[1-e^{-10(t-1)}]u(t-1)\}$ V

8.8.4 $\frac{v_g}{8}+\frac{v}{4}+\frac{1}{8}\frac{dv}{dt}\times 10^{-3}=0$

$\frac{dv}{dt}+2000v=-1000v_g=-2000e^{-1000t}u(t)$

$\frac{d}{dt}(e^{2000t}v)=-2000e^{1000t}u(t)$

$e^{2000t}v=-2e^{1000t}+A \Rightarrow v=-2e^{-1000t}+Ae^{-2000t}$

$v(0)=0=-2+A \Rightarrow A=2$

$v=2(e^{-2000t}-e^{-1000t})u(t)$ V

8.9.1 $v=12(1-e^{-t})[u(t)-u(t-1)]+12(1-e^{-1})e^{-(t-1)}u(t-1)$

$v=12\{(1-e^{-t})u(t)+[e^{-(t-1)}-e^{-t}-1+e^{-t}]u(t-1)\}$

$=12\{(1-e^{-t})u(t)-[1-e^{-(t-1)}]u(t-1)\}$

8.9.2 From the development of Example 8.16, (8.24) gives

$v=12-(3)(2)+[(3)(2)-12+8]e^{-t/(2+3)(0.1)}$

$=6+2e^{-2t}$ V

8.9.3 $i(0^+)=i(0^-)=5$ mA

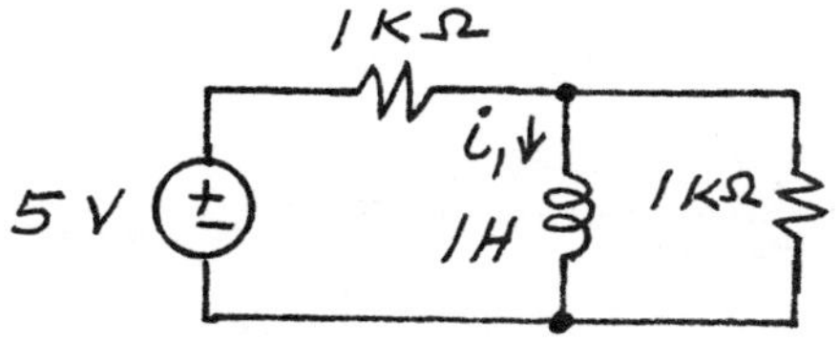

$R_{eq}/L=\frac{500}{1}=500$, $i_{1f}=5$ mA

$i_1=5+A_1e^{-500t}$, $i_1(0)=0 \Rightarrow A_1=-5$

$i_1=5-5e^{-500t}$ mA

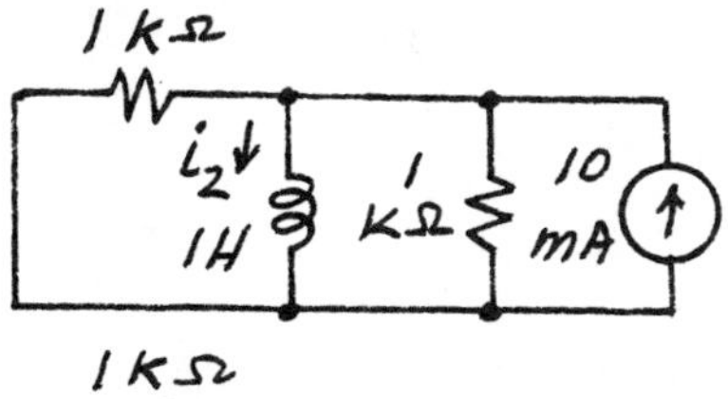

$i_{2f}=10$ mA

$i_2=10+A_2e^{-500t}$, $i_2(0)=0 \Rightarrow A_2=-10$

$i_2=10-10e^{-500t}$ mA

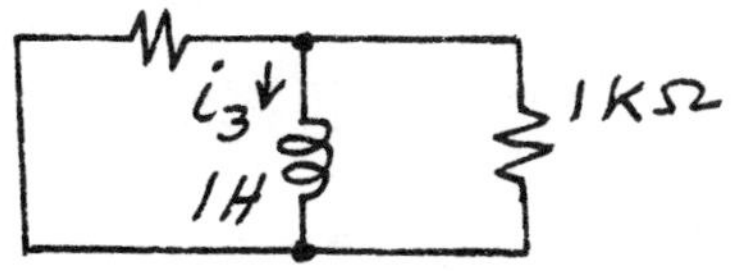

$i_3=A_3e^{-500t}$, $i_3(0)=5$ mA

$i_3=5e^{-500t}$ mA

$i=i_1+i_2+i_3=[5-5e^{-500t}]+[10-10e^{-500t}]+5e^{-500t}$ mA

8.9.3 (cont.) $i = \underline{15 - 10e^{-500t}\ mA}$

— PROBLEMS —

8.1 $RC = (10\times10^3)(10^{-6}) = 10^{-2}\,s \Rightarrow v = \underline{10e^{-100t}\ V}$

8.2 $\frac{1}{2}Cv^2(0) = 8\times10^{-6} \Rightarrow v^2(0) = \frac{16\times10^{-6}}{10^{-6}} \Rightarrow v(0) = 4\ V$

$v = 4e^{-100t}\ V;\ i = \frac{v}{10^4} = \frac{4}{10^4}e^{-100t}\ A = \underline{0.4e^{-100t}\ mA}$

8.3 (a) $\frac{v}{i} = \frac{8e^{-5t}}{20e^{-5t}\times10^{-6}} = 0.4\times10^6\,\Omega = \underline{0.4\,M\Omega = R}$

$RC = \frac{1}{5} \Rightarrow C = \frac{1}{5(0.4\times10^6)}F = \underline{0.5\,\mu F}$

$w(0) = \frac{1}{2}Cv^2(0) = \frac{1}{2}(\frac{1}{2}\times10^{-6})(8)^2 = 16\times10^{-6}\,J = \underline{16\,\mu J}$

(b) $w_R = R\int_{0.1}^{\infty} i^2 dt = (4\times10^5)(400\times10^{-12})\int_{0.1}^{\infty} e^{-10t}dt$

$= 16\times10^{-6}\left[-e^{-10t}\right]_{0.1}^{\infty} = (16\times10^{-6})e^{-1}\ J$

$\frac{w_R}{w(0)}\times100 = \frac{(16\times10^{-6})e^{-1}}{16\times10^{-6}}\times100 = \underline{36.8\,\%}$

8.4 $v(0^-) = \frac{9}{9+72+9}(40) = 4\ V$

For $t>0$, $R_{eq}C = \frac{9(72)}{81}\frac{1}{32} = \frac{1}{4}\,s \Rightarrow v = \underline{4e^{-4t}\ V}$

8.5 $R_{eq} = \frac{24[2+15(10)/25]}{24+2+6} = 6\,\Omega,\ R_{eq}C = 6(\frac{1}{18}) = \frac{1}{3}\,s$

$i = i(0)e^{-3t} = \underline{e^{-3t}\ A}$

$v = [2 + \frac{15(10)}{25}]i = 8i = \underline{8e^{-3t}\ V}$

8.6 $t=0^-$:

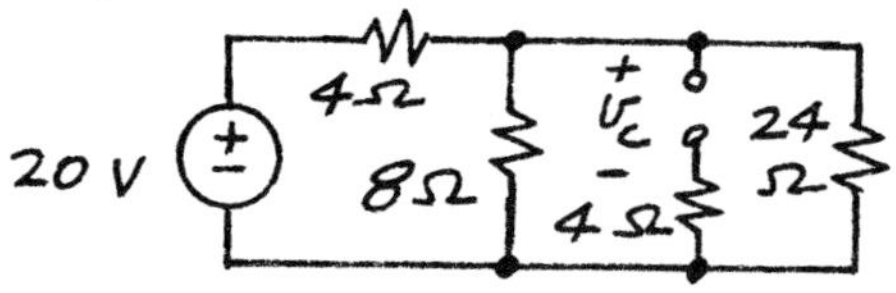

$v_c(0^-) = \frac{24(8)/(24+8)}{4+6}(20) = 12\ V$

$t>0$: $R_{eq} = 4 + \frac{24(8)}{24+8} = 10\,\Omega$

$R_{eq}C = 10(1/10) = 1\,s$

$v_c = 12e^{-t}\ V,\ i = -\frac{24}{24+8}\left(\frac{1}{10}\frac{dv_c}{dt}\right) = -\frac{3}{4}\frac{1}{10}(-12e^{-t})$

$i = \underline{0.9\,e^{-t}\ A}$

8.7 KCL: $\frac{v}{3} + \frac{v}{6} - 0.5i + i = 0 \Rightarrow v + i = v + \frac{1}{9}\frac{dv}{dt} = 0$

$v = v(0)e^{-9t} = 6e^{-9t}\ V;\ i = \frac{1}{9}\frac{dv}{dt} = \frac{1}{9}(-9)6e^{-9t}$

$i = \underline{-6e^{-9t}\ A}$

8.8 $t=0^-$:

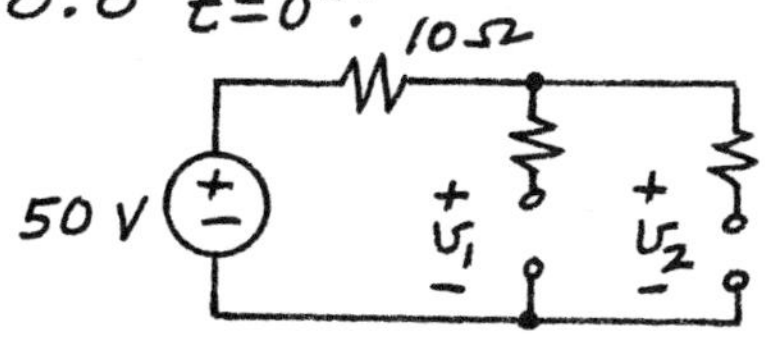

$t>0$:

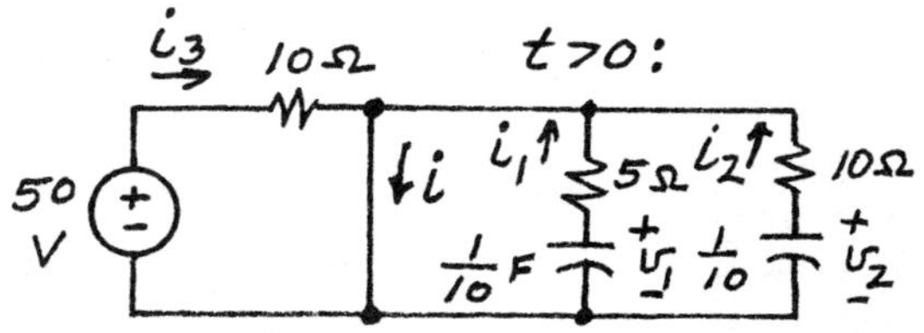

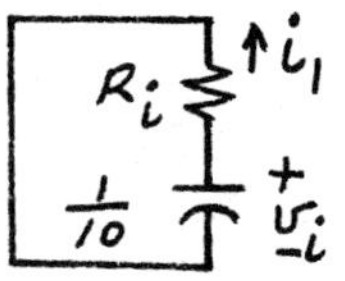

$v_1(0^-) = v_2(0^-) = 50\text{ V}$ $\quad i = i_1 + i_2 + i_3$; $i_3 = \frac{50}{10} = 5\text{ A}$

$v_1 = 50e^{-t/(5/10)} = 50e^{-2t}\text{ V},\quad i_1 = \frac{v_1}{5} = 10e^{-2t}\text{ A}$

$v_2 = 50e^{-t/(10/10)} = 50e^{-t}\text{ V},\quad i_2 = \frac{v_2}{10} = 5e^{-t}\text{ A}$

$i = \underline{5 + 10e^{-2t} + 5e^{-t}\text{ A}}$

8.9 $v(t_1) = V_0 e^{-t_1/\tau},\quad m = \frac{d}{dt}(V_0 e^{-t/\tau})\Big|_{t=t_1} = -\frac{1}{\tau}V_0 e^{-t_1/\tau}$

Equation of tangent line: $y(t) - y(t_1) = m(t - t_1)$

$y = 0 \Rightarrow t = t_1 - \frac{1}{m}y(t_1) = t_1 - [V_0 e^{-t_1/\tau}] \Big/ [-\frac{1}{\tau}V_0 e^{-t_1/\tau}]$

$\therefore\ \underline{t = t_1 + \tau}$

8.10

$t=0^-$:

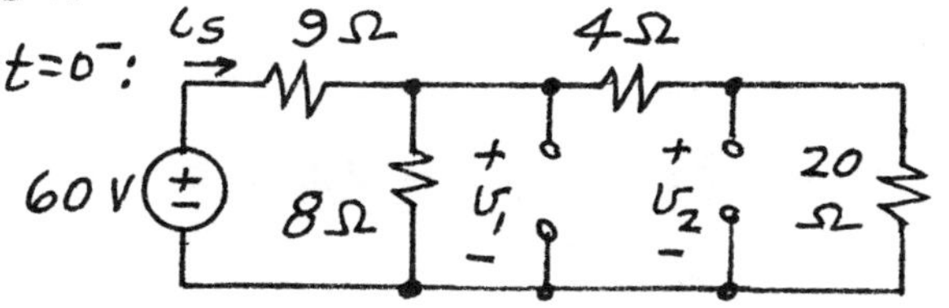

$R_s = 9 + \frac{24(8)}{24+8} = 9 + 6 = 15\,\Omega$

$i_s = \frac{60}{R_s} = 4$

$v_1(0^-) = (6/15)(60) = 24\text{ V}$

$v_2(0^-) = \frac{20}{24}v_1(0^-) = 20\text{ V}$

$t>0$:

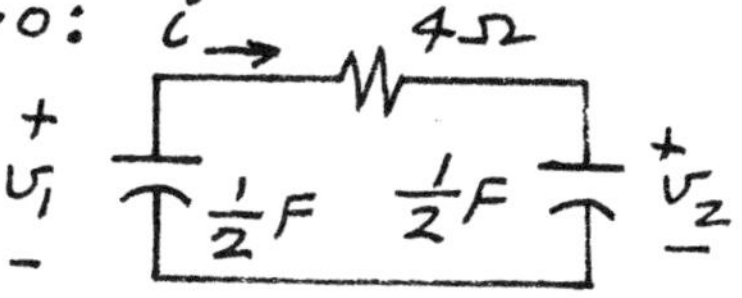

$i(0^+) = \frac{1}{4}[v_1(0^+) - v_2(0^+)] = \frac{24-20}{4}$

$i(0^+) = 1\text{ A}$; $RC_{eq} = 4[\frac{1}{2}(\frac{1}{2})] = 1\text{ s}$

$i = \underline{e^{-t}\text{ A}}$

8.11 Capacitor is an open circuit at $t=0^-$.

$v(0^-) = \frac{10}{10+15}(25) = 10\text{ V}$

$t>0$

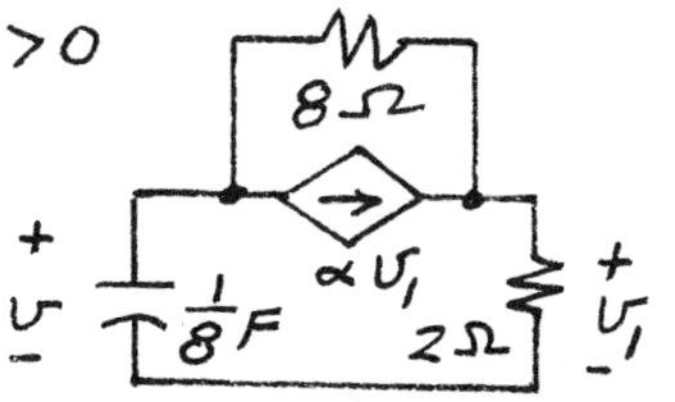

KCL: $\frac{v - v_1}{8} + \alpha v_1 + \frac{1}{8}\frac{dv}{dt} = 0$

$\frac{dv}{dt} + v + (8\alpha - 1)v_1 = 0$

$8\alpha - 1 = 8(3/8) - 1 = 2$

$v_1 = -2\left[\frac{1}{8}\frac{dv}{dt}\right] = -\frac{1}{4}\frac{dv}{dt} \Rightarrow \frac{dv}{dt} + 2v = 0 \Rightarrow v = v(0^+)e^{-2t}$

$\therefore\ v = \underline{10e^{-2t}\text{ V}}$

8.12 $t=0^-$:

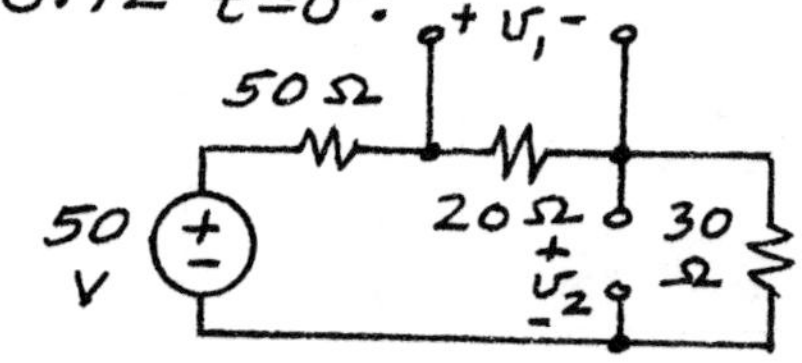

$v_1(0^-) = \frac{20}{100}(50) = 10\text{ V}$; $v_2(0^-) = \frac{30}{100}(50) = 15\text{ V}$

$t>0$:

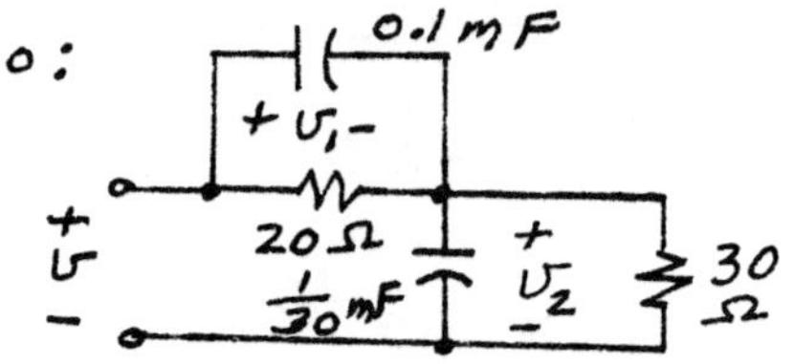

$t>0$: $R_1C_1 = 20(10^{-4}) = \frac{1}{500}\text{ s}$

$v_1 = 10e^{-500t}\text{ V}$

$R_2C_2 = 30(\frac{1}{30}\times 10^{-3}) = 10^{-3}\text{ s}$

$v_2 = 15e^{-1000t}\text{ V}$

$v = v_1 + v_2 = \underline{10e^{-500t} + 15e^{-1000t}\text{ V}}$

8.13 $i(0^-) = \frac{72}{72+9}(18) = 16\text{ A}$ (current division)

$t>0$: RL series circuit: $\frac{R}{L} = \frac{10}{(1/5)} = 50\text{ s}^{-1}$

$i = \underline{16e^{-50t}\text{ A}}$

8.14 $t=0^-$: inductor is short circuited $\Rightarrow i_L = \frac{6}{3+6}(9) = 6\text{ A}$ up

$t>0$: inductor sees $R_{eq} = \frac{72(3+6)}{72+9} = 8\,\Omega$

$i_L = 6e^{-8t/(0.5)} = 6e^{-16t}\text{ A}$ (upward)

$v = 6\left[\frac{72}{72+9}6e^{-16t}\right] = \underline{32e^{-16t}\text{ V}}$

8.15 KVL: $\frac{1}{4}\frac{di}{dt} + 3(i+i_1) - \frac{1}{2}i_1 = 0$, $3(i+i_1) + 2i_1 = 0$

These simplify to $\frac{di}{dt} + 6i = 0 \Rightarrow i = i(0)e^{-6t} = \underline{5e^{-6t}\text{ A}}$

8.16 i_1 = current down in 6-mH inductor

i_2 = current down in 3-mH inductor

$i_2(0^-) = 0$, $i_1(0^-) = \frac{15}{10+15}(10) = 6\text{ A}$

$t>0$:

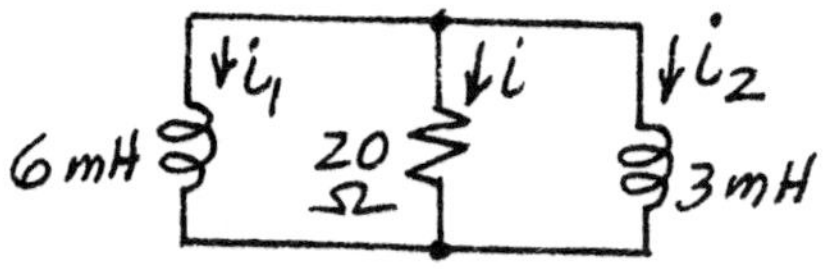

$i(0^+) = -i_1(0^+) - i_2(0^+) = -6\text{ A}$

$\frac{R}{L_{eq}} = \frac{20}{\frac{6(3)}{6+3}10^{-3}} = 10^4$

$\therefore\ i = \underline{-6e^{-10^4 t}\text{ A}}$

8.17 $t=0^-$:

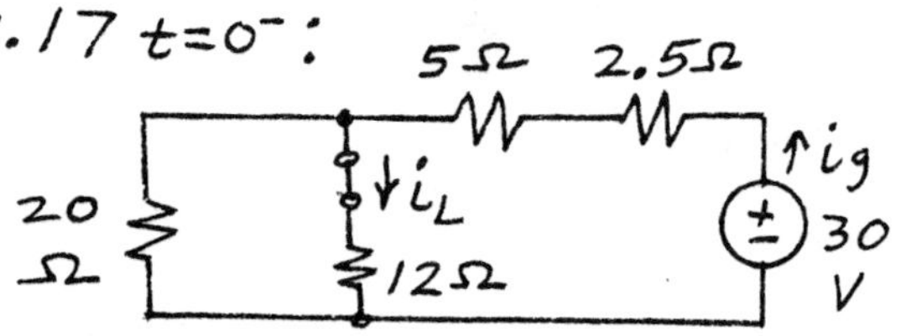

$i_g = \frac{30}{7.5 + \frac{12(20)}{32}} = 2\text{ A}$

$i_L(0^-) = \frac{20}{20+12}(2) = \frac{5}{4}\text{ A}$

8.17 (Cont.) $t>0$:

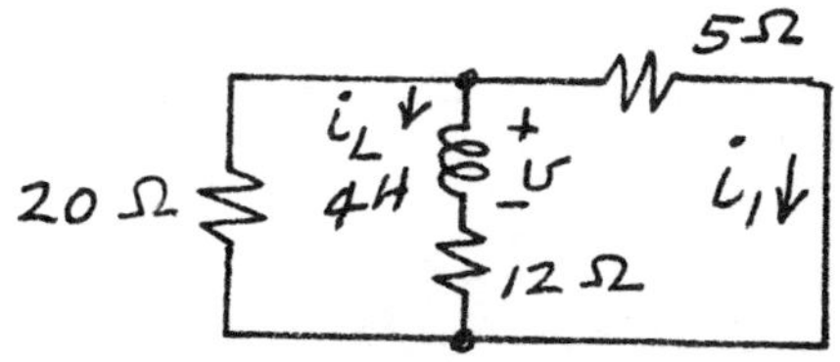

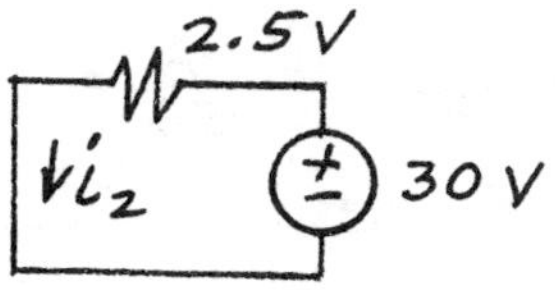

$$R_{eq} = 12 + \frac{20(5)}{25} = 16\,\Omega$$

$$R_{eq}/L = 16/4 = 4\ s^{-1}$$

$$i_L = i_L(0)e^{-4t} = \frac{5}{4}e^{-4t}\ A$$

$$i_1 = -\frac{20}{25}i_L = -e^{-4t}\ A$$

$$i_2 = \frac{30}{2.5} = 12\ A$$

$$i = i_1 + i_2 = \underline{12 - e^{-4t}\ A}$$

$$v = 4\frac{di_L}{dt} = 4(-4)\left(\frac{5}{4}\right)e^{-4t} = \underline{-20e^{-4t}\ V}$$

8.18 i_L = inductor current downward

$v(0^-) = 0$ (short circuit); $i_L(0^-) = \frac{10}{5} = 2\ A$

$t>0$: (KVL) $v + 6i_L - \frac{v}{4} = 0$, $v = 2\frac{di_L}{dt}$

$$\left(\frac{3}{4}\right)\left(2\frac{di_L}{dt}\right) + 6i_L = 0 \Rightarrow \frac{di_L}{dt} + 4i_L = 0 \Rightarrow i_L = 2e^{-4t}\ A$$

$$\therefore\ v = 2\frac{di_L}{dt} = (2)(-4)(2e^{-4t}) = \underline{-16e^{-4t}\ V}$$

8.19 $t=0^-$:

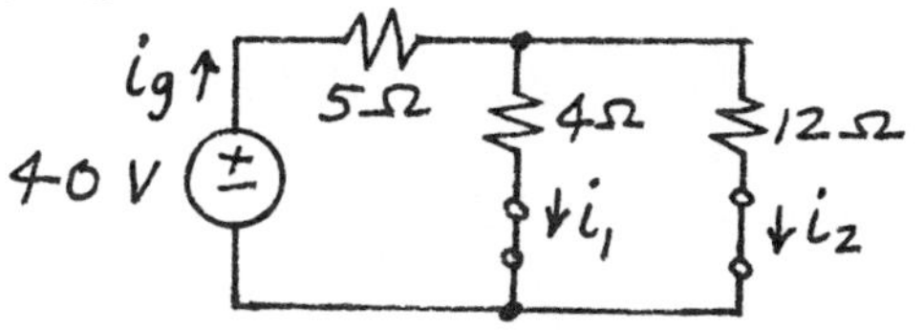

$$i_g = \frac{40}{5 + \frac{4(12)}{16}} = 5\ A$$

$$i_1(0^-) = \frac{12}{16}(5) = \frac{15}{4}\ A$$

$$i_2(0^-) = \frac{4}{16}(5) = \frac{5}{4}\ A$$

$t>0$: $i_g = \frac{40}{5} = 8\ A$; $i_1 = \frac{15}{4}e^{-4t/1} = \frac{15}{4}e^{-4t}\ A$

$$i_2 = \frac{5}{4}e^{-12t/4} = \frac{5}{4}e^{-3t}\ A$$

$$i = i_g - i_1 - i_2 = \underline{8 - 1.25(3e^{-4t} + e^{-3t})\ A}$$

8.20 $v + 4i$ = node voltage at common node of the 2-Ω R'

KCL: $\frac{v + 4i - (v/3)}{2} + \frac{v+4i}{2} + i = 0$, $v = \frac{3}{2}\frac{di}{dt}$

$$\left(2 - \frac{1}{3}\right)\left(\frac{3}{2}\frac{di}{dt}\right) + 10i = 0 \Rightarrow \frac{di}{dt} + 4i = 0$$

$$\therefore\ i = i(0)e^{-4t} = \underline{2e^{-4t}\ A}$$

8.21

$t>0$:

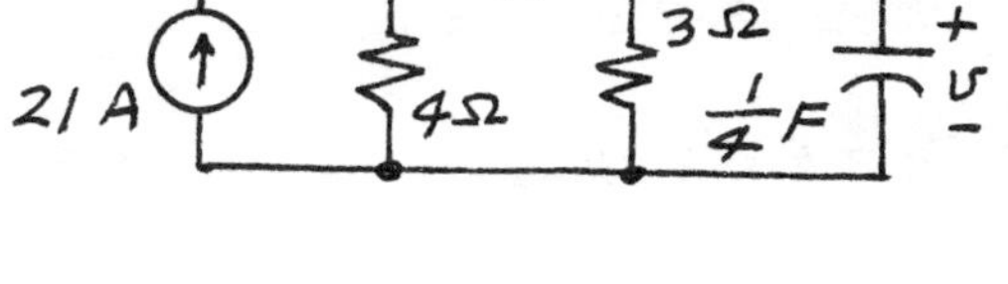

$$v(0^-) = (21)\frac{3(4)}{3+4} = 36\ V$$

$t>0$: $R_{eq} = 6(3)/9 = 2\,\Omega$

$$R_{eq}C = \frac{1}{2} \Rightarrow v_n = Ae^{-2t}$$

8.21 (Cont.) capacitor open circuited: $v_f = 3\left[\frac{4}{4+5}(21)\right] = 28$

$v = v_n + v_f = 28 + Ae^{-2t}$; $v(0^+) = 36 = 28 + A \Rightarrow A = 8$

$\therefore\ v = \underline{28 + 8e^{-2t}\ \text{V}}$

8.22 voltage division: $v(0^-) = \frac{6}{3+6+8}(51) = 18\ \text{V}$

$t > 0$: For v_n, $R_{eq} = \frac{6(3+9)}{6+3+9} = 4\,\Omega \Rightarrow R_{eq}C = \frac{4}{36} = \frac{1}{9}\ \text{s}$

$v_n = Ae^{-9t}$; v_f = steady-state voltage $= \frac{6}{3+6+9}(51)$

$v_f = 17\ \text{V}$; $v = v_n + v_f = Ae^{-9t} + 17$; $v(0^+) = 18 = A + 17$

$A = 1 \Rightarrow\ v = \underline{1 + e^{-9t}\ \text{V}}$

8.23 $v(0^-) = \frac{24}{24+16}(20) = 12\ \text{V}$

KCL for $t > 0$: $\frac{v-8}{8} + \frac{1}{36}\frac{dv}{dt} + \frac{v}{24} = 0 \Rightarrow \frac{dv}{dt} + 6v = 36$

$\frac{d}{dt}(e^{6t}v) = 36e^{6t} \Rightarrow e^{6t}v = 6e^{6t} + A \Rightarrow v(0^+) = 6 + A$

$A = 6 \Rightarrow\ v = \underline{6(e^{-6t} + 1)\ \text{V}}$

8.24 KCL at top of capacitor: $\frac{1}{8}\frac{dv}{dt} + \frac{v}{12} + \frac{v-36}{6} = 0$

or $\frac{dv}{dt} + 2v = 48 \Rightarrow \frac{dv}{v-24} = -2\,dt \Rightarrow \ln(v-24) = -2t + \ln K$

$v - 24 = Ke^{-2t}$; $v(0) = -6 = 24 + K \Rightarrow K = -30$

$\therefore\ v = 24 - 30e^{-2t}\ \text{V}$

$i = \frac{36-v}{6} = \frac{36 - 24 + 30e^{-2t}}{6} = \underline{2 + 5e^{-2t}\ \text{A}}$

8.25 KCL: $\frac{1}{8}\frac{dv}{dt} + \frac{v}{12} + \frac{1}{6}(v - 36e^{-3t}) = 0$

$\frac{dv}{dt} + 2v = 48e^{-3t} \Rightarrow \frac{d}{dt}(e^{2t}v) = 48e^{-t}$

$e^{2t}v = -48e^{-t} + A = v(0) = -48 + A = -6 \Rightarrow A = 42$

$v = \underline{42e^{-2t} - 48e^{-3t}\ \text{V}}$

$i = \frac{36e^{-3t} - v}{6} = \frac{36e^{-3t} - 42e^{-2t} + 48e^{-3t}}{6}$

$i = \underline{14e^{-3t} - 7e^{-2t}\ \text{A}}$

8.26 $t > 0$:

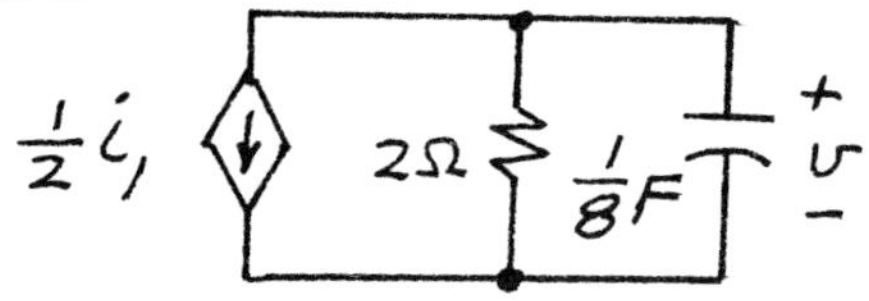

$v(0^-) = 0$; $t > 0 \Rightarrow i_1 = \frac{24}{4} = 6\ \text{A}$

$\frac{1}{8}\frac{dv}{dt} + \frac{v}{2} + 3 = 0 \Rightarrow \frac{dv}{dt} + 4v = -24$

$\frac{dv}{v+6} = -4\,dt \Rightarrow \ln(v+6) = -4t + \ln K$

8.26 (cont.) $v + 6 = Ke^{-4t}$; $v(0^+) = 0 \Rightarrow K = 6$

$\therefore\ v = \underline{6(e^{-4t} - 1)\ V}$

8.27 With the inductor shorted, $i_L(0^-) = \frac{6}{6} = 1\ A$ downward

For $t > 0$, $R_{eq} = \frac{6(4+8)}{6+12} = 4\,\Omega$, $R_{eq}/L = 4/2 = 2\ s^{-1}$

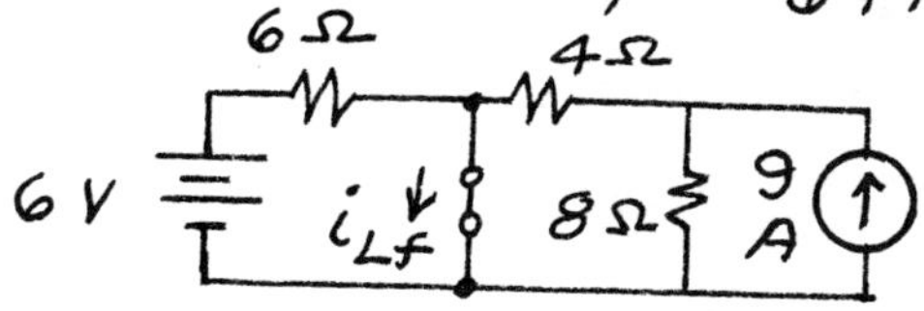

$i_{Lf} = \frac{6}{6} + \frac{8}{4+8}(9) = 7\ A$

$i_L = 7 + A\,e^{-2t}$; $i_L(0^+) = 7 + A = 1$

$i_L = 7 - 6e^{-2t}\ A$; $i = i_L + \frac{1}{6}\left[2\frac{di_L}{dt} - 6\right]$

$i = 7 - 6e^{-2t} - 1 + \frac{1}{3}[(-2)(-6e^{-2t})] = \underline{6 - 2e^{-2t}\ A}$

8.28 KVL around right mesh, having clockwise current i, yields: $-v_1 + 12i + 2\frac{di}{dt} - 5v_1 = 0$, $v_1 = 2(4 - i) = 8 - 2i$

$\therefore\ \frac{di}{dt} + 12i = 24$; $P = 12$, $Q = 24 \Rightarrow i = Ae^{-12t} + 2$

No initial stored energy $\Rightarrow i(0) = 0 \Rightarrow A = -2$

$i = 2 - 2e^{-12t}\ A \Rightarrow v_1 = 8 - 2(2 - 2e^{-12t}) = \underline{4(1 + e^{-12t})\ V}$

8.29 Inductor is shorted at $t = 0^- \Rightarrow i(0^-) = \frac{16}{8} = 2\ mA$

$t > 0$: $\frac{1}{2}\frac{di}{dt} + 4000i = 16$; $\frac{di}{dt} + 8000i = 32$; $P = 8000$,

$Q = 32 \Rightarrow i = \frac{32}{8000} + A_1 e^{-8000t}$ $\quad A = 4 + Ae^{-8000t}\ mA$

$i(0^+) = 2 = 4 + A \Rightarrow A = -2 \Rightarrow i = \underline{4 - 2e^{-8000t}\ mA}$

8.30 At $t = 0^-$ capacitor is open circuited and the inductor is short circuited $\Rightarrow v(0^-) = 12\ V$, $i(0^-) = 0$

$t > 0$:

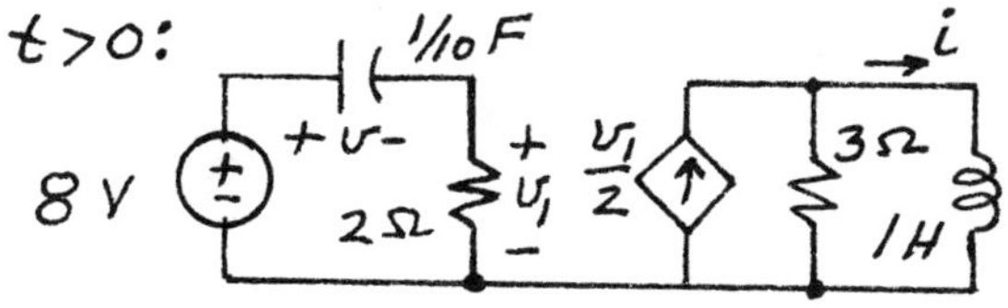

steady state $v_f = 8\ V$

$v = 8 + Ae^{-t/(2/10)}$

$v(0^+) = 12 = 8 + A \Rightarrow A = 4$

$v = \underline{8 + 4e^{-5t}\ V}$ $\quad$ By KCL, $\frac{1}{3}\frac{di}{dt} + i - \frac{v_1}{2} = 0$.

Also $v_1 = 2\left[\frac{1}{10}\frac{dv}{dt}\right] = \frac{1}{5}(-20e^{-5t}) = -4e^{-5t} \Rightarrow$

$\frac{1}{3}\frac{di}{dt} + i - \frac{1}{2}(-4e^{-5t}) = 0 \Rightarrow \frac{di}{dt} + 3i = -6e^{-5t}$

$\frac{d}{dt}(e^{3t}i) = -6e^{-2t} \Rightarrow e^{3t}i = 3e^{-2t} + B$

$i(0^+) = i(0^-) = 0 = 3 + B \Rightarrow B = -3$

$\therefore\ i = \underline{3(e^{-5t} - e^{-3t})\ A}$

8.31 i_L = inductor current downward

(a) $i_L(0^-) = i_L(0^+) = 0$; $v(0^+) = \frac{6}{6+2}(12) = 9$ V

$t>0$: With source dead, inductor sees $R_{eq} = 3 + \frac{6(2)}{6+2} = \frac{9}{2}\ \Omega$

$\frac{R_{eq}}{L} = \frac{9/2}{3/2} = 3\ s^{-1}$; $v = v_n + v_f = Ae^{-3t} + v_f$, where v_f is the steady state dc voltage. With inductor shorted,

$$v_f = \frac{(3)(6)/(3+6)}{2 + \frac{3(6)}{3+6}}(12) = 6\ \text{V}$$

$v = Ae^{-3t} + 6$; $v(0^+) = 9 = A + 6 \Rightarrow A = 3$

$\therefore\ v = \underline{(3e^{-3t} + 6)u(t)\ \text{V}}$

(b) $v_g = 12u(t) - 12u(t-1)$

$v_{g1} = 12u(t)$ produces $v_1 = (3e^{-3t} + 6)u(t)$

$v_{g2} = -12u(t-1)$ produces

$$v_2 = -[3e^{-3(t-1)} + 6]u(t-1)$$

$v = v_1 + v_2 = \underline{(3e^{-3t} + 6)u(t) - [3e^{-3(t-1)} + 6]u(t-1)\ \text{V}}$

8.32 v_1 = node voltage at top of 2-Ω resistor

KCL: $v_1\left(\frac{1}{3} + \frac{1}{2} + \frac{1}{6}\right) - \frac{v}{2} = \frac{v_g}{2} \Rightarrow v_1 = \frac{v}{2} + \frac{v_g}{3}$

$\frac{1}{12}\frac{dv}{dt} + \frac{v}{2} - \frac{v_1}{2} = 0 \Rightarrow \frac{dv}{dt} + 6v - 6v_1 = 0$

$\therefore\ \frac{dv}{dt} + 6v - 6\left(\frac{v}{2} + \frac{1}{3}v_g\right) = 0 \Rightarrow \frac{dv}{dt} + 3v = 2v_g$

$\frac{d}{dt}(e^{3t}v) = 2e^{3t}v_g$

(a) $v_g = 6\text{ V} \Rightarrow \frac{d}{dt}(e^{3t}v) = 12e^{3t}$

$e^{3t}v = 4e^{3t} + A_1$; $v(0) = 2 \Rightarrow 2 = 4 + A_1 \Rightarrow A_1 = -2$

$\therefore\ v = \underline{4 - 2e^{-3t}\ \text{V}}$

(b) $v_g = 6e^{-t}\text{ V} \Rightarrow \frac{d}{dt}(e^{3t}v) = 12e^{2t}$

$e^{3t}v = 6e^{2t} + A_2 \Rightarrow 2 = 6 + A_2 \Rightarrow A_2 = -4$

$v = \underline{6e^{-2t} - 4e^{-3t}\ \text{V}}$

(c) $v_g = 6e^{-3t}\text{ V} \Rightarrow \frac{d}{dt}(e^{3t}v) = 12 \Rightarrow e^{3t}v = 12t + A_3$

$2 = A_3 \Rightarrow v = \underline{(12t + 2)e^{-3t}\ \text{V}}$

8.33 v_1 = voltage at op amp inputs

v_C = capacitor voltage, positive at left terminal

inverting op amp input: $\frac{v_1 - v_g}{2} + \frac{v_1 - v}{4} = 0 \Rightarrow v = 3v_1 - 2v_g$

$v_1 + v_C = v_g$

noninverting input: $\frac{v_1}{3} - \frac{1}{6}\frac{dv_C}{dt} = 0 \Rightarrow 2(v_g - v_C) = \frac{dv_C}{dt}$

$\frac{dv_C}{dt} + 2v_C = 2v_g = 2(2e^{-3t}) = 4e^{-3t}$

$\frac{d}{dt}(e^{2t}v_C) = 4e^{-t} \Rightarrow v_C = e^{-2t}(-4e^{-t} + A)$

$v_C(0^+) = v_C(0^-) = 0 = -4 + A \Rightarrow A = 4$

$v_C = 4e^{-2t} - 4e^{-3t}$ V

$v = 3(v_g - v_C) - 2v_g = v_g - 3v_C = 2e^{-3t} - 3(4e^{-2t} - 4e^{-3t})$

$v = \underline{(14e^{-3t} - 12e^{-2t})u(t)\ \text{V}}$

8.34 $\frac{1}{6}(v_1 - v_g) + \frac{1}{24}(v_1 - v) + \frac{1}{24}\frac{dv_1}{dt} = 0, \quad v = 2v_1 \Rightarrow v_1 = \frac{1}{2}v$

$\frac{1}{6}\frac{v}{2} + \frac{1}{24}\left(\frac{v}{2} - v\right) + \frac{1}{24}\frac{1}{2}\frac{dv}{dt} = \frac{1}{6}v_g$

$t > 0$: $\frac{dv}{dt} + 3v = 8v_g = 24 \Rightarrow v = Ae^{-3t} + 8$

$v_1(0^-) = 0 \Rightarrow v_1(0^+) = 0 \Rightarrow v(0^+) = 0 = A + 8 \Rightarrow A = -8$

For $t > 0$, $v = \underline{8(1 - e^{-3t})\ \text{V}}$

8.35 v_1 = voltage at op amp inputs

inverting terminal: $\left(\frac{1}{4} + \frac{1}{4}\right)v_1 - \frac{1}{4}v = \frac{1}{4}v_g \Rightarrow v = 2v_1 - v_g$

noninverting input: $\frac{1}{2}v_1 - \frac{1}{4}\frac{dv_C}{dt} = 0$

KVL: $v_1 = v_g - v_C \Rightarrow \frac{dv_C}{dt} - 2(v_g - v_C) = 0$

$\frac{dv_C}{dt} + 2v_C = 2v_g = 4e^{-3t} \Rightarrow \frac{d}{dt}(e^{2t}v_C) = 4e^{-t}$

$v_C = e^{-2t}(-4e^{-t} + A)$; $v_C(0) = 0 = -4 + A \Rightarrow A = 4$

$v_C = 4e^{-2t} - 4e^{-3t}$ V

$v = 2(v_g - v_C) - v_g = v_g - 2v_C = 2e^{-3t} - 2(4e^{-2t} - 4e^{-3t})$

$v = \underline{10e^{-3t} - 8e^{-2t}\ \text{V for } t > 0}$

8.36 v_1 = voltage at op amp inputs

inverting input: $\frac{1}{2}(v_1 - v_g) + \frac{1}{2}(v_1 - v) = 0 \Rightarrow v_1 = \frac{1}{2}(v + v_g)$

Noninverting input: $\frac{1}{8}\frac{dv_1}{dt} + \frac{1}{2}(v_1 - v_g) = 0$

$\frac{dv_1}{dt} + 4v_1 = 4v_g = 8e^{-3t}$ for $t > 0$

8.36 (cont.) $\frac{d}{dt}(e^{4t}v_1) = 8e^t \Rightarrow v_1 = 8e^{-3t} + Ae^{-4t}$

$v_1(0^+) = v_1(0^-) = 0 = 8 + A \Rightarrow A = -8$

$v = 2v_1 - v_g = 2(8e^{-3t} - 8e^{-4t}) - 2e^{-3t}$

$\underline{v = 14e^{-3t} - 16e^{-4t} \text{ V}}$

8.37 For $t > 0$, KCL at inverting input of first op amp:

$\frac{12}{6} + \frac{1}{8}\frac{dv_1}{dt} + \frac{v_1}{2} + \frac{v}{4} = 0$

Second op amp: (v_1 is output of first op amp.)

$v_1 + v = 0 \Rightarrow v_1 = -v \Rightarrow \frac{dv}{dt} + 2v = 16$

$v = Ae^{-2t} + 8;\ v_1(0) = 0 \Rightarrow v(0) = 0 = A + 8 \Rightarrow A = -8$

$\therefore\ v = \underline{8(1 - e^{-2t}) \text{ V}}$ for $t > 0$

8.38 Voltage at inverting input $= v_g$

$\frac{1}{10}v_g + \frac{1}{15}(v_g - v) = 0 \Rightarrow v = \frac{5}{2}v_g$

$i = \frac{1}{36}\frac{dv}{dt} = \frac{5}{72}\frac{dv_g}{dt}$

(a) $v_g = 4 \text{ V} \Rightarrow i = \underline{0}$

(b) $v_g = 2e^{-2t} \text{ V} \Rightarrow i = \frac{5}{72}(-2)(2e^{-2t}) = \underline{-\frac{5}{18}e^{-2t} \text{ A}}$

(c) $v_g = 2\cos 2t \text{ V} \Rightarrow i = \frac{5}{72}(-2)(2\sin 2t) = \underline{-\frac{5}{18}\sin 2t \text{ A}}$

8.39 v_1 = output voltage of first op amp

$v = (1 + \frac{3}{1})v_1 = 4v_1$

Noninverting input of first op amp: $\frac{1}{2}\frac{dv_1}{dt} + v_1 = -\frac{1}{2}v_g$

(a) $v_g = 2u(t)$: $\frac{dv_1}{dt} + 2v_1 = -2$ for $t > 0$

$v_1 = Ae^{-2t} - 1;\ v_1(0^+) = v_1(0^-) = 0 = A - 1 \Rightarrow A = 1$

$v = 4v_1 = \underline{4(e^{-2t} - 1)u(t) \text{ V}}$

(b) $v_g = 2u(t) - 2u(t-1) \text{ V}$

$v = 4(e^{-2t} - 1)u(t) - 4[e^{-2(t-1)} - 1]u(t-1)$

$\underline{v = -4(1 - e^{-2t})u(t) + 4[1 - e^{-2(t-1)}]u(t-1) \text{ V}}$

8.40 v_1 = output of first op amp (voltage follower)

$\frac{1}{20}\times 10^{-6}\frac{dv_1}{dt} + \frac{v_1}{10\times 10^6} = \frac{v_g}{10\times 10^6}$

8.40 (cont.) $\therefore\ \frac{dv_1}{dt} + 2v_1 = 2v_g = 4u(t)$

$v_1 = Ae^{-2t} + 2$ for $t > 0$; $v_1(0^+) = 0 = A + 2 \Rightarrow A = -2$

$v_1 = 2(1 - e^{-2t})$ V

$\frac{1}{40} \times 10^{-6} \frac{dv}{dt} + \frac{v_1}{10^7} = 0 \Rightarrow \frac{dv}{dt} = -4v_1$

$\frac{dv}{dt} = -8(1 - e^{-2t})$

$v = -8(t + \frac{1}{2}e^{-2t}) + B$

$v(0^+) = 0 = -4 + B \Rightarrow B = 4$

$v = \underline{(4 - 8t - 4e^{-2t})u(t)\text{ V}}$

CHAPTER 9

-EXERCISES-

9.1.1 KVL: (1) $\frac{di_1}{dt}+2i_1-\frac{di_2}{dt}=v_g$; (2) $-\frac{di_1}{dt}+2\frac{di_2}{dt}+3i_2=0$

Adding (1)+(2): (3) $\frac{di_2}{dt}+3i_2+2i_1=v_g \Rightarrow$

$$\frac{d^2i_2}{dt}+3\frac{di_2}{dt}+2\frac{di_1}{dt}=\frac{dv_g}{dt}$$

Substituting for $\frac{di_1}{dt}$ from (2):

$$(4)\quad \frac{d^2i_2}{dt^2}+7\frac{di}{dt}+6i_2=\frac{dv_g}{dt}$$

9.1.2 From (3) in Exercise 9.1.1 (KVL for outer loop)

$$\frac{di_2(0+)}{dt}=-3i_2(0^+)-2i_1(0^+)+v_g(0^+)$$

$$=-3(9)-2(2)+8=-23\text{ A/s}$$

9.1.3 Substituting $i_2=3e^{-t}+4e^{-2t}+2e^{-6t}$ and $\frac{di_2}{dt}=-3e^{-t}-8e^{-2t}-12e^{-6t}$ into (4) of Exercise 9.1.1 yields

$$(3e^{-t}+16e^{-2t}+72e^{-6t})+7(-3e^{-t}-8e^{-2t}-12e^{-6t})$$
$$+6(3e^{-t}+4e^{-2t}+2e^{-6t})=-16e^{-2t}$$

Since $\frac{dv_g}{dt}=\frac{d}{dt}(8e^{-2t})=-16e^{-2t}$, the expression for i_2 is a solution.

9.2.1 $x_1=A_1e^{-2t}$, $\frac{dx_1}{dt}=-2A_1e^{-2t}$, $\frac{d^2x_1}{dt^2}=4A_1e^{-2t}$

$$\frac{d^2x_1}{dt^2}+5\frac{dx_1}{dt}+6x_1=(4-10+6)A_1e^{-2t}=0$$

$x_2=A_2e^{-3t}$, $\frac{dx_2}{dt}=-3A_2e^{-3t}$, $\frac{d^2x_2}{dt^2}=9A_2e^{-3t}$

$$\frac{d^2x_2}{dt^2}+5\frac{dx_2}{dt}+6x_2=(9-15+6)A_2e^{-3t}=0$$

9.2.2 $x=A_1e^{-2t}+A_2e^{-3t}$, $\frac{dx}{dt}=-2A_1e^{-2t}-3A_2e^{-3t}$

$$\frac{d^2x}{dt^2}=4A_1e^{-2t}+9A_2e^{-3t}$$

$$\frac{d^2x}{dt^2}+5\frac{dx}{dt}+6x=(4-10+6)A_1e^{-2t}+(9-15+6)A_2e^{-3t}$$
$$=0$$

9.2.3 $\frac{d^2x}{dt^2}+5\frac{dx}{dt}+6x=\frac{d^2}{dt^2}(A_1e^{-2t}+A_2e^{-3t}+2)$

$+5\frac{d}{dt}(A_1e^{-2t}+A_2e^{-3t}+2)+6(A_1e^{-2t}+A_2e^{-3t}+2)$

$=12$

9.3.1 $x_1=te^{-t},\ \frac{dx_1}{dt}=(1-t)e^{-t},\ \frac{d^2x_1}{dt^2}=(t-2)e^{-t}$

$(t-1)\frac{d^2x_1}{dt^2}+(t-2)\frac{dx_1}{dt}=(t-1)(t-2)e^{-t}+(t-2)(1-t)e^{-t}=0$

$x_2=1,\ \frac{d^2x_2}{dt^2}=\frac{dx_2}{dt}=0\Rightarrow(t-1)\frac{d^2x_2}{dt^2}+(t-2)\frac{dx_2}{dt}=0$

$x=x_1+x_2:\ \frac{dx}{dt}=\frac{dx_1}{dt}+\frac{dx_2}{dt},\ \frac{d^2x}{dt^2}=\frac{d^2x_1}{dt^2}+\frac{d^2x_2}{dt^2}$

$(t-1)\frac{d^2x}{dt^2}+(t-2)\frac{dx}{dt}=(t-1)\frac{d^2x_1}{dt}+(t-1)\frac{d^2x_2}{dt}$

$+(t-2)\frac{dx_1}{dt}+(t-2)\frac{dx_2}{dt}=0$

9.3.2 $x_1=t^2,\ \frac{dx_1}{dt}=2t,\ \frac{d^2x_1}{dt^2}=2$

$x_1\frac{d^2x_1}{dt^2}-t\frac{dx_1}{dt}=t^2(2)-t(2t)=0$

$x_2=1,\ \frac{dx_2}{dt}=\frac{d^2x_2}{dt^2}=0;\ x_2\frac{d^2x_2}{dt^2}-t\frac{dx_2}{dt}=0$

$x=t^2+1,\ \frac{dx}{dt}=2t,\ \frac{d^2x}{dt^2}=2$

$x\frac{d^2x}{dt^2}-t\frac{dx}{dt}=(t^2+1)(2)-t(2t)=-2\neq0$

9.3.3 (a) $s^2+6s+8=0;\ (s+2)(s+4)=0\Rightarrow s=-2,-4$

(b) $s^2+6s+9=0;\ (s+3)^2=0\Rightarrow s=-3,-3$

9.4.1 $s^2+a_1s+a_0=0$

(a) $s^2+5s+4=0;\ (s+1)(s+4)=0\Rightarrow s=-1,-4$

(b) $s^2+4s+13=0;\ (s+2)^2+9=0\Rightarrow s=-2\pm j3$

(c) $s^2+8s+16=0;\ (s+4)^2=0\Rightarrow s=-4,-4$

9.4.2 (a) $x=A_1e^{-t}+A_2e^{-4t};\ x(0)=A_1+A_2=3$

$\frac{dx(0)}{dt}=-A_1-4A_2=6$; Adding $\Rightarrow -3A_2=9$

$\therefore A_2=-3;\ A_1=3-A_2=6$

$x=\underline{6e^{-t}-3e^{-4t}}$

9.4.2 (Cont.) (b) $x = e^{-2t}(A_1 \cos 3t + A_2 \sin 3t)$

$x(0) = A_1 = 3;\ \frac{dx}{dt} = e^{-2t}[-3A_1 \sin 3t + 3A_2 \cos 3t$
$- 2(A_1 \cos 3t + A_2 \sin 3t)]$

$$\frac{dx(0)}{dt} = 3A_2 - 2A_1 = 6 \Rightarrow A_2 = \tfrac{1}{3}(6 + 2A_1) = 4$$

$x = e^{-2t}(3\cos 3t + 4\sin 3t)$

(c) $x = (A_1 + A_2 t)e^{-4t};\ x(0) = A_1 = 3$

$$\frac{dx}{dt} = e^{-4t}(A_2 - 4A_1 - 4A_2 t)$$

$$\frac{dx(0)}{dt} = -4A_1 + A_2 = 6 \Rightarrow A_2 = 6 + 4A_1 = 18$$

$x = (3 + 18t)e^{-4t}$

9.4.3 Characteristic equation: $s^2 + 25 = 0 \Rightarrow s_{1,2} = \pm j5$

$x = A_1 \cos 5t + A_2 \sin 5t$

9.4.4 KCL: $\frac{v - v_g}{4} + \frac{v - v_1}{R} + \frac{1}{4}\frac{dv}{dt} = 0$

$$\frac{v_1 - v}{R} + \int_0^t v_1\, dt + i(0) = 0 \Rightarrow \frac{dv_1}{dt} - \frac{dv}{dt} + Rv_1 = 0$$

$$v - v_1 + \frac{R}{4}v - \frac{R}{4}v_g + \frac{R}{4}\frac{dv}{dt} = 0$$

$$v_1 = \left(1 + \frac{R}{4}\right)v - \frac{R}{4}v_g + \frac{R}{4}\frac{dv}{dt}$$

$$\left(1 + \frac{R}{4}\right)\frac{dv}{dt} - \frac{R}{4}\frac{dv_g}{dt} + \frac{R}{4}\frac{d^2v}{dt^2} - \frac{dv}{dt} + R\left(1 + \frac{R}{4}\right)v$$
$$- \frac{R^2}{4}v_g + \frac{R^2}{4}\frac{dv}{dt} = 0$$

$$\therefore\ \frac{d^2v}{dt^2} + (R+1)\frac{dv}{dt} + (R+4)v = Rv_g + \frac{dv_g}{dt}$$

9.5.1 (a) $x_f = A,\ \frac{dx_f}{dt} = \frac{d^2x_f}{dt^2} = 0$

$$\frac{d^2x_f}{dt^2} + 4\frac{dx_f}{dt} + 3x_f = 3A = 6 \Rightarrow A = 2 \Rightarrow x_f = 2$$

(b) $x_f = Ae^{-2t},\ \frac{dx_f}{dt} = -2Ae^{-2t},\ \frac{d^2x_f}{dt^2} = 4Ae^{-2t}$

$4Ae^{-2t} + 4(-2Ae^{-2t}) + 3Ae^{-2t} = -Ae^{-2t} = 8e^{-2t}$

$\therefore\ A = -8$ and $x_f = -8e^{-2t}$

(c) $x_f = At + B,\ \frac{dx_f}{dt} = A,\ \frac{d^2x_f}{dt^2} = 0$

$4A + 3(At + B) = 6t + 14; \Rightarrow t: 3A = 6 \Rightarrow A = 2$

$1: 4A + 3B = 14 \Rightarrow 2;\ \therefore\ x_f = 2t + 2$

9.5.2 (a) characteristic equation: $s^2+4s+3=0$; $s_{1,2}=-1,-3$

$$x=x_n+x_f=A_1e^{-t}+A_2e^{-3t}+2$$

$$x(0)=A_1+A_2+2=4 \Rightarrow A_1+A_2=2$$

$$\frac{dx(0)}{dt}=-A_1-3A_2=-2;\ \text{Adding: } -2A_2=0 \Rightarrow A_2=0$$

$$\therefore\ A_1=2 \text{ and } x=2e^{-t}+2$$

(b) $x=A_1e^{-t}+A_2e^{-3t}-8e^{-2t}$; $x(0)=A_1+A_2-8=4$

$$\frac{dx(0)}{dt}=-A_1-3A_2+16=-2 \Rightarrow -2A_2+8=2 \Rightarrow A_2=3$$

$$A_1=12-A_2=9 \Rightarrow x=9e^{-t}+3e^{-3t}-8e^{-2t}$$

(c) $x=A_1e^{-t}+A_2e^{-3t}+2t+2 \Rightarrow x(0)=A_1+A_2+2=4$

$$\frac{dx(0)}{dt}=-A_1-3A_2+2=-2 \Rightarrow -2A_2+4=2 \Rightarrow A_2=1$$

$$A_1=2-A_2=1 \Rightarrow x=e^{-t}+e^{-3t}+2t+2$$

9.6.1 (a) $f(t)=2e^{-3t}+6e^{-4t}$; $s_{1,2}=-1,-3$

Try $x_f=Ate^{-3t}+Be^{-4t}$

$$\frac{d^2x_f}{dt^2}+4\frac{dx_f}{dt}+3x_f=(9Ate^{-3t}-6Ae^{-3t}+16Be^{-4t})$$
$$+4(-3Ate^{-3t}+Ae^{-3t}-4Be^{-4t})$$
$$+3(Ate^{-3t}+Be^{-4t})$$

te^{-3t}: $3A-12A+9A\equiv 0$; e^{-3t}: $4A-6A=2 \Rightarrow A=-1$

e^{-4t}: $3B-16B+16B=6 \Rightarrow B=2$

$$\therefore\ x_f=2e^{-4t}-te^{-3t}$$

(b) $f(t)=4e^{-t}+2e^{-3t} \Rightarrow x_f=t(Ae^{-t}+Be^{-3t})$

$$\frac{d^2x_f}{dt^2}+4\frac{dx_f}{dt}+3x_f=Ae^{-t}(-2+t+4-4t+3t)$$
$$+Be^{-3t}(-6+9t+4-12t+3t)$$

$$\therefore\ 2Ae^{-t}-2Be^{-3t}\equiv 4e^{-t}+2e^{-3t} \Rightarrow A=2,\ B=-1$$

$$x_f=t(2e^{-t}-e^{-3t})$$

9.6.2 Characteristic equation: $s^2+4s+4=0 \Rightarrow s_{1,2}=-2,-2$

(a) Since $f(t)=6e^{-2t}$ and $s=-2$ is a double root, try

$x_f=At^2e^{-2t}$. Then

$$\frac{d^2x_f}{dt^2}+4\frac{dx_f}{dt}+4x_f=Ae^{-2t}[2(1-4t+2t^2)+8(t-t^2)+4t^2]$$
$$=2Ae^{-2t}=6e^{-2t} \Rightarrow A=3$$

$$x_f=3t^2e^{-2t}$$

9.6.2 (b) Try $x_f = t^2(At+B)e^{-2t}$.

$$\frac{d^2x_f}{dt^2} + 4\frac{dx_f}{dt} + 4x_f = e^{-2t}\left[\{4At^3 + (-12A+4B)t^2 + (6A-8B)t + 2B\} + 4\{-2At^3 + (3A-2B)t^2 + 2Bt\} + 4\{At^2\}\right]$$

$$= e^{-2t}(6At+2B) = 6te^{-2t}$$

$\therefore A=1, B=0 \Rightarrow x_f = \underline{t^3e^{-2t}}$

9.6.3 $x_f = t(A\cos 3t + B\sin 3t)$

$$\frac{dx_f}{dt} = t(-3A\sin 3t + 3B\cos 3t) + (A\cos 3t + B\sin 3t)$$

$$\frac{d^2x_f}{dt^2} = t(-9A\cos 3t - 9B\sin 3t) - 6A\sin 3t + 6B\cos 3t$$

$$\frac{d^2x_f}{dt^2} + 9x_f = -6A\sin 3t + 6B\cos 3t = 18\sin 3t$$

$A=-3, B=0 \Rightarrow x_f = -3t\cos 3t$

$x = A_1\cos 3t + A_2\sin 3t - 3t\cos 3t$

$$\frac{dx}{dt} = -3A_1\sin 3t + 3A_2\cos 3t + 9t\sin 3t - 3\cos 3t$$

$x(0) = A_1 = 0$; $\frac{dx(0)}{dt} = 3A_2 - 3 = 0 \Rightarrow A_2 = 1$

$x = \underline{\sin 3t - 3t\cos 3t}$

9.7.1 $\frac{dx}{dt} + 4x + 4\int_0^t x\,dt = f(t)$; $\frac{dx(0)}{dt} + 4x(0) = f(0)$

$$\frac{dx(0)}{dt} = f(0) - 4x(0) = f(0) - 8$$

Differentiating: $\frac{d^2x}{dt^2} + 4\frac{dx}{dt} + 4x = f'(t)$

(a) $f(t) = 1 \Rightarrow f'(t) = 0$; $\frac{d^2x}{dt^2} + 4\frac{dx}{dt} + 4x = 0$

$s^2 + 4s + 4 = 0 \Rightarrow s = -2, -2 \Rightarrow x = (C_1 + C_2t)e^{-2t}$

$x(0) = C_1 = 2$; $x'(0) = f(0) - 8 = -7 = -2C_1 + C_2 \Rightarrow C_2 = -3$

$x = \underline{(2-3t)e^{-2t}}$

(b) $f(t) = 2t^2 \Rightarrow f(0) = 0$ and $f'(t) = 4t$

$\frac{d^2x}{dt^2} + 4\frac{dx}{dt} + 4x = 4t$, $x'(0) = f(0) - 8 = -8$

$x_f = At + B$: $4A + 4(At+B) = 4t \Rightarrow A=1, B=-1$

$x = (C_3 + C_4t)e^{-2t} + t - 1$; $x(0) = C_3 - 1 = 2 \Rightarrow C_3 = 3$

$x'(0) = -2C_3 + C_4 + 1 = -8 \Rightarrow C_4 = -9 + 2(3) = -3$

$x = \underline{(3-3t)e^{-2t} + t - 1}$

9.7.2 $i(0+) = i(0^-) = 0, \quad v(0^+) = v(0^-) = 0$

KVL: $\frac{di}{dt} + 3i + (1)(i-2) - v = 0$

$$\frac{di(0^+)}{dt} = v(0^+) - 4i(0^+) + 2 = 2 \text{ A/s}$$

KCL: $\frac{1}{20}\frac{dv}{dt} = 2u(t) - i \Rightarrow \frac{dv(0^+)}{dt} = 20[2 - i(0^+)]$

$$\frac{dv(0^+)}{dt} = 40 \text{ V/s}$$

9.7.3 From Ex. 9.7.2 for $t > 0$

$$\frac{di}{dt} + 4i - 2 = v = 20\int_{0+}^{t}(2-i)dt \quad \text{or}$$

$$\frac{d^2i}{dt^2} + 4\frac{di}{dt} = 40 - 20i \ ; \ s^2 + 4s + 20 = 0$$

$$s_{1,2} = -2 \pm j4 \Rightarrow i_n = e^{-2t}(A_1\cos 4t + A_2 \sin 4t)$$

and $v_n = e^{-2t}(B_1 \cos 4t + B_2 \sin 4t)$

v_f is the dc steady-state voltage. If the capacitor is open circuited and the inductor short circuited, $v_f = 2(3) = 6$ V.

$$\therefore \ v = e^{-2t}(B_1 \cos 4t + B_2 \sin 4t) + 6$$

$$\frac{dv}{dt} = e^{-2t}[-4B_1 \sin 4t + 4B_2 \cos 4t - 2B_1 \cos 4t - 2B_2 \sin 4t]$$

From Ex. 9.7.2 $v(0^+) = B_1 + 6 = 0 \Rightarrow B_1 = -6$

$$\frac{dv(0^+)}{dt} = 4B_2 - 2B_1 = 40 \Rightarrow B_2 = 7$$

(a) $v = \underline{e^{-2t}(-6\cos 4t + 7\sin 4t) + 6 \text{ V}}$

(b) KCL: $i = 2u(t) - \frac{1}{20}\frac{dv}{dt}$

$t > 0$: $i = 2 - \frac{1}{20}\frac{d}{dt}[e^{-2t}(-6\cos 4t + 7\sin 4t) + 6]$

$$i = \underline{e^{-2t}(-2\cos 4t - \tfrac{1}{2}\sin 4t) + 2 \text{ A}}$$

9.8.1 (a) From (9.59), $s_{1,2} = -\frac{1}{2RC} \pm \sqrt{\left(\frac{1}{2RC}\right)^2 - \frac{1}{LC}}$

$$s_{1,2} = -\frac{1}{2(10^3)(0.25\times10^{-6})} \pm \sqrt{\left(\frac{1000}{0.5}\right)^2 - \frac{1}{(0.25\times10^{-6})L}}$$

$$\therefore -1000 = -\frac{1000}{0.5} + \sqrt{\left(\frac{1000}{0.5}\right)^2 - \frac{4(10^6)}{L}}$$

$$(1000)^2 = (2000)^2 - \frac{4(10^6)}{L} \Rightarrow L = \underline{\tfrac{4}{3} \text{ H}}$$

9.8.1 (cont.)

(b) $\omega_d = 1000 = \sqrt{\frac{1}{LC} - \left(\frac{1}{2RC}\right)^2} = \sqrt{\frac{4(10^6)}{L} - (4)(10^6)}$

$(10^3)^2 = \frac{4(10^6)}{L} - 4(10^6) \Rightarrow L = \underline{\frac{4}{5}\ H}$

(c) $\frac{4(10^6)}{L} - 4(10^6) = 0 \Rightarrow L = \underline{1\ H}$

9.8.2 KCL: $\frac{1}{R}v + i + C\frac{dv}{dt} = 0,\ v = L\frac{di}{dt}$

$\frac{L}{R}\frac{di}{dt} + i + LC\frac{d^2i}{dt^2} = 0 \Rightarrow \frac{d^2i}{dt^2} + \frac{1}{RC}\frac{di}{dt} + \frac{1}{LC}i = 0$

$R = 10\ \Omega,\ L = 2\ H,\ C = 0.05F \Rightarrow RC = 0.5,\ LC = 0.1$

$\therefore \frac{d^2i}{dt^2} + 2\frac{di}{dt} + 10i = 0 \Rightarrow s^2 + 2s + 10 \Rightarrow 0 \Rightarrow s = -1 \pm j3$

$i = e^{-t}(A_1 \cos 3t + A_2 \sin 3t)$

$v(0) = 0 = L\frac{di(0)}{dt} \Rightarrow \frac{di(0)}{dt} = 0\ ;\ i(0) = 6$

$i(0) = A_1 = 6;\ \frac{di(0)}{dt} = 3A_2 - A_1 = 0 \Rightarrow A_2 = 2$

$i = \underline{e^{-t}(6\cos 3t + 2\sin 3t)}\ A$

9.8.3 $R = \infty$ (open circuit) $\Rightarrow i + C\frac{dv}{dt} = 0\ ;\ v = L\frac{di}{dt}$

$\therefore \frac{d^2i}{dt^2} + \frac{1}{LC}i = 0 \Rightarrow \frac{d^2v}{dt^2} + \frac{1}{LC}v = 0$ (9.58)

$s^2 + \frac{1}{LC} = s^2 + \omega_0^2 = 0 \Rightarrow s = \pm j\omega_0,\ \omega_0 = \frac{1}{\sqrt{LC}}$

$\therefore v = \underline{A_1 \cos\omega_0 t + A_2 \sin\omega_0 t}$

9.9.1 Circuit equation: $L\frac{di}{dt} + Ri + \frac{1}{C}\int_{t_0}^{t} i\,dt + V_0 = v_g$ (9.70)

$t = 0^+\ (t_0 = 0)$: $L\frac{di(0^+)}{dt} + Ri(0^+) + v(0^+) = v_g(0^+)$

$R = 6\ \Omega,\ L = 1\ H,\ v_g = 0,\ v(0) = 8\ V,\ i(0) = 4\ A$

$\frac{di(0^+)}{dt} = -6(4) - 8 = -32\ A/s$

(a) $C = \frac{1}{5}F$: $s_{1,2} = -\frac{R}{2L} \pm \sqrt{\left(\frac{R}{2L}\right)^2 - \frac{1}{LC}} = -3 \pm \sqrt{9 - \frac{1}{C}}$

$s_{1,2} = -3 \pm \sqrt{9-5} = -1, -5$

$i = A_1 e^{-t} + A_2 e^{-5t},\ i(0) = A_1 + A_2 = 4$

$\frac{di(0)}{dt} = -A_1 - 5A_2 = -32$

$\therefore A_1 = -3,\ A_2 = 7$

9.9.1 (cont.) $i = 7e^{-5t} - 3e^{-t}$ A (a)

(b) $C = \frac{1}{34}$: $s_{1,2} = -3 \pm \sqrt{9-34} = -3 \pm j5$

$i = e^{-3t}(B_1 \cos 5t + B_2 \sin 5t)$; $i(0) = B_1 = 4$

$\frac{di(0)}{dt} = 5B_2 - 3B_1 = -32 \Rightarrow B_2 = -4$

$i = 4e^{-3t}(\cos 5t - \sin 5t)$ A

(c) $C = \frac{1}{9}$ F : $s_{1,2} = -3, -3 \Rightarrow i = (C_1 + C_2 t)e^{-3t}$

$i(0) = C_1 = 4$; $\frac{di(0)}{dt} = -3C_1 + C_2 = -32 \Rightarrow C_2 = -20$

$i = (4 - 20t)e^{-3t}$ A

9.9.2 Source is 100 mA for $t<0$ and zero for $t>0$. circuit is in dc steady state at $t=0^-$. Therefore $v(0^-) = v(0^+) = (40)(0.1) = 4$ V; the inductor current i_L, to the right, satisfies $i_L(0^-) = i_L(0^+) = 0.1$ A. KVL for $t>0$ gives $v + L\frac{d}{dt}\left(C\frac{dv}{dt}\right) + R\left(C\frac{dv}{dt}\right) = 0$

$$\therefore \frac{d^2v}{dt^2} + 4000\frac{dv}{dt} + (2 \times 10^7)v = 0$$

$s^2 + 4000s + (2\times 10^7) = 0 \Rightarrow s_{1,2} = -2000 \pm j4000$

$v = e^{-2000t}(A_1 \cos 4000t + A_2 \sin 4000t)$

$v(0^+) = A_1 = 4$; $\frac{dv(0^+)}{dt} = \frac{1}{C}\left[-i_L(0^+)\right] = -20{,}000$ V/s

$\therefore -2000A_1 + 4000A_2 = -20{,}000 \Rightarrow A_2 = -3$

$v = e^{-2000t}(4\cos 4000t - 3\sin 4000t)$ V

9.9.3 $i_L(0^-) = \frac{8}{4} = 2$ A, $v(0^-) = 0$, $\frac{1}{20}\frac{dv(0^+)}{dt} = i_L(0^+)$

$i_L = \frac{1}{20}\frac{dv}{dt}$, $\frac{d}{dt}\left(\frac{1}{20}\frac{dv}{dt}\right) + 4\left(\frac{1}{20}\frac{dv}{dt}\right) + v = 8$

$\frac{d^2v}{dt^2} + 4\frac{dv}{dt} + 20v = 160$; $(s^2 + 4s + 4) + 16 = 0$

$s_{1,2} = -2 \pm j4 \Rightarrow v = e^{-2t}(A_1 \cos 4t + A_2 \sin 4t) + 8$

$v(0^+) = 0 = A_1 + 8 \Rightarrow A_1 = -8$

$\frac{dv(0^+)}{dt} = 20\, i_L(0^+) = 20(2) = 40 = -2A_1 + 4A_2 \Rightarrow A_2 = 6$

9.9.3 (Cont.) $v = 8 - e^{-2t}(8\cos 4t - 6\sin 4t)$ V

9.9.4 $v(0+) = v(0-) = 0$, $i_L(0+) = i_L(0-) = 0$ where i_L is the inductor current downward. At $t = 0^+$

KCL: $C\dfrac{dv(0^+)}{dt} + i_L(0^+) = 4 \Rightarrow \dfrac{dv(0^+)}{dt} = \dfrac{4}{C}$.

KVL (right mesh): $v + \dfrac{d}{dt}\left(C\dfrac{dv}{dt} - 4\right) + 6\left(C\dfrac{dv}{dt} - 4\right) = 0$

$\therefore\; C\dfrac{d^2v}{dt^2} + 6C\dfrac{dv}{dt} + v = 24$; $Cs^2 + 6Cs + 1 = 0$

$s_{1,2} = -3 \pm \sqrt{9 - \frac{1}{C}}$; $v_f = 24$

(a) $C = \frac{1}{5}F$: $s_{1,2} = -3 \pm \sqrt{9-5} = -1, -5$

$v = A_1 e^{-t} + A_2 e^{-5t} + 24$

$v(0^+) = A_1 + A_2 + 24 = 0 \Rightarrow A_1 + A_2 = -24$

$\dfrac{dv(0+)}{dt} = \dfrac{4}{C} = 20 = -A_1 - 5A_2 \Rightarrow A_1 = -25, A_2 = 1$

$\underline{v = -25e^{-t} + e^{-5t} + 24}$ V

(b) $C = \frac{1}{9} \Rightarrow s_{1,2} = -3, -3 \Rightarrow v = (B_1 + B_2 t)e^{-3t} + 24$

$v(0^+) = B_1 + 24 = 0 \Rightarrow B_1 = -24$

$\dfrac{dv(0^+)}{dt} = \dfrac{4}{C} = 36 = -3B_1 + B_2 \Rightarrow B_2 = -36$

$v = 24 - (24 + 36t)e^{-3t}$ V

9.10.1 (a) v_L = inductor voltage. Node equations are

$$\left.\begin{aligned} \int_0^t v_L\,dt + \frac{v_L - v}{6} &= 4 \\ C\frac{dv}{dt} + \frac{v_L - v}{6} &= 4 \end{aligned}\right\} \Rightarrow \begin{aligned} \frac{dv_L}{dt} + 6v_L - \frac{dv}{dt} &= 0 \\ -v_L + 6C\frac{dv}{dt} + v &= 24 \end{aligned}$$

$$\left.\begin{aligned} (D+6)v_L - Dv &= 0 \\ -v_L + (6CD+1)v &= 24 \end{aligned}\right\} \Rightarrow \begin{vmatrix} D+6 & -D \\ -1 & 6CD+1 \end{vmatrix} v = \begin{vmatrix} D+6 & 0 \\ -1 & 24 \end{vmatrix}$$

$[(D+6)(6CD+1) - D]v = (D+6)(24)$

$\underline{C\dfrac{d^2v}{dt^2} + 6C\dfrac{dv}{dt} + v = 24}$

(b) i = inductor current downward. Node equation at upper node and right mesh equation are

9.10.1 (b) (Cont.)

$$\left.\begin{aligned} C\frac{dv}{dt}+i=4 \\ \frac{di}{dt}+6i-v=0 \end{aligned}\right\} \Rightarrow \begin{aligned} CDv+i=4 \\ -v+(D+6)i=0 \end{aligned}$$

$$\begin{vmatrix} CD & 1 \\ -1 & D+6 \end{vmatrix} v = \begin{vmatrix} 4 & 1 \\ 0 & D+6 \end{vmatrix} \Rightarrow (CD^2+6CD+1)v = 24$$

$$\underline{C\frac{d^2v}{dt^2}+6C\frac{dv}{dt}+v=24}$$

9.10.2 (a) Mesh equations:

$$\frac{d}{dt}(i_1-i_2)+2i_1=v_g\ ;\ \frac{d}{dt}(i_2-i_1)+3i_2+\frac{di_2}{dt}=0$$

$$\left.\begin{aligned} (D+2)i_1-Di_2=v_g \\ -Di_1+(2D+3)i_2=0 \end{aligned}\right\} \Rightarrow \begin{vmatrix} D+2 & -D \\ -D & 2D+3 \end{vmatrix} i_2 = \begin{vmatrix} D+2 & v_g \\ -D & 0 \end{vmatrix}$$

$$[(D+2)(2D+3)-D^2]i_2 = Dv_g \Rightarrow \underline{\frac{d^2i_2}{dt^2}+7\frac{di_2}{dt}+6i_2=\frac{dv_g}{dt}}$$

(b) i_3 = downward current in left inductor

i_2+i_3 = source current

Mesh equations:

$$2(i_2+i_3)+\frac{di_3}{dt}=v_g \Rightarrow (D+2)i_3+2i_2=v_g$$

$$3i_2+\frac{di_2}{dt}-\frac{di_3}{dt}=0 \Rightarrow -Di_3+(D+3)i_2=0$$

$$\begin{vmatrix} D+2 & 2 \\ -D & D+3 \end{vmatrix} i_2 = \begin{vmatrix} D+2 & v_g \\ -D & 0 \end{vmatrix} \Rightarrow [(D+2)(D+3)+2D]i_2 = Dv_g$$

$$\underline{\frac{d^2i_2}{dt^2}+7\frac{di_2}{dt}+6i_2=\frac{dv_g}{dt}}$$

9.10.3 $2-i$ = capacitor current downward

KCL: $\frac{1}{20}\frac{dv}{dt}=2-i \Rightarrow \frac{dv}{dt}+20i=40$

KVL: $v+(1)(2-i)-\frac{di}{dt}-3i=0 \Rightarrow v-\frac{di}{dt}-4i=-2$

$$\begin{aligned} Dv+20i=40 \\ v-(D+4)i=-2 \end{aligned} \qquad \begin{vmatrix} D & 20 \\ 1 & -(D+4) \end{vmatrix} v = \begin{vmatrix} 40 & 20 \\ -2 & -(D+4) \end{vmatrix}$$

$$-(D^2+4D+20)v = -(D+4)40+40 = -120$$

$$\underline{\frac{d^2v}{dt^2}+4\frac{dv}{dt}+20v=120}$$

– PROBLEMS –

9.1 v_3 = node voltage at top of 1-Ω resistor

Node equations: (1) $\frac{5}{2}v_3 - v_g - v_1 - \frac{1}{2}v_2 = 0$

(2) $v_1 - v_3 + \frac{dv_1}{dt} = 0$, (3) $\frac{1}{2}(v_2 - v_3) + \frac{1}{4}\frac{dv_2}{dt} = 0$

From (1) and (3): $v_3 = \frac{2}{5}(v_g + v_1 + \frac{1}{2}v_2) = v_2 + \frac{1}{2}\frac{dv_2}{dt}$

$\therefore v_1 = 2v_2 - v_g + \frac{5}{4}\frac{dv_2}{dt}$. Then (2) becomes

$(2v_2 - v_g + \frac{5}{4}\frac{dv_2}{dt}) - (v_2 + \frac{1}{2}\frac{dv_2}{dt}) + \frac{d}{dt}(2v_2 - v_g + \frac{5}{4}\frac{dv_2}{dt}) = 0$

$\therefore 5\frac{d^2v_2}{dt^2} + 11\frac{dv_2}{dt} + 4v_2 = 4\frac{dv_g}{dt} + 4v_g$

9.2 (1) $\frac{di_1}{dt} + 5i_1 - 4i = 0$, (2) $2\frac{di}{dt} + 6i - 4i_1 = 0$

From (2) $i_1 = \frac{1}{2}(\frac{di}{dt} + 3i)$. substituting into (1):

$\frac{1}{2}(\frac{d^2i}{dt^2} + 3\frac{di}{dt}) + \frac{5}{2}(\frac{di}{dt} + 3i) - 4i = 0$

$\frac{d^2i}{dt^2} + 8\frac{di}{dt} + 7i = 0 \Rightarrow s^2 + 8s + 7 = 0 \Rightarrow s_{1,2} = -1, -7$

$i = c_1e^{-t} + c_2e^{-7t}$; $i(0) = c_1 + c_2 = 3$

$\frac{di(0)}{dt} = \frac{1}{2}[4i_1(0) - 6i(0)] = 9 = -c_1 - 7c_2 \Rightarrow c_1 = 5, c_2 = -2$

$\therefore i = 5e^{-t} - 2e^{-7t}$ A

9.3

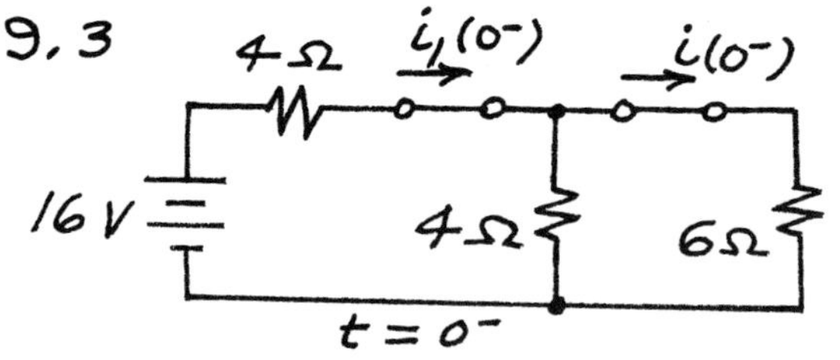

$i_1(0^-) = \frac{16}{4 + \frac{4(6)}{10}} = 2.5$ A

$i(0^-) = \frac{4}{10}i_1(0^-) = 1$ A

$t>0$: $2\frac{di_1}{dt} + 4i_1 - 4i = 0$; $2\frac{di}{dt} + 10i - 4i_1 = 0$

$i_1 = \frac{1}{2}\frac{di}{dt} + \frac{5}{2}i \Rightarrow 2\frac{d}{dt}(\frac{1}{2}\frac{di}{dt} + \frac{5}{2}i) + 4(\frac{1}{2}\frac{di}{dt} + \frac{5}{2}i) - 4i = 0$

$\frac{d^2i}{dt^2} + 7\frac{di}{dt} + 6i = 0 \Rightarrow (s+1)(s+6) = 0 \Rightarrow s_{1,2} = -1, -6$

$i = A_1e^{-t} + A_2e^{-6t}$; $i(0^+) = i(0^-) = 1 = A_1 + A_2$

$\frac{di(0^+)}{dt} = 2i_1(0^+) - 5i(0^+) = 0 = -A_1 - 6A_2$

9.3 (Cont.) $A_1 = \frac{6}{5}$, $A_2 = -\frac{1}{5}$

$\therefore\ i = \underline{1.2e^{-t} - 0.2e^{-6t}\ A}$

9.4 KCL: $\frac{1}{4}\frac{dv}{dt} + \frac{1}{2}v + i = 0$

KVL: $4\frac{di}{dt} + 8i = v$

$\frac{1}{4}\left(4\frac{d^2i}{dt^2} + 8\frac{di}{dt}\right) + \frac{1}{2}\left(4\frac{di}{dt} + 8i\right) + i = 0$

$\frac{d^2i}{dt^2} + 4\frac{di}{dt} + 5i = 0: s^2 + 4s + 5 = 0 \Rightarrow s_{1,2} = -2 \pm j1$

$i = (A_1\cos t + A_2\sin t)e^{-2t};\ i(0) = A_1 = 4$

$\frac{di(0)}{dt} = \frac{1}{4}[v(0) - 8i(0)] = -6 = -2A_1 + A_2 \Rightarrow A_2 = 2$

$i = \underline{e^{-2t}(4\cos t + 2\sin t)\ A}$

9.5 KCL at top node: $\frac{1}{4}\frac{dv}{dt} + \frac{1}{2}v + i = 0$ (1)

KVL for right mesh: $4\frac{di}{dt} + 8i = v$ (2)

Substitute (1) into (2): $4\frac{d}{dt}\left(-\frac{1}{4}\frac{dv}{dt} - \frac{v}{2}\right) + 8\left(-\frac{1}{4}\frac{dv}{dt} - \frac{v}{2}\right) = v$

$\frac{d^2v}{dt^2} + 4\frac{dv}{dt} + 5v = 0 \Rightarrow s_{1,2} = -2 \pm j1$

$v = e^{-2t}(c_1\cos t + c_2\sin t)$; $v(0) = c_1 = 8$

From (1) $\frac{dv(0)}{dt} = -4\left[\frac{1}{2}v(0) + i(0)\right] = -20$

$\frac{dv(0)}{dt} = c_2 - 2c_1 = -20 \Rightarrow c_2 = -4$

$v = \underline{e^{-2t}(8\cos t - 4\sin t)\ V}$

9.6 $t = 0^-$:

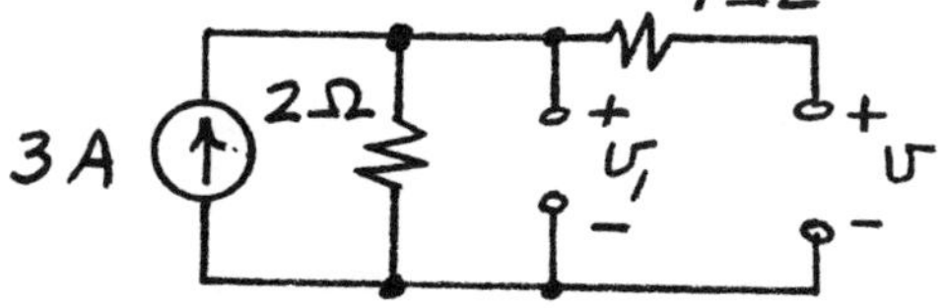

$v(0^-) = v(0^+) = 3(2) = 6\ V$

For $t > 0$

(1) $\frac{1}{2}v_1 + \frac{1}{8}\frac{dv_1}{dt} + \frac{v_1 - v}{4} = 0$

(2) $\frac{1}{16}\frac{dv}{dt} + \frac{v - v_1}{4} = 0 \Rightarrow v_1 = \frac{1}{4}\frac{dv}{dt} + v$

From (1): $\frac{3}{4}\left(\frac{1}{4}\frac{dv}{dt} + v\right) + \frac{1}{8}\left(\frac{1}{4}\frac{d^2v}{dt^2} + \frac{dv}{dt}\right) - \frac{1}{4}v = 0$

$\frac{d^2v}{dt^2} + 10\frac{dv}{dt} + 16v = 0: (s+2)(s+8) = 0 \Rightarrow s_{1,2} = -2, -8$

$v = A_1e^{-2t} + A_2e^{-8t}$; $v(0) = A_1 + A_2 = 6$

9.6 (Cont.) $\frac{dv(0^+)}{dt} = 4[v_1(0^+) - v(0^+)] = 0 = -2A_1 - 8A_2$

$A_2 = -2,\ A_1 = 8 \Rightarrow \underline{v = 8e^{-2t} - 2e^{-8t}\ \text{V}}$

9.7 Node voltages are v_1, $2v_1$, and $2v_1 + v_2$

$$\frac{1}{8}\frac{dv_1}{dt} + \frac{v_1 - (2v_1 + v_2)}{8} = 0 \Rightarrow v_2 = \frac{dv_1}{dt} - v_1 \qquad (1)$$

$$\frac{2v_1 + v_2}{2} + \frac{1}{8}\frac{dv_1}{dt} + \frac{1}{8}\frac{dv_2}{dt} = 0: \text{ From } (1)$$

$$v_1 + \frac{1}{8}\frac{dv_1}{dt} + \frac{1}{2}\left(\frac{dv_1}{dt} - v_1\right) + \frac{1}{8}\frac{d}{dt}\left(\frac{dv_1}{dt} - v_1\right) = 0 \Rightarrow$$

$$\frac{d^2v_1}{dt^2} + 4\frac{dv_1}{dt} + 4v_1 = 0 \Rightarrow (s+2)^2 = 0 \Rightarrow s_{1,2} = -2, -2$$

$$v_1 = (c_1 + c_2 t)e^{-2t};\ v_1(0) = c_1 = 12;\ (1)\ \frac{dv_1(0)}{dt} = v_1(0) + v_2(0)$$

$$\frac{dv_1(0)}{dt} = 12 + 12 = 24 = -2c_1 + c_2 \Rightarrow c_2 = 48$$

$\therefore v_1 = (12 + 48t)e^{-2t}$ V; $i = \frac{2v_1}{4} = \underline{6(1+4t)e^{-2t}\ \text{A}}$

9.8 $t = 0^-$:

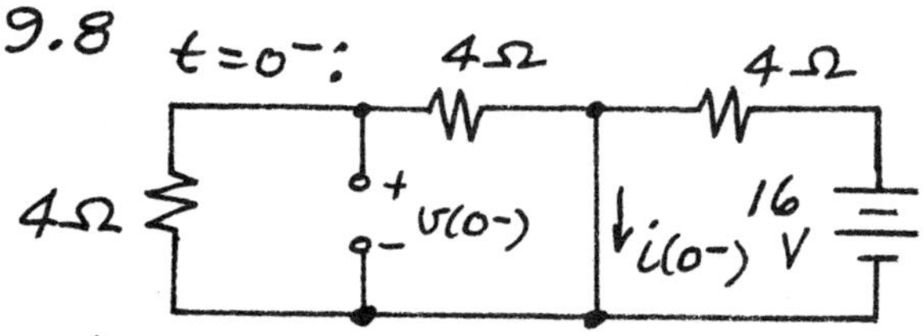

$i(0^-) = \frac{16}{4} = 4\text{A}$

$v(0^-) = 0$

$t > 0$:

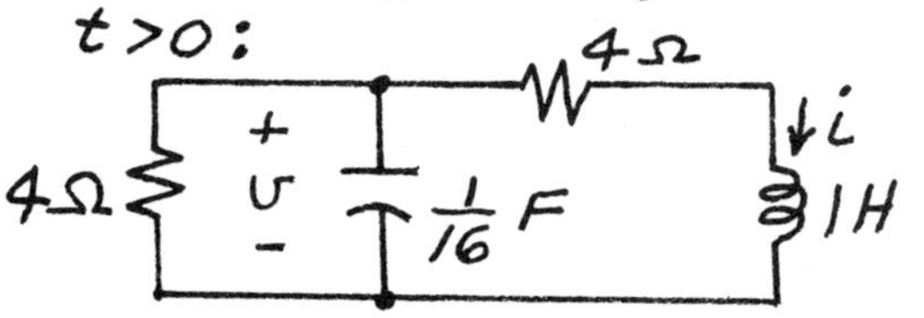

$(1)\ \frac{v}{4} + \frac{1}{16}\frac{dv}{dt} + i = 0$

$(2)\ v = 4i + \frac{di}{dt}$

From (1), $\frac{1}{4}\left(4i + \frac{di}{dt}\right) + \frac{1}{16}\left(4\frac{di}{dt} + \frac{d^2i}{dt^2}\right) + i = 0$

$$\frac{d^2i}{dt^2} + 8\frac{di}{dt} + 32i = 0:\ s^2 + 8s + 32 = 0 \Rightarrow s_{1,2} = -4 \pm j4$$

$$i = e^{-4t}(A_1 \cos 4t + A_2 \sin 4t);\ i(0^+) = A_1 = 4$$

$$\frac{di(0^+)}{dt} = v(0^+) - 4i(0^+) = -16 = -4A_1 + 4A_2 \Rightarrow A_2 = 0$$

$i = \underline{4e^{-4t}\cos 4t\ \text{A}}$; $v = 4i + \frac{di}{dt}$

$$v = 16e^{-4t}\cos 4t + 4e^{-4t}(-4\sin 4t - 4\cos 4t)$$

$v = \underline{-16e^{-4t}\sin 4t\ \text{V}}$

9.9

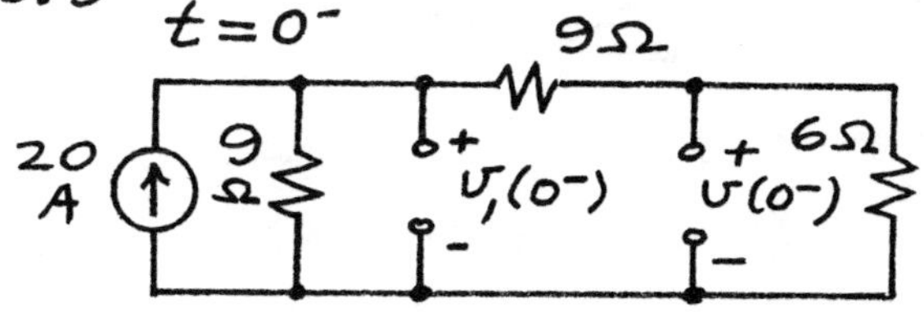

$$v_1(0^-) = \frac{9}{9+9+6}(20)(9+6) = \frac{225}{2}\text{ V}$$

$$v(0^-) = \frac{6}{6+9}v_1(0^-) = 45\text{ V}$$

$$t>0: \frac{1}{36}\frac{dv_1}{dt} + \frac{v_1 - v}{9} = 0; \quad \frac{1}{36}\frac{dv}{dt} + \frac{v}{6} + \frac{v - v_1}{9} = 0$$

$$v_1 = \frac{1}{4}\frac{dv}{dt} + \frac{5}{2}v; \quad \frac{d}{dt}\left(\frac{1}{4}\frac{dv}{dt} + \frac{5}{2}v\right) + 4\left(\frac{1}{4}\frac{dv}{dt} + \frac{5}{2}v\right) - 4v = 0$$

$$\frac{d^2v}{dt^2} + 14\frac{dv}{dt} + 24v = 0; \quad v = C_1e^{-2t} + C_2e^{-12t}$$

$$v(0^+) = C_1 + C_2 = 45; \quad \frac{dv(0^+)}{dt} = -2C_1 - 12C_2$$

$$\frac{dv(0^+)}{dt} = 4\left[v_1(0^+) - \frac{5}{2}v(0^+)\right] = 0 \Rightarrow C_1 = -6C_2$$

$$\therefore C_1 = 54, C_2 = -9; \quad v = \underline{54e^{-2t} - 9e^{-12t}\text{ V}}$$

9.10

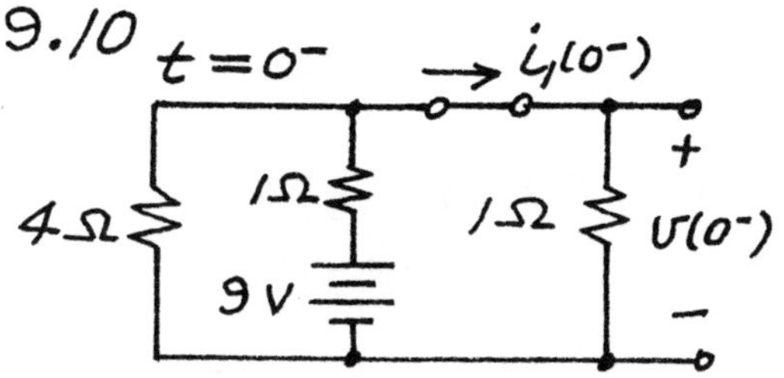

$$i_1(0^-) = \frac{9}{1+\frac{4}{5}}\left(\frac{4}{5}\right) = 4\text{ A}$$

$$v(0^-) = (1)\,i_1(0^-) = 4\text{ V}$$

t>0:

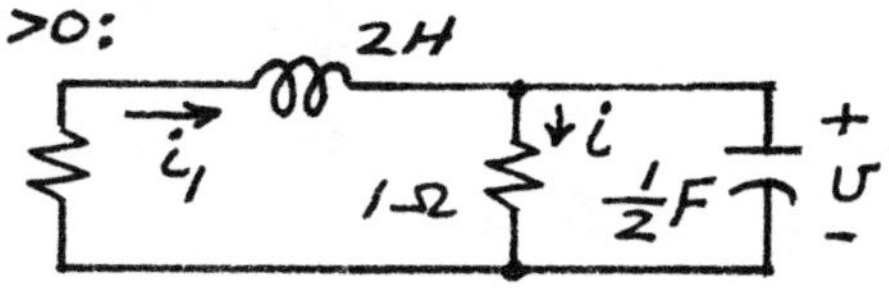

$$t>0: (1)\ 2\frac{di_1}{dt} + v + 4i_1 = 0$$

$$(2)\ \frac{1}{2}\frac{dv}{dt} + \frac{v}{1} = i_1$$

$$(2)\text{ into }(1):\ 2\left(\frac{1}{2}\frac{d^2v}{dt^2} + \frac{dv}{dt}\right) + v + 4\left(\frac{1}{2}\frac{dv}{dt} + v\right) = 0$$

$$\frac{d^2v}{dt^2} + 4\frac{dv}{dt} + 5v = 0 : s^2 + 4s + 4 + 1 = 0; s_{1,2} = -2 \pm j1$$

$$v = e^{-2t}(A_1\cos t + A_2\sin t); \quad v(0) = A_1 = 4$$

$$\frac{dv(0^+)}{dt} = A_2 - 2A_1 = 2[i_1(0^+) - v(0^+)] = 0 \Rightarrow A_2 = 8$$

$$v = i = e^{-2t}(4\cos t + 8\sin t)$$

v is in volts; i is in amperes.

9.11 $t=0^-$

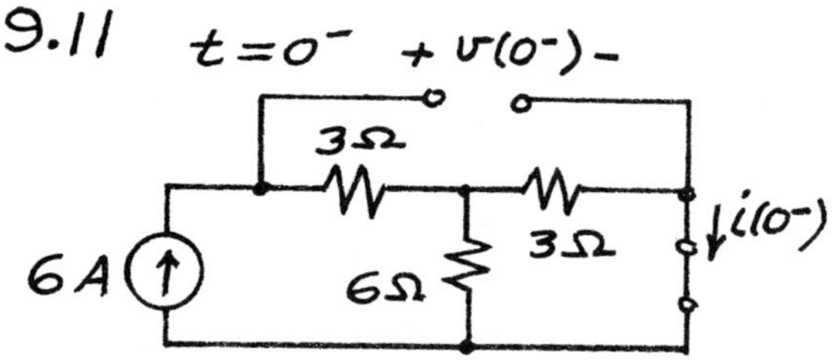

$i(0^-) = \frac{6}{6+3}(6) = 4\,A$

$v(0^-) = 3(6) + 3i(0^-) = 30\ V$

For $t>0$, the circuit is a parallel RLC circuit with

$$R = 3 + \frac{3(6)}{3+6} = 5\ \Omega$$

$t>0$

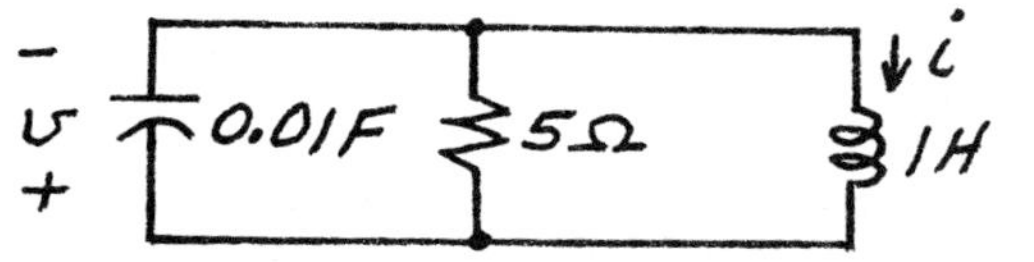

KCL:

$$0.01\frac{dv}{dt} + \frac{v}{5} + \frac{1}{1}\int_0^t v\,dt - 4 = 0$$

$$\frac{d^2v}{dt^2} + 20\frac{dv}{dt} + 100v = 0 \Rightarrow s_{1,2} = -10, -10$$

These are natural frequencies of i also.

$\therefore\ i = (A_1 + A_2 t)e^{-10t}$; $i(0^+) = i(0^-) = 4 = A_1$

$$\frac{di(0^+)}{dt} = -10A_1 + A_2 = -v(0^+) = -30\ A/s \Rightarrow A_2 = 10$$

$i = \underline{(4+10t)e^{-10t}\ A}$

9.12 $t=0^-$:

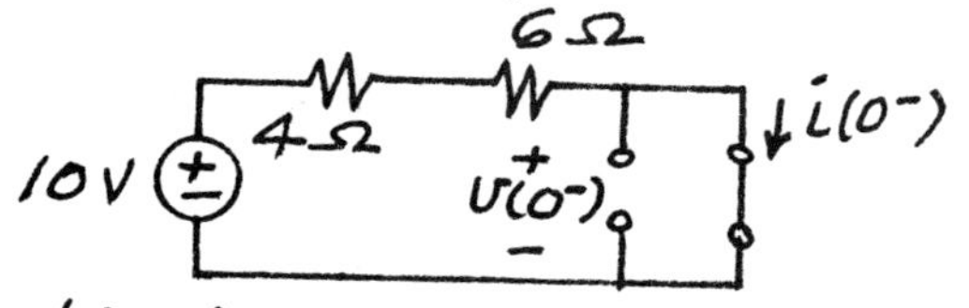

$i(0^-) = \frac{10}{4+6} = 1\,A$; $v(0^-) = 0$

$t>0$: $\frac{v}{6} + \frac{1}{24}\frac{dv}{dt} + i = 0 \quad (1)$

$v = L\frac{di}{dt}$; Differentiate (1):

$$\frac{1}{6}\frac{dv}{dt} + \frac{1}{24}\frac{d^2v}{dt} + \frac{di}{dt} = 0$$

$$\frac{1}{6}\frac{dv}{dt} + \frac{1}{24}\frac{d^2v}{dt^2} + \frac{1}{L}v = 0$$

$t>0$:

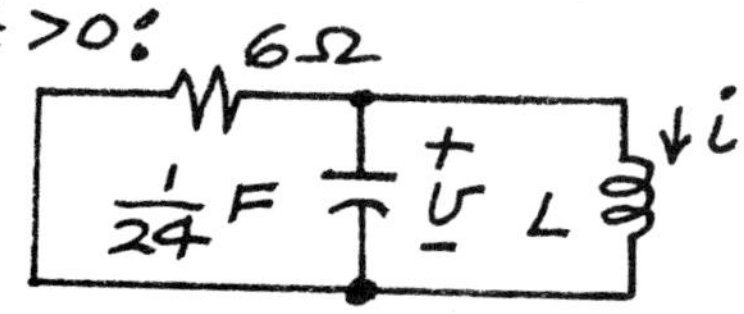

$$\frac{d^2v}{dt^2} + 4\frac{dv}{dt} + \frac{24}{L}v = 0 \Rightarrow s^2 + 4s + \frac{24}{L} = 0$$

(a) $L = 8H$: $s^2 + 4s + 3 = (s+1)(s+3) = 0 \Rightarrow s_{1,2} = -1, -3$

$v = A_1 e^{-t} + A_2 e^{-3t}$; $v(0^+) = A_1 + A_2 = 0$

$$\frac{dv(0^+)}{dt} = -24\left[\frac{v(0^+)}{6} + i(0^+)\right] = -24 = -A_1 - 3A_2$$

$A_2 = -A_1 = 12 \Rightarrow v = \underline{12(e^{-3t} - e^{-t})\ V}$

(b) $L = 6H$: $s^2 + 4s + 4 = 0 \Rightarrow s_{1,2} = -2, -2$

$v = (B_1 + B_2 t)e^{-2t}$; $v(0^+) = B_1 = 0$

$$\frac{dv(0^+)}{dt} = B_2 = -24$$

$v = \underline{-24te^{-2t}\ V}$

9.12 (c) $L = 4.8\,H;\ s^2 + 4s + 5 = 0 \Rightarrow s_{1,2} = -2 \pm j1$

$v = e^{-2t}(c_1 \cos t + c_2 \sin t);\quad v(0^+) = c_1 = 0$

$\frac{dv(0^+)}{dt} = c_2 = -24 \Rightarrow v = \underline{-24e^{-2t}\sin t\ \ V}$

9.13

$t=0^-$:

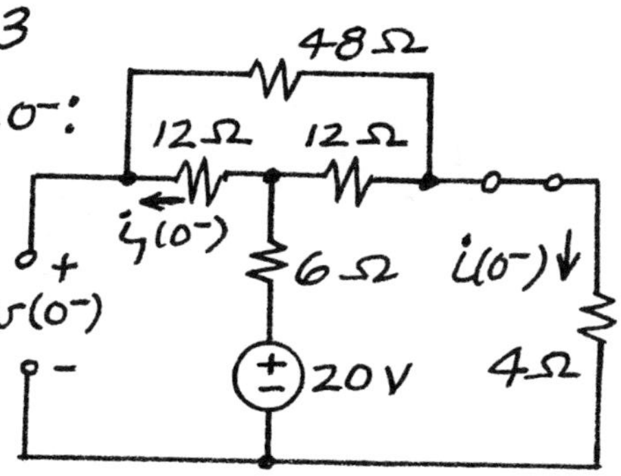

$\frac{(12+48)(12)}{60+12} = 10\,\Omega$

$i(0^-) = \frac{20}{10+4+6} = 1\,A$

$i_1(0^-) = \frac{12}{60+12} i(0^-) = \frac{1}{6}\,A$

$v(0^-) = 20 - 6i(0^-) - 12i_1(0^-)$
$= 12\ V$

$t>0$:

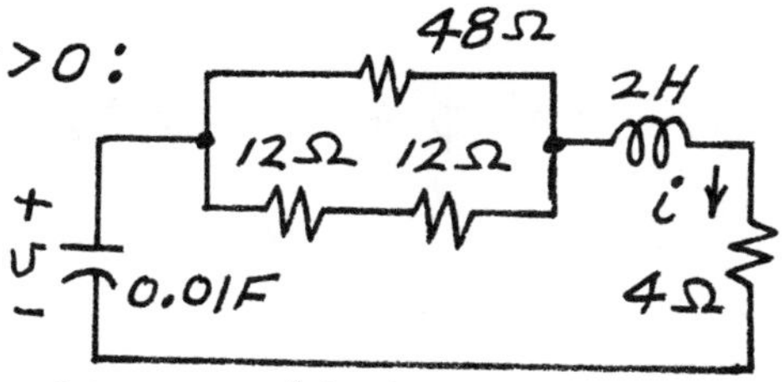

$t>0:\ R_{eq} = 4 + \frac{48(24)}{72} = 20\,\Omega$

$\text{KVL: } 20i + 2\frac{di}{dt} - v = 0$

$i = -0.01\frac{dv}{dt}$

Differentiating: $20\frac{di}{dt} + 2\frac{d^2i}{dt^2} - \frac{dv}{dt} = 0$

$2\frac{d^2i}{dt^2} + 20\frac{di}{dt} + 100i = 0 \Rightarrow \frac{d^2i}{dt^2} + 10\frac{di}{dt} + 50i = 0$

$s^2 + 10s + 50 = (s+5)^2 + 25 = 0 \Rightarrow s_{1,2} = -5 \pm j5$

$i = e^{-5t}(A_1\cos 5t + A_2 \sin 5t);\quad i(0^+) = 1 = A_1$

$\frac{di(0^+)}{dt} = 5A_2 - 5A_1 = \frac{1}{2}v(0^+) - 10i(0^+) = -4 \Rightarrow A_2 = \frac{1}{5} = 0.2$

$i = \underline{e^{-5t}(\cos 5t + 0.2\sin 5t)\ A}$

9.14 $t=0^-$:

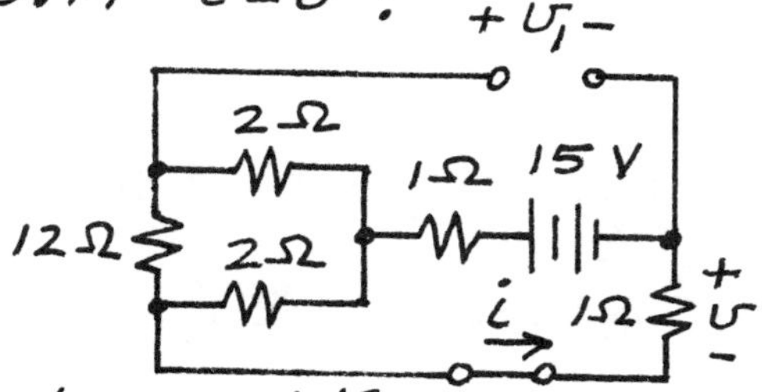

$i(0^-) = \frac{15}{1+1+\frac{2(14)}{16}} = 4\,A$

$v_1(0^-) = 15 - (1)i(0^-) - \frac{2}{16}i(0^-)(2)$
$= 10\ V$

$t>0$:

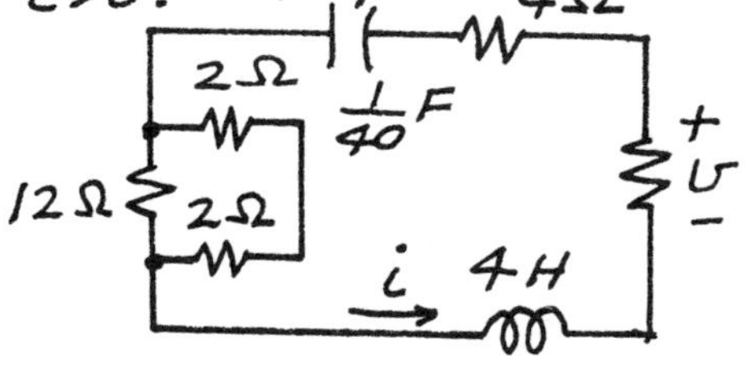

$t>0:\ 4\frac{di}{dt} + \left[1 + 4 + \frac{4(12)}{16}\right]i$
$+ 40\int_0^t i\,dt - 10 = 0$

Differentiate and divide by 4:

$\frac{d^2i}{dt^2} + 2\frac{di}{dt} + 10i = 0$

$s^2 + 2s + 1 + 9 = 0 \Rightarrow s_{1,2} = -1 \pm j3$

9.14 (cont.) $i = e^{-t}(A_1 \cos 3t + A_2 \sin 3t)$; $i(0^+) = 4 = A_1$

$$\frac{di(0^+)}{dt} = 3A_2 - A_1 = \frac{1}{4}[-8i(0^+) + 10] = -\frac{11}{2} \Rightarrow A_2 = -\frac{1}{2}$$

$$i = e^{-t}(4\cos 3t - 0.5\sin 3t)\text{ A}$$

$$v = -i = \underline{e^{-t}(0.5\sin 3t - 4\cos 3t)\text{ V}}$$

9.15 KCL: $-\frac{dv}{dt} + \frac{6-v}{1} + i = 0$; KVL: $-6 + v + L\frac{di}{dt} + Ri = 0$

$$\frac{di(0^+)}{dt} = \frac{1}{L}[6 - v(0^+) - Ri(0^+)] = \frac{4-R}{L}; \; v = 6 - L\frac{di}{dt} - Ri$$

$$-\frac{d}{dt}\left(6 - L\frac{di}{dt} - Ri\right) + 6 - \left(6 - L\frac{di}{dt} - Ri\right) + i = 0$$

$$L\frac{d^2i}{dt^2} + (L+R)\frac{di}{dt} + (R+1)i = 0$$

$$\therefore \; Ls^2 + (L+R)s + (R+1) = 0$$

(a) $L = 1\text{ H}, R = 1\,\Omega$: $(s^2 + 2s + 1) + 1 = 0 \Rightarrow s_{1,2} = -1 \pm j1$

$$i = e^{-t}(A_1 \cos t + A_2 \sin t); \; i(0) = 1 = A_1$$

$$\frac{di(0)}{dt} = \frac{4-1}{1} = 3 = A_2 - A_1 \Rightarrow A_2 = 3 + A_1 = 4$$

$$i = \underline{e^{-t}(\cos t + 4\sin t)\text{ A}}$$

(b) $L = 1\text{ H}, R = 3\,\Omega$: $s^2 + 4s + 4 = 0 \Rightarrow s_{1,2} = -2, -2$

$$i = (B_1 + B_2 t)e^{-2t}; \; i(0) = B_1 = 1; \; \frac{di(0)}{dt} = -2B_1 + B_2 = 4 - 3 = 1$$

$$B_2 = 1 + 2B_1 = 3 \Rightarrow i = \underline{(1+3t)e^{-2t}\text{ A}}$$

(c) $L = 2\text{ H}, R = 5\,\Omega$: $2s^2 + 7s + 6 = 0 \Rightarrow s_{1,2} = -2, -\frac{3}{2}$

$$i = c_1 e^{-2t} + c_2 e^{-3t/2}; \; i(0) = c_1 + c_2 = 1$$

$$\frac{di(0)}{dt} = -2c_1 - \frac{3}{2}c_2 = \frac{4-5}{2} = -\frac{1}{2}; \; c_1 = -2, \; c_2 = 3$$

$$i = \underline{3e^{-3t/2} - 2e^{-2t}\text{ A}}$$

9.16 KVL: (1) $\frac{di_1}{dt} + 2(i_1 - i_2) = v_g$; (2) $\frac{di_2}{dt} + 5i_2 - 2i_1 = 0$

From (2), $i_1 = \frac{1}{2}\left(\frac{di_2}{dt} + 5i_2\right)$. Substitute i_1 into (1):

$$\frac{1}{2}\left(\frac{d^2i_2}{dt^2} + 5\frac{di_2}{dt}\right) + \frac{di_2}{dt} + 5i_2 - 2i_2 = v_g \text{ or}$$

$$\frac{d^2i_2}{dt^2} + 7\frac{di_2}{dt} + 6i_2 = 2v_g; \; s^2 + 7s + 6 = 0 \Rightarrow s_{1,2} = -1, -6$$

$$i_{2n} = A_1 e^{-t} + A_2 e^{-6t}; \; \frac{di_2(0)}{dt} = 2i_1(0) - 5i_2(0) = 11$$

9.16 (cont.)

(a) $v_g = 15$: $\quad 6 i_{2f} = 2(15) \Rightarrow i_{2f} = 5$

$i_2 = A_1 e^{-t} + A_2 e^{-6t} + 5$; $\quad i_2(0) = A_1 + A_2 + 5 = -1$

$\frac{di_2(0)}{dt} = -A_1 - 6A_2 = 11 \Rightarrow A_1 = -5, \; A_2 = -1$

$i_2 = \underline{5 - 5e^{-t} - e^{-6t} \text{ A}}$

(b) $v_g = 10e^{-2t}$: $\quad i_{2f} = Be^{-2t} \Rightarrow B[4+7(-2)+6] = 2(10)$

$B = -5$: $\quad i_2 = B_1 e^{-t} + B_2 e^{-6t} - 5e^{-2t}$; $\quad i_2(0) = B_1 + B_2 - 5 = -1$

$\frac{di_2(0)}{dt} = -B_1 - 6B_2 + 10 = 11 \Rightarrow B_1 = 5, \; B_2 = -1$

$i_2 = \underline{5e^{-t} - e^{-6t} - 5e^{-2t} \text{ A}}$

(c) $v_g = 5e^{-t}$: $\quad i_{2f} = Cte^{-t}$

$C[e^{-t}][(t-1-1) + 7(-t+1) + 6t] = 5Ce^{-t} = 10e^{-t} \Rightarrow C = 2$

$i_2 = C_1 e^{-t} + C_2 e^{-6t} + 2te^{-t}$: $\quad i_2(0) = C_1 + C_2 = -1$

$\frac{di_2(0)}{dt} = -C_1 - 6C_2 + 2 = 11 \Rightarrow C_1 = \frac{3}{5}, \; C_2 = -\frac{8}{5}$

$i_2 = \underline{\left(\frac{3}{5} + 2t\right)e^{-t} - \frac{8}{5} e^{-6t} \text{ A}}$

9.17 $t = 0^-$:

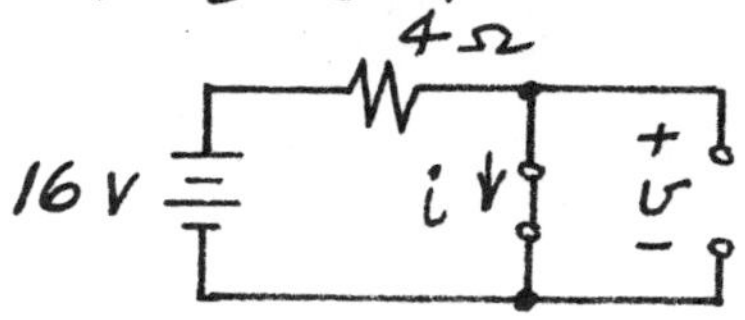

$v(0^-) = 0, \quad i(0^-) = \frac{16}{4} = 4 \text{ A}$

$t > 0$: $\quad \frac{v - 16}{16} + i + 1.25(10^{-3}) \frac{dv}{dt} = 0$

$v = 2 \frac{di}{dt}$

$\frac{1}{16}\left(2\frac{di}{dt}\right) - 1 + i + 1.25(10^{-3}) \frac{d}{dt}\left(2\frac{di}{dt}\right) = 0$ or

$\frac{d^2 i}{dt^2} + 50 \frac{di}{dt} + 400 i = 400$; $\quad 400 i_f = 400 \Rightarrow i_f = 1$

$s^2 + 50s + 400 = 0 \Rightarrow s_{1,2} = -10, -40$

$\therefore i = A_1 e^{-10t} + A_2 e^{-40t} + 1$; $\quad i(0) = A_1 + A_2 + 1 = 4$

$\frac{di(0^+)}{dt} = -10A_1 - 40A_2 = \frac{1}{2} v(0) = 0 \Rightarrow A_1 = 4, \; A_2 = -1$

$i = 4e^{-10t} - e^{-40t} + 1 \text{ A}$

9.18 $i(0^-) = 8$ A, $v_c(0^-) = 0$ (capacitor voltage)

The circuit for i_n is an unforced RLC parallel circuit. $\quad C \frac{d^2 v_c}{dt^2} + \frac{1}{R} \frac{dv_c}{dt} + \frac{1}{L} v_c = 0$

$\Rightarrow \frac{1}{20} s^2 + \frac{1}{4} s + \frac{1}{5} = 0 \Rightarrow s^2 + 5s + 4 = 0; \; s_{1,2} = -1, -4$

9.18 (cont.) $i_n = A_1 e^{-t} + A_2 e^{-4t}$; $i_f = \frac{1}{1+3}(8) = 2$ A

$i = A_1 e^{-t} + A_2 e^{-4t} + 2$; $i(0+) = A_1 + A_2 + 2 = 8$

$\frac{di(0+)}{dt} = \frac{1}{5} v_c(0+) = 0 = -A_1 - 4A_2 \Rightarrow A_1 = 8,\ A_2 = -2$

$\underline{i = 8e^{-t} - 2e^{-4t} + 2 \text{ A}}$

9.19 i_1 = current downward in $\frac{1}{2}$-kΩ resistor

$2000(i + i_1) + \frac{1}{5}\frac{d}{dt}(i + i_1) + 500 i_1 = v_g \quad (1)$

$\frac{1}{15}\frac{di}{dt} = 500 i_1$ or $i_1 = \frac{1}{7500}\frac{di}{dt}$. Then (1) becomes

$2000 i + 2500\left(\frac{1}{7500}\frac{di}{dt}\right) + \frac{1}{5}\frac{di}{dt} + \frac{1}{5}\left(\frac{1}{7500}\right)\frac{d^2 i}{dt^2} = v_g$

$\frac{d^2 i}{dt^2} + 2(10^4)\frac{di}{dt} + 75(10^6) i = 37{,}500\, v_g$

$s = \frac{-2(10^4) \pm \sqrt{4(10^8) - 3(10^8)}}{2} = -5000, -15{,}000$

$v_g = 12 \Rightarrow i_f = \frac{37{,}500(12)}{75 \times 10^6} = 6(10^{-3})$ A

$i = A_1 e^{-5000t} + A_2 e^{-15{,}000t} + 6(10^{-3})$ A

$i(0+) = A_1 + A_2 + 6(10^{-3}) = 0$

$\frac{di(0+)}{dt} = -5000 A_1 - 15000 A_2 = 7500 i_1(0+) = 0$

$A_1 = -3A_2$, $-3A_2 + A_2 = -6(10^{-3}) \Rightarrow A_1 = -9(10^{-3})$

$A_2 = 3(10^{-3})$

$i = -9e^{-5000t} - 3e^{-15{,}000t} + 6$ mA

9.20

$t = 0^-$:

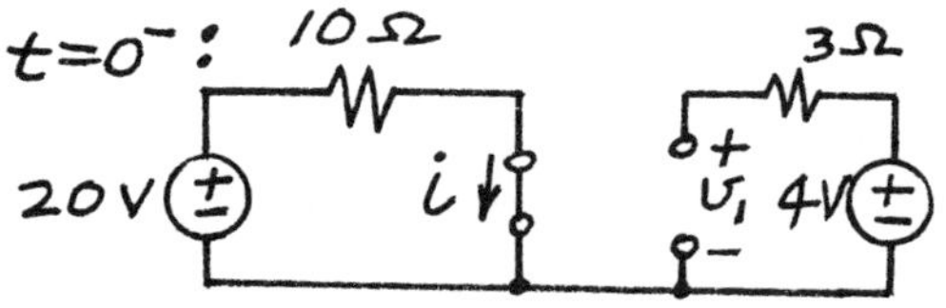

$t > 0$:

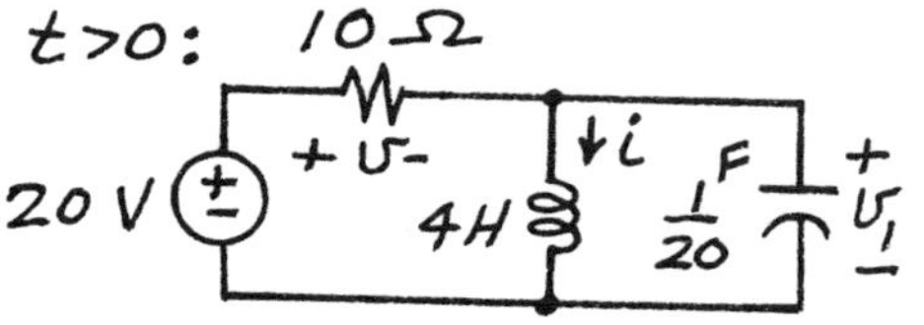

$i(0-) = \frac{20}{10} = 2$A, $v_1(0^-) = 4$V

characteristic equation for v_n: $s^2 + \frac{1}{RC}s + \frac{1}{LC} = 0$

(RLC parallel circuit)

$\therefore s^2 + 2s + 5 = 0 \Rightarrow s_{1,2} = -1 \pm j2$

$v_{1f} = 0$ (short circuit)

$v_1 = e^{-t}(A_1 \cos 2t + A_2 \sin 2t)$; $v_1(0) = A_1 = 4$

$\frac{1}{20}\frac{dv_1(0+)}{dt} = -i(0+) - \frac{v_1(0+) - 20}{10} = -2 - \frac{4-20}{10} = -\frac{4}{10}$

$\frac{dv_1(0+)}{dt} = -A_1 + 2A_2 = -8 \Rightarrow A_2 = -2$

9.20 (Cont.) $v_1 = e^{-t}(4\cos 2t - 2\sin 2t)$ V

$$v = 20 - v_1 = \underline{20 - e^{-t}(4\cos 2t - 2\sin 2t)\text{ V}}$$

9.21 $t = 0^-$:

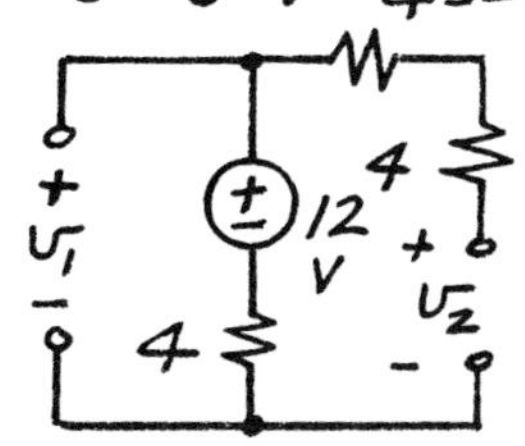

$v_1(0^-) = v_2(0^-) = 12$ V

$t > 0$: KCL for supernode

$$0.05\frac{dv_1}{dt} + \frac{v_1 - 12}{4} + \frac{v_1 - 4}{4} = 0$$

or $$\frac{dv_1}{dt} + 10v_1 = 90$$

$t > 0$:

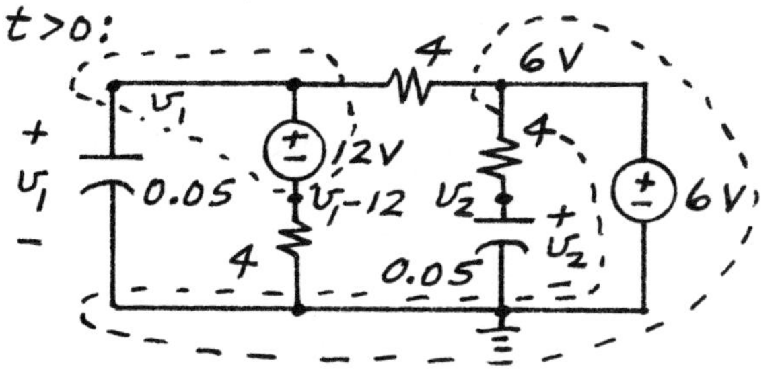

KCL for node v_2

$$\frac{v_2 - 6}{4} + 0.05\frac{dv_2}{dt} = 0$$

or $$\frac{dv_2}{dt} + 5v_2 = 30$$

$$v_1 = A_1 e^{-10t} + 9;\quad v_1(0+) = A_1 + 9 = 12 \Rightarrow A_1 = 3$$

$$v_2 = A_2 e^{-5t} + 6;\quad v_2(0^+) = A_2 + 6 = 12 \Rightarrow A_2 = 6$$

$$v_1 = \underline{3e^{-10t} + 9\text{ V}};\quad v_2 = \underline{6e^{-5t} + 6\text{ V}}$$

9.22
$t > 0$:

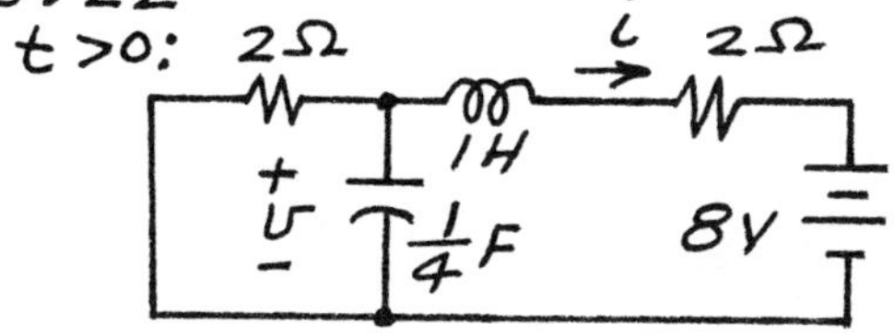

$v(0^-) = i(0^-) = 0$

$t > 0$:

KCL: $\frac{1}{4}\frac{dv}{dt} + \frac{v}{2} + i = 0$

KVL: $\frac{di}{dt} + 2i + 8 = v$

$$\frac{d}{dt}\left(-\frac{1}{4}\frac{dv}{dt} - \frac{v}{2}\right) + 2\left(-\frac{1}{4}\frac{dv}{dt} - \frac{v}{2}\right) + 8 = v$$

$$\therefore \frac{d^2v}{dt^2} + 4\frac{dv}{dt} + 8v = 32;\quad s^2 + 4s + 8 = 0 \Rightarrow s_{1,2} = -2 \pm j2$$

$$v_f = 32/8 = 4 \Rightarrow v = e^{-2t}(A_1\cos 2t + A_2\sin 2t) + 4$$

$$v(0+) = A_1 + 4 = 0 \Rightarrow A_1 = -4;$$

$$\frac{dv(0+)}{dt} = 4\left[-\frac{1}{2}v(0^+) - i(0^+)\right] = 0 = 2A_2 - 2A_1 \Rightarrow A_2 = -4$$

$$v = \underline{-4e^{-2t}(\cos 2t + \sin 2t) + 4\text{ V}}$$

9.23 v_2 = node voltage at right terminal of R

$$\text{KCL: } \frac{v_2 - 12}{R} + \frac{v_2 - v_1}{4} + \frac{1}{4}\frac{d}{dt}(v_2 - \mu v_1) = 0 \qquad (1)$$

$$\frac{v_1 - v_2}{4} + \frac{1}{4}\frac{dv_1}{dt} = 0 \Rightarrow v_2 = v_1 + \frac{dv_1}{dt} \qquad (2)$$

9.23 (Cont.) (1) becomes

$$\left(\frac{1}{R}+\frac{1}{4}\right)\left(v_1+\frac{dv_1}{dt}\right)+\frac{1}{4}\frac{d}{dt}\left(v_1+\frac{dv_1}{dt}\right)-\frac{\mu}{4}\frac{dv_1}{dt}-\frac{v_1}{4}=\frac{12}{R}$$

$$\frac{d^2v_1}{dt^2}+\left(\frac{4}{R}+2-\mu\right)\frac{dv_1}{dt}+\frac{4}{R}v_1=\frac{48}{R}$$

$v_1(0^-)=0$; $v_2(0)-\mu v_1(0^-)=0 \Rightarrow v_1(0^+)=v_2(0^+)=0$

From (2), $\frac{dv_1(0^+)}{dt}=v_2(0^+)-v_1(0^+)=0$

(a) $R=2, \mu=2$: $\frac{d^2v_1}{dt^2}+2\frac{dv_1}{dt}+2v_1=24$; $s_{1,2}=-1\pm j1$

$v_{1f}=12$; $v_1=e^{-t}(A_1\cos t+A_2\sin t)+12$

$v_1(0^+)=A_1+12=0$; $\frac{dv_1(0^+)}{dt}=-A_1+A_2=0 \Rightarrow A_1=A_2=-12$

$i=\frac{1}{8}\mu v_1=\frac{v_1}{4}=\underline{3[1-e^{-t}(\cos t+\sin t)]\ A}$ ←

(b) $R=2, \mu=1$: $\frac{d^2v_1}{dt^2}+3\frac{dv_1}{dt}+2v_1=24$; $s_{1,2}=-1,-2$; $v_{1f}=12$

$v_1=B_1e^{-t}+B_2e^{-2t}+12$; $v_1(0^+)=B_1+B_2+12=0$

$\frac{dv_1(0^+)}{dt}=-B_1-2B_2=0 \Rightarrow B_1=-24, B_2=12$

$v_1=-24e^{-t}+12e^{-2t}+12$ V

$i=\frac{\mu v_1}{8}=\frac{v_1}{8}=\underline{1.5(1-2e^{-t}+e^{-2t})\ A}$

(c) $R=1, \mu=2$: $\frac{d^2v_1}{dt^2}+4\frac{dv_1}{dt}+4v_1=48$; $s_{1,2}=-2,-2$

$v_{1f}=12$: $v_1=(C_1+C_2t)e^{-2t}+12$; $v_1(0^+)=C_1+12=0$

$\frac{dv_1(0^+)}{dt}=-2C_1+C_2=0 \Rightarrow C_1=-12, C_2=-24$

$v_1=-12(1+2t)e^{-2t}+12$ V

$i=\frac{\mu v_1}{8}=\frac{v_1}{4}=\underline{3[1-(1+2t)e^{-2t}]\ A}$

9.24 Loop eq.: $-v_1+4\left(i-\frac{v_1}{4}\right)+v_C+2\frac{di}{dt}+4i=0$

where $v_1=4(4-i)$, $C\frac{dv_C}{dt}=i-\frac{v_1}{4}=2i-4$

$$2\frac{di}{dt}+8i-2[4(4-i)]+v_C=0$$

Differentiate: $2\frac{d^2i}{dt^2}+8\frac{di}{dt}+8\frac{di}{dt}+\frac{1}{C}(2i-4)=0$ or

$\frac{d^2i}{dt^2}+8\frac{di}{dt}+\frac{1}{C}i=\frac{2}{C}$; $i_f=2$; $s^2+8s+\frac{1}{C}=0$

(a) $C=\frac{1}{12}$ F: $s^2+8s+12=0 \Rightarrow s_{1,2}=-2,-6$

9.24 (Cont.) $i = A_1 e^{-2t} + A_2 e^{-6t} + 2; i(0) = 0 = A + A_2 + 2$

$\frac{di(0^+)}{dt} = \frac{1}{2}[-16 i(0^+) - v_C(0^+) + 32] = 16 = -2A_1 - 6A_2$

$A_1 = 1, A_2 = -3: \; i = \underline{e^{-2t} - 3e^{-6t} + 2 \text{ A}}$

(b) $C = \frac{1}{16}: \; s^2 + 8s + 16 = 0 \Rightarrow s_{1,2} = -4, -4$

$i = (B_1 + B_2 t)e^{-4t} + 2; \; i(0) = B_1 + 2 = 0 \Rightarrow B_1 = -2$

$\frac{di(0^+)}{dt} = 16 = -4B_1 + B_2 \Rightarrow B_2 = 8$

$i = \underline{(-2 + 8t)e^{-4t} + 2 \text{ A}}$

(c) $C = \frac{1}{32}: s^2 + 8s + 32 = 0 \Rightarrow s_{1,2} = -4 \pm j4$

$i = e^{-4t}(C_1 \cos 4t + C_2 \sin 4t) + 2; i(0) = C_1 + 2 = 0$

$\frac{di(0^+)}{dt} = 4C_2 - 4C_1 = 16 \Rightarrow C_1 = -2, C_2 = 2$

$i = \underline{e^{-4t}(-2\cos 4t + 2\sin 4t) + 2 \text{ A}}$

9.25 v = capacitor voltage; $i(0^-) = 10$ A, $v(0^-) = 0$

The circuit for i_n ($t > 0$) is a parallel RLC circuit with

$Cs^2 + \frac{1}{R}s + \frac{1}{L} = 0.001 s^2 + \frac{1}{10}s + \frac{1}{4} = 0; \; s_{1,2} = -5, -5$

$i_f = \frac{4}{6+4} i_g = 4 \text{ A}; \; i = (A_1 + A_2 t)e^{-5t} + 4$

$i(0^+) = A_1 + 4 = 10 \Rightarrow A_1 = 6; \; \frac{di(0^+)}{dt} = \frac{v(0^+)}{4} = 0 \Rightarrow$

$-5A_1 + A_2 = 0 \Rightarrow A_2 = 5A_1 = 30$

$i = \underline{6(1 + 5t)e^{-5t} + 4 \text{ A}}$

9.26 $i(0^-) = i(0^+) = 10$ A, $v(0^-) = 0$. Since $i_g = 0$ for $t > 0$, $i = i_n = (A_1 + A_2 t)e^{-5t}$ (See Prob. 9.25 Sol.).

$i(0^+) = A_1 = 10; \; \frac{di(0^+)}{dt} = \frac{1}{4} v(0^+) = 0 = -5A_1 + A_2$

$A_2 = 5A_1 = 50; \; i = 10(1 + 5t)e^{-5t} \text{ A}$

$\frac{di}{dt} = 10e^{-5t}(-5 - 25t + 5) = -250te^{-5t} = 0$

for $t = 0$ or $t = \infty$

$\therefore \; i_{max} = i(0) = \underline{10 \text{ A}} \quad [t = \infty \Rightarrow t = 0]$

9.27 $5i + \frac{di}{dt} + v = 26 \cos 3t, \; i = \frac{1}{6}\frac{dv}{dt}$

Differentiate: $5\frac{di}{dt} + \frac{d^2 i}{dt^2} + \frac{dv}{dt} = -3(26)\sin 3t$

$\frac{d^2 i}{dt^2} + 5\frac{di}{dt} + 6i = -78 \sin 3t; \; s^2 + 5s + 6 = 0$

9.27 (Cont.) $i_n = A_1 e^{-2t} + A_2 e^{-3t}$

$i_f = A\cos 3t + B\sin 3t; \quad \frac{di_f}{dt} = -3A\sin 3t + 3B\cos 3t$

$\frac{d^2 i_f}{dt^2} = -9A\cos 3t - 9B\sin 3t$

$-9A\cos 3t - 9B\sin 3t + 5(-3A\sin 3t + 3B\cos 3t)$
$\quad + 6(A\cos 3t + B\sin 3t) = -78\sin 3t$

$\cos 3t: \ (-9+6)A + 15B = 0 \Rightarrow A = 5B$

$\sin 3t: \ -15A + (-9+6)B = -78 \Rightarrow -78B = -78$

$B = 1, A = 5 \Rightarrow$

$i = A_1 e^{-2t} + A_2 e^{-3t} + 5\cos 3t + \sin 3t$

$i(0) = 2 = A_1 + A_2 + 5 \Rightarrow A_1 + A_2 = -3$

$\frac{di(0)}{dt} = -v(0) + 26 - 10 = -2A_1 - 3A_3 + 3 = 10$

$\therefore \ A_1 = -2, \ A_2 = -1$

$i = \underline{-2e^{-2t} - e^{-3t} + 5\cos 3t + \sin 3t \ \text{A}}$

9.28 v_L = inductor voltage, positive at top

KCL: (1) $\frac{1}{5}\frac{dv}{dt} + \frac{v - v_L}{4} = i_g$

(2) $-\frac{v - v_L}{4} + \int_0^t v_L \, dt = 0$

(2) into (1): $\frac{1}{5}\frac{dv}{dt} + \int_0^t v_L \, dt = i_g \Rightarrow \frac{1}{5}\frac{d^2 v}{dt^2} + v_L = \frac{di_g}{dt}$

From (1), $v_L = \frac{4}{5}\frac{dv}{dt} + v - 4i_g \Rightarrow$

$\frac{1}{5}\frac{d^2 v}{dt^2} + \frac{4}{5}\frac{dv}{dt} + v = 4i_g + \frac{di_g}{dt}$ or

$\frac{d^2 v}{dt^2} + 4\frac{dv}{dt} + 5v = 5\frac{di_g}{dt} + 20 i_g$

$v(0-) = i_L(0-) = 0 \Rightarrow \frac{dv(0+)}{dt} = 5[i_g(0^+) - i_L(0^+)] = 5i_g(0^+)$

(a) $i_g = 2u(t)$ A; $t > 0$: $\frac{d^2 v}{dt^2} + 4\frac{dv}{dt} + 5v = 40$

$s_{1,2} = -2 \pm j1; \ v_f = 8; \ v = e^{-2t}(A_1 \cos t + A_2 \sin t) + 8$

$v(0^+) = A_1 + 8 = 0 \Rightarrow A_1 = -8$

$\frac{dv(0^+)}{dt} = 5i_g(0^+) = 10 = A_2 - 2A_1 \Rightarrow A_2 = -6$

$v = \underline{8 - e^{-2t}(8\cos t + 6\sin t) \ \text{V}}$

(b) $i_g = 2e^{-t}u(t)$; $t > 0$: $i_g = 2e^{-t}$, $\frac{di_g}{dt} = -2e^{-t}$

$\frac{d^2 v}{dt^2} + 4\frac{dv}{dt} + 5v = 5(-2e^{-t}) + 20(2e^{-t}) = 30e^{-t}$

9.28 (Cont.) $v_f = Ae^{-t}$: $Ae^{-t}(1-4+5) = 30e^{-t} \Rightarrow A = 15$

$v = e^{-2t}(A_1 \cos t + A_2 \sin t) + 15e^{-t}$

$v(0^+) = 0 = A_1 + 15 \Rightarrow A_1 = -15$

$$\frac{dv(0^+)}{dt} = 5(2) = -2A_1 + A_2 - 15 \Rightarrow A_2 = -5$$

$v = \underline{15e^{-t} - e^{-2t}(15\cos t + 5\sin t)\ \text{V}}$

9.29 KVL: (1) $2i + 2\frac{di}{dt} + v - 6(8e^{-2t} - i) = 0$

$\frac{1}{8}\frac{dv}{dt} = i - 8e^{-2t}$; Differentiating (1)

$$2\frac{di}{dt} + 2\frac{d^2i}{dt^2} + 8(i - 8e^{-2t}) - 6(-16e^{-2t} - \frac{di}{dt}) = 0$$

$\frac{d^2i}{dt^2} + 4\frac{di}{dt} + 4i = -16e^{-2t}$; $s = -2, -2$; $i_f = At^2e^{-2t}$

$$Ae^{-2t}[(4t^2 - 4t - 4t + 2) + (-2t^2 + 2t)(4) + 4] = -16e^{-2t}$$

$A = -8$: $i = (A_1 + A_2 t - 8t^2)e^{-2t}$; $i(0) = A_1 = 2$

$$\frac{di(0^+)}{dt} = -2A_1 + A_2 = -\frac{1}{2}[8(2) + 6 - 48] = 13 \quad [\text{from (1)}]$$

$A_2 = 17$; $i = \underline{(2 + 17t - 8t^2)e^{-2t}\ \text{A}}$

9.30 $v = v_n + v_f$. The circuit for v_n is a series RLC circuit: $Ls^2 + Rs + \frac{1}{C} = s^2 + 4s + 4 = 0$; $s = -2, -2$

$v_n = (A_1 + A_2 t)e^{-2t}$

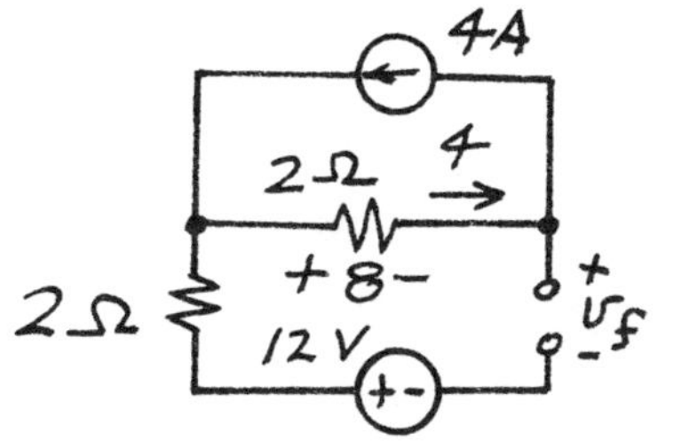

$v_f = 12 - 8 = 4$ V

$v = (A_1 + A_2 t)e^{-2t} + 4$

$v(0^+) = 0 = A_1 + 4 \Rightarrow A_1 = -4$

$t = 0^+$: inductor current $= 0$

$$\frac{1}{4}\frac{dv(0^+)}{dt} = -4 \Rightarrow \frac{dv(0^+)}{dt} = -16$$

$-16 = -2A_1 + A_2 = 0 \Rightarrow A_2 = -24$

$v = \underline{4 - (4 + 24t)e^{-2t}\ \text{V}}$

9.31 (a) i = clockwise current in right mesh

KVL: $-v + 6 + 8i + 8(i - 2) + 4\frac{d}{dt}(i - 2) = 0$; $i = -\frac{1}{16}\frac{dv}{dt}$

$$-v + 6 + 16\left(-\frac{1}{16}\frac{dv}{dt}\right) - 16 + 4\frac{d}{dt}\left(-\frac{1}{16}\frac{dv}{dt}\right) = 0$$

$\frac{d^2v}{dt^2} + 4\frac{dv}{dt} + 4v = -40$; $s = -2, -2$; $v_f = -10$ V

9.31 (cont.) $v = (c_1 + c_2 t)e^{-2t} - 10$; $v(0) = c_1 - 10 = 0 \Rightarrow c_1 = 10$

$$\frac{dv(0^+)}{dt} = -16\,i(0^+) = -32 = -2c_1 + c_2 \Rightarrow c_2 = -12$$

$$v = \underline{(10 - 12t)e^{-2t} - 10 \quad V}$$

(b) KVL: $-v + 6\cos 2t + 8i + 8(i - 2\cos 2t) + 4\frac{d}{dt}(i - 2\cos 2t) = 0$

$$-v + 6\cos 2t + 16\left(-\frac{1}{16}\frac{dv}{dt}\right) - 16\cos 2t + 4\frac{d}{dt}\left(-\frac{1}{16}\frac{dv}{dt}\right) + 16\sin 2t = 0$$

$$\frac{d^2v}{dt^2} + 4\frac{dv}{dt} + 4v = -40\cos 2t + 64\sin 2t$$

$$v_f = A\cos 2t + B\sin 2t$$

$$-4A\cos 2t - 4B\sin 2t + 4(-2A\sin 2t + 2B\cos 2t) + 4(A\cos 2t + B\sin 2t) = -40\cos 2t + 64\sin 2t$$

$\cos 2t$: $-4A + 8B + 4A = -40 \Rightarrow B = -5$

$\sin 2t$: $-4B - 8A + 4B = 64 \Rightarrow A = -8$

$$v = (c_3 + c_4 t)e^{-2t} - 8\cos 2t - 5\sin 2t$$

$$v(0) = c_3 - 8 = 0 \Rightarrow c_3 = 8$$

$$i(0^+) = 2 - i_L(0^+) = 2 = -\frac{1}{16}\frac{dv(0^+)}{dt} = -\frac{1}{16}\left[-2c_3 + c_4 - 10\right]$$

$c_4 = -6$; $v = \underline{(8 - 6t)e^{-2t} - 8\cos 2t - 5\sin 2t \quad V}$

9.32 $t = 0^-$:

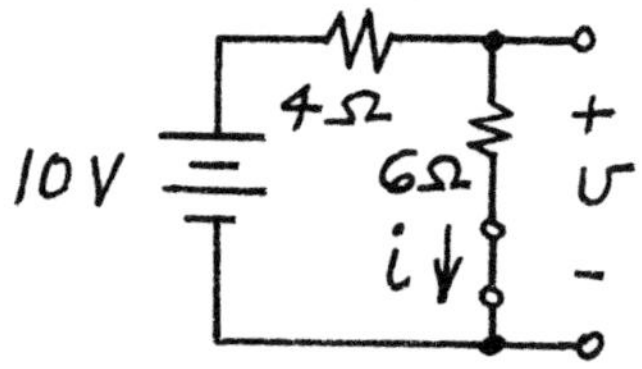

$$i(0^-) = \frac{10}{4+6} = 1\,A, \quad v(0^-) = 6\,i(0^-) = 6\,V$$

$t > 0$: (KCL) $\frac{v - v_g}{4} + i + \frac{1}{4}\frac{dv}{dt} = 0$

KVL: $v = 6i + \frac{di}{dt}$; $i = -\frac{1}{4}\left(\frac{dv}{dt} + v - v_g\right)$

$$v = -\frac{6}{4}\left(\frac{dv}{dt} + v - v_g\right) - \frac{1}{4}\left(\frac{d^2v}{dt^2} + \frac{dv}{dt} - \frac{dv_g}{dt}\right)$$

$$\frac{d^2v}{dt^2} + 7\frac{dv}{dt} + 10v = 6v_g + \frac{dv_g}{dt} = 174\cos 2t - 58\sin 2t$$

$s_{1,2} = -2, -5$; $v_f = A\cos 2t + B\sin 2t$

$$-4A\cos 2t - 4B\sin 2t + 7(-2A\sin 2t + 2B\cos 2t) + 10(A\cos 2t + B\sin 2t) = 174\cos 2t - 58\sin 2t$$

$\cos 2t$: $6A + 14B = 174$; $\sin 2t$: $-14A + 6B = -58$

$A = 8, B = 9$: $v = A_1 e^{-2t} + A_2 e^{-5t} + 8\cos 2t + 9\sin 2t$

$$\frac{dv(0^+)}{dt} = -4\left[i(0^+) + \frac{v(0^+) - v_g(0^+)}{4}\right] = 19 \text{ V/s}$$

$$v(0^+) = A_1 + A_2 + 8 = 6; \quad 19 = \frac{dv(0^+)}{dt} = -2A_1 - 5A_2 + 18 = 19$$

9.32 (cont.) $A_1 = -3,\ A_2 = 1$

$$v = \underline{-3e^{-2t} + e^{-5t} + 8\cos 2t + 9\sin 2t \text{ V}}$$

9.33 $i = \frac{1}{4}\frac{dv}{dt} + v;\quad 3i + \frac{1}{4}\frac{di}{dt} + v = v_g$

$$3\left(\frac{1}{4}\frac{dv}{dt} + v\right) + \frac{1}{4}\left(\frac{1}{4}\frac{d^2v}{dt^2} + \frac{dv}{dt}\right) + v = v_g$$

$$\frac{d^2v}{dt^2} + 16\frac{dv}{dt} + 64v = 16v_g = 256\cos 8t$$

$$s^2 + 16s + 64 = 0 = (s+8)^2;\quad v_f = A\cos 8t + B\sin 8t$$

$$-64A\cos 8t - 64B\sin 8t + 16(-8A\sin 8t + 8B\cos 8t)$$
$$+\ 64(A\cos 8t + B\sin 8t) = 256\cos 8t$$

$$A = 0,\ B = 2:\ v = (A_1 + A_2 t)e^{-8t} + 2\sin 8t$$

$$v(0) = 4 = A_1;\quad \frac{dv(0)}{dt} = 4i(0) - 4v(0) = 4(3-4) = -8A_1 + A_2 + 16$$

$$A_2 = -4 - 16 + 8A_1 = 12;\quad v = \underline{(4 + 12t)e^{-8t} + 2\sin 8t \text{ V}}$$

9.34 Node voltages are $v_g,\ v + v_b,\ v_a = v$

KCL: $v + v_b$: $\dfrac{v + v_b - v_g}{3} + \dfrac{v + v_b - v}{2} + \dfrac{1}{6}\dfrac{dv_b}{dt} = 0$

$$v_a:\ \frac{1}{6}\frac{dv}{dt} - \frac{v_b}{2} = 0 \Rightarrow v_b = \frac{1}{3}\frac{dv}{dt}$$

$$2(v - v_g) + 5v_b + \frac{dv_b}{dt} = 0$$

$$2(v - v_g) + \frac{5}{3}\frac{dv_b}{dt} + \frac{1}{3}\frac{d^2v_b}{dt^2} = 0$$

$$\frac{d^2v}{dt^2} + 5\frac{dv}{dt} + 6v = 6v_g;\quad s^2 + 5s + 6 = 0 \Rightarrow s_{1,2} = -2, -3$$

(a) $v_g = 4\text{ V}:\ v_f = 4\text{ V} \Rightarrow v = A_1e^{-2t} + A_2e^{-3t} + 4$

$$v(0) = v_a(0) = 0 = A_1 + A_2 + 4,\quad \frac{dv(0)}{dt} = 3v_b(0) = 6$$

$$-2A_1 - 3A_2 = 6 \Rightarrow A_1 = -6,\ A_2 = 2$$

$$v = \underline{-6e^{-2t} + 2e^{-3t} + 4 \text{ V}}$$

(b) $v_g = 26\cos 2t:\ v_f = A\cos 2t + B\sin 2t$

$$-4A\cos 2t - 4B\sin 2t + 5(-2A\sin 2t + 2B\cos 2t)$$
$$+\ 6(A\cos 2t + B\sin 2t) = 6(26)\cos 2t$$

$$\cos 2t:\ 2A + 10B = 6(26);\quad \sin 2t:\ -10A + 2B = 0$$

$$B = 5A;\ (2 + 50)A = 6(26) \Rightarrow A = 3,\ B = 15$$

$$v = B_1e^{-2t} + B_2e^{-3t} + 3\cos 2t + 15\sin 2t$$

$$v(0) = B_1 + B_2 + 3 = 0;\quad \frac{dv(0)}{dt} = -2B_1 - 3B_2 + 30 = 6$$

$$B_1 = -33,\ B_2 = 30$$

$$v = \underline{-33e^{-2t} + 30e^{-3t} + 3\cos 2t + 15\sin 2t \text{ V}}$$

9.34 (cont.) (c) $v_g = 2e^{-t}$: $v_f = Ae^{-t} \Rightarrow Ae^{-t}(1-5+6) = 12e^{-t}$

$A = 6$: $v = c_1 e^{-2t} + c_2 e^{-3t} + 6e^{-t}$

$v(0) = c_1 + c_2 + 6 = 0$; $\frac{dv(0^+)}{dt} = -2c_1 - 3c_2 - 6 = 6$

$c_1 = -6, c_2 = 0$: $v = \underline{-6e^{-2t} + 6e^{-t} \text{ V}}$

9.35 v_1 = node voltage at common capacitor node

$\frac{v}{2}$ = node voltage at noninverting input of op amp

$$\text{KCL: } \frac{v_1 - 4}{4} + \frac{1}{16}\frac{dv_1}{dt} + \frac{1}{16}\frac{d}{dt}\left(v_1 - \frac{v}{2}\right) + \frac{v_1 - v}{4} = 0$$

$$\frac{1}{16}\frac{d}{dt}\left(\frac{v}{2} - v_1\right) + \frac{v/2}{4} = 0$$

or

$$(-D-8)v + (4D+16)v_1 = 32 \qquad (1)$$

$$(D+4)v - 2Dv_1 = 0 \qquad (2)$$

$$\begin{vmatrix} -D-8 & 4D+16 \\ D+4 & -2D \end{vmatrix} v = \begin{vmatrix} 32 & 4D+16 \\ 0 & -2D \end{vmatrix}$$

$(2D^2 + 16D - 4D^2 - 32D - 64)v = -2D(32) = 0$

$(D^2 + 8D + 32)v = 0$; $s_{1,2} = -4 \pm j4$

$v = e^{-4t}(A_1 \cos 4t + A_2 \sin 4t)$; $v(0) = A_1 = 0$

Add twice eq.(2) to eq.(1): $Dv + 16v_1 = 32$

$\frac{dv(0^+)}{dt} = 32 - 16v_1(0) = 32 = 4A_2 \Rightarrow A_2 = 8$

$v = \underline{8e^{-4t} \sin 4t \text{ V}}$

9.36 v_1 = node voltage at common node of the 1-Ω resistors

$$\frac{v_1 - v_g}{1} + \frac{v_1 - \frac{v}{\mu}}{1} + \frac{dv_1}{dt} - \frac{dv}{dt} = 0, \quad \mu = 1 + R$$

$$\frac{1}{\mu}\frac{dv}{dt} + \frac{1}{\mu}v - v_1 = 0 \Rightarrow v_1 = \frac{1}{\mu}\left(\frac{dv}{dt} + v\right)$$

$$2v_1 + \frac{dv_1}{dt} - \frac{v}{\mu} - \frac{dv}{dt} = v_g$$

$$\frac{2}{\mu}\left(\frac{dv}{dt} + v\right) + \frac{1}{\mu}\left(\frac{d^2v}{dt^2} + \frac{dv}{dt}\right) - \frac{v}{\mu} - \frac{dv}{dt} = v_g$$

$$\frac{d^2v}{dt^2} + (3-\mu)\frac{dv}{dt} + v = \mu v_g$$

$$s^2 + (3-\mu)s + 1 = 0 \Rightarrow s = \frac{\mu - 3 \pm \sqrt{(3-\mu)^2 - 4}}{2}$$

(a) $(3-\mu)^2 > 4 \Rightarrow 2 < 3 - \mu \Rightarrow \mu < 1$

or $3 - \mu < -2 \Rightarrow \mu > 5$

9.36 (Cont.) This is impossible since $1 \le \mu \le 3$.

(b) $(3-\mu)^2 < 4$ or $-2 < 3-\mu < 2$ or $1 < \mu < 5$ since $1 \le \mu \le 3$, we have $1 < \mu \le 3$.

(c) $(3-\mu)^2 = 4$ or $\mu = 1$ or 5. Since $1 \le \mu \le 3$, we have $\mu = 1$.

9.37 Let v_1 be the output of the lower left op amp. The top op amp has output $-v$ (inverter with gain of 1). KCL eqs. are

$$\frac{v_g}{1000} + \frac{v_1}{1000} + 10^{-6}\frac{dv_1}{dt} - \frac{v}{1000} = 0 \qquad (1)$$

$$\frac{v_1}{2000} + 10^{-6}\frac{dv}{dt} = 0 \Rightarrow v_1 = -2(10^{-3})\frac{dv}{dt}$$

Eq. (1) becomes

$$v_g - 2(10^{-3})\frac{dv}{dt} + 10^{-3}\frac{d}{dt}\left[-2(10^{-3})\frac{dv}{dt}\right] - v = 0 \quad \text{or}$$

$$\frac{d^2v}{dt^2} + 10^3\frac{dv}{dt} + \frac{10^6}{2}v = \frac{10^6}{2}v_g = \frac{5}{2}(10^6); \; v_f = \frac{\frac{5}{2}(10^6)}{\frac{1}{2}(10^6)}$$

$$v_f = 5; \quad s = \frac{-10^3 \pm \sqrt{10^6 - 2(10^6)}}{2} = -500 \pm j500$$

$$v = e^{-500t}(A_1 \cos 500t + A_2 \sin 500t) + 5$$

$$v(0) = A_1 + 5 = 0 \Rightarrow A_1 = -5$$

$$\frac{dv(0+)}{dt} = -\frac{10^3}{2}v_1(0+) = 0 = 500A_2 - 500A_1 \Rightarrow A_2 = -5$$

$$v = \underline{5\left[1 - e^{-500t}(\cos 500t + \sin 500t)\right] \text{ V}}$$

9.38 $-v$ = output of sign changer (top op amp)

KCL: $-\frac{1}{4}\frac{dv_1}{dt} - v = 0, \; -v_1 + \frac{dv}{dt} = 0$

$$\therefore \frac{d^2v}{dt^2} + 4v = 0; \; v = A_1 \cos 2t + A_2 \sin 2t$$

(a) $v_1(0) = 4\text{ V}, \; v(0) = 0 = A_1; \; \frac{dv(0)}{dt} = v_1(0) = 4 = 2A_2 \Rightarrow A_2 = 2$

$v = \underline{2 \sin 2t \text{ V}}$

(b) $v_1(0) = 0 = \frac{dv(0)}{dt} = 2A_2 \Rightarrow A_2 = 0; \; v(0) = 2 = A_1$

$v = \underline{2 \cos 2t \text{ V}}$

(c) $v_1(0) = 4 = \frac{dv(0)}{dt} = 2A_2 \Rightarrow A_2 = 2; \; v(0) = 2 = A_1$

$v = \underline{2 \cos 2t + 2 \sin 2t \text{ V}}$

9.39 $s^3+6s^2+11s+6=(s+1)(s+2)(s+3)=0 \Rightarrow s=-1,-2,-3$

$x_f = A = 2 \quad (6A=12)$

$x = x_n + x_f = A_1 e^{-t} + A_2 e^{-2t} + A_3 e^{-3t} + 2 \leftarrow$

9.40 i_1 = mesh current in left mesh

KVL: $\dfrac{di_1}{dt} + \dfrac{6}{11}(i_1 - i) = \dfrac{11}{6} \qquad (1)$

$\dfrac{1}{10}\dfrac{di}{dt} + \dfrac{11}{10}\int_0^t i\,dt + \dfrac{6}{11}(i - i_1) = 0 \qquad (2)$

From (2), $i_1 = \dfrac{11}{6}\left[\dfrac{1}{10}\dfrac{di}{dt} + \dfrac{11}{10}\int_0^t i\,dt + \dfrac{6}{11} i\right] \qquad (3)$

(3) into (1) and differentiate:

$$\frac{d^3 i}{dt^3} + 6\frac{d^2 i}{dt^2} + 11\frac{di}{dt} + 6i = 0$$

$s^3 + 6s^2 + 11s + 6 = 0 \Rightarrow s = -1, -2, -3$ (Prob. 9.39)

$i = A_1 e^{-t} + A_2 e^{-2t} + A_3 e^{-3t}$

$i(0+) = A_1 + A_2 + A_3 = 0$, $i_1(0^+) = 0$. Therefore from (2)

$$\frac{di(0+)}{dt} = -10\left(\frac{6}{11}\right)\left[i(0^+) - i_1(0^+)\right] = 0 = -A_1 - 2A_2 - 3A_3$$

From (2), $\dfrac{1}{10}\dfrac{d^2 i}{dt^2} + \dfrac{11}{10} i + \dfrac{6}{11}\left(\dfrac{di}{dt} - \dfrac{di_1}{dt}\right) = 0$

From (1), $\dfrac{di_1(0+)}{dt} = \dfrac{11}{6}$ A/s. Therefore

$$\frac{1}{10}\frac{d^2 i(0^+)}{dt^2} - \frac{6}{11}\frac{di_1(0^+)}{dt} = 0 \Rightarrow \frac{d^2 i(0^+)}{dt^2} = 10 \text{ A/s}^2$$

$$\frac{d^2 i(0^+)}{dt^2} = A_1 + 4A_2 + 9A_3 = 10$$

$A_1 + A_2 + A_3 = 0$

$-A_1 - 2A_2 - 3A_3 = 0$

$A_1 + 4A_2 + 9A_3 = 10$

$A_1 = 5,\ A_2 = -10,\ A_3 = 5$

$i = \underline{5e^{-t} - 10e^{-2t} + 5e^{-3t} \text{ A}}$

CHAPTER 10

— EXERCISES —

10.1.1 (a) $\omega = 3$ rad/s $\Rightarrow T = 2\pi/\omega = \underline{2\pi/3 \text{ s}}$

(b) $\omega = 2$ rad/s $\Rightarrow T = 2\pi/2 = \underline{\pi \text{ s}}$

(c) $\omega = 2\pi$ rad/s $\Rightarrow T = 2\pi/(2\pi) = \underline{1 \text{ s}}$

10.1.2 (a) $6\cos 2t + 8\sin 2t = \sqrt{6^2+8^2}\cos(2t - \tan^{-1}\frac{8}{6})$

$$= 10\cos(2t - 53.1°)$$

Amplitude $= \underline{10}$, $\phi = \underline{-53.1°}$

(b) $(4\sqrt{3}-3)(\cos 2t \cos 30° - \sin 2t \sin 30°)$

$+ (3\sqrt{3}-4)(\cos 2t \cos 60° - \sin 2t \sin 60°)$

$= 4\cos 2t - 3\sin 2t = 5\cos(2t + 36.9°)$

Amplitude $= \underline{5}$, $\phi = \underline{36.9°}$

10.1.3 $f = \frac{\omega}{2\pi}$: (a) $\omega = 6\pi \Rightarrow f = \frac{6\pi}{2\pi} = \underline{3 \text{ Hz}}$

(b) $\omega = 377 \Rightarrow f = \frac{377}{2\pi} = \underline{60 \text{ Hz}}$

10.2.1 $\omega L = 10^5(60\times10^{-3}) = 6000$

$$\sqrt{R^2+(\omega L)^2} = \sqrt{(6000)^2+(8000)^2} = 10{,}000$$

$$\phi = -\tan^{-1}\frac{\omega L}{R} = -\tan^{-1}\frac{6000}{8000} = -36.9°$$

$$i_f = \frac{V_m}{\sqrt{R^2+(\omega L)^2}}\cos(\omega t - \tan^{-1}\frac{\omega L}{R})$$

$$= \frac{4}{10{,}000}\cos(100{,}000t - 36.9°) \text{ A}$$

$$= \underline{0.4\cos(100{,}000t - 36.9°) \text{ mA}}$$

10.2.2 KCL: $C\frac{dv}{dt} + \frac{v}{R} = I_m \cos\omega t$

Try $v = A\cos\omega t + B\sin\omega t$. Then

$$C(-\omega A\sin\omega t + \omega B\cos\omega t) + \frac{1}{R}(A\cos\omega t + B\sin\omega t) = I_m\cos\omega t$$

Equate coefficients of $\cos\omega t$ and $\sin\omega t$:

$\cos\omega t$: $\omega CB + \frac{A}{R} = I_m$; $\sin\omega t$: $-\omega CA + \frac{B}{R} = 0$

$$A = \frac{RI_m}{1+\omega^2R^2C^2}, \quad B = \frac{\omega CR^2 I_m}{1+\omega^2R^2C^2}$$

$$v = \frac{RI_m}{\sqrt{1+\omega^2R^2C^2}}\left[\frac{1}{\sqrt{1+\omega^2R^2C^2}}\cos\omega t + \frac{\omega CR}{\sqrt{1+\omega^2R^2C^2}}\sin\omega t\right]$$

10.2.2 (cont.) $\left(\frac{1}{\sqrt{1+\omega^2C^2R^2}}\right)^2 + \left(\frac{\omega CR}{\sqrt{1+\omega^2C^2R^2}}\right)^2 = 1$

$$\tan\phi = \left(\frac{\omega CR}{\sqrt{1+\omega^2C^2R^2}}\right) \Big/ \left(\frac{1}{\sqrt{1+\omega^2C^2R^2}}\right) = \omega CR$$

$$\therefore\ v = \frac{RI_m}{\sqrt{1+\omega^2C^2R^2}} \cos(\omega t - \tan^{-1}\omega RC) \quad \text{V}$$

10.3.1 $C\frac{dv_1}{dt} + \frac{v_1}{R} = I_m e^{j\omega t}$; try $v_1 = Ae^{j\omega t}$

$$(j\omega CA + \tfrac{A}{R})e^{j\omega t} = I_m e^{j\omega t} \Rightarrow A = \frac{RI_m}{1+j\omega CR}$$

$$\therefore\ A = \frac{RI_m}{\sqrt{1+\omega^2R^2C^2}} e^{-j\tan^{-1}\omega RC}$$

$$v_1 = \frac{RI_m}{\sqrt{1+\omega^2R^2C^2}} e^{j(\omega t - \tan^{-1}\omega RC)}$$

$$v = \text{Re}\, v_1 = \frac{RI_m}{\sqrt{1+\omega^2R^2C^2}} \cos(\omega t - \tan^{-1}\omega RC) \quad \text{V}$$

10.3.2 Let $x = f + jg$. Then

$$\text{Re}\left(a\frac{dx}{dt}\right) = \text{Re}\left(a\frac{df}{dt} + ja\frac{dg}{dt}\right) = a\frac{df}{dt} = a\frac{d}{dt}(\text{Re}\, x)$$

Since $\text{Re}(L\frac{di_1}{dt} + Ri_1) = \text{Re}\, v_1$, we have

$$\text{Re}\left(L\frac{di_1}{dt}\right) + \text{Re}(Ri_1) = \text{Re}\, v_1 = V_m \cos\omega t$$

$$L\frac{d}{dt}(\text{Re}\, i_1) + R(\text{Re}\, i_1) = V_m \cos\omega t \Rightarrow \text{Re}\, i_1 = i_f$$

10.3.3 $C\frac{dv_1}{dt} + \frac{1}{R}v_1 = I_m e^{j\omega t}$; $v_1 = Ae^{j\omega t}$

$$j\omega CAe^{j\omega t} + \frac{A}{R}e^{j\omega t} = I_m e^{j\omega t}$$

$$A = \frac{RI_m}{1+j\omega RC} = \frac{RI_m}{\sqrt{1+\omega^2R^2C^2}} e^{-j\tan^{-1}\omega RC}$$

$$v_1 = \frac{RI_m}{\sqrt{1+\omega^2R^2C^2}} e^{j(\omega t - \tan^{-1}\omega RC)}$$

$$v = \text{Re}\, v_1 = \frac{RI_m}{\sqrt{1+\omega^2R^2C^2}} \cos(\omega t - \tan^{-1}\omega RC) \quad \text{V}$$

10.4.1 KCL: $\frac{v - v_g}{10} + \frac{v}{5} + \frac{1}{20}\frac{dv}{dt} = 0$ or $\frac{dv}{dt} + 6v = 2v_g$

(a) $v_g = 10e^{j8t}$ V: $\frac{dv}{dt} + 6v = 20e^{j8t}$

$v = Ae^{j8t}$: $(j8+6)Ae^{j8t} = 20e^{j8t}$

10.4.1 (Cont.) $A = \frac{20}{6+j8} = 2\angle{-53.1^\circ} \Rightarrow v = 2e^{j(8t-53.1^\circ)}$ $\underline{V}$

(b) $v_g = 10\cos 8t$ V $\Rightarrow v = \mathrm{Re}\left[2e^{j(8t-53.1^\circ)}\right]$

$v = \underline{2\cos(8t-53.1^\circ)\ \ V}$

10.4.2 $v_g = 10\sin 8t = \mathrm{Im}(10e^{j8t})$

$v = \mathrm{Im}\left[2e^{j(8t-53.1^\circ)}\right] = \underline{2\sin(8t-53.1^\circ)\ \ V}$

10.4.3 $\frac{d^2i}{dt^2} + 8\frac{di}{dt} + 16i = \frac{d}{dt}v_g = \frac{d}{dt}(20e^{j2t}) = j40e^{j2t}$

$i_{f1} = Ae^{j2t}$: $-4A + j16A + 16A = j40$

$A = \frac{j40}{12+j16} = \frac{10\angle 90^\circ}{5\angle 53.1^\circ} = 2\angle 36.9^\circ \Rightarrow i_{f1} = 2e^{j(2t+36.9^\circ)}$

$i_f = \mathrm{Re}\, i_{f1} = \underline{2\cos(2t+36.9^\circ)\ \ A}$

10.4.4 $v_g = 16\cos 4t$ V: $\frac{d}{dt}(16e^{j4t}) = j64e^{j4t}$

$A(-16+j32+16) = j64 \Rightarrow A = 2 \Rightarrow i_{f1} = 2e^{j4t}$

$\therefore\ i_f = \underline{2\cos 4t\ \ A}$

10.5.1 (a) amplitude $= 4$, $\phi = 45^\circ$; phasor $= \underline{4\angle 45^\circ}$

(b) $8\cos 2t + 15\sin 2t = \sqrt{8^2+15^2}\cos(2t - \tan^{-1}\frac{15}{8})$

$= 17\cos(2t - 61.9^\circ)$

phasor $= \underline{17\angle{-61.9^\circ}}$

(c) $-2\sin(5t-65^\circ) = -2\cos(5t-65^\circ-90^\circ)$

$= 2\cos(5t-65^\circ-90^\circ+180^\circ) = 2\cos(2t+25^\circ)$

phasor $= \underline{2\angle 25^\circ}$

10.5.2 (a) amplitude $= 10$, $\phi = -17^\circ \Rightarrow \underline{10\cos(3t-17^\circ)}$

(b) amplitude $= \sqrt{6^2+8^2} = 10$, $\phi = \tan^{-1}\frac{8}{6} = 53.1^\circ$

$\Rightarrow \underline{10\cos(3t+53.1^\circ)}$

(c) $-j6 = 6\angle{-90^\circ} \Rightarrow \underline{6\cos(3t-90^\circ)}$

10.6.1 $\underline{V} = 12\angle 30^\circ$ V (a) $R = 4\,k\Omega$, $\underline{I} = \frac{\underline{V}}{R} = \frac{12\angle 30^\circ}{4}$ mA

$\underline{I} = 3\angle 30^\circ$ mA $\Rightarrow i = \underline{3\cos(1000t+30^\circ)\ mA}$

(b) $\underline{I} = \frac{12\angle 30^\circ}{j1000(15\times 10^{-3})} = 0.8\angle{-60^\circ}$ A

$i = \underline{0.8\cos(1000t-60^\circ)\ \ A}$

(c) $\underline{I} = j1000(\frac{1}{2}\times 10^{-6})(12\angle 30^\circ) = 6\times 10^{-3}\angle 120^\circ$ A

$i = \underline{6\cos(1000t+120^\circ)\ mA}$

10.6.2 (a) $i = 3\cos[1000(2\times10^{-3}) + 30(\frac{\pi}{180})] = \underline{-2.445 \text{ mA}}$

(b) $i = 0.8\cos[1000(2\times10^{-3}) - 60(\frac{\pi}{180})] = \underline{0.464 \text{ A}}$

(c) $i = 6\cos[1000(2\times10^{-3}) + 120(\frac{\pi}{180})] = \underline{-3.476 \text{ mA}}$

10.7.1 $\mathbf{Z} = R + \mathbf{Z}_L = R + j\omega L = \underline{\sqrt{R^2+\omega^2L^2}\ \angle \tan^{-1}(\omega L/R)}$

10.7.2 $\mathbf{Y} = \frac{1}{\mathbf{Z}} = \frac{1}{R+j\omega L}\,\frac{R-j\omega L}{R-j\omega L} = \underline{\frac{R}{R^2+\omega^2L^2} - j\frac{\omega L}{R^2+\omega^2L^2}}$

$\mathbf{Y} = \frac{1}{R+j\omega L} = \underline{\frac{1}{\sqrt{R^2+\omega^2L^2}}\ \angle -\tan^{-1}(\omega L/R)}$

10.7.3 (a) $\mathbf{Y} = \frac{1}{6-j8} = \frac{6+j8}{6^2+8^2} = \underline{0.06 + j0.08}$

(b) $\mathbf{Y} = \frac{1}{0.2+j0.15} = \frac{0.2-j0.15}{(0.2)^2+(0.15)^2} = \underline{3.2 - j2.4}$

(c) $\mathbf{Y} = \frac{1}{(\sqrt{2}/8)\angle 135^\circ} = \frac{8}{\sqrt{2}}\angle -135^\circ = 4\sqrt{2}[\cos(-135^\circ) + j\sin(-135^\circ)]$

$= \underline{-4 - j4}$

10.8.1 Let $\mathbf{I}_1, \mathbf{I}_2, \ldots, \mathbf{I}_N$ be the phasor currents in $\mathbf{Y}_1, \mathbf{Y}_2, \ldots, \mathbf{Y}_N$. By KCL and the element relations

$\mathbf{I} = \mathbf{I}_1 + \mathbf{I}_2 + \cdots + \mathbf{I}_N = \mathbf{Y}_1\mathbf{V} + \mathbf{Y}_2\mathbf{V} + \cdots + \mathbf{Y}_N\mathbf{V}$

$\mathbf{Y}_{eq} = \mathbf{I}/\mathbf{V} = \underline{\mathbf{Y}_1 + \mathbf{Y}_2 + \cdots + \mathbf{Y}_N}$

10.8.2 (a) $\mathbf{V}_g = \mathbf{Z}_1\mathbf{I} + \mathbf{Z}_2\mathbf{I}$ where $\mathbf{I}$ is the loop current.

$\mathbf{V} = \mathbf{Z}_2\mathbf{I}: \quad \frac{\mathbf{V}}{\mathbf{V}_g} = \frac{\mathbf{Z}_2\mathbf{I}}{\mathbf{Z}_1\mathbf{I}+\mathbf{Z}_2\mathbf{I}} = \frac{\mathbf{Z}_2}{\mathbf{Z}_1+\mathbf{Z}_2} \Rightarrow \mathbf{V} = \frac{\mathbf{Z}_2}{\mathbf{Z}_1+\mathbf{Z}_2}\mathbf{V}_g$

(b) $\mathbf{I}_g = \mathbf{Y}_1\mathbf{V} + \mathbf{Y}_2\mathbf{V}$ where $\mathbf{V}$ is the voltage across the combination. Then $\mathbf{I} = \mathbf{Y}_2\mathbf{V}$ and

$\frac{\mathbf{I}}{\mathbf{I}_g} = \frac{\mathbf{Y}_2\mathbf{V}}{\mathbf{Y}_1\mathbf{V}+\mathbf{Y}_2\mathbf{V}} = \frac{\mathbf{Y}_2}{\mathbf{Y}_1+\mathbf{Y}_2} \Rightarrow \mathbf{I} = \frac{\mathbf{Y}_2}{\mathbf{Y}_1+\mathbf{Y}_2}\mathbf{I}_g$

$\mathbf{I} = \frac{\mathbf{Y}_2}{\mathbf{Y}_1+\mathbf{Y}_2}\,\frac{\mathbf{Z}_1\mathbf{Z}_2}{\mathbf{Z}_1\mathbf{Z}_2}\mathbf{I}_g = \frac{\mathbf{Z}_1}{\mathbf{Z}_1+\mathbf{Z}_2}\mathbf{I}_g$

10.8.3 $\mathbf{Z} = 2 + j[4(\tfrac{1}{2}) - \frac{1}{4(\frac{1}{2})}] = \frac{4+j3}{2} = \frac{5}{2}\angle 36.9^\circ\ \Omega$

$\mathbf{I} = \frac{10}{\frac{5}{2}\angle 36.9^\circ} = 4\angle -36.9^\circ \text{ A}$

$i = \underline{4\cos(4t - 36.9^\circ) \text{ A}}$

10.8.4
$$\underline{V} = \frac{-j\left[\frac{1}{4(1/2)}\right]}{\frac{5}{2}\angle 36.9^\circ}(10) = 2\angle -126.9^\circ \text{ V}$$

$$v = \underline{2\cos(4t - 126.9^\circ) \text{ V}}$$

10.9.1 The impedance seen by the source is

$$\underline{Z} = \frac{R\left(\frac{1}{j\omega C}\right)}{R + \frac{1}{j\omega C}} = \frac{R}{1 + j\omega RC} = \frac{R}{\sqrt{1+\omega^2R^2C^2}}\angle -\tan^{-1}\omega RC$$

$$\underline{V} = \underline{Z}\,\underline{I}_g = \frac{RI_m}{\sqrt{1+\omega^2R^2C^2}}\angle -\tan^{-1}\omega RC$$

$$v = \underline{\frac{RI_m}{\sqrt{1+\omega^2R^2C^2}}\cos(\omega t - \tan^{-1}\omega RC) \text{ V}}$$

10.9.2

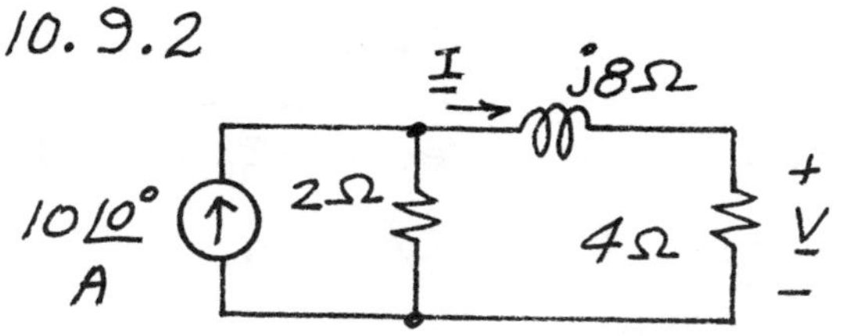

By current division,

$$\underline{I} = \frac{2}{2+4+j8}(10) = \frac{20}{10\angle 53.1^\circ} = 2\angle -53.1^\circ \text{ A}$$

$$\underline{V} = 4\underline{I} = 8\angle -53.1^\circ \text{ V} \Rightarrow v = \underline{8\cos(8t - 53.1^\circ) \text{ V}}$$

10.9.3

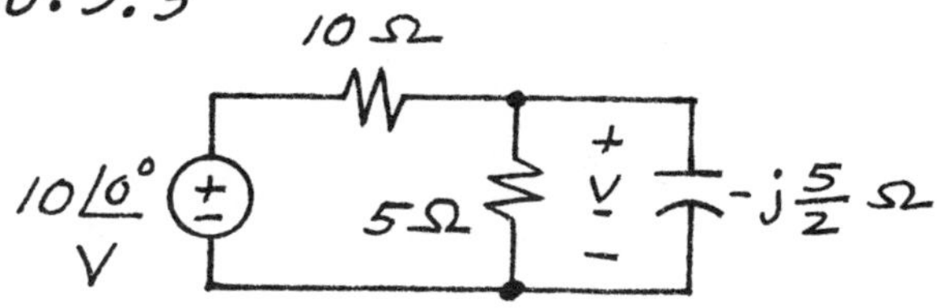

$$\underline{Z}_p = \frac{5(-j\frac{5}{2})}{5 - j\frac{5}{2}} = \frac{-j5}{2-j1}$$

Voltage division:

$$\underline{V} = \frac{-j5/(2-j1)}{10 - \frac{-j5}{2-j1}}(10) = 2\angle -53.1^\circ \text{ V}$$

$$\therefore v = 2\cos(8t - 53.1^\circ) \text{ V}$$

10.9.4

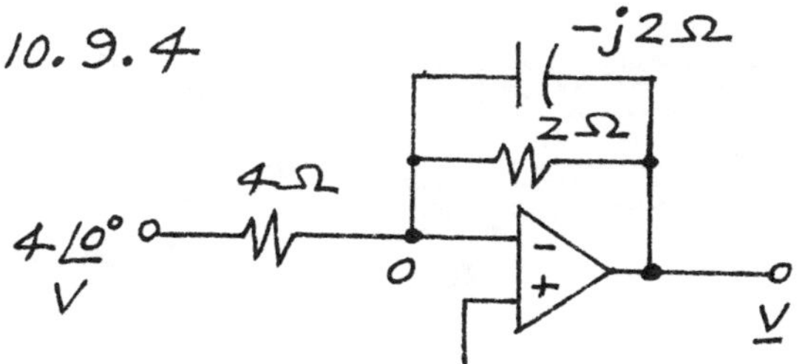

KCL at inverting input:

$$\frac{\underline{V}}{-j2} + \frac{\underline{V}}{2} + \frac{4}{4} = 0$$

$$\underline{V} = \frac{-1}{-\frac{1}{j2} + \frac{1}{2}} = \frac{-2}{1+j1} = \sqrt{2}\angle 135^\circ \text{ V}$$

$$v = \underline{\sqrt{2}\cos(10t + 135^\circ) \text{ V}}$$

- PROBLEMS -

10.1 $v = 50\cos(200\pi t + 60°)$

(a) amplitude $= V_m = \underline{50\text{ V}}$; (b) phase $= \phi = \underline{60°}$;

(c) $\phi = 60\left(\frac{\pi}{180}\right) = \underline{\frac{\pi}{3}\text{ rad}}$; (d) $T = \frac{2\pi}{200\pi}\text{ s} = \underline{10\text{ ms}}$;

(e) $\omega = \underline{200\pi\text{ rad/s}}$; (f) $f = \frac{\omega}{2\pi} = \frac{200\pi}{2\pi} = \underline{100\text{ Hz}}$

(g) $i = 2\cos(200\pi t - 17°) \Rightarrow v$ leads i by $60 - (-17) = \underline{77°}$

10.2 (a) $6\sin(2t + 15°) = 6\cos[(2t + 15°) - 90°]$

$= \underline{6\cos(2t - 75°)}$

(b) $-2\cos(4t + 10°) = 2\cos(4t + 10° - 180°)$

$= \underline{2\cos(4t - 170°)}$

(c) $8\cos 5t - 15\sin 5t = \sqrt{8^2 + 15^2}\cos\left[5t - \tan^{-1}\left(\frac{-15}{8}\right)\right]$

$= 17\cos(5t - 298.1°) = \underline{17\cos(5t + 61.9°)}$

10.3 (a) $v_2 = 5\cos(4t - 90°) \Rightarrow v_1$ leads v_2 by $-60 - (-90) = \underline{30°}$

(b) $v_2 = \sqrt{5^2 + 12^2}\cos\left(4t - \tan^{-1}\frac{12}{5}\right) = 13\cos(4t - 67.4°)$

$\Rightarrow v_1$ leads v_2 by $0 - (-67.4°) = \underline{67.4°}$

(c) $v_1 = 10\sqrt{1^2 + (\sqrt{3})^2}\cos(4t - \tan^{-1}\sqrt{3}) = 20\cos(4t - 60°)$

$v_2 = \sqrt{4^2 + 3^2}\cos\left(4t - \tan^{-1}\frac{3}{4}\right) = 5\cos(4t - 36.9°)$

$\Rightarrow v_1$ leads v_2 by $-60 - (-36.9) = -23.1°$ or

v_1 lags v_2 by $\underline{23.1°}$

10.4 $i_4 = i_1 + i_2 + i_3$

(a) $i_4 = 6\cos 3t + 4\cos(3t - 30°) - 4\sqrt{3}\cos(3t + 60°)$

$= 6\cos 3t + 4\left[\frac{\sqrt{3}}{2}\cos 3t + \frac{1}{2}\sin 3t\right]$

$- 4\sqrt{3}\left[\frac{1}{2}\cos 3t - \frac{\sqrt{3}}{2}\sin 3t\right]$

$= 6\cos 3t + 8\sin 3t = \underline{10\cos(3t - 53.1°)\text{ A}}$

(b) $i_4 = 5\cos(3t + 30°) + 5\sin 3t + 5\cos(3t + 150°)$

$= \frac{5\sqrt{3}}{2}\cos 3t - \frac{5}{2}\sin 3t + 5\sin 3t - \frac{5\sqrt{3}}{2}\cos 3t - \frac{5}{2}\sin 3t$

$= \underline{0}$

(c) $i_4 = 25\cos(3t - 53.1°) + 2\sin 3t + 13\cos(3t - 22.6°)$

$= 25\left(\frac{3}{5}\right)\cos 3t + 25\left(\frac{4}{5}\right)\sin 3t + 2\sin 3t$

$+ 13\left(\frac{12}{13}\right)\cos 3t + 13\left(\frac{5}{13}\right)\sin 3t$

$= 27\cos 3t + 27\sin 3t$

$= \underline{27\sqrt{2}\cos(3t - 45°)}$

10.5 $I_m = \dfrac{V_m}{\sqrt{R^2+\omega^2L^2}} = \dfrac{5}{\sqrt{(6\times10^3)^2+(2\times10^6)^2(4\times10^{-3})^2}}\ A = \frac{1}{2}\,mA$

$\phi = -\tan^{-1}\dfrac{\omega L}{R} = -\tan^{-1}\dfrac{2(10^6)(4)(10^{-3})}{6(10^3)} = -53.1°$

$i = \underline{0.5\cos(2\times10^6 t - 53.1°)\ mA}$

10.6 $\dfrac{V_m}{\sqrt{R^2+\omega^2L^2}} = \dfrac{2}{1000}$, $-67.4° = -\tan^{-1}\dfrac{\omega L}{R} \Rightarrow \dfrac{\omega L}{R} = \dfrac{12}{5}$

$\sqrt{R^2+(6000)^2L^2} = 500(13)$; $\dfrac{12}{5} = \dfrac{6000L}{R} \Rightarrow R = 2500L$

$(2500L)^2 + (6000)^2L^2 = [(500)(13)]^2 \Rightarrow \underline{L = 1\ H}$

$R = 2500\ \Omega = \underline{2.5\ k\Omega}$

10.7 $I_m\cos\omega t = 4(10^{-3})\cos 4000t\ A \Rightarrow I_m = 4\times10^{-3}\ A$

$v = \dfrac{RI_m}{\sqrt{1+\omega^2R^2C^2}}\cos(\omega t - \tan^{-1}\omega RC) = 24\cos(4000t - 53.1°)$

$\therefore -\tan^{-1}\omega RC = -53.1° \Rightarrow \omega RC = \dfrac{4}{3}$; $\dfrac{4(10^{-3})R}{\sqrt{1+(4/3)^2}} = 24$

$\underline{R = 10\ k\Omega}$; $C = \dfrac{4/3}{\omega R} = \dfrac{4/3}{4000(10)(10^3)}\ F = \underline{\frac{1}{30}\ \mu F}$

10.8 (a) $Ri_1 + L\dfrac{di_1}{dt} = V_m e^{j(\omega t - 90°)}$. Let $i_1 = I_1 e^{j\omega t}$

$RI_1e^{j\omega t} + j\omega L I_1 e^{j\omega t} = V_m e^{-j90°}e^{j\omega t}$

$I_1 = \dfrac{V_m\angle{-90°}}{R+j\omega L} = \dfrac{V_m}{\sqrt{R^2+\omega^2L^2}}\angle{-90° - \tan^{-1}\frac{\omega L}{R}}$

$$i_1 = \frac{V_m}{\sqrt{R^2+\omega^2L^2}}\,e^{j(\omega t - 90° - \tan^{-1}\frac{\omega L}{R})} \qquad (1)$$

$$i = \operatorname{Re} i_1 = \frac{V_m}{\sqrt{R^2+\omega^2L^2}}\cos\left(\omega t - 90° - \tan^{-1}\frac{\omega L}{R}\right)$$

$$= \frac{V_m}{\sqrt{R^2+\omega^2L^2}}\sin\left(\omega t - \tan^{-1}\frac{\omega L}{R}\right) \qquad (2)$$

(b) $i = \operatorname{Im} i_1$ where $i_1 = I_1e^{j\omega t}$ is a solution of

$$Ri_1 + L\frac{di_1}{dt} = V_m e^{j\omega t}$$

$$i = \operatorname{Im}\frac{V_m}{\sqrt{R^2+\omega^2L^2}}\,e^{j(\omega t - \tan^{-1}\frac{\omega L}{R})}$$

$$= \frac{V_m}{\sqrt{R^2+\omega^2L^2}}\sin\left(\omega t - \tan^{-1}\frac{\omega L}{R}\right) \qquad \text{[same as (2)]}$$

i_1 is (1) without $-90°$ in exponent.

10.9 KCL: $0.02\frac{dv_1}{dt}+\frac{v_1}{10}+\frac{v_1-v_g}{20}=0$

$2\frac{dv_1}{dt}+15v_1=5v_g$: (a) $v_g=34e^{j4t}\Rightarrow 2\frac{dv_1}{dt}+15v_1=170e^{j4t}$

$v_1=Ae^{j4t}$: $(j8+15)Ae^{j4t}=170e^{j4t}$

$$A=\frac{170}{15+j8}=\frac{170}{17\angle\tan^{-1}\frac{8}{17}}=10\angle-28.1^\circ$$

$v_1=10e^{j(-28.1^\circ)}e^{j4t}=10e^{j(4t-28.1^\circ)}$

$v=\text{Re}\,v_1=\underline{10\cos(4t-28.1^\circ)\ \text{V}}$

(b) $v_g=17e^{j4t}\Rightarrow v_1=5e^{j(4t-28.1^\circ)}$

$v=\text{Im}\,v_1=\underline{5\sin(4t-28.1^\circ)\ \text{V}}$

10.10 KCL: $\frac{v_1}{10}+\frac{1}{40}\frac{d}{dt}(v_1-\frac{v_1}{3})=4e^{j8t}$ or

$\dot{v}_1+6v_1=240e^{j8t}$. Let $v_1=Ae^{j8t}$.

$(j8+6)Ae^{j8t}=240e^{j8t}\Rightarrow A=\frac{240}{10\angle 53.1^\circ}=24e^{-j53.1^\circ}$

$v_1=24e^{j(8t-53.1^\circ)}$ V $\Rightarrow v=\text{Re}\,v_1=\underline{24\cos(8t-53.1^\circ)\ \text{V}}$ (a)

(b) $v=\text{Im}\,v_1=\underline{24\sin(8t-53.1^\circ)\ \text{V}}$

10.11 $10e^{j(2t+25^\circ)}$ produces $5e^{j(2t-20^\circ)}$

Amplitude is multiplied by $\frac{1}{2}$ and phase is decreased by 45°.

(a) output $=40(\frac{1}{2})e^{j(2t+60^\circ-45^\circ)}=\underline{20e^{j(2t+15^\circ)}\ \text{A}}$

(b) output $=20(\frac{1}{2})\cos(2t-45^\circ)=\underline{10\cos(2t-45^\circ)\ \text{A}}$

(c) output $=4(\frac{1}{2})\sin(2t-15^\circ-45^\circ)=\underline{2\sin(2t-60^\circ)\ \text{A}}$

10.12 (a) $\underline{10\angle 18^\circ}$, (b) $\sqrt{64+36}\angle\tan^{-1}(6/-8)=\underline{10\angle 143.1^\circ}$

(c) $18\angle 0^\circ-90^\circ=\underline{18\angle-90^\circ}$, (d) $2\angle-10^\circ-90^\circ+180^\circ=\underline{2\angle 80^\circ}$

10.13 $\omega=20$ rad/s

(a) $-5+j5=5\sqrt{2}\angle 135^\circ\Rightarrow\underline{5\sqrt{2}\cos(20t+135^\circ)}$

(b) $-4-j3=5\angle 216.9^\circ\Rightarrow\underline{5\cos(20t+216.9^\circ)}$

(c) $5-j12=13\angle-67.4^\circ\Rightarrow\underline{13\cos(20t-67.4^\circ)}$

(d) $10=10\angle 0^\circ\Rightarrow\underline{10\cos 20t}$

(e) $-j5=5\angle-90^\circ\Rightarrow 5\cos(20t-90^\circ)=\underline{5\sin 20t}$

10.14 (a) $\mathbf{I}_4=\mathbf{I}_1+\mathbf{I}_2+\mathbf{I}_3=6\angle 0^\circ+4\angle-30^\circ-4\sqrt{3}\angle 60^\circ$

$=6+4(\frac{\sqrt{3}}{2}-j\frac{1}{2})-4\sqrt{3}(\frac{1}{2}+j\frac{\sqrt{3}}{2})=6-j8$

$\mathbf{I}_4=10\angle-53.1^\circ$ A $\Rightarrow i_4=\underline{10\cos(3t-53.1^\circ)\ \text{A}}$

10.14 (Cont.) (b) $\underline{I}_4 = 5\angle 30^\circ + 5\angle -90^\circ + 5\angle 150^\circ$

$$\underline{I}_4 = 5\left(\frac{\sqrt{3}}{2} + j\frac{1}{2}\right) - j5 + 5\left(-\frac{\sqrt{3}}{2} + j\frac{1}{2}\right) = 0 \Rightarrow i_4 = \underline{0}$$

(c) $\underline{I}_4 = 25\angle -53.1^\circ + 2\angle -90^\circ + 13\angle -22.6^\circ$

$$= 25\left(\frac{3}{5} - j\frac{4}{5}\right) - j2 + 13\left(\frac{12}{13} - j\frac{5}{13}\right) = 27 - j27 = 27\sqrt{2}\angle -45^\circ$$

$$i_4 = \underline{27\sqrt{2}\cos(3t - 45^\circ)\text{ A}}$$

10.15 $\underline{V} = V_m\angle\theta, \quad \underline{I} = I_m\angle\phi$

(a) $V_m = \sqrt{(-30)^2 + (16)^2} = 34, \ \theta = \tan^{-1}\frac{-16}{-30} = -151.9^\circ$

$$\underline{Z} = \frac{34\angle -151.9^\circ}{1.7\angle 20^\circ} = \underline{20\angle -171.9^\circ\ \Omega}$$

(b) $v = \text{Re}[je^{j2t}] = \text{Re}[e^{j(2t+90^\circ)}] = \cos(2t + 90^\circ)$ V

$$i = \text{Re}[\sqrt{2}e^{j(2t+30^\circ+45^\circ)}] = \sqrt{2}\cos(2t + 75^\circ)\text{ mA}$$

$$\underline{Z} = \frac{1\angle 90^\circ}{(\sqrt{2}\times 10^{-3})\angle 75^\circ}\ \Omega = \underline{\frac{1}{\sqrt{2}}\angle 15^\circ\ \text{k}\Omega}$$

(c) $\underline{V} = aV_m\angle\theta, \ \underline{I} = V_m\angle\theta - \alpha \Rightarrow \underline{Z} = \frac{aV_m\angle\theta}{V_m\angle\theta - \alpha} = \underline{a\angle\alpha\ \Omega}$

10.16 $\underline{Z} = R + jX, \ \text{Re}\,\underline{Y} = \text{Re}\left[\frac{1}{R + jX}\right] = \text{Re}\left[\frac{R - jX}{R^2 + X^2}\right]$

$$\text{Re}\,\underline{Y} = \frac{R}{R^2 + X^2} > 0 \text{ since } \text{Re}\,\underline{Z} = R > 0: \ \underline{G = \frac{R}{R^2 + X^2} > 0}$$

10.17 $\omega = 1: \ \underline{Z} = \frac{5(1+j1)(3+j1)}{j1(2+j1)} = \frac{5(2+j4)}{-1+j2}\ \frac{-1-j2}{-1-j2} = 6 - j8\ \Omega$

$$\underline{Z} = 10\angle -53.1^\circ\ \Omega, \quad \underline{Y} = \frac{1}{6 - j8} = \frac{6 + j8}{100}\ \text{S}$$

$R = \underline{6\ \Omega}$, $X = \underline{-8\ \Omega}$, $G = \underline{0.06\ \text{S}}$, $B = \underline{0.08\ \text{S}}$

$$\underline{I} = \frac{\underline{V}}{\underline{Z}} = \frac{20\angle 0^\circ}{10\angle -53.1^\circ} = 2\angle 53.1^\circ\text{ A} \Rightarrow i = \underline{2\cos(t + 53.1^\circ)\text{ A}}$$

10.18 (a) $\omega = 1: \ \underline{Z} = \frac{16(2+j1)(8-1-j2)}{1 - 15 + 64} = \frac{128}{25} + j\frac{24}{25}\ \Omega$

$$R = \underline{\frac{128}{25}\ \Omega}, \ X = \underline{\frac{24}{25}\ \Omega}; \ \underline{I} = \frac{64}{(128 + j24)/25} = 12.3\angle -10.6^\circ\text{ A}$$

$$i = \underline{12.3\cos(t - 10.6^\circ)\text{ A}}$$

(b) $\omega = 2: \ \underline{Z} = \frac{16(2+j2)(4-j4)}{16 - 60 + 64} = 12.8\ \Omega \Rightarrow R = \underline{12.8\ \Omega}$

$$X = \underline{0}; \ \underline{I} = \frac{64}{12.8} = 5\angle 0^\circ\text{ A}, \ i = \underline{5\cos 2t\text{ A}}$$

(c) $\omega = 3: \ \underline{Z} = \frac{16(2+j3)(-1-j6)}{81 - 135 + 64} = \frac{128}{5} - j24\ \Omega$

$$R = \underline{\frac{128}{5}\ \Omega}, \ X = \underline{-24\ \Omega}; \ \underline{I} = \frac{64}{(128 - j120)/5} = 1.8\angle 43.2^\circ\text{ A}$$

10.18 (Cont.) $i = \underline{1.8\cos(3t + 43.2°)\text{ A}}$

10.19

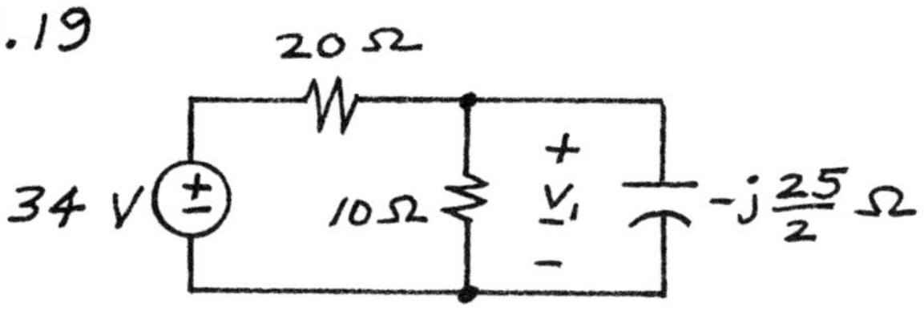

$$Z_C = -j\frac{1}{(4)(0.02)} = -j\frac{25}{2}\ \Omega$$

Voltage division:

$$V_1 = \frac{\dfrac{10(-j25/2)}{10-j\frac{25}{2}}}{20 + \dfrac{10(-j25/2)}{10-j\frac{25}{2}}}(34) = 10\underline{/-28.1°}\text{ V}$$

(a) $v = \underline{10\cos(4t - 28.1°)\text{ V}}$

(b) $v = \frac{1}{2}\,\text{Im}\,v_1 = \underline{5\sin(4t - 28.1°)\text{ V}}$

10.20 $Z = j2\omega + 8 - j\frac{8}{\omega}$ (a) $\omega = 1$: $Z = 8 - j6 = 10\underline{/-36.9°}\ \Omega$

$$I = \frac{20}{10\underline{/-36.9°}} = 2\underline{/36.9°}\text{ A} \Rightarrow i = \underline{2\cos(t + 36.9°)\text{ A}}$$

(b) $\omega = 2$: $Z = 8\ \Omega$; $I = \frac{20}{8} = 2.5\text{A} \Rightarrow i = \underline{2.5\cos 2t\text{ A}}$

10.21

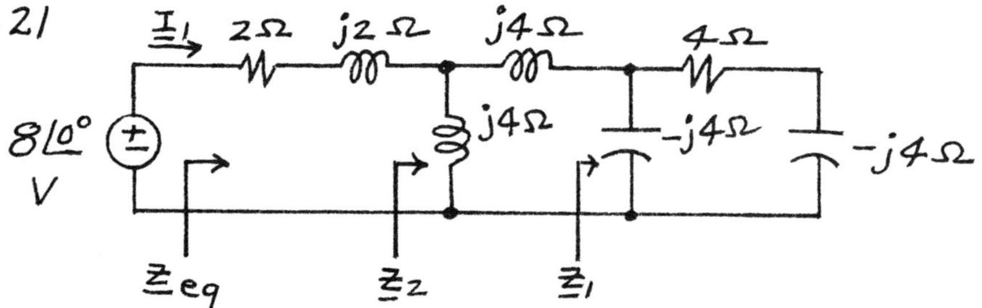

$$Z_1 = \frac{(4-j4)(-j4)}{4-j4-j4} = \frac{4}{5}(1-j3)\ \Omega$$

$$Z_2 = \frac{j4(j4+Z_1)}{j4+j4+Z_1} = \frac{j4(j4+\frac{4}{5}-j\frac{12}{5})}{j8+\frac{4}{5}-j\frac{12}{5}} = \frac{2}{5}(1+j3)\ \Omega$$

$$Z_{eq} = 2 + j2 + Z_2 = 2 + j2 + \frac{2}{5} + j\frac{6}{5} = \frac{12+j16}{5} = 4\underline{/53.1°}\ \Omega$$

$$I = \frac{8\underline{/0°}}{Z_{eq}} = \frac{8\underline{/0°}}{4\underline{/53.1°}} = 2\underline{/-53.1°}\text{ A}$$

$i = \underline{2\cos(7t - 53.1°)\text{ A}}$

10.22 $$Z = jX + \frac{1}{\frac{1}{15} + j\frac{1}{20} - j\frac{1}{10}} = 9.6 + j(X + 7.2)\ \Omega$$

Z real $\Rightarrow$ $X = \underline{-7.2\ \Omega}$, $I = \frac{48}{9.6} = 5\underline{/0°}\text{ A}$

$i = \underline{5\cos 10t\text{ A}}$

10.23 $$Z = j25 + \frac{(j100 - j50)(j50 - j200)}{j100 - j50 + j50 - j200} = j100\ \Omega$$

10.23 (cont.) $\underline{I} = \frac{4\angle 0°}{j100} = 0.04\angle -90°$ A

$i = 0.04\cos(2500t - 90°)\text{ A} = \underline{40\sin 2500t \text{ mA}}$

$\underline{V} = \frac{j100 - j50}{j100 - j50 + j50 - j200}\,\underline{I}(-j200) = \frac{j50(-j200)}{-j100}(0.04\angle -90°)$

$\underline{V} = 4\angle 0°\text{ V} \Rightarrow v = \underline{4\cos 2500t \text{ V}}$

10.24 $\underline{Z} = 12 + j8(\tfrac{1}{2}) + \frac{8(-j\frac{1}{8C})}{8 - j\frac{1}{8C}} = 12 + j4 + 8\left[\frac{1 - j64C}{(64C)^2 + 1}\right]$

$\underline{Z}$ real $\Rightarrow 4 - \frac{8(64C)}{(64C)^2 + 1} = 0;\ (64)^2C^2 - 128C + 1 = 0$

$(64C - 1)^2 = 0 \Rightarrow \underline{C = \frac{1}{64}\text{ F}}$

$\underline{I}$ = source phasor current $= \frac{16}{12 + \frac{8}{(64C)^2 + 1}} = 1$

$i = \cos 8t\text{ A} \Rightarrow p = 12i^2 = \underline{12\cos^2 8t \text{ W}}$

10.25 $\underline{Z} = j2 + \frac{(j2 + 2 - j2)(6)}{j2 + 2 - j2 + 6} = \frac{3 + j4}{2} = 2.5\angle 53.1°\ \Omega$

$\underline{I} = \frac{10\angle 0°}{\underline{Z}} = \frac{10\angle 0°}{2.5\angle 53.1°} = 4\angle -53.1°$ A

$i = \underline{4\cos(10t - 53.1°) \text{ A}}$

10.26 $\underline{Z} = 1 + j1 + \frac{(-j\frac{1}{2})(1 + j1)}{1 + j\frac{1}{2}} = \frac{6 + j2}{5}\ \Omega$

$\underline{V} = \underline{I}$ = current through 1-Ω output resistor

$\underline{V} = \frac{8}{(6 + j2)/5}\ \frac{-j\frac{1}{2}}{1 + j\frac{1}{2}} = \frac{-j20}{5 + j5} = 2\sqrt{2}\angle -135°$ V

$v = \underline{2\sqrt{2}\cos(t - 135°) \text{ V}}$

10.27 $\frac{1}{\omega C} = [(4\times 10^4)(5\times 10^{-9})]^{-1} = 5000$

$\underline{V}_1 = \frac{(-j5000)(10)}{5000 - j5000} = 5(1 - j1)\text{ V} = 5\sqrt{2}\angle -45°$ V

$\underline{I} = \frac{5\underline{V}_1}{15 + j20}\times 10^{-3}\text{ A} = \frac{5(5\sqrt{2}\angle -45°)}{25\angle 53.1°}\text{ mA} = \sqrt{2}\angle -98.1°\text{ mA}$

$i = \underline{\sqrt{2}\cos(40{,}000t - 98.1°) \text{ mA}}$

10.28 $\frac{1}{\omega C} = (2000\times\frac{1}{8}\times 10^{-6})^{-1} = 4000$

$\underline{V}_1 = \frac{3(5)}{3 - j4} = 3\angle 53.1°$ V

10.28 (cont.) $\underline{V} = 2\underline{V}_1 \dfrac{10^6}{10^6 - j10^6} = \dfrac{2(3\angle 53.1^\circ)}{\sqrt{2}\angle -45^\circ} = 3\sqrt{2}\angle 98.1^\circ$ V

$v = \underline{3\sqrt{2}\cos(2000t + 98.1^\circ)\text{ V}}$

10.29

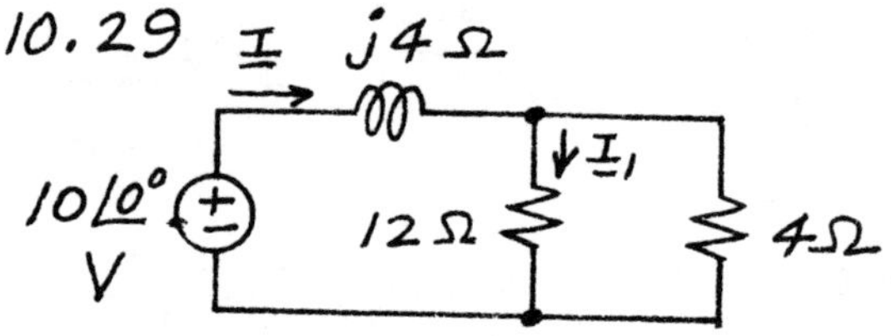

$j(5)(0.8) + 4 - j\dfrac{1}{5(0.05)} = 4$

∴ Phasor circuit is as shown.

$\underline{I} = \dfrac{10\angle 0^\circ}{j4 + \frac{12(4)}{12+4}} = 2\angle -53.1^\circ\text{ A};\ \underline{I}_1 = \dfrac{4}{12+4}\underline{I} = 0.5\angle -53.1^\circ\text{ A}$

$i = \underline{2\cos(5t - 53.1^\circ)\text{ A}};\quad i_1 = \underline{0.5\cos(5t - 53.1^\circ)\text{ A}}$

10.30

$\underline{Z} = -j\dfrac{1}{8(\frac{1}{8})} + \dfrac{\left[-j\frac{1}{8(1/24)} + j8(1) + 4\right](j\frac{8}{4})}{-j\frac{1}{8(1/24)} + j8(1) + 4 + j\frac{8}{4}} = \dfrac{-3+j4}{4+j7}\ \Omega$

$\underline{I}_g = \text{source current} = \dfrac{2.5}{\underline{Z}} = \dfrac{2.5(4+j7)}{-3+j4}\text{ A}$

$\underline{V} = 4\left[\dfrac{j2}{j2 - j3 + j8 + 4}\right]\underline{I}_g = \dfrac{j8(2.5)(4+j7)}{(4+j7)(-3+j4)} = \dfrac{j20}{-3+j4}$

$\underline{V} = 4\angle -36.9^\circ$ V $\Rightarrow v = \underline{4\cos(8t - 36.9^\circ)\text{ V}}$

10.31 $\underline{Y} = \dfrac{1}{1000 + j(30{,}000)(0.1)} + j(30{,}000)(0.01)(10^{-6}) + \dfrac{1}{1000}$

$= 11\times 10^{-4}\text{ S}$

$\underline{V} = (11\times 10^{-3}\angle 0^\circ)(\underline{Z}) = \dfrac{11\times 10^{-3}}{11\times 10^{-4}} = 10\angle 0^\circ$ V

$v = \underline{10\cos 30{,}000t\text{ V}}$

10.32 $\underline{Y}_1 = j\frac{1}{3} + \frac{1}{3} + \frac{1}{j3} = \frac{1}{3}\text{ S} \Rightarrow \underline{Z}_1 = 3\ \Omega$

$\underline{V} = 5\dfrac{(-j3)(\underline{Z}_1 + 1)}{-j3 + \underline{Z}_1 + 1} = 12\angle -53.1^\circ\text{ V},\ \underline{V}_1 = \frac{1}{4}\underline{V} = 3\angle -53.1^\circ\text{ V}$

$v = \underline{12\cos(t - 53.1^\circ)\text{ V}},\ v_1 = \underline{3\cos(t - 53.1^\circ)\text{ V}}$

10.33 $\underline{I} = \dfrac{20}{4 + j(\omega - \frac{4}{\omega})}$

(a) $\omega = 1:\ \underline{I} = \dfrac{20}{4 - j3} = 4\angle 36.9^\circ\text{ A};\ i = \underline{4\cos(t + 36.9^\circ)\text{ A}}$

(b) $\omega = 2:\ \underline{I} = \dfrac{20}{4} = 5\text{ A};\ i = \underline{5\cos 2t\text{ A}}$

(c) $\omega = 4:\ I = \dfrac{20}{4 + j3} = 4\angle -36.9^\circ\text{ A};\ i = \underline{4\cos(4t - 36.9^\circ)\text{A}}$

10.34 $\underline{Z} = \dfrac{10(-j5)}{10-j5} = 2(1-j2)\,\Omega$

$\underline{V} = (2\angle 0^\circ - \dfrac{\underline{V}}{10})(2)(1-j2) = 4(1-j2) - \dfrac{(1-j2)}{5}\underline{V}$

$\underline{V} = \dfrac{4(1-j2)}{1+\dfrac{1-j2}{5}} = 5\sqrt{2}\angle -45^\circ \text{ V}$

$v = 5\sqrt{2}\cos(20t - 45^\circ) \text{ V}$

10.35

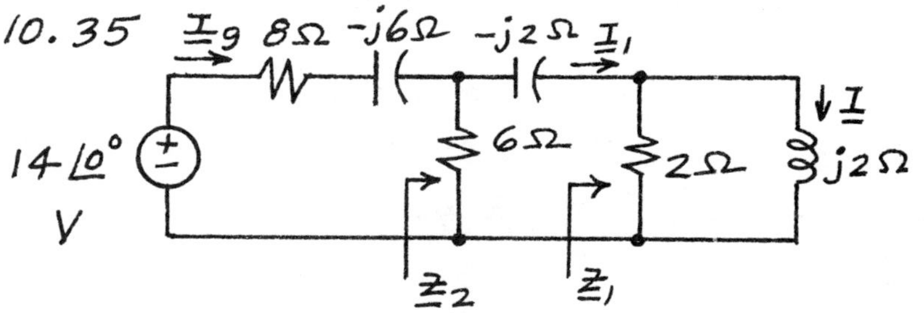

$\underline{Z}_1 = \dfrac{2(j2)}{2+j2} = 1+j1\,\Omega$

$\underline{Z}_2 = \dfrac{6(-j2+\underline{Z}_1)}{6-j2+\underline{Z}_1}$

$\underline{Z}_2 = \dfrac{6(-j2+1+j1)}{6-j2+1+j1} = \dfrac{6}{25}(4-j3)\,\Omega$

$\underline{I}_g = \dfrac{14}{8-j6+\underline{Z}_2} = \dfrac{14}{8-j6+\frac{6}{25}(4-j3)} = \dfrac{1}{4}(4+j3) \text{ A}$

$\underline{I}_1 = \dfrac{6}{6-j2+\underline{Z}_1}\underline{I}_g = \dfrac{6(\frac{1}{4})(4+j3)}{6-j2+1+j1} = \dfrac{3}{4}(1+j1) \text{ A}$

$\underline{I} = \dfrac{2}{2+j2}\underline{I}_1 = \dfrac{1}{1+j1}\left(\dfrac{3}{4}\right)(1+j1) = 0.75\angle 0^\circ \text{ A}$

$i = 0.75\cos 3t \text{ A}$

10.36 $\dfrac{10}{4000} + \underline{V}\left(\dfrac{j1}{1000} + \dfrac{1}{2000}\right) = 0 \Rightarrow \underline{V} = \dfrac{-5}{1+j2} \text{ V}$

$\underline{V} = \sqrt{5}\angle 116.6^\circ \text{ V} \Rightarrow v = \sqrt{5}\cos(1000t + 116.6^\circ) \text{ V}$

10.37 Let v = node voltage at the output terminal of the op amp, with phasor $\underline{V}$. Then KCL yields

$j(2000)(10^{-6})\underline{V}_g + \dfrac{\underline{V}}{2000} + j(2000)(\tfrac{1}{4})(10^{-6})\underline{V} = 0$

or $\underline{V} = (-2-j2)\underline{V}_g = (-2-j2)(2\angle 0^\circ) = 4\sqrt{2}\angle -135^\circ \text{ V}$

$\underline{I} = \dfrac{4\sqrt{2}\angle -135^\circ}{4} \text{ mA} = \sqrt{2}\angle -135^\circ \text{ mA}$

$i = \sqrt{2}\cos(2000t - 135^\circ) \text{ mA}$

10.38 Impedance seen by source $= \underline{Z} = j1 - j\frac{1}{1} = 0$

$\underline{I} = \dfrac{\underline{V}}{\underline{Z}}$ can't be used. The differential

10.38 (cont.) equation is

$$\frac{di}{dt} + \int_0^t i\,dt + v_c(0) = 2\cos t \quad \text{or}$$

$$\frac{d^2 i}{dt^2} + i = -2\sin t; \quad \text{try } i_f = t(A\cos t + B\sin t)$$

Then $\frac{di_f}{dt} = t(-A\sin t + B\cos t) + A\cos t + B\sin t$

$$\frac{d^2 i_f}{dt^2} = t(-A\cos t - B\sin t) - 2A\sin t + 2B\cos t$$

$$\therefore\ t(-A\cos t - B\sin t) - 2A\sin t + 2B\cos t + t(A\cos t + B\sin t) = -2\sin t$$

$-2A\sin t + 2B\cos t = -2\sin t \Rightarrow A = 1,\ B = 0$

$i = i_f = \underline{t\cos t \text{ A}}$

10.39 $\mathbf{I} = \frac{\mathbf{V}}{\mathbf{Z}} = \frac{20\angle 0^\circ}{2 + j\frac{3}{2} - j\frac{1}{2}} = 4\sqrt{5}\angle -26.6^\circ$ A

$i_f = 4\sqrt{5}\cos(3t - 26.6^\circ)$ A

characteristic equation: $Ls^2 + Rs + \frac{1}{C} = 0$ or

$\frac{1}{2}s^2 + 2s + \frac{3}{2} = 0 \Rightarrow s = -1, -3$

$i_n = c_1 e^{-t} + c_2 e^{-3t}$

$i = c_1 e^{-t} + c_2 e^{-3t} + 4\sqrt{5}\cos(3t - 26.6^\circ)$

$i(0) = 2 = c_1 + c_2 + 4\sqrt{5}\cos(-26.6^\circ) = c_1 + c_2 + 4\sqrt{5}\left(\frac{2}{\sqrt{5}}\right)$

$\therefore\ c_1 + c_2 = -6 \qquad (1)$

$\frac{1}{2}\frac{di(0^+)}{dt} + 2(2) + 6 = 20 \Rightarrow \frac{di(0^+)}{dt} = 20$ A/s

$-c_1 - 3c_2 - 4\sqrt{5}(3)\sin(-26.6^\circ) = 20$

$-c_1 - 3c_2 - 12\sqrt{5}\left(-\frac{1}{\sqrt{5}}\right) = 20 \Rightarrow -c_1 - 3c_2 = 8 \quad (2)$

Add (1) and (2): $-2c_2 = +2 \Rightarrow c_2 = -1;\ c_1 = -6 - c_2 = -5$

$\therefore\ i = \underline{-5e^{-t} - e^{-3t} + 4\sqrt{5}\cos(3t - 26.6^\circ) \text{ A}}$

10.40 From Prob. 10.39

$i = c_1 e^{-t} + c_2 e^{-3t} + 4\sqrt{5}\cos(3t - 26.6^\circ)$

If $i_n = 0$, then $i = 4\sqrt{5}\cos(3t - 26.6^\circ)$.

$i(0) = 4\sqrt{5}\cos(-26.6^\circ) = 4\sqrt{5}\left(\frac{2}{\sqrt{5}}\right) = \underline{8\text{ A}}$

$\frac{di(0)}{dt} = -12\sqrt{5}\sin(-26.6^\circ) = 12$ A/s

KVL: $v(0) = 20 - 2i(0) - \frac{1}{2}\frac{di(0)}{dt} = 20 - 2(8) - \frac{1}{2}(12)$

$v(0) = \underline{-2\text{ V}}$

CHAPTER 11

—EXERCISES—

11.1.1 $\frac{\underline{V}-10}{10} + j\frac{1}{10}\underline{V} = -j1$; $(1+j1)\underline{V} = 10(1-j1)$; $\underline{V} = \frac{10\sqrt{2}\angle{-45^\circ}}{\sqrt{2}\angle{45^\circ}}$

$\underline{V} = 10\angle{-90^\circ}$ V $\Rightarrow v = 10\cos(3t - 90^\circ)$ V $= \underline{10\sin 3t \text{ V}}$

11.1.2 v_1 = voltage across 10-Ω resistor

$\frac{\underline{V}_1}{10} + \frac{\underline{V}_1 - (\underline{V}+10)}{5} = 5$; $\quad \frac{\underline{V}+10-\underline{V}_1}{5} + j\frac{1}{15}\underline{V} = -j2$

$3\underline{V}_1 - 2\underline{V} = 70$, $-3\underline{V}_1 + (3+j1)\underline{V} = -30 - j30$

Adding: $(1+j1)\underline{V} = 40 - j30 \Rightarrow \underline{V} = \frac{50\angle{-36.9^\circ}}{\sqrt{2}\angle{45^\circ}} = 25\sqrt{2}\angle{-81.9^\circ}$ V

$v = \underline{25\sqrt{2}\cos(2t - 81.9^\circ) \text{ V}}$

11.1.3 Amplitude of $v = \frac{20}{\sqrt{1+(\omega/1000)^4}} = A$

(a) $\omega = 0$: $A = \underline{20 \text{ V}}$

(b) $\omega = 1000$: $A = \frac{20}{\sqrt{1+(1000/1000)^4}} = \underline{14.14 \text{ V}}$

(c) $\omega = 10^4$: $A = \frac{20}{\sqrt{1+(10^4/10^3)^4}} = \underline{0.2 \text{ V}}$

(d) $\omega = 10^5$: $A = \frac{20}{\sqrt{1+(10^5/10^3)^4}} = \underline{0.002 \text{ V}}$

11.1.4

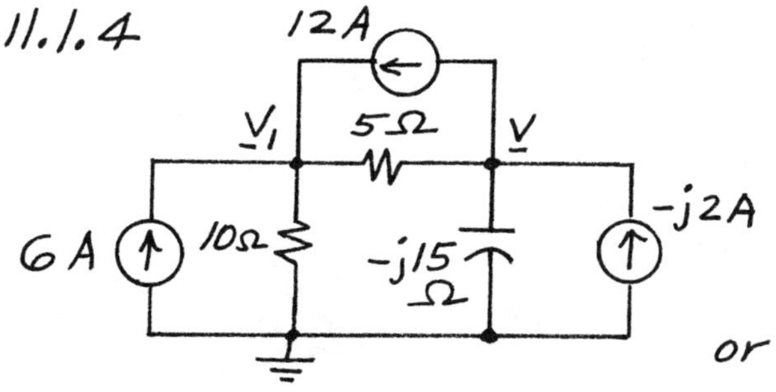

KCL:

$\frac{\underline{V}_1}{10} + \frac{\underline{V}_1 - \underline{V}}{5} = 6 + 12$

$\frac{\underline{V} - \underline{V}_1}{5} + \frac{\underline{V}}{-j15} = -j2 - 12$

or $\quad 3\underline{V}_1 - 2\underline{V} = 180$

$-3\underline{V}_1 + (3+j1)\underline{V} = -j30 - 180$

Adding: $(1+j1)\underline{V} = -j30 \Rightarrow \underline{V} = 15\sqrt{2}\angle{-135^\circ}$ V

$v = \underline{15\sqrt{2}\cos(4t - 135^\circ) \text{ V}}$

11.2.1 In Fig. 11.4 let the right-mesh current be $\underline{I}_1$. The mesh equations are

$[500 + 400(1-j2)]\underline{I} - 400(1-j2)\underline{I}_1 = 4$

$-400(1-j2)\underline{I} + [1000(2-j1) + 4000(1-j2)]\underline{I}_1 = 3000\underline{I}$

$\underline{I} = 24\angle{53.1^\circ}$ mA $\Rightarrow i = \underline{24\cos(5000t + 53.1^\circ) \text{ mA}}$

11.2.2 In Ex 11.1.4 let $\underline{I}$ be the clockwise loop current in the middle bottom loop. KVL yields

$$5(\underline{I}+12)-j15(\underline{I}-j2)+10(\underline{I}-6)=0 \Rightarrow \underline{I}=1+j1 \text{ A}$$

$$\underline{V}=-j15(\underline{I}-j2)=-j15(1-j1)=15\sqrt{2}\,\underline{/-135^\circ} \text{ V}$$

$$v=\underline{15\sqrt{2}\cos(4t-135^\circ) \text{ V}}$$

11.2.3 $$\underline{I}=\frac{18}{6+j4+\frac{2(2-j2)}{4-j2}}\;\frac{2-j2}{4-j2}=\frac{36(1-j1)}{32+j4+4-j4}=\sqrt{2}\,\underline{/-45^\circ} \text{ A}$$

$$i=\underline{\sqrt{2}\cos(2t-45^\circ) \text{ A}}$$

11.3.1 With current source dead, phasor current is

$$\underline{I}_1=\frac{20\underline{/0^\circ}}{8+j(4)(3)-j(24/4)}=\frac{20}{8+j6}=2\underline{/-36.9^\circ} \text{ A}$$

$$i_1=2\cos(4t-36.9^\circ) \text{ A}$$

With voltage source dead, phasor current is

$$\underline{I}_2=\frac{8+j(3)(2)}{8+j(3)(2)-j(24/2)}(3)=\frac{3(8+j6)}{8-j6}=3\underline{/73.7^\circ} \text{ A}$$

$$i_2=3\cos(2t+73.7^\circ) \text{ A}$$

$$i=i_1+i_2=\underline{2\cos(4t-36.9^\circ)+3\cos(2t+73.7^\circ) \text{ A}}$$

11.3.2

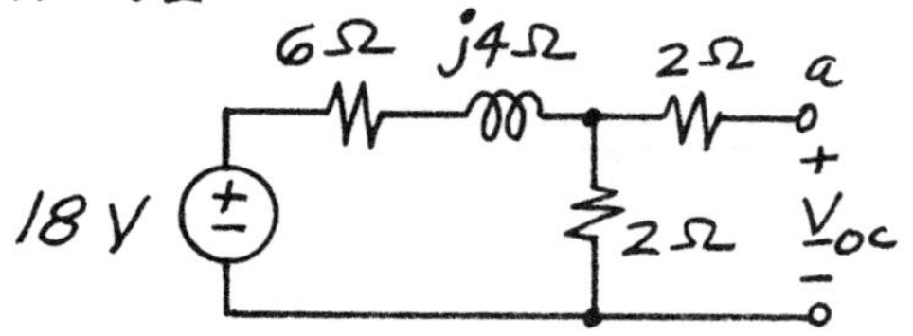

Voltage division:

$$\underline{V}_{oc}=\frac{2}{8+j4}(18)=\frac{9}{5}(2-j1) \text{ V}$$

Source dead: $\underline{Z}_{th}=2+\dfrac{2(6+j4)}{8+j4}$

$$\underline{Z}_{th}=\frac{1}{5}(18+j1)\ \Omega;\quad \underline{Z}_{ab}=j2+\frac{-j1}{2(1/8)}=-j2\ \Omega$$

From the Thevenin circuit

$$\underline{I}_1=\frac{\underline{V}_{oc}}{\underline{Z}_{th}+\underline{Z}_{ab}}=\frac{\frac{9}{5}(2-j1)}{\frac{1}{5}(18+j1)-j2}=1\underline{/0^\circ} \text{ A} \Rightarrow i_1=\underline{\cos 2t \text{ A}}$$

11.3.3 $\underline{V}_1=\dfrac{6}{j2}(j1)=\underline{3 \text{ V}}$; $\underline{I}_1=\dfrac{6}{j2}(1+j1)=\underline{3-j3 \text{ A}}$

$$\underline{I}_2=\frac{6}{j2}(j1)=\underline{3 \text{ A}}$$

11.4.1 $\dfrac{y}{x}=\dfrac{-\omega L}{R}$; $x=\dfrac{RV_m}{R^2+\frac{R^2y^2}{x^2}}=\dfrac{V_m x^2}{R(x^2+y^2)}$

$$x^2-\frac{V_m}{R}x+y^2=0 \text{ or } \left(x-\frac{V_m}{2R}\right)^2+y^2=\frac{V_m^2}{4R^2};\ y\le 0$$

11.4.2 Im $\underline{I}$ has its largest magnitude when $x=\dfrac{V_m}{2R}$.

$$x=\frac{V_m}{2R}=\frac{RV_m}{R^2+\omega^2L^2}\Rightarrow 2R^2=R^2+\omega^2L^2\Rightarrow \omega L=R.$$

11.4.2 (Cont.) Therefore

$$\underline{I} = x + jy = \frac{V_m}{2R} - j\frac{RV_m}{R^2+R^2} = \frac{V_m}{2R}(1-j1) = \frac{V_m}{\sqrt{2}R}\,\underline{/-45^\circ}$$

– PROBLEMS –

11.1

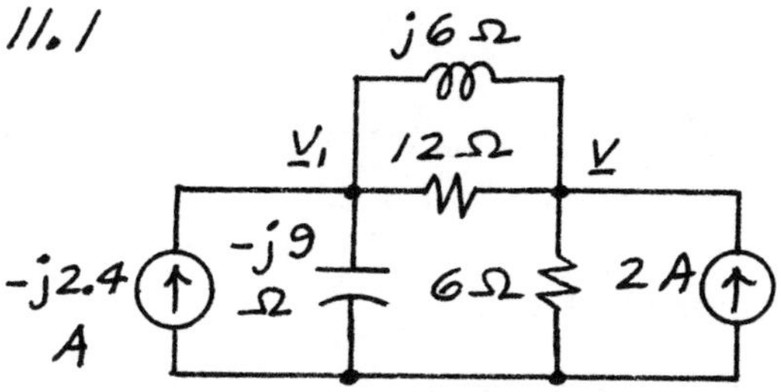

KCL:

$$\left(\frac{1}{-j9}+\frac{1}{12}+\frac{1}{j6}\right)\underline{V}_1 - \left(\frac{1}{12}+\frac{1}{j6}\right)\underline{V} = -j2.4$$

$$-\left(\frac{1}{12}+\frac{1}{j6}\right)\underline{V}_1 + \left(\frac{1}{6}+\frac{1}{12}+\frac{1}{j6}\right)\underline{V} = 2$$

$$(3-j2)\underline{V}_1 - (3-j6)\underline{V} = -j86.4$$

$$-(1-j2)\underline{V}_1 + (3-j2)\underline{V} = 24$$

$$\underline{V} = \begin{vmatrix} 3-j2 & -j86.4 \\ -1+j2 & 24 \end{vmatrix} \Big/ \begin{vmatrix} 3-j2 & -3+j6 \\ -1+j2 & 3-j2 \end{vmatrix} = 12\underline{/233.1^\circ} \text{ V}$$

$$v = 12\cos(3t + 233.1^\circ) \text{ V}$$

11.2 $\underline{V}_1$ = capacitor voltage

$$\underline{V}_1\left[\frac{1}{100+j0.1\omega} + \frac{1}{100+j0.1\omega} + j(20\times10^{-6})\omega\right] = \frac{V_m}{100+j0.1\omega}$$

$$\underline{V} = \frac{100}{100+j0.1\omega}\underline{V}_1 = \frac{100V_m/2}{(100+j0.1\omega)[1+j10^{-3}\omega-10^{-6}\omega^2]}$$

$$\underline{V} = \frac{V_m/2}{1+j(2\times10^{-3})\omega-(2\times10^{-6})\omega^2-j10^{-9}\omega^3} = A\underline{/\phi}$$

$v = A\cos(\omega t + \phi)$ V where

$$A = \frac{V_m}{2}\Big/\left\{[1-(2\times10^{-6})\omega^2]^2 + [(2\times10^{-3})\omega - 10^{-9}\omega^3]^2\right\}^{1/2}$$

$$= \frac{V_m}{2}\Big/\left[1+\left(\frac{\omega}{1000}\right)^6\right]^{1/2}$$

$$\phi = -\tan^{-1}\frac{(2\times10^{-3})\omega-10^{-9}\omega^3}{1-(2\times10^{-6})\omega^2}$$

(a) $\omega = 0$: $A = V_m/2 = 0.5\,V_m$

(b) $\omega = 1000$: $A = \dfrac{V_m}{2\sqrt{2}} = 0.35\,V_m$

(c) $\omega = 10^6$: $A = \dfrac{V_m}{2}\Big/\sqrt{1+10^{18}} \approx 0.5\times10^{-9}\,V_m$

11.3

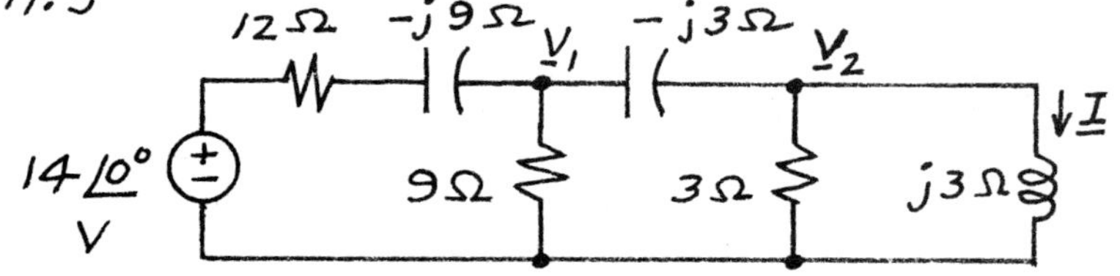

$$\left(\frac{1}{9}+\frac{1}{12-j9}-\frac{1}{j3}\right)V_1+\frac{1}{j3}V_2-\frac{14}{12-j9}=0 \qquad (1)$$

$$\frac{1}{j3}V_1+\left(\frac{1}{3}-\frac{1}{j3}+\frac{1}{j3}\right)V_2=0 \qquad (2)$$

From (2), $V_1=-j1\,V_2$; (1) becomes

$$(12-j9)\left[\left(\frac{1}{9}+\frac{1}{12-j9}+j\frac{1}{3}\right)(-j1)-j\frac{1}{3}\right]V_2=14$$

$$V_2=j\frac{3}{2}\ \text{V};\quad I=\frac{V_2}{j3}=\frac{1}{2}\angle 0^\circ\ \text{A}$$

$$i=\underline{\tfrac{1}{2}\cos 2t\ \text{A}}$$

11.4

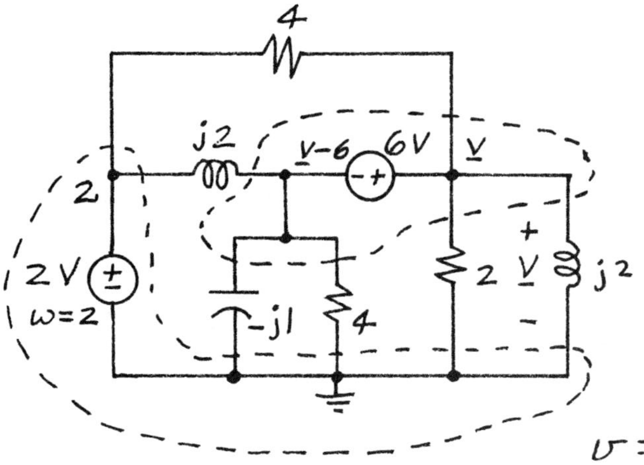

$$\frac{V-6-2}{j2}+\frac{V-2}{4}+\frac{V}{2}+\frac{V}{j2}+\frac{V-6}{-j1}+\frac{V-6}{4}=0$$

$$\left(-j\frac{1}{2}+\frac{1}{4}+\frac{1}{2}-j\frac{1}{2}+j1+\frac{1}{4}\right)V=-j4+\frac{1}{2}+j6+\frac{6}{4}$$

$$V=2+j2=2\sqrt{2}\angle 45^\circ\ \text{V}$$

$$v=\underline{2\sqrt{2}\cos(2t+45^\circ)\ \text{V}}$$

11.5

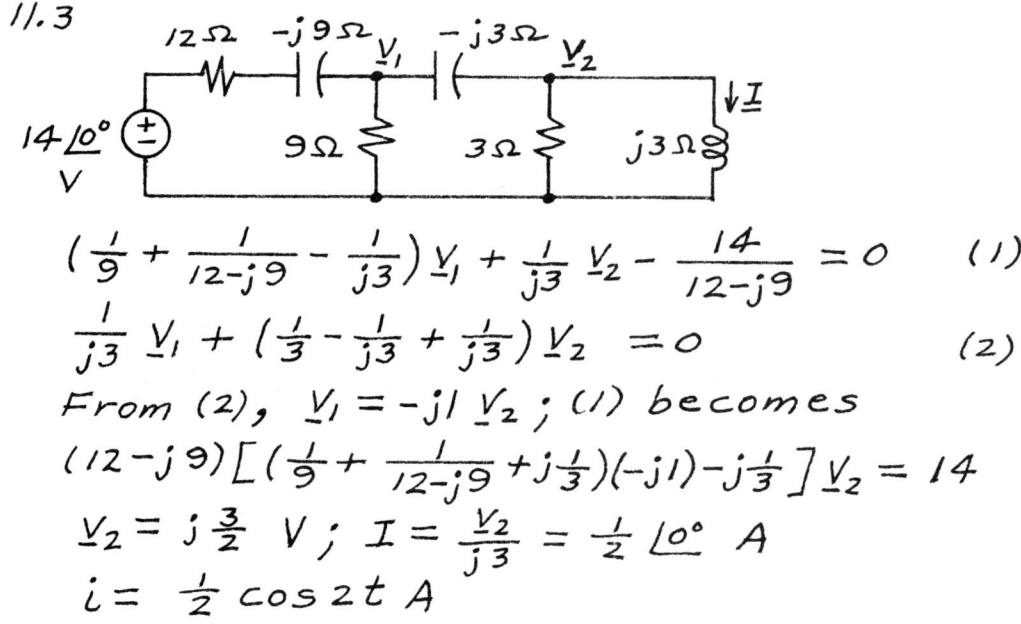

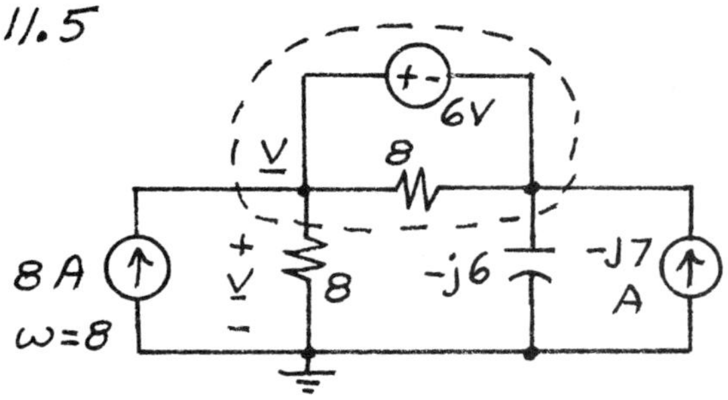

KCL at supernode:

$$\frac{V}{8}+\frac{V-6}{-j6}=8-j7 \quad \text{or}$$

$$(3+j4)V=24(8-j7)+j24$$

$$V=48\angle -90^\circ\ \text{V}$$

$$v=48\cos(8t-90^\circ)\ \text{V}$$

$$=\underline{48\sin 8t\ \text{V}}$$

11.6 Node voltages are 5, $5-1000i_1$, $5-500i_1$. Supernode containing dependent source:

$$-I_1+\frac{5-1000I_1}{j1000}+(5-500I_1)(j3\times10^{-3})=0$$

$$I_1=(4\sqrt{5}\times10^{-3})\angle 63.4^\circ\ \text{A} \Rightarrow i_1=\underline{4\sqrt{5}\cos(3000t+63.4^\circ)\ \text{mA}}$$

11.7

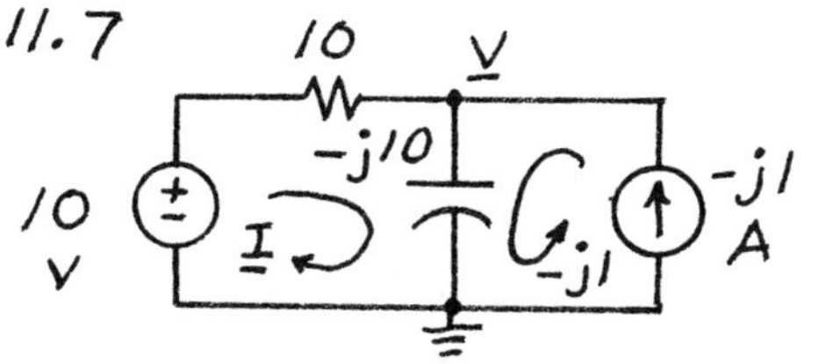

$$(10-j10)\underline{I}+(-j10)(-j1)=10$$

$$\underline{I}=\frac{20}{10-j10}=\frac{2}{1-j1}\ \text{A}$$

$$\underline{V}=-j10\left[\frac{2}{1-j1}-j1\right]=-j10=10\angle{-90^\circ}\ \text{V}$$

$$v=10\cos(3t-90^\circ)=\underline{10\sin 3t\ \text{V}}$$

11.8

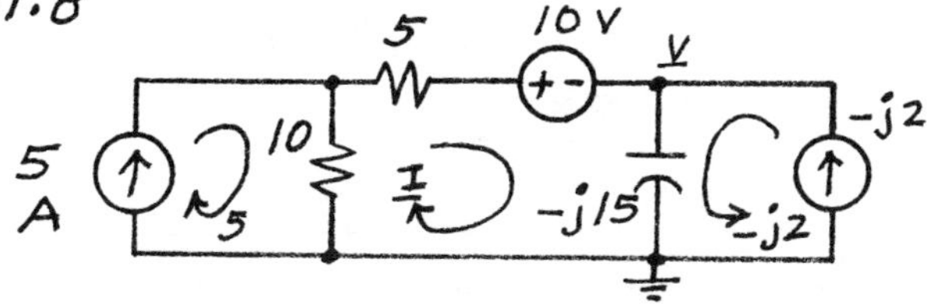

$\underline{I}$ mesh:

$$5\underline{I}+10-j15(\underline{I}-j2)+10(\underline{I}-5)=0$$

$$\underline{I}=\frac{70}{15(1-j1)}=\frac{7}{3}(1+j1)\ \text{A}$$

$$\underline{V}=-j15(\underline{I}-j2)=-j15\left[\frac{7+j1}{3}\right]=5(\sqrt{50}\angle{-81.9^\circ})\ \text{V}$$

$$v=\underline{25\sqrt{2}\cos(2t-81.9^\circ)\ \text{V}}$$

11.9

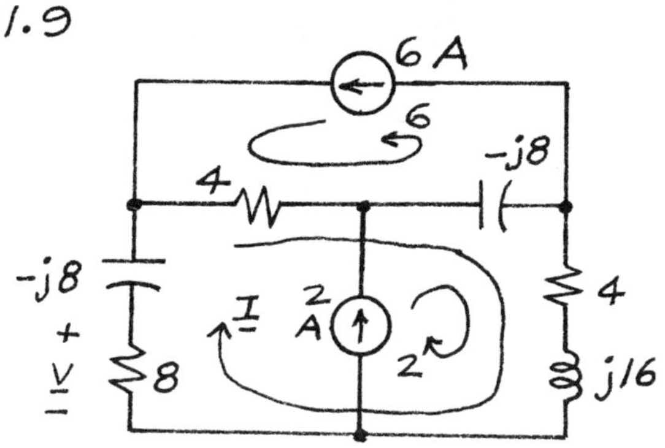

Loop $\underline{I}$:

$$4(\underline{I}+6)-j8(6+\underline{I}+2)+(4+j16)(\underline{I}+2)+(8-j8)\underline{I}=0$$

$$16\underline{I}=32(-1+j1)\Rightarrow \underline{I}=2\sqrt{2}\angle{135^\circ}\ \text{A}$$

$$\underline{V}=-8\underline{I}=16\sqrt{2}\angle{-45^\circ}\ \text{V}$$

$$v=\underline{16\sqrt{2}\cos(4t-45^\circ)\ \text{V}}$$

11.10

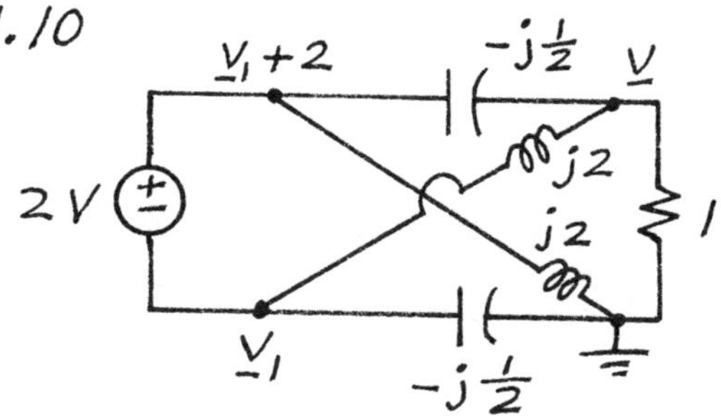

Node equations:

$$\frac{\underline{V}-(\underline{V}_1+2)}{-j\frac{1}{2}}+\frac{\underline{V}-\underline{V}_1}{j2}+\frac{\underline{V}}{1}=0$$

$$\frac{\underline{V}_1+2}{j2}+\frac{\underline{V}}{1}+\frac{\underline{V}_1}{-j\frac{1}{2}}=0 \quad \text{or}$$

$$(1+j\tfrac{3}{2})\underline{V}-j\tfrac{3}{2}\underline{V}_1=j4$$

$$\underline{V}+j\tfrac{3}{2}\underline{V}_1=j1$$

$$\underline{V}=\frac{j5}{2+j\frac{3}{2}}=2\angle{53.1^\circ}\Rightarrow v=\underline{2\cos(8t+53.1^\circ)\ \text{V}}$$

11.11

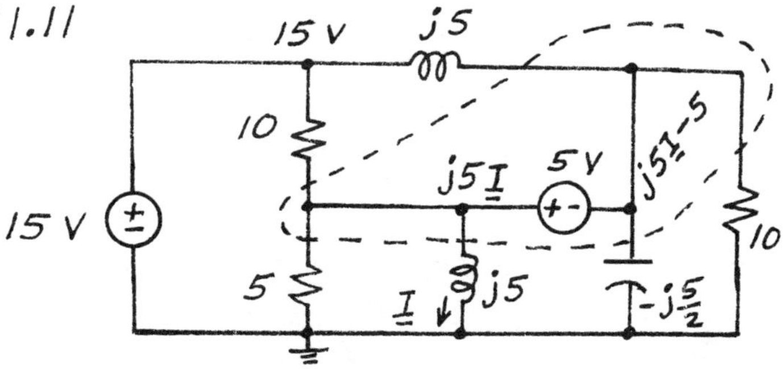

KCL at supernode:

$$\frac{j5\underline{I}-15}{10}+\frac{j5\underline{I}-5-15}{j5}+\frac{j5\underline{I}-5}{10}+\frac{j5\underline{I}-5}{-j5/2}+\underline{I}+\frac{j5\underline{I}}{5}=0$$

11.11 (cont.) $\underline{I} = \sqrt{2}\,\angle{-135^\circ}$ A ; $i = \underline{\sqrt{2}\cos(5t - 135^\circ)\ \text{A}}$

11.12

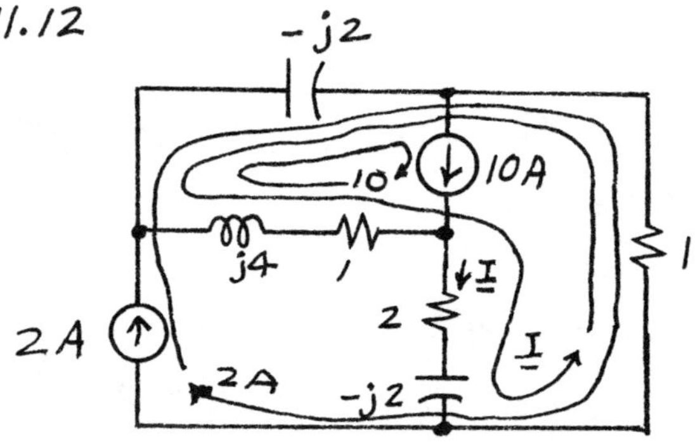

KVL around $\underline{I}$ loop:

$$(1+j4)(\underline{I}-10) + (2-j2)\underline{I} + (1)(\underline{I}-2) - j2(\underline{I}-2-10) = 0$$

$$\underline{I} = \frac{10+j40+2-j4-j20}{1+j4+2-j2+1-j2} = 5\,\angle{+53.1^\circ}\ \text{A}$$

$i = \underline{5\cos(2t + 53.1^\circ)\ \text{A}}$

11.13 Let node voltages be $8\angle{0^\circ}$, $\underline{V}$, and $\underline{V}_1$. KCL gives

$$\left(\frac{1}{3+j6} + j\frac{1}{3} + \frac{1}{3+j3}\right)\underline{V} - \frac{8}{3+j6} - \frac{1}{3+j3}\underline{V}_1 = 0$$

$$-\frac{1}{3+j3}\underline{V} + \left(\frac{1}{3+j3} + \frac{1}{j3} + j\frac{2}{3} + \frac{1}{3}\right)\underline{V}_1 - \frac{8}{j3} = 0$$

from which $\underline{V} = 4\sqrt{2}\,\angle{-135^\circ}$ V. Therefore

$v = \underline{4\sqrt{2}\cos(6t - 135^\circ)\ \text{V}}$

11.14

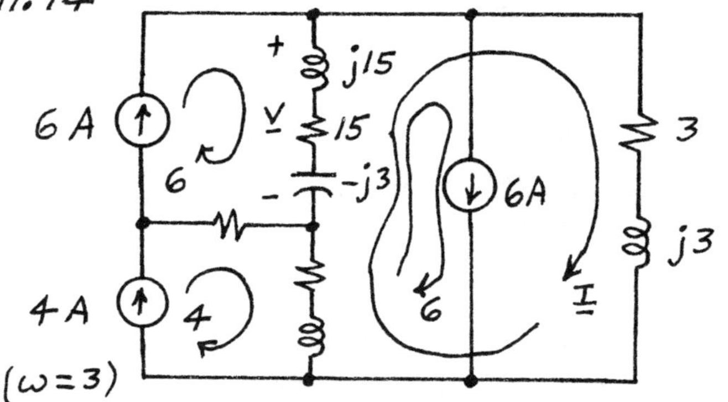

$(\omega = 3)$

KVL around loop $\underline{I}$:

$$(12+j9)(\underline{I}+6-4) + (j15+15-j3)(\underline{I}+6-6) + (3+j3)\underline{I} = 0$$

$$\underline{I} = \frac{-2(12+j9)}{12+j9+15+j12+3+j3} = -\frac{4+j3}{5+j4}$$

$$\underline{V} = (15+j12)(6-\underline{I}-6) = -3(5+j4)\underline{I} = -3(5+j4)\left(-\frac{4+j3}{5+j4}\right)$$

$\underline{V} = 15\,\angle{+36.9^\circ}$ V $\Rightarrow v = \underline{15\cos(3t + 36.9^\circ)\ \text{V}}$

11.15 $\underline{V}_2$ = node voltage at common node of capacitors.
KCL at $\underline{V}_1$ and $\underline{V}_2$ (currents in mA) yields

$$(1+j1+j1+1)\underline{V}_2 - j1\underline{V}_1 - (3\underline{V}_1) = \frac{8}{1}$$

$$-j1\underline{V}_2 + (1+j1)\underline{V}_1 = 0 \Rightarrow \underline{V}_2 = (-j1)(1+j1)\underline{V}_1 = (1-j1)\underline{V}_1$$

$$(2+j2)(1-j1)\underline{V}_1 - (3+j1)\underline{V}_1 = 8 \Rightarrow \underline{V}_1 = \frac{8}{1-j1} = 4\sqrt{2}\,\angle{45^\circ}\ \text{V}$$

11.15 (cont.) $\mathbf{I} = \frac{3\mathbf{V}_1}{2} = 6\sqrt{2}\,\angle 45^\circ$ mA

$i = \underline{6\sqrt{2}\cos(2000t + 45^\circ)\text{ mA}}$

11.16 Voltage division: $\mathbf{V}_1 = \frac{6}{6-j6}(5\angle -45^\circ) = \frac{5}{\sqrt{2}}\angle 0^\circ$ V

KCL at $\mathbf{V}$: $\left(j\frac{1}{6} + \frac{1}{3+j3} + j\frac{1}{3}\right)\mathbf{V} - \frac{1}{3}\mathbf{V}_1 = j\frac{1}{3}(5\angle -45^\circ)$

$\left(\frac{1+j2}{6}\right)\mathbf{V} = \frac{1}{3}\frac{5}{\sqrt{2}} + j\frac{5}{3\sqrt{2}}(1-j1) = \frac{5}{3\sqrt{2}}(2+j1)$

$\mathbf{V} = 5\sqrt{2}\,\angle -36.9^\circ$ V $\Rightarrow v = \underline{5\sqrt{2}\cos(6t - 36.9^\circ)\text{ V}}$

11.17

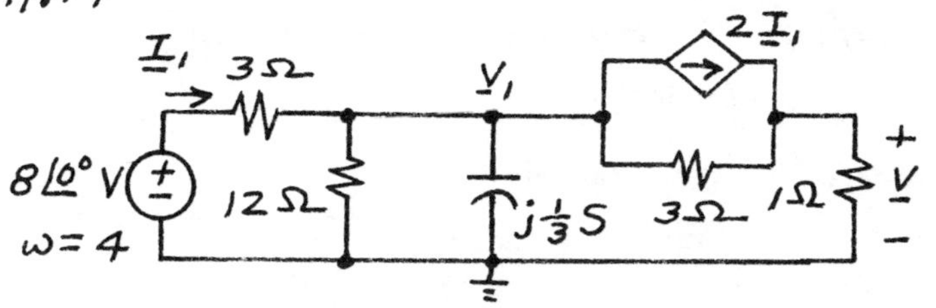

KCL:

$\mathbf{V}_1\left(j\frac{1}{3} + \frac{1}{3} + \frac{1}{12}\right) + \mathbf{V} = \frac{8}{3}$

$\mathbf{V}\left(\frac{1}{3} + 1\right) - \frac{1}{3}\mathbf{V}_1 - 2\mathbf{I}_1 = 0$

$\mathbf{V}_1 = 8 - 3\mathbf{I}_1 \Rightarrow \mathbf{I}_1 = \frac{1}{3}(8 - \mathbf{V}_1)$

$\frac{4}{3}\mathbf{V} - \frac{1}{3}\mathbf{V}_1 - \frac{2}{3}(8 - \mathbf{V}_1) = 0 \Rightarrow \mathbf{V}_1 = 4(4 - \mathbf{V})$

$\mathbf{V}_1\left(\frac{5}{12} + j\frac{1}{3}\right) + \mathbf{V} = \frac{8}{3} \Rightarrow 4(4 - \mathbf{V})(5 + j4) + 12\mathbf{V} = 32$

$\mathbf{V} = \frac{4(3+j4)}{2(1+j2)} = 2\sqrt{5}\,\angle -10.3^\circ$ V

$v = \underline{2\sqrt{5}\cos(4t - 10.3^\circ)\text{ V}}$

11.18 $\mathbf{V}_2$ = voltage at top of $\mathbf{Z}_4$; $\mathbf{V}_2 + \mathbf{V}$ = voltage at top of $\mathbf{Z}_2$

KCL: $\mathbf{Y}_1(\mathbf{V}_2 + \mathbf{V} - \mathbf{V}_1) + \mathbf{I} + \mathbf{Y}_2(\mathbf{V}_2 + \mathbf{V}) = 0$, $\mathbf{V} = \mathbf{Z}_5\mathbf{I}$

$\mathbf{Y}_3(\mathbf{V}_2 - \mathbf{V}_1) - \mathbf{I} + \mathbf{Y}_4\mathbf{V}_2 = 0$

or $\mathbf{V}_2(\mathbf{Y}_1 + \mathbf{Y}_2) + (5\mathbf{Y}_1 + 1 + 5\mathbf{Y}_2)\mathbf{I} = \mathbf{Y}_1\mathbf{V}_1$

$\mathbf{V}_2(\mathbf{Y}_3 + \mathbf{Y}_4) - \mathbf{I} = \mathbf{Y}_3\mathbf{V}_1$

Cramer's rule:

$$\mathbf{I} = \frac{\begin{vmatrix} \mathbf{Y}_1 + \mathbf{Y}_2 & \mathbf{Y}_1 \\ \mathbf{Y}_3 + \mathbf{Y}_4 & \mathbf{Y}_3 \end{vmatrix}}{\Delta}\mathbf{V}_1 = \frac{\mathbf{Y}_2\mathbf{Y}_3 - \mathbf{Y}_1\mathbf{Y}_4}{\Delta}\mathbf{V}_1$$

$\mathbf{I} = 0$ if $\underline{\mathbf{Y}_1\mathbf{Y}_4 = \mathbf{Y}_2\mathbf{Y}_3}$ or equivalently $\underline{\mathbf{Z}_2\mathbf{Z}_3 = \mathbf{Z}_1\mathbf{Z}_4}$

11.19 $\mathbf{Z}_1 = 3 + j6$, $\mathbf{Z}_2 = -j3$, $\mathbf{Z}_3 = j3$, $\mathbf{Z}_4 = \frac{3(-j\frac{3}{2})}{3 - j\frac{3}{2}} = \frac{3}{5}(1 - j2)$

$\mathbf{Z}_1\mathbf{Z}_4 = (3+j6)\left(\frac{3}{5}\right)(1-j2) = 9$; $\mathbf{Z}_2\mathbf{Z}_3 = -j3(j3) = 9$

∴ Bridge is balanced. If $\mathbf{Z}_5 = 3 + j3\ \Omega$ is replaced by an open circuit, then by voltage division

$\mathbf{V} = \frac{\mathbf{Z}_2}{\mathbf{Z}_1 + \mathbf{Z}_2}8\angle 0^\circ = \frac{8(-j3)}{3 + j6 - j3} = \frac{-j8}{1+j1} = 4\sqrt{2}\,\angle -135^\circ$ V

$v = \underline{4\sqrt{2}\cos(6t - 135^\circ)\text{ V}}$

11.20 $\underline{Z}_1 = j1$, $\underline{Z}_2 = \frac{(1)(-j\frac{1}{2})}{1-j\frac{1}{2}} = \frac{1-j2}{5}$, $\underline{Z}_3 = 1+j2$, $\underline{Z}_4 = -j1$, $\underline{Z}_5 = 1+j1$

$\underline{Z}_1\underline{Z}_4 = 1$; $\underline{Z}_2\underline{Z}_3 = \frac{1-j2}{5}(1+j2) = 1 \Rightarrow$ balanced bridge

If $\underline{Z}_5$ is replaced by an open circuit,

$$\underline{V} = \frac{\underline{Z}_4}{\underline{Z}_3+\underline{Z}_4}(4) = \frac{-j1}{1+j1}(4) = 2\sqrt{2}\,\underline{/-135^\circ}\ \text{V}$$

$v = \underline{2\sqrt{2}\cos(t-135^\circ)\ \text{V}}$

11.21 Let v = op amp output voltage and v_1 = voltage at the noninverting input terminal. Then for the VCVS

$\underline{V} = (1+\frac{5}{1})\underline{V}_1 = 6\underline{V}_1 \Rightarrow \underline{V}_1 = \frac{1}{6}\underline{V}$.

KCL at noninverting input terminal:

$(\frac{1}{2}+j\frac{1}{2})\underline{V}_1 - j\frac{1}{2}(4) = 0$; $\underline{V}_1 = \frac{1}{6}\underline{V} = \frac{j2}{\frac{1}{2}+j\frac{1}{2}}$

$\underline{V} = 12\sqrt{2}\,\underline{/45^\circ}$ V ; $\underline{I} = \frac{\underline{V}}{6-j6} = \frac{12\sqrt{2}\,\underline{/45^\circ}}{6\sqrt{2}\,\underline{/-45^\circ}} = 2\,\underline{/90^\circ}$ mA

$i = 2\cos(1000t+90^\circ) = \underline{-2\sin 1000t\ \text{mA}}$

11.22 v_1 = voltage at each input terminal of op amp

KCL: $\underline{V}_1(\frac{1}{2}+j\frac{1}{2}) = j\frac{1}{2}\underline{V}_g = j1 \Rightarrow \underline{V}_1 = 1+j1$ V

$\underline{V}_1(\frac{1}{4}+\frac{1}{4}) - \frac{1}{4}\underline{V} = \frac{1}{4}\underline{V}_g \Rightarrow \underline{V} = -\underline{V}_g + 2\underline{V}_1 = 2\,\underline{/90^\circ}$ V

$v = 2\cos(2t+90^\circ)$ V $= \underline{-2\sin 2t\ \text{V}}$

11.23

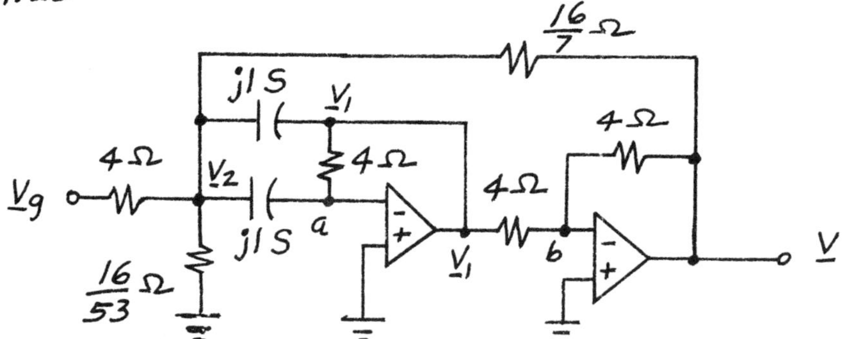

$\underline{V}_2$: $(\frac{1}{4}+\frac{53}{16}+\frac{7}{16}+j2)\underline{V}_2 - j1\underline{V}_1 - \frac{7}{16}\underline{V} = \frac{1}{4}\underline{V}_g$

$(4+j2)\underline{V}_2 - j1\underline{V}_1 - \frac{7}{16}\underline{V} = \frac{1}{4}\underline{V}_g = \frac{1}{2}$

a: $\frac{\underline{V}_1}{4} + \frac{\underline{V}_2}{-j1} = 0 \Rightarrow \underline{V}_2 = j\frac{1}{4}\underline{V}_1$

b: $\frac{\underline{V}_1}{4} + \frac{\underline{V}}{4} = 0 \Rightarrow \underline{V}_1 = -\underline{V} \Rightarrow \underline{V}_2 = -j\frac{1}{4}\underline{V}$

$[-j\frac{1}{4}(4+j2) - j1(-1) - \frac{7}{16}]\underline{V} = \frac{1}{2} \Rightarrow \underline{V} = 8\,\underline{/0^\circ}$ V

$v = \underline{8\cos t\ \text{V}}$

11.24 v = input voltage of voltage follower

v_1 = voltage at common node of the capacitors

noninverting node : $\left(\frac{1}{2}+j\frac{1}{4}\right)\underline{V}-j\frac{1}{4}\underline{V}_1=0 \Rightarrow \underline{V}_1=(1-j2)\underline{V}$

$\underline{V}_1 : \left(j\frac{1}{4}+j\frac{1}{4}+\frac{1}{2}\right)\underline{V}_1-\left(j\frac{1}{4}+\frac{1}{2}\right)\underline{V}=j\frac{1}{4}\underline{V}_g$

$\underline{V}\left[\left(\frac{1}{2}+j\frac{1}{2}\right)(1-j2)-\left(j\frac{1}{4}+\frac{1}{2}\right)\right]=j\frac{5}{4} \Rightarrow \underline{V}=1\angle 126.9^\circ$ V

$v=\underline{\cos(3t+126.9^\circ)\text{ V}}$

11.25 Let v_1 = node voltage at the top of 0.1-F capacitor

KCL at v_1 and at the inverting terminal yields

$\left(\frac{1}{6}+\frac{1}{12}+\frac{1}{4}+j\frac{1}{2}\right)\underline{V}_1-\frac{1}{6}(2)-\frac{1}{12}\underline{V}=0$

$\frac{1}{4}\underline{V}_1+j\frac{1}{48}\underline{V}=0 \Rightarrow \underline{V}_1=-j\frac{1}{12}\underline{V}$

$\frac{6+j6}{12}\left(-j\frac{1}{12}\right)\underline{V}-\frac{1}{12}\underline{V}=\frac{2}{6} \Rightarrow \underline{V}=4\sqrt{2}\angle 135^\circ$ V

$v=\underline{4\sqrt{2}\cos(5t+135^\circ)\text{ V}}$

11.26 voltage source :

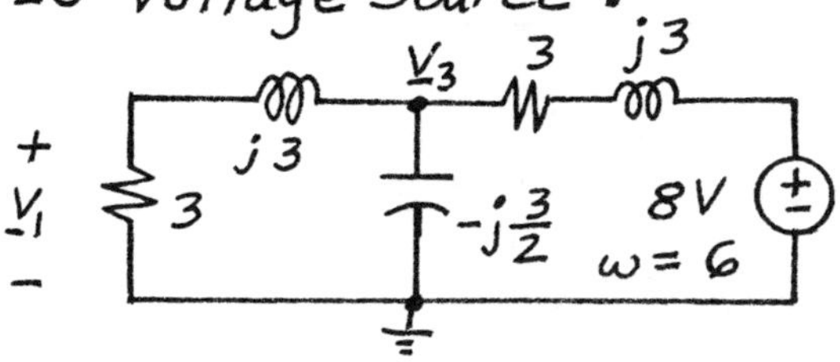

$\left(\frac{1}{3+j3}+\frac{1}{-j\frac{3}{2}}+\frac{1}{3+j3}\right)\underline{V}_3=\frac{8}{3+j3}$

$\underline{V}_3=-j4$ V ; $\underline{V}_1=\frac{3}{3+j3}\underline{V}_3$

$\underline{V}_1=2\sqrt{2}\angle -135^\circ$ V

$v_1=2\sqrt{2}\cos(6t-135^\circ)$ V

current source:

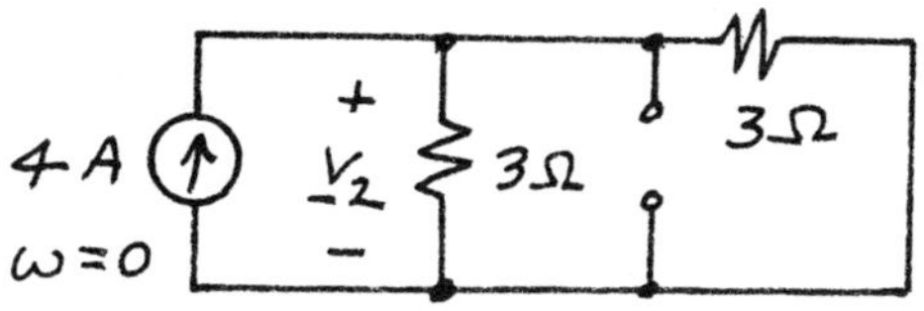

$\underline{V}_2=3\left(\frac{1}{2}\right)(4)=6\angle 0^\circ$ V

$v_2=6$ V

$v=v_1+v_2=\underline{2\sqrt{2}\cos(6t-135^\circ)+6\text{ V}}$

11.27 Voltage source :

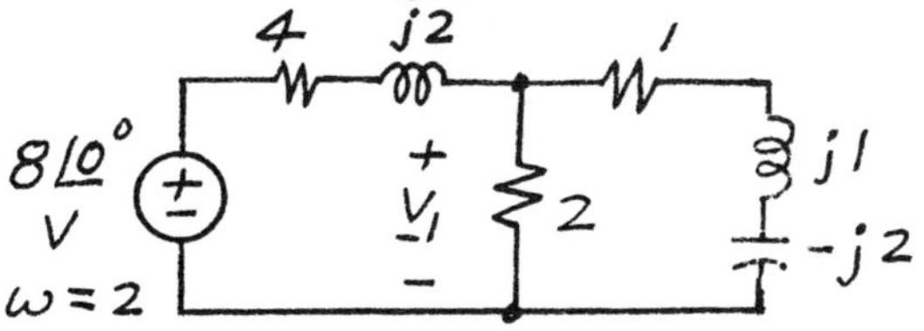

$$\underline{V}_1=\frac{\frac{2(1-j1)}{2+1-j1}}{\frac{2(1-j1)}{3-j1}+4+j2}\,8$$

$=\sqrt{2}\angle -45^\circ$ V

$v_1=\sqrt{2}\cos(2t-45^\circ)$ V

current source:

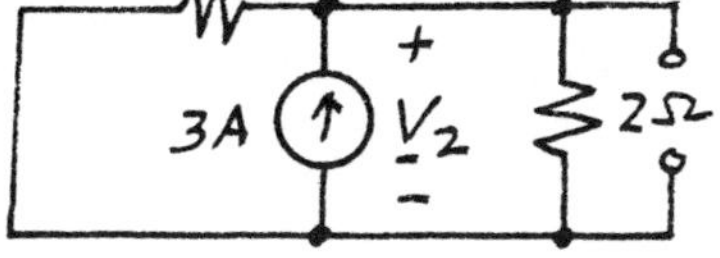

$\underline{V}_2=\frac{2(4)}{2+4}(3)=4$ V

$v_2=4$ V

$v=v_1+v_2=\underline{\sqrt{2}\cos(2t-45^\circ)+4\text{ V}}$

11.28 $i_{g0} = 9$ A produces i_{dc}; $i_{g1} = 20\cos t$ produces i_1; $i_{g2} = 39\cos 2t$ produces i_2; $i_{g3} = 18\cos 3t$ produces i_3

dc case: current division $\Rightarrow i_{dc} = \frac{1}{1+8}(9) = 1$ A

For the ac components, current division gives

$$\underline{I}_i = \frac{\frac{1}{8+j4\omega}\underline{I}_{gi}}{1+j\frac{\omega}{4}+\frac{1}{8+j4\omega}} = \frac{\underline{I}_{gi}}{9-\omega^2+j6\omega}$$

$\omega = 1$ rad/s: $\underline{I}_{g1} = 20$ A $\Rightarrow \underline{I}_1 = \frac{20}{8+j6} = 2\angle -36.9°$ A

$\omega = 2$ rad/s: $\underline{I}_{g2} = 39$ A $\Rightarrow \underline{I}_2 = \frac{39}{5+j12} = 3\angle -67.4°$ A

$\omega = 3$ rad/s: $\underline{I}_{g3} = 18$ A $\Rightarrow \underline{I}_3 = \frac{18}{j18} = 1\angle -90°$

$i = i_{dc} - i_1 - i_2 + i_3$

$= 1 - 2\cos(t-36.9°) - 3\cos(2t-67.4°) + \cos(3t-90°)$ A

$= 1 - 2\cos(t-36.9°) - 3\cos(2t-67.4°) + \sin 3t$ A

11.29 current source:

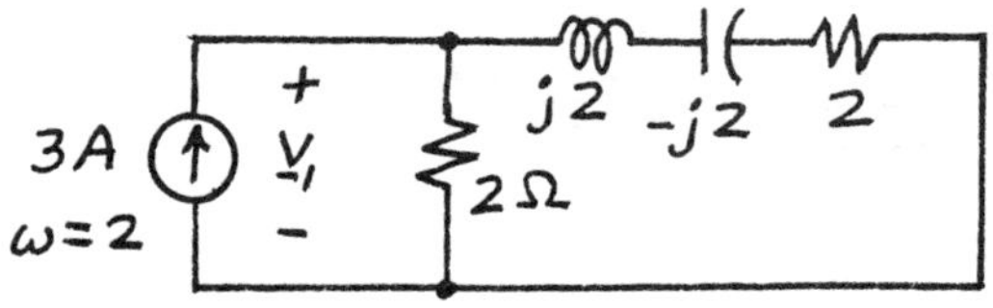

$\underline{V}_1 = 3(1) = 3$ V

$v_1 = 3\cos 2t$ V

voltage source:

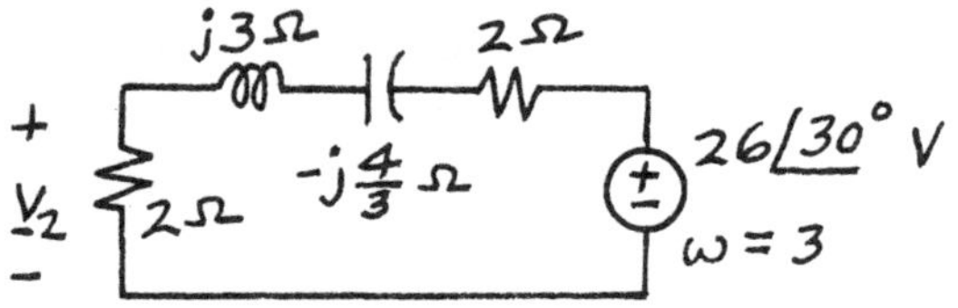

Voltage division:

$\underline{V}_2 = \frac{2}{4+j\frac{5}{3}}(26\angle 30°) = 12\angle 7.4°$ V

$v_2 = 12\cos(3t+7.4°)$ V

$v = v_1 + v_2 = 3\cos 2t + 12\cos(3t+7.4°)$ V

11.30 $\underline{Z}_{th} = \frac{(6+j4)(2-j2)}{8+j2} = \frac{2(19-j9)}{17}$ Ω

$\underline{V}_{oc} = \frac{2-j2}{8+j2}(18) = \frac{18(3-j5)}{17}$ V

$\underline{I} = \frac{\underline{V}_{oc}}{\underline{Z}_{th}+2} = \frac{\frac{18}{17}(3-j5)}{\frac{2}{17}(19-j9)+2} = 1-j1 = \sqrt{2}\angle -45°$ A

$i = \sqrt{2}\cos(2t-45°)$ A

11.31 $\underline{Z}_{th} = 2 + \frac{2(6+j4)}{8+j4} = \frac{18+j1}{5}$ Ω

$\underline{I}_{sc} = \frac{1}{2}\,\frac{18}{6+j4+1} = \frac{9(7-j4)}{65}$ A

11.31 $\underline{I}_1 = \dfrac{\underline{Z}_{th}}{\underline{Z}_{th} - j2}\,\underline{I}_{sc} = \dfrac{(18+j1)/5}{\dfrac{18+j1}{5} - j2}\;\dfrac{9(7-j4)}{65} = \dfrac{130-j65}{65(2-j1)} = 1\underline{/0^\circ}\text{ A}$

$i_1 = \underline{\cos 2t \text{ A}}$

11.32 With the source dead, the $j6$-Ω and $-j6$-Ω impedances are in series and constitute a short across the 12-Ω resistor. Therefore

$$\underline{Z}_{th} = \frac{12(j4)}{12+j4} = \underline{\frac{6}{5}(1+j3)\ \Omega}$$

With a-b open, $\underline{I}_1$ in the $j6$-Ω and 12-Ω impedances is, by current division,

$$\underline{I}_1 = \frac{-j6}{-j6+j6+12}(-1-j1) = \frac{1}{2}(-1+j1)\text{ A}$$

$$\underline{V}_{oc} = 12\underline{I}_1 + \frac{12(j4)}{12+j4}(-1-j1) = 6(-1+j1) + \frac{j12(-1-j1)}{3+j1}$$

$$= \frac{6}{5}(-3+j1)\text{ V}$$

$$\underline{I}_{sc} = \frac{\underline{V}_{oc}}{\underline{Z}_{th}} = \frac{\frac{6}{5}(-3+j1)}{\frac{6}{5}(1+j3)} = \underline{j1\text{ A}}\ ;\ \underline{Z}_L = \frac{12(-j4)}{12-j4} = \frac{6}{5}(1-j3)\ \Omega$$

$$\underline{V} = \frac{\underline{Z}_{th}\underline{Z}_L}{\underline{Z}_{th} + \underline{Z}_L}\underline{I}_{sc} = \frac{\frac{6}{5}(1+j3)\left(\frac{6}{5}\right)(1-j3)(j1)}{\frac{6}{5}(1+j3) + \frac{6}{5}(1-j3)} = \underline{j6\text{ V}}$$

11.33

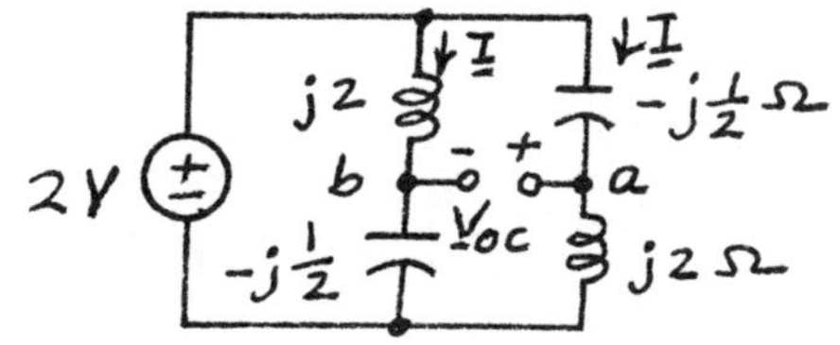

a-b open: $\underline{I} = \dfrac{2}{j2 - j\frac{1}{2}} = -j\dfrac{4}{3}\text{ A}$

$\underline{V}_{oc} = \underline{I}\left[j2 - \left(-j\tfrac{1}{2}\right)\right] = \underline{\dfrac{10}{3}\text{ V}}$

With the source dead $\underline{Z}_{th}$ is the impedance of two identical parallel LC circuits connected in series: $\underline{Z}_{th} = 2\,\dfrac{j2(-j\frac{1}{2})}{j2 - j\frac{1}{2}} = \underline{-j\dfrac{4}{3}\ \Omega}$

$$\underline{V} = \frac{1}{1-j\frac{4}{3}}\left(\frac{10}{3}\right) = 2\underline{/53.1^\circ}\text{ V}$$

$v = \underline{2\cos(2t + 53.1^\circ)\text{ V}}$

11.34

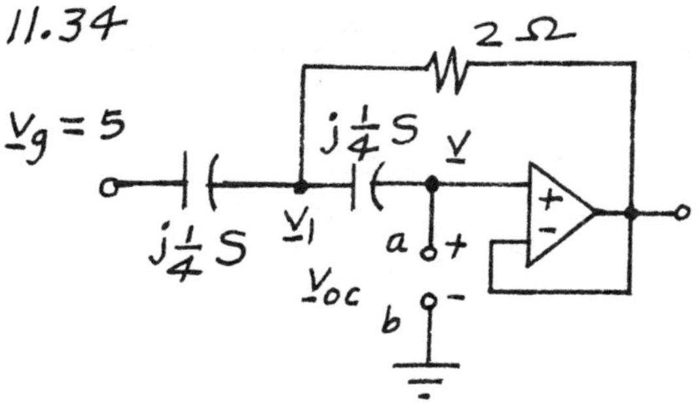

a-b open: $\underline{V}_{oc} = \underline{V}$

current in right capacitor is zero and $\underline{V}_1 = \underline{V}$. The currents in the 2-Ω resistor and the other capacitor are zero also.

$\therefore\ \underline{V}_{oc} = \underline{V} = \underline{V}_1 = \underline{V}_g = \underline{5\text{ V}}$

11.34 (Cont.)

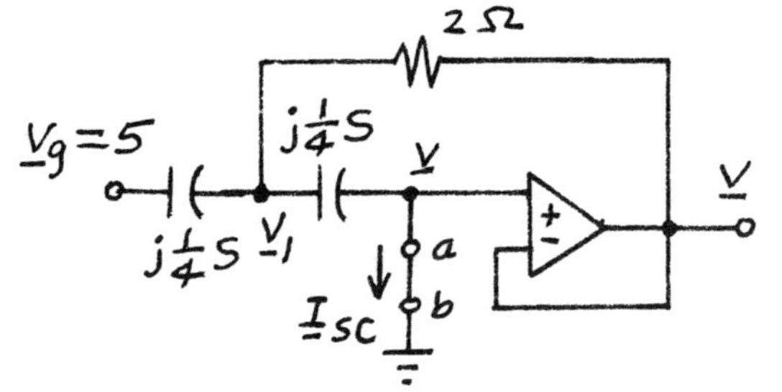

a–b shorted: $\underline{V}=0$

KCL at $\underline{V}_1$:

$$\underline{V}_1\left(j\tfrac{1}{4}+j\tfrac{1}{4}+\tfrac{1}{2}\right)=j\tfrac{1}{4}\underline{V}_g=j\tfrac{5}{4}$$

$$\underline{V}_1=\tfrac{5}{4}(1+j1)\ \text{V}$$

$$\underline{I}_{sc}=j\tfrac{1}{4}(\underline{V}_1-\underline{V})=j\tfrac{5}{16}(1+j1)\ \text{A}$$

$$\underline{Z}_{th}=\frac{\underline{V}_{oc}}{\underline{I}_{sc}}=\frac{5}{j\frac{5}{16}(1+j1)}=\underline{-8(1+j1)\ \Omega}$$

The current $\underline{I}$ from a to b is

$$\underline{I}=\frac{\underline{V}_{oc}}{\underline{Z}_{th}+2}=\frac{5}{-8(1+j1)+2}=0.5\,\underline{/126.9^\circ}\ \text{A}$$

$$i=\underline{0.5\cos(3t+126.9^\circ)\ \text{A}}$$

11.35

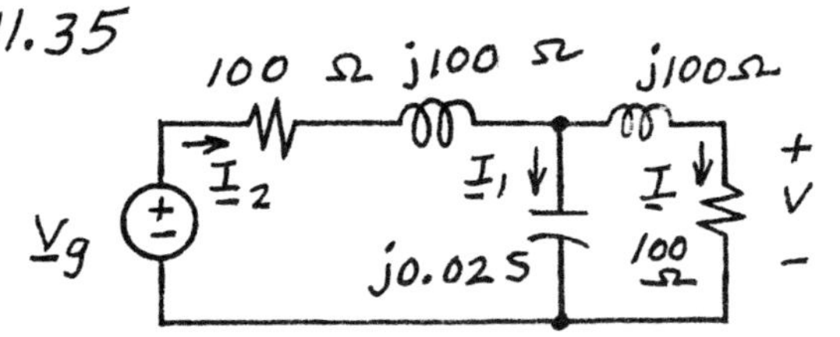

Assume $\underline{I}=1$ A. Then

$$\underline{V}=100(1)=100\ \text{V}$$

$$\underline{V}_1=(100+j100)(1)=100+j100\ \text{V}$$

$$\underline{I}_1=j0.02\,(100+j100)$$

$$\underline{I}_1=-2+j2\text{A},\quad \underline{I}_2=\underline{I}+\underline{I}_1=-1+j2\ \text{A}$$

$$\underline{V}_g=\underline{V}_1+(100+j100)\underline{I}_2=100+j100+(100+j100)(-1+j2)$$

$$=j200(1+j1)\ \text{V}$$

If $\underline{V}_g=2$ V, then by proportionality

$$\underline{V}=100\left[\frac{2}{j200(1+j1)}\right]=\frac{1}{\sqrt{2}}\,\underline{/-135^\circ}\ \text{V}$$

$$\underline{v=\frac{1}{\sqrt{2}}\cos(1000t-135^\circ)\ \text{V}}$$

11.36

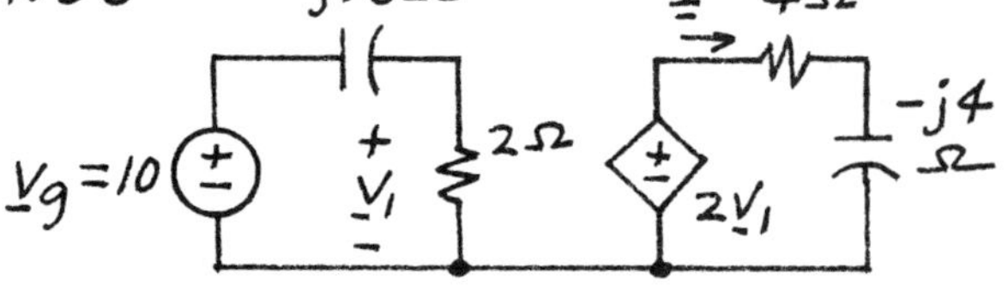

Let $\underline{I}=1$ A. Then

$$2\underline{V}_1=(4-j4)(1)=4-j4\ \text{V}$$

$$\underline{V}_1=2-j2\ \text{V}$$

$$\underline{V}_1=\frac{12}{12-j16}\underline{V}_g\Rightarrow\underline{V}_g=\frac{3-j4}{3}\underline{V}_1$$

$$\underline{V}_g=\frac{3-j4}{3}(2-j2)=\frac{10\sqrt{2}}{3}\,\underline{/-98.1^\circ}\ \text{V}.\ \text{Since}\ \underline{V}_g=10,$$

$$\underline{I}=\frac{10}{(10\sqrt{2}/3)\underline{/-98.1^\circ}}(1)=\frac{3}{\sqrt{2}}\,\underline{/98.1^\circ}\ \text{A}$$

$$i=\underline{\frac{\sqrt{3}}{2}\cos(2t+98.1^\circ)\ \text{A}}$$

11.37

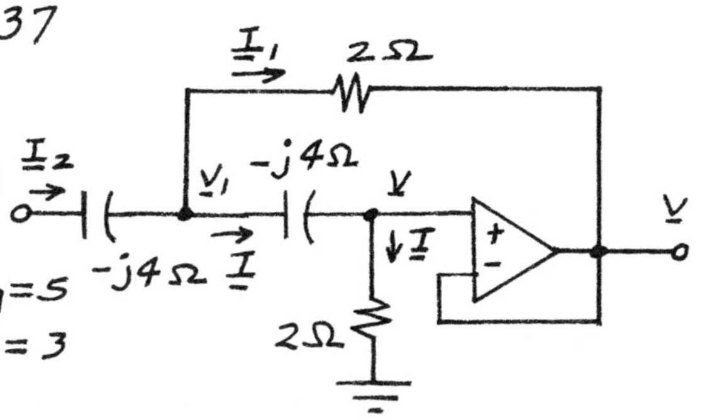

$V_g = 5$, $\omega = 3$

Let $\underline{I} = 1$ A. Then $\underline{V} = 2$ V.
$\underline{V_1} = \underline{V} + (-j4)\underline{I} = 2 - j4$ V
$\underline{I_1} = \frac{1}{2}(\underline{V_1} - \underline{V}) = \frac{1}{2}(2 - j4 - 2) = -j2$ A
$\underline{I_2} = \underline{I_1} + \underline{I} = 1 - j2$ A
$\underline{V_g} = \underline{V_1} + (-j4)\underline{I_2} = -6 - j8$ V

$\underline{I} = \frac{5}{-(6+j8)}(1) = \frac{5\angle 180°}{10\angle 53.1°} = 0.5\angle 126.9°$ A

$i = 0.5\cos(3t + 126.9°)$ A

11.38 $\underline{I_R} = \frac{1}{4}\underline{V_g} = \frac{8}{4} = 2$ A, $\underline{I_C} = j\frac{1}{2}\underline{V_g} = j4$ A

$\underline{I_L} = \underline{V_g}/(4+j4) = 1 - j1$ A

$\underline{I} = \underline{I_R} + \underline{I_C} + \underline{I_L} = 2 + j4 + 1 - j1 = 3 + j3$ A

11.39 $\underline{V_C} = \frac{-j\frac{1}{2(1/8)}(1)}{4 + j2L - j\frac{1}{2(1/8)}} = \frac{2(2-L-j2)}{4+(2-L)^2} = x + jy$

$x = \frac{2(2-L)}{4+(2-L)^2}$, $y = \frac{-4}{4+(2-L)^2} < 0$

$\frac{x}{y} = \frac{2(2-L)}{-4} \Rightarrow 2 - L = \frac{-2x}{y} \Rightarrow y = \frac{-4}{4+\left(\frac{-2x}{y}\right)^2}$

$y = \frac{-y^2}{x^2+y^2} \Rightarrow y(x^2+y^2) + y^2 = 0 \Rightarrow y = 0;\ x^2 + y^2 + y = 0$

since $y \neq 0$ unless $L = \infty$, we have $x^2 + y^2 + y = 0$ or

$x^2 + (y + \frac{1}{2})^2 = (\frac{1}{2})^2$

which is a circle with center at $(0, -\frac{1}{2})$ and radius $\frac{1}{2}$, as shown on the next page.

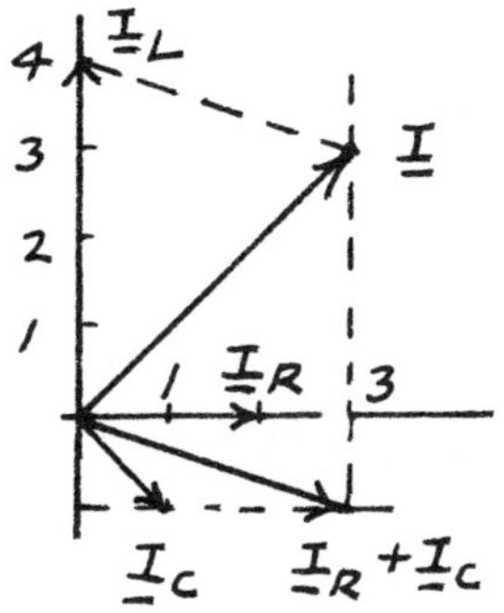

11.39 (Cont.)

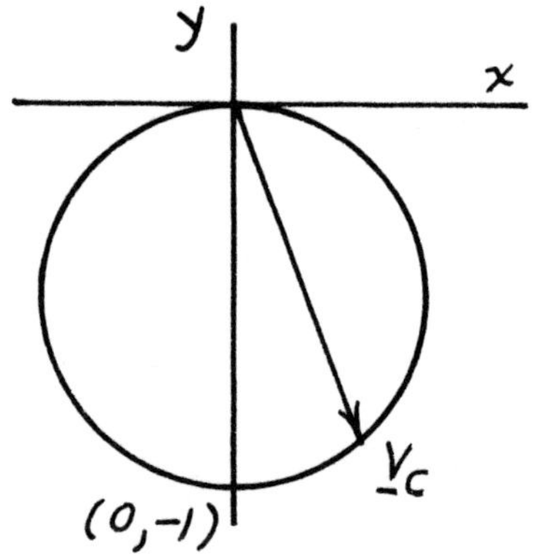

Maximum amplitude of $\underline{V}_c$ occurs when $x=0$, $y=-1$, as seen on diagram. Thus

$$\underline{V}_c = 1\angle 90^\circ \text{ V}$$

$$v_c = \cos(2t-90^\circ) \text{ V}$$

$$= \underline{\sin 2t \text{ V}}$$

This occurs when $x=0$, or $\underline{L = 2 H}$.

11.40

$$\underline{V}_c = \frac{\frac{1}{j2(1/2)}(2\angle 0^\circ)}{\frac{1}{j2(1/2)} + R + j2(1)} = x + jy \quad \text{where}$$

$$x = \frac{-2}{R^2+1}, \quad y = \frac{-2R}{R^2+1} \Rightarrow \frac{y}{x} = R$$

$$x = \frac{-2}{(y/x)^2+1} = \frac{-2x^2}{x^2+y^2} \Rightarrow x(x^2+y^2)+2x^2=0$$

$$x=0 \text{ or } x^2+y^2+2x=0 \Rightarrow (x+1)^2+y^2=1$$

This is a circle with center at (−1,0) and radius 1. Since $y<0$, the locus is the lower semicircle.

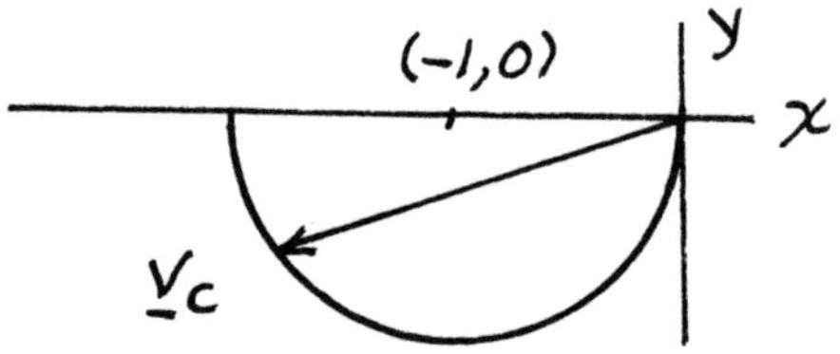

Im $\underline{V}_c$ has its largest absolute value $|-1|=1$ when $x=y=-1$ or $\underline{V}_c = -1-j1$ V, which occurs when $\underline{R = 1\,\Omega}$. Then

$$v_c = \underline{\sqrt{2}\cos(2t-135^\circ) \text{ V}}$$

CHAPTER 12

-EXERCISES-

12.1.1 (1) $$\int_0^{2\pi/\omega} \sin(\omega t+\alpha)\,dt = -\frac{1}{\omega}\left[\cos(\omega t+\alpha)\right]_0^{2\pi/\omega}$$

$$= -\frac{1}{\omega}\left[\cos(2\pi+\alpha) - \cos\alpha\right] = 0$$

$$\int_0^{2\pi/\omega} \cos(\omega t+\alpha)\,dt = \frac{1}{\omega}\left[\sin(\omega t+\alpha)\right]_0^{2\pi/\omega}$$

$$= \frac{1}{\omega}\left[\sin(2\pi+\alpha) - \sin\alpha\right] = 0$$

(2) $$\int_0^{2\pi/\omega} \sin(n\omega t+\alpha)\,dt = -\frac{1}{n\omega}\left[\cos(n\omega t+\alpha)\right]_0^{2\pi/\omega}$$

$$= -\frac{1}{n\omega}\left[\cos(2n\pi+\alpha) - \cos\alpha\right] = 0$$

$$\int_0^{2\pi/\omega} \cos(n\omega t+\alpha)\,dt = \frac{1}{n\omega}\left[\sin(n\omega t+\alpha)\right]_0^{2\pi/\omega}$$

$$= \frac{1}{n\omega}\left[\sin(2n\pi+\alpha) - \sin\alpha\right] = 0$$

(3) $$\int_0^{2\pi/\omega} \sin^2(\omega t+\alpha)\,dt = \frac{1}{2}\int_0^{2\pi/\omega}\left[1-\cos 2(\omega t+\alpha)\right]dt$$

$$= \frac{1}{2}\left[t - \frac{1}{2\omega}\sin(2\omega t+2\alpha)\right]_0^{2\pi/\omega}$$

$$= \frac{1}{2}\left[\frac{2\pi}{\omega} - \frac{1}{2\omega}\sin(4\pi+2\alpha) + \frac{1}{2\omega}\sin 2\alpha\right]$$

$$= \frac{\pi}{\omega}$$

$$\int_0^{2\pi/\omega} \cos^2(\omega t+\alpha)\,dt = \frac{1}{2}\int_0^{2\pi/\omega}\left[1+\cos(2\omega t+2\alpha)\right]dt$$

$$= \frac{1}{2}\left\{t + \frac{1}{2\omega}\sin(2\omega t+2\alpha)\right\}_0^{2\pi/\omega}$$

$$= \frac{1}{2}\left\{\frac{2\pi}{\omega} + \frac{1}{2\omega}\left[\sin(4\pi+2\alpha) - \sin 2\alpha\right]\right\}$$

$$= \frac{\pi}{\omega}$$

(4) $$\int_0^{2\pi/\omega} \sin(m\omega t+\alpha)\cos(n\omega t+\alpha)\,dt$$

$$= \frac{1}{2}\int_0^{2\pi/m}\left\{\sin\left[(m+n)\omega t+2\alpha\right] + \sin\left[(m-n)\omega t\right]\right\}dt$$

$$= \frac{1}{2}\left\{-\frac{\cos\left[(m+n)\omega t+2\alpha\right]}{(m+n)\omega} - \frac{\cos\left[(m-n)\omega t\right]}{(m-n)\omega}\right\}_0^{2\pi/\omega}$$

$$= -\frac{\cos\left[(m+n)2\pi+2\alpha\right] - \cos 2\alpha}{2(m+n)\omega}$$

$$- \frac{\cos\left[(m-n)(2\pi)\right] - 1}{2(m-n)\omega} = 0, \quad m \neq n$$

12.1.1 (Cont.)

$$\int_0^{2\pi/\omega} \sin(n\omega t+\alpha)\cos(n\omega t+\alpha)dt = \frac{1}{2n\omega}\left[\sin^2(n\omega t+\alpha)\right]_0^{2\pi/\omega}$$

$$= \frac{1}{2n\omega}\left[\sin^2(2n\pi+\alpha) - \sin^2\alpha\right] = 0$$

(5) $\int_0^{2\pi/\omega} \cos(m\omega t+\alpha)\cos(n\omega t+\beta)dt$

$$= \frac{1}{2}\int_0^{2\pi/\omega} \left\{\cos[(m+n)\omega t+\alpha+\beta] + \cos[(m-n)\omega t+\alpha-\beta]\right\}dt$$

$$= \frac{1}{2}\left\{\frac{\sin[(m+n)\omega t+\alpha+\beta]}{(m+n)\omega} + \frac{\sin[(m-n)\omega t+\alpha-\beta]}{(m-n)\omega}\right\}_0^{\frac{2\pi}{\omega}}$$

$$= 0, \quad m \neq n$$

$m=n$: $\int_0^{2\pi/\omega} \cos(n\omega t+\alpha)\cos(n\omega+\beta)dt$

$$= \frac{1}{2}\int_0^{2\pi/\omega}\left\{\cos(2n\omega t+\alpha+\beta) + \cos(\alpha-\beta)\right\}dt$$

$$= \frac{1}{2}\left\{\frac{\sin(2n\omega+\alpha+\beta)}{2n\omega} + t\cos(\alpha-\beta)\right\}_0^{2\pi/\omega}$$

$$= \frac{\pi}{\omega}\cos(\alpha-\beta) \qquad (m=n)$$

12.1.2 (a) $v = \frac{1}{C}\int_0^t I_m \cos\omega t\, dt + v(0) = \frac{I_m}{\omega C}\sin\omega t + v(0)$

$$P = \frac{1}{T}\int_{t_1}^{\frac{2\pi}{\omega}+t_1}\left[\frac{I_m}{\omega C}\sin\omega t + v(0)\right] I_m \cos\omega t\, dt, \quad T = \frac{2\pi}{\omega}$$

$$P = \frac{1}{T}\int_{t_1}^{T+t_1}\left[\frac{I_m^2}{2\omega C}\sin 2\omega t + I_m v(0)\cos\omega t\right]dt$$

$$= \frac{1}{T}\left\{\frac{I_m^2}{2\omega C}\left[-\frac{\cos 2\omega t}{2\omega}\right] + \frac{I_m v(0)}{\omega}\sin\omega t\right\}_{t_1}^{T+t_1}$$

$$= 0$$

(b) $v = L\frac{di}{dt} = -\omega L I_m \sin\omega t$

$$P = \frac{1}{T}\int_{t_1}^{T+t_1}(-\omega L I_m^2)\sin\omega t\cos\omega t\, dt$$

$$= \frac{1}{T}\left(\frac{-L I_m^2}{2}\right)\sin^2\omega t\Big|_{t_1}^{T+t_1} = 0$$

12.1.3 (a) $T = \frac{2\pi}{20} = \frac{\pi}{10}$: $P = \frac{10}{\pi}\int_0^{\pi/10} 10(5\sin 10t)^2 \times 10^{-6} dt$ W

$$P = \frac{10}{\pi}(250)\,\frac{1}{2}\int_0^{\pi/10}(1-\cos 20t)\,dt \quad \mu W$$

12.1.3(a)(Cont.)

$$P = \frac{10(125)}{\pi}\int_0^{\pi/10}(1-\cos 20t)\,dt = \frac{1250}{\pi}\left[t - \frac{1}{20}\sin 20t\right]_0^{\pi/10}$$

$$= 125\ \mu W$$

(b) $$P = \frac{5}{\pi}\int_0^{\pi/10}(10\sin 10t \times 10^{-3})^2\, 10\,dt \quad W$$

$$= \frac{5000}{\pi}\int_0^{\pi/10}\sin^2 10t\,dt = \frac{5000}{2\pi}\int_0^{\pi/10}[1-\cos 20t]dt$$

$$= \frac{5000}{2\pi}\left[t - \frac{1}{20}\sin 20t\right]_0^{\pi/10} = 250\mu W = 0.25\ mW$$

(c) $$P = 10\left\{\frac{1}{0.02}\right\}\left\{\int_0^{0.01}(5\times10^{-3})^2 dt + \int_{0.01}^{0.02}(-5\times10^{-3})^2 dt\right\} W$$

$$= 50(250)(0.02)\ \mu W = 0.25\ mW$$

(d) $$P = \frac{1}{2}\int_0^2 10(2t)^2 dt = 20\int_0^2 t^2 dt = \frac{20(2^3)}{3} = \frac{160}{3}\ W$$

12.1.4

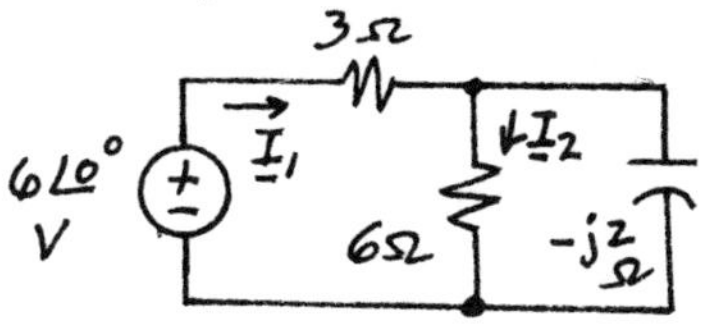

$$I_1 = \frac{6}{3 + \frac{6(-j2)}{6-j2}} = \frac{2(3-j1)}{3(1-j1)}$$

$$P_{3\Omega} = \frac{3}{2}\left(\frac{2}{3}\sqrt{\frac{10}{2}}\right)^2 = \frac{10}{3}\ W$$

$$P_C = 0;\quad I_2 = \frac{-j2}{6-j2}I_1 = \frac{-j1}{3-j1}\,\frac{2(3-j1)}{3(1-j1)} = \frac{-j2}{3(1-j1)}$$

$$P_{6\Omega} = \frac{1}{2}(6)\left(\frac{2}{3\sqrt{2}}\right)^2 = \frac{2}{3}\ W$$

$$I_1 = \frac{2}{3}\,\frac{(3-j1)(1+j1)}{2} = \frac{2}{3}(2+j1) = \frac{2\sqrt{5}}{3}\angle 26.6^\circ\ A$$

$$P_{source} = -\frac{1}{2}(6)\frac{2\sqrt{5}}{3}\cos 26.6^\circ = -4\ W$$

Note: $P_{3\Omega} + P_{6\Omega} + P_C = 4\ W$

12.1.5 $f_1(t) + f_2(t)$ is periodic if f_1 and f_2 have a common period. Therefore $T = mT_1 = nT_2$, where m and n are positive integers.

$$(1+\cos\omega t)^2 = 1 + 2\cos\omega t + \cos^2\omega t$$

$$= 1 + 2\cos\omega t + \frac{1}{2}(1+\cos 2\omega t)$$

$$= \frac{3}{2} + 2\cos\omega t + \frac{1}{2}\cos 2\omega t$$

$\frac{3}{2} + 2\cos\omega t$ has period $T_1 = \frac{2\pi}{\omega}$

$\frac{1}{2}\cos 2\omega t$ has period $T_2 = 2\pi/(2\omega) = \frac{\pi}{\omega}$

12.1.5 (cont.) $T = mT_1 = nT_2 \Rightarrow m\left(\frac{2\pi}{\omega}\right) = n\left(\frac{\pi}{\omega}\right)$

Take $m=1$ and $n=2$: $T = \frac{2\pi}{\omega}$

12.2.1 $\mathbf{I} = \frac{\mathbf{V}_{g1} - \mathbf{V}_{g2}}{10}$ (a) $\mathbf{I} = \frac{20 - 10\left(\frac{1}{2} + j\frac{\sqrt{3}}{2}\right)}{10} = \frac{3 - j\sqrt{3}}{2}$

$P = \frac{1}{2}|\mathbf{I}|^2(10) = \underline{15\ W}$

(b) $P = P_1 + P_2$; $\mathbf{I}_1 = \frac{\mathbf{V}_{g1}}{10} = \frac{20\angle 60^\circ}{10} = 2\angle 60^\circ\ A$

$P_1 = \frac{1}{2}(2)^2(10) = 20\ W$

$\mathbf{I}_2 = -\frac{\mathbf{V}_{g2}}{10} = -\frac{100\angle -120^\circ}{10} = 10\angle 60^\circ\ A$

$P_2 = \frac{1}{2}(10)^2(10) = 500\ W$

$P = 20 + 500 = \underline{520\ W}$

(c) $\mathbf{I} = \frac{50\left(\frac{\sqrt{3}}{2} + j\frac{1}{2}\right) - 100\left(\frac{\sqrt{3}}{2} - j\frac{1}{2}\right)}{10} = \frac{5}{2}(-\sqrt{3} + j3)$

$P = \frac{1}{2}\left[\frac{25}{4}(3+9)\right](10) = \underline{375\ W}$

(d) $P = P_1 + P_2$; $I_{1m} = \frac{20}{10} = 2A$; $I_{2m} = \frac{30}{10} = 3A$

$P = \frac{1}{2}I_{1m}^2(10) + \frac{1}{2}I_{2m}^2(10) = 5[4+9] = \underline{65\ W}$

12.2.2

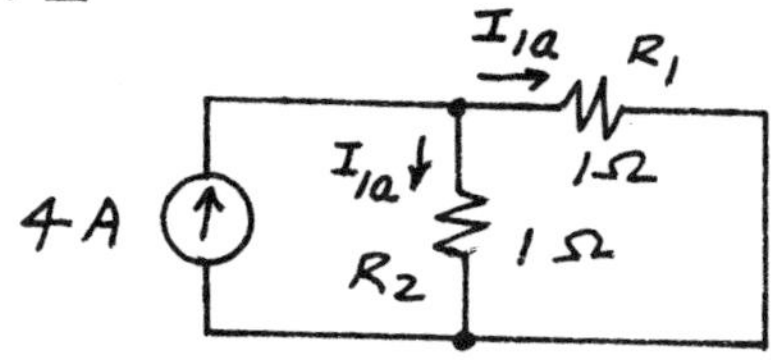

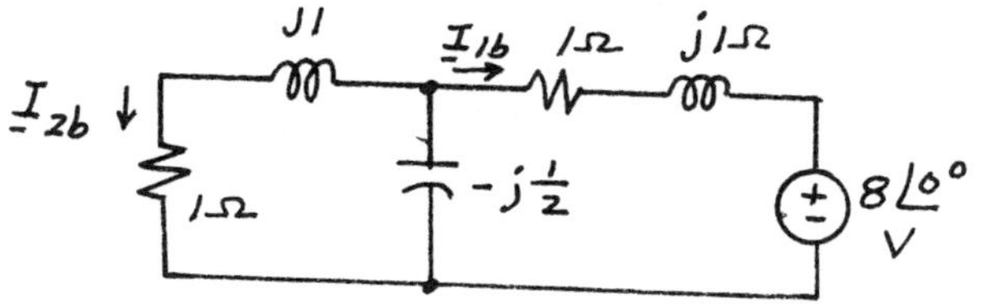

$I_{1a} = 2\ A$, $P_{R_1} = P_{R_2} = 2^2(1) = 4W$

$P_{4A} = -4(2) = -8\ W$

Total Power:

$P_{R_1} = 4 + 20 = \underline{24\ W}$

$P_{R_2} = 4 + 4 = \underline{8W}$

$P_{4A} = \underline{-8\ W}$

$\mathbf{I}_{1b} = -\frac{8}{1 + j1 + \frac{-j\frac{1}{2}(1+j1)}{1 + j\frac{1}{2}}}$

$= -2(3 - j1)$

$\mathbf{I}_{2b} = \frac{2(3-j1)(-j\frac{1}{2})}{1 + j\frac{1}{2}} = -2(1+j1)$

$P_{R_1} = \frac{1}{2}\left[2\sqrt{10}\right]^2(1) = 20W$

$P_{R_2} = \frac{1}{2}\left[2\sqrt{2}\right]^2(1) = 4W$

$P_{8V} = -\frac{1}{2}(8)|I_{1b}|\cos\theta_{1b} = -4(2\sqrt{10})\frac{3}{\sqrt{10}} = \underline{-24\ W}$

12.2.3

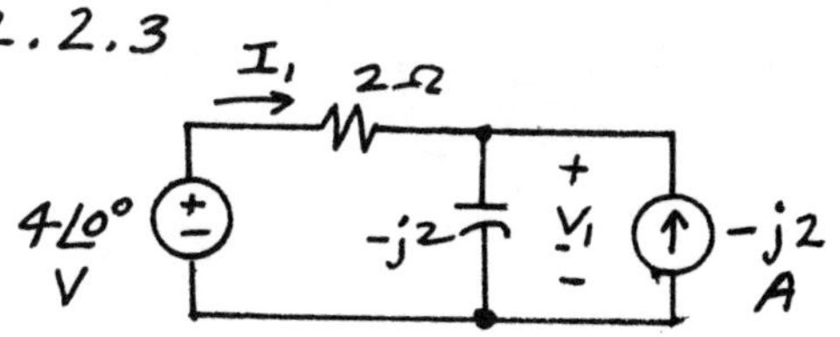

$$\frac{V_1-4}{2}-\frac{V_1}{j2}=-j2 \Rightarrow V_1=-j4\ \text{V}$$

$$I_1=-\frac{V_1-4}{2}=2+j2$$

$$P_R=\frac{1}{2}(2)(2\sqrt{2})^2=\underline{8\,\text{W}},\quad P_{4V}=-\frac{4}{2}\sqrt{8}\cos 45°=\underline{-4\,\text{W}}$$

$$P_{2A}=-\frac{1}{2}(4)(2)\cos 0°=\underline{-4\ \text{W}}$$

12.3.1 (a) $I_{rms}^2=\frac{1}{4}\left[\int_0^2 I^2 dt+\int_2^4(-I)^2 dt\right]=\frac{1}{4}I^2(4)=I^2$

$$I_{rms}=\underline{I}$$

(b) $I_{rms}^2=\frac{1}{T}\int_0^T 4t^2 dt \quad \frac{4t^3}{3T}\Big|_0^T=\frac{4}{3}T^2 \Rightarrow I_{rms}=\underline{\frac{2T}{\sqrt{3}}}$

(c) $I_{rms}^2=\frac{\omega}{\pi}\int_0^{\pi/\omega} I_m^2\sin^2\omega t\,dt$

$$=\frac{\omega}{2\pi}I_m^2\int_0^{\pi/\omega}(1-\cos 2\omega t)dt=\frac{\omega I_m^2}{2\pi}\frac{\pi}{\omega}=\frac{I_m^2}{2}$$

$$I_{rms}=\underline{\frac{I_m}{\sqrt{2}}}$$

12.3.2 (a) $I=10+20\angle -120°=10-10-j10\sqrt{3}=-j10\sqrt{3}$

$$I_{rms}=\frac{I_m}{\sqrt{2}}=\frac{10\sqrt{3}}{\sqrt{2}}=5\sqrt{6}=\underline{12.25}$$

(b) $I_{rms}^2=\frac{1}{2}(8)^2+\frac{1}{2}(6)^2=50 \Rightarrow I_{rms}=5\sqrt{2}=7.07$

(c) $i=I+I\cos 377t$

$$I_{rms}^2=I^2+\frac{1}{2}I^2=\frac{3}{2}I^2 \Rightarrow I_{rms}=\underline{I\sqrt{\frac{3}{2}}}$$

12.3.3 $\frac{V-2}{j2}+V+\frac{V-6}{-j2/3}=0,\quad V=\frac{-j2+j18}{-j1+2+j3}=4\sqrt{2}\angle 45°\ \text{V}$

$$V_{rms}=\frac{4\sqrt{2}}{\sqrt{2}}=\underline{4\ \text{V}}$$

12.4.1 (a) $VI=20(115)=2300\,\text{W}=\underline{2.3\ \text{kVA}}$

(b) $X_C=\frac{-1}{2\pi(60)(25\times 10^{-6})}=-106.1\ \Omega$

$$Z_L=\frac{100(jX_C)}{100+jX_C}=72.77\angle -43.3°\ \Omega$$

12.4.1(b) (Cont.) $V_{rms} I_{rms} = (120)\frac{120}{72.77} = \underline{197.9 \text{ VA}}$

12.4.2 (a) $\mathbf{Z} = 10 + j(10^{-2})(2\pi)(60)$; $pf = \cos\left(\tan^{-1}\frac{1.2\pi}{10}\right)$

$pf = \underline{0.936 \text{ lagging}}$

(b) $25(230)\cos\theta = 5000$; $pf = \cos\theta = \frac{5000}{(25)(230)}$

$pf = \underline{0.87 \text{ leading}}$

(c) $5000 = \frac{V_{rms}^2(0.9)}{|\mathbf{Z}_1|} \Rightarrow \mathbf{Z}_1 = \frac{0.9\,V_{rms}^2}{5000}\underline{/-\cos^{-1}0.9}$

$\mathbf{Z}_1 = a\underline{/-\theta_1}$, $\mathbf{Z}_2 = \frac{0.95\,V_{rms}^2}{10{,}000}\underline{/\cos^{-1}0.95} = b\underline{/\theta_2}$

$$\mathbf{Z}_{eq} = \frac{\mathbf{Z}_1\mathbf{Z}_2}{\mathbf{Z}_1 + \mathbf{Z}_2} = \frac{ab\underline{/-\theta_1+\theta_2}}{a\cos\theta_1 + b\cos\theta_2 - j(a\sin\theta_1 - b\sin\theta_2)}$$

$$= |\mathbf{Z}_{eq}|\underline{/-\theta_1 + \theta_2 + \tan^{-1}\frac{a\sin\theta_1 - b\sin\theta_2}{a\cos\theta_1 + b\cos\theta_2}} = |\mathbf{Z}_{eq}|\underline{/\theta}$$

$$\theta = -\theta_1 + \theta_2 + \tan^{-1}\frac{V_{rms}^2\left(\frac{0.9}{5000}\sin\theta_1 - \frac{0.95}{10000}\sin\theta_2\right)}{V_{rms}^2\left(\frac{0.9}{5000}\cos\theta_1 + \frac{0.95}{10000}\cos\theta_2\right)}$$

$\theta_1 = 25.84^\circ$, $\theta_2 = 18.19^\circ$

$$\theta = -7.65 + \tan^{-1}\frac{1.8\sin 25.84^\circ - 0.95\sin 18.19^\circ}{1.8\cos 25.84^\circ + 0.95\cos 18.19^\circ}$$

$= 3.3^\circ$

$pf = \cos 3.3^\circ = \underline{0.998 \text{ lagging}}$

12.4.3 (a) $\mathbf{Z} = 100 + j100 = 100\sqrt{2}\,\underline{/45^\circ}\ \Omega$

$\mathbf{Z}_1 = jX_1$: $X_1 = \frac{10^4 + 10^4}{10^2\tan(-\cos^{-1}.9) - 10^2} = -134.742 = \frac{-1}{\omega C}$

$C = \frac{1}{(134.742)(100)}\text{ F} = \underline{74.22\,\mu\text{F}}$

(b) $X_1 = \frac{2(10^4)}{10^2[\tan(\cos^{-1}0.9) - 1]} = -387.839 = -\frac{1}{\omega C}$

$C = \underline{25.78\,\mu\text{F}}$

12.5.1 (a) $|\mathbf{S}| = \frac{P}{\cos\theta} = \frac{10}{0.85} = 11.76\text{ kVA}$

$\mathbf{S} = 11.76\underline{/-\cos^{-1}0.85} = \underline{11.76\underline{/-31.8}\text{ kVA}}$

(b) $\mathbf{S} = \frac{|Q|}{\sin\theta}\underline{/-\theta} = \underline{18.98\underline{/-31.8^\circ}\text{ kVA}}$

12.5.1 (c) $\underline{S} = 1 \angle -31.8°$ kVA

12.5.2 (a) $\underline{Z} = \frac{\underline{V}}{\underline{I}} = \frac{V}{|\underline{S}|/V} \angle \text{ang}\, \underline{S} = \frac{240(10^{-3})}{11.76/240} \angle -31.8°$

$\underline{Z} = 4.90 \angle -31.8°\ \Omega$

(b) $\underline{Z} = \frac{240(10^{-3})}{18.98/240} \angle -31.8° = 3.03 \angle -31.8°\ \Omega$

(c) $\underline{Z} = \frac{240(10^{-3})}{1/240} \angle -31.8° = 57.6 \angle -31.8°\ \Omega$

12.5.3 (a) Let $\underline{V}_{rms} = 1\angle 0°$ V. Then $\underline{I}_{rms} = \frac{1}{10 + j(0.01)(377)}$.

$\underline{I}_{rms} = 0.0936 \angle -20.66°$

$\underline{S} = (1)(0.0936 \angle -20.66°) = \underline{V}_{rms} \underline{I}^*_{rms}$

$pf = \cos 20.66° = 0.936$ lagging

(b) $VA = (230)(25) = 5750\ VA = |\underline{S}|$

$pf = \cos\theta = \frac{P}{|\underline{S}|} = \frac{5000}{5750} = 0.87$ leading

(c) $\underline{S} = \underline{S}_1 + \underline{S}_2 = 5 - j5\tan(\cos^{-1} 0.9)$

$+ 10 + j10\tan(\cos^{-1} 0.95)$

$\underline{S} = 15 + j0.8652$

$\theta = \tan^{-1} \frac{0.8652}{15} = 3.30°$

$pf = \cos\theta = 0.998$ lagging

12.5.4 (a) $\underline{S} = P + jQ = 25 + j25$

For $pf = 0.9$ leading $Q_T < 0$; $Q_T = -25\tan(\cos^{-1} 0.9)$

$Q_T = Q_1 + 25 = -12.108$ or $Q_1 = -37.108 = \frac{V_{rms}^2}{X_1}$

$X_1 = -\frac{(100/\sqrt{2})^2}{37.108} = -\frac{1}{100C} \Rightarrow C = 74.22\ \mu F$

(b) $Q_T = 25\tan(\cos^{-1} 0.9) = 12.108 = Q_1 + 25$

$Q_1 = -12.892 = \frac{(100/\sqrt{2})^2}{X_1} = -\frac{10^4}{2}(100C)$

$C = 25.78\ \mu F$

12.6.1

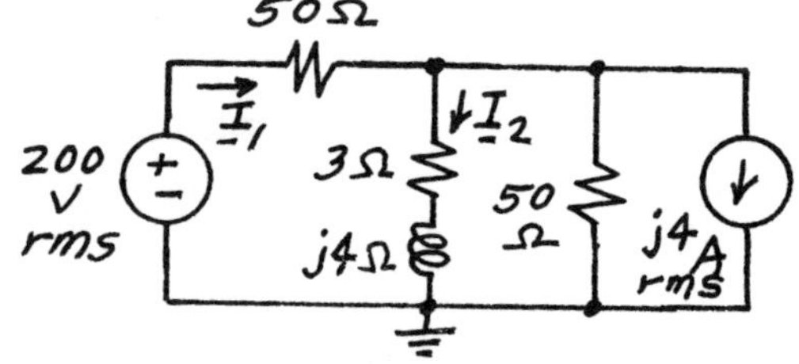

By KCL

$$\frac{V-200}{50}+\frac{V}{3+j4}+\frac{V}{50}+j4=0$$

$$\underline{V}=25\angle 0^\circ \text{ rms}$$

$$\underline{I}_2=\frac{\underline{V}}{3+j4}= \;\angle -53.1^\circ \text{ A rms}$$

$$\underline{I}_1=\frac{200-\underline{V}}{50}=\frac{175}{50}=3.5\angle 0^\circ \text{ A rms}$$

First meter:

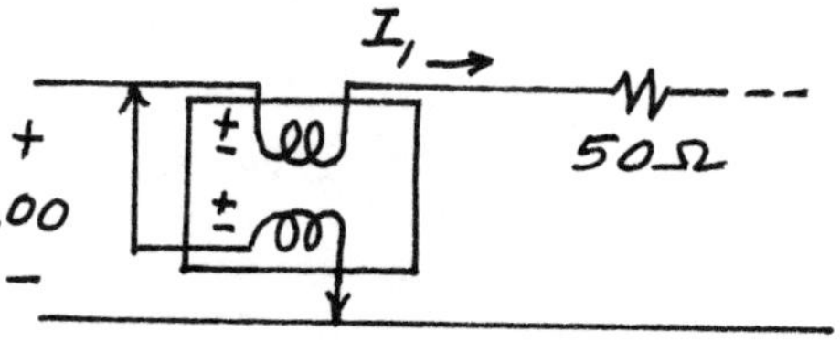

$$P_1=200(3.5)\cos 0^\circ=\underline{700\text{ W}}$$

Second meter:

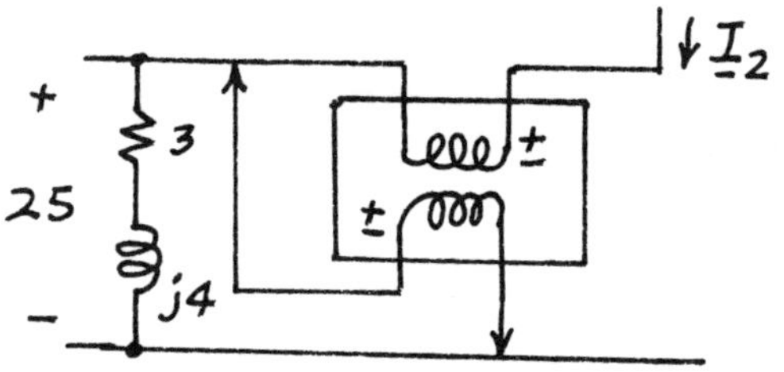

$$P_2=25(5)\cos 53.1^\circ=\underline{75\text{ W}}$$

Third meter:

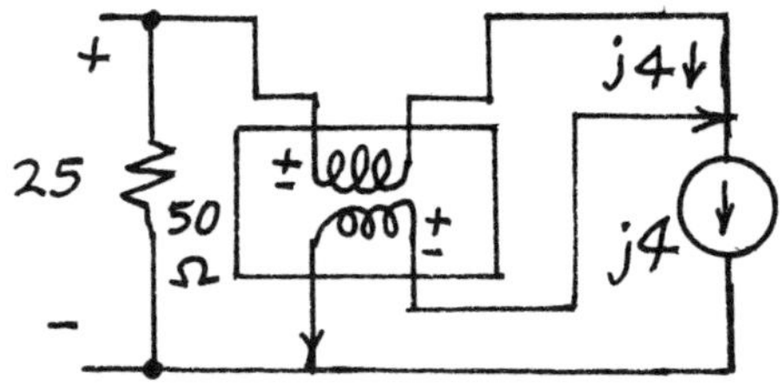

$$P_3=25(4)\cos 90^\circ=\underline{0}$$

12.6.2

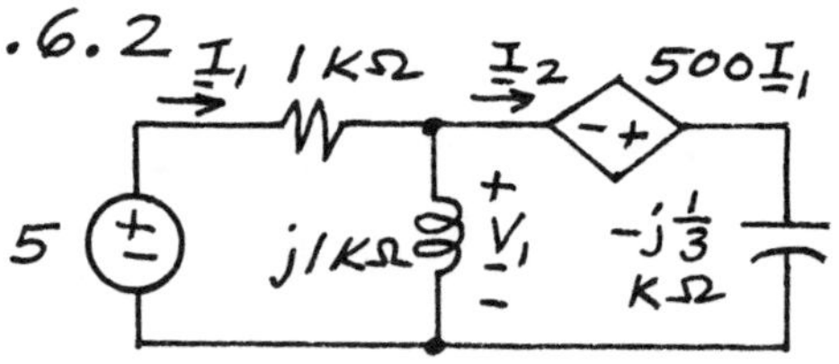

$$1000\,\underline{I}_1+j1000(\underline{I}_1-\underline{I}_2)=5$$

$$-500\,\underline{I}_1-j\frac{1000}{3}\underline{I}_2+j1000(\underline{I}_2-\underline{I}_1)=0$$

$$\left.\begin{aligned}(1+j1)\underline{I}_1-j\underline{I}_2&=5\times10^{-3}\\ (-\tfrac{1}{2}-j1)\underline{I}_1+j\tfrac{2}{3}\underline{I}_2&=0\end{aligned}\right\}\Rightarrow \underline{I}_1=\begin{vmatrix}5 & -j1\\ 0 & j\frac{2}{3}\end{vmatrix}\Bigg/\begin{vmatrix}1+j1 & -j1\\ -\frac{1}{2}-j1 & j\frac{2}{3}\end{vmatrix}$$

$$\underline{I}_1=4(1+j2)=4\sqrt{5}\,\underline{\angle 63.4^\circ}\text{ mA rms}$$

$$\underline{I}_2=\begin{vmatrix}1+j1 & 5\\ -\frac{1}{2}-j1 & 0\end{vmatrix}\Bigg/\begin{vmatrix}1+j1 & -j1\\ -\frac{1}{2}-j1 & j\frac{2}{3}\end{vmatrix}=3(4+j3)=15\,\underline{\angle 36.9^\circ}\text{ mA rms}$$

$$P_1=\frac{5}{2}(4\sqrt{5})\cos 63.4^\circ=\underline{10\text{ mW}}$$

12.6.2 (Cont.) $-0.5\underline{I}_1 = -2(1+j2)$ V rms $= 2\sqrt{5}\ \angle -116.6^\circ$ V rms

$$P_2 = \frac{1}{2}(2\sqrt{5})\cos(-116.6-36.9) = \underline{-30\text{ mW}}$$

$\therefore$ $P_1 = \underline{10\text{ mW}}$, $P_2 = \underline{30\text{ mW}}$ if $\pm$ assigned correctly.

– PROBLEMS –

12.1 $$P = \frac{1}{4\times10^{-3}}\int_0^{10^{-3}} (10)^2(20)\,dt = \frac{(2\times10^3)10^{-3}}{4\times10^{-3}} = 500\text{ W}$$

12.2 $i = 10t,\ 0<t<1;\ i = -10(t-2),\ 1<t<2$

$$P = \frac{1}{2}\left[\int_0^1 100t^2\,dt + \int_1^2 100(t-2)^2\,dt\right]$$

$$= 50\left[\frac{1}{3}t^3\Big|_0^1 + \frac{1}{3}(t-2)^3\Big|_1^2\right] = \frac{100}{3}\text{ W}$$

12.3 $T = \frac{2\pi}{\omega}$: $$P = \frac{\omega}{2\pi}\int_0^{2\pi/\omega} RI_m^2(1+\cos\omega t)^2\,dt$$

$$P = \frac{\omega}{2\pi}RI_m^2\int_0^{2\pi/\omega}\left[\frac{3}{2} + 2\cos\omega t + \frac{1}{2}\cos 2\omega t\right]dt$$

$$= \frac{\omega}{2\pi}RI_m^2\left[\frac{3}{2}t + \frac{2}{\omega}\sin\omega t + \frac{1}{4\omega}\sin 2\omega t\right]_0^{2\pi/\omega}$$

$$= \frac{3}{2}RI_m^2$$

12.4

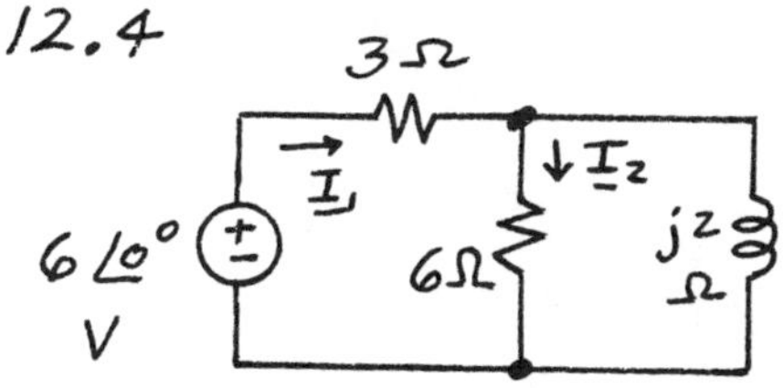

$$\underline{I}_1 = \frac{6}{3+\frac{6(j2)}{6+j2}} = \frac{2(3+j1)}{3(1+j1)} = \frac{2}{3}(2-j1)\text{A}$$

$$\underline{I}_2 = \frac{j2}{6+j2}\underline{I}_1 = \frac{1}{3}(1+j1)\text{ A}$$

$$P_{3\text{-}\Omega} = \frac{1}{2}|\underline{I}_1|^2(3) = \frac{1}{2}\left(\frac{2}{3}\sqrt{5}\right)^2 = \frac{10}{3}\text{ W}$$

$$P_{6\text{-}\Omega} = \frac{1}{2}|\underline{I}_2|^2(6) = \frac{1}{2}\left(\frac{1}{3}\sqrt{2}\right)^2(6) = \frac{2}{3}\text{ W}$$

$$P_{\frac{1}{2}H} = 0$$

$$P_{source} = \frac{1}{2}(6)|\underline{I}_1|\cos\theta = 3\left(\frac{2}{3}\sqrt{5}\right)\frac{2}{\sqrt{5}} = 4\text{ W (supplied)}$$

12.5 $$\underline{I} = \frac{4}{4+j(4)(0.5)} = \frac{4}{\sqrt{20}}\angle -\tan^{-1}\tfrac{1}{2} = \frac{2}{\sqrt{5}}\angle -\tan^{-1}\tfrac{1}{2}\text{ A}$$

12.5 (Cont.) $P = \frac{1}{2} I_m^2 \operatorname{Re} \underline{Z} = \frac{1}{2}\left(\frac{2}{\sqrt{5}}\right)^2 (4) = \frac{8}{5}$ W

Power supplied by source $= \frac{8}{5}$ W

12.6

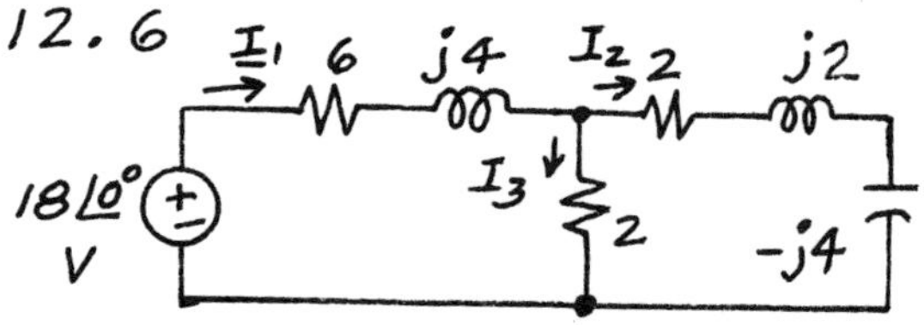

$$\underline{Z}_{eq} = 6 + j4 + \frac{2(2-j2)}{4-j2} = \frac{18}{2-j1}\ \Omega$$

$$\underline{I}_1 = \frac{18}{\underline{Z}_{eq}} = 2 - j1 = \sqrt{5}\ \angle -26.6^\circ \text{ A}$$

$P_{source} = 18(\sqrt{5})(\cos 26.6^\circ)/2 = \underline{18 \text{ W}}$,

$\underline{I}_2 = \frac{2}{4-j2}\underline{I}_1 = 1$, $P_{2\Omega} = \frac{1}{2}|\underline{I}_2|^2(1) = \underline{1 \text{ W}}$

$P_{6\Omega} = \frac{1}{2}(\sqrt{5})^2(6) = \underline{15 \text{ W}}$,

$\underline{I}_3 = \underline{I}_1 - \underline{I}_2 = 1 - j1$; $P_{2\Omega} = \frac{1}{2}|\underline{I}_3|^2(2) = \underline{2 \text{ W}}$

12.7

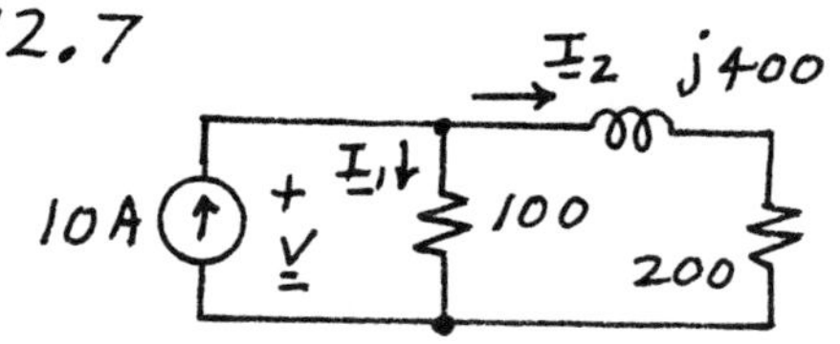

$$\underline{I}_1 = \frac{200 + j400}{300 + j400}(10) = 20\,\frac{1 + j2}{3 + j4} \text{ A}$$

$$\underline{I}_2 = \frac{100\,(10)}{300 + j400} = \frac{10}{3 + j4} \text{ A}$$

$$\underline{V} = 100\,\underline{I}_1 = 100\left[20\,\frac{1+j2}{3+j4}\right] = 400\sqrt{5}\ \angle 63.4^\circ - 53.1^\circ$$

$$P_{100\Omega} = \frac{1}{2}(100)\left[20\,\frac{\sqrt{5}}{5}\right]^2 = \underline{4000 \text{ W}}$$

$$P_{200\Omega} = \frac{1}{2}(200)\left(\frac{10}{5}\right)^2 = \underline{400 \text{ W}}$$

$$P_S = -\frac{1}{2}(10)\,|\underline{V}|\cos\theta = -5\,(400\sqrt{5})\cos(63.4^\circ - 53.1^\circ)$$

$= \underline{-4400 \text{ W absorbed}}$

12.8

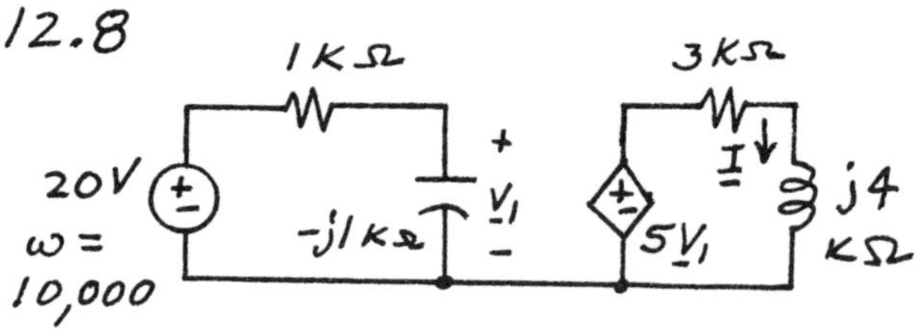

$$\underline{V}_1 = \frac{-j1}{1-j1}(20) = 10(1-j1) \text{ V}$$

$$\underline{I} = \frac{5\underline{V}_1}{3+j4} = \frac{50(1-j1)}{3+j4} \text{ mA}$$

$$P_{3K\Omega} = \frac{1}{2}|\underline{I}|^2(3\times10^3) = \frac{1}{2}\left[10\sqrt{2}\right]^2(3\times10^3)(10^{-6})\text{W} = \underline{300\text{mW}}$$

$$P_{5\underline{V}_1} = -\frac{1}{2}|5\underline{V}_1||\underline{I}|\cos\theta = -\frac{1}{2}(5\sqrt{2})(10\sqrt{2}\times10^{-3})\left(\frac{3}{5}\right)\text{W}$$

$= \underline{-30 \text{ mW}}$

12.9

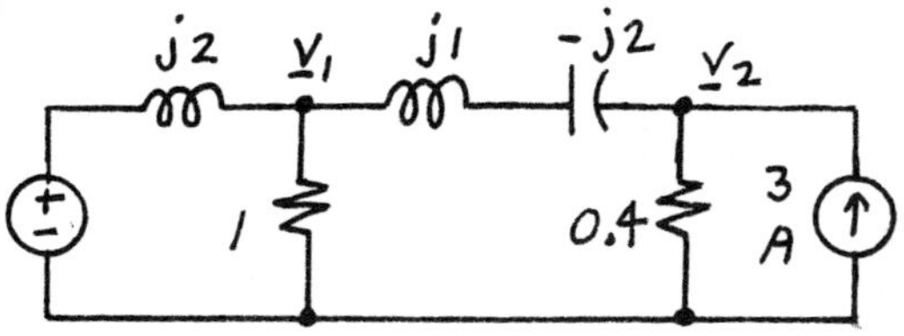

$$\underline{V}_1\left(\frac{1}{j2}+1+\frac{1}{-j1}\right)-\underline{V}_2\left(\frac{1}{-j1}\right)=\frac{6}{j2}$$

or $(2+j1)\,\underline{V}_1 - j2\,\underline{V}_2 = -j6$

$$-\frac{1}{-j1}\underline{V}_1+\left(\frac{1}{-j1}+\frac{1}{0.4}\right)\underline{V}_2=3 \quad \text{or} \quad -j1\,\underline{V}_1+(2.5+j1)\underline{V}_2=3$$

$$\underline{V}_2=\frac{2(4+j1)}{4+j3}\ V \Rightarrow P_{0.4\Omega}=\frac{1}{2}\frac{|\underline{V}_2|^2}{0.4}=\frac{1}{2}\left(\frac{2\sqrt{17}}{5}\right)^2\frac{1}{0.4}$$

$$P_{0.4\Omega}=\underline{3.4\ W}$$

12.10 superposition:

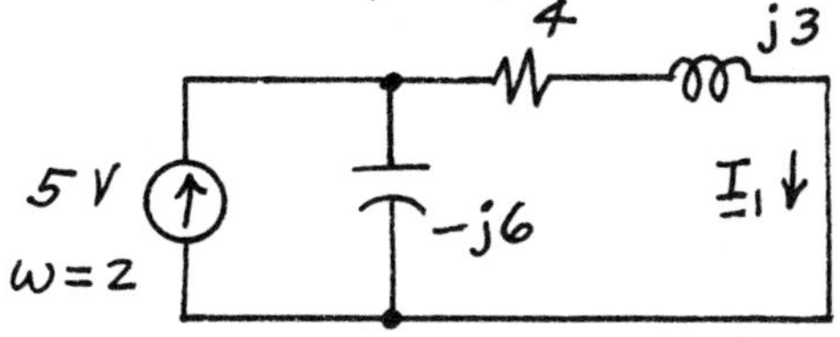

$$\underline{I}_1=\frac{(-j6)(5)}{4+j3-j6}\Rightarrow|\underline{I}_1|=6\ A$$

$$P_1=\frac{1}{2}(6)^2(4)=72\ W$$

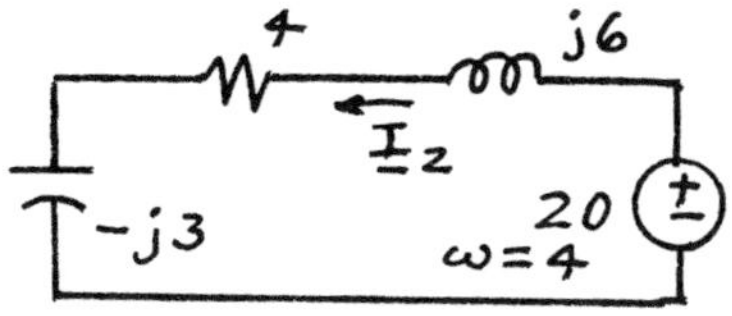

$$\underline{I}_2=\frac{20}{4+j6-j3}=\frac{20}{4+j3}\Rightarrow|\underline{I}_2|=4\ A$$

$$P_2=\frac{1}{2}(4)^2(4)=32\ W$$

$$P=P_1+P_2=72+32=\underline{104\ W}$$

12.11 superposition:

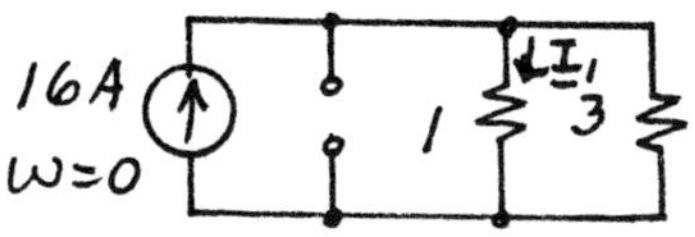

$$\underline{I}_1=\frac{3}{4}(16)=12\ A$$

$$P_1=(12)^2(1)=144\ W$$

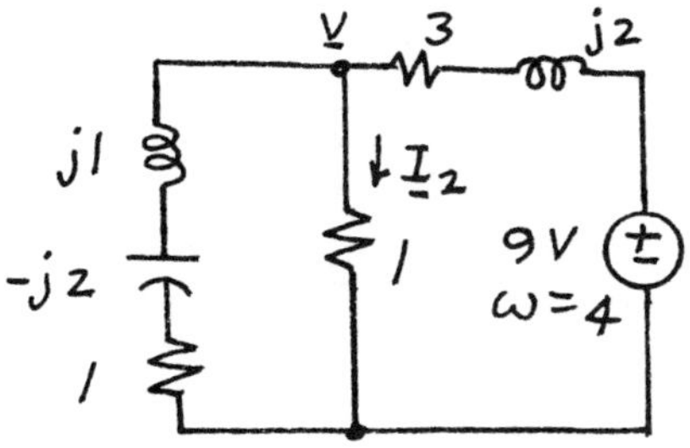

$$\underline{V}\left(1+\frac{1}{1-j1}+\frac{1}{3+j2}\right)=\frac{9}{3+j2}$$

$$\underline{V}=(1)\underline{I}_2=\frac{2}{1+j1}\ V\Rightarrow|\underline{I}_2|=\sqrt{2}\ A$$

$$P_2=\frac{1}{2}(\sqrt{2})^2(1)=1\ W$$

$$P=P_1+P_2=144+1=\underline{145\ W}$$

12.12 Superposition: $\underline{Y}_{eq}=1+j\frac{\omega}{4}+\dfrac{1}{8+j4\omega}$

$\underline{I}_i$ = current in 8-Ω resistor due to i_{g_i}

$$=\frac{[1/(8+j\omega)]\,\underline{I}_{g_i}}{(9-\omega^2+j6\omega)/(8+j\omega)}=\frac{\underline{I}_{g_i}}{9-\omega^2+j6\omega}$$

12.12 (cont.)

$$\underline{I}_{g0} = 18, \omega = 0: \; I_0 = \frac{18}{9} = 2 \Rightarrow P_0 = (2)^2(8) = 32 \text{ W}$$

$$\underline{I}_{g1} = -10, \omega = 1: \; \underline{I}_1 = \frac{-10}{9-1+j6} \Rightarrow |\underline{I}_1| = 1; \; P_1 = \tfrac{1}{2}(1)^2 8 = 4 \text{ W}$$

$$\underline{I}_{g2} = -39, \omega = 2: \underline{I}_2 = \frac{-39}{9-4+j12} = \frac{-39}{5+j12} \Rightarrow |\underline{I}_2| = 3 \text{ A}$$

$$P_2 = \tfrac{1}{2}(3)^2(8) = 36 \text{ W}$$

$$\underline{I}_{g3} = 9, \omega = 3: \; \underline{I}_3 = \frac{9}{9-9+j18} \Rightarrow |\underline{I}_3| = \tfrac{1}{2} \text{ A}$$

$$P_3 = \tfrac{1}{2}\left(\tfrac{1}{2}\right)^2(8) = 1 \text{ W}$$

$$P = P_0 + P_1 + P_2 + P_3 = 32 + 4 + 36 + 1 = 73 \text{ W}$$

12.13 $$P = \lim_{\tau\to\infty} \frac{1}{\tau}\int_0^\tau V_m I_m \cos(\omega t+\phi)\cos(\omega t+\phi-\theta)\,dt$$

$$= \lim_{\tau\to\infty} \frac{V_m I_m}{\tau}\left\{\frac{1}{4\omega}\left[\sin(2\omega\tau+2\phi-\theta) - \sin(2\phi-\theta)\right] + \frac{\tau}{2}\cos\theta\right\}$$

$$= \tfrac{1}{2} V_m I_m \cos\theta$$

12.14 $$P = \lim_{\tau\to\infty} \frac{R}{\tau}\int_0^\tau (I_{1m}\cos\omega_1 t + I_{2m}\cos\omega_2 t)^2\,dt$$

$$= \lim_{\tau\to\infty} R\left\{\frac{I_{1m}^2}{\omega_1}\left[\frac{\omega_1}{2} + \frac{\sin 2\omega_1\tau}{4\tau}\right] + \frac{I_{2m}^2}{\omega_2}\left[\frac{\omega_2}{2} + \frac{\sin 2\omega_2\tau}{4\tau}\right]\right.$$

$$\left. + I_{1m}I_{2m}\left[\frac{\sin(\omega_1+\omega_2)\tau}{(\omega_1+\omega_2)\tau} + \frac{\sin(\omega_1-\omega_2)\tau}{(\omega_1-\omega_2)\tau}\right]\right\}$$

$$= \frac{R}{2}\left(I_{1m}^2 + I_{2m}^2\right) = P_1 + P_2$$

12.15 $\underline{I}$ = phasor current produced by $\underline{V}_g$

$$\underline{I} = \frac{\underline{V}_g}{\underline{Z}_g + \underline{Z}_L} = \frac{\underline{V}_g}{R_g + R_L + j(X_g + X_L)}$$

$$I_m = |\underline{I}| = \frac{|\underline{V}_g|}{\sqrt{(R_g+R_L)^2 + (X_g+X_L)^2}}, \quad P_L = \tfrac{1}{2} I_m^2 R_L$$

$$P_L = \tfrac{1}{2}|\underline{V}_g|^2 \frac{R_L}{(R_g+R_L)^2 + (X_g+X_L)^2}$$

(a) For R_L and X_L variable, $\frac{\partial P_L}{\partial X_L} = 0 \Rightarrow X_g = -X_L$

(For X_L variable, the maximum occurs when $X_g + X_L = 0$.)

12.15 (Cont.) Then $P_L = \frac{1}{2}|V_g|^2 \frac{R_L}{(R_g+R_L)^2}$. This is the problem considered for resistive circuits.

$$\frac{dP_L}{dR_L} = 0 \Rightarrow R_L = R_g, \quad \therefore Z_L = Z_g^*$$

(b) $X_L = 0$ and $Z_L = R_L$: $P_L = \frac{|V_g|^2}{2} \frac{R_L}{(R_g+R_L)^2 + X_g^2}$

$$\frac{dP_L}{dR_L} = \frac{|V_g|^2}{2} \frac{(R_L+R_g)^2 + X_g^2 - 2R_L(R_L+R_g)}{[(R_L+R_g)^2 + X_g^2]^2}$$

$$= \frac{|V_g|^2}{2} \frac{R_g^2 + X_g^2 - R_L^2}{[(R_L+R_g)^2 + X_g^2]^2} = 0 \Rightarrow R_L^2 = R_g^2 + X_g^2$$

$$\therefore R_L = \sqrt{R_g^2 + X_g^2} = |Z_g|$$

12.16

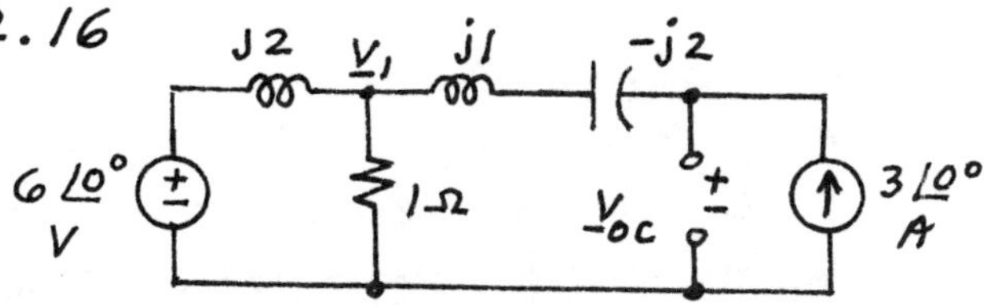

$$\frac{V_1 - 6}{j2} + \frac{V_1}{1} = 3$$

$$V_{oc} = V_1 + 3(-j1)$$

$$= \frac{6(1+j1)}{1+j2} - j3$$

$V_{oc} = \frac{3(6-j7)}{5}$ V; $Z_{th} = -j1 + \frac{j2}{1+j2} = \frac{4-j3}{5}\ \Omega$

(a) $R_L = |Z_{th}| = 1\ \Omega$; $I = \frac{V_{oc}}{1+Z_{th}} = \frac{3(6-j7)/5}{1+\frac{4-j3}{5}}$

$I = \frac{6-j7}{3-j1}$ A; $P_{max} = \frac{1}{2}|I|^2(1) = \frac{1}{2}\ \frac{36+49}{10} = 4.25$ W

(b) $Z_L = Z_{th}^* = \frac{4+j3}{5}\ \Omega$, $I = \frac{3(6-j7)/5}{\frac{4-j3}{5} + \frac{4+j3}{5}}$

$I = \frac{3(6-j7)}{8}$ A, $P_{max} = \frac{1}{2}\ \frac{9(36+49)}{64}\left(\frac{4}{5}\right) = 4.78$ W

12.17

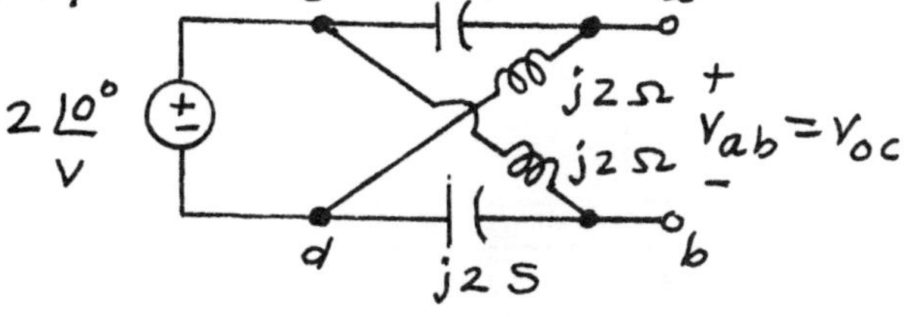

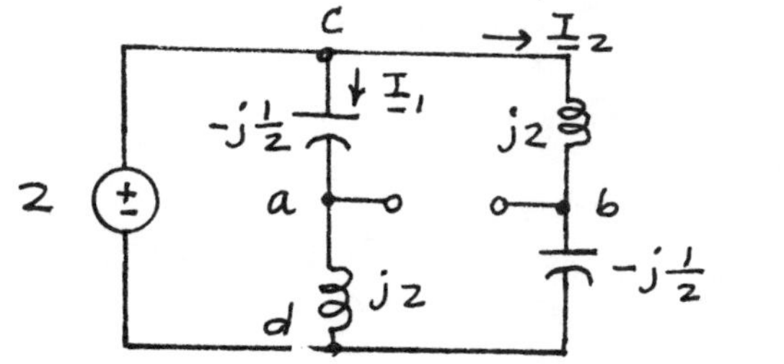

12.17 (Cont.) $\underline{I}_1 = \underline{I}_2 = \dfrac{2}{j2 - j\frac{1}{2}} = -j\frac{4}{3}$ A

$$\underline{V}_{ab} = [j2 - (-j\tfrac{1}{2})](-j\tfrac{4}{3}) = \frac{10}{3} \text{ V}$$

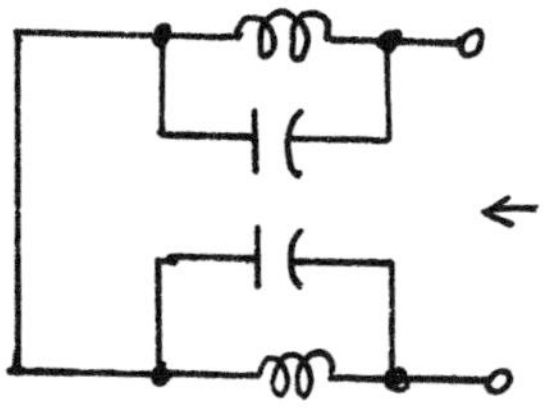

$$\underline{Z}_{th} = 2\,\frac{(j2)(-j\frac{1}{2})}{j2 - j\frac{1}{2}} = -j\frac{4}{3}\ \Omega$$

$$\underline{I} = \frac{\underline{V}_{oc}}{R + \underline{Z}_{th}} = \frac{10/3}{R - j\frac{4}{3}} = \frac{10}{3R - j4}$$

$P = \frac{1}{2} R \dfrac{100}{9R^2 + 16}$ (a) $R = 1$: $P = 2$ W

(b) P is a maximum when $R = |\underline{Z}_{th}| = \frac{4}{3}\ \Omega$

$$P_{max} = \frac{1}{2}\left(\frac{4}{3}\right)\frac{100}{9(\frac{4}{3})^2 + 16} = \frac{25}{12} \text{ W}$$

12.18

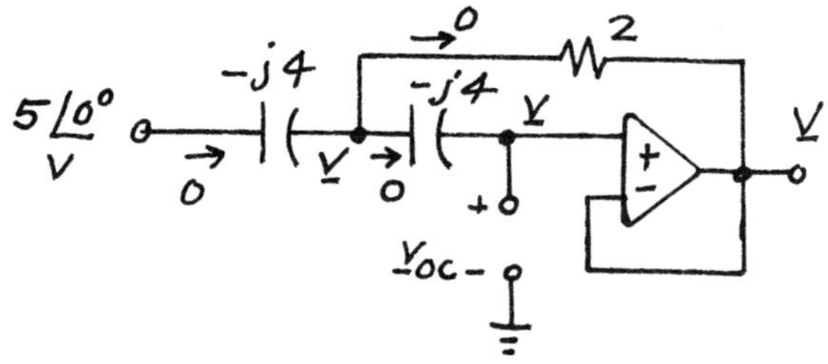

The current through the right capacitor is zero. The voltages are as shown with zero currents as shown.

$\therefore \underline{V}_{oc} = \underline{V} = 5\angle 0^\circ$ V

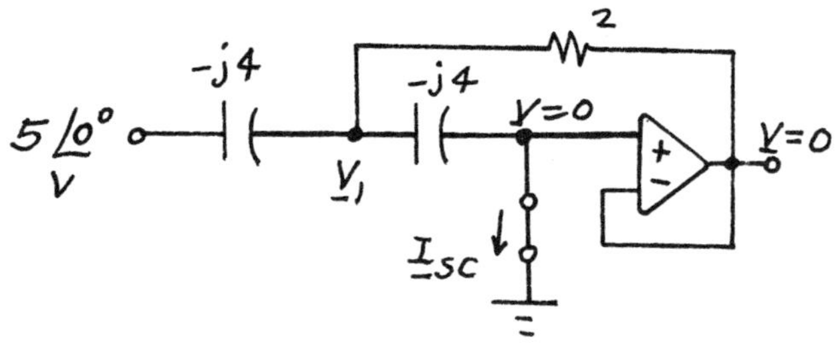

$$\frac{\underline{V}_1 - 5}{-j4} + \frac{\underline{V}_1 - 0}{-j4} + \frac{\underline{V}_1 - 0}{2} = 0$$

$$\underline{V}_1 = \frac{5}{4}(1 + j1) \text{ V}$$

$$\underline{I}_{sc} = \frac{\underline{V}_1 - 0}{-j4} = \frac{5(1 + j1)}{-j16} \text{ A}$$

$$\underline{Z}_{th} = \frac{\underline{V}_{oc}}{\underline{I}_{sc}} = \frac{5}{5(1 + j1)/(-j16)} = \frac{-j16}{1 + j1} = -8(1 + j1)\ \Omega$$

(a) Maximum power ⇒ $R = |\underline{Z}_{th}| = 8\sqrt{2}\ \Omega$

$$\underline{I} = \frac{\underline{V}_{oc}}{R + \underline{Z}_{th}} = \frac{5}{R - 8 - j8}$$

$$P = \frac{1}{2} R \frac{25}{(R-8)^2 + 64}$$

$R = 8\sqrt{2}$: $P = \frac{1}{2}(8\sqrt{2})\dfrac{25}{64[(\sqrt{2} - 1)^2 + 1]}$

12.18 (Cont.)

(a) $P = \frac{25\sqrt{2}}{32(2-\sqrt{2})}\ W = \underline{1.89\ W}$

(b) $R = 2\ \Omega : P = \frac{1}{2}(2)\frac{25}{(2-8)^2+64} = \underline{\frac{1}{4}\ W}$

12.19 (a) $V_{rms}^2 = (5)^2 + \left(\frac{12\sqrt{2}}{\sqrt{2}}\right)^2 = 169 \Rightarrow V_{rms} = \underline{13\ V}$

(b) $V_{rms}^2 = \left[\left(\frac{12}{\sqrt{2}}\right)^2 + \left(\frac{4}{\sqrt{2}}\right)^2 + \left(\frac{\sqrt{2}}{\sqrt{2}}\right)^2\right] = 81 \Rightarrow V_{rms} = \underline{9\ V}$

(c) $V_{rms} = \left[\left(\frac{4}{\sqrt{2}}\right)^2 + \left(\frac{6\sqrt{2}}{\sqrt{2}}\right)^2 + \left(\frac{10}{\sqrt{2}}\right)^2\right]^{1/2} = \underline{7\ V}$

12.20 (a) $I_{rms} = \left\{\left[\frac{1}{2}\right]\left[\int_0^1 (4)^2 dt + \int_1^2 0 \cdot dt\right]\right\}^{1/2} = \underline{2\sqrt{2}\ A}$

(b) $I_{rms} = \left\{\frac{1}{4}\left[\int_0^2 9t^2 dt + \int_2^4 9(t-4)^2 dt\right]\right\}^{1/2} = \underline{2\sqrt{3}\ A}$

(c) $I_{rms} = \left[\frac{1}{T}\int_0^{T/2} I_m^2 \sin^2 \frac{2\pi t}{T}\, dt\right]^{1/2}$

$= \left[\frac{I_m^2}{2T}\int_0^{T/2}\left(1 - \cos\frac{4\pi t}{T}\right)dt\right]^{1/2} = \underline{\frac{I_m}{2}\ A}$

(d) $I_{rms} = \left[\frac{1}{T}\int_0^T I_m^2 \sin^2 \frac{2\pi t}{T}\, dt\right]^{1/2}$

$= \left[\frac{1}{T}\int_0^T \frac{1}{2}\left(1 - \cos\frac{4\pi t}{T}\right)dt\right]^{1/2} = \underline{\frac{I_m}{\sqrt{2}}\ A}$

12.21

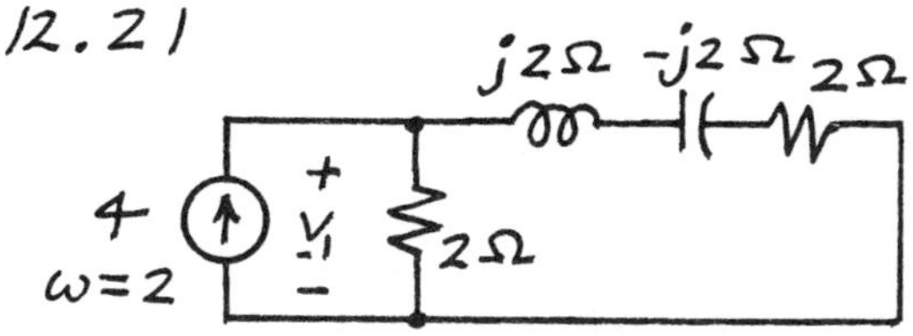

$\mathbf{V}_1 = 4\left(\frac{2(2)}{4}\right) = 4\ V$

$\mathbf{V}_{1\,rms} = \frac{4}{\sqrt{2}} = 2\sqrt{2}\ V$

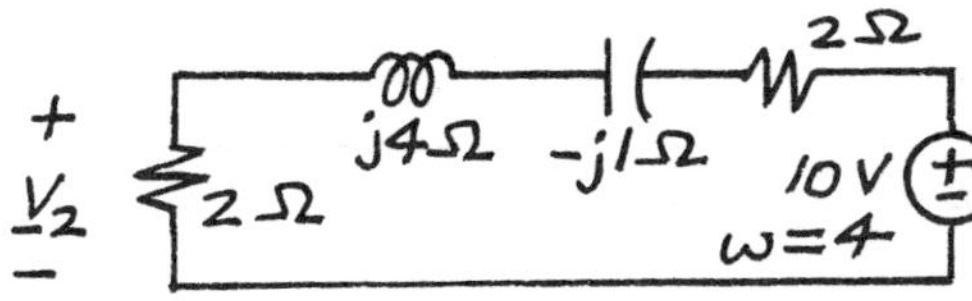

$\mathbf{V}_2 = \frac{2}{4+j3}(10) = \underline{4\angle -36.9^\circ}\ V$

$V_{2\,rms} = \frac{4}{\sqrt{2}} = 2\sqrt{2}\ V$

$V_{rms} = \left[V_{1rms}^2 + V_{2rms}^2\right]^{1/2} = \left[(2\sqrt{2})^2 + (2\sqrt{2})^2\right]^{1/2} = \underline{4\ V}$

12.22

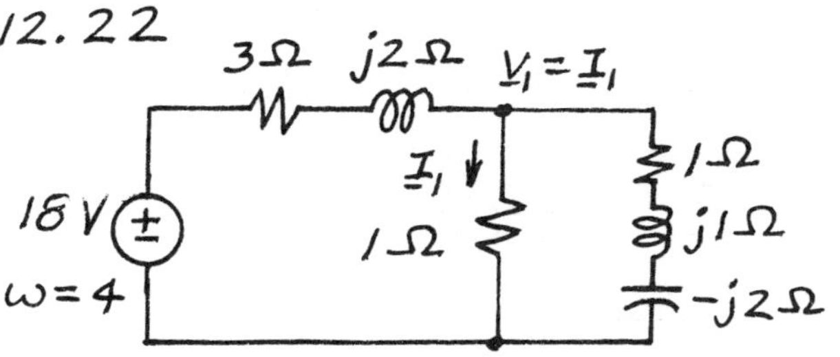

$\mathbf{I}_1\left(\frac{1}{3+j2} + 1 + \frac{1}{1-j1}\right) = \frac{18}{3+j2}$

$\mathbf{I}_1 = 2\sqrt{2}\ \underline{\angle -45^\circ}\ A$

12.22 (cont.)

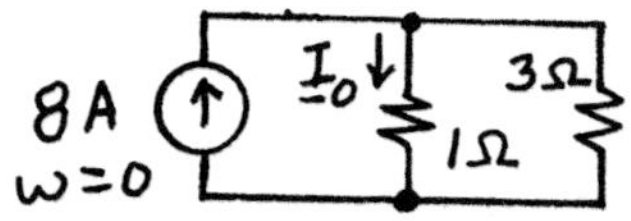

$$I_o = \frac{3}{1+3}(8) = 6\,A$$

$$I_{rms} = \left[\left(\frac{2\sqrt{2}}{\sqrt{2}}\right)^2 + (6)^2\right]^{1/2} = \sqrt{40} = 2\sqrt{10}\ A\ rms$$

12.23

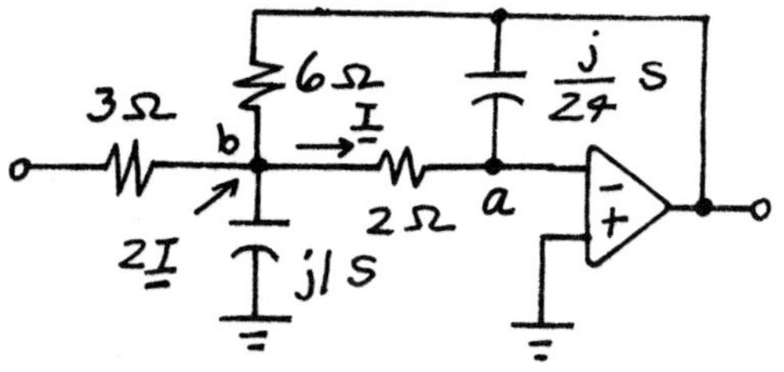

$$a:\ j\frac{1}{24}V + I = 0 \Rightarrow V = j24I$$

$$b:\ 2I\left(\frac{1}{3} + \frac{1}{6} + j1 + \frac{1}{2}\right) = \frac{3}{3} + \frac{V}{6}$$

$$I = \frac{1}{2-j2} = \frac{1}{2\sqrt{2}}\angle 45^\circ$$

$$I_{rms} = \frac{1}{\sqrt{2}}\left(\frac{1}{2\sqrt{2}}\right) = \frac{1}{4}\ A\ rms$$

12.24

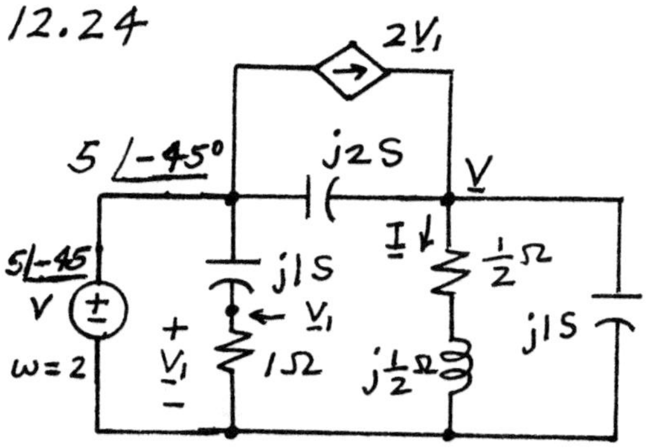

KCL:

$$j2(V - 5\angle -45^\circ) + \frac{V}{\frac{1}{2}+j\frac{1}{2}} + j1\cdot V = 2V_1$$

$$V_1 = \frac{(1)(5\angle -45^\circ)}{1-j1} = \frac{5}{\sqrt{2}}$$

$$\therefore\ V = 5\sqrt{2}\angle -36.9^\circ\ V$$

$$I = \frac{V}{\frac{1}{2}+j\frac{1}{2}} = \left(\frac{2}{\sqrt{2}}\angle -45^\circ\right)(5\sqrt{2})\angle -36.9^\circ\ A$$

$$I_{rms} = \frac{1}{\sqrt{2}}\left(\frac{2}{\sqrt{2}}\right)(5\sqrt{2}) = 5\sqrt{2}\ A\ rms$$

12.25

$$Z_T = \frac{jX_1(R+jX)}{R+j(X+X_1)} = \frac{RX_1^2 + j[(X_1+X)X+R^2]X_1}{R^2+(X+X_1)^2}$$

$$\therefore\ pf = \cos\left[\tan^{-1}\left(\frac{X(X_1+X)+R^2}{X_1 R}\right)\right]$$

Solving for X_1: $$X_1 = \frac{X^2+R^2}{R\tan(\cos^{-1}pf) - X}$$

12.26

$$Z = 4 + \frac{(12+j16)(-j4)}{12+j12} = \frac{14}{3}(1-j1) = \frac{14\sqrt{2}}{3}\angle -45^\circ\ \Omega$$

$$\therefore\ pf = \cos(-45^\circ) = 0.707\ leading$$

$$I_{rms} = \frac{28}{\left(\frac{14\sqrt{2}}{3}\right)}\frac{1}{\sqrt{2}} = 3\ A\ rms$$

12.26 (Cont.) $X_1 = \dfrac{(\frac{14}{3})^2 + (\frac{-14}{3})^2}{\frac{14}{3}\tan[\cos^{-1}0.8] - (-\frac{14}{3})} = \dfrac{16}{3}\,\Omega$

$L = \dfrac{X_1}{\omega} = \dfrac{16}{3}\left(\dfrac{1}{16}\right) = \underline{\dfrac{1}{3}\ H}$

12.27

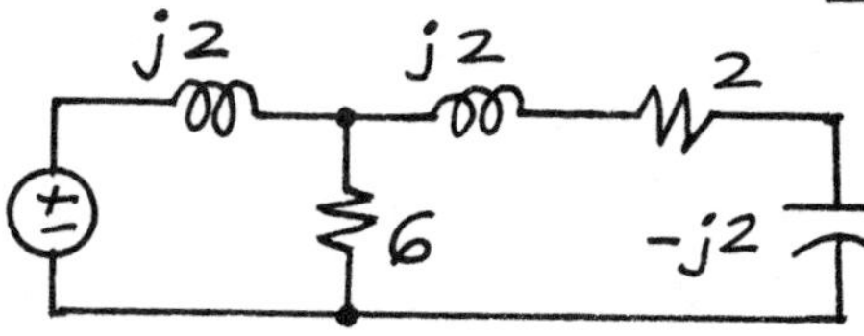

$\underline{Z} = j2 + \dfrac{2(6)}{8} = \dfrac{1}{2}(3+j4)\,\Omega$

$pf = \dfrac{3}{5} = \underline{0.6 \text{ lagging}}$

$X_1 = \dfrac{(\frac{3}{2})^2 + (2)^2}{0-2} = \underline{-\dfrac{25}{8}\,\Omega}$

12.28 Capacitor voltage $= 10 - 2\underline{I}$

KCL: $\dfrac{10-2I}{-j4} + \dfrac{10-2I-0.5I}{j2} - I = 0$

$I = \dfrac{10}{3+j4} = 2\angle -53.1^\circ$ A rms; $\underline{Z} = \dfrac{10}{2\angle -53.1^\circ} = 3+j4\,\Omega$

$X_1 = \dfrac{(3)^2 + (4)^2}{3\tan(\cos^{-1}0.8) - 4} = \underline{-\dfrac{100}{7}\,\Omega}$

12.29 I = current leaving + terminal of source

KVL: $12 = 2I - \frac{1}{2}I_1 - jI_1$, $4(I - I_1) = -jI_1 \Rightarrow I_1 = \dfrac{4}{4-j1}I$

$12 = I\left[2 - \dfrac{1+j2}{2}\,\dfrac{4}{4-j1}\right] \Rightarrow I = \dfrac{2(4-j1)}{1-j1} = 5 + j3$ A

$\underline{S} = V_{rms}I^*_{rms} = \frac{1}{2}(12)(5-j3) = \underline{30 - j18 \text{ VA}}$

$P = \underline{30\text{ W}}$, $Q = \underline{-18\text{ var}}$

$\underline{S}_T = \underline{S} + jQ_1 = 30 + j(Q_1 - 18) = |\underline{S}_T| \underline{\angle -\cos^{-1}0.8}$

$Q_T = Q_1 - 18 = P\tan[-\cos^{-1}0.8] = -30\tan 36.9^\circ$

$Q_1 = 18 - 22.5 = -4.5 \text{ var} = \dfrac{(12/\sqrt{2})^2}{X_1} = -72\,\omega C$

$C = \dfrac{4.5}{72(5)} = \underline{\dfrac{1}{80}\ F}$

12.30

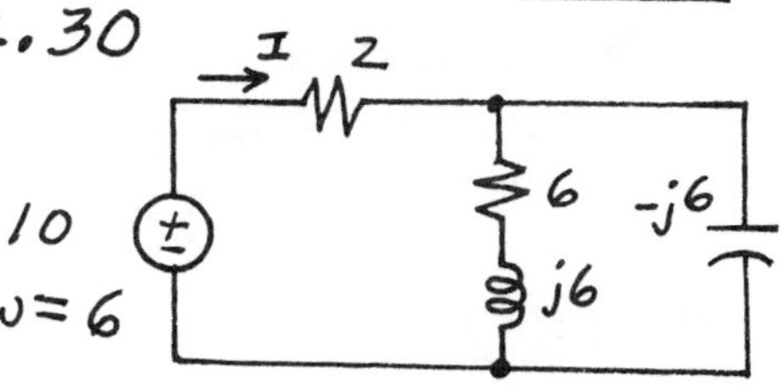

$\underline{Z} = 2 + \dfrac{(6+j6)(-j6)}{6+j6-j6} = 8 - j6\,\Omega$

$I = \dfrac{10}{Z} = \dfrac{10}{8-j6} = 1\angle 36.9^\circ$ A

$\underline{S} = \frac{1}{2}VI^* = \frac{1}{2}(10)(1\angle -36.9^\circ)$

$\underline{S} = \underline{5\angle -36.9^\circ \text{ VA}}$, $P = 5\cos 36.9^\circ = \underline{4\text{ W}}$, $Q = 5\sin(-36.9^\circ)$

12.30 (Cont.) $Q = \underline{-3 \text{ var}}$, $\underline{S} = \underline{4 - j3 \text{ VA}} \Rightarrow pf = 0.8$ leading

(a) $\underline{S}_T = \underline{S} + jQ_1 = 4 + j(Q_1 - 3)$; $Q_1 - 3 = 4\tan[-\cos^{-1} 0.9]$

$Q_1 = 3 - 1.937 = 1.063 \text{ var} = \dfrac{(V_{rms})^2}{X_1} = \dfrac{(10/\sqrt{2})^2}{6L}$

$L = \dfrac{50}{6(1.063)} = \underline{7.84 \text{ H}}$

(b) $Q_1 - 3 = 4\tan[\cos^{-1} 0.8] \Rightarrow Q_1 = 3 + 3 = 6 \text{ var}$

$L = \dfrac{50}{6(6)} = \underline{1.39 \text{ H}}$

12.31 $\underline{S}_1 = 420 + j420\tan[\cos^{-1} 0.6] = 420 + j560 \text{ VA}$

$\underline{S}_2 = 80 + j80\tan[-\cos^{-1} 0.8] = 80 - j60 \text{ VA}$

$\underline{S} = \underline{S}_1 + \underline{S}_2 = 500 + j500 = 500\sqrt{2}\,\underline{/45^\circ} \text{ VA}$

$\underline{S} = V_{rms} I^*_{rms} = (100\,\underline{/15^\circ})\, I^*_{rms} \Rightarrow I^*_{rms} = 5\sqrt{2}\,\underline{/30^\circ}$

$\therefore I_{rms} = 5\sqrt{2}\,\underline{/-30^\circ} \Rightarrow \underline{I} = \underline{5\sqrt{2}\,/-30^\circ \text{ A rms}}$

12.32 $\underline{S} = \underline{S}_1 + \underline{S}_2 + \underline{S}_3 = (6 - j5) + (8 + j10) + (2 + j7) = 16 + j12 \text{ VA}$

$I^*_{rms} = \dfrac{\underline{S}}{\underline{V}_{rms}} = \dfrac{20\,\underline{/36.9^\circ}}{50\,\underline{/0^\circ}} = 0.4\,\underline{/36.9^\circ} \text{ A}$

$\underline{I} = \underline{0.4\,/-36.9^\circ \text{ A rms}}$; $\underline{pf = \cos 36.9^\circ = 0.8 \text{ lagging}}$

12.33 $S = 60 + j80 \text{ VA}$, $V_{rms} = \dfrac{50}{\sqrt{2}} = 25\sqrt{2} \text{ V}$, $\omega = 377$

(a) $Q_T = 80 + Q_1 = 0 \Rightarrow Q_1 = -80 \text{ var} = \dfrac{V^2_{rms}}{(-1/\omega C)} = -V^2_{rms}\,\omega C$

$C = \dfrac{80}{(25\sqrt{2})^2(377)} = 0.00017 \text{ F} = \underline{170\,\mu\text{F}}$

(b) $80 + Q_1 = 60\tan[\cos^{-1} 0.8] = 45$

$Q_1 = -35 \text{ var} \Rightarrow C = \dfrac{35}{(25\sqrt{2})^2(377)} = 0.000074 \text{ F}$

$C = \underline{74\,\mu\text{F}}$

12.34 $\underline{S} = 3000 + j3000\tan[\cos^{-1} 0.9] = 3000 + j1453 \text{ VA}$

$\underline{S}_1 = 1000 + j1000\tan[\cos^{-1} 0.8] = 1000 + j750 \text{ VA}$

$\underline{S}_2 = \underline{S} - \underline{S}_1 = 2000 + j703 \text{ VA}$

(a) $pf_2 = \cos\left[\tan^{-1}\dfrac{703}{2000}\right] = \underline{0.943 \text{ lagging}}$

(b) $1453 + Q_1 = 3000\tan[\cos^{-1} 0.95] = 986 \text{ var}$

$Q_1 = -467 = -\omega C\, V^2_{rms}$

12.34 (Cont.) $C = \dfrac{467}{377(115)^2}\,F = \underline{93.7\,\mu F}$

12.35 $\underline{Z} = 6 + j2 + \dfrac{1}{\frac{1}{2} + j\frac{1}{2}} = 7 + j1\ \Omega = 5\sqrt{2}\,\underline{/8.13^\circ}\ \Omega$

$\underline{I} = \dfrac{\underline{V}_g}{\underline{Z}} = \dfrac{10\sqrt{2}}{5\sqrt{2}\,\underline{/8.13^\circ}} = 2\ \underline{/-8.13^\circ}\ A$

$P = \dfrac{|\underline{V}_g|}{\sqrt{2}}\dfrac{|\underline{I}|}{\sqrt{2}}\cos\theta = \dfrac{(10\sqrt{2})(2)}{2}\cos 8.13 = \underline{14\ W}$

$Q = 10\sqrt{2}\sin 8.13^\circ = \underline{2\ var}$

$\underline{S} = P + jQ = \underline{14 + j2}\ VA$

12.36

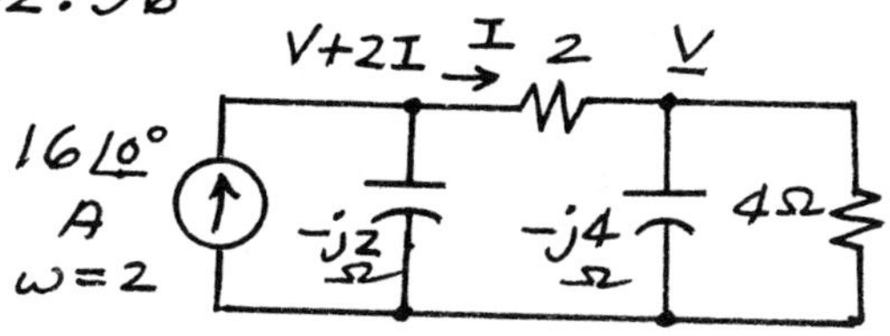

$\dfrac{\underline{V} + 2\underline{I}}{-j2} + \underline{I} = 16 \Rightarrow \underline{V} + (2 - j2)\underline{I} = -j32$

$\dfrac{\underline{V}}{-j4} + \dfrac{\underline{V}}{4} = \underline{I} \Rightarrow \frac{1}{4}(1 + j1)\underline{V} = \underline{I}$

$\underline{V}\left[1 + \frac{2}{4}(1 - j1)(1 + j1)\right] = -j32 \Rightarrow \underline{V} = -j16\ V$

$\underline{I} = \frac{1}{4}(1 + j1)(-j16) = 4(1 - j1) = 4\sqrt{2}\,\underline{/-45^\circ}\ A$

$P = \frac{1}{2}(16)(4\sqrt{2})\cos[-90^\circ - (-45^\circ)] = \underline{32\ W}$

12.37 $\underline{I}$ = current down in 4-Ω resistor
$\underline{V}$ = voltage across 4-Ω resistor and $\frac{1}{64}$-F capacitor

$\underline{Z}_g = j4 + \dfrac{12(4)}{12 + 4} = 3 + j4\ \Omega$ (seen by source)

$\underline{I}_g = \dfrac{50}{3 + j4} = 2(3 - j4)$; $\underline{I} = \dfrac{12}{4 + 12}\underline{I}_g = \frac{3}{2}(5\,\underline{/53.1^\circ})$

$\underline{V} = (4 - j4)\underline{I} = (4\sqrt{2}\,\underline{/-45^\circ})\underline{I}$

$P = \frac{1}{2}\,4\sqrt{2}\left[\left(\frac{3}{2}\right)(5)\right]^2\cos 45^\circ = \underline{112.5\ W}$

12.38

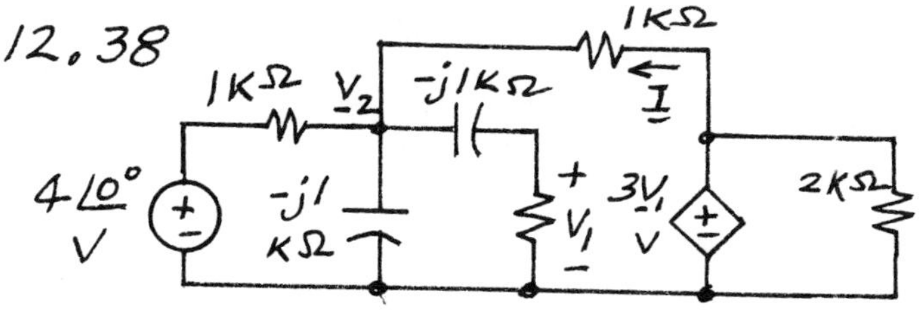

$\underline{V}_1 = \dfrac{1}{1 - j1}\underline{V}_2$

$\underline{V}_2(2 + j2) - j1\underline{V}_1 - 3\underline{V}_1 = 4$

$[2(1 + j1)(1 - j1) - j1 - 3]\underline{V}_1 = 4$

$\underline{V}_1 = \dfrac{4}{1 - j1} = 2\sqrt{2}\,\underline{/45^\circ}\ V$, $\underline{V}_2 = (1 - j1)\underline{V}_1 = 4\,\underline{/0^\circ}$; $\underline{I} = (3\underline{V}_1 - \underline{V}_2)/1\ mA$

$\underline{I} = (6 + j6 - 4) = 2\sqrt{10}\,\underline{/71.57^\circ}\ mA$

12.38 (Cont.) $P = \frac{1}{2}|3\underline{V}_1| \cdot |\underline{I}| \cos\theta = \frac{1}{2}(6\sqrt{2})(2\sqrt{10} \times 10^{-3}) \cos\theta$ W

$P = 6\sqrt{20}\cos(45° - 71.57°) = \underline{24 \text{ mW}}$

12.39

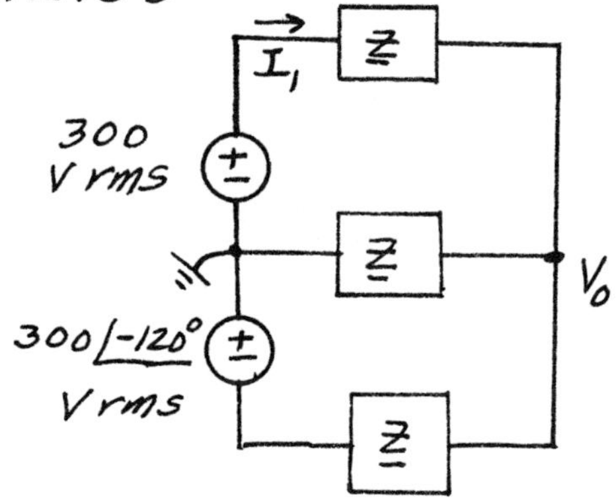

$$\frac{V_0 - 300}{Z} + \frac{V_0}{Z} + \frac{V_0 + 300\angle{-120°}}{Z} = 0$$

$$3V_0 = 300\left[1 + \frac{1}{2} + j\frac{\sqrt{3}}{2}\right]$$

$$\underline{V}_0 = 50(3 + j\sqrt{3}) \text{ V rms}$$

$$\underline{I}_1 = \frac{300 - V_0}{Z} = \frac{300 - 150 - j50\sqrt{3}}{10\angle{30°}}$$

$$= 10\sqrt{3}\angle{-60°} \text{ A rms}$$

$$\underline{V} = 300 + 300(\cos 120° - j\sin 120°) = 150 - j150\sqrt{3}$$

$$= 300\angle{-60°} \text{ V rms}$$

$$P = |\underline{V}||\underline{I}_1|\cos\theta = 300(10\sqrt{3})\cos(-60° + 60°)$$

$$= 3000\sqrt{3} \text{ W} = \underline{3\sqrt{3} \text{ kW}}$$

12.40 $\underline{I}$ = clockwise mesh current in center mesh:

$$(3 - j3)\underline{I} = (2)(6) + j3(-j2) - 12 \Rightarrow \underline{I} = \sqrt{2}\angle{45°} \text{ A}$$

$$\underline{V} = 2[6 - (1 + j1)] = 2(5 - j1) = 2\sqrt{26}\angle{-11.3°} \text{ V}$$

$$P = \frac{1}{2}(6)(2\sqrt{26})\cos(11.3°) = \frac{1}{2}(6)(2\sqrt{26})\frac{5}{\sqrt{26}} \text{ W}$$

$$P = \underline{30 \text{ W}}$$

CHAPTER 13

- EXERCISES -

13.1.1

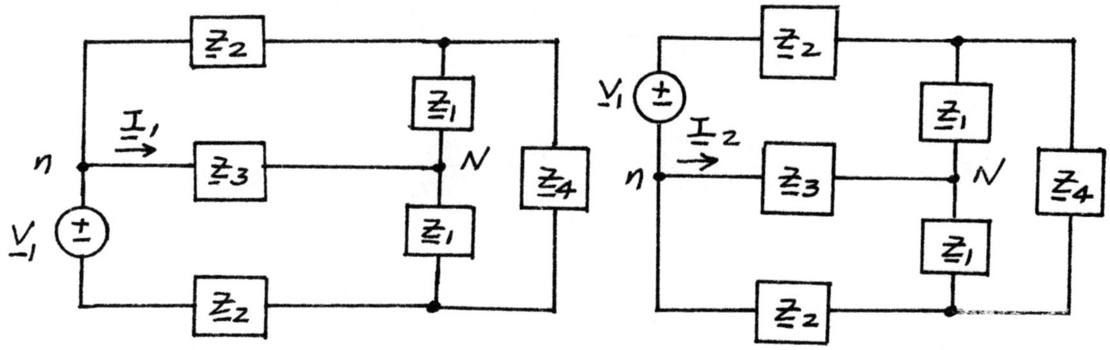

Due to the symmetry of the circuits, $\underline{I}_1 = -\underline{I}_2$
Then by superposition, $\underline{I}_{nN} = \underline{I}_1 + \underline{I}_2 = 0$.

13.1.2 $\underline{I}_{40} = \underline{I}_1 - \underline{I}_3 = 16.32\,\underline{/-33.7°} - 14.46\,\underline{/-39.9°}$

$= (16.32\cos 33.7° - j16.32\sin 33.7°)$
$\quad - (14.46\cos 39.9° - j14.46\sin 39.9°)$
$= 2.484 + j0.225$ A rms

$P_{40} = |\underline{I}_{40}|^2(40) = [(2.484)^2 + (0.225)^2](40) = \underline{249\ W}$

$\underline{I}_{60} = \underline{I}_2 - \underline{I}_3 = 15.73\,\underline{/-35.4°} - 14.46\,\underline{/-39.9°}$

$= 1.729 + j0.163$ A rms

$P_{60} = |\underline{I}_{60}|^2(60) = [(1.729)^2 + (0.163)^2](60)$
$= \underline{181\ W}$

$P_{10+j10} = |\underline{I}_3|^2\,\text{Re}(10+j10) = (14.46)^2(10) = \underline{2{,}091\ W}$

13.1.3 $P_{aA} = |\underline{I}_1|^2(1) = (16.32)^2 = \underline{266.3\ W}$

$P_{bB} = |\underline{I}_2|^2(1) = (15.73)^2 = \underline{247.4\ W}$

$P_{nN} = |\underline{I}_{nN}|^2(2) = (0.76)^2(2) = \underline{1.2\ W}$

13.1.4 $P_{an} = 115|\underline{I}_1|\cos(0° - \text{ang}\,\underline{I}_1) = 115(16.32)\cos 33.7°$
$= \underline{1561.4\ W}$

$P_{nb} = 115|\underline{I}_2|\cos(0° - \text{ang}\,\underline{I}_2) = 115(15.73)\cos 35.4°$
$= \underline{1474.5\ W}$

13.2.1 $\underline{V}_{ab} = 230\angle 0°$ V rms

$$\underline{V}_{an} = \frac{230}{\sqrt{3}}\angle -30° = \underline{132.8\angle -30° \text{ V rms}}$$

$$\underline{V}_{bn} = \frac{230}{\sqrt{3}}\angle -150° = \underline{132.8\angle -150° \text{ V rms}}$$

$$\underline{V}_{cn} = \underline{132.8\angle 90° \text{ V rms}}$$

13.2.2 $\underline{Z}_p = 30 + j\left[100(0.5) - \frac{1}{100(10^{-3})}\right] = 30 + j40\ \Omega$

$$\underline{I}_{aA} = \frac{V_{an}}{\underline{Z}_p} = \frac{132.8\angle -30°}{50\angle 53.1°} = \underline{2.66\angle -83.1° \text{ A rms}}$$

$$I_{bB} = \frac{V_{bn}}{\underline{Z}_p} = \underline{2.66\angle -203.1° \text{ A rms}}$$

$$I_{cC} = \frac{V_{cn}}{\underline{Z}_p} = \underline{2.66\angle 36.9° \text{ A rms}}$$

$$P_p = |\underline{V}_{an}||\underline{I}_{aA}|\cos\theta = (132.8)(2.66)\cos 53.1°$$

$$P = 3P_p = \underline{634.8 \text{ W}}$$

13.2.3 Since the loads are balanced, we may start with a neutral in each case. Then the common point in each Y is connected by a lossless line and the phase impedances are in parallel. The equivalent phase impedance is

$$\underline{Z}_p = \frac{\underline{Z}_1\underline{Z}_2}{\underline{Z}_1 + \underline{Z}_2}$$

13.2.4 $\underline{Z}_p = \frac{(4+j3)(4-j3)}{4+j3+4-j3} = \frac{25}{8}\angle 0°\ \Omega$

$$\underline{I}_p = \frac{(200\sqrt{3})/\sqrt{3}}{25/8} = 64 \text{ A rms}$$

$$I_L = I_p = \underline{64 \text{ A rms}}$$

13.3.1 $\underline{V}_{ab} = 230\angle 0°$ V rms, $\underline{Z}_p = 50\angle 53.1°\ \Omega$

$$I_{AB} = \frac{V_{ab}}{\underline{Z}_p} = \frac{230\angle 0°}{50\angle 53.1°} = 4.6\angle -53.1° \text{ A rms}$$

$$\underline{I}_{aA} = 4.6\sqrt{3}\angle -53.1° - 30° = \underline{4.6\sqrt{3}\angle -83.1° \text{ A rms}}$$

$\underline{I}_{bB} = \underline{4.6\sqrt{3}\angle -203.1° \text{ A rms}}$, $I_{cC} = \underline{4.6\sqrt{3}\angle 36.9° \text{ A rms}}$

$$P = 3(230)\frac{230}{50}(0.6) = \underline{1904.4 \text{ W}}$$

13.3.2 $\mathbf{I}_{AB} = \dfrac{200}{4+j3} = \dfrac{200}{5\angle 36.9^\circ} = \underline{40\angle -36.9^\circ}$ A rms

$P = 3P_p = 3(200)(40)\cos 36.9^\circ = 19{,}200\ \text{W} = \underline{19.2\ \text{kW}}$

13.3.3 $P_p = \dfrac{4.8}{3} = 1.6\ \text{kW} = V_L I_p \cos\theta = 100 I_p (0.8)$

$I_p = \dfrac{1600}{100(0.8)} = 20\ \text{A rms}\ ;\ |\mathbf{Z}_p| = \dfrac{V_L}{I_p} = \dfrac{100}{20} = 5\ \Omega$

$\theta_Z = -\cos^{-1}(0.8) = -36.9^\circ \Rightarrow \mathbf{Z}_p = \underline{5\angle -36.9^\circ\ \Omega}$

$\mathbf{Z}_p = \underline{4 - j3\ \Omega}$

13.3.4 $\mathbf{I}_{AB} = \dfrac{100}{20} = 5,\ \mathbf{I}_{BC} = \dfrac{100\angle -120^\circ}{10} = 10\angle -120^\circ$

$\mathbf{I}_{CA} = \dfrac{100\angle 120^\circ}{j10} = 10\angle 30^\circ$

$\mathbf{I}_{aA} = \mathbf{I}_{AB} - \mathbf{I}_{CA} = 5 - 10\angle 30^\circ = -3.66 - j5 = \underline{6.20\angle 233.8^\circ\ \text{A rms}}$

$\mathbf{I}_{bB} = \mathbf{I}_{BC} - \mathbf{I}_{AB} = 10\angle -120^\circ - 5 = -10 - j8.66 = \underline{13.23\angle -139.1^\circ\ \text{A rms}}$

$\mathbf{I}_{cC} = \mathbf{I}_{CA} - \mathbf{I}_{BC} = 10\angle 30^\circ - 10\angle -120^\circ = 13.66 + j13.66$

$= \underline{19.32\angle 45^\circ\ \text{A rms}}$

13.4.1

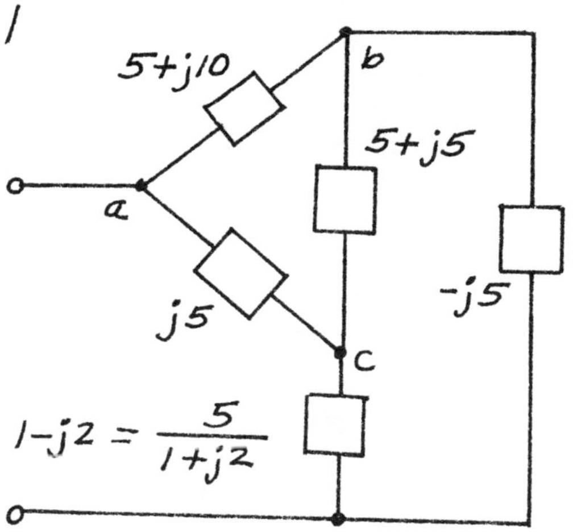

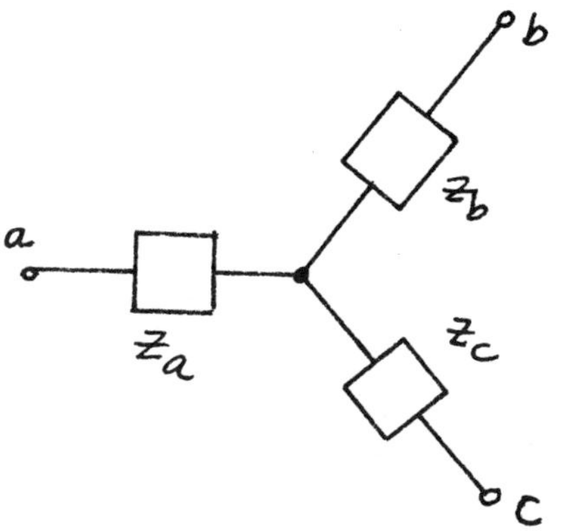

$\mathbf{Z}_a = \dfrac{(5+j10)(j5)}{5+j10+5+j5+j5} = \dfrac{j25(1+j2)}{10+j20} = j\dfrac{5}{2}\ \Omega$

$\mathbf{Z}_b = \dfrac{(5+j10)(5+j5)}{10+j20} = \dfrac{5}{2}(1+j1)\ \Omega$

$\mathbf{Z}_c = \dfrac{j5(5+j5)}{10+j20} = \dfrac{1}{2}(1+j3)\ \Omega$

$\mathbf{Z}_{in} = \mathbf{Z}_a + \dfrac{(\mathbf{Z}_b - j5)\left(\mathbf{Z}_c + \dfrac{5}{1+j2}\right)}{\mathbf{Z}_b - j5 + \mathbf{Z}_c + 1 - j2} = j\dfrac{5}{2} + \dfrac{\frac{5}{2}(1-j1)\frac{1}{2}(3-j1)}{\frac{5}{2} - j\frac{5}{2} + \frac{3}{2} - j\frac{1}{2}}$

$= j\dfrac{5}{2} + \dfrac{5}{4}\,\dfrac{2-j4}{4-j3} = \underline{1 + j2\ \Omega}$

13.4.1 (cont.) $|\underline{I}_{rms}| = \dfrac{10/\sqrt{2}}{|1+j2|} = \sqrt{10}$ A rms

$P = (\sqrt{10})^2(1) = \underline{10\text{ W}}$

13.4.2 Y–Δ: $\underline{Z}_{d2} = 3(8+j6) = 24+j18\ \Omega$

$\underline{Z}_p = \dfrac{\underline{Z}_{d1}\underline{Z}_{d2}}{\underline{Z}_{d1}+\underline{Z}_{d2}} = \dfrac{(24+j18)(12+j9)}{36+j27} = 2(4+j3) = \underline{10\angle 36.9^\circ\ \Omega}$

$P = 3P_p = 3(100)\left(\frac{100}{10}\right)\cos 36.9^\circ = 2400\text{ W} = \underline{2.4\text{ kW}}$

13.4.3 $\underline{Z}_{ab} = \dfrac{1}{\underline{Y}_{ab}} = \dfrac{Y_a+Y_b+Y_c}{Y_aY_b}\,\dfrac{\underline{Z}_a\underline{Z}_b\underline{Z}_c}{\underline{Z}_a\underline{Z}_b\underline{Z}_c} = \dfrac{\underline{Z}_a\underline{Z}_b+\underline{Z}_b\underline{Z}_c+\underline{Z}_c\underline{Z}_a}{\underline{Z}_c}$

13.4.4 $\underline{I}_{AB} = 40\angle 36.9^\circ$ A rms, $\underline{I}_{aA} = \underline{40\sqrt{3}\angle 36.9^\circ - 30^\circ}$

$P_L = 3(0.1)(40\sqrt{3})^2 = 1440\text{ W} = \underline{1.44\text{ kW}}$

13.5.1 $P = \dfrac{|\underline{V}_{an}|^2}{|\underline{Z}_p|}\cos\theta = \dfrac{(100/\sqrt{3})^2}{20}\cos 30^\circ = \underline{\dfrac{250}{\sqrt{3}}\text{ W}}$

13.5.2 $\underline{V}_{ab} = 100\angle 0^\circ$ V rms, $\underline{I}_{aA} = \dfrac{(100/\sqrt{3})\angle -30^\circ}{20\angle 30^\circ} = \dfrac{5}{\sqrt{3}}\angle -60^\circ$ A rms

$P_A = 100\dfrac{5}{\sqrt{3}}\cos 60^\circ = \underline{\dfrac{250}{\sqrt{3}}\text{ W}}$

$\underline{V}_{bc} = 100\angle -120^\circ$ V rms, $\underline{V}_{cb} = 100\angle -120^\circ + 180^\circ = 100\angle 60^\circ$ V rms

$\underline{I}_{cC} = \dfrac{5}{\sqrt{3}}\angle -300^\circ$ A rms

$P_C = (100)\dfrac{5}{\sqrt{3}}\cos(60^\circ + 300^\circ) = \underline{\dfrac{500}{\sqrt{3}}\text{ W}}$

13.5.3 $\underline{I}_{aA} = \dfrac{(100/\sqrt{3})\angle -30^\circ}{20\angle 75^\circ} = \dfrac{5}{\sqrt{3}}\angle -105^\circ$ A rms

$\underline{V}_{ab} = 100\angle 0^\circ$ V rms

$P_A = 100\,\dfrac{5}{\sqrt{3}}\cos 105^\circ = \underline{-74.7\text{ W}}$

$\underline{V}_{cb} = 100\angle 60^\circ$ V rms, $\underline{I}_{cC} = \dfrac{5}{\sqrt{3}}\angle -345^\circ$ A rms

$P_C = 100\dfrac{5}{\sqrt{3}}\cos(60^\circ + 345^\circ) = \dfrac{500}{\sqrt{3}}\cos 45^\circ = \underline{204.1\text{ W}}$

$P = P_A + P_C = -74.7 + 204.1 = 129.4\text{ W}$

$P = 3P_p = 3\left(\dfrac{100}{\sqrt{3}}\right)\left(\dfrac{5}{\sqrt{3}}\right)\cos 75^\circ = 129.4\text{ W}$

-PROBLEMS-

13.1 $\underline{I}_{AN} = \dfrac{100}{10\angle 60^\circ} = 10\angle -60^\circ$ A rms

$\underline{I}_{NB} = \dfrac{100}{10\angle -60^\circ} = 10\angle 60^\circ$ A rms

$\underline{I}_{nN} = -(\underline{I}_{AN} - \underline{I}_{NB}) = \underline{I}_{NB} - \underline{I}_{AN} = 10\angle 60^\circ - 10\angle -60^\circ$

$= 10\left[\left(\frac{1}{2} + j\frac{\sqrt{3}}{2}\right) - \left(\frac{1}{2} - j\frac{\sqrt{3}}{2}\right)\right] = j10\sqrt{3}$

13.2 Since $\underline{I}_{aA} + \underline{I}_{bB} = 0$, the first mesh equation can be written, using $\underline{I}_{aA} = \underline{I}_1$,

$(\underline{Z}_1 + \underline{Z}_2)\underline{I}_1 - \underline{Z}_1\underline{I}_3 = \underline{V}_1$

KVL for right mesh: $-2\underline{Z}_1\underline{I}_1 + (2\underline{Z}_1 + \underline{Z}_4)\underline{I}_3 = 0$

$\therefore \quad \underline{I}_1 = \dfrac{(2\underline{Z}_1 + \underline{Z}_4)\underline{V}_1}{(2\underline{Z}_1 + \underline{Z}_4)\underline{Z}_2 + \underline{Z}_1\underline{Z}_4}$

For $\underline{Z}_1 = 5 + j5\,\Omega$, $\underline{Z}_2 = 0.5\,\Omega$, $\underline{Z}_3 = 1\,\Omega$, and $\underline{Z}_4 = 10 - j5\,\Omega$,

$\underline{I}_1 = \underline{I}_{aA} = -\underline{I}_{bB} = \dfrac{(20+j5)(100)}{(20+j5)(\frac{1}{2}) + (5+j5)(10-j5)}$

$= 23.1\angle 3.9^\circ$ A rms

$\underline{I}_3 = \dfrac{2\underline{Z}_1}{2\underline{Z}_1 + \underline{Z}_4}\underline{I}_1 = \dfrac{2(5+j5)}{20+j5}(23.1\angle 3.9^\circ)$

$= 15.84\angle 34.9^\circ$ A rms

$P_{10-j5} = 10|\underline{I}_3|^2 = 2506$ W, $P_{aA} = 0.5|\underline{I}_{aA}|^2$

$P_{aA} = 266.25$ W, $P_{nN} = (1)|\underline{I}_{aA} + \underline{I}_{bB}|^2 = 0$,

$P_{bB} = 0.5|\underline{I}_{bB}|^2 = 266.25$ W

$P_{\text{Top source}} = |\underline{V}_1| \cdot |\underline{I}_{aA}| \cos[\text{ang}\,\underline{V}_1 - \text{ang}(\underline{I}_{aA})]$

$= 100(23.1)\cos 3.9^\circ = 2302.3$ W

$P_{\text{bottom source}} = |\underline{V}_1| \cdot |-\underline{I}_{bB}| \cos[\text{ang}\,\underline{V}_1 - \text{ang}(-\underline{I}_{bB})]$

$= 100(23.1)\cos 3.9^\circ = 2302.3$ W

$P_{5+j5,AN} = P_{5+j5,BN} = |\underline{I}_3 - \underline{I}_1|^2\,\text{Re}(5+j5)$

13.2 (cont.) $\mathbf{I}_3 - \mathbf{I}_1 = \left[\frac{2(5+j5)}{20+j5} - 1 \right] \mathbf{I}_1 = \frac{-2+j1}{4+j1} \mathbf{I}_1$

$$P_{5+j5} = \left| \frac{-2+j1}{4+j1}(23.1\angle 3.9^\circ) \right|(5) = 783.1 \text{ W}$$

$$P_{LOAD} = 2P_{5+j5} + P_{10-j5} = 4072 \text{ W}$$

$$P_{Loss} = P_{aA} + P_{bB} = 532.5 \text{ W}$$

$$P_{delivered} = P_{Load} + P_{Loss} = 4604.5 \text{ W}$$

13.3 $\mathbf{Z}_p = 40 + j20 - j50 = 40 - j30\,\Omega = 50\angle -36.9^\circ\,\Omega$

$$\mathbf{V}_{an} = \frac{200}{\sqrt{3}}\angle -30^\circ \text{ V rms}$$

$$\mathbf{I}_{aA} = \frac{(200/\sqrt{3})\angle -30^\circ}{50\angle -36.9^\circ} = \frac{4}{\sqrt{3}}\angle 6.9^\circ \text{ A rms}$$

$$\mathbf{I}_{bB} = \frac{4}{\sqrt{3}}\angle -113.1^\circ \text{ A rms},\ \mathbf{I}_{cC} = \frac{4}{\sqrt{3}}\angle -233.1^\circ \text{ A rms}$$

$$P = \sqrt{3}\,V_L I_L \cos\theta = \sqrt{3}(200)\frac{4}{\sqrt{3}}\cos 36.9^\circ = 640 \text{ W}$$

13.4 $\mathbf{V}_{aN} = \frac{120}{\sqrt{3}}\angle -30^\circ \text{ V rms};\ \mathbf{Z}_p = \frac{(120/\sqrt{3})\angle -30^\circ}{10\angle -60^\circ}$

$$\mathbf{Z}_p = 4\sqrt{3}\angle 30^\circ\ \Omega$$

$$P = 3V_p I_p \cos\theta = 3\left(\frac{120}{\sqrt{3}}\right)(10)\cos 30^\circ = 1800 \text{ W} = 1.8 \text{ kW}$$

13.5 $P = \sqrt{3}\,V_L I_L \cos\theta \Rightarrow 1200 = \sqrt{3}(200) I_L (0.6)$

$$I_L = \frac{1200}{\sqrt{3}(200)(0.6)} = 20\sqrt{3} \text{ A rms}$$

13.6 $\mathbf{Z}_p = 3\sqrt{3}\angle 30^\circ\ \Omega,\quad I_L = \frac{V_L}{\sqrt{3}|\mathbf{Z}_p|}$

$$P = \sqrt{3}\,V_L I_L \cos\theta = \sqrt{3}\frac{V_L}{\sqrt{3}|\mathbf{Z}_p|}V_L\cos\theta = \frac{V_L^2}{3\sqrt{3}}\frac{\sqrt{3}}{2}$$

$$V_L^2 = 6P = 6(9600) \Rightarrow V_L = 240 \text{ V rms}$$

$$I_L = \frac{240}{\sqrt{3}(3\sqrt{3})} = \frac{80}{3} \text{ A rms}$$

13.7 $P = \frac{V_L^2}{|\mathbf{Z}_p|}\cos\theta = \frac{3V_p^2}{|\mathbf{Z}_p|}\cos\theta \Rightarrow |\mathbf{Z}_p| = \frac{3V_p^2}{P}\cos\theta$

$$|\mathbf{Z}_p| = \frac{3(100)^2(0.6)}{3600} = 5\,\Omega \Rightarrow \mathbf{Z}_p = 5\angle -53.1^\circ\ \Omega$$

13.8 $\mathbf{Z}_p' = 3 + j4 + 1 = 4 + j4\ \Omega = 4\sqrt{2}\angle 45^\circ\ \Omega$

$$I_L = \frac{V_p}{|\mathbf{Z}_p'|} = \frac{200}{4\sqrt{2}} = 25\sqrt{2}\ \text{A rms} = \underline{35.35\ \text{A rms}}$$

$$P_{Load} = 3\,I_L^2\,\text{Re}\,\mathbf{Z}_p = 3(25\sqrt{2})^2(3) = 11{,}250\ \text{W} = \underline{11.25\ \text{KW}}$$

$$P_{Line} = 3I_L^2(1) = 3(25\sqrt{2})^2 = 3750\ \text{W} = \underline{3.75\ \text{KW}}$$

13.9 $\mathbf{I}_{AN} = \dfrac{V_{an}}{\mathbf{Z}_{AN}} = \dfrac{200}{10} = 20\ \text{Arms}$

$$\mathbf{I}_{BN} = \frac{V_{bn}}{\mathbf{Z}_{BN}} = \frac{200\angle -120^\circ}{10\angle -30^\circ} = -j20\ \text{A rms}$$

$$\mathbf{I}_{CN} = \frac{V_{cn}}{\mathbf{Z}_{CN}} = \frac{200\angle 120^\circ}{20\sqrt{2}\angle 75^\circ} = 5\sqrt{2}\angle 45^\circ = 5 + j5\ \text{A rms}$$

$$\mathbf{I}_{nN} = -(\mathbf{I}_{AN} + \mathbf{I}_{BN} + \mathbf{I}_{CN}) = -[20 - j20 + 5 + j5]$$

$$= \underline{-25 + j15\ \text{A rms}}$$

$$P = P_A + P_B + P_C = (20)^2(10) + (20)^2(10\cos 30^\circ) + (5\sqrt{2})^2(20\sqrt{2}\cos 75^\circ)\ \text{W}$$

$$P = \underline{7.83\ \text{KW}}$$

13.10

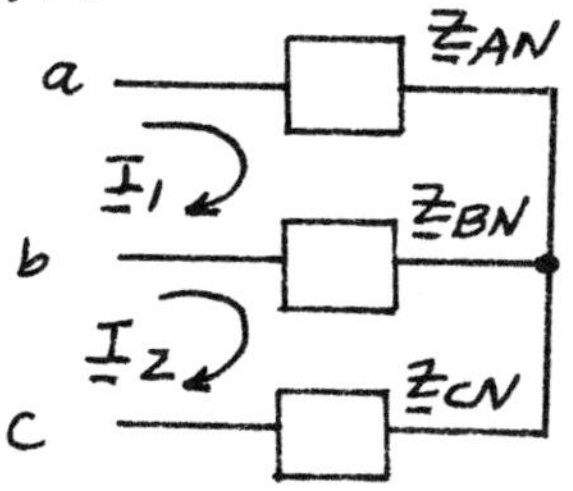

$$(\mathbf{Z}_{AN} + \mathbf{Z}_{BN})I_1 - \mathbf{Z}_{BN}I_2 = V_{ab}$$

$$-\mathbf{Z}_{BN}I_1 + (\mathbf{Z}_{BN} + \mathbf{Z}_{CN})I_2 = V_{bc}$$

$$I_1 = \frac{\Delta_1}{\Delta}$$

$$\Delta = (\mathbf{Z}_{AN} + \mathbf{Z}_{BN})(\mathbf{Z}_{BN} + \mathbf{Z}_{CN}) - \mathbf{Z}_{BN}^2$$

$$\Delta = \mathbf{Z}_{AN}(\mathbf{Z}_{BN} + \mathbf{Z}_{CN}) + \mathbf{Z}_{BN}\mathbf{Z}_{CN}$$

$$\mathbf{Z}_{BN} + \mathbf{Z}_{CN} = 10\angle -30^\circ + 20\sqrt{2}\angle 75^\circ = 27.45\angle 54.4^\circ$$

$$\Delta = 10(27.45\angle 54.4^\circ) + (10\angle -30^\circ)(20\sqrt{2}\angle 75^\circ) = 555.5\angle 49.63^\circ$$

$$\Delta_1 = V_{ab}(\mathbf{Z}_{BN} + \mathbf{Z}_{CN}) + V_{bc}\mathbf{Z}_{BN} = (200\sqrt{3})\angle 30^\circ(27.45\angle 54.4^\circ) + 200\sqrt{3}\angle -90^\circ(20\sqrt{2}\angle 75^\circ)$$

$$= 6513.78\angle 97.1^\circ$$

$$I_1 = \frac{\Delta_1}{\Delta} = \frac{6513.78\angle 97.1^\circ}{555.5\angle 49.63^\circ} = 11.73\angle 47.5^\circ\ \text{A rms}$$

$$I_2 = \frac{V_{bc} + \mathbf{Z}_{BN}I_1}{\mathbf{Z}_{BN} + \mathbf{Z}_{CN}} = \frac{200\sqrt{3}\angle -90^\circ + (10\angle -30^\circ)(11.73\angle 47.5^\circ)}{27.45\angle 54.4^\circ}$$

$$= 12.05\angle -124.62^\circ\ \text{A rms}$$

13.10 (Cont.) $\underline{I}_{aA} = \underline{I}_1 = \underline{11.73\angle 47.5^\circ \text{ A rms}}$

$$\underline{I}_{bB} = \underline{I}_2 - \underline{I}_1 = 12.05\angle -124.62^\circ - 11.73\angle 47.5^\circ$$

$$= \underline{-14.77 - j18.57} = \underline{23.73\angle -128.5^\circ} \text{ A rms}$$

$$\underline{I}_{cC} = -\underline{I}_2 = 12.05\angle -124.62^\circ + 180^\circ = \underline{12.05\angle 55.38^\circ \text{ A rms}}$$

13.11 $\underline{V}_{an} = 200\angle 0^\circ$ V rms

$$\underline{I}_{AN} = \frac{\underline{V}_{an}}{\underline{Z}_{AN}} = \frac{200}{8+j6} = \underline{20\angle -36.9^\circ} = 16 - j12 \text{ A rms}$$

$$\underline{I}_{BN} = \frac{\underline{V}_{bn}}{\underline{Z}_{BN}} = \frac{200\angle -120^\circ}{j20} = \underline{10\angle -210^\circ} = -5\sqrt{3} + j5 \text{ A rms}$$

$$\underline{I}_{CN} = \frac{\underline{V}_{cn}}{\underline{Z}_{CN}} = \frac{200\angle 120^\circ}{10} = \underline{20\angle 120^\circ} = -10 + j10\sqrt{3} \text{ A rms}$$

$$\underline{I}_{nN} = -(\underline{I}_{AN} + \underline{I}_{BN} + \underline{I}_{CN})$$

$$= -[16 - j12 - 5\sqrt{3} + j5 - 10 + j10\sqrt{3}] = \underline{2.66 - j10.32 \text{ A rms}}$$

13.12 $\underline{I}_1$ and $\underline{I}_2$ same as in Prob. 13.10

$$(8 + j6 + j20)\underline{I}_1 - j20\underline{I}_2 = \underline{V}_{ab}$$

$$-j20\,\underline{I}_1 + (10 + j20)\underline{I}_2 = \underline{V}_{bc}$$

$$\Delta = \begin{vmatrix} 8+j26 & -j20 \\ -j20 & 10+j20 \end{vmatrix} = -40 + j420$$

$$\Delta_1 = \begin{vmatrix} \underline{V}_{ab} & -j20 \\ \underline{V}_{bc} & 10+j20 \end{vmatrix} = 200\sqrt{3} \begin{vmatrix} 1\angle 30^\circ & -j20 \\ 1\angle -90^\circ & 10+j20 \end{vmatrix}$$

$$\Delta_1 = (200\sqrt{3})(5)\left[2 + \sqrt{3} + j(2\sqrt{3} + 1)\right]$$

$$\underline{I}_1 = \frac{\Delta_1}{\Delta} = \frac{1000\sqrt{3}\,[2 + \sqrt{3} + j(2\sqrt{3} + 1)]}{20(-2 + j21)} = \underline{23.9\angle -45.3^\circ} \text{ A rms}$$

$$\Delta_2 = \begin{vmatrix} 8+j26 & \underline{V}_{ab} \\ -j20 & \underline{V}_{bc} \end{vmatrix} = 200\sqrt{3}\,[16 + j(10\sqrt{3} - 8)]$$

$$\underline{I}_2 = \frac{\Delta_2}{\Delta} = \frac{10\sqrt{3}\,[16 + j(10\sqrt{3} - 8)]}{-2 + j21} = 15.2\underline{\angle -65.2^\circ} \text{ A rms}$$

$$\underline{I}_2 - \underline{I}_1 = \frac{10\sqrt{3}\,[(6 - 5\sqrt{3}) - j13]}{-2 + j21} = 10.9\underline{\angle 163^\circ} \text{ A rms}$$

$$\underline{I}_{AN} = \underline{I}_1, \quad \underline{I}_{CN} = -\underline{I}_2, \quad \underline{I}_{BN} = \underline{I}_2 - \underline{I}_1$$

13.13 $\frac{Z_1 Z_2}{Z_1 + Z_2} = \frac{(3-j4)(3+j4)}{3-j4+3+j4} = \frac{25}{6}\ \Omega = Z_{eq}$

$I_L = I_p = \frac{V_p}{|Z_{eq}|} = \frac{(100\sqrt{3})/\sqrt{3}}{(25/6)} = \underline{24\ A\ rms}$

13.14 $P_{p1} = 1\ KW,\ Q_{p1} = P_{p1} \tan(\cos^{-1} 0.8) = 0.75\ kvar$

$Q_{pT} = Q_{p1} + Q_{p2} = P_{pT} \tan(\cos^{-1} 0.85) = 0.62\ kvar$

$Q_{p2} = Q_{pT} - Q_{p1} = 0.62 - 0.75 = -0.13\ kvar$

$C = \frac{-Q_{p2}}{2\pi f V_p^2} = \frac{130}{377(200/\sqrt{3})^2}\ F = \underline{25.9\ \mu F}$

13.15 $I_p = \frac{V_p}{|Z_p|} = \frac{100\sqrt{3}}{3\sqrt{3}} = \frac{100}{3}\ A\ rms;\ I_L = \sqrt{3} I_p$

$I_L = \underline{\frac{100}{\sqrt{3}}\ A\ rms}$

$P = 3 V_p I_p \cos\theta = 3(100\sqrt{3})(\frac{100}{\sqrt{3}}) \cos 30°\ W$

$P = \underline{15\ KW}$

13.16 $V_{an} = 200\angle 0°\ V\ rms;\ P = 2400\ W,\ PF = 0.8\ lagging$

$P = 3 V_p I_p \cos\theta = 3V_p^2 \cos\theta / |Z_p| \Rightarrow |Z_p| = \frac{3V_p^2 \cos\theta}{P}$

$|Z_p| = \frac{3(200\sqrt{3})^2 (0.8)}{2400} = 120\ \Omega \Rightarrow Z_p = \underline{120\angle 36.9°\ \Omega}$

13.17 $V_p = V_L = \underline{100\sqrt{3}\ V\ rms},\ I_p = \frac{V_p}{|Z_p|} = \frac{100\sqrt{3}}{5} = 20\sqrt{3}\ A\ rms$

$I_L = I_p \sqrt{3} = \underline{60\ A\ rms}$

$P = 3 V_p I_p \cos\theta = 3(100\sqrt{3})(20\sqrt{3})(0.6)\ W = \underline{10.8\ KW}$

13.18 $V_{an} = 100\angle 0°\ V\ rms \Rightarrow V_{ab} = \underline{100\sqrt{3}\angle 30°\ V\ rms}$

$V_{bc} = \underline{100\sqrt{3}\angle -90°\ V\ rms},\ V_{ca} = \underline{100\sqrt{3}\angle -210°\ V\ rms}$

$P = 3 V_p I_p \cos\theta \Rightarrow I_p = \frac{P}{3 V_p \cos\theta} = \frac{19{,}200}{3(100\sqrt{3})(0.8)}$

$I_p = \frac{80}{\sqrt{3}}\ A\ rms\ ;\ I_L = \sqrt{3} I_p = \underline{80\ A\ rms}$

13.19 $P = 3000\ W,\ PF = 0.8\ lagging$

$S_p = 1000 + j\,1000 \tan(\cos^{-1} 0.8) = 1000 + j\,750\ VA$

$Q_{pT} = 1000 \tan(\cos^{-1} 0.9) = 484.3\ var$

$Q_{p1} = Q_{pT} - Q_p = 484.3 - 750 = -265.7\ var$

13.19 (Cont.) $C = \frac{-Q_{p1}}{\omega V_p^2} = \frac{265.7}{377(200)^2}\ F = \underline{17.62\ \mu F}$

13.20 $V_p = V_L = \underline{100\sqrt{3}\ V\,rms}$, $I_p = \frac{V_p}{|Z_p|} = \frac{100\sqrt{3}}{10} = \underline{10\sqrt{3}\ A\,rms}$

$I_L = \sqrt{3}\, I_p = \underline{30\ A\ rms}$

$P = 3V_p I_p \cos\theta = 3(100\sqrt{3})(10\sqrt{3})\cos 60^\circ\ W = \underline{4.5\ KW}$

13.21 Convert Δ-load to Y-load. $Z_y = \frac{1}{3} Z_\Delta = \frac{9-j12}{3}\ \Omega$

$Z_y' = 3 - j4 + 1 = 4 - j4\ \Omega$; $I_p = I_L = \frac{V_p}{|Z_y'|} = \frac{120}{4\sqrt{2}}$

$I_L = \underline{15\sqrt{2}\ A\ rms}$

13.22 $Z_y = \frac{1}{3} Z_\Delta = \frac{9-j9}{3} = 3 - j3\ \Omega$; $Z_y' = 3 - j3 + 1 = 4 - j3\ \Omega$

$I_p = I_L = \frac{V_p}{|Z_y'|} = \frac{200}{5} = 40\ A\ rms$

$P_L = 3 I_L^2 \,\mathrm{Re}(3 - j3) = 3(40)^2(3)\ W = \underline{14.4\ KW}$

13.23 $I_{AB} = \frac{V_{ab}}{Z_{AB}} = \frac{200}{20} = 10\ A\ rms$

$I_{BC} = \frac{V_{bc}}{Z_{BC}} = \frac{200\angle -120^\circ}{20\angle 60^\circ} = -10\ A\,rms$

$I_{CA} = \frac{V_{ca}}{Z_{CA}} = \frac{200\angle -240^\circ}{50\angle 30^\circ} = j4\ A\,rms$

$I_{aA} = I_{AB} - I_{CA} = \underline{10 - j4\ \ A\ rms}$

$I_{bB} = I_{BC} - I_{AB} = -10 - 10 = \underline{-20\ A\,rms}$

$I_{cC} = I_{CA} - I_{BC} = \underline{10 + j4\ \ A\ rms}$

$P_L = |I_{AB}|^2\, \mathrm{Re}\, Z_{AB} + |I_{BC}|^2\, \mathrm{Re}\, Z_{BC} + |I_{CA}|^2\, \mathrm{Re}\, Z_{CA}$

$= (10)^2(20) + |-10|^2(20\cos 60^\circ) + |j4|^2(50\cos 30^\circ)\ W$

$= \underline{3.69\ KW}$

13.24 $I_{AB} = \frac{V_{ab}}{Z_{AB}} = \frac{200}{50} = 4\ A\ rms$

$I_{BC} = \frac{V_{bc}}{Z_{BC}} = \frac{200\angle -120^\circ}{20\sqrt{2}\angle 45^\circ} = \underline{5\sqrt{2}\angle -165^\circ}\ \ A\ rms$

$I_{CA} = \frac{V_{ca}}{Z_{CA}} = \frac{200\angle 120^\circ}{50\angle -53.1^\circ} = 4\angle 173.1^\circ\ \ A\ rms$

$I_{aA} = I_{AB} - I_{CA} = 4 - (-3.97 + j0.48) = \underline{7.97 - j0.48\ A\,rms}$

13.24 (cont.)

$\underline{I}_{bB} = \underline{I}_{BC} - \underline{I}_{AB} = (-6.83 - j1.83) - 4 = \underline{-10.83 - j1.83 \text{ A rms}}$

$\underline{I}_{cC} = \underline{I}_{CA} - \underline{I}_{BC} = (-3.97 + j0.48) - (-6.83 - j1.83)$

$= \underline{2.86 + j2.31 \text{ A rms}}$

$P_L = |\underline{I}_{AB}|^2 \text{Re } \underline{Z}_{AB} + |\underline{I}_{BC}|^2 \text{Re } \underline{Z}_{BC} + |\underline{I}_{CA}|^2 \text{Re } \underline{Z}_{CA}$

$= (4)^2 (50) + (5\sqrt{2})^2 (20\sqrt{2} \cos 45°)$

$+ (4)^2 (50 \cos 53.1°)$

$P_L = \underline{2280 \text{ W}}$

13.25 $\Delta \to Y$: $\underline{Z}_Y = \frac{1}{3} \underline{Z}_d = \frac{1}{3}(24 + j24) = 8 + j8 \ \Omega$

$\underline{Z}_{eq} = \dfrac{(8-j8)(8+j8)}{8-j8+8+j8} = 8 \ \Omega; \ I_L = \dfrac{V_p}{|\underline{Z}_{eq}|} = \dfrac{240/\sqrt{3}}{8} = \underline{10\sqrt{3} \text{ A rms}}$

$P = 3 I_L^2 \text{ Re } \underline{Z}_{eq} = 3(10\sqrt{3})^2 (8) = 7200 \text{ W} = \underline{7.2 \text{ kW}}$

13.26 $\underline{Z}_{eq} = R_{eq}$ = phase impedance of equivalent Δ

$P = 3V_L \left(\dfrac{V_L}{R_{eq}}\right) \Rightarrow R_{eq} = \dfrac{3V_L^2}{P} = \dfrac{3(240)^2}{43{,}200} = 4 \ \Omega$

$\underline{Z}_{d1} = 3\underline{Z}_Y = 3(4 + j4) = 12 + j12 \ \Omega$

$\dfrac{1}{\underline{Z}_{d1}} + \dfrac{1}{\underline{Z}_{d2}} = \dfrac{1}{4} \Rightarrow \dfrac{1}{\underline{Z}_{d2}} = \dfrac{1}{4} - \dfrac{1}{12+j12} = \dfrac{6-(1-j1)}{24}$

$\underline{Z}_{d2} = \dfrac{24}{5+j1} = \underline{\dfrac{12}{13}(5-j1) \ \Omega}$

13.27 $\underline{I}_{AB} = \dfrac{\underline{V}_{ab}}{\underline{Z}_{AB}} = \dfrac{100\sqrt{3}\angle 30°}{j10} = 10\sqrt{3}\angle -60° \text{ A rms}$

$\underline{I}_{BC} = \dfrac{\underline{V}_{bc}}{\underline{Z}_{BC}} = \dfrac{100\sqrt{3}\angle -90°}{20} = 5\sqrt{3}\angle -90° \text{ A rms}$

$\underline{I}_{CA} = \dfrac{\underline{V}_{ca}}{\underline{Z}_{CA}} = \dfrac{100\sqrt{3}\angle 150°}{-j10} = 10\sqrt{3}\angle 240° \text{ A rms}$

$\underline{I}_{aA} = \underline{I}_{AB} - \underline{I}_{CA} = 8.66 - j15 - (-8.66 - j15) = \underline{17.32 \text{ A rms}}$

$\underline{I}_{bB} = \underline{I}_{BC} - \underline{I}_{AB} = -j8.66 - (8.66 - j15) = \underline{-8.66 + j6.34 \text{ A rms}}$

$\underline{I}_{cC} = \underline{I}_{CA} - \underline{I}_{BC} = -8.66 - j15 - (-j8.66) = \underline{-8.66 - j6.34 \text{ A rms}}$

13.28 $\dfrac{\underline{Y}_{ab}}{\underline{Y}_{bc}} = \dfrac{\underline{Y}_a}{\underline{Y}_b}, \ \dfrac{\underline{Y}_{ab}}{\underline{Y}_{ca}} = \dfrac{\underline{Y}_b}{\underline{Y}_c} \Rightarrow \underline{Y}_a = \underline{Y}_c \dfrac{\underline{Y}_{ab}}{\underline{Y}_{bc}}, \ \underline{Y}_b = \underline{Y}_c \dfrac{\underline{Y}_{ab}}{\underline{Y}_{ca}}$

13.28 (cont.) Then $\mathbf{Y}_{ab} = \dfrac{\mathbf{Y}_c^2\, \mathbf{Y}_{ab}^2 / \mathbf{Y}_{bc}\mathbf{Y}_{ca}}{\mathbf{Y}_c[(\mathbf{Y}_{ab}/\mathbf{Y}_{bc}) + (\mathbf{Y}_{ab}/\mathbf{Y}_{ca}) + 1]}$

$$\frac{1}{\mathbf{Y}_c} = \mathbf{Z}_c = \frac{\mathbf{Y}_{ab}}{\mathbf{Y}_{ab}\mathbf{Y}_{bc} + \mathbf{Y}_{ca}\mathbf{Y}_{ab} + \mathbf{Y}_{bc}\mathbf{Y}_{ca}} \quad \frac{\mathbf{Z}_{ab}\mathbf{Z}_{bc}\mathbf{Z}_{ca}}{\mathbf{Z}_{ab}\mathbf{Z}_{bc}\mathbf{Z}_{ca}}$$

$$= \underline{\frac{\mathbf{Z}_{ca}\mathbf{Z}_{bc}}{\mathbf{Z}_{ab} + \mathbf{Z}_{bc} + \mathbf{Z}_{ca}}}$$

$\mathbf{Z}_a$ and $\mathbf{Z}_b$ are found in a similar manner.

13.29 $p(t) = V_m I_m[\cos\omega t \cos(\omega t - \theta) + \cos(\omega t - 120°)\cos(\omega t - 120° - \theta)$
$+ \cos(\omega t - 240°)\cos(\omega t - 240° - \theta)]$

$$\cos A \cos B = \frac{1}{2}[\cos(A+B) + \cos(A-B)]$$

$$p(t) = \frac{V_m I_m}{2}[\cos(2\omega t - \theta) + \cos(2\omega t - 240° - \theta) + \cos(2\omega t - 480° - \theta) + 3\cos\theta]$$

Since $\cos(2\omega t - \theta) + \cos(2\omega t - \theta - 120°) - \cos(2\omega t - \theta - 240°) = 0,$

$$\underline{p(t) = \frac{3}{2}V_m I_m}$$

13.30 $v_{ax}i_a + v_{bx}i_b + v_{cx}i_c = (v_{ab} + v_{bx})i_a + (v_{bx})i_b + (v_{cb} + v_{bx})i_c$

$$= v_{ab}(i_{ab} - i_{ca}) - v_{bc}(i_{ca} - i_{bc}) + (i_a + i_b + i_c)v_{bx}$$

$$= v_{ab}i_{ab} + v_{bc}i_{bc} - i_{ca}(v_{ab} + v_{bc})$$

$$= v_{ab}i_{ab} + v_{bc}i_{bc} + v_{ca}i_{ca}$$

13.31 (a) $P_A = |\mathbf{V}_{ab}| \cdot |\mathbf{I}_{aA}| \cos(\text{ang}\,\mathbf{V}_{ab} - \text{ang}\,\mathbf{I}_{aA})$

$$\mathbf{I}_{aA} = \frac{\mathbf{V}_{AN}}{\mathbf{Z}} = \frac{(200/\sqrt{3})\angle -30°}{10\angle 30°} = \frac{20}{\sqrt{3}}\angle -60° \text{ A rms}$$

$$P_A = 200\left(\frac{20}{\sqrt{3}}\right)\cos 60° = \frac{2000}{\sqrt{3}}\text{ W} = \underline{\frac{2}{\sqrt{3}}\text{ kW}}$$

$$P_c = |\mathbf{V}_{cb}| \cdot |\mathbf{I}_{cC}| \cos(\text{ang}\,\mathbf{V}_{cb} - \text{ang}\,\mathbf{I}_{cC})$$

$$\mathbf{I}_{cC} = \frac{20}{\sqrt{3}}\angle 60° \text{ A rms};\ \mathbf{V}_{cb} = -\mathbf{V}_{bc} = 200\angle -120° + 180° \text{ V rms}$$

$$P_c = 200\left(\frac{20}{\sqrt{3}}\right)\cos(60° - 60°) = \frac{4000}{\sqrt{3}}\text{ W} = \underline{\frac{4}{\sqrt{3}}\text{ kW}}$$

$$P = P_A + P_c = (2/\sqrt{3}) + (4/\sqrt{3}) = 6/\sqrt{3} = \underline{2\sqrt{3}\text{ kW}}$$

13.31(cont.) (b) $P = 3V_p I_p \cos\theta = 3\left(\frac{200}{\sqrt{3}}\right)\left(\frac{20}{\sqrt{3}}\right)\cos 30°$ W

$= \underline{2\sqrt{3}\ \text{KW}}$

13.32 (a) $\underline{I}_{aA} = \frac{(200/\sqrt{3})\angle -30°}{10\angle 60°} = \frac{20}{\sqrt{3}}\angle -90°$ A rms

$P_A = 200\left(\frac{20}{\sqrt{3}}\right)\cos 90° = \underline{0}$

$\underline{I}_{cC} = \frac{20}{\sqrt{3}}\angle 30°$ A rms; $P_C = 200\left(\frac{20}{\sqrt{3}}\right)\cos(60° - 30°)$ W

$P_C = \underline{2\ \text{KW}} \Rightarrow P = P_A + P_C = \underline{2\ \text{KW}}$

(b) $P = 3V_p I_p \cos\theta = 3\left(\frac{200}{\sqrt{3}}\right)\left(\frac{20}{\sqrt{3}}\right)\cos 60°\ \text{W} = \underline{2\ \text{KW}}$

13.33 $\underline{I}_{aA} = \frac{(V_L/\sqrt{3})\angle \alpha - 30°}{|\underline{Z}|\angle 60°} = \frac{\underline{V}_{an}}{\underline{Z}} = \frac{V_L}{|\underline{Z}|\sqrt{3}}\angle \alpha - 90°$

$\cos(\text{ang}\,\underline{V}_{ab} - \text{ang}\,\underline{I}_{aA}) = \cos[\alpha - (\alpha - 90)] = \cos 90° = 0$

$\therefore P_A = \underline{0}$

$\underline{I}_{cC} = \frac{V_L}{|\underline{Z}|\sqrt{3}}\angle \alpha + 30°$; $P_C = V_L \frac{V_L}{|\underline{Z}|\sqrt{3}}\cos[(\alpha + 60°) - (\alpha + 30°)]$

$P_C = \frac{V_L^2}{|\underline{Z}|\sqrt{3}}\cos 30° = \underline{\frac{V_L^2}{2|\underline{Z}|}\ \text{W}}$ $(V_{cb} = V_L\angle \alpha + 60°)$

13.34 $P_A = |\underline{V}_{ab}|\cdot|\underline{I}_{aA}|\cos(\text{ang}\,\underline{V}_{ab} - \text{ang}\,\underline{I}_{ab})$

$\underline{V}_{ab} = 100\sqrt{3}\angle 30°$ V rms, $\underline{I}_{AB} = \frac{\underline{V}_{ab}}{\underline{Z}_p} = \frac{100\sqrt{3}\angle 30°}{30\angle 30°}$

$\underline{I}_{AB} = \frac{10\sqrt{3}}{3}$; $\underline{I}_{aA} = 10\angle -30°$ A rms

$P_A = (100\sqrt{3})(10)\cos[30° - (-30°)] = \underline{500\sqrt{3}\ \text{W}}$

$P_B = |\underline{V}_{cb}|\cdot|\underline{I}_{cC}|\cos[\text{ang}\,\underline{V}_{cb} - \text{ang}\,\underline{I}_{cC}]$

$\underline{V}_{bc} = V_L\angle -90° \Rightarrow \underline{V}_{cb} = V_L\angle 90°$, $\underline{I}_{cC} = I_L\angle 90°$

$P_B = (100\sqrt{3})(10)\cos(90° - 90°) = \underline{1000\sqrt{3}\ \text{W}}$

$P = P_A + P_B = \underline{1500\sqrt{3}\ \text{W}}$

13.35 $P_A = |\underline{V}_{ac}|\cdot|\underline{I}_{aA}|\cos(\text{ang}\,\underline{V}_{ac} - \text{ang}\,\underline{I}_{aA})$

$\underline{V}_{ac} = 300\angle 0° + 120° - 180° = 300\angle -60°$ V rms

$\underline{I}_{aA} = \frac{\underline{V}_{an}}{\underline{Z}_p} = \frac{(300/\sqrt{3})\angle -30°}{10\angle 30°} = \frac{30}{\sqrt{3}}\angle -60°$ A rms

$P_A = (300)\left(\frac{30}{\sqrt{3}}\right)\cos[-60° - (-60°)] = \underline{3000\sqrt{3}\ \text{W}} = \underline{3\sqrt{3}\ \text{KW}}$

$P_B = |\underline{V}_{bc}|\cdot|\underline{I}_{bB}|\cos(\text{ang}\,\underline{V}_{bc} - \text{ang}\,\underline{I}_{bB})$

13.35 (cont.) $\mathbf{V}_{bc} = 300\angle{-120^\circ}$ V rms, $\mathbf{I}_{bB} = \frac{30}{\sqrt{3}}\angle{-180^\circ}$ A rms

$$P_B = (300)\left(\frac{30}{\sqrt{3}}\right)\cos[-120^\circ-(-180^\circ)] = 1500\sqrt{3}\text{ W} = \underline{1.5\sqrt{3}\text{ kW}}$$

$$P = P_A + P_B = 3\sqrt{3} + 1.5\sqrt{3} = \underline{4.5\sqrt{3}\text{ kW}}$$

13.36 $\mathbf{V}_{ab} = V_L\angle{0^\circ}$, $\mathbf{I}_{aA} = \frac{V_L\angle{-30^\circ}}{\sqrt{3}|\mathbf{Z}_p|\angle{\theta}} = \frac{V_L}{\sqrt{3}|\mathbf{Z}_p|}\angle{-30^\circ-\theta}$

$$P_A = \frac{V_L^2}{\sqrt{3}|\mathbf{Z}_p|}\cos(30^\circ+\theta)$$

$$\mathbf{V}_{cb} = V_L\angle{60^\circ},\quad \mathbf{I}_{cC} = \frac{V_L}{\sqrt{3}|\mathbf{Z}_p|}\angle{90^\circ-\theta}$$

$$P_C = \frac{V_L^2}{\sqrt{3}|\mathbf{Z}_p|}\cos(30^\circ-\theta)$$

$$\frac{P_A}{P_C} = \frac{\cos(30^\circ+\theta)}{\cos(30^\circ-\theta)} = \frac{\cos 30^\circ\cos\theta - \sin 30^\circ\sin\theta}{\cos 30^\circ\cos\theta + \sin 30^\circ\sin\theta}$$

$$= \frac{1-\tan 30^\circ\tan\theta}{1+\tan 30^\circ\tan\theta} = \frac{\sqrt{3}-\tan\theta}{\sqrt{3}+\tan\theta}$$

$$P_A(\sqrt{3}+\tan\theta) = P_C(\sqrt{3}-\tan\theta) \Rightarrow \underline{\tan\theta = \frac{\sqrt{3}(P_C-P_A)}{P_C+P_A}}$$

13.37 (a) $P_A = P_C \Rightarrow \tan\theta = 0 \Rightarrow \theta = 0$ and $\underline{pf = 1}$

(b) $P_A = -P_C \Rightarrow P_A + P_C = 0 \Rightarrow \tan\theta \to \infty \Rightarrow \theta = 90^\circ, \underline{pf = 0}$

(c) $P_A = 0 \Rightarrow \tan\theta = \sqrt{3} \Rightarrow \theta = 60^\circ \Rightarrow pf = \underline{0.5 \text{ lagging}}$

(d) $P_C = 0 \Rightarrow \tan\theta = -\sqrt{3} \Rightarrow \theta = -60^\circ \Rightarrow pf = \underline{0.5 \text{ leading}}$

(e) $P_A = 2P_C \Rightarrow \tan\theta = \sqrt{3}\,\frac{-P_C}{3P_C} = -\frac{1}{\sqrt{3}} \Rightarrow \theta = -30^\circ$

$pf = \underline{0.866 \text{ leading}}$

13.38 $\mathbf{I}_{AB} = \frac{\mathbf{V}_{ab}}{\mathbf{Z}_{AB}} = \frac{200\angle{0^\circ}}{20} = 10$ A rms

$$\mathbf{I}_{BC} = \frac{\mathbf{V}_{bc}}{\mathbf{Z}_{BC}} = \frac{200\angle{-120^\circ}}{20\angle{60^\circ}} = 10\angle{-180^\circ} = -10 \text{ A rms}$$

$$\mathbf{I}_{CA} = \frac{\mathbf{V}_{ca}}{\mathbf{Z}_{CA}} = \frac{200\angle{120^\circ}}{50\angle{30^\circ}} = 4\angle{90^\circ} = j4 \text{ A rms}$$

$$\mathbf{I}_{aA} = \mathbf{I}_{AB} - \mathbf{I}_{CA} = 10 - j4 \text{ A rms} = 10.77\angle{-21.8^\circ} \text{ A rms}$$

$$\mathbf{I}_{cC} = \mathbf{I}_{CA} - \mathbf{I}_{BC} = 10 + j4 = 10.77\angle{21.8^\circ} \text{ A rms}$$

$$P_A = |\mathbf{I}_{aA}|\cdot|\mathbf{V}_{ab}|\cos(\text{ang }\mathbf{V}_{ab} - \text{ang }\mathbf{I}_{aA})$$

$$= (10.77)(200)\cos(0^\circ + 21.8^\circ) = 2000\text{ W} = \underline{2\text{ kW}}$$

13.38 (cont.) $P_B = |\mathbf{V}_{cb}| \cdot |\mathbf{I}_{cC}| \cos(\text{ang}\,\mathbf{V}_{cb} - \text{ang}\,\mathbf{I}_{cC})$

$\mathbf{V}_{cb} = -\mathbf{V}_{bc} = 200\,\underline{/-120^\circ + 180^\circ} = 200\,\underline{/60^\circ}$ V rms

$P_B = 200(10.77)\cos(60^\circ - 21.8^\circ) = \underline{1692.7\text{ W}}$

13.39 $\mathbf{V}_{ab} = 100\sqrt{3}\,\underline{/30^\circ}$ V rms, $\mathbf{V}_{cb} = 100\sqrt{3}\,\underline{/-90^\circ + 180^\circ}$ V rms

From Prob. 13.27, $\mathbf{I}_{aA} = 17.32$ A rms, $\mathbf{I}_{cC} = -8.66 - j6.34$

$\mathbf{I}_{cC} = 10.73\,\underline{/216.2^\circ}$ A rms

$P_A = |\mathbf{V}_{ab}| \cdot |\mathbf{I}_{aA}| \cos[\text{ang}\,\mathbf{V}_{ab} - \text{ang}\,\mathbf{I}_{aA}]$

$= 100\sqrt{3}(17.32)\cos(30^\circ - 0^\circ) = \underline{1500\sqrt{3}\text{ W}}$

$P_B = |\mathbf{V}_{cb}| \cdot |\mathbf{I}_{cC}| \cos[\text{ang}\,\mathbf{V}_{cb} - \text{ang}\,\mathbf{I}_{cC}]$

$= (100\sqrt{3})(10.73)\cos(90^\circ - 216.2^\circ) = \underline{-633.7\sqrt{3}\text{ W}}$

13.40 $\mathbf{V}_{ab} = 200\sqrt{3}\,\underline{/30^\circ}$ V rms, $\mathbf{V}_{bc} = 200\sqrt{3}\,\underline{/-90^\circ}$ V rms

KVL: $(10 + j10)\mathbf{I}_{aA} - j10\,\mathbf{I}_{bB} = \mathbf{V}_{ab} = 200\sqrt{3}\,\underline{/30^\circ}$

$j10\,\mathbf{I}_{bB} - (10 - j10)\mathbf{I}_{cC} = \mathbf{V}_{bc} = 200\sqrt{3}\,\underline{/-90^\circ}$

or $j10\,\mathbf{I}_{bB} + (10 - j10)(\mathbf{I}_{aA} + \mathbf{I}_{bB}) = 200\sqrt{3}\,\underline{/-90^\circ}$

These simplify to

$(1 + j1)\mathbf{I}_{aA} - j1\,\mathbf{I}_{bB} = 20\sqrt{3}\left(\frac{\sqrt{3}}{2} + j\frac{1}{2}\right) = 10\sqrt{3}(\sqrt{3} + j1)$

$(1 - j1)\mathbf{I}_{aA} + \mathbf{I}_{bB} = 20\sqrt{3}(-j1)$

Multiply last equation by $j1$:

(1) $(1 + j1)\mathbf{I}_{aA} - j1\,\mathbf{I}_{bB} = 10\sqrt{3}(\sqrt{3} + j1)$

(2) $(1 + j1)\mathbf{I}_{aA} + j1\,\mathbf{I}_{bB} = 20\sqrt{3}$

Add (1)+(2): $2(1 + j1)\mathbf{I}_{aA} = 30 + 20\sqrt{3} + j10\sqrt{3}$

$$\mathbf{I}_{aA} = \frac{15 + 10\sqrt{3} + j5\sqrt{3}}{1 + j1} = 23.66\,\underline{/-30^\circ} \text{ A rms}$$

Subtracting (2) from (1): $-j2\,\mathbf{I}_{bB} = 30 - 20\sqrt{3} + j10\sqrt{3}$

$\mathbf{I}_{bB} = j1[15 - 10\sqrt{3} + j5\sqrt{3}] = 8.97\,\underline{/195^\circ}$ A rms

$P_A = |\mathbf{I}_{aA}| \cdot |\mathbf{V}_{ac}| \cos[\text{ang}\,\mathbf{V}_{ac} - \text{ang}\,\mathbf{I}_{aA}]$

$= 23.66(200\sqrt{3})\cos[-30^\circ - (-30^\circ)] = \underline{8196\text{ W}}$

$P_B = |\mathbf{I}_{bB}| \cdot |\mathbf{V}_{bc}| \cos[\text{ang}\,\mathbf{V}_{bc} - \text{ang}\,\mathbf{I}_{bB}]$

$= 8.97(200\sqrt{3})\cos(-90^\circ - 195^\circ) = \underline{804\text{ W}}$

$(P = P_A + P_B = 9000\text{ W})$

CHAPTER 14

- EXERCISES -

14.1.1 $2\dfrac{di_1}{dt} + 5i_1 = 25e^{-t}e^{j2t}$; $i_1 = I_1 e^{(-1+j2)t}$

$$2(-1+j2)I_1 e^{(-1+j2)t} + 5I_1 e^{(-1+j2)t} = 25e^{(-1+j2)t}$$

$$(3+j4)I_1 = 25 \Rightarrow I_1 = 5\angle{-53.1^\circ}$$

$$i_1 = \underline{(5\angle{-53.1^\circ})\,e^{(-1+j2)t}}$$

14.1.2 Let $i_1 = \mathrm{Re}\,i_1 + j\,\mathrm{Im}\,i_1$, $v_1 = \mathrm{Re}\,v_1 + j\,\mathrm{Im}\,v_1$

$$2\frac{d}{dt}(\mathrm{Re}\,i_1 + j\,\mathrm{Im}\,i_1) + 5(\mathrm{Re}\,i_1 + j\,\mathrm{Im}\,i_1) = \mathrm{Re}\,v_1 + j\,\mathrm{Im}\,v_1$$

Equating real parts:

$$2\frac{d}{dt}(\mathrm{Re}\,i_1) + 5(\mathrm{Re}\,i_1) = \mathrm{Re}\,v_1$$

$\therefore$ $\mathrm{Re}\,i_1$ is the response to $\mathrm{Re}\,v_1$

14.1.3 $\dfrac{d^2v_1}{dt^2} + 2\dfrac{dv_1}{dt} + v_1 = 8e^{-t}e^{j2t}$

$$v_1 = V_1 e^{(-1+j2)t}: \left[(-1+j2)^2 + 2(-1+j2) + 1\right]V_1 = 8$$

$$V_1 = \frac{8}{1-j4-4-2+j4+1} = -2 \Rightarrow v_1 = -2e^{(-1+j2)t}$$

$$v = \mathrm{Re}\,v_1 = \underline{-2e^{-t}\cos 2t}$$

14.1.4 $\dfrac{d^3v_1}{dt^3} + 6\dfrac{d^2v_1}{dt^2} + 11\dfrac{dv_1}{dt} + 6v_1 = 4e^{(-2+j1)t}e^{-j\pi/3}$

$$v_1 = V_1 e^{(-2+j1)t}$$

$$\left[(-2+j1)^3 + 6(-2+j1)^2 + 11(-2+j1) + 6\right]V_1 = 4e^{-j\pi/3}$$

$$V_1 = \frac{4e^{-j\pi/3}}{-j2} = j2e^{-j\pi/3} = 2e^{j\pi/6}$$

$$v_1 = 2e^{j\pi/6}e^{(-2+j1)t}$$

$$v = \mathrm{Re}\,v_1 = \underline{2e^{-2t}\cos(2t+30^\circ)}$$

14.2.1 (a) $5 + 3e^{-4t} = 5e^{0\cdot t} + 3e^{-4t}$; $s = \underline{0, -4}$

(b) $\cos\omega t = \frac{1}{2}e^{j\omega t} + \frac{1}{2}e^{-j\omega t}$; $s = \underline{\pm j\omega}$

14.2.1 (Cont.)

(c) $\sin(\omega t+\theta) = \frac{1}{2j} e^{j(\omega t+\theta)} - \frac{1}{2j} e^{-j(\omega t+\theta)}$

$= \frac{1}{2j} e^{j\theta} e^{j\omega t} - \frac{1}{2j} e^{-j\theta} e^{-j\omega t}$

$\therefore \; \underline{s = \pm j\omega}$

(d) $6e^{-3t}\sin(4t+10°) = 6e^{-3t}\left(\frac{1}{2j}\right)\left[e^{j(4t+10°)} - e^{-j(4t+10°)}\right]$

$= -3j\, e^{j10°} e^{(-3+j4)t} + 3j e^{-j10°} e^{(-3-j4)t}$

$\therefore \; \underline{s = -3 \pm j4}$

(e) $e^{-t}(1+\cos 2t) = e^{-t} + \frac{1}{2} e^{(-1+j2)t} + \frac{1}{2} e^{(-1-j2)t}$

$\therefore \; \underline{s = -1, \; -1 \pm j2}$

14.2.2 $v = L I_m \left[-\omega e^{\sigma t}\sin(\omega t+\phi) + \sigma e^{\sigma t}\cos(\omega t+\phi)\right]$

$+ R I_m e^{\sigma t}\cos(\omega t+\phi)$

$= I_m e^{\sigma t}\left[-\omega L \sin(\omega t+\phi) + (R+\sigma L)\cos(\omega t+\phi)\right]$

$\underline{v = I_m\sqrt{(R+\sigma L)^2+\omega^2 L^2}\; e^{\sigma t}\cos\left(\omega t+\phi+\tan^{-1}\frac{\omega L}{R+\sigma L}\right)}$

14.2.3 (a) $v = 6 = 6e^{0\cdot t}$: $\underline{s = 0, \; \mathbf{V}(s) = 6\angle 0°}$

(b) $v = 6e^{-2t}$: $\underline{s = -2, \; \mathbf{V}(s) = 6\angle 0°}$

(c) $v = 6e^{-3t}\cos(4t+10°)$: $\underline{s = -3+j4, \; \mathbf{V}(s) = 6\angle 10°}$

(d) $v = 6\cos(2t+10°)$: $\underline{s = j2, \; \mathbf{V}(s) = 6\angle 10°}$

14.2.4 (a) $\mathbf{V} = 8\angle 0°$, $s = -3 \Rightarrow v = \underline{8e^{-3t}}$

(b) $\mathbf{V} = 5\angle 15°$, $s = j4 \Rightarrow v = \underline{5\cos(4t+15°)}$

(c) $\mathbf{V} = 6\angle 30°$, $s = -3+j2 \Rightarrow v = \underline{6e^{-3t}\cos(2t+30°)}$

14.3.1 $\mathbf{Z}_{in} = 4 + \dfrac{\frac{2}{s}(2+s)}{s+2+\frac{2}{s}} = 4 + \dfrac{2(s+2)}{s^2+2s+2} = \dfrac{4s^2+10s+12}{s^2+2s+2}$

$$\mathbf{I}_g = \frac{V_g}{\mathbf{Z}_{in}} = \frac{4(s^2+2s+2)}{4s^2+10s+12} = \frac{2(s^2+2s+2)}{2s^2+5s+6}$$

$$\mathbf{I} = \frac{\frac{2}{s}}{\frac{2}{s}+s+2}\mathbf{I}_g = \frac{2}{s^2+2s+2}\;\frac{2(s^2+2s+2)}{2s^2+5s+6}$$

$$\mathbf{I} = \frac{4}{2s^2+5s+6}$$

$$s=-1+j1:\ \mathbf{I} = \frac{4}{2(1-j2-1)-5+j5+6} = \frac{4}{1+j1} = 2\sqrt{2}\,\angle -45^\circ$$

$$i = \underline{2\sqrt{2}\,e^{-t}\cos(t-45^\circ)\ \mathrm{A}}$$

14.3.2 v_{g_1} active:

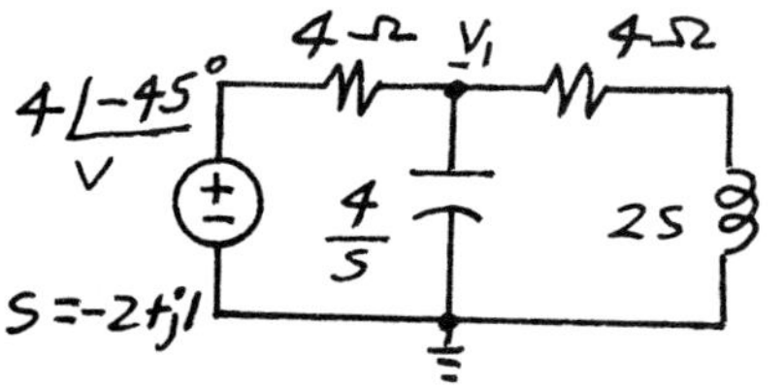

$$\text{KCL: } \mathbf{V}_1\left(\frac{1}{4}+\frac{s}{4}+\frac{1}{2s+4}\right) = \frac{4\angle -45^\circ}{4}$$

$$\mathbf{V}_1 = \frac{4(s+2)}{s^2+3s+4}(1\angle -45^\circ)$$

$$s=-2+j1 \Rightarrow \mathbf{V}_1 = 2\sqrt{2}\angle 90^\circ\ \mathrm{V}$$

i_{g_2} active:

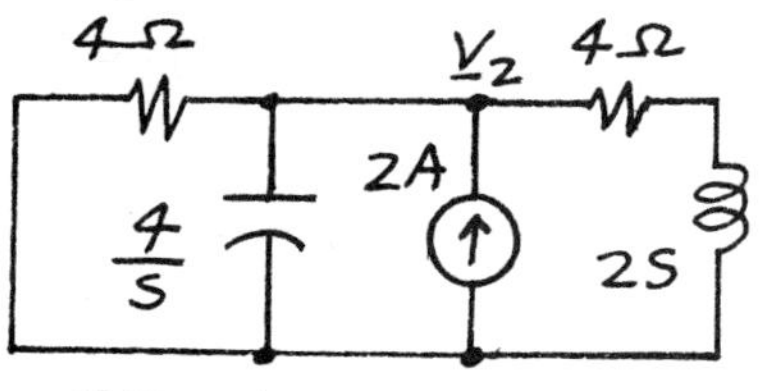

$$\mathbf{Y} = \frac{1}{4}+\frac{s}{4}+\frac{1}{2s+4}$$

$$\mathbf{Z} = \frac{1}{\mathbf{Y}} = \frac{4(s+2)}{s^2+3s+4}$$

$$\mathbf{V}_2 = 2\mathbf{Z} = \frac{8(s+2)}{s^2+3s+4}$$

$$s=-1:\ \mathbf{V}_2 = 4\ \mathrm{V}$$

$$v = v_1 + v_2 = \underline{2\sqrt{2}\,e^{-2t}\cos(t+90^\circ) + 4e^{-t}\ \mathrm{V}}$$

14.3.3 (a) $\mathbf{I}_{g2} = 1\angle 45^\circ,\ s=-2+j1$

From Ex. 14.3.2 $\mathbf{V}_2 = \dfrac{4(s+2)}{s^2+3s+4}\mathbf{I}_{g2}$

$$s=-2+j1:\ \mathbf{V}_2 = \frac{4j}{1-j1}(1\angle 45^\circ) = 2\sqrt{2}\angle 180^\circ\ \mathrm{V}$$

From Ex. 14.3.2 $\mathbf{V}_1 = 2\sqrt{2}\angle 90^\circ$ V. Since the sources have the same frequency

14.3.3 (cont.) $\underline{V} = \underline{V}_1 + \underline{V}_2 = 2\sqrt{2}\,\angle 90^\circ + 2\sqrt{2}\,\angle 180^\circ$

$\underline{V} = 2\sqrt{2}(-1 + j1) = 4\,\angle 135^\circ$ V

$\therefore\ v = \underline{4e^{-2t}\cos(t + 135^\circ)\,\text{V}}$

(b) KCL : $\underline{V}\left(\frac{1}{2s+4} + \frac{s}{4} + \frac{1}{4}\right) = 1\angle 45^\circ + \frac{4\angle -45^\circ}{4}$

$$\underline{V} = \left.\frac{(2/\sqrt{2})(4)(s+2)}{s^2+3s+4}\right|_{s=-2+j1} = 4\,\angle 135^\circ\ \text{V}$$

$v = \underline{4e^{-2t}\cos(t+135^\circ)\,\text{V}}$

(c) The practical voltage source can be replaced by a practical current source of $1\angle -45^\circ$ A in parallel with a 4-Ω resistor.

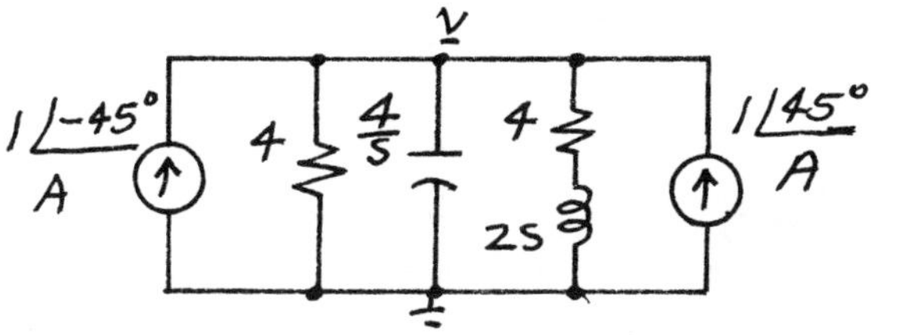

$\underline{Y}_{eq} = \frac{1}{4} + \frac{s}{4} + \frac{1}{2s+4} = \frac{1}{\underline{Z}_{eq}}$

$\underline{Z}_{eq} = \frac{4(s+2)}{s^2+3s+4}$

Equivalent current source: $\underline{I}_g = 1\angle -45^\circ + 1\angle 45^\circ$

$\underline{I}_g = \frac{1}{\sqrt{2}}\left[(1-j1) + (1+j1)\right] = \sqrt{2}$ A

$$\underline{V} = \sqrt{2}\,\underline{Z}_{eq} = \sqrt{2}\left.\frac{4(s+2)}{s^2+3s+4}\right|_{s=-2+j1} = 4\,\angle 135^\circ\ \text{V}$$

$v = \underline{4e^{-2t}\cos(t+135^\circ)\,\text{V}}$

14.3.4

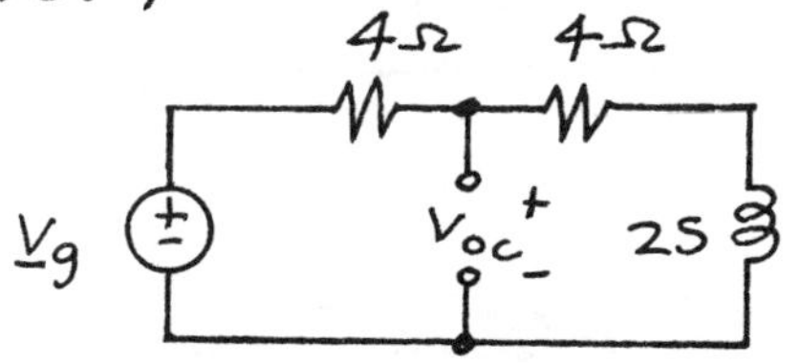

$\underline{V}_{oc} = \frac{2s+4}{2s+8}\underline{V}_g = \underline{\frac{s+2}{s+4}\underline{V}_g}$

$\underline{Z}_{th} = \frac{4(2s+4)}{2s+8} = \underline{\frac{4(s+2)}{s+4}\ \Omega}$

$$\underline{V}(s) = \frac{(4/s)\,\underline{V}_{oc}}{\underline{Z}_{th} + \frac{4}{s}} = \frac{(4/s)\frac{s+2}{s+4}\underline{V}_g}{\frac{4(s+2)}{s+4} + \frac{4}{s}} = \underline{\frac{(s+2)\underline{V}_g}{s^2+3s+4}}$$

14.4.1 $H(s) = \frac{4(s+5)}{s^2+4s+5}$, $\underline{V}_i(s) = 2\angle 0^\circ$

(a) $s = -2$: $H(-2) = \frac{4(3)}{4-8+5} = 12$

14.4.1 (Cont.)

(a) (Cont.) $\underline{V}_o = 12(2\angle 0^\circ) = 24\angle 0^\circ \Rightarrow v_o = \underline{24e^{-2t}}$

(b) $s=-4+j1$: $\underline{V}_o = \dfrac{4(1+j1)(2)}{16-1-j8-16+j4+5} = \underline{2\angle 90^\circ}$

$v_o = 2e^{-4t}\cos(t+90^\circ) = \underline{-2e^{-4t}\sin t}$

(c) $s=-2+j3$: $\underline{V}_o = \dfrac{4(3+j3)(2)}{(j3)^2+1} = \underline{3\sqrt{2}\angle -135^\circ}$

$v_o = \underline{3\sqrt{2}\, e^{-2t}\cos(3t-135^\circ)}$

14.4.2 KCL: $s\underline{V}_o + \underline{I}_o - \underline{I}_1 = 0$; $\underline{I}_1 = \dfrac{\underline{V}_g-\underline{V}_o}{s+3}$, $\underline{I}_o = \dfrac{\underline{V}_o}{s+3}$

(a) $\underline{I}_1 = \dfrac{V_o}{s+3} + s\underline{V}_o = \left(\dfrac{1}{s+3}+s\right)\left[\underline{V}_g - (s+3)\underline{I}_1\right]$

$H(s) = \dfrac{\underline{I}_1}{\underline{V}_g} = \underline{\dfrac{s^2+3s+1}{(s+1)(s+2)(s+3)}}$

(b) $\underline{I}_o = \underline{I}_1 - s\underline{V}_o = \dfrac{\underline{V}_g-\underline{V}_o}{s+3} - s\underline{V}_o = \dfrac{1}{s+3}\underline{V}_g - \left(\dfrac{1}{s+3}+s\right)(s+3)\underline{I}_o$

$H(s) = \dfrac{\underline{I}_o}{\underline{V}_g} = \underline{\dfrac{1}{(s+1)(s+2)(s+3)}}$

(c) $H(s) = \dfrac{\underline{V}_o}{\underline{V}_g} = (s+3)\dfrac{\underline{I}_o}{\underline{V}_g} = \dfrac{s+3}{(s+1)(s+2)(s+3)} = \underline{\dfrac{1}{(s+1)(s+2)}}$

14.4.3 KCL at inverting input:

$\dfrac{\underline{V}_g}{2+\frac{4}{s}} + \left(\dfrac{1}{8}+\dfrac{1}{16}s\right)\underline{V} = 0 \Rightarrow H(s) = \dfrac{\underline{V}}{\underline{V}_g} = -\dfrac{1}{\left(2+\frac{4}{s}\right)\left(\frac{1}{8}+\frac{1}{16}s\right)}$

$H(s) = \underline{-\dfrac{8s}{s^2+4s+4}}$; for $s=j1$ and $\underline{V}_g = 5\angle 0^\circ$ V

$\underline{V} = -\dfrac{j8}{(j1)^2+j4+4}(5\angle 0^\circ) = \underline{8\angle -143.1^\circ}$ V

$v = \underline{8\cos(t-143.1)\ \text{V}}$

14.5.1 $H(s) = \dfrac{K(s+1)(s+1+j1)(s+1-j1)}{(s+2)(s+1+j2)(s+1-j2)} = \dfrac{K(s+1)(s^2+2s+2)}{(s+2)(s^2+2s+5)}$

$H(0) = \dfrac{K(2)}{2(5)} = 4 \Rightarrow K = 20$

$H(s) = \underline{\dfrac{20(s+1)(s^2+2s+2)}{(s+2)(s^2+2s+5)}}$

14.5.2

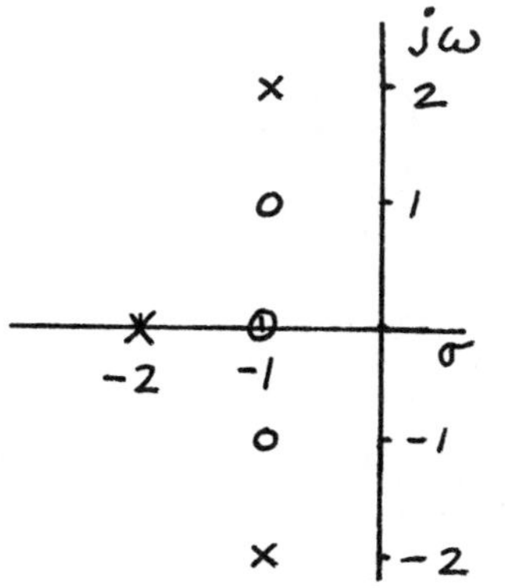

14.5.3 $(s^2+4s+13)\underline{V}_o(s)=(2s+4)\underline{V}_i(s)$

$$H(s)=\frac{2s+4}{s^2+4s+13}=\frac{\underline{V}_o(s)}{\underline{V}_i(s)}$$

zero: $2s+4=0 \Rightarrow s=\underline{-2}$; $s=\infty$ is a zero.

poles: $s^2+4s+13=(s+2)^2+9=0 \Rightarrow s=\underline{-2\pm j3}$

14.6.1 $H(s)=\dfrac{4(s+5)}{s^2+4s+5} \Rightarrow$ characteristic eq.: $s^2+4s+5=0$

$(s+2)^2+1=0 \Rightarrow s=-2\pm j1$

$v_{on}=\underline{e^{-2t}(A_1\cos t+A_2\sin t)}$

14.6.2 $v_o=v_{on}+v_{of}$ [see Ex. 14.6.1 and Ex. 14.4.1.]

$v_o=e^{-2t}[A_1\cos t+A_2\sin t+3\sqrt{2}\cos(3t-135°)]$

$v_o(0+)=A_1+3\sqrt{2}\cos(-135°)=0=A_1-3 \Rightarrow A_1=3$

$$\frac{dv_o(0+)}{dt}=0=-2A_1-6\sqrt{2}\cos(-135°)+A_2-9\sqrt{2}\sin(-135°)$$

$0=-6+6+A_2+9 \Rightarrow A_2=-9$

$v_o=\underline{e^{-2t}[3\cos t-9\sin t+3\sqrt{2}\cos(3t-135°)]\ \text{V}}$

14.6.3 Replace practical current source by voltage source of $\underline{V}_g=10\angle 0°$ V and $\underline{Z}_g=1\,\Omega$. Let $\underline{V}$ be the capacitor voltage. KCL gives

$$\frac{\underline{V}-10}{4}+\frac{\underline{V}}{5s}+\frac{1}{20}s\underline{V}=0 \quad \text{or} \quad \underline{V}=\frac{50s}{(s+1)(s+4)}$$

Then $\underline{I}=\dfrac{\underline{V}}{5s}=\dfrac{10}{(s+1)(s+4)}$. The natural frequencies are -1 and -4; $i_n=A_1e^{-t}+A_2e^{-4t}$

14.6.3 (cont.) For $s=j2$

$$\underline{I}(j2) = \frac{10}{(1+j2)(4+j2)} = -j1 = 1\angle -90^\circ$$

$$i_f = \cos(2t-90^\circ) = \sin 2t$$

$$i = A_1 e^{-t} + A_2 e^{-4t} + \sin 2t$$

$$\left.\begin{aligned} i(0) &= A_1 + A_2 = 0 \\ \frac{di(0)}{dt} &= -A_1 - 4A_2 + 2 = 8 \end{aligned}\right\} \Rightarrow A_1 =$$

$$i = \underline{2e^{-t} - 2e^{-4t} + \sin 2t \text{ A}}$$

14.7.1 (a) $\underline{Z} = \frac{4}{s} + \frac{(1)(2s+4)}{2s+5} = \frac{2(s^2+6s+10)}{s(2s+5)}$; $H = \frac{\underline{I}_x}{\underline{V}_x} = \frac{1}{\underline{Z}}$

Natural frequencies: $s^2+6s+10=0 \Rightarrow s=-3\pm j1$

(b) $Y = \frac{1}{4}s + 1 + \frac{1}{2s+4} = \frac{s^2+6s+10}{2(2s+4)}$; $H = \frac{\underline{V}_x}{\underline{I}_x} = \frac{1}{\underline{Y}}$

Natural frequencies: $s^2+6s+10=0 \Rightarrow s=-3\pm j1$

14.7.2 (a) $\underline{Z} = \frac{1}{s} + \frac{(s+3)(s+3)}{2(s+3)} = \frac{s^3+6s^2+11s+6}{(s+3)^2}$

Natural frequencies: $s^3+6s^2+11s+6=0$

$(s+1)(s+2)(s+3)=0 \Rightarrow s=-1, -2, -3$

14.7.3

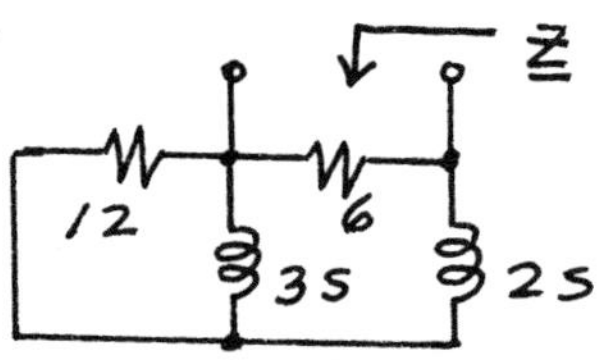

$$\underline{Z} = \frac{6\left[2s+\frac{3s(12)}{3s+12}\right]}{6+2s+\frac{3s(12)}{3s+12}} = \frac{6[2s(3s+12)+36s]}{(2s+6)(3s+12)+36s}$$

$$= \frac{6(s)(s+10)}{(s+1)(s+12)} \;;\; H = \frac{\underline{V}_x}{\underline{I}_x} = \underline{Z}$$

Natural frequencies: $(s+1)(s+12)=0 \Rightarrow s=-1, -12$

14.8.1 Comparing this circuit to Fig. 14.13, we have

$\underline{Z}_1 = 2\,\Omega$, $\underline{Z}_2 = 6\,\Omega$, $\underline{Z}_3 = 4\,\Omega$

From (14.37), $\underline{Z}_{11} = \underline{Z}_1 + \underline{Z}_3 = 2+4 = \underline{6\,\Omega}$, $\underline{Z}_{12} = \underline{Z}_{21} = \underline{Z}_3 = \underline{4}$,

$\underline{Z}_{22} = \underline{Z}_2 + \underline{Z}_3 = 6+4 = \underline{10\,\Omega}$

From Table 14.1 $A = \underline{Z}_{11}/\underline{Z}_{21} = \frac{6}{4} = \underline{\frac{3}{2}}$,

$B = \Delta_Z/\underline{Z}_{21} = (\underline{Z}_{11}\underline{Z}_{22} - \underline{Z}_{12}\underline{Z}_{21})/\underline{Z}_{21} = [6(10)-4(4)]/4$,

$B = \underline{11\,\Omega}$, $C = 1/\underline{Z}_{21} = \underline{\frac{1}{4}\text{ S}}$, $D = \underline{Z}_{22}/\underline{Z}_{21} = \frac{10}{4} = \underline{\frac{5}{2}}$

14.8.2 $V_1 = z_{11} I_1 + z_{12} I_2$, $V_2 = z_{21} I_1 + z_{22} I_2$

$\Delta_z = z_{11} z_{22} - z_{12} z_{21}$. By Cramer's rule

$$I_1 = \frac{\begin{vmatrix} V_1 & z_{12} \\ V_2 & z_{22} \end{vmatrix}}{\Delta_z} = \frac{z_{22}}{\Delta_z} V_1 - \frac{z_{12}}{\Delta_z} V_2$$

$$I_2 = \frac{\begin{vmatrix} z_{11} & V_1 \\ z_{21} & V_2 \end{vmatrix}}{\Delta_z} = -\frac{z_{21}}{\Delta_z} V_1 + \frac{z_{11}}{\Delta_z} V_2$$

$$\therefore y_{11} = \frac{z_{22}}{\Delta_z},\ y_{12} = -\frac{z_{12}}{\Delta_z},\ y_{21} = -\frac{z_{21}}{\Delta_z},\ y_{22} = \frac{z_{11}}{\Delta_z}$$

For $z_{11} = 6$, $z_{12} = z_{21} = 4$, $z_{22} = 10$, $\Delta_z = 6(10) - 4(4) = 44$

$$y_{11} = \frac{10}{44} = \underline{\frac{5}{22}},\ y_{12} = y_{21} = -\frac{4}{44} = \underline{-\frac{1}{11}},\ y_{22} = \frac{6}{44}\text{ S}$$

$$y_{22} = \underline{\frac{3}{22}}\text{ S}$$

14.8.3 $h_{11} = \dfrac{\Delta_z}{z_{22}} = \underline{\dfrac{44}{10}}$, $h_{12} = \dfrac{z_{12}}{z_{22}} = \underline{\dfrac{4}{10}}$, $h_{21} = -\dfrac{z_{21}}{z_{22}}$

$h_{21} = \underline{-\dfrac{4}{10}}$, $h_{22} = \dfrac{1}{z_{22}} = \underline{\dfrac{1}{10}}$

From (14.41) with $\Delta_H = h_{11} h_{22} - h_{12} h_{21}$

$$I_1 = \frac{\begin{vmatrix} V_1 & h_{12} \\ I_2 & h_{22} \end{vmatrix}}{\Delta_H} = \frac{h_{22}}{\Delta_H} V_1 - \frac{h_{12}}{\Delta_H} I_2 = g_{11} V_1 + g_{12} I_2$$

$$V_2 = \frac{\begin{vmatrix} h_{11} & V_1 \\ h_{21} & I_2 \end{vmatrix}}{\Delta_H} = -\frac{h_{21}}{\Delta_H} V_1 + \frac{h_{11}}{\Delta_H} I_2 = g_{12} V_1 + g_{22} I_2$$

$$\Delta_H = h_{11} h_{22} - h_{12} h_{21} = \frac{22}{5}\frac{1}{10} - \frac{2}{5}\left(-\frac{2}{5}\right) = \frac{3}{5}$$

$$g_{11} = \frac{1/10}{3/5} = \underline{\frac{1}{6}},\ g_{12} = \frac{-2/5}{3/5} = \underline{-\frac{2}{3}},\ g_{21} = \frac{2/5}{3/5} = \underline{\frac{2}{3}} = \frac{4}{6}$$

$$g_{22} = \frac{44/10}{3/5} = \underline{\frac{44}{6}}$$

14.8.4 (a) $z_{12} = \dfrac{h_{12}}{h_{22}} = z_{21} = -\dfrac{h_{21}}{h_{22}} \Rightarrow \underline{h_{12} = -h_{21}}$

(b) $z_{12} = \dfrac{\Delta_T}{C} = z_{21} = \dfrac{1}{C} \Rightarrow \underline{\Delta_T = AD - BC = 1}$

14.8.5 $V_2 = aV_1 - bI_1,\ I_2 = cV_1 - dI_2$

From $V_1 = AV_2 - BI_2,\ I_1 = CV_2 - DI_2$

$$V_2 = \frac{\begin{vmatrix} V_1 & -B \\ I_1 & -D \end{vmatrix}}{-\Delta_T},\quad I_2 = \frac{\begin{vmatrix} A & V_1 \\ C & I_1 \end{vmatrix}}{-\Delta_T}$$

$$V_2 = \frac{-D}{-\Delta_T} V_1 + \frac{B}{-\Delta_T} I_1,\quad I_2 = \frac{-C}{-\Delta_T} V_1 + \frac{A}{-\Delta_T} I_1$$

$$a = \frac{D}{\Delta_T},\quad b = \frac{B}{\Delta_T},\quad c = \frac{C}{\Delta_T},\quad d = \frac{A}{\Delta_T}$$

where $\Delta_T = AD - BC$.

14.9.1 $\frac{V_2}{V_1} = \frac{-y_{21}}{1 + y_{22}}$; $\Delta_z = z_{11}z_{22} - z_{12}z_{21} = 8(14) - 6(6) = 76$

$$y_{21} = \frac{-z_{21}}{\Delta_z} = \frac{-6}{76} = \frac{-3}{38};\quad y_{22} = \frac{z_{11}}{\Delta_z} = \frac{8}{76} = \frac{4}{38}$$

$$\frac{V_2}{V_1} = \frac{-(-3/38)}{1 + \frac{4}{38}} = \frac{3}{42} = \frac{1}{14}$$

14.9.2

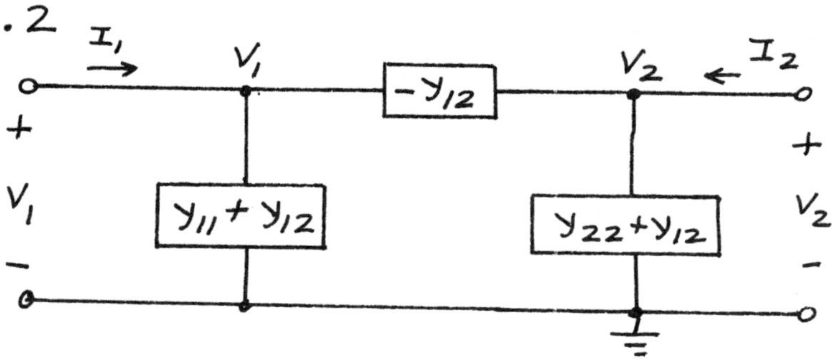

KCL: $I_1 = (y_{11} + y_{12})V_1 - y_{12}(V_1 - V_2) = y_{11}V_1 + y_{12}V_2$

$$I_2 = (y_{22} + y_{12})V_2 - y_{12}(V_2 - V_1) = y_{12}V_1 + y_{22}V_2$$
$$= y_{21}V_1 + y_{22}V_2$$

14.9.3 KVL: $V_1 = (z_{11} - z_{12} + z_{12})I_1 + z_{12}I_2$

$$= z_{11}I_1 + z_{12}I_2$$

$$V_2 = z_{12}I_1 + (z_{22} - z_{12})I_2 + (z_{21} - z_{12})I$$
$$= z_{21}I_1 + z_{22}I_2$$

14.9.4

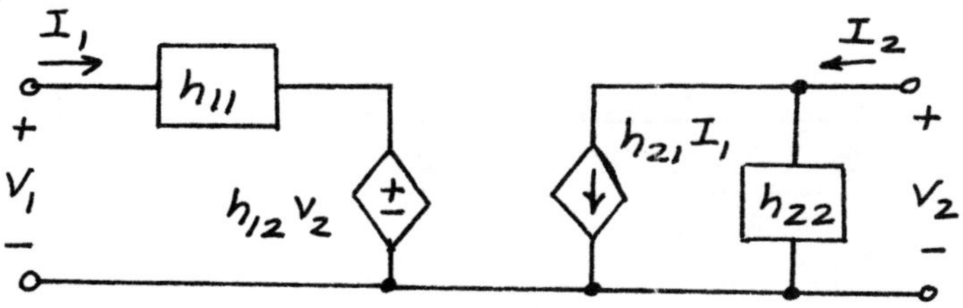

KVL: $V_1 = h_{11}I_1 + h_{12}V_2$; KCL: $I_2 = h_{21}I_1 + h_{22}V_2$

14.10.1 $z_{1a} = 2s,\ z_{2a} = \frac{1}{s},\ z_{3a} = 2$

$z_{11a} = z_{1a} + z_{3a} = 2s+2,\ z_{12a} = z_{21a} = z_{3a} = 2$

$z_{22a} = z_{2a} + z_{3a} = 2 + \frac{1}{s}$

$z_{1b} = 4,\ z_{2b} = s,\ z_{3b} = \frac{3}{s}$

$z_{11b} = 4 + \frac{3}{s},\ z_{12b} = z_{21b} = \frac{3}{s},\ z_{22b} = s + \frac{3}{s}$

$z_{11} = z_{11a} + z_{11b} = 2s + 6 + \frac{3}{s},\ z_{12} = z_{12a} + z_{12b} = 2 + \frac{3}{s}$

$z_{22} = z_{22a} + z_{22b} = 2 + s + \frac{4}{s}$

(14.57) $$\frac{V_2}{V_g} = \frac{z_{21}z_L}{(z_{11}+z_g)(z_{22}+z_L) - z_{12}z_{21}}$$

$$= \frac{(2+\frac{3}{s})(2)}{(2s+6+\frac{3}{s}+1)(2+s+\frac{4}{s}) - (2+\frac{3}{s})^2}$$

$$= \frac{4s^2+6s}{2s^4+15s^3+35s^2+28s+3}$$

14.10.2

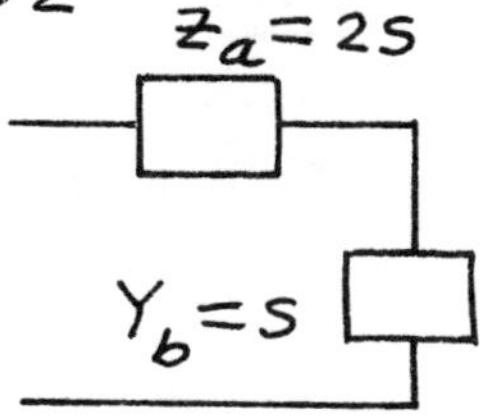

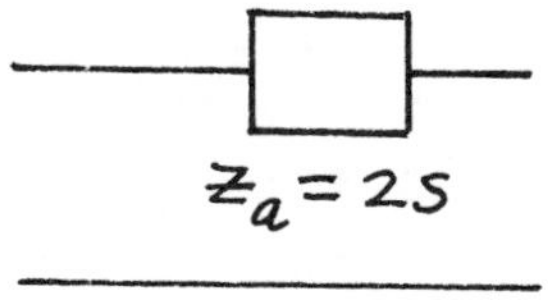

$$\begin{bmatrix} 1+Z_aY_b & Z_a \\ Y_b & 1 \end{bmatrix} = \begin{bmatrix} 1+2s^2 & 2s \\ s & 1 \end{bmatrix}, \quad \begin{bmatrix} 1 & Z_a \\ 0 & 1 \end{bmatrix} = \begin{bmatrix} 1 & 2s \\ 0 & 1 \end{bmatrix}$$

$$\begin{bmatrix} A & B \\ C & D \end{bmatrix} = \begin{bmatrix} 1+2s^2 & 2s \\ s & 1 \end{bmatrix}\begin{bmatrix} 1 & 2s \\ 0 & 1 \end{bmatrix} = \begin{bmatrix} 1+2s^2 & 4s^3+4s \\ s & 1+2s^2 \end{bmatrix}$$

14.10.2 (Cont.)

$$\frac{V_2}{V_1} = \frac{1}{A+B} = \underline{\frac{1}{4s^3+2s^2+4s+1}}$$

– PROBLEMS –

14.1 (a) $s=-2+j10$, $\mathbf{V}(s) = \underline{5\angle -30°}$, (b) $s=-1+j5$, $\mathbf{V}(s) = \underline{1\angle 45°}$, (c) $3\cos 3t + 4\sin 3t = 5\cos(3t-53.1°)$, $s=-3+j3$, $\mathbf{V}(s) = \underline{2\angle -53.1°}$, (d) $s=-8$, $\mathbf{V}(s) = \underline{5\angle 0°}$

14.2 (a) $\mathbf{V}(s) = 6\angle 10°$, $s=-2+j8 \Rightarrow v = \underline{6e^{-2t}\cos(8t+10°)}$

(b) $\mathbf{V}(s) = 5\angle 0°$, $s=-10 \Rightarrow v = \underline{5e^{-10t}}$

(c) $\mathbf{V}(s) = 4+j3 = 5\angle 36.9°$, $s=-1+j2 \Rightarrow v = \underline{5e^{-t}\cos(2t+36.9°)}$

(d) $\mathbf{V}(s) = -j6 = 6\angle -90°$, $s=j4$, $\Rightarrow v = 6\cos(4t-90°)$ or $\underline{v = 6\sin 4t}$

14.3 $$\mathbf{Z} = 1 + \frac{(2/s)(2s+4)}{\frac{2}{s}+(2s+4)} = \frac{2(s^2+3s+3)}{s^2+2s+1} \Rightarrow Y(s) = \frac{(s+1)^2}{2(s^2+3s+3)}$$

$$\mathbf{I} = \mathbf{Y}\mathbf{V} = \frac{(s+1)^2}{2(s^2+3s+3)}(4\angle 0°)\Big|_{s=-1+j1} = 2j = 2\angle 90°$$

$$i = 2e^{-t}\cos(t+90°)\text{ A} = \underline{-2e^{-t}\sin t\text{ A}}$$

14.4 $$\mathbf{Z} = 2s+12 + \frac{4(8/s)}{4+8/s} = \underline{\frac{2(s+4)^2}{s+2}}$$

poles: $-2, \infty$; zeros: $-4, -4$

$$\mathbf{I} = \frac{10}{\mathbf{Z}(-2+j4)} = \frac{10}{\left[\frac{2(-2+j4+4)^2}{-2+j4+2}\right]} = \underline{1\angle 36.9°}$$

$$\underline{i = e^{-2t}\cos(4t+36.9°)\text{ A}}$$

14.5 KCL gives $\mathbf{V}\left(\frac{s}{8} + \frac{1}{4} + \frac{1}{2s+12}\right) = \frac{\mathbf{V}_g}{2s+12}$

$$\mathbf{V} = \frac{4\mathbf{V}_g}{(s+4)^2} : \mathbf{V}(-6+j2) = \frac{4(16)}{(-2+j2)^2} = 8\angle -270° = 8\angle 90°$$

$$v = 8e^{-6t}\cos(2t+90°)\text{ V} = \underline{8e^{-6t}\sin 2t\text{ V}}$$

14.6 $$\mathbf{Y} = \mathbf{Y}_1 + \mathbf{Y}_a = \mathbf{Y}_1 + \frac{1}{\mathbf{Z}_a} = \mathbf{Y}_1 + \frac{1}{\mathbf{Z}_2+\mathbf{Z}_b} = \mathbf{Y}_1 + \frac{1}{\mathbf{Z}_2 + \frac{1}{\mathbf{Y}_b}}$$

Continuing

14.6 (Cont.) $\underline{Y} = \underline{Y}_1 + \cfrac{1}{\underline{Z}_2 + \cfrac{1}{\underline{Y}_3 + \cfrac{1}{\underline{Z}_4 + \cfrac{1}{\underline{Y}_5}}}}$

14.7 $\underline{Y} = \frac{s}{8} + \cfrac{1}{4 + \cfrac{1}{\frac{s}{6} + \cfrac{1}{12 + \cfrac{1}{\left(\frac{s}{24}\right)}}}} = \frac{s(s^2+6s+8)}{8(s+1)(s+3)}$

$\underline{Z} = \frac{8(s+1)(s+3)}{s(s+2)(s+4)}$; $\underline{Z}(-2+j1) = \frac{8(-1+j1)(1+j1)}{(-2+j1)(j1)(2+j1)} = -j\frac{16}{5}\ \Omega$

$\underline{V} = \underline{Z}\,\underline{I} = (-j\frac{16}{5})(5\angle 0^\circ) = -j16 = 16\angle -90^\circ$ V

$v = 16e^{-2t}\cos(t-90^\circ)$ V $= \underline{16e^{-2t}\sin t \text{ V}}$

14.8 v_1 = voltage across the $\frac{1}{6}$-F capacitor
i_1 = current through 4-Ω resistor
Assume $\underline{I} = 1$ A. Then $\underline{V}_1 = (12 + \frac{24}{s})\underline{I} = \frac{12s+24}{s}$,

$\underline{I}_1 = \frac{s}{6}\underline{V}_1 + \underline{I} = 2s+5$, $\underline{V} = 4\underline{I}_1 + \underline{V}_1 = \frac{2(4s^2+16s+12)}{s}$

$\underline{I}_g = \frac{s}{8}\underline{V} + \underline{I}_1 = s^2+6s+8$. Therefore

$H(s) = \frac{\underline{I}}{\underline{I}_g} = \frac{1}{s^2+6s+8} = \frac{1}{(s+2)^2+2(s+2)}$

$\underline{I} = H(-2+j1)\,\underline{I}_g = \frac{5}{(j1)^2+2j1} = \sqrt{5}\angle -116.6^\circ$ A

$i = \underline{\sqrt{5}e^{-2t}\cos(t-116.6^\circ) \text{ A}}$

14.9

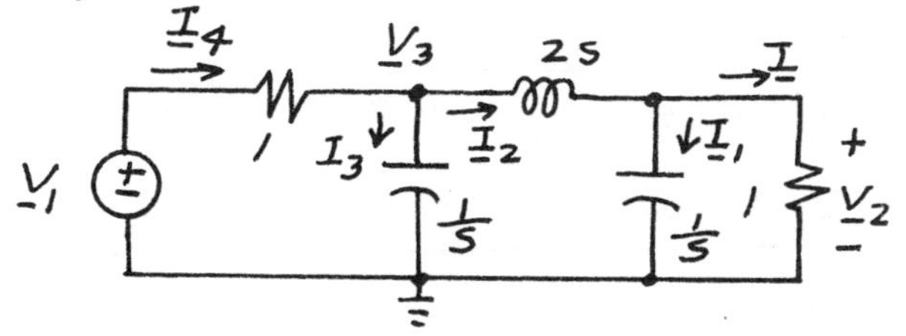

Assume $\underline{V}_2 = 1$ V. Then

$\underline{I} = 1$A, $\underline{I}_1 = s\underline{V}_2 = s$,

$\underline{I}_2 = \underline{I} + \underline{I}_1 = s+1$

$\underline{V}_3 = \underline{V}_2 + 2s\underline{I}_2 = 2s^2+2s+1$,

$\underline{I}_3 = s\underline{V}_3 = 2s^3+2s^2+s$, $\underline{I}_4 = \underline{I}_2 + \underline{I}_3 = s+1+2s^3+2s^2+s$

$\underline{I}_4 = 2s^3+2s^2+2s+1$, $\underline{V}_1 = \underline{V}_3 + \underline{I}_4(1)$

$\underline{V}_1 = 2(s^3+2s^2+2s+1)$

14.9 (Cont.)

$$\frac{\mathbf{V}_2}{\mathbf{V}_1} = \frac{1}{2(s^3+2s^2+2s+1)} \; ; \; \mathbf{V}_1 = 4\angle 0^\circ \text{ V}, \; s = j1$$

$$\mathbf{V}_2 = \frac{4}{2(-j1-2+2j+1)} = \sqrt{2}\,\angle -135^\circ \text{ V}$$

$$v_2 = \sqrt{2}\cos(t - 135^\circ) \text{ V}$$

14.10

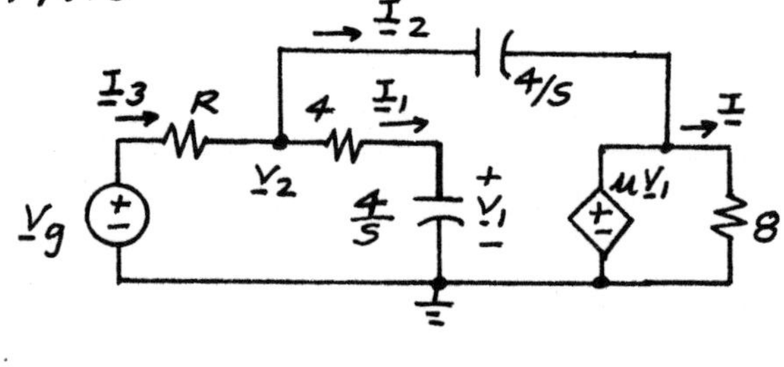

Assume $\mathbf{I} = 1$ A. Then

$$\mu \mathbf{V}_1 = 8 \Rightarrow \mathbf{V}_1 = \frac{8}{\mu}$$

$$\mathbf{I}_1 = \frac{s}{4}\mathbf{V}_1 = \frac{2s}{\mu} \; ; \; \mathbf{V}_2 = \frac{2s}{\mu}\left(4 + \frac{4}{s}\right)$$

$$\mathbf{V}_2 = \frac{8}{\mu}(s+1) \; ; \; \mathbf{I}_2 = \frac{s}{4}(\mathbf{V}_2 - \mu \mathbf{V}_1)$$

$$\mathbf{I}_2 = \frac{s}{4}\left[\frac{8}{\mu}(s+1) - 8\right] = \frac{2s}{\mu}(s+1-\mu)$$

$$\mathbf{I}_3 = \mathbf{I}_1 + \mathbf{I}_2 = \frac{2s}{\mu} + \frac{2s}{\mu}(s+1-\mu) = \frac{2s}{\mu}(s+2-\mu)$$

$$\mathbf{V}_g = \mathbf{V}_2 + R\,\mathbf{I}_3 = \frac{8}{\mu}(s+1) + \frac{2Rs}{\mu}(s+2-\mu)$$

$$= \frac{2R}{\mu}\left[s^2 + \left(2 - \mu + \frac{1}{R}\right)s + \frac{1}{R}\right]$$

$$H(s) = \frac{\mathbf{I}}{\mathbf{V}_g} = \frac{\mu/2R}{s^2 + \left(2-\mu+\frac{4}{R}\right)s + \frac{4}{R}} \; ; \; \mathbf{V}_g = 6\angle 0^\circ \text{ V}, \; s = -1 + j2$$

(a) $R = 2\,\Omega$, $\mu = 2$: $\mathbf{I} = H(s)\mathbf{V}_g = \dfrac{[2/(2)(2)](6)}{(-1+j2)^2 + 2(-1+j2) + 2}$

$$\mathbf{I} = 1\angle 180^\circ \text{ A} \Rightarrow i = e^{-t}\cos(2t + 180^\circ) \text{ A}$$

(b) $R = 2$, $\mu = 1$: $\mathbf{I} = \dfrac{[1/(2)(2)](6)}{(-1+j2)^2 + (1+2)(-1+j2) + 2} = \dfrac{3}{4\sqrt{5}}\angle -153.4^\circ$

$$i = \frac{3}{4\sqrt{5}} e^{-t}\cos(2t - 153.4^\circ) \text{ A}$$

(c) $R = 1$, $\mu = 2$: $\mathbf{I} = \dfrac{[2/(2)(1)](6)}{(-1+j2)^2 + 4(-1+j2) + 4}$

$$\mathbf{I} = 1.2\angle -126.9^\circ \text{ A} \Rightarrow i = 1.2e^{-t}\cos(2t - 126.9^\circ) \text{ A}$$

14.11 $\frac{v}{2}$ = input voltage for VCVS

v_1 = voltage at common node of the 2- and 8- Ω's

$$\text{KCL: } \left(\frac{1}{2} + \frac{1}{8} + \frac{s}{8}\right)\mathbf{V}_1 - \frac{1}{8}\frac{\mathbf{V}}{2} - \frac{s}{8}\mathbf{V} = \frac{\mathbf{V}_g}{2} \qquad (1)$$

$$\left(\frac{s}{16} + \frac{1}{8}\right)\frac{\mathbf{V}}{2} - \frac{\mathbf{V}_1}{8} = 0 \Rightarrow \mathbf{V}_1 = \frac{1}{4}(s+2)\mathbf{V}$$

14.11 (cont.) From (1)

$$\frac{s+5}{8}\,\frac{1}{4}(s+2)\underline{V} - \frac{1}{16}(2s+1)\underline{V} = \frac{\underline{V}_g}{2} \Rightarrow \underline{V}(s) = \frac{16}{s^2+3s+8}\underline{V}_g$$

$$H(s) = \frac{16}{s^2+3s+8} \;;\; s=-2+j2,\; \underline{V}_g = 1\angle 0^\circ \text{ V}$$

$$\underline{V} = \frac{16}{(-2+j2)^2+3(-2+j2)+8} = 4\sqrt{2}\angle 45^\circ \text{ V}$$

$$v = \underline{4\sqrt{2}\, e^{-2t}\cos(2t+45^\circ)\text{ V}}$$

14.12 $\frac{v}{2}$ = input voltage for VCVS

v_1 = voltage at common node of the capacitors

$$\frac{\underline{V}_1-\underline{V}_g}{4} + \frac{s}{40}\underline{V}_1 + \frac{s}{40}\left(\underline{V}_1 - \frac{\underline{V}}{2}\right) + \frac{\underline{V}_1-\underline{V}}{4} = 0$$

$$\frac{s}{40}\left(\underline{V}_1 - \frac{\underline{V}}{2}\right) = \frac{1}{4}\left(\frac{\underline{V}}{2}\right) \Rightarrow \underline{V}_1 = \frac{s+10}{2s}\underline{V}$$

$$\left[\left(\frac{1}{4}+\frac{2s}{40}+\frac{1}{4}\right)\frac{s+10}{2s} - \frac{s}{80} - \frac{1}{4}\right]\underline{V} = \frac{1}{4}\underline{V}_g$$

$$H(s) = \frac{\underline{V}}{\underline{V}_g} = \frac{\frac{1}{4}}{\left(\frac{1}{2}+\frac{s}{20}\right)\left(\frac{s+10}{2s}\right) - \frac{s}{80} - \frac{1}{4}} = \frac{20s}{s^2+20s+200}$$

$$\underline{V}_g = 5\angle 0^\circ \text{ V},\; s=-10+j20$$

$$\underline{V} = \frac{20(-10+j20)(5)}{(-10+j20)^2+20(-10+j20)+200} = \frac{10\sqrt{5}}{3}\underline{\angle -63.4^\circ}$$

$$v = \underline{\frac{10\sqrt{5}}{3}\, e^{-10t}\cos(20t-63.4^\circ)\text{ V}}$$

14.13

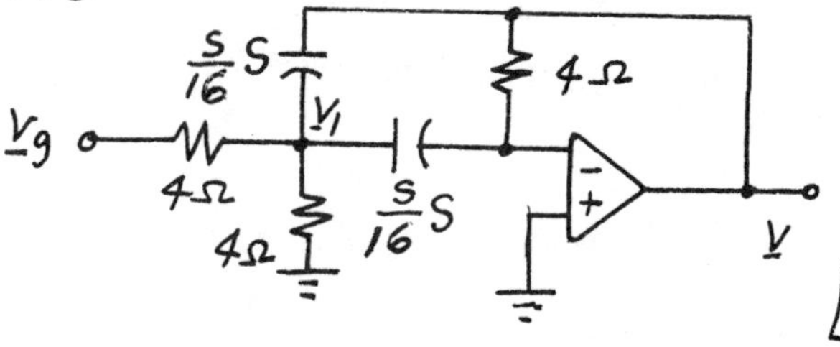

$$\frac{\underline{V}}{4} + \frac{s}{16}\underline{V}_1 = 0 \Rightarrow \underline{V}_1 = -\frac{4}{s}\underline{V}$$

$$\left(\frac{1}{4}+\frac{1}{4}+\frac{s}{8}\right)\underline{V}_1 - \frac{s}{16}\underline{V} = \frac{\underline{V}_g}{4}$$

$$\left[\left(\frac{1}{2}+\frac{s}{8}\right)\left(-\frac{4}{s}\right) - \frac{s}{16}\right]\underline{V} = \frac{1}{4}\underline{V}_g$$

$$H(s) = \frac{\underline{V}}{\underline{V}_g} = \frac{-4s}{s^2+8s+32} \;;\; \underline{V}_g = 6\angle 0^\circ \text{ V},\; s=-4+j8$$

$$s^2+8s+32 = (s+4)^2+16$$

$$\underline{V} = \frac{-4(-4+j8)}{(j8)^2+16}(6) = -2(1-j2) = 2\sqrt{5}\underline{\angle 116.6^\circ} \text{ V}$$

$$v = \underline{2\sqrt{5}\, e^{-4t}\cos(8t+116.6^\circ)\text{ V}}$$

14.14 v_1 = capacitor voltage

KCL: $\left[\frac{1}{s+1} + 2s + \frac{1}{s+1}\right]\mathbf{V}_1 = \frac{1}{s+1}\mathbf{V}_g$

$$\mathbf{V} = \frac{1}{s+1}\mathbf{V}_1 = \frac{1}{s+1}\,\frac{1/2}{s^2+s+1}\mathbf{V}_g = \frac{1/2}{s^3+2s^2+2s+1}\mathbf{V}_g$$

$$\frac{\mathbf{V}}{\mathbf{V}_g} = H(s) = \frac{1/2}{s^3+2s^2+2s+1}\ ;\ \mathbf{V}_g = 6\angle 0^\circ,\ s=-2$$

$$\mathbf{V} = \frac{(\frac{1}{2})(6)}{(-2)^3+2(-2)^2+2(-2)+1} = -1\ \text{V}$$

$$\underline{v = -e^{-2t}\ \text{V}}$$

14.15 v_2 = voltage at common node of the resistors

$$\left(\frac{s}{30}+\frac{1}{6}\right)\mathbf{V}_1 - \frac{1}{6}\mathbf{V}_2 = 0 \Rightarrow \mathbf{V}_2 = \frac{s+5}{5}\mathbf{V}_1$$

$$\left(\frac{1}{2}+\frac{1}{6}+\frac{s}{30}\right)\mathbf{V}_2 - \frac{1}{6}\mathbf{V}_1 - \frac{s}{30}(2\mathbf{V}_1) = \frac{1}{2}\mathbf{V}_g$$

$$\left[\left(\frac{s+20}{30}\right)\frac{s+5}{5} - \frac{1}{6} - \frac{s}{15}\right]\mathbf{V}_1 = \frac{1}{2}\mathbf{V}_g$$

$$\mathbf{V} = 2\mathbf{V}_1 = \frac{150\,\mathbf{V}_g}{s^2+15s+75}\ :\ H(s) = \frac{150}{s^2+15s+75}$$

$$\mathbf{V}_g = 2,\ s=-10+j5:\ \mathbf{V} = \frac{150\,(2)}{(-10+j5)^2+15(-10+j5)+75}$$

$$\mathbf{V} = j12 = 12\angle 90^\circ\ \text{V} \Rightarrow v = 12e^{-10t}\cos(5t+90^\circ)\ \text{V or}$$

$$\underline{v = -12e^{-10t}\sin 5t\ \text{V}}$$

14.16 Let the bottom node of the 1-Ω resistor be ground and v_1 be the voltage of the bottom node of v_g. KCL gives

$$\left(\frac{1}{s}+\frac{s}{2}+\frac{3}{s}+1\right)\mathbf{V} - \left(\frac{1}{s}+\frac{s}{2}\right)(\mathbf{V}_g+\mathbf{V}_1) - \frac{3}{s}\mathbf{V}_1 = 0$$

$$\mathbf{V} + \frac{3}{s}(\mathbf{V}_g+\mathbf{V}_1) + \left(\frac{s}{2}+\frac{1}{s}\right)\mathbf{V}_1 = 0$$

Cramer's rule:

$$\frac{\mathbf{V}}{\mathbf{V}_g} = \frac{(\frac{s}{2}+\frac{1}{s})(\frac{s}{2}+\frac{4}{s}) - \frac{3}{s}(\frac{s}{2}+\frac{4}{s})}{(\frac{s}{2}+1+\frac{4}{s})(\frac{s}{2}+\frac{4}{s})+(1)(\frac{s}{2}+\frac{4}{s})} = \frac{s^2-4}{s^2+4s+8}$$

(a) $\mathbf{V}_g = 6\angle 0^\circ,\ s=-4+j2$

$$\mathbf{V} = \frac{[(-4+j2)^2-4](6)}{(-4+j2)^2+4(-4+j2)+8} = 12\angle 0^\circ\ \text{V}$$

14.16 (Cont.) (a) $v = 12e^{-4t}\cos 2t$ V

(b) $\mathbf{V}_g = 6\angle 0°$, $s = j2$

$$\mathbf{V} = \frac{[(j2)^2-4](6)}{(j2)^2+4(j2)+8} = \frac{12}{\sqrt{5}}\angle 116.6° \text{ V}$$

$$v = \frac{12}{\sqrt{5}}\cos(2t+116.6°) \text{ V}$$

14.17 v_1 = output of lossy integrator

v_2 = output of inverter $\Rightarrow v_2 = -v$

KCL at the integrator inverting inputs:

$$\frac{1}{2}\mathbf{V}_g + \left(\frac{s}{6}+\frac{1}{2}\right)\mathbf{V}_1 + \frac{1}{4}\mathbf{V}_2 = 0, \quad \mathbf{V}_2 = -\mathbf{V}$$

$$\frac{1}{4}\mathbf{V}_1 + \frac{s}{6}\mathbf{V} = 0 \Rightarrow \mathbf{V}_1 = -\frac{2s}{3}\mathbf{V}$$

$$H(s) = \frac{\mathbf{V}}{\mathbf{V}_g} = \frac{18}{(2s+3)^2} \Rightarrow \mathbf{V}(-6+j3) = \frac{(2)(6)}{(-3+j2)^2} = \frac{12}{13}\angle 67.4° \text{ V}$$

$$v = \frac{12}{13}e^{-6t}\cos(3t+67.4°) \text{ V}$$

14.18 $$\mathbf{Z}_{th} = 6 + \frac{2(18/s)}{2+(18/s)} = \frac{6(s+12)}{s+9}\,\Omega, \quad \mathbf{V}_{oc} = \frac{(18/s)}{2+\frac{18}{s}}\mathbf{V}_g = \frac{36}{s+9} \text{ V}$$

$$\mathbf{I} = \frac{\mathbf{V}_{oc}}{2s+\mathbf{Z}_{th}} = \frac{36/(s+9)}{2s+\frac{6(s+12)}{s+9}} = \frac{18}{s^2+12s+18}$$

$$s = -3+j3: \; \mathbf{I} = \frac{18}{(-3+j3)^2+12(-3+j3)+18} = 1\angle -90° \text{ A}$$

$$i = e^{-3t}\cos(3t-90°) \text{ A} = e^{-3t}\sin 3t \text{ A}$$

14.19 With a-b open, $\mathbf{V}_{oc} = \frac{\mathbf{V}_1}{4}\left(4+\frac{6}{s}\right) + \mathbf{V}_1$, where $\mathbf{V}_1 = 8(4) = 32\angle 0°$

$$\mathbf{V}_{oc} = \left[\frac{1}{4}\left(4+\frac{6}{s}\right)+1\right](32) = \frac{16}{s}(4s+3) \text{ V}$$

With a-b shorted, $\mathbf{I}_{sc} = 8 - \frac{1}{4}\mathbf{V}_1 = \frac{1}{4}\mathbf{V}_1 + \frac{\mathbf{V}_1}{4+(6/s)}$

$$\mathbf{V}_1 = \frac{8}{\frac{1}{4}+\frac{1}{4}+\frac{1}{4+\frac{6}{s}}} = \frac{16(2s+3)}{3(s+1)}$$

$$\mathbf{I}_{sc} = 8 - \frac{1}{4}\,\frac{16(2s+3)}{3(s+1)} = \frac{4(4s+3)}{3(s+1)} \text{ A}$$

$$\mathbf{Z}_{th} = \frac{\mathbf{V}_{oc}}{\mathbf{I}_{sc}} = \frac{(16/s)(4s+3)}{4(4s+3)/3(s+1)} = \frac{12(s+1)}{s}\,\Omega, \quad \mathbf{Z}_L = 4s+20$$

$$\mathbf{I}(s) = \frac{\mathbf{V}_{oc}}{\mathbf{Z}_{th}+\mathbf{Z}_L} = \frac{(16/s)(4s+3)}{\frac{12(s+1)}{s}+4s+20} = \frac{4(4s+3)}{s^2+8s+3}$$

$$\mathbf{I}(-1+j2) = \frac{4(-4+j8+3)}{1-j4-4-8+j16+3} = 2-j1 = \sqrt{5}\angle -26.6° \text{ A}$$

14.19 (Cont.) $i = \sqrt{5}\, e^{-2t} \cos(4t - 26.6°)$ A

14.20 Poles are $-1, -3$; $v_{on} = A_1 e^{-t} + A_2 e^{-3t}$

$$V_o(-1+j2) = \frac{4(-1+j2)(-1+j2+2)}{(-1+j2+1)(-1+j2+3)}(6\angle 0°) = 15\sqrt{2}\angle 45°$$

$$v_{of} = 15\sqrt{2}\, e^{-t}\cos(2t + 45°)$$

$$v_o = A_1 e^{-t} + A_2 e^{-3t} + 15\sqrt{2}\, e^{-t}\cos(2t + 45°)$$

$$v_o(0+) = 0 = A_1 + A_2 + 15\sqrt{2}\cos 45° \Rightarrow A_1 + A_2 = -15$$

$$\frac{dv_o(0+)}{dt} = 0 = -A_1 - 3A_2 + 15\sqrt{2}(2\sin 45° - \cos 45°)$$

or $-A_1 - 3A_2 = -15 \Rightarrow A_1 = 0,\ A_2 = -15$

$$v_o = -15e^{-3t} + 15\sqrt{2}\, e^{-t}\cos(2t + 45°) \text{ V}$$

14.21 $H(-1)$ is not defined. The differential equation is

$$(D+1)(D+3)v_o = 4D(D+2)v_i, \quad D = \frac{d}{dt}, \quad v_i = 6e^{-t}$$

$$\frac{d^2 v_o}{dt^2} + 4\frac{dv_o}{dt} + 3v_o = 4\left[\frac{d^2 v_i}{dt^2} + 2\frac{dv_i}{dt}\right] = -24e^{-t}$$

$$v_{of} = Ate^{-t};\quad \frac{dv_{of}}{dt} = Ae^{-t}(1-t),\quad \frac{d^2 v_{of}}{dt^2} = Ae^{-t}(t-2)$$

$$\frac{d^2 v_{of}}{dt^2} + 4\frac{dv_{of}}{dt} + 3v_{of} = 2Ae^{-t} = -24e^{-t} \Rightarrow A = -12$$

$$v_o = A_1 e^{-t} + A_2 e^{-3t} - 12te^{-t}$$

$$\left.\begin{aligned} v_o(0+) &= A_1 + A_2 = 0 \\ \frac{dv_o(0+)}{dt} &= -A_1 - 3A_2 - 12 = 0 \end{aligned}\right\} \quad \begin{aligned} A_1 &= 6 \\ A_2 &= -6 \end{aligned}$$

$$v_o = 6e^{-t} - 6e^{-3t} - 12te^{-t} \text{ V}$$

14.22 Current division: $V = 10\left[\dfrac{s}{s + 10 + \frac{250}{s}}\right] I_g$

$$H(s) = \frac{V}{I_g} = \frac{10s^2}{s^2 + 10s + 250};\quad s = -5 + j10,\ I_g = 15\angle 0°$$

$$V(-5+j10) = \frac{10(15)(-5+j10)^2}{(-5+j10)^2 + 10(-5+j10) + 250} = 150\angle -126.9°$$

poles: $(s^2 + 10s + 25) + 225 = 0 \Rightarrow s = -5 \pm j15$

$$v = e^{-5t}[A_1\cos 15t + A_2 \sin 15t + 150\cos(10t - 126.9°)]$$

$$v(0+) = A_1 + 150\cos(-126.9°) = A_1 - 90 = 0 \Rightarrow A_1 = 90$$

14.22 (cont.)

$$\frac{dv(0+)}{dt} = 15A_2 - 1500\sin(-126.9^\circ) - 5A_1 - 750\cos(-126.9^\circ) = 0$$

$$\Rightarrow A_2 = -80$$

$$v = 10e^{-5t}\left[9\cos 15t - 8\sin 15t + 15\cos(10t - 126.9^\circ)\right] \text{ V}$$

14.23 For voltage source active, $v = v_1$.

voltage division: $\dfrac{V_1}{V_g} = \dfrac{36/s}{18 + \frac{36}{s}} = \dfrac{2}{s+2}$

$$V_1(-2+j4) = \frac{2(4)}{j4} = -j2 = 2\angle -90^\circ$$

$v_1 = 2e^{-2t}\cos(4t - 90^\circ)$ V $= 2e^{-2t}\sin 4t$ V

For the current source active, $v = v_2$.

$$\frac{V_2}{I_g} = \frac{18\left(\frac{36}{s}\right)}{18 + \frac{36}{s}} = \frac{36}{s+2} \Rightarrow V_2 = \frac{36}{0+2}(2) = 36\text{V} \Rightarrow v_2 = 36 \text{ V}$$

$$v_f = v_1 + v_2 = 2e^{-2t}\sin 4t + 36$$

The transfer functions have a pole at $s = -2$. Therefore $v_n = A_1 e^{-2t}$ and

$$v = A_1 e^{-2t} + 2e^{-2t}\sin 4t + 36$$

$$v(0) = 0 = A_1 + 36 \Rightarrow A_1 = -36$$

$$v = -36e^{-2t} + 2e^{-2t}\sin 4t + 36 \text{ V}$$

14.24 (a)

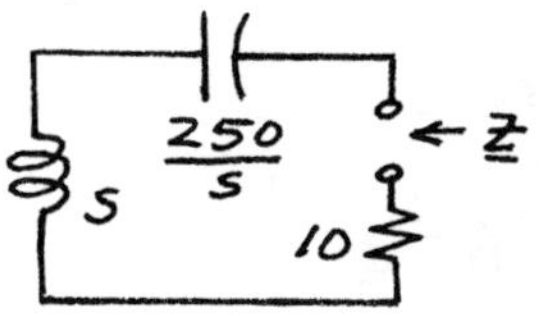

$$Z = s + \frac{250}{s} + 10 = \frac{s^2 + 10s + 250}{s}$$

Natural frequencies are the zeros:

$$s^2 + 10s + 250 = (s^2 + 10s + 25) + 225 = 0$$

$$s = -5 \pm j15$$

(b)

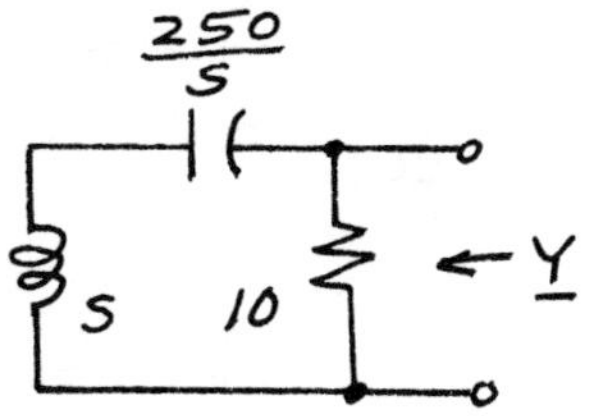

$$Y = \frac{1}{10} + \frac{1}{s + \frac{250}{s}} = \frac{s^2 + 10s + 250}{10(s^2 + 250)}$$

Natural frequencies are the zeros, $-5 \pm j15$, as in (a).

14.25 $z_1 = 0$, $z_2 = \dfrac{250}{s}$, $z_3 = s$ (T network)

$z_{11} = z_1 + z_3 = s$, $z_{12} = z_{21} = z_3 = s$, $z_{22} = z_2 + z_3$

$$z_{22} = \frac{250}{s} + s = \frac{s^2 + 250}{s}$$

14.25 (Cont.) $\Delta_z = z_{11}z_{22} - z_{12}z_{21} = s\left(\frac{s^2+250}{s}\right) - s^2 = 250$

$$y_{11} = \frac{z_{22}}{\Delta_z} = \underline{\frac{s^2+250}{250s}}, \quad y_{12} = y_{21} = \frac{-z_{12}}{\Delta_z} = \underline{-\frac{s}{250}}$$

$$y_{22} = \frac{z_{11}}{\Delta_z} = \underline{\frac{s}{250}}$$

14.26 Reference is bottom right node. The bottom left node is V_3. By KCL

$$(1) \quad I_1 = \left(\frac{1}{s} + \frac{s}{2} + \frac{3}{s}\right)(V_1 + V_3) - \left(\frac{1}{s} + \frac{s}{2}\right)V_2$$

$$(2) \quad I_2 = \left(\frac{1}{s} + \frac{s}{2} + \frac{3}{s}\right)V_2 - \left(\frac{1}{s} + \frac{s}{2}\right)(V_1 + V_3) - \frac{3}{s}V_3$$

$$(3) \quad -I_1 = \left(\frac{3}{s} + \frac{1}{s} + \frac{s}{2}\right)V_3 - \frac{3}{s}V_2$$

Add (1) and (3): $\quad V_3 = (V_2 - V_1)$

Eliminate V_3 from (1) and (2):

$$I_1 = \left(\frac{2}{s} + \frac{s}{4}\right)V_1 + \left(\frac{1}{s} - \frac{s}{4}\right)V_2$$

$$I_2 = \left(\frac{1}{s} - \frac{s}{4}\right)V_1 + \left(\frac{2}{s} + \frac{s}{4}\right)V_2$$

$$\therefore y_{11} = y_{22} = \frac{2}{s} + \frac{s}{4} = \underline{\frac{s^2+8}{4s}}$$

$$y_{12} = y_{21} = \frac{1}{s} - \frac{s}{4} = \underline{\frac{4-s^2}{4s}}$$

14.27 From (14.34), $I_2 = \frac{1}{z_{22}}V_2 - \frac{z_{21}}{z_{22}}I_1 = h_{21}I_1 + h_{22}V_2$

$$V_1 = z_{12}I_2 + z_{11}I_1 = z_{12}\left[\frac{1}{z_{22}}V_2 - \frac{z_{21}}{z_{22}}I_1\right] + z_{11}I_1$$

$$= \frac{z_{11}z_{22} - z_{12}z_{21}}{z_{22}}I_1 + \frac{z_{12}}{z_{22}}V_2 = h_{11}I_1 + h_{12}V_2$$

$$\therefore h_{11} = \frac{\Delta_z}{z_{22}}, \quad h_{12} = \frac{z_{12}}{z_{22}}, \quad h_{21} = -\frac{z_{21}}{z_{22}}, \quad h_{22} = \frac{1}{z_{22}}$$

Similarly, $I_1 = \frac{1}{z_{11}}V_1 - \frac{z_{12}}{z_{11}}I_2 = g_{11}V_1 + g_{12}I_2$

$$V_2 = z_{21}\left(\frac{1}{z_{11}}V_1 - \frac{z_{12}}{z_{11}}I_2\right) + z_{22}I_2$$

$$= \frac{z_{21}}{z_{11}}V_1 + \frac{\Delta_z}{z_{11}}I_2 = g_{21}V_1 + g_{22}I_2$$

$$\therefore g_{11} = \underline{\frac{1}{z_{11}}}, \quad g_{12} = \underline{-\frac{z_{12}}{z_{11}}}, \quad g_{21} = \underline{\frac{z_{21}}{z_{11}}}, \quad g_{22} = \underline{\frac{\Delta_z}{z_{11}}}$$

14.28 From Prob. 14.25, $z_{11} = z_{12} = z_{21} = s$, $z_{22} = \frac{s^2+250}{s}$

$\Delta_z = 250$

14.28 (cont.) $h_{11} = \dfrac{\Delta z}{z_{22}} = \dfrac{250}{\left(\dfrac{s^2+250}{s}\right)} = \dfrac{250s}{s^2+250}$

$h_{12} = \dfrac{z_{12}}{z_{22}} = \dfrac{s^2}{s^2+250}$, $h_{21} = -\dfrac{s^2}{s^2+250} = -\dfrac{z_{21}}{z_{22}}$

$h_{22} = \dfrac{1}{z_{22}} = \dfrac{s}{s^2+250}$

$g_{11} = \dfrac{1}{z_{11}} = \dfrac{1}{s}$, $g_{12} = -\dfrac{z_{12}}{z_{11}} = -1$, $g_{21} = \dfrac{z_{21}}{z_{11}} = 1$, $g_{22} = \dfrac{\Delta z}{z_{22}}$

$g_{22} = \dfrac{250}{s}$

14.29 From (14.34) $I_1 = \dfrac{1}{z_{21}} V_2 - \dfrac{z_{22}}{z_{21}} I_2 = C V_2 - D I_2$

$V_1 = z_{11}\left(\dfrac{1}{z_{21}} V_2 - \dfrac{z_{22}}{z_{21}} I_2\right) + z_{12} I_2 = A V_2 - B I_2$

$\therefore A = \dfrac{z_{11}}{z_{21}}$, $B = \dfrac{\Delta z}{z_{21}}$, $C = \dfrac{1}{z_{21}}$, $D = \dfrac{z_{22}}{z_{21}}$

14.30 $A = \dfrac{z_{11}}{z_{21}} = \dfrac{s}{s} = 1$, $B = \dfrac{\Delta z}{z_{21}} = \dfrac{250}{s}$, $C = \dfrac{1}{z_{21}} = \dfrac{1}{s}$

$D = \dfrac{z_{22}}{z_{21}} = \dfrac{s^2+250}{s} \cdot \dfrac{1}{s} = \dfrac{s^2+250}{s^2}$

14.31 From (14.37) and (14.39)

$Y_b = -y_{12} = \dfrac{z_{21}}{\Delta z} = \dfrac{z_3}{(z_1+z_3)(z_2+z_3) - z_3^2} = \dfrac{z_3}{z_1 z_2 + z_2 z_3 + z_3 z_1}$

$Y_a = y_{11} - Y_b = \dfrac{z_{22}}{\Delta z} - \dfrac{z_3}{\Delta z} = \dfrac{z_2 + z_3 - z_3}{\Delta z} = \dfrac{z_2}{z_1 z_2 + z_2 z_3 + z_3 z_1}$

$Y_c = y_{22} - Y_b = \dfrac{z_{11}}{\Delta z} - \dfrac{z_3}{\Delta z} = \dfrac{z_1 + z_3 - z_3}{\Delta z} = \dfrac{z_1}{z_1 z_2 + z_2 z_3 + z_3 z_1}$

In the table below are the relations between the elements above and those in Chapter 13.

Fig. 13.16	Y_a	Y_b	Y_c	Y_{ab}	Y_{bc}	Y_{ca}
Fig. 14.13	$1/z_1$	$1/z_2$	$1/z_3$			
Fig. 14.15				Y_b	Y_c	Y_a

14.32 The nodal equations are

$I_1 = \left(\frac{1}{2} + \frac{s}{4}\right) V_1 - \frac{s}{4} V_2$, $I_2 = \left(\frac{s}{4} + \frac{1}{4}\right) V_2 - \frac{s}{4} V_1 + \frac{1}{4} \frac{V_1}{2}$ or

$\left(-\frac{s}{4} + \frac{1}{8}\right) V_1 + \left(\frac{s}{4} + \frac{1}{4}\right) V_2 = I_2$

$y_{11} = \frac{1}{2} + \frac{s}{4} = \frac{1}{4}(s+2)$, $y_{12} = -\frac{s}{4}$

14.32 (cont.) $y_{21} = -\frac{s}{4} + \frac{1}{8} = -\frac{2s-1}{8}$, $y_{22} = \frac{s}{4} + \frac{1}{4} = \frac{s+1}{4}$

For the 1-Ω terminated output

$$\frac{V_2}{V_1} = \frac{-y_{21}}{1+y_{22}} = \frac{(2s-1)/8}{1+\frac{s+1}{4}} = \frac{2s-1}{2s+10}$$

14.33 $V_2 = -I_2$ (for the 1-Ω resistor)

$V_1 = AV_2 - BI_2 = AV_2 + BV_2 = (A+B)V_2$

$\frac{V_2}{V_1} = \frac{1}{A+B}$. From Prob. 14.29, Ex. 14.8.2, and (14.51), $A = -\frac{y_{22}}{y_{21}}$ and $B = -\frac{1}{y_{21}}$. From Prob. 14.32 $y_{22} = \frac{s+1}{4}$ and $y_{21} = -\frac{2s-1}{8}$

$\therefore A = \frac{2(s+1)}{2s-1}$, $B = \frac{1}{2s-1}$

$$\frac{V_2}{V_1} = \frac{1}{\frac{2(s+1)}{2s-1} + \frac{1}{2s-1}} = \frac{2s-1}{2s+10}$$

(The expressions for A and B can be found in Table 14.1.)

14.34 From Ex. 14.8.4, $I_2 = 0 \Rightarrow h_{22}V_2 = -h_{21}I_1$

$$V_2 = -\frac{h_{21}}{h_{22}} I_1 = -\frac{h_{21}}{h_{22}}\left(\frac{V_1 - h_{12}V_2}{h_{11}}\right) \text{ or}$$

$$\frac{V_2}{V_1} = \frac{-h_{21}}{h_{11}h_{22} - h_{12}h_{21}} = -\frac{10{,}000}{9}$$

14.35 From (14.57)

$$\frac{V_2}{V_g} = \frac{z_{21}Z_L}{(z_{11}+Z_g)(z_{22}+Z_L) - z_{12}z_{21}}$$

$z_{11} = \frac{y_{22}}{\Delta_y}$, $z_{22} = \frac{y_{11}}{\Delta_y}$, $z_{12} = -\frac{y_{12}}{\Delta_y}$, $z_{21} = -\frac{y_{21}}{\Delta_y}$

$$\frac{V_2}{V_g} = \frac{-\frac{y_{21}}{\Delta_y} Z_L}{\left(\frac{y_{22}}{\Delta_y} + Z_g\right)\left(\frac{y_{11}}{\Delta_y} + Z_L\right) - \frac{y_{12}y_{21}}{\Delta_y^2}}$$

$$= \frac{-y_{21}Z_L\Delta_y}{(y_{22} + Z_g\Delta_y)(y_{11} + Z_L\Delta_y) - y_{12}y_{21}}$$

$$= \frac{-y_{21}Z_L}{(1 + y_{11}Z_g + y_{22}Z_L) + Z_L Z_g(y_{11}y_{22} - y_{12}y_{21})}$$

14.35 (Cont.)

$$\frac{V_2}{V_g} = \frac{y_{21} z_L}{y_{12} y_{21} z_g z_L - (1 + y_{11} z_g)(1 + y_{22} z_L)}$$

$$z_{11} = \frac{\Delta_H}{h_{22}}, \quad z_{12} = \frac{h_{12}}{h_{22}}, \quad z_{21} = -\frac{h_{21}}{h_{22}}, \quad z_{22} = \frac{1}{h_{22}}$$

$$\frac{V_2}{V_g} = \frac{-(h_{21}/h_{22}) z_L}{\left(\frac{\Delta_H}{h_{22}} + z_g\right)\left(\frac{1}{h_{22}} + z_L\right) + \frac{h_{12} h_{21}}{h_{22}^2}}$$

$$= \frac{-h_{21} z_L}{(h_{11} h_{22} - h_{12} h_{21}) z_L + z_g + z_g z_L h_{22} + h_{11}}$$

$$= \frac{-h_{21} z_L}{(h_{11} + z_g)(1 + h_{22} z_L) - h_{12} h_{21} z_L}$$

$$z_{11} = \frac{A}{C}, \quad z_{12} = \frac{\Delta_T}{C}, \quad z_{21} = \frac{1}{C}, \quad z_{22} = \frac{D}{C}, \quad \Delta_T = AD - BC$$

$$\frac{V_2}{V_g} = \frac{\frac{1}{C} z_L}{\left(\frac{A}{C} + z_g\right)\left(\frac{D}{C} + z_L\right) - \frac{AD - BC}{C^2}}$$

$$= \frac{C z_L}{(A + C z_g)(D + C z_L) - AD + BC}$$

$$= \frac{z_L}{(A + C z_g) z_L + B + D z_g}$$

14.36 $h_{11} = 1\ \text{k}\Omega$, $h_{12} = 10^{-4}$, $h_{21} = 100$, $h_{22} = 10^{-4}$

$z_g = 360\ \Omega$, $z_L = 1\ \text{k}\Omega$

$$\frac{V_2}{V_g} = \frac{-100(1000)}{(1000 + 360)[1 + (10^{-4})(10^3) - 10^{-4}(10^2)(10^3)}$$

$$= -\frac{10^5}{1486} = \underline{-67.295}$$

14.37

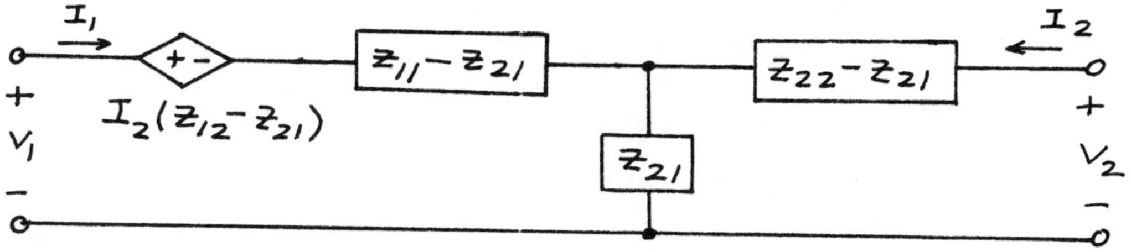

$$V_1 = (z_{11} - z_{21} + z_{21}) I_1 + (z_{12} - z_{21} + z_{21}) I_2$$

$$= \underline{z_{11} I_1 + z_{12} I_2}$$

$$V_2 = z_{21} I_1 + (z_{22} - z_{21} + z_{21}) I_2 = \underline{z_{21} I_1 + z_{22} I_2}$$

14.38 (a) KCL: $I_1 = (y_{11}+y_{12})V_1 + (-y_{12})(V_1 - V_2)$

$$= \underline{y_{11}V_1 + y_{12}V_2}$$

$$I_2 = (y_{21}-y_{12})V_1 + (y_{22}+y_{12})V_2 - y_{12}(V_2 - V_1)$$

$$= y_{21}V_1 + y_{22}V_2$$

(b) KCL: $I_1 = (y_{12}-y_{21})V_2 + (y_{11}+y_{21})V_1 - y_{21}(V_1 - V_2)$

$$= y_{11}V_1 + y_{12}V_2$$

$$I_2 = (y_{22}+y_{21})V_2 - y_{21}(V_2 - V_1)$$

$$= \underline{y_{21}V_1 + y_{22}V_2}$$

14.39 Take the negative terminal of V_1 as reference

V_3 = node voltage at negative terminal of V_2

$V_2 + V_3$ = node voltage at positive terminal of V_2

$$I_1 = Y_b(V_1 - V_3) + Y_a(V_1 - V_2 - V_3)$$

(1) $I_1 = (Y_a + Y_b)V_1 - Y_a V_2 - (Y_a + Y_b)V_3$

$$I_2 = Y_a(V_2 + V_3 - V_1) + Y_b(V_2 + V_3)$$

(2) $I_2 = -Y_a V_1 + (Y_a + Y_b)V_2 + (Y_a + Y_b)V_3$

$-I_2 = Y_a V_3 + Y_b(V_3 - V_1)$ (at V_3)

$$-I_2 = -Y_b V_1 + (Y_a + Y_b)V_3$$

(3) $(Y_a + Y_b)V_3 = Y_b V_1 - I_2$

substitute (3) into (2):

$$I_2 = -Y_a V_1 + (Y_a + Y_b)V_2 + Y_b V_1 - I_2$$

(4) $I_2 = \frac{1}{2}(Y_b - Y_a)V_1 + \frac{1}{2}(Y_b + Y_a)V_2$

substitute (3) into (1):

$$I_1 = (Y_a + Y_b)V_1 - Y_a V_2 - Y_b V_1 + I_2$$

$$= Y_a V_1 - Y_a V_2 + \frac{1}{2}(Y_b - Y_a)V_1 + \frac{1}{2}(Y_b + Y_a)V_2$$

(5) $I_1 = \frac{1}{2}(Y_b + Y_a)V_1 + \frac{1}{2}(Y_b - Y_a)V_2$

From (4) and (5)

$$y_{11} = y_{22} = \underline{\frac{1}{2}(Y_b + Y_a)}$$

$$y_{12} = y_{21} = \underline{\frac{1}{2}(Y_b - Y_a)}$$

$$y_{11} = y_{22} \Rightarrow z_{11} = z_{22} = \frac{y_{22}}{\Delta y}$$

14.39 (cont.) $y_{12} = y_{21} \Rightarrow z_{12} = z_{21} = \dfrac{-y_{12}}{\Delta y}$

$$\Delta y = y_{11}^2 - y_{12}^2 = \frac{1}{4}\left[(Y_b + Y_a)^2 - (Y_b - Y_c)^2\right]$$

$$= \frac{1}{4}\left[(Y_b + Y_a + Y_b - Y_a)(Y_b + Y_a - Y_b + Y_a)\right] = Y_a Y_b$$

$$z_{11} = z_{22} = \frac{\frac{1}{2}(Y_b + Y_a)}{Y_a Y_b} = \frac{1}{2}\left(\frac{1}{Y_a} + \frac{1}{Y_b}\right) = \underline{\frac{1}{2}(z_a + z_b)}$$

$$z_{12} = z_{21} = -\frac{\frac{1}{2}(Y_b - Y_a)}{Y_a Y_b} = \underline{\frac{1}{2}(z_b - z_a)}$$

14.40

$$Z_a = \frac{\left(\frac{s}{2}\right)\left(\frac{6}{s}\right)}{\frac{s}{2} + \frac{6}{s}} = \frac{6s}{s^2+12} = \frac{1}{Y_a}$$

$$Z_b = \frac{s}{6} + \frac{2}{s} = \frac{s^2+12}{6s} = \frac{1}{Z_a}$$

$$\frac{V_2}{V_1} = \frac{-y_{21}}{1 + y_{22}} = \frac{-\frac{1}{2}(Y_b - Y_a)}{1 + \frac{1}{2}(Y_b + Y_a)} = \frac{Y_a - \frac{1}{Y_a}}{2 + \frac{1}{Y_a} + Y_a}$$

$$= \frac{Y_a^2 - 1}{(Y_a + 1)^2} = \frac{Y_a - 1}{Y_a + 1} = \frac{-1 + (s^2+12)/6s}{1 + (s^2+12)/6s}$$

$$= \underline{\frac{s^2 - 6s + 12}{s^2 + 6s + 12}}$$

CHAPTER 15

-EXERCISES-

15.1.1 $|H(j\omega)|_{max} = R = \underline{4}$; $\omega_o = \frac{1}{\sqrt{LC}} = \frac{1}{\sqrt{\frac{1}{10}\frac{1}{40}}} = \underline{20 \text{ rad/s}}$

15.1.2 $H(s) = \frac{\mathbf{I}}{\mathbf{V}_g} = \frac{1}{R + sL + \frac{1}{sC}} = \mathbf{Y}(s)$

$$|H(j\omega)|^2 = \frac{1}{R^2 + (\omega L - \frac{1}{\omega C})^2}, \quad \phi(\omega) = -\tan^{-1}\frac{\omega L - \frac{1}{\omega C}}{R}$$

$|H|$ is a maximum when $\omega L = \frac{1}{\omega C}$ or when $\omega = \omega_o = \underline{\frac{1}{\sqrt{LC}}}$

Then $|H|_{max} = \underline{\frac{1}{R}}$.

15.1.3 current division: $H(s) = \frac{\mathbf{I}_L}{\mathbf{I}_1} = \frac{1/sL}{\frac{1}{R} + \frac{1}{sL} + sC}$

$$H(s) = \frac{1/(LC)}{s^2 + \frac{1}{RC}s + \frac{1}{LC}}; \quad |H(j\omega)|^2 = \frac{1/(LC)^2}{(\omega^2 - \frac{1}{LC})^2 + \frac{\omega^2}{R^2C^2}}$$

$$\frac{d|H(j\omega)|^2}{d\omega^2} = \frac{1}{L^2C^2}\left[2(\omega^2 - \frac{1}{LC}) + \frac{1}{R^2C^2}\right]\left[(\omega^2 - \frac{1}{LC})^2 + \frac{\omega^2}{R^2C^2}\right]^{-2}$$

$$\frac{d|H(j\omega)|^2}{d\omega^2} = 0 \Rightarrow \omega^2 = \frac{1}{LC} - \frac{1}{2R^2C^2}$$

If $\frac{1}{LC} - \frac{1}{2R^2C^2} \le 0$ or $2R^2C \ge L$, then $|H(j\omega)|_{max}$ occurs at $\omega = \omega_o = 0$. Then $\underline{|H_{max}| = 1}$.

15.2.1 $|H(j\omega)|^2 = \frac{4\omega^2}{(4-\omega^2)^2 + 0.16\omega^2} = \frac{4/0.16}{1 + \frac{(4-\omega^2)^2}{0.16\omega^2}}$

$|H(j0)| = |H(j\infty)| = 0$; $|H(j\omega)|_{max} = 5$ when $\omega = 2$.

$\therefore \omega_o = \underline{2 \text{ rad/s}}$. At $\omega = \omega_c$, $|H(j\omega_c)|^2 = (\frac{5}{\sqrt{2}})^2 = \frac{25}{2}$

$$\frac{25}{1 + \left(\frac{4-\omega_c^2}{0.4\omega_c}\right)^2} = \frac{25}{2} \Rightarrow \left(\frac{4-\omega_c^2}{0.4\omega_c}\right)^2 = 1 \Rightarrow \frac{4-\omega_c^2}{0.4\omega_c} = \pm 1$$

$\therefore \omega_c^2 \pm 0.4\omega_c - 4 = 0 \Rightarrow \omega_c^2 \pm 0.4\omega_c + (0.2)^2 = 4 + (0.2)^2$

$\omega_c = \mp 0.2 \pm \sqrt{4.04}$. Since $\omega_c > 0$,

$\omega_{c_2} = 0.2 + \sqrt{4.04} = \underline{2.21 \text{ rad/s}}$

$\omega_{c_1} = -0.2 + \sqrt{4.04} = \underline{1.81 \text{ rad/s}}$

$B = \omega_{c_2} - \omega_{c_1} = 2.21 - 1.81 = \underline{0.4 \text{ rad/s}}$

15.2.2 $|H(j\omega)| = \dfrac{2\omega^2}{\sqrt{(8-\omega^2)^2+16\omega^2}} = \dfrac{2\omega^2}{\sqrt{64+\omega^4}} = \dfrac{2}{\sqrt{1+\left(\frac{2\sqrt{2}}{\omega}\right)^4}}$

$|H(j0)| = 0;\ \lim_{\omega\to\infty}|H(j\omega)| = 2;\ \underline{|H(j\omega)|_{max} = 2}$

$|H(j\omega_c)| = \dfrac{2}{\sqrt{2}} = \dfrac{2}{\sqrt{1+\left(\frac{2\sqrt{2}}{\omega_c}\right)^4}} \Rightarrow \omega_c = \underline{2\sqrt{2}\ \text{rad/s}}$

15.2.3 $|H(j\omega)|^2 = \dfrac{9}{1+\left(\frac{\omega}{25-\omega^2}\right)^2};\ |H(j5)| = 0 \Rightarrow \omega_o = 5\ \text{rad/s}$

$|H(j0)| = |H(j\infty)| = 3 \Rightarrow$ band-reject filter

ω_{c_1} and ω_{c_2} satisfy $\left(\dfrac{3}{\sqrt{2}}\right)^2 = \dfrac{9}{1+\left(\frac{\omega}{25-\omega^2}\right)^2}$

$\therefore\ \dfrac{\omega}{25-\omega^2} = \pm 1 \Rightarrow \omega^2 \pm \omega - 25 = 0 \Rightarrow \omega = \frac{1}{2}(\mp 1 + \sqrt{101})$

$\omega_{c_1} = \frac{1}{2}(-1+\sqrt{101}) = 4.525,\ \omega_{c_2} = \frac{1}{2}(1+\sqrt{101}) = 5.525$

15.2.4 $\mathbf{V}_3$ = node voltage at op amp inputs

KCL: $\dfrac{\mathbf{V}_3 - \mathbf{V}_1}{8} + \dfrac{\mathbf{V}_3 - \mathbf{V}_2}{8} = 0 \Rightarrow \mathbf{V}_3 = \frac{1}{2}(\mathbf{V}_1 + \mathbf{V}_2)$

$\dfrac{s}{16}(\mathbf{V}_3 - \mathbf{V}_1) + \dfrac{\mathbf{V}_3}{4} = 0 \Rightarrow \mathbf{V}_3 = \dfrac{s}{s+4}\mathbf{V}_1 = \frac{1}{2}(\mathbf{V}_1 + \mathbf{V}_2)$

$\underline{H(s) = \dfrac{\mathbf{V}_2}{\mathbf{V}_1} = \dfrac{s-4}{s+4}};\ H(j\omega) = \dfrac{j\omega - 4}{j\omega + 4}$

$|H(j\omega)| = \sqrt{\dfrac{\omega^2+16}{\omega^2+16}} = \underline{1};\ \phi(\omega) = \tan^{-1}\dfrac{\omega}{-4} - \tan^{-1}\dfrac{\omega}{4}$

$\phi(\omega) = \underline{180^\circ - 2\tan^{-1}\frac{\omega}{4}}$

15.3.1 $H(j\omega) = \dfrac{j2\omega}{4-\omega^2+j0.4\omega}$ is real if $4-\omega^2 = 0$ or $\omega = 2$ rad/s. From Ex. 15.2.1 this is ω_o, which is the resonant frequency.

15.3.2 (a) $\omega_o = \dfrac{1}{\sqrt{LC}} = \dfrac{1}{\sqrt{(4\times 10^{-3})(10^{-7})}} = \underline{50{,}000\ \text{rad/s}}$

(b) $\omega_o = \sqrt{\omega_d^2 + \alpha^2} = \sqrt{5^2+12^2} = \underline{13\ \text{rad/s}}$

(c) $\omega_o = \dfrac{1}{\sqrt{LC}};\ \alpha = \dfrac{1}{2RC} \Rightarrow C = \dfrac{1}{2\alpha R} = \dfrac{1}{2(4)(1)} = \dfrac{1}{8}\ F$

$\omega_o = 1/\sqrt{2(1/8)} = \underline{2\ \text{rad/s}}$

15.3.3 $\underline{V} = \underline{I}_g \underline{Z} = \underline{I}_g / \underline{Y} = \dfrac{10^{-3}}{\frac{1}{R} + j(\omega C - \frac{1}{\omega L})}$

$$\underline{V} = \frac{10^{-3}}{\frac{1}{2000} + j(10^{-7}\omega - \frac{250}{\omega})}$$

(a) $\omega = 10^4$: $\underline{V} = \dfrac{10^{-3}}{\frac{1}{2000} + j(10^{-3} - 25\times10^{-3})} \Rightarrow |\underline{V}| = \underline{0.0417\ V}$

(b) $\omega = 5\times10^4$: $\underline{V} = \dfrac{10^{-3}}{0.5\times10^{-3} + j(5\times10^{-3} - 5\times10^{-3})} \Rightarrow |\underline{V}| = \underline{2\ V}$

(c) $\omega = 25\times10^4$: $\underline{V} = \dfrac{10^{-3}}{0.5\times10^{-3} + j(25\times10^{-3} - 10^{-3})}$

$|\underline{V}| = \underline{0.0417\ V}$

15.4.1 $v = RI_m \cos\omega_0 t$, $i_L = \dfrac{RI_m}{\omega_0 L}\cos(\omega_0 t - 90°)$

$i_L = \dfrac{RI_m}{\omega_0 L}\sin\omega_0 t$; $\quad w = \frac{1}{2}(Cv^2 + Li_L^2)$

$$w = \frac{CR^2I_m^2}{2}\cos^2\omega_0 t + \frac{R^2I_m^2}{2\omega_0^2 L}\sin^2\omega_0 t$$

$$\omega_0^2 = \frac{1}{LC} \Rightarrow C = \frac{1}{\omega_0^2 L} \Rightarrow \frac{R^2 I_m^2}{2\omega_0^2 L} = \frac{CR^2 I_m^2}{2}$$

$\therefore\ \underline{w = \frac{1}{2}R^2 C I_m^2}$

15.4.2 Power dissipated by $R = p_R = RI_m^2 \cos^2\omega_0 t$

Energy dissipated / cycle $= \int_0^{2\pi/\omega_0} RI_m^2 \cos^2\omega_0 t\,dt$

$$= \frac{\pi R I_m^2}{\omega_0}$$

$$Q = 2\pi \frac{R^2 C I_m^2}{\pi R I_m^2/\omega_0} = \underline{\omega_0 RC}$$

15.4.3 $H(s) = \dfrac{\underline{I}}{\underline{V}_g} = \dfrac{1}{\underline{Z}} = \dfrac{1}{R + sL + \frac{1}{sC}} = \dfrac{\frac{1}{L}s}{s^2 + \frac{R}{L}s + \frac{1}{LC}}$

$\omega_0 = \underline{\dfrac{1}{\sqrt{LC}}}$, $\dfrac{\omega_0}{Q} = B = \dfrac{R}{L} \Rightarrow Q = \underline{\dfrac{\omega_0 L}{R}}$

15.4.4 KCL: $\dfrac{\underline{V}_1}{2 + \frac{8}{s}} = -\underline{V}_2\left(\dfrac{s}{32} + \dfrac{1}{2}\right)$

$$H = \frac{\underline{V}_2}{\underline{V}_1} = \frac{-1}{(2+\frac{8}{s})(\frac{s}{32}+\frac{1}{2})} = \frac{-16s}{s^2+20s+64} = \frac{-Ks}{s^2+Bs+\omega_0^2}$$

15.4.4 (Cont.) $\omega_0^2 = 64 \Rightarrow \omega_0 = \underline{8 \text{ rad/s}}$

$$\frac{\omega_0}{Q} = \frac{8}{Q} = 20 \Rightarrow Q = \underline{0.4}$$

15.5.1 $s^2 + 4s + 2504 = 0 \Rightarrow$ poles are $-2 \pm j50$

$\omega_0 \approx 50$ rad/s, $M_1 = 2$, $M_2 \approx 100$, $N = 50$

$$|H(j\omega)| = \frac{16N}{M_1 M_2}\ ; \ |H(j\omega_0)| \approx \frac{16(50)}{2(100)} = 4$$

$$|H(j\omega_c)| = \frac{1}{\sqrt{2}}|H(j\omega_0)| = \frac{1}{\sqrt{2}}\frac{16N}{M_1 M_2} = \frac{16N'}{M_1' M_2'}$$

$M_2 \approx M_2'$, $N \approx N'$, $M_1 \approx \sqrt{2} M_1$

$\omega_{c_1} \approx 50 - 2 = \underline{48 \text{ rad/s}}$, $\omega_{c_2} \approx 50 + 2 = \underline{52 \text{ rad/s}}$

$B = \omega_{c_2} - \omega_{c_1} = 52 - 48 = \underline{4 \text{ rad/s}}$, $Q = \frac{\omega_0}{B} \approx \frac{50}{4} = \underline{12.5}$

15.5.2 $\omega_0 = \sqrt{2504} = \underline{50.04 \text{ rad/s}}$; $B = 4$ rad/s

$Q = \frac{\omega_0}{B} = \underline{12.51}$; $\omega_{c_1, c_2} = \left(\mp \frac{1}{2Q} + \sqrt{\left(\frac{1}{2Q}\right)^2 + 1} \right) \omega_0$

$\omega_{c_1} = \underline{48.08 \text{ rad/s}}$, $\omega_{c_2} = \underline{52.08 \text{ rad/s}}$

15.6.1 $\omega_c = \Omega_c k_f \Rightarrow k_f = \frac{\omega_c}{\Omega_c} = \frac{2000\pi}{\sqrt{2}} = \underline{1000\pi\sqrt{2}}$

$$C = \frac{1}{k_f k_i} C' \Rightarrow k_i = \frac{1}{k_f}\frac{C'}{C} \Rightarrow k_i = \underline{\frac{10^5}{2\pi\sqrt{2}}}$$

$$R = k_i R' = \frac{10^5}{2\pi\sqrt{2}}(2) = \frac{10^5}{\pi\sqrt{2}}\,\Omega = \underline{22.5 \text{ k}\Omega}$$

15.6.2 KCL: $\frac{V_g}{4 + \frac{2}{s}} = -\left(\frac{s}{8} + \frac{1}{4}\right) V_2$; $H = \frac{V_2}{V_g}$

$$H = \frac{-1}{\left(4 + \frac{2}{s}\right)\left(\frac{s}{8} + \frac{1}{4}\right)} = \frac{-2s}{s^2 + \frac{5}{2}s + 1} = \frac{-Ks}{s^2 + Bs + \omega_0^2}$$

$\therefore \omega_0^2 = 1$; $\omega_0 = 1$ rad/s. Take $\Omega_0 = 1$ and $\omega_0 = 1000$ rad/s.

Then $k_f = 1000$ and $\frac{1/8}{1000 k_i} = 10^{-7}$. $\therefore k_i = \frac{1}{8} \times 10^4$.

Both R's $= 4 k_i = \frac{1}{2} \times 10^4\, \Omega = \underline{5 \text{ k}\Omega}$

15.7.1 $\alpha(\omega) = -20 \log_{10} |H(j\omega)|$, $\alpha(0) = \underline{-20 \log_{10} K \text{ dB}}$

$$\alpha(\omega_c) = -20 \log_{10}\left(\frac{K}{\sqrt{2}}\right) = -20 \log_{10} K + 20 \log_{10} \sqrt{2}$$

$$= \underline{-20 \log_{10} K + 3 \text{ dB}}$$

15.7.2 $|H(j\omega)| = \dfrac{1}{\sqrt{\left(\frac{1-\omega^2}{0.2\omega}\right)^2+1}}$, $\alpha(\omega) = 10\log_{10}\left[1+\left(\frac{1-\omega^2}{0.2\omega}\right)^2\right]$

$\alpha(10^{-4}) = 93.98$ dB, $\alpha(0.5) = 10\log_{10}\left[1+\left(\frac{1-0.25}{0.1}\right)^2\right]$

$\alpha(0.5) = 17.58$ dB, $\alpha(0.905) = 10\log_{10}\left[1+\left(\frac{1-0.819}{0.181}\right)^2\right]$

$\alpha(0.905) = 3.01$ dB, $\alpha(1) = 0$, $\alpha(1.105) = 3.01$ dB

$\alpha(10) = 10\log_{10}\left[1+\left(\frac{1-100}{2}\right)^2\right] = 33.89$ dB

$\alpha(100) = 53.98$ dB

– PROBLEMS –

15.1 $H(s) = \dfrac{V_2(s)}{V_1(s)} = \dfrac{R}{sL+R+\frac{1}{sC}} = \dfrac{10s}{s^2+10s+2500}$

$|H(j\omega)|^2 = \dfrac{100\omega^2}{(2500-\omega^2)^2+100\omega^2} = \dfrac{1}{1+\left(\frac{2500-\omega^2}{10\omega}\right)^2}$

$|H(j\omega)|_{max} = 1$ when $2500-\omega^2=0$ or $\omega=\omega_0=\underline{50 \text{ rad/s}}$

$H(j50) = \dfrac{j500}{j500} = 1 \Rightarrow \underline{\phi(50)=0}$

15.2 $H(s) = \dfrac{Rs}{s^2+Rs+\frac{1}{C}} \Rightarrow |H(j\omega)|^2 = \dfrac{R^2}{(\omega-\frac{1}{\omega C})^2+R^2}$

$|H(j\omega)|_{max} = 1$ when $\omega - \frac{1}{\omega C} = 0 \Rightarrow C = \frac{1}{\omega_0^2} = \frac{1}{10^2} = \underline{10^{-2}F}$

$|H(j6)|^2 = \frac{1}{2} = \dfrac{R^2}{(6-\frac{100}{6})^2+R^2} \Rightarrow R^2 = (6-\frac{100}{6})^2$

$R = \frac{100}{6} - 6 = \underline{\frac{32}{3}\,\Omega}$

15.3 v_3 = voltage across $\frac{1}{60}$-F capacitor

$V_3\left(\frac{1}{10}+\frac{s}{60}+\dfrac{1}{45+\frac{120}{s}}\right) = \dfrac{V_1}{10}$

Multiply by $60(3s+8)$: $V_3 = \dfrac{2(3s+8)}{s^2+10s+16}V_1$

voltage division: $V_2 = \dfrac{45}{45+\frac{120}{s}}V_3 = \dfrac{6s}{s^2+10s+16}V_1$

$H(j\omega) = \dfrac{j6\omega}{16-\omega^2+j10\omega} \Rightarrow |H|^2 = \dfrac{36}{(\frac{16}{\omega^2}-\omega)^2+100}$

15.3 (Cont.) $|H|_{max}$ occurs when $\frac{16}{\omega}-\omega=0$ or $\omega=4$ rad/s

$$|H|_{max}=|H(j4)|=\frac{3}{5}, \quad H(j4)=\frac{3}{5}\Rightarrow \phi(4)=0$$

15.4 $v_4=$ output of lossy integrator. Nodal equations are

$$\frac{V_2}{1}+sV_3=0 \Rightarrow V_3=-\frac{1}{s}V_2 \; ; \; \frac{V_4}{1}+\frac{V_2}{1}=0\Rightarrow V_4=-V_2$$

$$\frac{V_1}{R_1}+\left(s+\frac{1}{R_2}\right)V_4+\frac{1}{R_3}V_3=0\Rightarrow \frac{V_1}{R_1}+\left(s+\frac{1}{R_2}\right)(-V_2)+\frac{1}{R_3}\left(-\frac{1}{s}V_2\right)=0$$

$$H(s)=\frac{V_2}{V_1}=\frac{\frac{1}{R_1}s}{s^2+\frac{1}{R_2}s+\frac{1}{R_3}}$$

From Prob. 15.1, $H(s)=\dfrac{10s}{s^2+10s+2500}$, so that

$$R_1=\frac{1}{10}\,\Omega,\; R_2=\frac{1}{10}\,\Omega,\; R_3=\frac{1}{2500}\,\Omega.$$

15.5 $R_1=R_2=0.5\,\Omega$, $R_3=0.01\Rightarrow \frac{1}{R_1}=\frac{1}{R_2}=2,\ \frac{1}{R_3}=100$

$$H(s)=\frac{2s}{s^2+2s+100}\Rightarrow |H(j\omega)|^2=\frac{4}{\left(\omega-\frac{100}{\omega}\right)^2+4}$$

$|H|_{max}=|H(j10)|$ since $\omega-\frac{100}{\omega^2}=0$ for $\omega=\omega_0=10$ rad/s

$H(j10)=1\Rightarrow \phi(10)=0,\ |H|_{max}=1$

15.6 Voltage division: $\dfrac{V_2}{V_1}=\dfrac{R}{sL+\frac{1}{sC}+R}=\dfrac{\frac{R}{L}s}{s^2+\frac{R}{L}s+\frac{1}{LC}}$

Comparing with (15.22) and (15.25), $\omega_0^2=\frac{1}{LC}$,
$\frac{R}{L}=B=\frac{\omega_0}{Q}$. Peak value of $|H|$ at $s=j\frac{1}{\sqrt{LC}}$ is
$G=\left|H\left(j\frac{1}{\sqrt{LC}}\right)\right|=\frac{R/L}{R/L}=1.\quad \omega_0=\frac{1}{\sqrt{LC}},\ Q=\frac{\omega_0}{B}=\omega_0\frac{L}{R}$ or
$Q=\frac{1}{R}\sqrt{\frac{L}{C}}.$

15.7 KCL: $\left(1+\frac{1}{sL}+sC\right)V_2-V_1=0\Rightarrow H(s)=\dfrac{V_2}{V_1}=\dfrac{1}{sC+1+\frac{1}{sL}}$

$$H(s)=\frac{\frac{1}{C}s}{s^2+\frac{1}{C}s+\frac{1}{LC}}\;;\; \omega_0=\frac{1}{\sqrt{LC}}\;;\; H(j\omega_0)=\frac{s/C}{s/C}=1=G$$

$$B=0.5=\frac{1}{C}\Rightarrow C=2\,F,\quad \frac{1}{LC}=\omega_0=1\Rightarrow L=\frac{1}{C}=\frac{1}{2}\,H$$

15.8 $\omega_0^2=\frac{1}{LC}\Rightarrow L=\frac{1}{\omega_0^2C}=\frac{1}{(10^4)^2(10^{-7})}=0.1\,H$

15.8 (Cont.) $B = \frac{R}{L} \Rightarrow R = BL = 10^4(0.1) = 1000\,\Omega = \underline{1\,K\Omega}$

15.9 If $L = Q$, $C = \frac{1}{Q}$, $R = 1$, then $\frac{R}{L} = \frac{1}{Q}$, $\frac{1}{LC} = 1$, and

$$H(s) = \frac{(1/Q)s}{s^2 + \frac{1}{Q}s + 1} \Rightarrow \omega_o^2 = 1,\ B = \frac{1}{Q}$$

$$G = |H(j\omega_o)| = |H(j1)| = \underline{1}$$

15.10
$$H(s) = \frac{(1/R_1)s}{s^2 + \frac{1}{R_2}s + \frac{1}{R_3}} = \frac{Ks}{s^2 + Bs + \omega_o^2}$$

$\therefore\ \underline{\omega_o = \frac{1}{\sqrt{R_3}}}$, $\underline{B = \frac{1}{R_2}}$, $G = |H(j\omega_o)| = \frac{K}{B} = \frac{1/R_1}{1/R_2} = \underline{\frac{R_2}{R_1}}$

$Q = \frac{\omega_o}{B} = \frac{1}{\sqrt{R_3}} / \left(\frac{1}{R_2}\right) = \underline{\frac{R_2}{\sqrt{R_3}}}$. If $R_1 = \frac{Q}{G}$, $R_2 = Q$, $R_3 = 1$,

then
$$\underline{H(s) = \frac{(G/Q)s}{s^2 + \frac{1}{Q}s + 1}}$$

15.11 From Prob. 15.10, with $\omega_o = 1$ rad/s, we have $\underline{R_3 = 1\,\Omega}$ and

$$H(s) = \frac{(1/R_1)s}{s^2 + \frac{1}{R_2}s + 1} = \frac{(G/Q)s}{s^2 + \frac{1}{Q}s + 1}$$

$R_2 = Q = \underline{10\,\Omega}$, $R_1 = \frac{Q}{G} = \frac{10}{4} = \underline{2.5\,\Omega}$. Since $Q = 10$ is high, $\omega_{c_1,c_2} \approx \omega_o \mp \frac{B}{2} = \omega_o \mp \frac{1}{2Q} = 1 \mp \frac{1}{20}$

$\omega_{c_1} \approx \underline{0.95\text{ rad/s}}$, $\omega_{c_2} \approx \underline{1.05\text{ rad/s}}$

15.12 $\mathbf{V}_3$ = node voltage at common node of 2- and 8-Ω R's
$\mathbf{V}_4$ = output of left op amp
Nodal equations:

$$\left(\frac{1}{2} + \frac{1}{8} + \frac{s}{8} + \frac{s}{8} + \frac{1}{4}\right)\mathbf{V}_3 - \frac{1}{2}\mathbf{V}_1 - \frac{s}{8}\mathbf{V}_4 - \frac{1}{4}\mathbf{V}_2 = 0$$

$$\frac{s}{8}\mathbf{V}_3 + \frac{1}{2}\mathbf{V}_4 = 0;\quad \frac{\mathbf{V}_4}{2} + \frac{\mathbf{V}_2}{4} = 0 \Rightarrow \mathbf{V}_4 = -\frac{1}{2}\mathbf{V}_2$$

$$\mathbf{V}_3 = -\frac{4}{s}\mathbf{V}_4 = \frac{2}{s}\mathbf{V}_2;\quad \left(\frac{2s+7}{8}\,\frac{2}{s} + \frac{s}{16} - \frac{1}{4}\right)\mathbf{V}_2 = \frac{1}{2}\mathbf{V}_1$$

$$\underline{H(s) = \frac{\mathbf{V}_2}{\mathbf{V}_1} = \frac{8s}{s^2 + 4s + 28}} \Rightarrow \omega_o = \sqrt{28} = \underline{2\sqrt{7}\text{ rad/s}},\ B = \underline{4\text{ rad/s}}$$

$$G = \frac{8}{4} = \underline{2}$$

15.13
$$H(s) = \frac{\mathbf{V}_3}{\mathbf{V}_1} = \frac{1/sC}{Ls + \frac{1}{sC} + R} = \frac{1/LC}{s^2 + \frac{R}{L}s + \frac{1}{LC}}$$

For $R = 1\,\Omega$, $L = \frac{1}{\sqrt{2}}$ H, $C = \sqrt{2}$ F, $LC = 1$, $\frac{R}{L} = \sqrt{2}$:

15.13 (Cont.) $H(s) = \frac{1}{s^2+\sqrt{2}s+1} \Rightarrow |H(j\omega)|^2 = \frac{1}{(1-\omega^2)^2+2\omega^2}$

$|H(j\omega)| = \frac{1}{\sqrt{1+\omega^4}}$; $|H|_{max} = |H(j0)| = 1$ for $\omega = 0$

$|H(j\omega_c)| = \frac{1}{\sqrt{1+\omega_c^4}} = \frac{1}{\sqrt{2}} \Rightarrow \omega_c^4 = 1 \Rightarrow \omega_c = 1$ rad/s

15.14

KCL: $\left(\frac{1}{8}s+\frac{1}{2}+\frac{1}{s}\right)V_2 - \frac{1}{s}V_1 = 0$

$H(s) = \frac{V_2}{V_1} = \frac{1/s}{\frac{1}{8}s+\frac{1}{2}+\frac{1}{s}} = \frac{8}{s^2+4s+8}$, which is a low-pass transfer function.

$H(j\omega) = \frac{8}{8-\omega^2+j4\omega}$; $|H(j\omega)| = \frac{8}{\sqrt{(8-\omega^2)^2+16\omega^2}}$

$|H(j\omega)| = \frac{8}{\sqrt{64+\omega^4}}$; $\phi(\omega) = -\tan^{-1}\frac{4\omega}{8-\omega^2}$

$|H|_{max} = \frac{8}{\sqrt{64}} = 1$, occurring at $\omega = 0$.

$|H(j\omega_c)| = \frac{1}{\sqrt{2}} = \frac{8}{\sqrt{64+\omega_c^4}} = \frac{1}{\sqrt{1+\frac{\omega_c^4}{64}}} \Rightarrow \frac{\omega_c^4}{64} = 1$

$\omega_c = \sqrt[4]{64} = 2\sqrt{2}$ rad/s

15.15 V_3 = capacitor voltage

KCL: $V_3\left(\frac{1}{1+s\sqrt{2}}+1+s\sqrt{2}\right) = V_1 \Rightarrow V_3 = \frac{1+\sqrt{2}s}{2(s^2+\sqrt{2}s+1)}V_1$

voltage division: $V_2 = \frac{1}{1+s\sqrt{2}}V_3 = \frac{1/2}{s^2+\sqrt{2}s+1}V_1$

$H(s) = \frac{V_2}{V_1} = \frac{1/2}{s^2+\sqrt{2}s+1}$; $|H(j\omega)|^2 = \frac{1/4}{(1-\omega^2)^2+2\omega^2} = \frac{1/4}{1+\omega^4}$

$|H|_{max} = \frac{1}{2}$ when $\omega = 0$. $H(j0) = \frac{1}{2} \Rightarrow \phi(0) = 0$

$|H(j\omega_c)|^2 = \frac{1}{2}\frac{1}{4} = \frac{1/4}{1+\omega_c^4} \Rightarrow \omega_c = 1$ rad/s

$\phi(\omega) = -\tan^{-1}\frac{\sqrt{2}\omega}{1-\omega^2}$

15.16 KCL: $\left(\frac{1}{4}s+\frac{1}{2}+\frac{1}{s+2}\right)V_2 - \frac{1}{s+2}V_1 = 0$

$H(s) = \frac{V_2}{V_1} = \frac{1/(s+2)}{\frac{1}{4}s+\frac{1}{2}+\frac{1}{s+2}} = \frac{4}{s^2+4s+8}$

$H(j\omega) = \frac{4}{8-\omega^2+j4\omega}$; $|H| = \frac{4}{(64+\omega^4)^{1/2}}$

15.16 (cont.) This magnitude response differs from that in Prob. 15.14 only in the gain. Therefore, $\omega_c = 2\sqrt{2}$ rad/s.

$$\phi(\omega) = -\tan^{-1}\frac{4\omega}{8-\omega^2}, \quad |H| = \frac{4}{\sqrt{64+\omega^4}}$$

15.17 V_3 = capacitor voltage. KCL yields

$$V_3\left[\frac{1}{s+1} + \frac{1}{2(s+1)} + \frac{3s}{2}\right] = \frac{1}{s+1}V_1 \Rightarrow V_3 = \frac{2}{3}\,\frac{1}{s^2+s+1}V_1$$

voltage division: $V_2 = \dfrac{2}{2s+2}V_3 = \dfrac{1}{s+1}V_3$

$$H(s) = \frac{V_2}{V_1} = \frac{2}{3}\,\frac{1}{(s+1)(s^2+s+1)} = \frac{2}{3}\,\frac{1}{s^3+2s^2+2s+1}$$

$$|H(j\omega)|^2 = \frac{4}{9}\,\frac{1}{(1-2\omega^2)^2+(2\omega-\omega^3)} = \frac{4}{9}\,\frac{1}{1+\omega^6}$$

$$|H(j\omega)| = \frac{2}{3}\,\frac{1}{\sqrt{1+\omega^6}}; \quad |H|_{max} = \frac{2}{3} \text{ when } \omega = 0$$

$$|H(j\omega_c)|^2 = \frac{1}{2}\,\frac{4}{9} \Rightarrow \frac{4}{9}\,\frac{1}{1+\omega_c^6} = \frac{4}{2(9)} \Rightarrow \omega_c = 1 \text{ rad/s}$$

15.18 $|H(j\omega)| = \dfrac{K}{\sqrt{1+\omega^{2n}}}; \quad |H|_{max} = |H(j0)| = K$

$$\frac{K}{\sqrt{1+\omega_c^{2n}}} = \frac{K}{\sqrt{2}} \Rightarrow \omega_c = 1 \text{ rad/s}$$

The 4th order response lies between the 3rd and 8th order responses in the figure.

15.19 $sV_3 + V_2 = 0 \Rightarrow V_3 = -\frac{1}{s}V_2$. From Prob. 15.4

$$\frac{V_3}{V_1} = -\frac{1}{s}\frac{V_2}{V_1} = -\frac{1/R_1}{s^2+\frac{1}{R_2}s+\frac{1}{R_3}}; \quad s^2+\frac{1}{R_2}s+\frac{1}{R_3} = s^2+\sqrt{2}s+1$$

$$\therefore R_2 = \frac{1}{\sqrt{2}}\,\Omega,\ R_3 = 1\,\Omega,\ H(0) = -2 = -\frac{R_3}{R_1} \Rightarrow R_1 = \frac{R_3}{2} = \frac{1}{2}\,\Omega$$

15.20 $K = |H(0)|$: Prob. 15.13 : $|H(0)| = \dfrac{1/LC}{1/LC} = K = 1$

Prob. 15.19 : $|H(0)| = \dfrac{1/R_1}{1/R_3} = K = \dfrac{R_3}{R_1}$

15.21 Voltage division : $\dfrac{V_4}{V_1} = \dfrac{Ls}{Ls+\frac{1}{sC}+R} = \dfrac{s^2}{s^2+\frac{R}{L}s+\frac{1}{LC}}$

$R = 1\,\Omega,\ L = \frac{1}{\sqrt{2}}\,H,\ C = \sqrt{2}\,F \Rightarrow \frac{R}{L} = \sqrt{2},\ \frac{1}{LC} = 1$

15.21 (cont.) $H(s)=\frac{s^2}{s^2+\sqrt{2}s+1} \Rightarrow |H(j0)|=0, |H(j\infty)|=1$

$\therefore$ filter is highpass. $|H(j\omega)|^2=\frac{\omega^4}{(1-\omega^2)^2+2\omega^2}=\frac{1}{1+\frac{1}{\omega^4}}$

$|H(j\omega)|_{max}=1$ when $\omega\rightarrow\infty$; $|H(j\omega_c)|^2=\frac{1}{2}=\frac{1}{1+\frac{1}{\omega_c^4}} \Rightarrow \underline{\omega_c=1}$

$$\lim_{s\to\infty} H(s)=\lim_{s\to\infty}\frac{1}{1+\frac{R}{L}\frac{1}{s}+\frac{1}{LC}\frac{1}{s^2}}=\underline{1=\text{gain}}$$

15.22

$$H(s)=\frac{\frac{s(1)}{s+1}}{\frac{2}{s}+\frac{s(1)}{s+1}}=\frac{s^2}{s^2+2s+2}$$

$$|H(j\omega)|=\frac{\omega^2}{\sqrt{(2-\omega^2)^2+4\omega^2}}=\frac{\omega^2}{\sqrt{4+\omega^4}}=\underline{\frac{1}{\sqrt{1+\frac{4}{\omega^4}}}}$$

$$\text{Gain}=\lim_{s\to\infty} H(s)=\lim_{s\to\infty}\frac{s^2}{s^2+2s+2}=\underline{1}$$

$$\frac{1}{\sqrt{1+\frac{4}{\omega_c^4}}}=\frac{1}{\sqrt{2}} \Rightarrow \omega_c^4=4 \Rightarrow \underline{\omega_c=\sqrt{2}\text{ rad/s}}$$

15.23 $\underline{V}_3$ = inductor voltage

KCL: $\underline{V}_3\left(\frac{2}{1+\frac{1}{s}}+\frac{2}{s}\right)-\frac{1}{1+\frac{1}{s}}\underline{V}_1=0 \Rightarrow \underline{V}_3=\frac{\frac{1}{2}s^2}{s^2+s+1}$

$$\underline{V}_2=\frac{1}{1+\frac{1}{s}}\underline{V}_3=\frac{s}{s+1}\underline{V}_3=\underline{\frac{(1/2)s^3}{s^3+2s^2+2s+1}}\underline{V}_1=H(s)\underline{V}_1$$

$$|H(j\omega)|^2=\frac{(\frac{1}{2}\omega^3)^2}{(1-2\omega^2)^2+(2\omega-\omega^3)^2}=\frac{\frac{1}{4}\omega^6}{1+\omega^6}=\frac{1/4}{1+\frac{1}{\omega^6}}$$

$$\lim_{\omega\to\infty}|H(j\omega)|=\underline{\frac{1}{2}=\text{gain}}=|H(j\omega)|_{max}$$

$$|H(j\omega_c)|=\frac{1/2}{\sqrt{1+\frac{1}{\omega_c^6}}}=\frac{1}{\sqrt{2}}\frac{1}{2} \Rightarrow \underline{\omega_c=1\text{ rad/s}}$$

15.24 KCL: $\underline{V}_2\left[1+\frac{1}{Q(1-K)(s+\frac{1}{s})}+\frac{K}{1-K}\right]=\frac{K}{1-K}\underline{V}_1$

$\therefore$ $H(s)=\frac{\underline{V}_2}{\underline{V}_1}=\underline{\frac{K(s^2+1)}{s^2+\frac{1}{Q}s+1}}$, $\underline{H(0)=K}$

15.25 $H(s)=\frac{K(s^2+1)}{s^2+\frac{1}{Q}s+1}$, $\omega_o=1$, $Q=2$, $H(0)=K=\frac{1}{2}$

15.25 (Cont.) $R=\frac{1-K}{K}=\frac{1-\frac{1}{2}}{\frac{1}{2}}=1\,\Omega,\ L=Q(1-K)=2(1-\frac{1}{2})=\underline{1\ H}$

$$C=\frac{1}{Q(1-K)}=\underline{1\ F}\Rightarrow H(s)=\underline{\frac{\frac{1}{2}(s^2+1)}{s^2+\frac{1}{2}s+1}}$$

15.26 For $R=1$, $L=0.5$, $C=0.02$, from Prob. 15.1,

$$H(s)=\frac{V_2}{V_1}=\frac{1}{0.5s+1+\frac{50}{s}}=\frac{2s}{s^2+2s+100}$$

The circuit is a bandpass filter with $\omega_o=\sqrt{100}=10$ rad/s and $B=\omega_o/Q=2$, $Q=\omega_o/2=5$. To frequency scale to $\omega_o=2\pi(10^6)$, for $f_o=10^6$ Hz, we have $k_f=2\pi(10^5)$;

$$C=\frac{0.02}{2\pi(10^5)k_i}=10(10^{-12})\Rightarrow k_i=\frac{1}{\pi}(10^4)$$

$$\therefore\ \underline{C=10\,pF},\ L=\frac{k_i}{k_f}(0.5)=\frac{\frac{1}{\pi}(10^4)(0.5)}{2\pi(10^5)}H=\underline{2.53\ mH}$$

$$R=1\cdot k_i=\frac{1}{\pi}(10^4)\,\Omega=\underline{3.18\ k\Omega}$$

15.27 By Prob. 15.10, if $R_1=\frac{Q}{G}=\frac{10}{2}=5\,\Omega$, $R_2=Q=10\,\Omega$, and $R_3=1\,\Omega$, then we have the desired Q and G, and $\omega_o=1$ rad/s. To scale to $f_o=2000$ Hz, we want

$$\omega_o=2\pi(2000)=k_f$$

$$C=\frac{1}{k_fk_i}=\frac{1}{4000\pi k_i}=5(10^{-9})\Rightarrow k_i=\frac{5}{\pi}(10^4)$$

$$\therefore\ R_1=5k_i=\frac{25}{\pi}(10^4)\,\Omega=\underline{79.6\ k\Omega},\ R_2=10k_i=\underline{159.2\ k\Omega}$$

and the 1-F C's become $\underline{5\,nF}$.

15.28 V_3 = voltage at node common to $\frac{1}{4}$-Ω resistors.

inverting input: $\frac{V_2}{8}+0.05s\,V_3=0\Rightarrow V_3=-\frac{V_2}{0.4s}$

V_3: $(4+4+0.05s+0.05s)V_3-0.05s\,V_2=4V_1$

$$\therefore\ H(s)=\frac{V_2}{V_1}=\underline{-\frac{80s}{s^2+5s+400}}$$

$\omega_o=20$ rad/s, $B=5$ rad/s. For scaling, $\Omega_o=20$, $\omega_o=20{,}000\Rightarrow k_f=\frac{20{,}000}{20}=1000$. $k_i=\frac{1}{k_f}\frac{C'}{C}$ or

$$k_i=\frac{0.05}{1000(10^{-8})}=5000.\ \text{Then}\ \tfrac{1}{4}\,\Omega\to k_i(\tfrac{1}{4})=\underline{1250\,\Omega}$$

$$8\,\Omega\to k_i(8)=40{,}000\,\Omega=\underline{40\ k\Omega}$$

15.29 The gain of the VCVS is $\mu=1+\frac{R_2}{1}$. KCL yields

$$\left(\frac{1}{R_1}+s\right)\frac{V_2}{1+R_2}-\frac{1}{R_1}V_1=0$$

15.29 (cont.)

$$H(s)=\frac{V_2}{V_1}=\frac{\left(\frac{1+R_2}{R_1}\right)}{s+\frac{1}{R_1}}\ ;\ G=H(0)=1+R_2=4\ ;\ R_2=\underline{3\,\Omega}$$

$$H(j\omega)=\frac{4/R_1}{\frac{1}{R_1}+j\omega}\ ;|H|^2=\frac{16/R_1^2}{\omega^2+\frac{1}{R_1^2}}\ ;\ |H|^2_{max}=|H(0)|^2=16$$

$$\therefore\ \frac{16}{2}=\frac{16/R_1^2}{\omega_c^2+\frac{1}{R_1^2}}\ ;\ \omega_c=1\ rad/s\Rightarrow\omega_c=\frac{1}{R_1}\Rightarrow R_1=\underline{1\,\Omega}$$

For $\omega_c=10^4$, we have $k_f=10^4$; $C=\frac{1}{10^4 k_i}=10(10^{-9})$

$\therefore\ k_i=10^4$; $C=\underline{10\,nF}$, $R_1=10^4(1)\,\Omega=\underline{10\,K\Omega}$,

$R_2=10^4(3)\,\Omega=\underline{30\,K\Omega}$; the 1-$\Omega$ resistor becomes $\underline{10\,K\Omega}$.

15.30

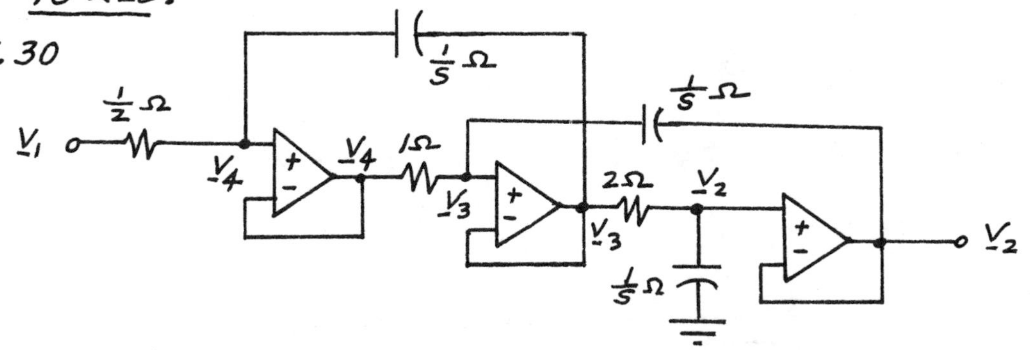

KCL at non-inverting nodes, right to left.

$$(s+\tfrac{1}{2})V_2-\tfrac{1}{2}V_3=0\Rightarrow V_3=2(s+\tfrac{1}{2})V_2=(2s+1)V_2$$

$$(s+1)V_3-V_4-sV_2=0\Rightarrow V_4=[(s+1)(2s+1)-s]V_2=(2s^2+2s+1)V_2$$

$$(s+2)V_4-sV_3=2V_1\Rightarrow\ H(s)=\frac{V_2}{V_1}=\frac{1}{s^3+2s^2+2s+1}$$

$$|H(j\Omega)|=\frac{1}{\sqrt{(1-2\Omega^2)^2+(2\Omega-\Omega^3)^2}}=\frac{1}{\sqrt{1+\Omega^6}}\Rightarrow\Omega_c=1\ rad/s$$

For $\omega_c=1000(2\pi)$, $k_f=\frac{2000\pi}{1}=2000\pi$

$$k_i=\frac{1}{k_f}\frac{C'}{C}=\frac{1}{(2000\pi)(10^{-8})}=15.92\times10^3$$

$\frac{1}{2}\,\Omega\rightarrow\underline{7.96\,k\Omega}\approx8\,k\Omega$, $1\Omega\rightarrow\underline{15.9\,K\Omega}$, $2\,\Omega\rightarrow\underline{31.8\,k\Omega}$

15.31 From Prob. 15.23, $\omega_c=1$ rad/s. $\therefore\ k_f=10^4$

$$C=\frac{1}{10^4 k_i}=20(10^{-9})\Rightarrow k_i=5(10^3)$$

$1\,\Omega\rightarrow\underline{5\,K\Omega}$, 1-F $\rightarrow\underline{20\,nF}$, $\frac{1}{2}H\rightarrow\frac{1}{2}\frac{k_i}{k_f}=\frac{5(10^3)}{2(10^4)}=\underline{0.25\,H}$

15.32 $\underline{V}_3$ = voltage at common capacitor node

$(2s+1)\underline{V}_3 - s\underline{V}_1 - s\frac{\underline{V}_2}{3} - \underline{V}_2 = 0;\ (s+2)\frac{\underline{V}_2}{3} - s\underline{V}_3 = 0 \Rightarrow \underline{V}_3 = \frac{s+2}{3s}\underline{V}_2$

$\left[(2s+1)\frac{s+2}{3s} - \frac{s}{3} - 1\right]\underline{V}_2 = s\underline{V}_1$

$$H(s) = \frac{\underline{V}_2}{\underline{V}_1} = \underline{\frac{3s^2}{s^2+2s+2}}$$

15.33 From Probs. 15.32 and 15.22, $\omega_c = \sqrt{2}$ rad/s.

$k_f = \frac{10{,}000}{\sqrt{2}};\ C = \frac{1}{\frac{10000}{\sqrt{2}}k_i} = 0.02(10^{-6}) \Rightarrow k_i = \frac{10^4}{\sqrt{2}}$

$1\,F \to \underline{0.02\,\mu F},\ 1\,\Omega \to \frac{10}{\sqrt{2}}\,k\Omega = \underline{7.07\,k\Omega},\ \frac{1}{2}\,\Omega \to \underline{3.54\,k\Omega}$

$2\,\Omega \to \underline{14.14\,k\Omega}$

15.34 $\underline{V}_3$ = output of integrator (top op amp)

$\underline{V}_4$ = output of lossy integrator (left op amp)

$\frac{\underline{V}_1}{R_1} + (s + \frac{1}{R_1})\underline{V}_4 + \frac{\underline{V}_3}{R_3} = 0;\ \ \underline{V}_4 + \underline{V}_2 + \frac{1}{R_4}\underline{V}_1 = 0$

$\underline{V}_2 + s\underline{V}_3 = 0 \Rightarrow \underline{V}_3 = -\frac{1}{s}\underline{V}_2,\ \ \underline{V}_4 = -\underline{V}_2 - \frac{1}{R_4}\underline{V}_1$

$\frac{1}{R_1}\underline{V}_1 + (s + \frac{1}{R_2})(-\underline{V}_2 - \frac{1}{R_4}\underline{V}_1) + \frac{1}{R_3}(-\frac{1}{s}\underline{V}_2) = 0$

$$\frac{\underline{V}_2(s)}{\underline{V}_1(s)} = \frac{-\frac{1}{R_4}s^2}{s^2 + \frac{1}{R_2}s + \frac{1}{R_3}} \quad \text{since } R_2R_4 = R_1$$

$\frac{1}{R_4} = 3 \Rightarrow R_4 = \underline{\frac{1}{3}\,\Omega};\ \frac{1}{R_2} = 2 \Rightarrow R_2 = \underline{\frac{1}{2}\,\Omega};\ \frac{1}{R_3} = 2 \Rightarrow R_3 = \underline{\frac{1}{2}\,\Omega}$

$R_1 = R_2R_4 = \frac{1}{2}\frac{1}{3} = \underline{\frac{1}{6}\,\Omega}$

15.35 From Prob. 15.24, $\omega_o = 1$ rad/s, $R_1 = \frac{1-K}{K} = 1\,\Omega$

$L = Q(1-K) = 5(0.5) = 2.5\,H;\ C = \frac{1}{Q(1-K)} = 0.4\,F$

$k_f = 10^6;$ New $C = \frac{0.4}{10^6 k_i} = 50(10^{-12}) \Rightarrow k_i = 8(10^3)$

New values: $1\,\Omega \to k_i\,\Omega \to \underline{8\,k\Omega}$

$2.5\,H \to \frac{2.5k_i}{k_f} = \frac{2.5(8)(10^3)}{10^6}\,H = \underline{20\,mH};\ C = \underline{50\,pF}$

15.36

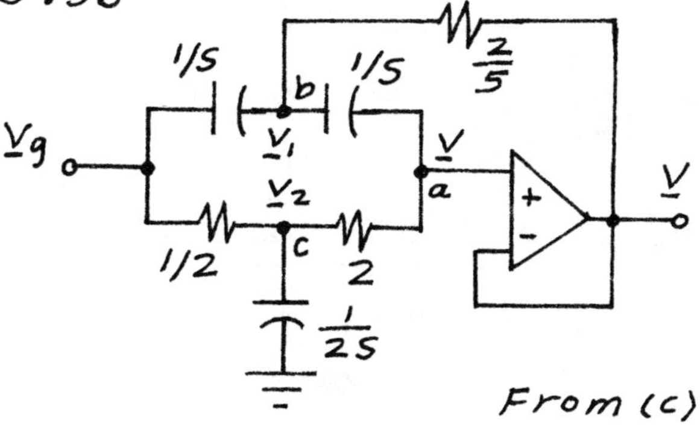

KCL:

$$\left(s+\tfrac{1}{2}\right)\mathbf{V} - s\mathbf{V}_1 - \tfrac{1}{2}\mathbf{V}_2 = 0 \quad (a)$$

$$\left(2s+\tfrac{5}{2}\right)\mathbf{V}_1 - \tfrac{5}{2}\mathbf{V} - s\mathbf{V} = s\mathbf{V}_g \quad (b)$$

$$\left(2s+\tfrac{1}{2}+2\right)\mathbf{V}_2 - \tfrac{1}{2}\mathbf{V} = 2\mathbf{V}_g \quad (c)$$

From (b)

$$\mathbf{V}_1 = \frac{(2s+5)\mathbf{V} + 2s\mathbf{V}_g}{4s+5} \quad (1)$$

From (c)

$$\mathbf{V}_2 = \frac{\mathbf{V} + 4\mathbf{V}_g}{4s+5} \quad (2)$$

Substitute (1) and (2) into (a):

$$H(s) = \frac{\mathbf{V}(s)}{\mathbf{V}_g(s)} = \frac{s^2+1}{s^2+s+1}$$

This is a band-reject filter with $\underline{K=1}$, $\underline{Q=1}$, and $\underline{\omega_0 = 1 \text{ rad/s}}$. Scaling: $\Omega_0 = 1$, $\omega_0 = 2\pi(60) \Rightarrow k_f = 120\pi$

$$k_i = \frac{C'}{k_f C} = \frac{1}{(120\pi)(10^{-9})} = 2.65\times 10^6$$

$$\tfrac{1}{2}\,\Omega \rightarrow \tfrac{1}{2}k_i\,\Omega = \underline{1.325\ \text{M}\Omega}$$

$$2\,\Omega \rightarrow 2k_i\,\Omega = \underline{5.3\ \text{M}\Omega}$$

$$\tfrac{2}{5}\,\Omega \rightarrow \tfrac{2}{5}k_i\,\Omega = \underline{1.06\ \text{M}\Omega}$$

15.37 From Prob. 14.39

$$y_{22} = \tfrac{1}{2}(Y_b + Y_a) = \tfrac{1}{2}\left[\frac{1}{\frac{s}{2}+\frac{1}{s}} + \left(\frac{1}{s}+\frac{s}{2}\right)\right] = \tfrac{1}{2}\left(\frac{2s}{s^2+2} + \frac{s^2+2}{2s}\right)$$

$$y_{21} = \tfrac{1}{2}(Y_b - Y_a) = \tfrac{1}{2}\left(\frac{2s}{s^2+2} - \frac{s^2+2}{2s}\right)$$

$$H(s) = \frac{\mathbf{V}_2}{\mathbf{V}_1} = \frac{-y_{12}}{1+y_{22}} = \frac{\frac{1}{2}\left(\frac{-2s}{s^2+2} + \frac{s^2+2}{2s}\right)}{1+\frac{1}{2}\left(\frac{2s}{s^2+2} - \frac{s^2+2}{2s}\right)}$$

$$H(s) = \frac{(s^2+2)^2 - (2s)^2}{2(2s)(s^2+2) + (2s)^2 + (s^2+2)^2} = \frac{(s^2+2+2s)(s^2+2-2s)}{(s^2+2+2s)^2}$$

$$\underline{H(s) = \frac{s^2-2s+2}{s^2+2s+2}}\ ; \quad H(j\omega) = \frac{2-\omega^2-j2\omega}{2-\omega^2+j2\omega}$$

$$|H(j\omega)| = \left[\frac{(2-\omega^2)^2+(-2\omega)^2}{(2-\omega^2)^2+(2\omega)^2}\right]^{1/2} = \underline{1}\ ; \quad \underline{\phi(\omega) = -2\tan^{-1}\frac{2\omega}{2-\omega^2}}$$

$$\phi(\sqrt{2}) = -2(\pm 90°) = \underline{\pm 180°}$$

$$k_f = \frac{20{,}000}{\sqrt{2}} = \sqrt{2}(10^4)\ ; \quad \frac{1}{\sqrt{2}(10^4)k_i} = 0.01(10^{-6}) \Rightarrow k_i = \frac{10^4}{\sqrt{2}}$$

15.37(Cont.) C's become $\underline{0.01\text{- and } 0.005\ \mu F}$

1 H becomes $\dfrac{(1)k_i}{k_f} = \dfrac{10^4}{\sqrt{2}(\sqrt{2})(10^4)} = \underline{0.5\,H}$

$\frac{1}{2}$ H becomes $\underline{0.25\ H}$

1 Ω becomes $k_i(1)\ \Omega = \dfrac{10^4}{\sqrt{2}}\ \Omega = \underline{7.07\ k\Omega}$

15.38 $\underline{V}_3$ = voltage at each op amp input

$\underline{V}_4$ = voltage at common capacitor node

Noninverting: $\underline{V}_3(1+\frac{1}{2}) = \frac{1}{2}\underline{V}_1 \Rightarrow \underline{V}_3 = \frac{1}{3}\underline{V}_1$ (1)

Inverting: $(s+\frac{1}{2})\underline{V}_3 - \frac{1}{2}\underline{V}_2 - s\underline{V}_4 = 0$ (2)

$\underline{V}_4$: $(2s+1)\underline{V}_4 - s\underline{V}_3 - s\underline{V}_2 = \underline{V}_1$ (3)

From (1) and (2): $\underline{V}_4 = \frac{1}{s}\left[(s+\frac{1}{2})(\frac{1}{3})\underline{V}_1 - \frac{1}{2}\underline{V}_2\right]$

From (3): $(2s+1)\frac{1}{s}\left[\frac{1}{3}(s+\frac{1}{2})\underline{V}_1 - \frac{1}{2}\underline{V}_2\right] - \frac{s}{3}\underline{V}_1 - s\underline{V}_2 = 0$

$$H(s) = \frac{\underline{V}_2}{\underline{V}_1} = \underline{\frac{1}{3}\,\frac{s^2 - s + \frac{1}{2}}{s^2 + s + \frac{1}{2}}}$$

$$|H(j\omega)|^2 = \frac{1}{9}\,\frac{(\frac{1}{2}-\omega^2)^2 + (-\omega)^2}{(\frac{1}{2}-\omega^2)^2 + \omega^2} \Rightarrow |H(j\omega)| = \underline{\frac{1}{3}}$$

$$\phi(\omega) = \tan^{-1}\frac{-\omega}{\frac{1}{2}-\omega^2} - \tan^{-1}\frac{\omega}{\frac{1}{2}-\omega^2} = \underline{-2\tan^{-1}\frac{\omega}{\frac{1}{2}-\omega^2}}$$

15.39 KCL yields

$$\left(\frac{5}{2}s + \frac{5}{s} + 1 + \frac{1}{5s + \frac{10}{s}}\right)\underline{V}_2 = \frac{\underline{V}_1}{5s + \frac{10}{s}}$$

$$H(s) = \frac{\underline{V}_2}{\underline{V}_1} = \frac{\frac{2}{25}s^2}{s^4 + \frac{2}{5}s^3 + \frac{102}{25}s^2 + \frac{4}{5}s + 4}$$

$$|H(j\omega)|^2 = \frac{(4/625)\omega^4}{(\omega^4 - \frac{102}{25}\omega^2 + 4)^2 + (-\frac{2}{5}\omega^3 + \frac{4}{5}\omega)^2}$$

$\dfrac{d|H|^2}{d\omega^2} = 0$ simplifies to $\omega^8 - 4\omega^6 + 16\omega^2 - 16 = 0$

which has $\omega^2 = 2, 2, 2, -2$ as solutions. Therefore $\omega_0 = \underline{\sqrt{2}\ rad/s}$.

$$|H(j\sqrt{2})|^2 = \frac{16/625}{(4 - \frac{204}{25} + 4)^2 + 2(-\frac{4}{5} + \frac{4}{5})^2} = 1$$

$|H|_{max} = \underline{1}$ when $\omega = \underline{\omega_0 = \sqrt{2}\ rad/s}$

15.39 (Cont.)

$$\omega_{c_1,c_2} = \omega_o \mp \frac{\omega_o}{10} = \sqrt{2}(1 \mp 0.1) = \underline{1.273}, \underline{1.565 \text{ rad/s}}$$

since $|H(j1.273)| \approx |H(j1.565)| \approx \frac{1}{\sqrt{2}}$

15.40 $k_f = \frac{\sqrt{2} \times 10^6}{\sqrt{2}} = 10^6; \quad k_i = \frac{10^{-1}}{10^{-6}(10^{-8})} = 10$

$$5\,H \to \frac{5k_i}{k_f} = 50 \times 10^{-6}\,H = \underline{0.05\,mH}$$

$$0.2\,H \to \frac{0.2(10)}{10^6}\,H = \underline{2\,\mu H}$$

$$2.5\,F \to \frac{2.5}{k_i k_f} = \frac{2.5}{(10)(10^6)}\,F = \underline{0.25\,\mu F}$$

$$1\,\Omega \to (1)k_i\,\Omega = \underline{10\,\Omega}$$

CHAPTER 16

– EXERCISES –

16.1.1 $v_1 = L_1 \frac{di_1}{dt} + M\frac{di_2}{dt} = 4(-2) + 3(2) = \underline{-2\ V}$

$v_2 = M\frac{di_1}{dt} + L_2\frac{di_2}{dt} = 3(-2) + 6(2) = \underline{6\ V}$

16.1.2 (a) $v_1 = 0.1\frac{d}{dt}(0.4\sin t) + 0.01\frac{d}{dt}(0.2\cos t)\ V$

$= \underline{40\cos t - 2\sin t\ mV}$

$v_2 = 0.01\frac{d}{dt}(0.4\sin t) + 0.1\frac{d}{dt}(0.2\cos t)\ V$

$= \underline{4\cos t - 20\sin t\ mV}$

(b) $v_1 = 0.01\frac{d}{dt}(10\cos 100t \times 10^{-3})\ A$

$= \underline{-10\sin 100t\ mV}$

$v_2 = 0.1\frac{d}{dt}(10\cos 100t)\ mV = \underline{-100\sin 100t\ mV}$

16.1.4 $I_1 + j1\ I_1 - j1\ I_2 = 6$

$(1 - j9)I_2 + j8I_2 - j1\ I_1 = 0 \Rightarrow I_1 = -(1+j1)I_2$

$[-(1+j1)^2 - j1]I_2 = 6 \Rightarrow I_2 = \underline{j2\ A}$

$I_1 = -(1+j1)(j2) = \underline{2 - j2\ A}$

16.2.1 $k = \frac{M}{\sqrt{L_1L_2}} = \frac{2\times10^{-3}}{\sqrt{(4\times10^{-3})(16\times10^{-3})}} = \underline{0.25}$

16.2.2 (a) $M = k\sqrt{L_1L_2} = (1)\sqrt{0.2(0.8)} = \underline{0.4H}$

(b) $M = 0.5(0.4) = \underline{0.2H}$; (c) $M = 0.002(0.4)H$

$= \underline{8mH}$

16.2.3 (a) $w = \frac{1}{2}L_1i_1^2 + Mi_1i_2 + \frac{1}{2}L_2i_2^2$

$= \frac{1}{2}(0.1)(0) + 0 + \frac{1}{2}(0.1)(0.2)^2 = 0.002J = \underline{2mJ}$

(b) $w = \frac{1}{2}L_2i_2^2 = \frac{1}{2}(0.1)(10\times10^{-3})^2 J = \underline{5\mu J}$

16.3.1 $H(s) = \frac{s+2}{(s+1)(s+4)} = \frac{I_1}{V_1}$ since $I_1 = \frac{\sqrt{2}(s+2)}{s}I_2$

$i_{1f} = H(0)V_1 = \frac{1}{2}(12) = 6$

16.3.1 (cont.) $i_1 = 6 + A_1 e^{-t} + A_2 e^{-4t}$

$i_1(0+) = i_1(0-) = 0 = 6 + A_1 + A_2$

From KVL: $\frac{3}{2}\frac{di(0+)}{dt} - \frac{1}{\sqrt{2}}\frac{di_2(0+)}{dt} + 2i_1(0+) = 12$

$-\frac{1}{\sqrt{2}}\frac{di_1(0+)}{dt} + \frac{di_2(0)}{dt} + 2i_2(0+) = 0$

since $i_1(0+) = i_2(0+) = 0$, we obtain

$$\frac{di_1(0+)}{dt} = \sqrt{2}\frac{di_2(0+)}{dt} = 12 \text{ A/s}$$

$$\frac{di_1(0+)}{dt} \doteq 12 = -A_1 - 4A_2$$

$\therefore A_1 = -4,\ A_2 = -2$

$i_1(t) = \underline{6 - 4e^{-t} - 2e^{-4t} \text{ A}}$

16.3.2 $4sI_1 - 4sI_2 + \frac{1}{2s}(I_1 - I_2) = V_1 = 8\angle 0°,\quad s = -2 + j1$

$6sI_2 + \frac{2}{s}I_2 - 4sI_1 + \frac{1}{2s}(I_2 - I_1) = 0$

$$I_2 = \frac{\begin{vmatrix} 4s + \frac{1}{2s} & V_1 \\ -4s - \frac{1}{2s} & 0 \end{vmatrix}}{\begin{vmatrix} 4s + \frac{1}{2s} & -4s - \frac{1}{2s} \\ -4s - \frac{1}{2s} & 6s + \frac{2}{s} + \frac{1}{2s} \end{vmatrix}} = \frac{V_1}{6s + \frac{3}{2s} - 4s - \frac{1}{s}}$$

$$I_2 = \frac{sV_1}{2(s^2+1)};\quad V_2 = \frac{2}{s}I_2 = \frac{V_1}{s^2+1}$$

$$V_2 = \frac{8}{(-2+j1)^2 + 1} = \frac{2}{1-j1} = \sqrt{2}\angle 45° \text{ V}$$

$$v_2 = \underline{\sqrt{2}\, e^{-2t}\cos(t + 45°) \text{ V}}$$

16.3.3 $V_A = (2s + 2s)I_1 - (-s + 2s)I_2 = 4sI_1 - sI_2$

$V_B = (s + 3s)I_1 + (3s - 3s)I_2 = 4sI_1$

$V_C = (4s + 2s)I_1 - (4s - 3s)I_2 = 6sI_1 - sI_2$

$V_1 = 3I_1 + (4sI_1 - sI_2) + (6sI_1 - sI_2) - 2I_2$

$0 = -2I_1 - (6sI_1 - sI_2) + (4sI_1) + 5I_2$

16.3.3 (cont.) $\therefore\ V_1 = (10s+3)I_1 - (2s+2)I_2$

$$0 = -(2s+2)I_1 + (s+5)I_2$$

$$\frac{I_2}{V_1} = \frac{2(s+1)}{6s^2+45s+11},\ V_2 = 3I_2 \Rightarrow \frac{V_2}{V_1} = \underline{\frac{6(s+1)}{6s^2+45s+11}}$$

16.4.1 $Z_1 = j\omega L_1 + \dfrac{\omega^2 M^2}{Z_2 + j\omega L_2} = j(100)(0.6) + \dfrac{10^4(0.2)^2}{10 - j10 + j100(0.1)}$

$Z_1 = 40 + j60\ \Omega$; (a) $Z_{in} = Z_g + Z_1 = 40 + 40 + j60 = \underline{80 + j60\ \Omega}$

(b) $I_1 = V_g / Z_{in} = 100/(80+j60) = 1\angle -36.9^\circ\ A = \underline{0.8 - j0.6\ A}$

(c) $I_2 = \dfrac{j\omega M}{Z_2 + j\omega L_2} I_1 = \dfrac{j100(0.2)}{10}(1\angle -36.9^\circ) = 2\angle 53.9^\circ = \underline{1.2 + j1.6\ A}$

(d) $V_1 = Z_1 I_1 = (40+j60)(1\angle -36.9^\circ) = \underline{68 + j24\ V}$

(e) $V_2 = Z_2 I_2 = (10 - j10)(1.2 + j1.6) = \underline{28 + j4\ V}$

16.4.2 (a) $Z_{in} = \underline{80 + j60\ \Omega}$

(b) $I_1 = \underline{0.8 - j0.6\ A}$

(c) $I_2 = [-j\omega M/(Z_2 + j\omega L_2)]I_1 = \underline{-1.2 - j1.6\ A}$

(d) $V_1 = \underline{68 + j24\ V}$

(e) $V_2 = Z_2 I_2 = \underline{-28 - j4\ V}$

16.4.3 $Z_R = \dfrac{\omega^2 M^2}{Z_2 + j\omega L_2} = \dfrac{\omega^2 M^2}{6 - j\frac{32}{\omega} + j2\omega}$; Z_p is real if

$-\dfrac{32}{\omega} + 2\omega = 0$ or $\omega^2 = 6$. $\therefore\ \omega = \underline{4\ rad/s}$

16.5.1 $Z_{in} = Z_g + \dfrac{Z_2}{n^2}$, $Z_1 = \dfrac{Z_2}{n^2} = \dfrac{64 - j48}{4^2} = 4 + j3\ \Omega$

$$I_1 = \frac{32}{Z_g + Z_1} = \frac{32}{4 - j3 + 4 + j3} = \underline{4\ A}$$

$$V_1 = Z_1 I_1 = (4+j3)(4) = \underline{20\angle 36.9^\circ\ V}$$

$$V_2 = -nV_1 = -4(20\angle 36.9^\circ) = 80\angle 36.9^\circ - 180^\circ$$

$$= \underline{80\angle -143.1^\circ\ V}$$

$$I_2 = -\frac{1}{n} I_1 = -\frac{1}{4}(4) = -1 = \underline{1\angle 180^\circ\ A}$$

16.5.2 $Z_1 = \dfrac{Z_2}{n^2} = Z_g = 20 \Rightarrow n^2 = \dfrac{Z_2}{20} = \dfrac{2000}{20} \Rightarrow n = \underline{10}$

$$I_1 = \frac{V_g}{Z_g + Z_1} = \frac{100\angle 0^\circ}{40} = 2.5\angle 0^\circ\ A;\ I_2 = \frac{I_1}{n} = 0.25\angle 0^\circ\ A$$

$$P = 2000(0.25)^2 = \underline{125\ W}$$

16.5.3 With the secondary shorted, $\underline{V}_2 = 0$ and $\underline{V}_1 = \frac{\underline{V}_2}{n} = 0$. Then $\underline{I}_1 = \underline{V}_g/\underline{Z}_g$ and $\underline{I}_2 = \underline{V}_g/n\underline{Z}_g = \underline{I}_{sc}$. With $\underline{V}_g = 0$, The impedance reflected from primary to secondary is $\underline{Z}_{th} = n^2\underline{Z}_g$.

16.5.4

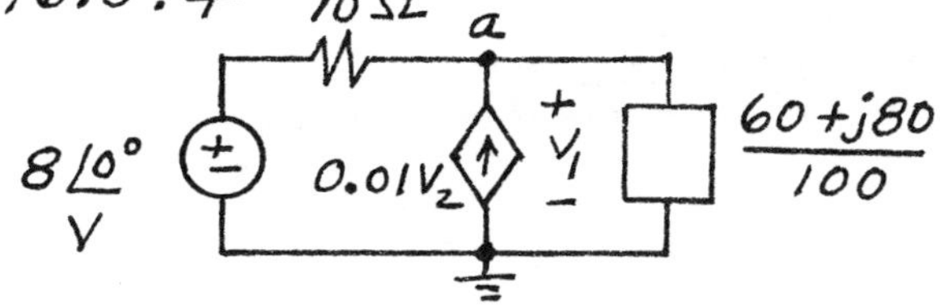

$\underline{V}_2 = 10\underline{V}_1 \Rightarrow \underline{V}_1 = \frac{1}{10}\underline{V}_2$

KCL at a:

$$\underline{V}_1\left(\frac{10}{6+j8} + \frac{1}{10}\right) - 0.01\underline{V}_2 = \frac{8}{10}$$

$$\therefore \underline{V}_2 = -\frac{80}{8-j8} = \underline{5\sqrt{2}\,\angle{-135^\circ}\text{ V}}$$

16.5.5

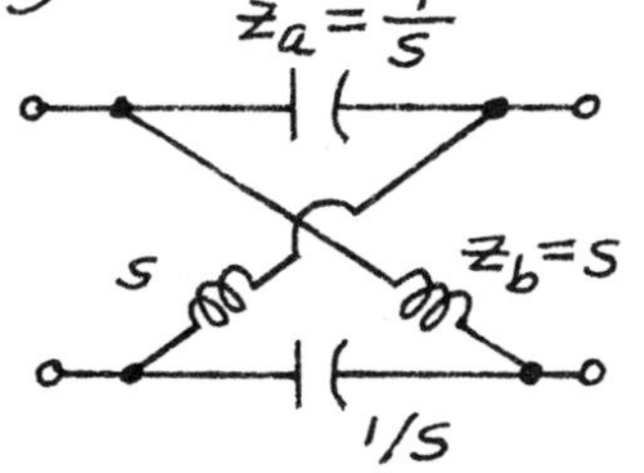

$$\underline{Z}_{11} = \underline{Z}_{22} = \tfrac{1}{2}(\underline{Z}_b + \underline{Z}_a) = \tfrac{1}{2}\left(s + \tfrac{1}{s}\right)$$

$$\underline{Z}_{12} = \underline{Z}_{21} = \tfrac{1}{2}(\underline{Z}_b - \underline{Z}_a) = \tfrac{1}{2}\left(s - \tfrac{1}{s}\right)$$

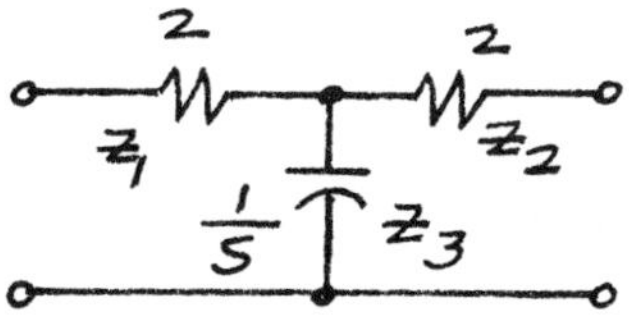

$$\underline{Z}_{11} = \underline{Z}_1 + \underline{Z}_3 = 2 + \tfrac{1}{s}$$

$$\underline{Z}_{12} = \underline{Z}_{21} = \underline{Z}_3 = \tfrac{1}{s}$$

$$\underline{Z}_{22} = \underline{Z}_2 + \underline{Z}_3 = 2 + \tfrac{1}{s}$$

For the series connection

$$\underline{Z}_{11} = \tfrac{1}{2}\left(s + \tfrac{1}{s}\right) + \left(2 + \tfrac{1}{s}\right) = 2 + \tfrac{s}{2} + \tfrac{3}{2s}$$

$$\underline{Z}_{12} = \tfrac{1}{2}\left(s - \tfrac{1}{s}\right) + \tfrac{1}{s} = \tfrac{1}{2}\left(s + \tfrac{1}{s}\right) = \underline{Z}_{21}$$

$$\underline{Z}_2 = \tfrac{1}{2}\left(s + \tfrac{1}{s}\right) + 2 + \tfrac{1}{s} = 2 + \tfrac{s}{2} + \tfrac{3}{2s} = \underline{Z}_{11}$$

$$H(s) = \frac{\underline{I}_2}{\underline{I}_1} = -\frac{(-\underline{I}_2)}{\underline{I}_1} = -\frac{-\underline{Z}_{21}}{1 + \underline{Z}_{22}} = \frac{\underline{Z}_{21}}{1 + \underline{Z}_{22}}$$

$$= \frac{\tfrac{1}{2}\left(s + \tfrac{1}{s}\right)}{1 + 2 + \tfrac{s}{2} + \tfrac{3}{2s}} = \underline{\frac{s^2 + 1}{s^2 + 6s + 3}}$$

16.6.1 $L_1 - M = \frac{1}{4} - \frac{1}{4} = 0$,

$L_2 - M = 1 - \frac{1}{4} = \frac{3}{4}$

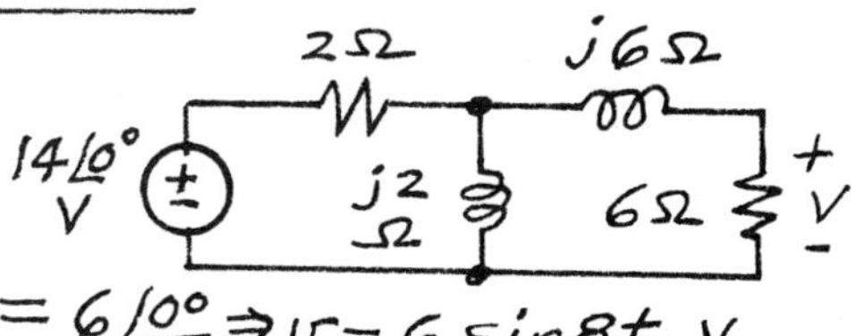

$$\underline{V} = \left[\frac{14}{2 + j2(6+j6)/(6+j8)}\right]\frac{j2}{6+j8}(6) = 6\angle 0^\circ \Rightarrow v = \underline{6\sin 8t\text{ V}}$$

16.6.2

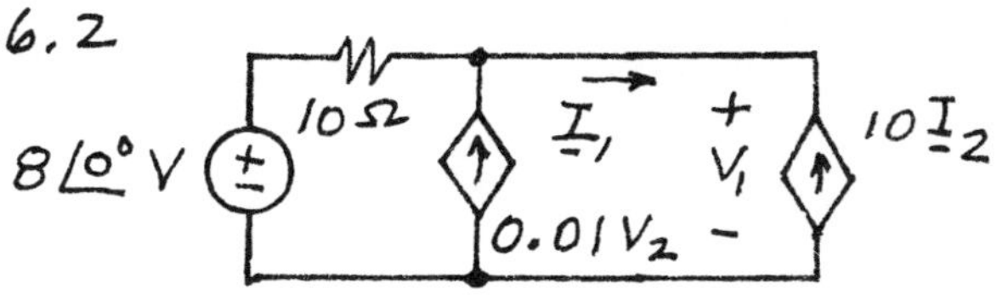

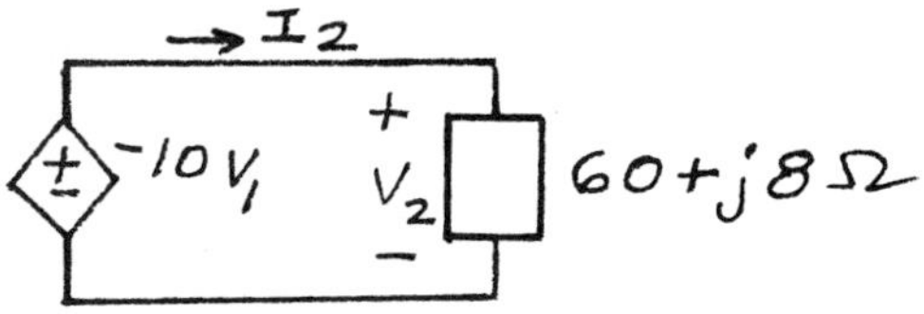

16.6.2 (cont.)

$$\mathbf{V}_1 = 8 + 10(0.01\,\mathbf{V}_2 + 10\mathbf{I}_2),\quad \mathbf{V}_2 = -10\mathbf{V}_1 \Rightarrow \mathbf{V}_1 = -\tfrac{1}{10}\mathbf{V}_2$$

$$-\frac{\mathbf{V}_2}{10} = 8 + 0.1\,\mathbf{V}_2 + 100\,\frac{\mathbf{V}_2}{60+j80}$$

$$\therefore\ \mathbf{V}_2 = -\frac{80}{8-j8} = \underline{5\sqrt{2}\,\angle -135^\circ\ \text{V}}$$

- PROBLEMS -

16.1 $M_{21} = \dfrac{500(200\times10^{-6})}{2} = 5\times10^{-2}\,H$

$$v_2 = M_{21}\frac{di_1}{dt} = 0.05\,\frac{d}{dt}(20\sin 10t)$$

$$= \underline{10\cos 10t\ \text{V}}$$

16.2

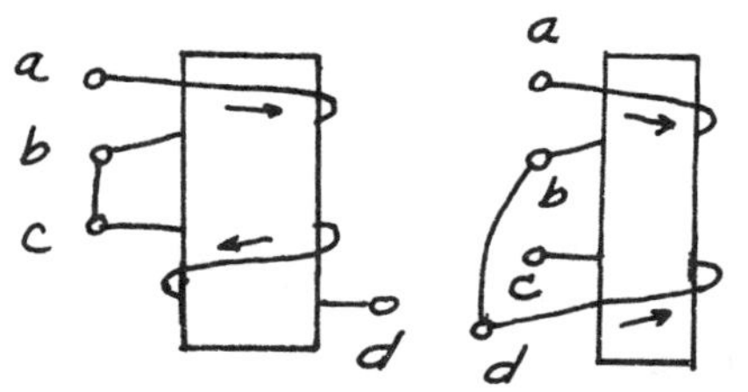

$$L_{ad} = L_1 + L_2 - 2M = 0.1\ H$$

$$L_{ac} = L_1 + L_2 + 2M = 0.9\ H$$

$$4M = 0.9 - 0.1 = 0.8$$

$$\therefore\ M = \underline{0.2\ H}$$

16.3 (a) $v_1 = L_1\dfrac{di_1}{dt} + M\dfrac{di_2}{dt} = 4(-2) + 2(10) = \underline{12\ \text{V}}$

$$v_2 = M\frac{di_1}{dt} + L_2\frac{di_2}{dt} = 2(-2) + 3(10) = \underline{26\ \text{V}}$$

(b) $v_1 = 4(-2) + 2(10) = \underline{12\ \text{V}}$

$$v_2 = 2(-2) + 3(10) = \underline{26\ \text{V}}$$

16.4 (a) $v_1 = L_1\dfrac{di_1}{dt} - M\dfrac{di_2}{dt} = 5(-3\cos 4t) - 2(5\sin 2t)$

$$= \underline{60\sin 4t - 20\cos 2t\ \text{V}}$$

$$v_2 = -M\frac{di_1}{dt} + L_2\frac{di_2}{dt} = -2(-3\cos 4t) + 3(5\sin 2t)$$

$$= \underline{-24\sin 4t + 30\cos 2t\ \text{V}}$$

(b) $i_2 = 0:\ v_2 = -M\dfrac{di_1}{dt} = -2(-3\cos 4t) = \underline{-24\sin 4t\ \text{V}}$

16.5 (a) $v_1 = L_1\dfrac{di_1}{dt} - M\dfrac{di_2}{dt} = 2(10) - 3(-2) = \underline{26\ \text{V}}$

16.5(a)(cont.)

$$v_2 = -M\frac{di_1}{dt} + L_2\frac{di_2}{dt} = -3(10) + 5(-2) = \underline{-40\text{ V}}$$

(b) $$v_1 = L_1\frac{di_1}{dt} + M\frac{di_2}{dt} = 2(10) + 3(-2) = \underline{14\text{ V}}$$

$$v_2 = M\frac{di_1}{dt} + L_2\frac{di_2}{dt} = 3(10) + 5(-2) = \underline{20\text{ V}}$$

16.6 i_1 = mesh current through $L_1 = 2H$

$$2\frac{di_1}{dt} + 2(i_1 - i_g) = 0;\ t>0:\ \frac{di_1}{dt} + i_1 = i_g = 8$$

$$i_1 = 8 + A_1e^{-t};\ i_1(0+) = i_1(0-) = 0 \Rightarrow A_1 = -8$$

$$i_1 = 8(1-e^{-t})\text{ A},\ t>0$$

$$v = -M\frac{di_1}{dt} = -\frac{1}{2}[8e^{-t}] = \underline{-4e^{-t}\text{ V}}$$

16.7 From Prob. 16.6, $\frac{di_1}{dt} + i_1 = i_g = 8e^{-2t}$

$$i_{1f} = Ae^{-2t}:\ Ae^{-2t}(-2+1) = 8e^{-2t} \Rightarrow A = -8$$

$$i_1 = A_1e^{-t} - 8e^{-2t}$$

$$i_1(0+) = 0 = A_1 - 8 \Rightarrow A_1 = 8 \Rightarrow i_1 = 8(e^{-t} - e^{-2t})\text{ A}$$

$$v = -\frac{1}{2}\frac{di_1}{dt} = -\frac{1}{2}(8)(-e^{-t} + 2e^{-2t})$$

$$= \underline{4(e^{-t} - 2e^{-2t})\text{ V},\ t>0}$$

16.8 $$(2+j2)I_1 - j2I_2 = 42 \Rightarrow (1+j1)I_1 - j1I_2 = 21$$

$$-j2I_1 + (6+j8)I_2 = 0 \Rightarrow I_1 = (4-j3)I_2$$

$$I_2 = \frac{21}{(1+j1)(4-j3) - j1} = 3\angle 0^\circ\text{ A}$$

$$I_1 = 3(4-j3) = 15\angle -36.9^\circ\text{ A}$$

$$i_2 = \underline{3\sin 4t\text{ A}},\quad i_1 = \underline{15\sin(4t - 36.9^\circ)\text{ A}}$$

16.9 $$(4+j8)\mathbf{I}_1 + j2\mathbf{I}_2 = 60$$

$$j2\mathbf{I}_1 + (1+j4)\mathbf{I}_2 = 0$$

$$\mathbf{I}_2 = \mathbf{V} = \frac{-j120}{4(1+j2)(1+j4)+4} = \frac{30\angle -90^\circ}{6\sqrt{2}\angle 135^\circ} = \underline{\frac{5\sqrt{2}}{2}\angle -225^\circ}$$

16.9 (cont.)

$$\underline{V} = \frac{5\sqrt{2}}{2}\angle -225° = \frac{5\sqrt{2}}{2}\angle 135° \text{ V}$$

$$v = \frac{5\sqrt{2}}{2}\sin(2t + 135°) \text{ V}$$

16.10 i_1 and i_2 are clockwise mesh currents.

$$(1+j2)I_1 + j1\,I_2 = 100, \quad j1\,I_1 + (1+j2)I_2 = 0$$

$$I_1 = \frac{100(1+j2)}{(1+j2)^2+1} = \frac{50(1+j2)}{-1+j2} = 50\angle 63.4-(180-63.4) \text{ A}$$

$$\underline{I}_1 = 50\angle -53.1° \text{ A}$$

$$\text{Power} = \frac{(50)^2}{2}(1) = 1250 \text{ W}$$

$$PF = \cos 53.1° \text{ lagging} = 0.6 \text{ lagging}$$

16.11 i_1 = clockwise primary current

$$(2+j4)\underline{I}_1 + j2\underline{I}_2 = 0$$

$$j2\underline{I}_1 + \left(j4 + \frac{2}{1+j2}\right)\underline{I}_2 = 0 \Rightarrow j5\underline{I}_1 + (1+j8)\underline{I}_2 = 0$$

$$\underline{I}_2 = \frac{-j50}{(1+j2)(1+j8)+5} = \frac{-j50}{-10+j10}$$

$$= \frac{j5}{1-j1} = \frac{5}{\sqrt{2}}\angle 135° = 2.5\sqrt{2}\angle 135° \text{ A}$$

$$i_2 = 2.5\sqrt{2}\sin(8t + 135°) \text{ A}$$

16.12 $(1+j1)I_1 + jI_2 = 10$

$$j\,I_1 + (2 + j8 - j10)I_2 = 0$$

$$I_1 = \frac{10(2-j2)}{(1+j1)(2-j2)-(j1)^2} = 4(1-j1) = 4\sqrt{2}\angle -45° \text{ A}$$

$$I_2 = \frac{-j10}{5} = -j2 = 2\angle -90° \text{ A}$$

$$i_1 = 4\sqrt{2}\cos(2t - 45°) \text{ A}, \quad i_2 = 2\cos(2t - 90°) \text{ A}$$

$$i_2 = 2\sin 2t \text{ A}$$

16.13 $w = \frac{1}{2}L_1 i_1^2(0) + M i_1(0) i_2(0) + \frac{1}{2}L_2 i_2^2(0)$

$$i_2(0) = 0, \quad i_1(0) = 4\sqrt{2}\cos 45° = 4 \text{ A}$$

16.13 (cont.) $\omega L = 1 \Rightarrow L = 1/\omega = \frac{1}{2}\ H$

$$w = \frac{1}{2}\left(\frac{1}{2}\right)(16) = \underline{4\ J}$$

16.14 (a) $w = \frac{1}{2}L_1 i_1^2 + M i_1 i_2 + \frac{1}{2}L_2 i_2^2$

$$= \frac{1}{2}\left(\frac{1}{2}\right)(2)^2 + \frac{1}{4}(2)(4) + \frac{1}{2}(2)(4)^2 = 1 + 2 + 16 = \underline{19\ J}$$

(b) $w = \frac{1}{2}L_1 i_1^2 - M i_1 i_2 + \frac{1}{2}L_2 i_2^2$

$$= 1 - 2 + 16 = \underline{15\ J}$$

16.15 $i_1\left(\frac{\pi}{8}\right) = 4\sqrt{2}\cos(45^\circ - 45^\circ) = 4\sqrt{2}\ A$

$$i_2\left(\frac{\pi}{8}\right) = 2\sin 45^\circ = \sqrt{2}\ A$$

$$4L_1 = 1 \Rightarrow L_1 = \frac{1}{4}, \quad 4M = 1 \Rightarrow M = \frac{1}{4}, \quad 4L_2 = 8 \Rightarrow L_2 = 2$$

$$w = \frac{1}{2}\left(\frac{1}{4}\right)(4\sqrt{2})^2 + \frac{1}{4}(4\sqrt{2})(\sqrt{2}) + \frac{1}{2}(2)(\sqrt{2})^2$$

$$= \underline{8\ J}$$

16.16 $k = \dfrac{M}{\sqrt{L_1 L_2}} = \dfrac{0.01}{\sqrt{(0.02)(0.125)}} = \underline{0.2}$

16.17 $M = k\sqrt{L_1 L_2}, \quad \sqrt{L_1 L_2} = \sqrt{(0.4)(0.9)} = 0.6$

(a) $k = 1: \ M = \underline{0.6\ H}$ (b) $k = 0.5: \ M = 0.5(0.6) = \underline{0.3 H}$

(c) $k = 0.01: \ M = (0.01)(0.6) = 6\times 10^{-3} H = \underline{6\ mH}$

16.18 $L_1 \dfrac{di_1}{dt} + M\dfrac{di_2}{dt} = v_1$

$$M\frac{di_1}{dt} + L_2\frac{di_2}{dt} = v_2, \qquad \Delta = L_1 L_2 - M$$

$$\frac{di_1}{dt} = \frac{\begin{vmatrix} v_1 & M \\ v_2 & L_2 \end{vmatrix}}{\Delta} = \frac{L_2}{\Delta}v_1 - \frac{M}{\Delta}v_2$$

$$\frac{di_2}{dt} = \frac{\begin{vmatrix} L_1 & v_1 \\ M & v_2 \end{vmatrix}}{\Delta} = -\frac{M}{\Delta}v_1 + \frac{L_1}{\Delta}v_2$$

$$i_1 = \frac{L_2}{\Delta}\int_0^t v_1\,dt - \frac{M}{\Delta}\int_0^t v_2\,dt + i_1(0)$$

$$i_2 = -\frac{M}{\Delta}\int_0^t v_1\,dt + \frac{L_1}{\Delta}\int_0^t v_2\,dt + i_2(0)$$

16.19

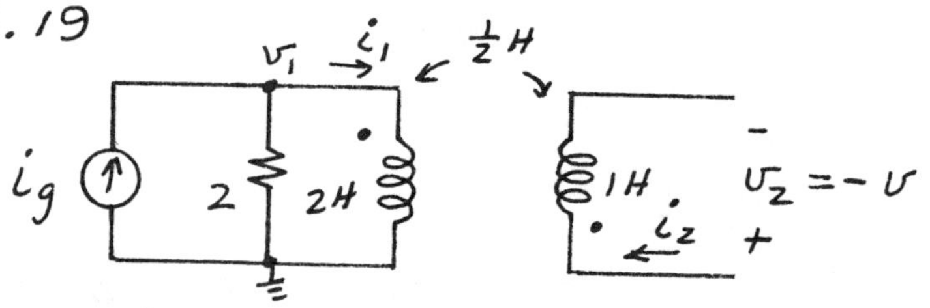

$i_2 = 0$

$\frac{v_1}{2} + i_1 = i_g, \quad \Delta = L_1L_2 - M^2 = (1)(2) - (\frac{1}{2})^2 = \frac{7}{4}$

$\frac{L_2}{\Delta} = \frac{4}{7}, \quad \frac{L_1}{\Delta} = \frac{8}{7}, \quad \frac{M}{\Delta} = \frac{2}{7}$

$i_1 = \frac{L_2}{\Delta}\int_0^t v_1 dt - \frac{M}{\Delta}\int_0^t v_2 dt = \frac{4}{7}\int_0^t v_1 dt - \frac{2}{7}\int_0^t v_2 dt$

$i_2 = -\frac{M}{\Delta}\int_0^t v_1 dt + \frac{L_1}{\Delta}\int_0^t v_2 dt = -\frac{2}{7}\int_0^t v_1 dt + \frac{8}{7}\int_0^t v_2 dt = 0$

Differentiating the last equation yields

$v_1 = 4v_2$

Also

$\frac{v_1}{2} + \frac{4}{7}\int_0^t v_1 dt - \frac{2}{7}\int_0^t v_2 dt = i_g = 8, \quad t > 0$

$\frac{1}{2}\frac{dv_1}{dt} + \frac{4}{7}v_1 - \frac{2}{7}v_2 = 0$

$\frac{1}{2} 4 \frac{dv_2}{dt} + \frac{4}{7}(4)v_2 - \frac{2}{7}v_2 = 0$

$\frac{dv_2}{dt} + v_2 = 0 \Rightarrow v_2 = Ae^{-t}$

$i_1(0+) = 0 \Rightarrow \frac{v_1(0+)}{2} = i_g(0+) \Rightarrow v_1(0+) = 16 \text{ V}$

$v_2(0+) = \frac{1}{4}v_1(0+) = 4$

$v_2 = 4e^{-t} = -v \Rightarrow v = \underline{-4e^{-t} \text{ V}}$

16.20 (a) i_1 and i_2 are the mesh currents entering the dotted terminal. ($D = \frac{d}{dt}$) For $t > 0$

$Di_1 + 2i_1 + Di_2 = 10$

$Di_1 + 2Di_2 + 3i_2 = 0$

$\begin{vmatrix} D+2 & D \\ D & 2D+3 \end{vmatrix} i_2 = \begin{vmatrix} D+2 & 10 \\ D & 0 \end{vmatrix} = 0$

16.20 (Cont.) $[(D+2)(2D+3)-D^2]\, i_2 = 0$

$$(D^2+7D+6)\, i_2 = 0 \Rightarrow i_2 = A_1 e^{-t} + A_2 e^{-6t}$$

$i_2(0+) = i_2(0-) = 0 = A_1 + A_2$

From the differential equations, since $i_1(0+) = i_2(0+) = 0$, we have

$$\left.\begin{aligned} \frac{di_1(0+)}{dt} + \frac{di_2(0+)}{dt} &= 10 \\ \frac{di_1(0+)}{dt} + 2\frac{di_2(0+)}{dt} &= 0 \end{aligned}\right\} \Rightarrow \frac{di_2(0+)}{dt} = -10$$

$$\left.\begin{aligned} -10 &= -A_1 - 6A_2 \\ 0 &= A_1 + A_2 \end{aligned}\right\} \Rightarrow A_2 = 2,\ A_1 = -2$$

$$v_2 = v = -3i_2 = \underline{6(e^{-t} - e^{-6t})\ \text{V}}$$

(b) v_1 and v_2 are the primary and secondary voltages:

(1) $$\frac{v_1 - 10}{2} + i_1 = 0, \quad \frac{v_2}{3} + i_2 = 0$$

$$\Delta = L_1 L_2 - M^2 = 1, \quad L_1 = M = 1,\ L_2 = 2$$

$$i_1 = 2\int_0^t v_1\, dt - \int_0^t v_2\, dt$$

$$i_2 = -\int_0^t v_1\, dt + \int v_2\, dt$$

$$v_1 - 10 + 4\int_0^t v_1\, dt - 2\int_0^t v_2\, dt = 0$$

$$v_2 - 3\int_0^t v_1\, dt + 3\int_0^t v_2\, dt = 0$$

Differentiating and collecting terms:

(2) $$\begin{aligned} (D+4)v_1 - 2v_2 &= 0 \\ -3v_1 + (D+3)v_2 & \end{aligned} \Rightarrow \begin{vmatrix} D+4 & -2 \\ -3 & D+3 \end{vmatrix} v_2 = 0$$

$$(D^2+7D+6)\, v_2 = 0 \Rightarrow v_2 = B_1 e^{-t} + B_2 e^{-6t}$$

$i_2(0+) = 0 \Rightarrow v_2(0+) = 0 = B_1 + B_2$

$i_1(0+) = 0 \Rightarrow v_1(0+) = 10$ [from (1)]

$$\frac{dv_2(0+)}{dt} = 3v_1(0) - 3v_2(0) = 30 \quad \text{[from (2)]}$$

$$\left.\begin{aligned} = -B_1 - 6B_2 &= 30 \\ B_1 + B_2 &= 0 \end{aligned}\right\} \Rightarrow B_2 = -6,\ B_1 = 6$$

16.20 (b)(Cont.)

$$v_2 = 6(e^{-t} - e^{-6t})\ V = v$$

16.21 Assume $i_2 \neq 0$. Then

$$w = \frac{1}{2} i_2^2 \left[L_1 \left(\frac{i_1}{i_2}\right)^2 \pm 2M\left(\frac{i_1}{i_2}\right) + L_2 \right] = \frac{1}{2} i_2^2 f\left(\frac{i_1}{i_2}\right)$$

$f\left(\frac{i_1}{i_2}\right) \geq 0$ if $(\pm 2M)^2 - 4L_1L_2 \leq 0$ or $M^2 \leq L_1L_2$

(Property of quadratic polynomials)

If $i_1 \neq 0$, use $w = \frac{1}{2} i_1^2 \left[L_2 \left(\frac{i_2}{i_1}\right)^2 \pm 2M\left(\frac{i_2}{i_1}\right) + L_1 \right]$

If $i_1 = i_2 = 0$, then $w = 0$.

16.22 (a) v_1 = primary voltage

secondary current $i_2 = 0 \Rightarrow v_1 = \frac{di_1}{dt}$

$$v_g = 2i_1 + \frac{di_1}{dt}, \quad v = \frac{1}{2}\frac{di_1}{dt}$$

$$\frac{di_1}{dt} + 2i_1 = 4u(t) = 4, \ t > 0$$

$$i_1 = A_1 e^{-2t} + 2\ ; \ i_1(0+) = i_1(0-) = 0 \Rightarrow A_1 = -2$$

$$i_1 = 2(1 - e^{-2t})\ A$$

$$v = \frac{1}{2}\frac{di_1}{dt} = 2e^{-2t}\ V$$

(b)

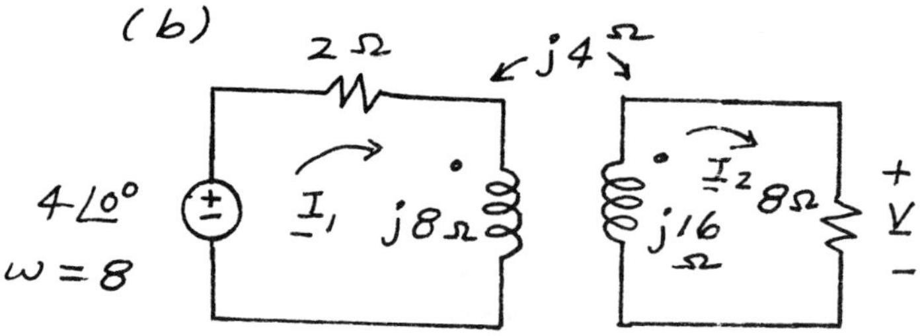

$$(2 + j8)\mathbf{I}_1 - j4\mathbf{I}_2 = 4 \quad \Rightarrow (1 + j4)\mathbf{I}_1 - j2\mathbf{I}_2 = 2$$

$$-j4\mathbf{I}_1 + (8 + j16)\mathbf{I}_2 = 0 \Rightarrow -j1\mathbf{I}_1 + (2 + j4)\mathbf{I}_2 = 0$$

$$\mathbf{I}_2 = \frac{j2}{(1+j4)(2+j4)+2} = \frac{j2}{-12 + j12}$$

$$\mathbf{V} = 8\mathbf{I}_2 = \frac{8}{6\sqrt{2}} \angle{-45°} = \frac{2\sqrt{2}}{3} \angle{-45°}\ V$$

$$v = \frac{2\sqrt{2}}{3} \cos(8t - 45°)\ V$$

16.23 KVL yields

$$\frac{3}{2}\frac{di}{dt} + 2i + \frac{3}{2}\int_0^t i\,dt - 4 - \frac{1}{2}\frac{di}{dt} - \frac{1}{2}\frac{di}{dt} = 0$$

Differentiating: $\frac{d^2i}{dt^2} + 4\frac{di}{dt} + 3i = 0$

$i = A_1 e^{-t} + A_2 e^{-3t}$; $i(0) = 0 = A_1 + A_2$

From the KVL equation

$$\frac{1}{2}\frac{di(0)}{dt} + 2i(0) + \frac{3}{2}\int_0^0 i\,dt - 4 = 0 \Rightarrow \frac{di(0)}{dt} = 8$$

$\therefore\ -A_1 - 3A_2 = 8$ and $A_1 = 4$, $A_2 = -4$

$i = \underline{4(e^{-t} - e^{-3t})\text{ A}}$ for $t > 0$

16.24

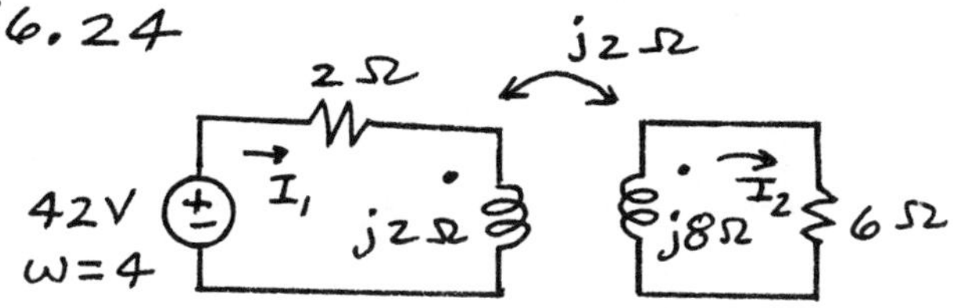

$$Z_R = \frac{\omega^2 M^2}{Z_2 + j\omega L_2} = \frac{16(\frac{1}{4})}{6+j8} = \frac{6-j8}{25}\ \Omega$$

$$Z_1 = j\omega L + Z_R = j2 + \frac{6-j8}{25}$$

$$\underline{I}_1 = \frac{42}{2+j2+\frac{6-j8}{25}} = \frac{6(25)}{8+j6} = 15\underline{/-36.9^\circ}\text{ A}$$

$i_1 = 15\cos(4t - 36.9^\circ)$ A

16.25 $I_2 = 0$: $42 = (2+j2)\underline{I}_1 \Rightarrow \underline{I}_1 = \frac{21}{1+j1}$

$V_{oc} = j2\underline{I}_1 = 21(1+j1)$ V

$\underline{V}_2 = 0$, $\underline{I}_2 = \underline{I}_{sc}$: $42 = (2+j2)\underline{I}_1 - j2\underline{I}_{sc}$

$0 = -j2\underline{I}_1 + j8\underline{I}_{sc}$

$\underline{I}_1 = 4\underline{I}_{sc}$: $\underline{I}_{sc} = \frac{21}{4+j3}$

$$\underline{Z}_{th} = \frac{V_{oc}}{\underline{I}_{sc}} = \frac{21(1+j1)}{21/(4+j3)} = 1+j7\ \Omega$$

$$\underline{I}_2 = \frac{V_{oc}}{Z_{th}+6} = \frac{21(1+j1)}{1+j7+6} = 3 \Rightarrow \underline{i_2 = 3\sin 8t\text{ A}}$$

16.26 V_a = voltage across $\frac{1}{2}$-H inductor, + on left
V_b = voltage across $\frac{1}{4}$-H inductor, + on bottom

$$\mathbf{V}_a = j2\mathbf{I} + j1(\mathbf{I}_1 - \mathbf{I}) = j1\,\mathbf{I} + j1\,\mathbf{I}_1$$

$$\mathbf{V}_b = j1(\mathbf{I}_1 - \mathbf{I}) + j1\mathbf{I} = j1\,\mathbf{I}_1$$

where $\mathbf{I}_1$ is clockwise current in right mesh

$$10 = \mathbf{V}_a - \mathbf{V}_b + 3(\mathbf{I} - \mathbf{I}_1) = j1\mathbf{I} + j1\mathbf{I}_1 - j1\mathbf{I}_1 + 3\mathbf{I} - 3\mathbf{I}_1$$
$$= (3 + j1)\mathbf{I} - 3\mathbf{I}_1$$

$$0 = (1 - j1)\,\mathbf{I}_1 + 3(\mathbf{I}_1 - \mathbf{I}) + \mathbf{V}_b = (1 - j1)\mathbf{I}_1 + 3(\mathbf{I}_1 - \mathbf{I}) + j1\mathbf{I}_1$$
$$= -3\mathbf{I} + 4\mathbf{I}_1$$

$$\therefore\ \mathbf{I} = \frac{40}{3+j4} = 8\,\angle{-53.1^\circ}\ \text{A}$$

$$i = \underline{8\cos(4t - 53.1^\circ)\ \text{A}}$$

16.27 $\mathbf{Z}_2 = 2 - j10$, $j\omega L_2 = j8$, $\omega M = 1$

$$\mathbf{Z}_{in} = \mathbf{Z}_g + \mathbf{Z}_1 + \mathbf{Z}_R = 1 + j1 + \frac{1}{2 - j10 + j8} = \frac{5}{4}(1 + j1)\ \Omega$$

$$\mathbf{I}_1 = \frac{\mathbf{V}_g}{\mathbf{Z}_{in}} = \frac{10}{\frac{5}{4}(1+j1)} = 4(1 - j1) = 4\sqrt{2}\,\angle{-45^\circ}\ \text{A}$$

$$i_1 = \underline{4\sqrt{2}\cos(2t - 45^\circ)\ \text{A}}$$

16.28 a-b open : $\mathbf{I}_2 = 0$, $\mathbf{V}_2 = \mathbf{V}_{oc}$; $\mathbf{I}_1 = \dfrac{10}{1+j1}$

$$\mathbf{V}_{oc} = -j1\,\mathbf{I}_1 = \frac{-j10}{1+j1} = -5(1 + j1)\ \text{V}$$

a-b shorted : $\mathbf{I}_2 = \mathbf{I}_{sc}$: $10 = (1 + j1)\mathbf{I}_1 + j1\,\mathbf{I}_{sc}$

$$0 = j8\,\mathbf{I}_{sc} + j1\,\mathbf{I}_1$$

$$\mathbf{I}_1 = -8\mathbf{I}_{sc} :\ \mathbf{I}_{sc} = \frac{10}{-8 - j7}\ \text{A}$$

$$\mathbf{Z}_{th} = \frac{\mathbf{V}_{oc}}{\mathbf{I}_{sc}} = \frac{-5(1+j1)}{-\frac{10}{8+j7}} = \frac{1}{2}(1 + j15)\,\Omega$$

$$\mathbf{I}_2 = \frac{\mathbf{V}_{oc}}{\mathbf{Z}_{th} + 2 - j10} = \frac{-5(1+j1)}{\frac{1}{2} + j\frac{15}{2} + 2 - j10} = -j2\ \text{A}$$

$$i_2 = 2\cos(2t - 90^\circ)\ \text{A} = \underline{2\sin 2t\ \text{A}}$$

16.29 I_1, I_2, I_3 are the clockwise mesh currents:

$$(1)\quad (s+1)I_1 - \tfrac{1}{2}sI_2 - \tfrac{1}{2}sI_3 = V_1$$

$$(2)\quad -\tfrac{1}{2}sI_1 + (s+1)I_2 + \tfrac{1}{2}sI_3 = 0$$

$$(3)\quad -\tfrac{1}{2}sI_1 + \tfrac{1}{2}sI_2 + (s+1)I_3 = 0$$

Subtract (3) from (2): $I_2 = I_3$

(1) and (2) become

$$(s+1)I_1 - sI_3 = V_1$$

$$-\tfrac{s}{2}I_1 + \tfrac{1}{2}(3s+2)I_3 = 0 \Rightarrow I_1 = \tfrac{1}{s}(3s+2)I_3$$

$$I_3 = \frac{sV_1}{(s+1)(3s+2)-s^2} = \frac{sV_1}{(2s+1)(s+2)}$$

$$H(s) = \frac{V_2}{V_1} = \frac{I_3}{V_1} = \underline{\frac{s}{(2s+1)(s+2)}}$$

16.30 i_1 = clockwise current in left mesh

$$V_g = I_1 + (1+\tfrac{s}{2})(I_1 - I) + sI = (2+\tfrac{s}{2})I_1 + (\tfrac{s}{2}-1)I$$

$$V_g = I_1 + (3s+2)I + s(I_1 - I) = (s+1)I_1 + (2s+2)I$$

$$I = \begin{vmatrix} 2+\frac{s}{2} & V_g \\ s+1 & V_g \end{vmatrix} \Big/ \begin{vmatrix} 2+\frac{s}{2} & \frac{s}{2}-1 \\ s+1 & 2s+2 \end{vmatrix} \Rightarrow \frac{I}{V_g} = \frac{2-s}{(s+1)(s+10)}$$

Natural frequencies are $s = \underline{-1, -10}$

16.31

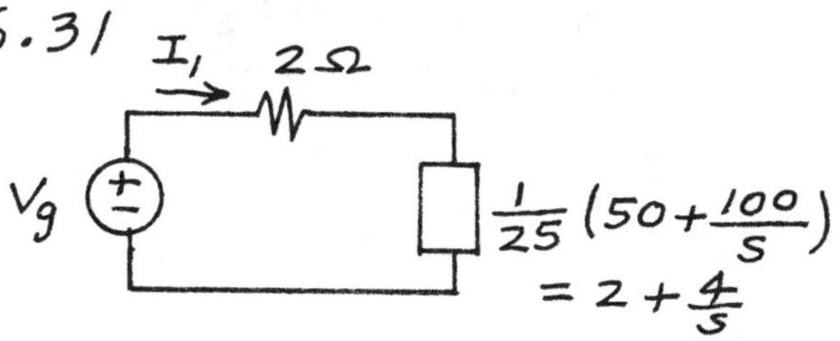

$$I = \frac{I_1}{5} = \frac{1}{5}\,\frac{V_g}{2+(2+\frac{4}{s})} = \frac{20/5}{4+\frac{4}{s}} = \frac{s}{s+1}$$

$$s = -1+j1:\ I = \frac{-1+j1}{j1} = \sqrt{2}\angle 45^\circ \Rightarrow i_f = \sqrt{2}e^{-t}\cos(t+45^\circ)$$

$$i = A_1e^{-t} + \sqrt{2}e^{-t}\cos(t+45^\circ)$$

$$i(0^+) = A_1 + \frac{\sqrt{2}}{\sqrt{2}} = 0 \Rightarrow A_1 = -1$$

$$\underline{i = \sqrt{2}\,e^{-t}\cos(t+45^\circ) - e^{-t}\ \text{A}}$$

16.32 $Z_{in} = 1 - j2 + \frac{1}{25}(75+j125) = 4+j3\,\Omega = 5\angle 36.9^\circ\,\Omega$

$$I_2 = \frac{I_1}{5} = \frac{50}{5\angle 36.9^\circ}\,\frac{1}{5} = \underline{2\angle -36.9^\circ}\ \text{A}$$ (Assuming 50V as a peak value.)

$$P = \tfrac{1}{2}|I_2|^2\,\mathrm{Re}(75+j125) = \tfrac{1}{2}(2)^2(75)$$

$$P = \underline{150\ \text{W}}$$

16.33

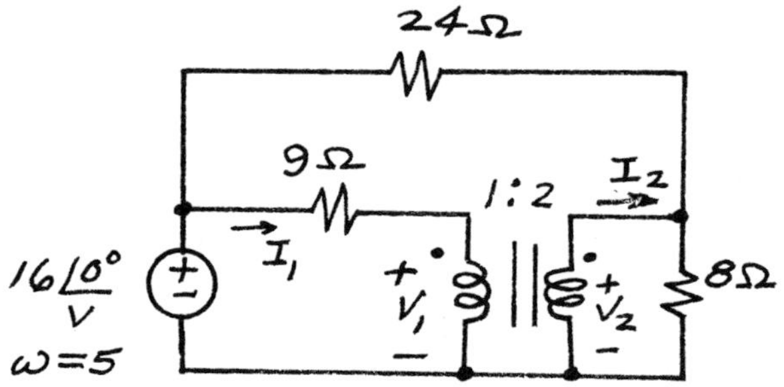

$$\text{KVL}: 16 = 9I_1 + V_1 = 9(2I_2) + \frac{V_2}{2} \Rightarrow V_2 + 36I_2 = 32$$

$$\text{KCL}: \frac{16 - V_2}{24} + I_2 - \frac{V_2}{8} = 0 \Rightarrow V_2 - 6I_2 = 4$$

$$\therefore \; V_2 = \begin{vmatrix} 32 & 36 \\ 4 & -6 \end{vmatrix} \Big/ \begin{vmatrix} 1 & 36 \\ 1 & -6 \end{vmatrix} = 8 \text{ V}$$

$$P_{8\Omega} = \frac{1}{2}\frac{|V_2|^2}{8} = \underline{4 \text{ W}}$$

16.34

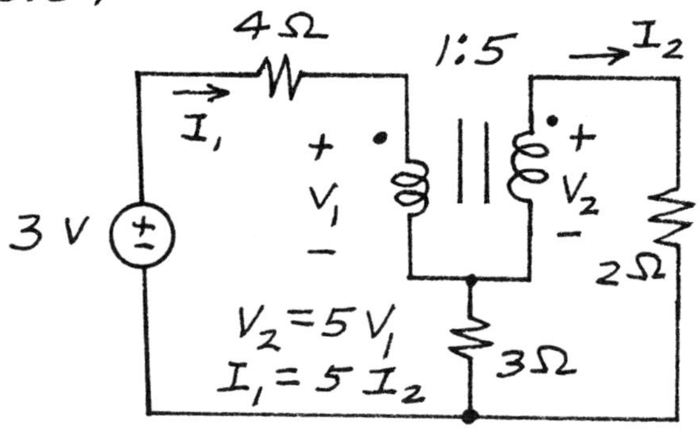

$$3 = 4I_1 + V_1 + 3(I_1 - I_2)$$

$$0 = -V_2 + 2I_2 + 3(I_2 - I_1)$$

$$7I_1 + V_1 + (-3)I_2 = 3$$

$$32I_2 + V_1 = 3$$

$$0 = -(5V_1) + 5I_2 - 3(5I_2)$$

$$-10I_2 - 5V_1 = 0$$

$$V_1 = -2I_2 \Rightarrow 32I_2 - 2I_2 = 3$$

$$I_2 = \frac{1}{10} \text{ A}$$

$$P = \frac{1}{2}|I_2|^2(2) = 10^{-2} \text{ W} = \underline{10 \text{ mW}}$$

16.35 (a) $N_1 = N_2 + N_3$, $\frac{\underline{V}_2}{\underline{V}_1} = \frac{N_2}{N_1} = \frac{N_2}{N_2 + N_3}$

$$N_1 I_1 = (N_2 + N_3)\underline{I}_1 = N_2 \underline{I}_2 \Rightarrow \frac{\underline{I}_1}{\underline{I}_2} = \frac{N_2}{N_2 + N_3}$$

(b) $\underline{V}_1 = 100$ V, $\underline{I}_1 = 4\angle 30°$ A, $N_1 = 1000$, $N_2 = 400$

$$\underline{V}_2 = \frac{N_2}{N_1} = \frac{400}{1000}(100) = \underline{40\angle 0° \text{ V}}$$

$$\underline{I}_2 = \frac{N_1}{N_2}\underline{I}_1 = \frac{1000}{400}(4\angle 30°) = \underline{10\angle 30° \text{ A}}$$

16.36 $n = \sqrt{\frac{8000}{20}} = \underline{20}; \quad P = \frac{1}{2}\left[\frac{40}{2(20)}\right]^2 (20) = \underline{10\ W}$

16.37
$$\left.\begin{aligned} L_1 s I_1 + M s I_2 &= V_1 \\ M s I_1 + L_2 s I_2 &= V_2 \end{aligned}\right\} \quad \begin{aligned} z_{11} &= \underline{L_1 s}, \; z_{21} = z_{12} = \underline{Ms} \\ z_{22} &= \underline{L_2 s} \end{aligned}$$

$$\Delta = z_{11} z_{22} - z_{12} z_{21} = (L_1 L_2 - M^2) s^2$$

$$y_{11} = \frac{z_{22}}{\Delta} = \underline{\frac{L_2}{(L_1 L_2 - M^2) s}}, \quad y_{22} = \frac{z_{11}}{\Delta} = \underline{\frac{L_1}{(L_1 L_2 - M^2) s}}$$

$$z_{12} = z_{21} \Rightarrow y_{12} = y_{21} = -\frac{z_{12}}{\Delta} = \underline{-\frac{M}{(L_1 L_2 - M^2) s}}$$

16.38

(a)

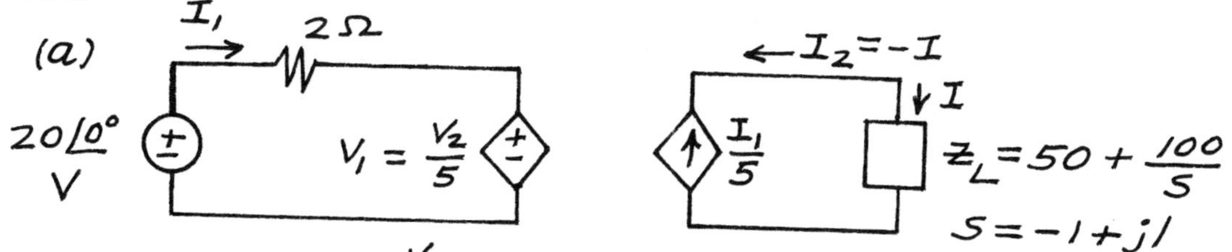

$$20 = 2I_1 + \frac{V_2}{5}, \quad V_2 = z_L I, \quad I = \frac{I_1}{5} \Rightarrow I_1 = 5I$$

$$20 = 2(5I) + \frac{1}{5}\left(50 + \frac{100}{s}\right) I = 20 \frac{s+1}{s} I$$

$$I = \frac{s}{s+1}$$

$$s = -1 + j1 : I = \frac{-1 + j1}{j1} = \sqrt{2}\angle 45^\circ \text{ A}$$

$$i = A_1 e^{-t} + \sqrt{2}\, e^{-t} \cos(t + 45^\circ)$$

$$i(0) = 0 = A_1 + \frac{\sqrt{2}}{\sqrt{2}} \Rightarrow A_1 = -1$$

$$i = \underline{\sqrt{2} e^{-t} \cos(t + 45^\circ) - e^{-t} \text{ A}}$$

(b)

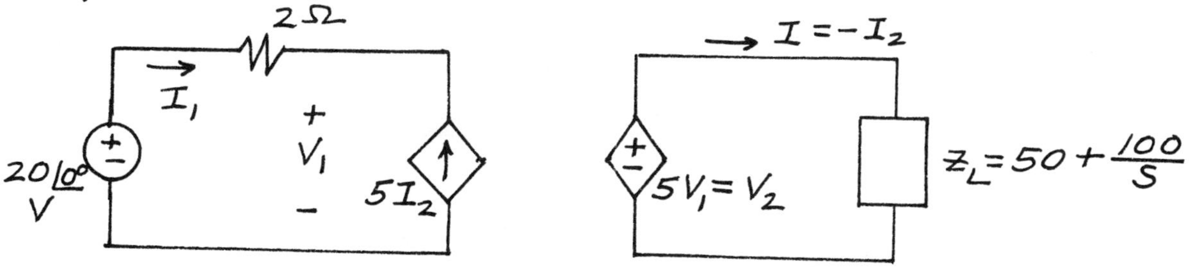

$$20 = -2(5I_2) + V_1, \quad 5V_1 = \left(50 + \frac{100}{s}\right) I$$

16.38 (Cont.)

$$20 = 10I + \left(10 + \frac{20}{s}\right)I \Rightarrow \frac{s}{s+1} = I$$

The remainder of the solution is the same as in part (a).

16.39

(a)

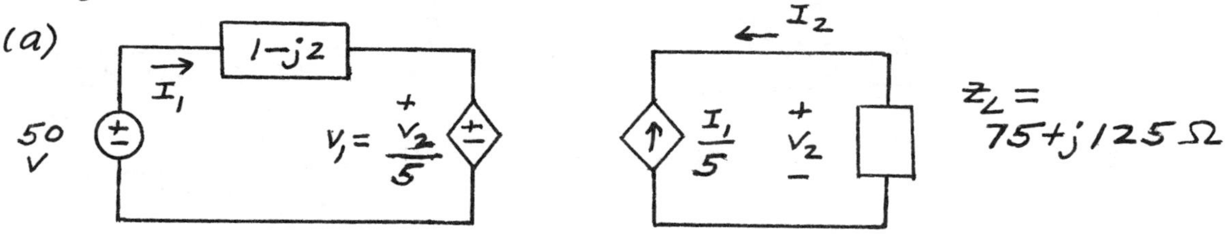

$$50 = (1 - j2)I_1 + \frac{V_2}{5}, \quad V_2 = (75 + j125)\frac{I_1}{5}$$

$$50 = (1 - j2)I_1 + (75 + j125)\frac{I_1}{25}$$

$$= (1 - j2 + 3 + j5)I_1 \Rightarrow I_1 = \frac{50}{4 + j3} = 10\angle{-36.9^\circ}\ A$$

$$P_L = \frac{1}{2}\left|\frac{I_1}{5}\right|^2(75) = \frac{1}{2}(2)^2(75) = \underline{150\ W}$$

(b)

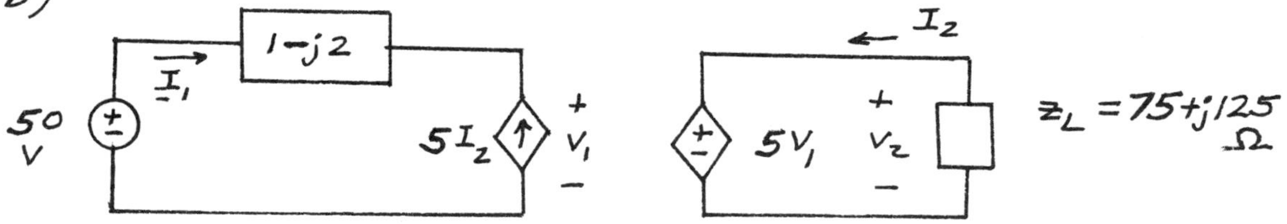

$$50 = (1 - j2)I_1 + V_1 = (1 - j2)(-5I_2) + V_1$$

$$V_2 = 5V_1 = -I_2(75 + j125)$$

$$V_1 = -I_2(15 + j25)$$

$$50 = -5(1 - j2)I_2 - (15 + j25)I_2$$

$$= (-20 - j15)I_2$$

$$I_2 = \frac{50}{-20 - j15} = 2\angle{-143.1^\circ}\ A$$

$$P_L = \frac{1}{2}|I_2|^2(75) = \underline{150\ W}$$

16.40

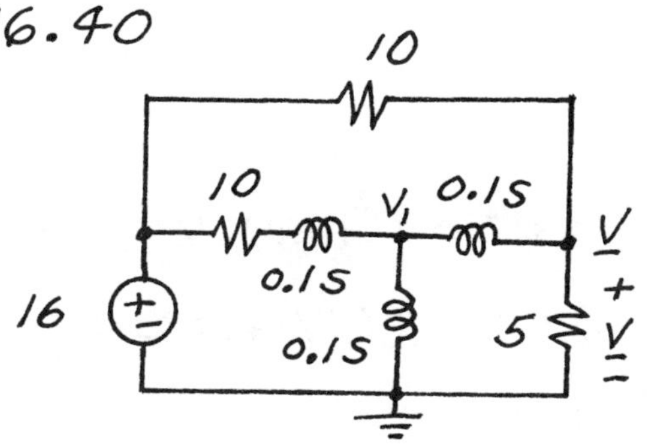

$$\left(\frac{1}{5}+\frac{1}{10}+\frac{1}{j10}\right)\underline{V}-\frac{1}{j10}\underline{V}_1=\frac{16}{10}$$

$$-\frac{1}{j10}\underline{V}+\left(\frac{1}{j10}+\frac{1}{j10}+\frac{1}{10+j10}\right)\underline{V}_1=\frac{16}{10+j10}$$

or

$$(3-j1)\underline{V}+j1\,\underline{V}_1=16$$

$$j1\,\underline{V}+\left(-j2+\frac{1-j1}{2}\right)\underline{V}_1=8(1-j1)$$

$$\underline{V}=6\text{ V}\Rightarrow v=\underline{6\cos 100t\text{ V}}$$

16.41

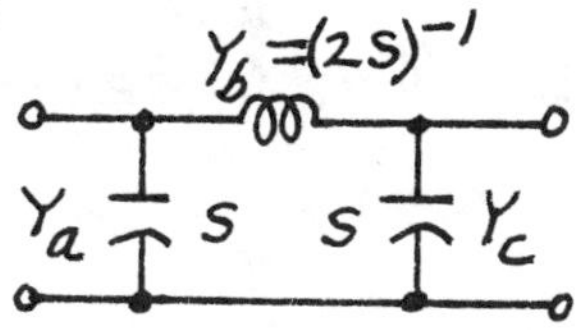

$$y_{22a}=Y_b+Y_c=\frac{1}{2s}+s$$

$$y_{21a}=-Y_b=-\frac{1}{2s}$$

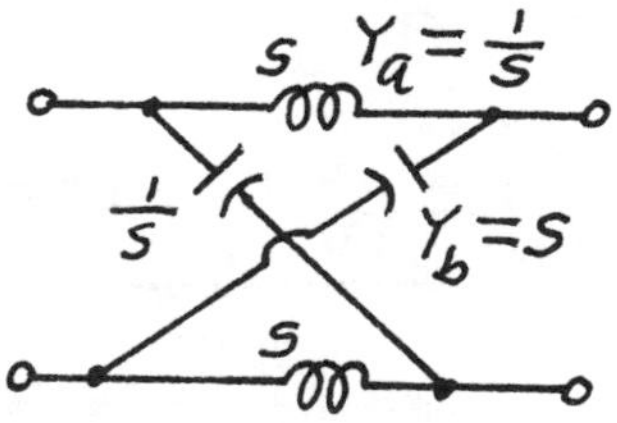

$$y_{22b}=\frac{1}{2}(Y_b+Y_a)=\frac{1}{2}\left(s+\frac{1}{s}\right)$$

$$y_{21b}=\frac{1}{2}(Y_b-Y_a)=\frac{1}{2}\left(s-\frac{1}{s}\right)$$

$$y_{22}=y_{22a}+y_{22b}=\frac{1}{2s}+s+\frac{1}{2}\left(s+\frac{1}{s}\right)=\frac{3}{2}s+\frac{1}{s}$$

$$y_{21}=y_{21a}+y_{21b}=-\frac{1}{2s}+\frac{1}{2}\left(s-\frac{1}{s}\right)=-\frac{1}{s}+\frac{s}{2}$$

$$H(s)=\frac{V_2(s)}{V_1(s)}=\frac{-y_{21}}{1+y_{22}}=\frac{\frac{1}{s}-\frac{s}{2}}{1+\frac{3}{2}s+\frac{1}{s}}=\frac{2-s^2}{3s^2+2s+2}$$

The transformer maintains the integrity of the two-port networks.

CHAPTER 17

- EXERCISES -

17.1.1 $T=2,\ \omega_0=\frac{2\pi}{T}=\pi;\ a_0=\frac{2}{2}\left[\int_0^1 4\,dt+\int_1^2(-4)\,dt\right]=0$

$$a_n=\frac{2}{T}\int_0^T f(t)\cos n\omega_0 t\,dt=\int_0^1 4\cos n\pi t\,dt+\int_1^2(-4)\cos n\pi t\,dt$$

$$=\frac{4}{n\pi}\left\{\sin n\pi t\Big|_0^1-\sin n\pi t\Big|_1^2\right\}=0,\ n\neq 0$$

$$b_n=\frac{2}{T}\int_0^T f(t)\sin n\omega_0 t\,dt=\int_0^1 4\sin n\pi t\,dt+\int_1^2(-4)\sin n\pi t\,dt$$

$$=-\frac{4}{n\pi}\left\{\cos n\pi t\Big|_0^1-\cos n\pi t\Big|_1^2\right\}=\frac{8}{n\pi}[1-(-1)^n]=\begin{cases}0, & n \text{ even}\\ \frac{16}{n\pi}, & n \text{ odd}\end{cases}$$

$$f(t)=\sum_{\substack{n=1\\ n\text{ odd}}}^{\infty}\frac{16}{n\pi}\sin n\pi t=\underline{\frac{16}{\pi}\sum_{n=1}^{\infty}\frac{\sin(2n-1)\pi t}{2n-1}}$$

17.1.2 $T=4,\ \omega_0=\frac{2\pi}{4}=\frac{\pi}{2};\ a_n=\frac{2}{4}\left[\int_0^3\cos\frac{n\pi t}{2}\,dt+\int_3^4(-3)\cos\frac{n\pi t}{2}\,dt\right]$

$$\underline{a_n=\frac{4}{n\pi}\sin\frac{3n\pi}{2}},\ n\neq 0;\ a_0=\frac{1}{4}[(1)(3)+(-3)(1)]=0$$

$$b_n=\frac{2}{4}\left[\int_0^3\sin\frac{n\pi t}{2}\,dt+\int_3^4(-3)\sin\frac{n\pi t}{2}\,dt\right]$$

$$=-\frac{1}{n\pi}\left\{\cos\frac{n\pi t}{2}\Big|_0^3-3\cos\frac{n\pi t}{2}\Big|_3^4\right\}=\underline{\frac{4}{n\pi}\left(1-\cos\frac{3n\pi}{2}\right)}$$

17.1.3 $T=\pi,\omega_0=2;\ \frac{1}{2}a_0=\frac{1}{\pi}\left[2\left(\frac{\pi}{2}\right)\right]=1$

$$a_n=\frac{2}{\pi}\left[\int_{\pi/2}^{\pi}2\cos 2nt\,dt\right]=\frac{2}{n\pi}\sin 2nt\Big|_{\pi/2}^{\pi}=0,\ n\neq 0$$

$$b_n=\frac{2}{\pi}\int_{\pi/2}^{\pi}2\sin 2nt\,dt=-\frac{2}{n\pi}\cos 2nt\Big|_{\pi/2}^{\pi}$$

$$=-\frac{2}{n\pi}[1-(-1)^n]=\begin{cases}0, & n\text{ even}\\ -\frac{4}{n\pi}, & n\text{ odd}\end{cases}$$

$$\underline{f(t)=1-\frac{4}{\pi}\sum_{n=1}^{\infty}\frac{\sin(2n-1)2t}{2n-1}}$$

17.1.4 $T=4,\ \omega_0=\frac{\pi}{2};\ \frac{a_0}{2}=\frac{1}{4}(2)(2)=1$

$$a_n=\frac{1}{2}\int_{-1}^{1}2\cos\frac{n\pi t}{2}\,dt=\frac{2}{n\pi}\sin\frac{n\pi t}{2}\Big|_{-1}^{1}=\frac{4}{n\pi}\sin\frac{n\pi}{2}$$

$$a_{2n}=0,\ a_{2n-1}=\frac{4}{(2n-1)\pi}\sin(2n-1)\frac{\pi}{2}=\frac{4(-1)^{n+1}}{(2n-1)\pi}$$

$$b_n=\frac{2}{2}\int_{-1}^{1}\sin\frac{n\pi t}{2}\,dt=-\frac{2}{n\pi}\cos\frac{n\pi t}{2}\Big|_{-1}^{1}=\frac{-2}{n\pi}\left[\cos\frac{n\pi}{2}-\cos\left(-\frac{n\pi}{2}\right)\right]$$

$$b_n=0\Rightarrow \underline{f(t)=1+\frac{4}{\pi}\sum_{n=1}^{\infty}\frac{(-1)^{n+1}\cos[(2n-1)\pi t/2]}{2n-1}}$$

17.2.1 $f(t)=t,\ -\pi<t<\pi,\ \omega_0=\frac{2\pi}{2\pi}=1$, $f(t)$ is odd $\Rightarrow a_n=0$

$$b_n=\frac{4}{2\pi}\int_0^{\pi} t\sin nt\,dt=\frac{2}{\pi}\left[\frac{1}{n^2}\sin nt-\frac{t}{n}\cos nt\right]_0^{\pi}$$

$$=-\frac{2}{n}\cos n\pi=\underline{\frac{2}{n}(-1)^{n+1}}$$

17.2.2 $f(t)$ is even, $T=\pi,\ \omega_0=2,\ b_n=0$

$$a_n=\frac{4}{\pi}\int_0^{\pi/4}\cos 2t\cos 2nt\,dt$$

$$=\frac{8}{\pi}\int_0^{\pi/4}\left[\cos(2n+2)t+\cos(2n-2)t\right]dt$$

$$=\underline{\frac{8}{\pi(1-n^2)}\cos\frac{n\pi}{2},\ n\neq 1}$$

$$a_1=\frac{4}{\pi}\int_0^{\pi/4}4\cos^2 2t\,dt=\frac{8}{\pi}\int_0^{\pi/4}(1+\cos 4t)\,dt$$

$$=\underline{2}$$

17.2.3 $f(t)$ is even, $T=\pi/2,\ \omega_0=4,\ b_n=0$

$$a_n=\frac{8}{\pi}\int_0^{\pi/4}4\sin 2t\cos 4nt\,dt$$

$$=\frac{16}{\pi}\int_0^{\pi/4}\left[\sin(4n+2)t+\sin(2-4n)t\right]dt$$

$$=\frac{16}{\pi}\left[\frac{-1}{4n+2}\cos(4n+2)t+\frac{-1}{2-4n}\cos(2-4n)t\right]_0^{\pi/4}$$

$$=\frac{16}{\pi}\left[\frac{1}{4n+2}-\frac{1}{4n-2}\right]=-\frac{16}{\pi}\frac{1}{4n^2-1}=\frac{16}{\pi}\frac{1}{1-4n^2}$$

$$\underline{f(t)=\frac{16}{\pi}\left[\frac{1}{2}+\sum_{n=1}^{\infty}\frac{1}{1-4n^2}\cos 4nt\right]}$$

17.2.4 $g_1(t)=f(t)\cos n\omega_0 t$

$$g_1\left(t+\frac{T}{2}\right)=f\left(t+\frac{T}{2}\right)\cos\left(n\omega_0 t+n\omega_0\frac{T}{2}\right)$$

$$=-f(t)\cos(n\omega_0 t+n\pi)=(-1)(-1)^n f(t)\cos n\omega_0 t$$

$$=(-1)^{n+1}f(t)\cos n\omega_0 t=(-1)^{n+1}g_1(t)$$

$$g_2\left(t+\frac{T}{2}\right)=f\left(t+\frac{T}{2}\right)\sin(n\omega_0 t+n\pi)=(-1)^{n+1}f(t)\sin \omega_0 t$$

$$=(-1)^{n+1}g_2(t)$$

$$a_n=\frac{2}{T}\left[\int_0^{T/2}f(t)\cos n\omega_0 t\,dt+\int_{T/2}^{T}f(t)\cos n\omega_0 t\,dt\right]$$

$$t=\tau+\frac{T}{2}:\ \int_{T/2}^{T}f(t)\cos n\omega_0 t\,dt=\int_0^{T/2}(-1)^{n+1}f(\tau)\cos n\omega_0\tau\,d\tau$$

17.2.4 (cont.) $a_n = \frac{2}{T}\int_0^{T/2}[1+(-1)^{n+1}]f(t)\cos n\omega_0 t\,dt$

$a_n = 0$, n even

$= \frac{4}{T}\int_0^{T/2} f(t)\cos n\omega_0 t\,dt$

$b_n = \frac{2}{T}\left[\int_0^{T/2} g_2(t)dt + \int_{T/2}^{T} g_2(t)dt\right]$

$t = \tau + \frac{T}{2}$: $\int_{T/2}^{T} g_2(t)dt = (-1)^{n+1}\int_0^{T/2} g_2(t)dt$

$b_n = \frac{2}{T}\int_0^{T/2}[1+(-1)^{n+1}]f(t)\sin n\omega_0 t\,dt$

$b_n = 0$, n even

$= \frac{4}{T}\int_0^{T/2} f(t)\sin n\omega_0 t\,dt$

17.2.5 $T = 2$, $\omega_0 = 2\pi/2 = \pi$, $f(t)$ even $\Rightarrow b_n = 0$

$f(t+1) = -f(t) \Rightarrow a_n = 0$, n even

$a_n = \frac{4}{T}\int_0^{T/2} f(t)\cos n\omega_0 t\,dt = 2\int_0^1 f(t)\cos n\pi t\,dt$

$= 2\left[\int_0^{1/2} 4\cos n\pi t\,dt + \int_{1/2}^{1}(-4)\cos n\pi t\,dt\right]$

$= \frac{2(4)}{n\pi}\left\{\sin n\pi t\Big|_0^{1/2} - \sin n\pi t\Big|_{1/2}^{1}\right\} = \frac{16}{n\pi}\sin\frac{n\pi}{2}$, n odd

$a_{2n-1} = \frac{16}{(2n-1)\pi}(-1)^{n+1}$

$f(t) = \frac{16}{\pi}\sum_{n=1}^{\infty}\frac{(-1)^{n+1}}{2n-1}\cos(2n-1)\pi t$

17.2.6 $T = 8$, $\omega_0 = \frac{2\pi}{8} = \frac{\pi}{4}$, $g(t)$ is even $\Rightarrow b_n = 0$; $\frac{a_0}{2} = \frac{4(4)}{8}$

$a_n = \frac{4}{8}\int_0^2 4\cos\frac{n\pi t}{4}dt = 2\left(\frac{4}{n\pi}\right)\sin\frac{n\pi t}{4}\Big|_0^2 = \frac{8}{n\pi}\sin\frac{n\pi}{2}$

$a_{2n} = 0$, $a_{2n-1} = \frac{8}{n\pi}\sin\frac{(2n-1)\pi}{2} = (-1)^{n+1}\frac{8}{n\pi}$

$g(t) = 2 + \frac{8}{\pi}\sum_{n=1}^{\infty}\frac{(-1)^{n+1}}{2n-1}\cos\frac{(2n-1)\pi t}{2}$

$f(t) = g(t+1) = 2 + \frac{8}{\pi}\sum_{n=1}^{\infty}\frac{(-1)^{n+1}}{2n-1}\cos\frac{(2n-1)\pi(t+1)}{2}$

$f(t) = 2 + \frac{8}{\pi}\sum_{n=1}^{\infty}\left[a'_{2n-1}\cos\frac{(2n-1)\pi t}{2} + b'_{2n-1}\sin\frac{(2n-1)\pi t}{2}\right]$

$a'_{2n-1} = \frac{(-1)^{n+1}}{2n-1}\cos\frac{(2n-1)\pi}{4}$

$b'_{2n-1} = \frac{(-1)^{n+1}}{2n-1}\left[-\sin\frac{(2n-1)\pi}{4}\right]$

17.3.1 $\omega = \omega_n = (2n-1)\pi$

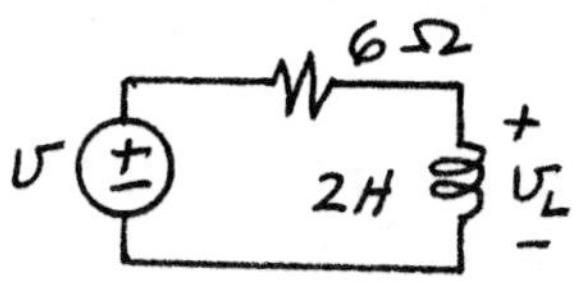

$$\mathbf{V}_L(j\omega) = \frac{j2\omega}{j2\omega+6}\mathbf{V}(j\omega)$$

$$\mathbf{V}_L(j\omega_n) = \frac{j2(2n-1)\pi}{j2(2n-1)\pi+6}\,\frac{16}{(2n-1)\pi}\angle -90^\circ$$

$$= \frac{-16j[j(2n-1)\pi]}{(2n-1)\pi[3+j(2n-1)\pi]} = \frac{16}{3+j(2n-1)\pi}$$

$$= \frac{16}{\sqrt{9+(2n-1)^2\pi^2}}\angle -\tan^{-1}\frac{(2n-1)\pi}{3}$$

$$v_L = \sum_{n=1}^{\infty}\frac{16}{\sqrt{9+\omega_n^2}}\cos\left(\omega_n t - \tan^{-1}\frac{\omega_n}{3}\right)\ \text{V}$$

17.3.2 KCL: $\left(\frac{1}{4}+\frac{1}{4}\right)\mathbf{V}_1 - \frac{1}{4}\mathbf{V} = \frac{1}{4}\mathbf{V}_g$

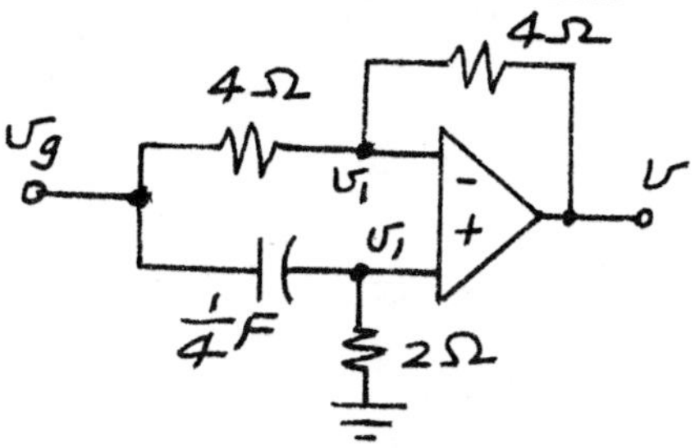

$$\mathbf{V} = 2\mathbf{V}_1 - \mathbf{V}_g$$

KCL: $\mathbf{V}_1 = \dfrac{2}{2+\frac{4}{j\omega}}\mathbf{V}_g = \dfrac{j\omega}{2+j\omega}\mathbf{V}_g$

$$\mathbf{V} = \left[\frac{2j\omega}{2+j\omega} - 1\right]\mathbf{V}_g = \frac{-2+j\omega}{2+j\omega}\mathbf{V}_g = (1\angle 180^\circ - 2\tan^{-1}\tfrac{\omega}{2})\mathbf{V}_g$$

$$v_g = 1 + \sum_{n=1}^{\infty} A_n\cos\left(\frac{n\pi t}{2}+\phi_n\right);\ v_{g0} = 1 \Rightarrow v_0 = \frac{-2}{2}v_{g0} = -1$$

$$v_{gn} = A_n\cos\left(\frac{n\pi t}{2}+\phi_n\right) \Rightarrow v_n = A_n\cos\left(\frac{n\pi t}{2}+\phi_n+180^\circ - 2\tan^{-1}\frac{\omega_n}{2}\right)$$

$$\omega_n = \frac{n\pi}{2},\ A_n = \frac{8}{n\pi}\left|\sin\frac{n\pi}{4}\right|,\ \phi_n = -\frac{n\pi}{4}$$

$$v = -1 - \frac{8}{\pi}\sum_{n=1}^{\infty}\frac{1}{n}\left|\sin\frac{n\pi}{4}\right|\cos\left(\frac{n\pi t}{2} - 2\tan^{-1}\frac{n\pi}{4} - \frac{n\pi}{4}\right)\ \text{V}$$

17.3.3 From Ex. 17.3.2 $\mathbf{V} = (1\angle 180^\circ - 2\tan^{-1}\frac{\omega}{2})\mathbf{V}_g$

$$v_g = \frac{16}{\pi}\sum_{n=1}^{\infty}\frac{\sin(2n-1)\pi t}{2n-1},\quad \omega = (2n-1)\pi$$

$$\therefore\ v = -\frac{16}{\pi}\sum_{n=1}^{\infty}\frac{\sin\left[(2n-1)\pi t - 2\tan^{-1}\frac{(2n-1)\pi}{2}\right]}{2n-1}$$

17.3.4 $t_0 = 1,\ f_0 = 0$; $(t_0, f_0) = (1,0)$; $T = 4,\ \omega_0 = \frac{\pi}{2}$

$g(t)$ even $\Rightarrow b_n = 0$

$$a_n = \frac{4}{T}\int_0^2 g(t)\cos\frac{n\pi t}{2}\,dt = 2\int_0^1 \cos\frac{n\pi t}{2}\,dt$$

17.3.4 (cont.) $a_n = \frac{4}{n\pi} \sin \frac{n\pi t}{2}\Big|_0^1 = \frac{4}{n\pi} \sin \frac{n\pi}{2}$; $\frac{a_0}{2} = \frac{(2)(2)}{4}$

$$g(t) = 1 + \frac{4}{\pi} \sum_{n=1}^{\infty} \frac{1}{n} \sin \frac{n\pi}{2} \cos \frac{n\pi t}{2}$$

$$f(t) = g(t-1) = 1 + \frac{4}{\pi} \sum_{n=1}^{\infty} \frac{1}{n} \sin \frac{n\pi}{2} \cos \frac{n\pi (t-1)}{2}$$

$\sin \frac{n\pi}{2} = 0$ for n even; $\sin (2n-1)\frac{\pi}{2} = (-1)^{n+1}$

$$f(t) = 1 + \frac{4}{\pi} \sum_{n=1}^{\infty} \frac{1}{n} \sin \frac{n\pi}{2} \cos \left(\frac{n\pi t}{2} - \frac{n\pi}{2} \right)$$

---

since $\sin \frac{n\pi}{2} = 0$ for n even,

$$f(t) = 1 + \frac{4}{\pi} \sum_{n=1}^{\infty} \frac{1}{2n-1} \sin \frac{(2n-1)\pi}{2} \cos \left[\frac{(2n-1)\pi t}{2} - \frac{(2n-1)\pi}{2} \right]$$

$$\cos \left[\frac{(2n-1)\pi t}{2} - \frac{(2n-1)\pi}{2} \right] = \sin \frac{(2n-1)\pi t}{2} \sin \frac{(2n-1)\pi}{2}$$

$$f(t) = 1 + \frac{4}{\pi} \sum_{n=1}^{\infty} \frac{1}{2n-1} \sin \frac{(2n-1)\pi t}{2}$$

17.4.1 $v = 1 + \sum_{n=1}^{\infty} A_n \cos \left(\frac{n\pi t}{2} + \phi_n \right)$

$$i = \sum_{n=1}^{\infty} B_n \cos \left(\frac{n\pi t}{2} + \phi_n - \theta_n \right)$$

$$P = \sum_{n=1}^{\infty} \frac{1}{2} A_n B_n \cos \theta_n$$

$$\frac{1}{2} A_n B_n = \frac{1}{2} \frac{8}{n\pi} \left| \sin \frac{n\pi}{4} \right| \frac{4 \left| \sin \frac{n\pi}{4} \right|}{\sqrt{16 + n^2\pi^2}} = \frac{16}{n\pi} \frac{\sin^2 \frac{n\pi}{4}}{\sqrt{16 + n^2\pi^2}}$$

$$\theta_n = -\tan^{-1} \frac{4}{n\pi}$$

$$P = \frac{16}{\pi} \sum_{n=1}^{\infty} \frac{1}{n} \frac{\sin^2 (n\pi/4)}{\sqrt{16 + n^2\pi^2}} \cos \theta_n, \quad \cos \theta_n = \frac{n\pi}{\sqrt{16 + n^2\pi^2}}$$

$$P = 16 \sum_{n=1}^{\infty} \frac{\sin^2 (n\pi/4)}{16 + n^2\pi^2} \quad \text{W}$$

17.4.2 $I_{rms}^2 = \sum_{n=1}^{\infty} \frac{|I_n|^2}{2} = \sum_{n=1}^{\infty} \frac{64}{2(2n-1)^2\pi^2 [9 + \pi^2 (2n-1)^2]}$

$$I_{rms} = \frac{4\sqrt{2}}{\pi} \sqrt{\sum_{n=1}^{\infty} \frac{1}{(2n-1)^2 [9 + \pi^2 (2n-1)^2]}}$$

$$P = 6 I_{rms}^2 = \frac{192}{\pi^2} \sum_{n=1}^{\infty} \frac{1}{(2n-1)^2 [9 + \pi^2 (2n-1)^2}$$

17.4.3 $v = \frac{16}{\pi} \sum_{n=1}^{\infty} \frac{\sin (2n-1)\pi t}{2n-1} = \frac{16}{\pi} \sum_{n=1}^{\infty} \frac{\cos [(2n-1)\pi t - 90°]}{2n-1}$

17.4.3 (Cont.) $\frac{1}{2}\int_0^2 v^2 dt = \frac{1}{2}\int_0^2 16\,dt = 16 = \sum_{n=1}^{\infty} \frac{1}{2}\left[\frac{16}{\pi}\,\frac{1}{2n-1}\right]^2$

$$\sum_{n=1}^{\infty} \frac{1}{(2n-1)^2} = \frac{16(2)\pi^2}{16^2} = \underline{\frac{\pi^2}{8}}$$

From (17.44), $V_{rms} = \frac{8\sqrt{2}}{\pi}\sqrt{\sum_{n=1}^{\infty} \frac{1}{(2n-1)^2}} = \frac{8\sqrt{2}}{\pi}\sqrt{\frac{\pi^2}{8}}$

$V_{rms} = \underline{4\ \text{V}}$

17.5.1 $T = 4,\ \omega_0 = \frac{2\pi}{4} = \frac{\pi}{2};\ c_n = \frac{1}{4}\int_{-1}^{1} e^{-jn\pi t/2}\,dt$

$$c_n = \frac{1}{4}\,\frac{-2}{jn\pi}\,e^{-jn\pi t/2}\Big|_{-1}^{1} = \frac{1}{n\pi}\sin\frac{n\pi}{2},\ n \neq 0$$

$$c_0 = \frac{1}{4}\int_{-1}^{1} dt = \frac{1}{2}$$

$$f(t) = \frac{1}{2} + \frac{1}{\pi}\sum_{\substack{n=-\infty \\ n\neq 0}}^{\infty} \frac{1}{n}\sin\frac{n\pi}{2}\,e^{jn\pi t/2}$$

17.5.2 $\frac{1}{n}\sin\frac{n\pi}{2} = \frac{\pi}{2}\left[\sin\frac{n\pi}{2}/\left(\frac{n\pi}{2}\right)\right] = \frac{\pi}{2}\,\text{Sa}\left(\frac{n\pi}{2}\right)$

$$\lim_{n\to 0}\frac{1}{n}\sin\frac{n\pi}{2} = \frac{\pi}{2} \Rightarrow \lim_{n\to 0} c_n = \lim_{n\to 0}\frac{1}{n\pi}\sin\frac{n\pi}{2}$$

$$\therefore \lim_{n\to 0} c_n = c_0 = \frac{1}{2}$$

$$f(t) = \frac{1}{2}\sum_{n=-\infty}^{\infty} \text{Sa}\left(\frac{n\pi}{2}\right)e^{jn\pi t/2}$$

17.5.3 $c_n = \frac{1}{T}\int_{-\delta/2}^{\delta/2} e^{-jn\omega_0 t}\,dt = \frac{-1}{jn\omega_0 T}\,e^{-jn\omega_0 t}\Big|_{-\delta/2}^{\delta/2}$

$$\omega_0 T = 2\pi:\ c_n = \frac{-1}{jn\omega_0 T}\left[e^{-jn\omega_0\delta/2} - e^{jn\omega_0\delta/2}\right]$$

$$c_n = \frac{\sin(n\omega_0\delta/2)}{n\pi} = \frac{\delta}{T}\,\text{Sa}\left(\frac{n\pi\delta}{T}\right)$$

$$c_0 = \frac{1}{T}\int_{-\delta/2}^{\delta/2} dt = \frac{\delta}{T} = \lim_{n\to 0} c_n$$

$$f(t) = \frac{\delta}{T}\sum_{n=-\infty}^{\infty} \text{Sa}\left(\frac{n\pi\delta}{T}\right)e^{j2n\pi t/T}$$

17.5.4 $v = \frac{8}{j\pi}\sum_{n=-\infty}^{\infty} \frac{1}{2n-1}\,e^{j(2n-1)\pi t}$

$$\underline{I} = \frac{\underline{V}}{6+j2\omega},\ I_n = \frac{1}{6+j2(2n-1)\pi}\,\frac{8}{j\pi(2n-1)}$$

$$I_n = \frac{4}{j\pi(2n-1)[3+j(2n-1)\pi]}$$

17.5.4 (cont.) $i = \frac{4}{j\pi} \sum_{n=-\infty}^{\infty} \frac{e^{j(2n-1)\pi t}}{(2n-1)[3+j(2n-1)\pi]}$

17.5.5 $c_n = \frac{1}{2}(a_n - jb_n)$; f even $\Rightarrow b_n = 0$

$c_n = \frac{a_n}{2} = \frac{2}{T}\int_0^{T/2} f(t)\cos n\omega_o t\,dt$, $c_n = +c_{-n}$

f odd $\Rightarrow a_n = 0$; $c_n = -j\frac{b_n}{2} = -j\frac{2}{T}\int_0^{T/2} f(t)\sin n\omega_o t\,dt$

$c_{-n} = -c_n$

$f(t) = \begin{cases} 4, & 0<t<1 \\ -4, & 1<t<2 \end{cases} \Rightarrow f(t)$ is odd $\Rightarrow a_n = 0$, $c_n = \frac{2}{j2}\int_0^1 4\sin n\pi t\,dt$

$c_n = -j4\left(\frac{1}{n\pi}\right)\left[-\cos n\pi t\right]\Big|_0^1 = -j\frac{4}{n\pi}\left[1-(-1)^n\right]$

$c_n = 0$, n even ; $c_n = -j\frac{8}{n\pi}$, n odd

$f(t) = \sum_{n=-\infty}^{\infty} c_{2n-1}\, e^{j(2n-1)\pi t} = \frac{8}{j\pi}\sum_{n=-\infty}^{\infty} \frac{e^{j(2n-1)\pi t}}{2n-1}$

17.5.6 $f(t+\frac{T}{2}) = -f(t) \Rightarrow a_n = b_n = 0$ for n even.

n odd : $a_n = \frac{4}{T}\int_0^T f(t)\cos n\omega_o t\,dt$

$b_n = \frac{4}{T}\int_0^T f(t)\sin n\omega_o t\,dt$

$c_n = 0$ for n even. n odd: $c_n = \frac{1}{2}(a_n - jb_n)$

$c_n = \frac{2}{T}\int_0^{T/2} f(t)\left[\cos n\omega_o t - j\sin n\omega_o t\right]dt$

$= \frac{2}{T}\int_0^{T/2} f(t)\, e^{-jn\omega_o t}\,dt$ n odd

17.6.1 $a_n = 0,\ n = 0,1,\cdots$; $b_n = 2(-1)^{n+1}/n$, $n = 1,2,3,\cdots$

$c_n = \frac{A_n}{2}\angle\phi_n = \frac{1}{2}(a_n - jb_n) = -\frac{1}{2}jb_n,\ n = 1,2,3,\cdots$

$|c_n| = \frac{1}{2}|b_n| = \left|\frac{1}{n}\right|,\ n \neq 0$; $c_o = 0$

$c_n = j\frac{(-1)^n}{n}$; $\phi_n = 90°$, n even ; $\phi_n = -90°$, n odd

$\phi_n = -\phi_{-n}$

17.6.2 $c_o = \frac{1}{T}\int_{-a}^{a} dt = \frac{2a}{T}$

$c_n = \frac{1}{T}\int_{-a}^{a} e^{-jn\omega_o t}\,dt = \frac{-1}{jn\omega_o T}\left[e^{-jn\omega_o a} - e^{jn\omega_o a}\right]$

$= \frac{2a}{T}\, Sa\left(\frac{2\pi a n}{T}\right)$

$|c_n| = |c_{-n}| = \frac{2a}{T}\left|Sa\left(\frac{2\pi a n}{T}\right)\right|$

– PROBLEMS –

17.1 (a) $T = 2\pi,\ \omega_o = 1;\ a_n = \frac{2}{2\pi}\left[\int_0^{\pi} 2\cos nt\,dt + \int_{\pi}^{2\pi}\cos nt\,dt\right]$

$$a_n = \frac{1}{\pi}\left[\frac{2}{n}\sin nt\Big|_0^{\pi} + \frac{1}{n}\sin nt\Big|_{\pi}^{2\pi}\right] = \underline{0}$$

$$\frac{a_o}{2} = \frac{1}{2\pi}[2\pi + \pi] = \frac{3}{2} \Rightarrow a_o = \underline{3}$$

$$b_n = \frac{1}{\pi}\left[\int_0^{\pi} 2\sin nt\,dt + \int_{\pi}^{2\pi}\sin nt\,dt\right]$$

$$= -\frac{1}{\pi}\left[\frac{2}{n}\cos nt\Big|_0^{\pi} + \frac{1}{n}\cos nt\Big|_{\pi}^{2\pi}\right]$$

$$= -\frac{1}{n\pi}\left[2(\cos n\pi - 1) + (1 - \cos n\pi)\right] = \underline{\frac{1}{n\pi}\left[1-(-1)^n\right]}$$

(b) $T = 2\pi,\ \omega_o = 1;\ a_o = \frac{2}{2\pi}\int_{-\pi}^{\pi} e^t\,dt = \frac{1}{\pi}[e^{\pi} - e^{-\pi}] = \underline{\frac{2}{\pi}\sinh\pi}$

$$a_n = \frac{1}{\pi}\int_{-\pi}^{\pi} e^t\cos nt\,dt = \frac{1}{\pi}\,\frac{e^t(n\sin nt + \cos nt)}{n^2+1}\Big|_{-\pi}^{\pi}$$

$$= \underline{\frac{2(-1)^n\sinh\pi}{\pi(n^2+1)}}$$

$$b_n = \frac{1}{\pi}\int_{-\pi}^{\pi} e^t\sin nt\,dt = \frac{1}{\pi}\,\frac{e^t(\sin nt - n\cos nt)}{n^2+1}\Big|_{-\pi}^{\pi}$$

$$= \frac{2n(-1)^{n+1}\sinh\pi}{\pi(n^2+1)} = \underline{-n\,a_n}$$

(c) $T = 2,\ \omega_o = \pi;\ a_o = \frac{2}{2}\int_{-1}^{1} t^2\,dt = \underline{\frac{2}{3}}$

$$a_n = 2\int_0^1 t^2\cos n\pi t\,dt = 2\left[\frac{1}{n\pi}t^2\sin n\pi t\Big|_0^1 - \frac{2}{n\pi}\int_0^1 t\sin n\pi t\,dt\right]$$

$$a_n = -\frac{4}{n\pi}\int_0^1 t\sin n\pi t\,dt = -\frac{4}{n\pi}\left[-\frac{t}{n\pi}\cos n\pi t\Big|_0^1 + \frac{1}{n\pi}\int_0^1\cos n\pi t\,dt\right]$$

$$= \underline{\frac{4(-1)^n}{n^2\pi^2}}$$

$$b_n = 2\int_0^1 t^2\sin n\pi t\,dt = \underline{0} \qquad [f(t)\text{ is even}]$$

17.2 (a) $T = 2,\ \omega_o = \pi$

$$a_n = \int_0^1 (2t+1)\cos n\pi t\,dt + \int_{-1}^{0}(2t-1)\cos n\pi t\,dt$$

$$= 2\int_{-1}^{1} t\cos n\pi t\,dt + \int_0^1\cos n\pi t\,dt - \int_{-1}^{0}\cos n\pi t\,dt$$

$$= 2\left[\frac{1}{n^2\pi^2}\cos n\pi t + \frac{t}{n\pi}\sin n\pi t\right]_{-1}^{1} + \frac{1}{n\pi}\sin n\pi t\Big|_0^1 - \frac{1}{n\pi}\sin n\pi t\Big|_{-1}^{0}$$

17.2 (a) (Cont.) $a_n = 0$

$$b_n = 2\int_{-1}^{1} 2t\sin n\pi t\,dt + \int_0^1 \sin n\pi t\,dt - \int_{-1}^{0}\sin n\pi t\,dt$$

$$= 2\left[\frac{2}{n^2\pi^2}\sin n\pi t - \frac{2t}{n\pi}\cos n\pi t\right]\Big|_{-1}^{1} - \frac{1}{n\pi}\cos n\pi t\Big|_0^1 + \frac{1}{n\pi}\cos n\pi t\Big|_{-1}^{0}$$

$$b_n = \underline{\frac{4}{n\pi}\left[1 - 3(-1)^n\right]}$$

(b) $T = 2,\ \omega_o = \pi$

$$a_n = -\int_{-1}^{0} t\cos n\pi t\,dt + \int_0^1 t\cos n\pi t\,dt$$

$$= \frac{1}{n^2\pi^2}\left\{-(\cos n\pi t + n\pi t\sin n\pi t)\Big|_{-1}^{0} + (\cos n\pi t + n\pi t\sin n\pi t)\Big|_0^1\right\}$$

$$a_n = \underline{\frac{2}{n^2\pi^2}\left[(-1)^n - 1\right]}$$

$$\frac{a_o}{2} = \frac{1}{2}(2)\left(\frac{1}{2}\right) = \underline{\frac{1}{2}}$$

$$b_n = -\int_{-1}^{0} t\sin n\pi t\,dt + \int_0^1 t\sin n\pi t\,dt$$

$$= \frac{1}{n^2\pi^2}\left\{-(\sin n\pi t - n\pi t\cos n\pi t)\Big|_{-1}^{0} + (\sin n\pi t - n\pi t\cos n\pi t)\Big|_0^1\right\}$$

$$b_n = \underline{0}$$

(c) $\dfrac{a_o}{2} = \dfrac{1}{T}\left[\dfrac{1}{2}AT\right] = \dfrac{A}{2}$

$$a_n = \frac{2}{T}\frac{A}{T}\int_0^T t\cos n\omega_o t\,dt = \frac{2A}{n^2\omega_o^2T^2}\Big[\cos n\omega_o t + n\omega_o t\sin n\omega_o t\Big]_0^T$$

$$= 0$$

$$b_n = \frac{2A}{T^2}\int_0^T t\sin n\omega_o t\,dt = \frac{2A}{n^2(2\pi)^2}\Big[\sin n\omega_o t - n\omega_o t\cos n\omega_o t\Big]_0^T$$

$$= \frac{A}{2n^2\pi^2}\left[-2n\pi\cos 2n\pi\right] = \underline{-\frac{A}{n\pi}}$$

(d) $T = 2,\ \omega_o = \pi$; $\dfrac{a_o}{2} = \dfrac{1}{2}\left[\dfrac{1}{2}(1)(2)\right] = \underline{\dfrac{1}{2}}$

$$a_n = \int_{-1}^{0}(1+t)\cos n\pi t\,dt + \int_0^1 (1-t)\cos n\pi t\,dt$$

17.2 (d) (cont.)

$$a_n = \frac{1}{n\pi}\cos n\pi t\Big|_{-1}^{1} + \frac{1}{n^2\pi^2}\Big\{(\cos n\pi t + n\pi t\sin n\pi t)\Big|_{-1}^{0}$$
$$-(\cos n\pi t + n\pi t \sin n\pi t)\Big|_0^1\Big\}$$

$$\underline{a_n = \frac{2}{n^2\pi^2}\left[1-(-1)^n\right]}$$

$$b_n = \int_{-1}^{0}(1+t)\sin n\pi t\,dt + \int_0^1 (1-t)\sin n\pi t\,dt$$

$$= -\frac{1}{n\pi}\cos n\pi t\Big|_{-1}^{1} + \frac{1}{n^2\pi^2}\Big\{(\sin n\pi t - n\pi t\cos n\pi t)\Big|_{-1}^{0}$$
$$-(\sin n\pi t - n\pi t\cos n\pi t)\Big|_0^1\Big\}$$

$$b_n = \underline{0}$$

17.3 (a) $f(t)$ odd $\Rightarrow a_n = 0$

$$b_n = \frac{4A}{T}\int_0^{T/2}\sin n\omega_o t\,dt = \frac{4A}{n\omega_o T}(-\cos n\omega_o T)\Big|_0^{T/2}$$

$$= \frac{4A}{2n\pi}\left[1-\cos n\pi\right] = \frac{2A}{n\pi}\left[1-(-1)^n\right]$$

$b_n = 0$, n even ; $b_{2n-1} = \dfrac{4A}{(2n-1)\pi}$

$$\underline{f(t) = \frac{4A}{\pi}\sum_{n=1}^{\infty}\frac{\sin(2n-1)\omega_o t}{2n-1}}$$

(b) $$a_n = \frac{2}{T}\int_0^{T/2} A\sin\omega_o t\cos n\omega_o t\,dt$$

$$= \frac{A}{T}\int_0^{T/2}\left[\sin(n+1)\omega_o t + \sin(1-n)\omega_o t\right]dt$$

$$= \frac{A}{T}\left[\frac{-1}{(n+1)\omega_o}\cos(n+1)\omega_o t - \frac{1}{(1-n)\omega_o}\cos(1-n)\omega_o t\right]_0^{T/2}$$

$$= \frac{-A}{\pi(n^2-1)}\left[1-(-1)^{n-1}\right],\ n^2 \neq 1$$

$a_n = 0$, n odd and $n \neq 1$

$$= \frac{-2A}{\pi(n^2-1)},\ n \text{ even} \Rightarrow a_{2n} = \frac{-2A}{\pi(4n^2-1)}$$

$$a_1 = \frac{2A}{T}\int_0^{T/2}\sin\omega_o t\cos\omega_o t\,dt = \frac{2A}{T}\frac{1}{2\omega_o}\sin^2\omega_o t\Big|_0^{T/2} = 0$$

$$b_n = \frac{2A}{T}\int_0^{T/2}\sin\omega_o t\sin n\omega_o t\,dt$$

$$= \frac{A}{T}\int_0^{T/2}\left[\cos(n-1)\omega_o t - \cos(n+1)\omega_o t\right]dt$$

$$= \frac{A}{T}\left[\frac{1}{(n-1)\omega_o}\sin(n-1)\omega_o t - \frac{1}{(n+1)\omega_o}\sin(n+1)\omega_o t\right]_0^{T/2}$$

17.3(b)(cont.) $b_n = 0,\ n \neq 1$

$$b_1 = \frac{2A}{T}\int_0^{T/2} \sin^2\omega_o t\,dt = \frac{A}{T}\int_0^{T/2}(1-\cos 2\omega_o t)\,dt = \frac{A}{2}$$

$$f(t) = \frac{4}{\pi} + \frac{A}{2}\sin\omega_o t - \frac{2A}{\pi}\sum_{n=1}^{\infty}\frac{1}{4n^2-1}\cos 2n\omega_o t$$

(c) $f(t)$ is even $\Rightarrow b_n = 0$

$$a_n = \frac{2A}{T}\int_0^T \cos n\omega_o t\,\sin\frac{\omega_o t}{2}\,dt$$

$$= \frac{A}{T}\int_0^T \left[\sin(n+\tfrac{1}{2})\omega_o t + \sin(\tfrac{1}{2}-n)\omega_o t\right]dt$$

$$= \frac{-A}{\omega_o T}\left[\frac{1}{n+\frac{1}{2}}\cos(n+\tfrac{1}{2})\omega_o t + \frac{1}{\frac{1}{2}-n}\cos(\tfrac{1}{2}-n)\omega_o t\right]_0^T$$

$$= \frac{-4A}{\pi(4n^2-1)},\quad n = 0, 1, 2, \ldots$$

$$f(t) = \frac{2A}{\pi} - \frac{4A}{\pi}\sum_{n=1}^{\infty}\frac{1}{4n^2-1}\cos n\omega_o t$$

(d) $f(t)$ odd $\Rightarrow a_n = 0$

$$b_n = \frac{8A}{T^2}\left\{\int_0^{T/4} t\sin n\omega_o t\,dt - \int_{T/4}^{3T/4}(t-\tfrac{T}{2})\sin n\omega_o t\,dt + \int_{3T/4}^{T}(t-T)\sin n\omega_o t\,dt\right\}$$

$$= \frac{8A}{T^2}\left\{\frac{1}{n^2\omega_o^2}\left[(\sin n\omega_o t - n\omega_o t\cos n\omega_o t)\Big|_0^{T/4} - (\sin\omega_o t - n\omega_o t\cos n\omega_o t)\Big|_{T/4}^{3T/4} + (\sin n\omega_o t - n\omega_o t\cos n\omega_o t)\Big|_{\frac{3T}{4}}^{T}\right] + \frac{T}{2}\frac{-1}{n\omega_o}\left[\cos n\omega_o t\right]\Big|_{T/4}^{3T/4} - T\frac{-1}{n\omega_o}\left[\cos n\omega_o t\right]\Big|_{\frac{3T}{4}}^{T}\right\}$$

$$= \frac{32A}{n^2\omega_o^2 T^2}(-1)^{n+1}\sin\frac{n\pi}{2}$$

$b_n = 0$, n even ; $b_n = \dfrac{32A}{4n^2\pi^2}\sin\dfrac{n\pi}{2}$, n odd

$$b_{2n-1} = \frac{8A}{(2n-1)^2\pi^2}\sin\frac{(2n-1)\pi}{2} = (-1)^{n+1}\frac{8A}{(2n-1)^2\pi^2}$$

$$f(t) = \frac{8A}{\pi^2}\sum_{n=1}^{\infty}\frac{(-1)^{n+1}}{(2n-1)^2}\sin(2n-1)\omega_o t$$

17.4 (a) $T = 2\pi,\ \omega_o = 1;\quad a_n = \frac{1}{\pi}\int_0^{\pi} t\cos nt\,dt = \frac{1}{\pi}\left[\frac{1}{n^2}\cos nt + \frac{t}{n}\sin nt\right]_0^{\pi}$

$$a_n = -\frac{1}{n^2\pi}\left[1-(-1)^n\right]$$

$$b_n = \frac{1}{\pi}\int_0^{\pi} t\sin nt\,dt = \frac{1}{\pi}\left[\frac{1}{n^2}\sin nt - \frac{t}{n}\cos nt\right]_0^{\pi} = (-1)^n\frac{\pi}{n}$$

$$\frac{1}{2}a_o = \frac{1}{2}\pi^2$$

(b) $T = 2,\ \omega_o = \pi;\quad a_n = \int_0^2 e^t\cos n\pi t\,dt = \frac{e^t}{n^2\pi^2+1}\left[\cos n\pi t + n\pi\sin n\pi t\right]_0^2$

$$a_n = 0;\quad b_n = \int_0^2 e^t\sin n\pi t\,dt = \frac{e^t}{n^2\pi^2+1}\left[\sin n\pi t - n\pi\cos n\pi t\right]_0^2$$

$$b_n = \frac{n\pi}{n^2\pi^2+1}(1-e^2);\quad \frac{a_o}{2} = \frac{1}{2}\int_0^2 e^t dt = \frac{1}{2}e^t\Big|_0^2 = \frac{e^2-1}{2}$$

(c) $T = 1,\ \omega_o = 2\pi;\quad a_n = \frac{2}{1}\int_0^1 (1-e^{-t})\cos 2n\pi t\,dt$

$$a_n = \frac{1}{n\pi}\sin 2n\pi t\Big|_0^1 - \frac{2e^{-t}}{4n^2\pi^2+1}(-\cos 2n\pi t + 2n\pi\sin 2n\pi t)\Big|_0^1$$

$$= \frac{2}{4n^2\pi^2+1}(e^{-1}-1);\quad b_n = 2\int_0^1 (1-e^{-t})\sin 2n\pi t\,dt$$

$$b_n = \frac{1}{n\pi}(-\cos 2n\pi t)\Big|_0^1 - \frac{2e^{-t}}{4n^2\pi^2+1}(-\sin 2n\pi t - 2n\pi\cos 2n\pi t)\Big|_0^1$$

$$= \frac{4n\pi}{4n^2\pi^2+1}(e^{-1}+1);\quad \frac{a_o}{2} = 2\int_0^1 (1-e^{-t})dt = (t+e^{-t})\Big|_0^1(2) = 2e^{-1}$$

17.5 [17.1(c)] $f(-t) = (-t)^2 = t^2 \Rightarrow f$ is even $\Rightarrow b_n = 0$

$$a_n = \frac{4}{2}\int_0^1 t^2\cos n\pi t\,dt$$

$$= \frac{2}{n^3\pi^3}\left[n^2\pi^2t^2\sin n\pi t + 2n\pi t\cos n\pi t - 2\sin n\pi t\right]_0^1$$

$$= \frac{4}{n^2\pi^2}(-1)^n;\quad \frac{a_o}{2} = \frac{1}{2}\int_{-1}^1 t^2 dt = \frac{t^3}{3}\Big|_0^1 = \frac{1}{3}$$

[17.2(a)] $f(-t) = -2t+1,\ -1<t<0;\quad f(-t) = -2t-1,\ 0<t<1$

$f(-t) = -f(t) \Rightarrow f(t)$ is odd $\Rightarrow a_n = 0$

$$b_n = \frac{4}{2}\int_0^1 (2t+1)\sin n\pi t\,dt$$

$$= 2\left[2\int_0^1 t\sin n\pi t\,dt + \int_0^1 \sin n\pi t\,dt\right]$$

$$= 2\left[2\left(\frac{1}{n^2\pi^2}\sin n\pi t - \frac{t}{n\pi}\cos n\pi t\right) - \frac{1}{n\pi}\cos n\pi t\right]_0^1$$

17.5 (cont.) $b_n = \frac{4}{n\pi}[1-3(-1)^n]$

[17.2 (b)] $f(-t) = |-t| = |t| = f(t) \Rightarrow f(t)$ is even: $b_n = 0$

$$a_n = \frac{4}{2}\int_0^1 t\cos n\pi t\,dt = 2\left[\frac{1}{n^2\pi^2}\cos n\pi t + \frac{t}{n\pi}\sin n\pi t\right]_0^1$$

$$= \frac{2}{n^2\pi^2}[(-1)^n - 1] \; ; \; \frac{a_0}{2} = 2\left(\frac{1}{2}\right)\int_0^1 t\,dt = \frac{t^2}{2}\Big|_0^1 = \frac{1}{2}$$

[17.2(d)] $f(-t) = 1-|-t| = f(t)$ even $\Rightarrow b_n = 0$

$$a_n = \frac{4}{2}\int_0^1 (1-t)\cos n\pi t\,dt$$

$$= 2\left\{\frac{1}{n\pi}\sin n\pi t - \left[\frac{1}{n^2\pi^2}\cos n\pi t + \frac{t}{n\pi}\sin n\pi t\right]\right\}\Big|_0^1$$

$$= \frac{2}{n^2\pi^2}[1-(-1)^n] \; ; \; \frac{a_0}{2} = 2\left(\frac{1}{2}\right)\int_0^1 (1-t)\,dt = t - \frac{t^2}{2}\Big|_0^1 = \frac{1}{2}$$

17.6 (a) $f(t)$ even with half-wave symmetry $\Rightarrow b_n = 0$

$$a_n = \frac{4}{T}\int_0^{T/2} f(t)\cos n\omega_0 t\,dt$$

$$= \frac{4}{T}\left[\int_0^{T/4} f(t)\cos n\omega_0 t\,dt + \int_{T/4}^{T/2} f(t)\cos n\omega_0 t\,dt\right]$$

$$f(t) = -f\left(t+\frac{T}{2}\right) = -f\left(t-\frac{T}{2}\right) = -f\left(\frac{T}{2}-t\right)$$

$$\int_{T/4}^{T/2} f(t)\cos n\omega_0 t\,dt = -\int_{T/4}^{T/2} f\left(\frac{T}{2}-\tau\right)\cos n\omega_0 \tau\,d\tau$$

Let $t = \frac{T}{2} - \tau$. Then

$$-\int_{T/4}^{T/2} f\left(\frac{T}{2}-\tau\right)\cos n\omega_0 \tau\,d\tau = \int_{T/4}^{0} f(t)\cos n\omega_0\left(\frac{T}{2}-\tau\right)d\tau$$

$$= -(-1)^n \int_0^{T/4} f(t)\cos n\omega_0 t\,dt$$

$$a_n = \frac{4}{T}[1-(-1)^n]\int_0^{T/4} f(t)\cos n\omega_0 t\,dt \Rightarrow a_n = 0,\ n \text{ even}$$

$$a_n = \frac{8}{T}\int_0^{T/4} f(t)\cos n\omega_0 t\,dt, \quad n \text{ odd}$$

$f(t)$ odd $\Rightarrow a_n = 0$, all n

$$b_n = \frac{4}{T}\left[\int_0^{T/4} f(t)\sin n\omega_0 t\,dt - \int_{T/4}^{T/2} f\left(\tau-\frac{T}{2}\right)\sin n\omega_0 \tau\,d\tau\right]$$

Let $\frac{T}{2} - \tau = t$:

$$-\int_{T/4}^{T/2} f\left(\tau-\frac{T}{2}\right)\sin n\omega_0 \tau\,d\tau = \int_{T/4}^{0} f(t)\sin n\omega_0\left(\frac{T}{2}-t\right)dt$$

17.6 (Cont.) $b_n = \frac{4}{T}[1-(-1)^n]\int_0^{T/4} f(t)\sin n\omega_o t\,dt$; $b_n = 0$, n even

$$b_n = \frac{8}{T}\int_0^{T/4} f(t)\sin n\omega_o t\,dt, \quad n \text{ odd}$$

(b) $b_n = 0$; $a_n = 0$ for n even

$$a_n = \frac{8}{T}\int_0^{T/4} f(t)\cos n\omega_o t\,dt \quad \text{for } n \text{ odd}$$

$$= \frac{8}{12}\left[\int_0^1 4\cos\frac{n\pi t}{6}dt + \int_1^2 2\cos\frac{n\pi t}{6}dt + \int_2^3 4\cos\frac{n\pi t}{6}dt\right]$$

$$= \frac{4}{n\pi}\left[4\sin\frac{n\pi t}{6}\Big|_0^1 + 2\sin\frac{n\pi t}{6}\Big|_1^2 + 4\sin\frac{n\pi t}{6}\Big|_2^3\right]$$

$$= \frac{4}{n\pi}\left[2\sin\frac{n\pi}{6} - 2\sin\frac{n\pi}{3} + 4\sin\frac{n\pi}{2}\right]$$

$$a_{2n-1} = \frac{4}{(2n-1)\pi}\left[2\sin\frac{(2n-1)\pi}{6} - 2\sin\frac{(2n-1)\pi}{3} + 4(-1)^{n+1}\right]$$

$$a_{2n} = 0$$

17.7 $g = f - f_o$, $\tau = t - t_o \Rightarrow f(t) = f_o + g(\tau) = f_o + g(t - t_o)$

17.8 $(t_o, f_o) = (1, -1)$, $A = 3$, $T = 6$, $\omega_o = \frac{2\pi}{6} = \frac{\pi}{3}$

$$g(\tau) = \frac{12}{\pi}\sum_{n=1}^{\infty}\frac{1}{2n-1}\sin\frac{(2n-1)\pi\tau}{3}; \quad f(t) = f_o + g(t - t_o)$$

$$f(t) = -1 + \frac{12}{\pi}\sum_{n=1}^{\infty}\frac{1}{2n-1}\sin\left[\frac{(2n-1)\pi}{3}(t-1)\right]$$

17.9 $(t_o, f_o) = (-\frac{\pi}{6}, 0)$, $A = 4$, $T = \pi$, $\omega_o = 2$

$$g(\tau) = \frac{4}{\pi} + 2\sin 2\tau - \frac{8}{\pi}\sum_{n=1}^{\infty}\frac{1}{4n^2-1}\cos 4n\tau$$

$$f(t) = \frac{4}{\pi} + 2\sin 2(t + \tfrac{\pi}{6}) - \frac{8}{\pi}\sum_{n=1}^{\infty}\frac{1}{4n^2-1}\cos 4n(t + \tfrac{\pi}{6})$$

17.10 $(t_o, f_o) = (\frac{\pi}{4}, 0)$, $T = \frac{\pi}{2}$, $\omega_o = 4$, $A = 4$

$$g(\tau) = \frac{8}{\pi} - \frac{16}{\pi}\sum_{n=1}^{\infty}\frac{1}{4n^2-1}\cos 4n\tau$$

$$f(t) = \frac{8}{\pi} - \frac{16}{\pi}\sum_{n=1}^{\infty}\frac{1}{4n^2-1}\cos 4n(t - \tfrac{\pi}{4})$$

$$= \frac{8}{\pi} - \frac{16}{\pi}\sum_{n=1}^{\infty}\frac{(-1)^n}{4n^2-1}\cos 4nt$$

17.11 $(t_o, f_o) = (-1, \frac{1}{2})$, $A = \frac{1}{2}$, $T = 4$, $\omega_o = \pi/2$

Prob. 17.3(a): $g(\tau) = \frac{2}{\pi}\sum_{n=1}^{\infty}\frac{1}{2n-1}\sin\frac{(2n-1)\pi\tau}{2}$

17.11 (cont.) $f(t) = \frac{1}{2} + \frac{2}{\pi}\sum_{n=1}^{\infty} \frac{1}{2n-1}\sin\left[\frac{(2n-1)\pi}{2}(t+1)\right]$

$$\sin\left[\frac{(2n-1)\pi}{2}(t+1)\right] = (-1)^{n+1}\cos\frac{(2n-1)\pi t}{2}$$

$$f(t) = \frac{1}{2} + \frac{2}{\pi}\sum_{n=1}^{\infty}\frac{(-1)^{n+1}}{2n-1}\cos\frac{(2n-1)\pi t}{2}$$

17.12 $Z_{eq} = 1 + \frac{(1)(-j/\omega)}{1-j(1/\omega)} = \frac{\omega - j2}{\omega - j1} = \frac{j\omega+2}{j\omega+1}$

$$I = \frac{V_g}{Z_{eq}} = \frac{j\omega+1}{j\omega+2}V_g$$

$$v_g = \frac{1}{2} + \sum_{n=1}^{\infty}\frac{2}{\pi}\frac{(-1)^{n+1}}{2n-1}\cos\frac{(2n-1)\pi t}{2} = \sum_{n=0}^{\infty} v_{g_n}(t)$$

$$i(t) = \sum_{n=0}^{\infty} i_n;\ i_0 = \frac{1}{2}v_{g_0} = \frac{1}{2}\left(\frac{1}{2}\right) = \frac{1}{4}$$

$$v_{g_1} = \frac{2}{\pi}\cos\frac{\pi t}{2};\ V_{g_1} = \frac{2}{\pi}\angle 0^\circ,\ \omega_1 = \frac{\pi}{2};\ I_1 = \frac{V_{g1}}{Z_{eq}} = \frac{2[1+j\frac{\pi}{2}]}{\pi[2+j\frac{\pi}{2}]}$$

$$I_1 = \frac{2}{\pi}\sqrt{\frac{\pi^2+4}{\pi^2+16}}\ \angle \tan^{-1}\frac{\pi}{2} - \tan^{-1}\frac{\pi}{4}$$

$$v_{g2} = -\frac{2}{3\pi}\cos\frac{3\pi t}{2} = \frac{2}{3\pi}\cos\left(\frac{3\pi t}{2} + 180^\circ\right)$$

$$V_{g2} = \frac{2}{3\pi}\angle 180^\circ,\ \omega = \frac{3\pi}{2}$$

$$I_2 = \frac{2}{3\pi}\angle 180^\circ\ \frac{1+j(3\pi/2)}{2+j(3\pi/2)} = \frac{2}{3\pi}\sqrt{\frac{9\pi^2+4}{9\pi^2+16}}\angle\phi_2$$

$$\phi_2 = \tan^{-1}\frac{3\pi}{2} - \tan^{-1}\frac{3\pi}{4} + 180^\circ$$

$$i = \frac{1}{4} + \frac{2}{\pi}\sqrt{\frac{\pi^2+4}{\pi^2+16}}\cos\left(\frac{\pi t}{2} + \tan^{-1}\frac{\pi}{2} - \tan^{-1}\frac{\pi}{4}\right)$$

$$- \frac{2}{3\pi}\sqrt{\frac{9\pi^2+4}{9\pi^2+16}}\cos\left(\frac{3\pi t}{2} + \tan^{-1}\frac{3\pi}{2} - \tan^{-1}\frac{3\pi}{4}\right)$$

$$+ \cdots$$

17.13 $v_g = \frac{16}{\pi}\left(\frac{1}{2} + \sum_{n=1}^{\infty}\frac{1}{1-4n^2}\cos 4nt\right);\ Z(j\omega) = 5 + \frac{20}{j\omega}$

$$V(j\omega) = \frac{20/j\omega}{5+\frac{20}{j\omega}}V_g = \frac{4}{4+j\omega}V_g,\ \omega_n = 4n;\ V(j0) = V_g(j0) = \frac{8}{\pi}$$

$$V(j4n) = \frac{4}{4+j4n}\frac{16/\pi}{1-4n^2} = \frac{16/\pi}{(1-4n^2)\sqrt{n^2+1}}\angle -\tan^{-1}n$$

$$v = \frac{16}{\pi}\left[\frac{1}{2} + \sum_{n=1}^{\infty}\frac{1}{(1-4n^2)\sqrt{n^2+1}}\cos(4nt - \tan^{-1}n)\right]$$

17.14 $\mathbf{V} = \dfrac{10/j\omega}{5+\frac{10}{j\omega}}\mathbf{V}_g = \dfrac{2}{j\omega+2}\mathbf{V}_g$

$v_g = 3 + \dfrac{12}{\pi}\sum_{n=1}^{\infty}\dfrac{(-1)^{n+1}}{2n-1}\cos\dfrac{(2n-1)\pi t}{2}$; $V_{go} = 3 \Rightarrow V_o = V_{go} = 3$

$\mathbf{V}_{gn} = \dfrac{12(-1)^{n+1}}{\pi(2n-1)}$, $\omega_n = \dfrac{(2n-1)\pi}{2}$; $\mathbf{V}_n = \dfrac{2}{2+j\frac{(2n-1)\pi}{2}}\,\dfrac{12(-1)^{n+1}}{\pi(2n-1)}$

$\mathbf{V}_n = \dfrac{48(-1)^{n+1}}{(2n-1)\pi}\,\dfrac{1}{\sqrt{16+(2n-1)^2\pi^2}}\,\underline{/-\tan^{-1}(2n-1)\pi/4}$

$v = 3 + \dfrac{48}{\pi}\sum_{n=1}^{\infty}\dfrac{(-1)^{n+1}}{\sqrt{16+(2n-1)^2\pi^2}}\cos\left[\dfrac{(2n-1)\pi t}{2} - \tan^{-1}\dfrac{(2n-1)\pi}{4}\right]$

17.15 $\dfrac{V_2(s)}{V_1(s)} = \dfrac{2}{s^2+2s+2} \Rightarrow \mathbf{V}_2(j\omega) = \dfrac{2}{2-\omega^2+j2\omega}\mathbf{V}_1(j\omega)$

$v_1 = 2 - \dfrac{4}{\pi}\sum_{n=1}^{\infty}\dfrac{1}{n}\sin n\pi t \qquad (A=4, T=2)$

$\mathbf{V}_2(j0) = \mathbf{V}_1(j0) = 2$; $\mathbf{V}_2(jn\pi) = \dfrac{2}{2-n^2\pi^2+j2n\pi}\left(-\dfrac{4}{n\pi}\right)$

$\mathbf{V}_2(jn\pi) = \dfrac{-8/n\pi}{\sqrt{(2-n^2\pi^2)^2+4n^2\pi^2}}\,\underline{/-\tan^{-1}[2n\pi/(2-n^2\pi^2)]}$

$v_2 = 2 - \sum_{n=1}^{\infty}\dfrac{8\sin\left[n\pi t - \tan^{-1}\frac{2n\pi}{2-n^2\pi^2}\right]}{n\pi\sqrt{4+n^4\pi^4}}$

17.16 (a) $v_1 = \dfrac{16}{\pi}\left(\dfrac{1}{2} + \sum_{n=1}^{\infty}\dfrac{1}{1-4n^2}\cos 4nt\right)$; $\mathbf{V}_2(j0) = \mathbf{V}_1(j0) = \dfrac{8}{\pi}$

$\mathbf{V}_2(j4n) = \dfrac{2}{2-16n^2+j8n}\,\dfrac{16/\pi}{1-4n^2}$

$= \dfrac{32}{\pi(1-4n^2)}\,\dfrac{1}{2\sqrt{(1-8n^2)^2+16n^2}}\,\underline{/-\tan^{-1}\dfrac{4n}{1-8n^2}}$

$v_2 = \dfrac{8}{\pi} + \dfrac{16}{\pi}\sum_{n=1}^{\infty}\dfrac{1}{(1-4n^2)\sqrt{1+64n^4}}\cos\left(4nt - \tan^{-1}\dfrac{4n}{1-8n^2}\right)$

(b) $v_1 = \dfrac{8}{\pi} + 2\cos 2t + \dfrac{8}{\pi}\sum_{n=2}^{\infty}\dfrac{\cos\frac{n\pi}{2}}{1-n^2}\cos 2nt$

$= \dfrac{8}{\pi} + 2\cos 2t + \dfrac{8}{\pi}\sum_{n=1}^{\infty}\dfrac{(-1)^n}{1-4n^2}\cos 4nt$

$\mathbf{V}_2(j0) = \mathbf{V}_1(j\omega) = \dfrac{8}{\pi}$, $\mathbf{V}_2(j2) = \dfrac{2}{2-4+j4}(2) = \dfrac{2}{-1+j2}$

$\mathbf{V}_2(j2) = \dfrac{2}{\sqrt{5}}\underline{/-116.6^\circ}$

17.16 (b) (Cont.)

$$\omega_n = 4n:\ \underline{V}_2(j4n) = \frac{8(-1)^n \angle -\tan^{-1}\frac{4n}{1-8n^2}}{\pi(1-4n^2)\sqrt{1+64n^4}}$$

$$v_2 = \frac{8}{\pi} + \frac{2}{\sqrt{5}}\cos(2t-116.6°) + \frac{8}{\pi}\sum_{n=1}^{\infty}\frac{\cos(4nt-\tan^{-1}\frac{4n}{1-8n^2})}{(1-4n^2)\sqrt{1+64n^4}}$$

17.17 $V_2(s) = \frac{2s}{s^2+2s+100}V_1(s)\ ;\ v_1 = \frac{16}{\pi}\left(\frac{1}{2}+\sum_{n=1}^{\infty}\frac{\cos 4nt}{1-4n^2}\right)$

$$V_2(j0)=0;\ V_2(j4n) = \frac{j8n}{100-16n^2+j8n}\ \frac{16/\pi}{1-4n^2}$$

$$V_2(j4n) = \frac{(-128/\pi)n}{(4n^2-1)\sqrt{(100-16n^2)^2+64n^2}}\angle 90° - \tan^{-1}\frac{2n}{25-4n^2}$$

$$v_2 = -\frac{128}{\pi}\sum_{n=1}^{\infty}\frac{n\cos(4nt+90°-\tan^{-1}\frac{2n}{25-4n^2})}{(4n^2-1)\sqrt{(100-16n^2)^2+64n^2}}$$

17.18 $V_2(s) = \frac{1/LC}{s^2+\frac{R}{L}s+\frac{1}{LC}}V_1(s)\ ;\ R=1,\ L=\frac{1}{\sqrt{2}},\ C=\sqrt{2}$

$$= \frac{1}{s^2+\sqrt{2}s+1}V_1(s)\ ;\ v_1 = \frac{16}{\pi}\left(\frac{1}{2}+\sum_{n=1}^{\infty}\frac{\cos 4nt}{1-4n^2}\right)$$

$$V_2(j0) = V_1(j0) = \frac{8}{\pi};\ V_2(j4n) = \frac{1}{1-16n^2+j4\sqrt{2}n}\ \frac{16/\pi}{1-4n^2}$$

$$V_2 = \frac{16/\pi}{(1-4n^2)\sqrt{1+256n^4}}\angle -\tan^{-1}\frac{4\sqrt{2}n}{1-16n^2}$$

$$v_2 = \frac{8}{\pi} + \frac{16}{\pi}\sum_{n=1}^{\infty}\frac{\cos(4nt-\tan^{-1}\frac{4\sqrt{2}n}{1-16n^2})}{(1-4n^2)\sqrt{1+256n^4}}$$

17.19 $H(s) = \frac{s^2}{s^2+\sqrt{2}s+1},\ H(j\omega) = \frac{-\omega^2}{1-\omega^2+j\sqrt{2}\omega}$

$$H(j\omega) = \frac{\omega^2}{\sqrt{(1-\omega^2)^2+2\omega^2}}\angle 180° - \tan^{-1}\sqrt{2}\omega/(1-\omega^2)$$

$$= \frac{\omega^2}{\sqrt{1+\omega^4}}\angle 180° - \tan^{-1}\frac{\sqrt{2}\omega}{1-\omega^2}$$

$$\underline{V}_2(j0)=0;\ H(j4n) = \frac{16n^2}{\sqrt{1+256n^4}}\angle 180° - \tan^{-1}\frac{4\sqrt{2}n}{1-16n^2}$$

$$v_2 = \frac{256}{\pi}\sum_{n=1}^{\infty}\frac{n^2}{(4n^2-1)\sqrt{1+256n^4}}\cos\left(4nt-\tan^{-1}\frac{4\sqrt{2}n}{1-16n^2}\right)$$

17.20 $H(s) = \frac{K(s^2+1)}{s^2+\frac{1}{Q}s+1} = \frac{\frac{1}{2}(s^2+1)}{s^2+\frac{1}{2}s+1}$

17.20 (Cont.) $H(j\omega)=\frac{1}{2}\,\frac{1-\omega^2}{1-\omega^2+j\frac{\omega}{2}}=\frac{1}{2}\,\frac{(1-\omega^2)\,\angle\phi(\omega)}{\sqrt{(1-\omega^2)^2+(\omega^2/4)}}$

$$H(j4n)=\frac{1}{2}\,\frac{1-16n^2}{\sqrt{(1-16n^2)^2+4n^2}}\,\angle -\tan^{-1}\frac{2n}{1-16n^2}$$

$$V_2(j0)=\frac{1}{2}\,\frac{8}{\pi}=\frac{4}{\pi}$$

$$v_2=\frac{4}{\pi}+\frac{8}{\pi}\sum_{n=1}^{\infty}\frac{(1-16n^2)\cos\left(4nt-\tan^{-1}\frac{2n}{1-16n^2}\right)}{(1-4n^2)\sqrt{1-28n^2+256n^4}}$$

17.21 $H(s)=\frac{s^2-2s+2}{s^2+2s+2}$; $H(j\omega)=1\,\angle -2\tan^{-1}\frac{2\omega}{2-\omega^2}$

$$H(j4n)=1\,\angle -2\tan^{-1}\frac{8n}{2-16n^2}$$

$$V_2(j0)=V_1(j0)=8/\pi$$

$$v_2=\frac{8}{\pi}+\frac{16}{\pi}\sum_{n=1}^{\infty}\frac{1}{1-4n^2}\cos\left(4nt-\tan^{-1}\frac{4n}{1-8n^2}\right)$$

$$v_2=\frac{8}{\pi}\left[1-2\sum_{n=1}^{\infty}\frac{1}{4n^2-1}\cos\left(4nt-\tan^{-1}\frac{4n}{1-8n^2}\right)\right]$$

17.22 $a_n=\frac{1}{\pi}\int_{-\pi}^{\pi}e^t\cos nt\,dt=\frac{1}{\pi}\,\frac{e^t}{n^2+1}(\cos nt+n\sin nt)\Big|_{-\pi}^{\pi}$

$$=\frac{2(-1)^n}{n^2+1}\,\frac{\sinh\pi}{\pi}$$

$$b_n=\frac{1}{\pi}\int_{-\pi}^{\pi}e^t\sin nt\,dt=\frac{e^t}{\pi(n^2+1)}(\sin nt-n\cos nt)\Big|_{-\pi}^{\pi}$$

$$=\frac{-2(-1)^n}{n^2+1}\,\frac{n\sinh\pi}{\pi}$$

$$f(t)=\frac{\sinh\pi}{\pi}\left\{1+\sum_{n=1}^{\infty}\frac{2(-1)^n}{n^2+1}[\cos nt-n\sin nt]\right\}$$

$$=\frac{2\sinh\pi}{\pi}\left\{\frac{1}{2}+\sum_{n=1}^{\infty}\frac{(-1)^n}{n^2+1}[\cos nt-n\sin nt]\right\}$$

17.23 Let $t=\pi$: $\frac{1}{2}[f(\pi^+)+f(\pi^-)]=\frac{1}{2}[e^{-\pi}+e^{\pi}]=\cosh\pi$

$$\cosh\pi=\frac{2\sinh\pi}{\pi}\left[\frac{1}{2}+\sum_{n=1}^{\infty}\frac{(-1)^n}{n^2+1}\cos n\pi\right],\quad \cos n\pi=(-1)^n$$

$$\sum_{n=1}^{\infty}\frac{1}{n^2+1}=\frac{\pi}{2}\,\frac{\cosh\pi}{\sinh\pi}-\frac{1}{2}=\frac{\pi\cosh\pi-1}{2\sinh\pi}$$

17.24 $f(t)$ even $\Rightarrow b_n=0$; $T=2$, $\omega_0=\pi$

$$a_n=\frac{4}{2}\int_0^1 t^2\cos n\pi t\,dt$$

17.24 (cont.)

$$\int_0^1 t^2 \cos n\pi t\,dt = \frac{1}{n^3\pi^3}\left[n^2\pi^2t^2\sin n\pi t + 2n\pi t\cos n\pi t - 2\sin n\pi t\right]_0^1$$

$$= \frac{2(-1)^n}{n^2\pi^2}$$

$$a_n = \frac{4(-1)^n}{n^2\pi^2}\;;\quad \frac{a_0}{2} = \frac{1}{2}\int_{-1}^1 t^2\,dt = \frac{1}{3}$$

$$f(t) = \frac{1}{3} + \frac{4}{\pi^2}\sum_{n=1}^{\infty}\frac{(-1)^n}{n^2}\cos n\pi t$$

$$f(0) = 0 = \frac{1}{3} + \frac{4}{\pi^2}\sum_{n=1}^{\infty}\frac{(-1)^n}{n^2} \Rightarrow \underline{\sum_{n=1}^{\infty}\frac{(-1)^{n+1}}{n^2} = \frac{\pi^2}{4}\left(\frac{1}{3}\right) = \frac{\pi^2}{12}}$$

$$f(1) = 1 = \frac{1}{3} + \frac{4}{\pi^2}\sum_{n=1}^{\infty}\frac{(-1)^n}{n^2}(-1)^n = \frac{1}{3} + \frac{4}{\pi^2}\sum_{n=1}^{\infty}\frac{1}{n^2}$$

$$\sum_{n=1}^{\infty}\frac{1}{n^2} = \left(1-\frac{1}{3}\right)\frac{\pi^2}{4} = \underline{\frac{\pi^2}{6}}$$

17.25 $$\frac{1}{T}\int_0^T f^2(t)\,dt = A_{dc}^2 + \sum_{n=1}^{\infty}\frac{A_n^2}{2}$$

$$\frac{1}{T}\int_{-1}^1 f^2\,dt = \frac{1}{2}\int_{-1}^1 t^4\,dt = \frac{1}{5} = \left(\frac{1}{3}\right)^2 + \sum_{n=1}^{\infty}\left[\frac{4(-1)^n}{n^2\pi^2}\right]^2\frac{1}{2}$$

$$\frac{8}{\pi^4}\sum_{n=1}^{\infty}\frac{1}{n^4} = \frac{1}{5} - \frac{1}{9} = \frac{4}{45} \Rightarrow \underline{\sum_{n=1}^{\infty}\frac{1}{n^4} = \frac{\pi^4}{8}\,\frac{4}{45} = \frac{\pi^4}{90}}$$

17.26 $$v_g = \frac{16}{\pi}\sum_{n=1}^{\infty}\frac{\sin(2n-1)\pi t}{2n-1}\;;\quad \mathbf{Z}(j\omega) = \frac{j\omega+2}{j\omega+1},\; \omega_n = (2n-1)\pi$$

$$\mathbf{Z}(j\omega_n) = \frac{j(2n-1)\pi + 2}{j(2n-1)\pi + 1} = \sqrt{\frac{(2n-1)^2\pi^2+4}{(2n-1)^2\pi^2+1}}\;\angle \tan^{-1}\frac{(2n-1)\pi}{2} - \tan^{-1}(2n-1)\pi$$

$$\mathbf{S}_n = \frac{1}{2}\mathbf{V}_n\mathbf{I}_n^* = \frac{1}{2}\mathbf{V}_n\frac{\mathbf{V}_n^*}{\mathbf{Z}_n^*} = \frac{1}{2}\left[\frac{16}{\pi(2n-1)}\right]^2\frac{1-j(2n-1)\pi}{2-j(2n-1)\pi}$$

$$P_n = \operatorname{Re}\mathbf{S}_n = \frac{128}{\pi^2(2n-1)^2}\operatorname{Re}\frac{[1-j(2n-1)\pi][2+j(2n-1)\pi]}{4+(2n-1)^2\pi^2}$$

$$= \frac{128}{\pi^2(2n-1)^2}\,\frac{2+(2n-1)^2\pi^2}{4+(2n-1)^2\pi^2}$$

$$\underline{P = \sum_{n=1}^{\infty}P_n = \frac{128}{\pi^2}\sum_{n=1}^{\infty}\frac{2+(2n-1)^2\pi^2}{(2n-1)^2[4+(2n-1)^2\pi^2]}}$$

17.27 $f(t) = |\cos 2t|$; f is even; $T = \pi/2$, $\omega_0 = 4$; $b_n = 0$

$$a_n = \frac{4}{(\pi/2)}\int_0^{\pi/4}\cos 2t\cos 4nt\,dt$$

17.27 (Cont.) $2\cos\alpha\cos\beta = \cos(\alpha+\beta)+\cos(\alpha-\beta)$

$$a_n = \frac{4}{\pi}\int_0^{\pi/4}[\cos(4n+2)t + \cos(4n-2)t]dt$$

$$= \frac{4}{\pi}\left[\frac{1}{4n+2}\sin(4n+2)t + \frac{1}{4n-2}\sin(4n-2)t\right]_0^{\pi/4}$$

$$= \frac{2}{\pi}\left[\frac{1}{2n+1}\sin(2n+1)\frac{\pi}{2} + \frac{1}{2n-1}\sin(2n-1)\frac{\pi}{2}\right]$$

$$\sin(2n+1)\frac{\pi}{2} = -\sin(2n-1)\frac{\pi}{2} = (-1)^n$$

$$a_n = \frac{4}{\pi}\frac{(-1)^{n+1}}{4n^2-1}\ :\ f(t) = \frac{4}{\pi}\left[\frac{1}{2} - \sum_{n=1}^{\infty}\frac{(-1)^n\cos 4nt}{4n^2-1}\right]$$

17.28 $$V_n(j\omega_n) = \frac{10/j\omega_n}{5+\frac{10}{j\omega_n}}V_{gn}(j\omega_n) = \frac{2}{j4n+2}\frac{(4/\pi)(-1)^{n+1}}{4n^2-1}$$

$$\underline{V}(j0) = V_g(j0) = \frac{2}{\pi}\ ;\ V_n(j4n) = \frac{(-1)^{n+1}(4/\pi)\angle -\tan^{-1}2n}{(4n^2-1)\sqrt{4n^2+1}}$$

$$v_{rms}^2 = \left(\frac{2}{\pi}\right)^2 + \frac{1}{2}\sum_{n=1}^{\infty}\frac{16}{\pi^2}\frac{1}{(4n^2-1)^2(4n^2+1)}$$

$$v_{rms} = \left\{\frac{4}{\pi^2} + \frac{8}{\pi^2}\sum_{n=1}^{\infty}\frac{1}{(16n^4-1)(4n^2-1)}\right\}^{1/2}$$

17.29 $$v_g = \frac{16}{\pi}\sum_{n=1}^{\infty}\frac{\sin(2n-1)\pi t}{(2n-1)}$$

$$\underline{I}_n = \frac{\underline{V}_{ng}}{\underline{Z}_n} = \underline{V}_{ng}\frac{1+j(2n-1)\pi}{2+j(2n-1)\pi} = \underline{V}_{ng}\sqrt{\frac{1+(2n-1)^2\pi^2}{4+(2n-1)^2\pi^2}}\ \angle\theta_n$$

$$\frac{1+j(2n-1)\pi}{2+j(2n-1)\pi} = \frac{[1+j(2n-1)\pi][2-j(2n-1)\pi]}{4+(2n-1)^2\pi^2}$$

$$= \frac{2+(2n-1)^2\pi^2+j(2n-1)\pi}{4+(2n-1)^2\pi^2}$$

$$\tan\theta_n = \frac{(2n-1)\pi}{2+(2n-1)^2\pi^2}\ ,\ V_{ng} = \frac{16}{\pi}\frac{1}{2n-1}$$

$$i = \frac{16}{\pi}\sum_{n=1}^{\infty}\frac{1}{2n-1}\sqrt{\frac{1+(2n-1)^2\pi^2}{4+(2n-1)^2\pi^2}}\sin[(2n-1)\pi t+\theta_n]\ \text{A}$$

$$\theta_n = \tan^{-1}[(2n-1)\pi]/[2+(2n-1)^2\pi^2]$$

17.29 (cont.) $\mathbf{V}_C(j\omega_n) = \frac{1}{2 + j(2n-1)\pi} \frac{16}{\pi(2n-1)}$

$$v_C = \frac{16}{\pi}\sum_{n=1}^{\infty} \frac{\sin[(2n-1)\pi t - \tan^{-1}(2n-1)\pi/2]}{(2n-1)\sqrt{4+(2n-1)^2\pi^2}} \text{ V}$$

Right resistor:

$$\mathbf{I}_2 = \mathbf{V}_C: \; P_2 = \frac{1}{2}\sum_{n=1}^{\infty} I_{2n}^2 = \frac{1}{2}\left(\frac{16}{\pi}\right)^2 \sum_{n=1}^{\infty} \frac{1}{(2n-1)^2[4+(2n-1)^2\pi^2]} \text{ W}$$

Left resistor:

$$P_1 = \frac{1}{2}\sum_{n=1}^{\infty} I_n^2 = \frac{1}{2}\left(\frac{16}{\pi}\right)^2 \sum_{n=1}^{\infty} \frac{1+(2n-1)^2\pi^2}{(2n-1)^2[4+(2n-1)^2\pi^2]} \text{ W}$$

17.30 (a) $T=2$, $c_n = \frac{1}{2}\int_{-1}^{1} e^{-t} e^{-jn\pi t}\, dt = \left.\frac{-e^{-(1+jn\pi)t}}{2(1+jn\pi)}\right|_{-1}^{1}$

$$c_n = \frac{(-1)^n}{2(1+jn\pi)}[e - e^{-1}] = \frac{(-1)^n}{1+jn\pi}\sinh 1$$

$$f(t) = \sinh 1 \sum_{n=-\infty}^{\infty} \frac{(-1)^n}{1+jn\pi} e^{jn\pi t}$$

(b) $T=4$, $c_n = \frac{1}{4}\left[\int_{-1}^{1} t e^{-jn\pi t/2}\, dt + \int_{1}^{3}(2-t)e^{-jn\pi t/2}\, dt\right]$

$$\int t e^{-jn\pi t/2}\, dt = \frac{4}{n^2\pi^2}\left[\left(j\frac{n\pi t}{2}+1\right)e^{-jn\pi t/2}\right.$$

$$c_n = \frac{1}{4}\left\{\frac{4}{n^2\pi^2}\left[\left(j\frac{n\pi}{2}+1\right)e^{-jn\pi/2} - \left(-j\frac{n\pi}{2}+1\right)e^{jn\pi/2}\right]\right.$$

$$- \frac{4}{n^2\pi^2}\left[\left(j\frac{3n\pi}{2}+1\right)e^{-j3n\pi/2} - \left(j\frac{n\pi}{2}+1\right)e^{-jn\pi/2}\right]$$

$$\left. + \frac{j4}{n\pi}\left[e^{-j\frac{3n\pi}{2}} - e^{-j\frac{n\pi}{2}}\right]\right\}$$

$$e^{-j3n\pi/2} = e^{-j2n\pi}e^{jn\pi/2} = e^{jn\pi/2}$$

$$c_n = \frac{-2}{n^2\pi^2}\left(e^{jn\pi/2} - e^{-jn\pi/2}\right) = \frac{4\sin(n\pi/2)}{jn^2\pi^2}$$

$$c_0 = \frac{1}{4}\left[\int_{-1}^{1} t\, dt + \int_{1}^{3}(2-t)\, dt\right] = 0$$

$$f(t) = \frac{4}{j\pi^2}\sum_{\substack{n=-\infty \\ n\neq 0}}^{\infty} \frac{\sin\frac{n\pi}{2}}{n^2} e^{jn\pi t/2}$$

$$= \frac{4}{j\pi^2}\sum_{n=-\infty}^{\infty} \frac{(-1)^{n+1}}{(2n-1)^2} e^{j(2n-1)\pi t/2}$$

17.30 (c) $T=1, \omega_0 = 2\pi$

$$c_n = \int_0^1 t\, e^{-j2n\pi t}\, dt = \frac{-j2n\pi t - 1}{(-j2n\pi)^2} e^{-j2n\pi t} \Big|_0^1 = \frac{j}{2n\pi}$$

$$c_o = \int_0^1 t\,dt = \frac{1}{2}$$

$$f(t) = \frac{1}{2} + \frac{j}{2\pi} \sum_{\substack{n=-\infty \\ n\neq 0}}^{\infty} \frac{1}{n} e^{j2n\pi t} = \underline{\frac{1}{2}\left[1 + \frac{j}{\pi} \sum_{\substack{n=-\infty \\ n\neq 0}}^{\infty} \frac{e^{j2n\pi t}}{n}\right]}$$

17.31 $f(t) = \frac{16}{\pi}\left(\frac{1}{2} + \sum_{n=1}^{\infty} \frac{1}{1-4n^2} \cos 4nt\right)$

$$= \frac{16}{\pi}\left[\frac{1}{2} + \sum_{n=1}^{\infty} \frac{1}{1-4n^2} \frac{e^{j4nt} + e^{-j4nt}}{2}\right]$$

$$= \frac{16}{\pi}\left[\frac{1}{2} + \sum_{n=1}^{\infty} \frac{e^{j4nt}}{2(1-4n^2)} + \sum_{n=1}^{\infty} \frac{e^{-j4nt}}{2(1-4n^2)}\right]$$

$$= \frac{16}{\pi}\left[\frac{1}{2} + \sum_{n=1}^{\infty} \frac{e^{j4nt}}{2(1-4n^2)} + \sum_{n=-\infty}^{-1} \frac{e^{j4nt}}{2(1-4n^2)}\right]$$

$$= \underline{\sum_{n=-\infty}^{\infty} \frac{8}{\pi(1-4n^2)} e^{j4nt}}$$

17.32 $f(t) = \frac{1}{2} + \frac{1}{\pi} \sum_{\substack{n=-\infty \\ n\neq 0}}^{\infty} \frac{\sin\frac{n\pi}{2}}{n} e^{jn\pi t/2}$

$$c_o = \frac{1}{2} \Rightarrow \frac{a_o}{2} = \frac{1}{2}\ ;\ c_n = \frac{1}{n\pi} \sin\frac{n\pi}{2} = \frac{1}{2}(a_n - jb_n)$$

$$a_n = \frac{2}{n\pi} \sin\frac{n\pi}{2},\ b_n = 0\ ;\ T = 4,\ \omega_o = \frac{\pi}{2}$$

$$f(t) = \frac{1}{2} + \frac{2}{\pi} \sum_{n=1}^{\infty} \frac{1}{n} \sin\frac{n\pi}{2} \cos\frac{n\pi t}{2}$$

$$= \underline{\frac{1}{2} + \frac{2}{\pi} \sum_{n=1}^{\infty} \frac{(-1)^{n+1}}{2n-1} \cos\frac{(2n-1)\pi t}{2}}$$

17.33 [17.1 (b)] $a_n = \frac{2(-1)^n}{\pi(n^2+1)} \sinh\pi,\quad b_n = -2na_n$

$$c_o = \frac{a_o}{2} = \frac{\sinh\pi}{\pi} \Rightarrow |c_o| = \frac{\sinh\pi}{\pi},\ \phi_o = 0$$

$$c_n = \frac{1}{2}(a_n - jb_n) = \frac{1}{2}(a_n + j2na_n) = \frac{a_n}{2}(1 + j2n)$$

$$|c_n| = \frac{1}{2}|a_n|\sqrt{4n^2+1} = \frac{1}{2} \frac{2\sinh\pi}{\pi(n^2+1)} \sqrt{4n^2+1}$$

$$\text{ang } c_n = \text{ang } a_n + \tan^{-1} 2n$$

n even : $\phi_n = 0 + \tan^{-1} 2n = \tan^{-1} 2n$

n odd : $\phi_n = 180° + \tan^{-1} 2n$

17.33 (Cont.)

$[17.1(c)]\quad \frac{a_0}{2} = \frac{1}{3} = c_0 \Rightarrow |c_0| = \frac{1}{3},\ \phi_0 = 0$

$a_n = \frac{4}{\pi^2}\frac{(-1)^n}{n^2},\ b_n = 0 \Rightarrow c_n = \frac{1}{2}a_n = \frac{2(-1)^n}{\pi^2 n^2}$

$|c_n| = \frac{2}{\pi^2 n^2} = \frac{2}{n^2\pi^2}\ ;\ \left.\begin{array}{l}\phi_n = 0,\ n\text{ even}\\ \quad = 180^\circ,\ n\text{ odd}\end{array}\right\} n>0$

17.34 [Ex. 17.1.1](a) $\frac{16}{\pi}\sum_{n=1}^{\infty}\frac{\sin(2n-1)\pi t}{2n-1}$

$a_n = b_{2n} = 0,\ b_{2n-1} = \frac{16}{\pi(2n-1)} \Rightarrow c_{2n} = 0,\ c_{2n-1} = -j\frac{b_{n-1}}{2}$

$c_{2n-1} = j\frac{-8}{\pi(2n-1)}$

$|c_{2n}| = 0,\ \phi_{2n} = 0\ ;\ |c_{2n-1}| = \frac{8}{\pi(2n-1)},\ \phi_{2n-1} = -90^\circ\ (n>0)$

(b) [Ex. 17.1.2] $a_0 = 0,\ a_n = \frac{4}{n\pi}\sin\frac{3n\pi}{2},\ b_n = \frac{4}{n\pi}\left(1-\cos\frac{3n\pi}{2}\right)$

$c_0 = 0,\ c_n = \frac{2}{n\pi}\left[\sin\frac{3n\pi}{2} - j\left(1-\cos\frac{3n\pi}{2}\right)\right]$

$|c_n| = \frac{2}{n\pi}\left[\sin^2\frac{3n\pi}{2} + 1 - 2\cos\frac{3n\pi}{2} + \cos^2\frac{3n\pi}{2}\right]^{1/2}$

$= \frac{2\sqrt{2}}{n\pi}\left(1-\cos\frac{3n\pi}{2}\right)^{1/2} = \frac{2\sqrt{2}}{n\pi}\left(2\sin^2\frac{3n\pi}{4}\right)^{\frac{1}{2}}$

$= \frac{4}{n\pi}\left|\sin\frac{3n\pi}{4}\right|,\ n>0$

$\phi_n = \tan^{-1}\frac{-\left(1-\cos\frac{n\pi}{2}\right)}{\sin\frac{n\pi}{2}} = -\tan^{-1}\left(\tan\frac{n\pi}{4}\right) = -\frac{n\pi}{4}$

(c) [Ex. 17.1.3] $\frac{a_0}{2} = 1,\ a_n = 0,\ b_{2n} = 0,\ b_{2n-1} = -\frac{4}{\pi(2n-1)}$

$c_0 = 1 : |c_0| = 1,\ \phi_0 = 0\ ;\ c_{2n} = 0\ ;\ c_{2n-1} = j\frac{2}{\pi(2n-1)}$

$|c_{2n-1}| = \frac{2}{\pi(2n-1)},\ \phi_{2n-1} = 90^\circ$ for $n>0$

(d) [Ex. 17.1.4] $\frac{a_0}{2} = c_0 = 1 \Rightarrow |c_0| = 1,\ \phi_0 = 0\ ;\ b_n = 0$

$a_{2n} = 0,\ a_{2n-1} = \frac{4}{\pi}\frac{(-1)^{n+1}}{2n-1} \Rightarrow c_{2n} = 0\ ;\ c_{2n-1} = \frac{a_{2n-1}}{2} = \frac{2}{\pi}\frac{(-1)^{n+1}}{2n-1}$

$|c_{2n-1}| = \frac{2}{\pi(2n-1)},\ \phi_{2n-1} = \left\{\begin{array}{l}0,\ n\text{ odd}\\ 180^\circ,\ n\text{ even}\end{array}\right\},\ n>0$

17.35 $f(t) = \sum_{n=-\infty}^{\infty} c_n e^{jn\omega_o t} = \sum_{n=-\infty}^{\infty} c_m e^{jm\omega_o t}$

$$f^2(t) = \sum_{n=-\infty}^{\infty} \sum_{m=-\infty}^{\infty} c_n c_m e^{j(n+m)\omega_o t}$$

$$\int_0^T e^{j(n+m)\omega_o t} dt = 0, \quad m \neq -n$$
$$= T, \quad m \neq -n$$

$$\int_0^T f^2(t)\,dt = \sum_{n=-\infty}^{\infty} \sum_{m=-\infty}^{\infty} c_n c_m \int_0^T e^{j(n+m)\omega_o t} dt$$

$$= \sum_{n=-\infty}^{\infty} T c_n c_{-n} = T \sum_{n=-\infty}^{\infty} |c_n|^2$$

$$\underline{P = \frac{1}{T} \int_0^T f^2(t)\,dt = \sum_{n=-\infty}^{\infty} |c_n|^2}$$

17.36 (a) $c_n = \dfrac{(-1)^n}{1+jn\pi} \sinh 1 \Rightarrow |c_n|^2 = \underline{\dfrac{\sinh^2 1}{1+n^2\pi^2}}$

(b) $c_o = 0$; $c_n = \dfrac{4\sin(\frac{n\pi}{2})}{jn^2\pi^2}$; $c_{2n} = \underline{0}$,

$c_{2n-1} = \dfrac{4(-1)^{n+1}}{j(2n-1)^2\pi^2} \Rightarrow |c_{2n-1}|^2 = \underline{\dfrac{16}{(2n-1)^4\pi^4}}$

(c) $c_o = \dfrac{1}{2}$, $c_n = \dfrac{j}{2n\pi} \Rightarrow |c_o|^2 = \underline{\dfrac{1}{4}}$, $|c_n|^2 = \underline{\dfrac{1}{4n^2\pi^2}}$

CHAPTER 18

–EXERCISES–

18.2.1 $F(j\omega)=\int_{-1}^{0}e^{-j\omega t}dt-\int_{0}^{1}e^{-j\omega t}dt=-\frac{1}{j\omega}\left\{e^{-j\omega t}\Big|_{-1}^{0}-e^{-j\omega t}\Big|_{0}^{1}\right\}$

$$=-\frac{1}{j\omega}\left[2-(e^{j\omega}+e^{-j\omega})\right]=\underline{2j(1-\cos\omega)/\omega}$$

18.2.2 $\mathcal{F}[e^{-a|t|}]=\int_{-\infty}^{0}e^{at}e^{-j\omega t}dt+\int_{0}^{\infty}e^{-at}e^{-j\omega t}dt$

$$=\frac{e^{(a-j\omega)t}}{a-j\omega}\Big]_{-\infty}^{0}+\frac{e^{-(a+j\omega)t}}{-(a+j\omega)}\Big]_{0}^{\infty}=\underline{\frac{2a}{\omega^2+a^2}}$$

18.2.3 $F(j\omega)=\int_{-1}^{0}(t+1)e^{-j\omega t}dt+\int_{0}^{1}(-t+1)e^{-j\omega t}dt$

Integrating by parts,

$$F(j\omega)=-\frac{1}{j\omega}e^{-j\omega t}\Big]_{-1}^{0}-\frac{1}{\omega^2}\left[(-j\omega t-1)e^{-j\omega t}\right]_{-1}^{0}-\frac{1}{j\omega}e^{-j\omega t}\Big]_{0}^{1}$$

$$-\left\{-\frac{1}{\omega^2}\left[(-j\omega-1)e^{-j\omega t}\right]_{0}^{1}\right\}$$

$$=\frac{2(1-\cos\omega)}{\omega^2}=\underline{\frac{4\sin^2(\omega/2)}{\omega^2}=Sa^2\left(\frac{\omega}{2}\right)}$$

18.2.4 $f(t)=\frac{1}{2\pi}\int_{-1}^{1}e^{j\omega t}d\omega=\frac{1}{2\pi}\frac{e^{jt}-e^{-jt}}{jt}=\frac{1}{\pi}\frac{\sin t}{t}$

$$\underline{f(t)=\frac{1}{\pi}Sa(t)}$$

18.3.1 $F(j\omega)=\int_{-\infty}^{\infty}f(t)e^{-j\omega t}dt$

$$=\int_{-\infty}^{\infty}f(t)\cos\omega t\,dt-j\int_{-\infty}^{\infty}f(t)\sin\omega t\,dt$$

$$\operatorname{Re}F(j\omega)=\int_{-\infty}^{\infty}f(t)\cos\omega t\,dt$$

$$\operatorname{Re}F(j\omega)\Big|_{\omega\to-\omega}=\int_{-\infty}^{\infty}f(t)\cos(-\omega)t\,dt=\int_{-\infty}^{\infty}f(t)\cos\omega t\,dt$$

$$=\operatorname{Re}F(j\omega)$$

$$\operatorname{Im}F(j\omega)=-\int_{-\infty}^{\infty}f(t)\sin\omega t\,dt$$

$$\operatorname{Im}F(j\omega)\Big|_{\omega\to-\omega}=-\int_{-\infty}^{\infty}f(t)\sin(-\omega)t\,dt=\int_{-\infty}^{\infty}f(t)\sin\omega t\,dt$$

$$=-\operatorname{Im}F(j\omega)$$

$$|F(j\omega)|=\left\{[\operatorname{Re}F(j\omega)]^2+[\operatorname{Im}F(j\omega)]^2\right\}^{\frac{1}{2}}$$

$$|F(j\omega)|_{\omega\to-\omega}=\left\{[\operatorname{Re}F(j\omega)|_{\omega\to-\omega}]^2+[\operatorname{Im}F(j\omega)|_{\omega\to-\omega}]^2\right\}^{1/2}$$

18.3.1 (Cont.) $|F(j\omega)|_{\omega\to-\omega} = \{[ReF(j\omega)]^2 + [-ImF(j\omega)]^2\}^{1/2}$

$$= |F(j\omega)|$$

$$\phi(\omega) = \tan^{-1}\frac{ImF(j\omega)}{ReF(j\omega)}\,;\ \phi(-\omega) = \tan^{-1}\frac{ImF(j\omega)|_{\omega\to-\omega}}{ReF(j\omega)|_{\omega\to-\omega}}$$

$$\phi(-\omega) = \tan^{-1}\frac{-ImF(j\omega)}{ReF(j\omega)} = -\tan^{-1}\frac{ImF(j\omega)}{ReF(j\omega)} = -\phi(\omega)$$

18.3.2 $F(j\omega) = \int_{-\infty}^{0}(-e^{-t})e^{-j\omega t}dt + \int_{0}^{\infty}e^{-t}e^{-j\omega t}dt$

$$= -\left.\frac{e^{(1-j\omega)t}}{1-j\omega}\right|_{-\infty}^{0} - \left.\frac{e^{-(1+j\omega)t}}{1+j\omega}\right|_{0}^{\infty}$$

$$= \frac{-1}{1-j\omega} + \frac{1}{1+j\omega} = \underline{\frac{-2j\omega}{1+\omega^2}}$$

18.3.3 (a) Ex. 18.2.1 $f(t) = -f(-t) \Rightarrow f(t)$ is odd

$$F(j\omega) = -2j\int_0^\infty f(t)\sin\omega t\,dt = -2j\int_0^1(-1)\sin\omega t\,dt$$

$$= -2j\frac{1}{\omega}\cos\omega t\Big|_0^1 = \underline{\frac{2j}{\omega}(1-\cos\omega)}$$

(b) $f(t) = e^{-a|t|}$ is even (Ex. 18.2.2)

$$F(j\omega) = 2\int_0^\infty e^{-at}\cos\omega t\,dt = \frac{2e^{-at}}{\omega^2+a^2}(-a\cos\omega t + \omega\sin\omega t)\Big|_0^\infty$$

$$= \underline{\frac{2a}{\omega^2+a^2}}$$

18.4.1 Operation 2: $\mathcal{F}[f(\frac{t}{a})] = \int_{-\infty}^{\infty} f(\frac{t}{a})e^{-j\omega t}dt$

$\tau = \frac{t}{a}$, $t = a\tau$, $dt = ad\tau$: $\mathcal{F}[f(\frac{t}{a})] = \int_{-\infty}^{\infty} af(\tau)e^{-j\omega a\tau}d\tau$

$\mathcal{F}[f(\frac{t}{a})] = \underline{aF(j\omega a)}$, $a>0$

$a<0$: $\mathcal{F}[f(\frac{t}{a})] = a\int_{\infty}^{-\infty} f(\tau)e^{-j\omega a\tau}d\tau = -a\int_{-\infty}^{\infty} f(\tau)e^{-j\omega a\tau}d\tau$

$\therefore\ \mathcal{F}[f(\frac{t}{a})] = \underline{|a|\,F(j\omega a)}$

Operation 6: From Property 2 with $a=-1$

$$\mathcal{F}[f(-t)] = |-1|\,F(-j\omega) = \underline{F(-j\omega)}$$

Operation 8:

$$\frac{dF(j\omega)}{d(j\omega)} = \frac{d}{d(j\omega)}\int_{-\infty}^{\infty} f(t)e^{-j\omega t}dt = \int_{-\infty}^{\infty} f(t)\left[\frac{d}{d(j\omega)}e^{-j\omega t}\right]dt$$

18.4.1 (cont.) $\frac{dF(j\omega)}{d(j\omega)} = \int_{-\infty}^{\infty} [-t f(t)] e^{-j\omega t} dt$

$$\frac{d^n F(j\omega)}{d(j\omega)^n} = \int_{-\infty}^{\infty} f(t)\left[\frac{d^n}{d(j\omega)^n} e^{-j\omega t}\right] dt = \int_{-\infty}^{\infty} (-t)^n f(t) e^{-j\omega t} dt$$

$\therefore\ \mathcal{F}[(-t)^n f(t)] = \frac{d^n F(j\omega)}{d(j\omega)^n}$; $\underline{\mathcal{F}[t^n f(t)] = (-1)^n \frac{d^n F(j\omega)}{d(j\omega)^n}}$

18.4.2 (18.16) $G(j\omega) = \frac{2A}{\omega} \sin\frac{\omega\delta}{2}$; $g(t) = A, -\frac{\delta}{2} < t < \frac{\delta}{2}$
$= 0$, otherwise

$f(t) = \frac{1}{2}, 0 < t < 1$; $f(t) = 0$, elsewhere $\Rightarrow \delta = 1, A = \frac{1}{2}$

$f(t) = g(t - \frac{1}{2})$; $F(j\omega) = e^{-j\frac{\omega}{2}} G(j\omega) = e^{-j\omega/2} \frac{2(1/2)}{\omega} \sin\frac{\omega}{2}$

$F(j\omega) = \underline{e^{-j\omega/2} (\sin\frac{\omega}{2})/\omega}$

18.4.3 $F(j\omega) = \frac{1}{\pi} \frac{\sin(\omega - 2)}{\omega - 2}$; $G(j\omega) = \frac{1}{\pi} \frac{\sin\omega}{\omega}$

From (18.15) and (18.16), $\delta = 2$, $2A = \frac{1}{\pi} \Rightarrow A = \frac{1}{2\pi}$

$g(t) = \frac{1}{2\pi}, -1 < t < 1$, $g(t) = 0$, elsewhere

$f(t) = e^{j2t} g(t)$ (operation 4)

$\underline{f(t) = \frac{1}{2\pi} e^{j2t}, -1 < t < 1}$; $\underline{f(t) = 0, \text{elsewhere}}$

18.4.4 $\frac{1}{2} e^{-|t|} \leftrightarrow \frac{1}{\omega^2 + 1}$ $(a = 1)$

Operation 5: $\mathcal{F}[F(jt)] = \mathcal{F}\left[\frac{1}{t^2+1}\right] = 2\pi f(-\omega)$

$= 2\pi e^{-|-\omega|} (\frac{1}{2})$

$\therefore\ \mathcal{F}\left[\frac{1}{t^2+1}\right] = \underline{\pi e^{-|\omega|}}$

18.5.1 $\mathcal{F}[y'' + 5y' + 6y] = \mathcal{F}[2x] \Rightarrow [(j\omega)^2 + 5(j\omega) + 6] Y(j\omega) = 2X(j\omega)$

$H(j\omega) = \frac{Y(j\omega)}{X(j\omega)} = \underline{\frac{2}{6 - \omega^2 + j5\omega}}$

18.5.2 $X(j\omega) = \mathcal{F}[e^{-t} u(t)] = \frac{1}{j\omega + 1}$

$$\mathcal{F}[y(t)] = Y(j\omega) = H(j\omega) X(j\omega) = \frac{2}{(j\omega+1)[(j\omega)^2 + 5j\omega + 6]}$$

$$= \underline{\frac{2}{(j\omega+1)(j\omega+2)(j\omega+3)}}$$

18.5.3 $\frac{1}{j\omega+1} - \frac{2}{j\omega+2} + \frac{1}{j\omega+3} = \frac{(j\omega+2)(j\omega+1+j\omega+3) - 2(j\omega+1)(j\omega+3)}{(j\omega+1)(j\omega+2)(j\omega+3)}$

18.5.3 $(j\omega+2)(2j\omega+4)-2(-\omega^2+j4\omega+3)=2(-\omega^2+j4\omega+4)$

$$-2(-\omega^2+j4\omega+3)=2$$

$$y(t)=\mathcal{F}^{-1}\left[\frac{1}{j\omega+1}-\frac{2}{j\omega+2}+\frac{1}{j\omega+3}\right]=\mathcal{F}^{-1}\left[\frac{1}{j\omega+1}\right]-2\mathcal{F}^{-1}\left[\frac{1}{j\omega+2}\right]+\mathcal{F}^{-1}\left[\frac{1}{j\omega+3}\right]$$

$$y(t)=\underline{(e^{-t}-2e^{-2t}+e^{-3t})u(t)}$$

18.5.4 $Y(j\omega)=\mathcal{F}[x(t-t_0)]=e^{-jt_0\omega}X(j\omega)$

$$H(j\omega)=\frac{Y(j\omega)}{X(j\omega)}=\underline{e^{-jt_0\omega}}$$

$$|H(j\omega)|=\{\cos^2 t_0\omega+\sin^2 t_0\omega\}^{1/2}=\underline{1}$$

$$\phi(\omega)=\arg e^{-jt_0\omega}=\underline{-t_0\omega}$$

$$\tau(\omega)=-\frac{d\phi(\omega)}{d\omega}=-\frac{d}{d\omega}(-t_0\omega)=\underline{t_0}$$

18.6.1 $V_i(j\omega)=\dfrac{1}{j\omega+3}$; $V_o(j\omega)=\dfrac{2}{j\omega+2}\dfrac{1}{j\omega+3}=\dfrac{2}{j\omega+2}+\dfrac{-2}{j\omega+3}$

$$v_o(t)=2(e^{-2t}-e^{-3t})u(t)$$

$$W_o=\int_{-\infty}^{\infty}v_o^2\,dt=4\int_0^{\infty}(e^{-4t}-2e^{-5t}+e^{-6t})\,dt$$

$$=4\left[-\frac{1}{4}e^{-4t}-\frac{2}{-5}e^{-5t}-\frac{1}{6}e^{-6t}\right]_0^{\infty}=\underline{\frac{1}{15}\text{ J}}$$

v_R = resistor voltage $=v_i-v_o=(e^{-3t}-2e^{-2t}+2e^{-3t})u(t)$

$$=(3e^{-3t}-2e^{-2t})u(t)$$

$$W_R=\int_{-\infty}^{\infty}v_R^2\,dt=\int_0^{\infty}(9e^{-6t}-12e^{-5t}+4e^{-4t})\,dt$$

$$=\left[-\frac{3}{2}e^{-6t}+\frac{12}{5}e^{-5t}-e^{-4t}\right]_0^{\infty}=\underline{\frac{1}{10}\text{ J}}$$

18.6.2 $v_i=6e^{-3t}u(t)$; $W_i=\int_0^{\infty}36e^{-6t}\,dt=-6e^{-6t}\Big|_0^{\infty}=\underline{6\text{ J}}$

$$V_i(j\omega)=\frac{6}{j\omega+3};\ W_o=\frac{1}{2\pi}\int_{-1}^{1}(1)\,|V_i(j\omega)|^2\,d\omega=\frac{1}{2\pi}\int_{-1}^{1}\frac{36}{\omega^2+9}\,d\omega$$

$$W_o=\frac{1}{\pi}(36)\left(\frac{1}{3}\tan^{-1}\frac{\omega}{3}\right)\Big|_0^{1}=\frac{12}{\pi}\tan^{-1}\left(\frac{1}{3}\right)\text{ J}$$

$$=\underline{1.23\text{ J}}$$

18.6.3 $I(j\omega) = \frac{V_g(j\omega)}{2+j\frac{\omega}{2}} = \frac{4/(j\omega+2)}{(j\omega+4)/2} = \frac{8}{(j\omega+2)(j\omega+4)}$

$$W_o = \frac{1}{2\pi}\int_{-\infty}^{\infty} \frac{d\omega}{(\omega^2+4)(\omega^2+16)}$$

$$= \frac{1}{2\pi}\frac{16}{3}\int_{-\infty}^{\infty}\left[\frac{1}{\omega^2+4} - \frac{1}{\omega^2+16}\right]d\omega$$

$$= \frac{16}{3\pi}\left[\frac{1}{2}\tan^{-1}\frac{\omega}{2} - \frac{1}{4}\tan^{-1}\frac{\omega}{4}\right]_0^{\infty} = \underline{\frac{2}{3}\ \text{J}}$$

– PROBLEMS –

18.1 (a) $F(j\omega) = \int_a^b e^{-j\omega t}dt = -\frac{1}{j\omega}\left[e^{-jb\omega} - e^{-ja\omega}\right]$

$$\underline{F(j\omega) = \frac{1}{j\omega}\left[e^{-ja\omega} - e^{-jb\omega}\right]}$$

(b) $F(j\omega) = \int_{-\infty}^{\infty} e^{-at}\cos bt\, u(t) e^{-j\omega t}dt$

$$= \int_0^{\infty} e^{-(a+j\omega)t}\cos bt\, dt$$

$$= \frac{e^{-(a+j\omega)t}}{(a+j\omega)^2+b^2}\left[-(a+j\omega)\cos bt + b\sin bt\right]\Big|_0^{\infty}$$

$$= \underline{\frac{a+j\omega}{(a+j\omega)^2+b^2}}$$

(c) $F(j\omega) = \int_{-\infty}^{\infty} e^{-at}\sin bt\, u(t)\, e^{-j\omega t}dt$

$$= \int_0^{\infty} e^{-(a+j\omega)t}\sin bt\, dt$$

$$= \frac{e^{-(a+j\omega)t}}{(a+j\omega)^2+b^2}\left[-(a+j\omega)\sin bt - b\cos bt\right]\Big|_0^{\infty}$$

$$= \underline{\frac{b}{(a+j\omega)^2+b^2}}$$

(d) $F(j\omega) = \int_{-\infty}^{\infty} e^{-at}\left[u(t) - u(t-2)\right]e^{-j\omega t}dt$

$$= \int_0^2 e^{-(a+j\omega)t}dt = -\frac{e^{-(a+j\omega)t}}{a+j\omega}\Big|_0^2$$

$$= \underline{\frac{1}{a+j\omega}\left[1 - e^{-2(a+j\omega)}\right]}$$

18.2 (a) $F(j\omega)=\int_{-\infty}^{0} e^{at}e^{-j\omega t}dt = \frac{e^{(a-j\omega)t}}{a-j\omega}\Big|_{-\infty}^{0} = \underline{\frac{1}{a-j\omega}}$

(b) $F(j\omega)=\int_{-\infty}^{0} e^{at}\cos bt\, e^{-j\omega t}dt = \int_{-\infty}^{0} e^{(a-j\omega)t}\cos bt\, dt$

$$= \frac{e^{(a-j\omega)t}}{(a-j\omega)^2+b^2}\left[(a-j\omega)\cos bt + b\sin bt\right]\Big|_{-\infty}^{0}$$

$$= \underline{\frac{a-j\omega}{(a-j\omega)^2+b^2}}$$

(c) $F(j\omega)=\int_{-\infty}^{0} e^{at}\sin bt\, e^{-j\omega t}dt = \int_{-\infty}^{0} e^{(a-j\omega)t}\sin bt\, dt$

$$= \frac{e^{(a-j\omega)t}}{(a-j\omega)^2+b^2}\left[(a-j\omega)\sin bt - b\cos bt\right]\Big|_{-\infty}^{0}$$

$$= \underline{\frac{-b}{(a-j\omega)^2+b^2}}$$

(d) $F(j\omega)=\int_{0}^{\infty} e^{-at}e^{-j\omega t}dt - \int_{-\infty}^{0} e^{at}e^{-j\omega t}dt$

$$= -\frac{e^{-(a+j\omega)t}}{a+j\omega}\Big|_{0}^{\infty} - \frac{e^{(a-j\omega)t}}{a-j\omega}\Big|_{-\infty}^{0}$$

$$= \frac{1}{a+j\omega} - \frac{1}{a-j\omega} = \underline{\frac{-2j\omega}{\omega^2+a^2}}$$

18.3 (a) $f(t) = e^{-at}u(t) - e^{at}u(-t)$

$f(-t) = e^{at}u(-t) - e^{-at}u(t) = -f(t) \Rightarrow f$ is odd

$F(j\omega) = -2j\int_{0}^{\infty} f(t)\sin\omega t\, dt$

$$= -2j\int_{0}^{\infty}\left[e^{-at}u(t) - e^{at}u(-t)\right]\sin\omega t\, dt$$

$$= -2j\int_{0}^{\infty} e^{-at}\sin\omega t\, dt = -2j\frac{e^{-at}}{a^2+\omega^2}\left[-a\cos\omega t + \omega\sin\omega t\right]\Big|_{0}^{\infty}$$

$$= \underline{\frac{-j2a}{\omega^2+a^2}}$$

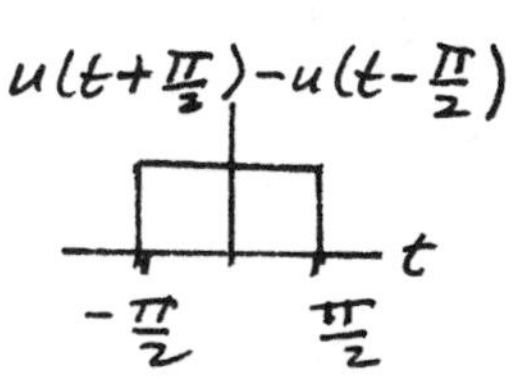

(b) $f(t) = \cos t\left[u(t+\frac{\pi}{2}) - u(t-\frac{\pi}{2})\right]$

$f(-t) = \cos(-t)\left[u(-t+\frac{\pi}{2}) - u(-t-\frac{\pi}{2})\right]$

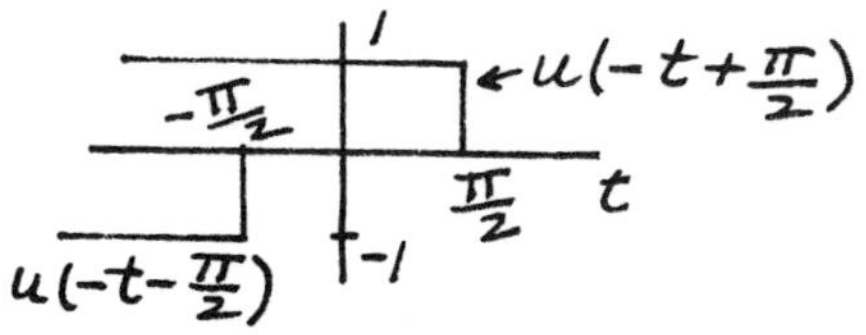

$u(-t+\frac{\pi}{2}) - u(-t-\frac{\pi}{2})$ -

$= u(t+\frac{\pi}{2}) - u(t-\frac{\pi}{2})$

This can be seen easily from graphs.

18.3 (b) (Cont.) $\therefore f(t) = -f(-t)$

$$F(j\omega) = 2\int_0^{\infty} f(t)\cos\omega t\,dt = 2\int_0^{\infty} \cos t\,[u(t+\tfrac{\pi}{2}) - u(t-\tfrac{\pi}{2})] \times \sin\omega t\,dt$$

$$= 2\int_0^{\pi/2} \cos t \cos\omega t\,dt$$

$$= \int_0^{\pi/2} [\cos(\omega+1)t + \cos(\omega-1)t]\,dt$$

$$= \frac{1}{\omega+1}\sin\frac{\pi}{2}(\omega+1) + \frac{1}{\omega-1}\sin\frac{\pi}{2}(\omega-1)$$

$$= \frac{1}{\omega+1}\cos\frac{\pi\omega}{2} + \frac{1}{\omega-1}\left[-\cos\frac{\pi\omega}{2}\right] = -\frac{2\cos\frac{\pi\omega}{2}}{\omega^2-1}$$

(c) $$F(j\omega) = \int_{-\frac{\pi}{2}}^{\pi/2} \cos t\, e^{-j\omega t}\,dt = \frac{e^{-j\omega t}}{(-j\omega)^2+1}\left[-j\omega\cos\omega t + \sin\omega t\right]_{-\frac{\pi}{2}}^{\frac{\pi}{2}}$$

$$= \frac{1}{1-\omega^2}\left[e^{-j\frac{\pi\omega}{2}} - e^{j\frac{\pi\omega}{2}}(-1)\right] = -\frac{2\cos\frac{\pi\omega}{2}}{\omega^2-1}$$

18.4 [18.1(a)] $$F(j\omega) = \frac{1}{j\omega}\left[\cos a\omega - \cos b\omega + j(-\sin a\omega + \sin b\omega)\right]$$

$$F(j\omega) = \frac{\sin b\omega - \sin a\omega}{\omega} - j\,\frac{\cos a\omega - \cos b\omega}{\omega}$$

$$\mathrm{Re}\,F(j\omega) = \frac{1}{\omega}(\sin b\omega - \sin a\omega), \quad \mathrm{Im}\,F(j\omega) = \frac{1}{\omega}(\cos b\omega - \cos a\omega)$$

[18.1(b)] $$F(j\omega) = \frac{a+j\omega}{a^2-\omega^2+b^2+j2a\omega}\;\frac{a^2+b^2-\omega^2-j2a\omega}{a^2+b^2-\omega^2-j2a\omega}$$

$$\mathrm{Re}\,F(j\omega) = \frac{a(a^2+b^2-\omega^2)+2a\omega^2}{(a^2+b^2-\omega^2)^2+4a^2\omega^2}$$

$$\mathrm{Im}\,F(j\omega) = \frac{\omega(a^2+b^2-\omega^2)-2a^2\omega}{(a^2+b^2-\omega^2)^2+4a^2\omega^2}$$

[18.1(c)] $$F(j\omega) = \frac{b}{a^2+b^2-\omega^2+2ja\omega}\;\frac{a^2+b^2-\omega^2-2ja\omega}{a^2+b^2-\omega^2-2ja\omega}$$

$$\mathrm{Re}\,F(j\omega) = \frac{b(a^2+b^2-\omega^2)}{(a^2+b^2-\omega^2)^2+4a^2\omega^2}$$

$$\mathrm{Im}\,F(j\omega) = \frac{-2ab\omega}{(a^2+b^2-\omega^2)^2+4a^2\omega^2}$$

18.5 [18.1(a)]

$$|F(j\omega)|^2 = \frac{(\sin b\omega - \sin a\omega)^2 + (\cos b\omega - \cos a\omega)^2}{\omega^2}$$

$$= \frac{\sin^2 b\omega - 2\sin a\omega \sin b\omega + \sin^2 a\omega}{\omega^2}$$

$$+ \frac{\cos^2 b\omega - 2\cos a\omega \cos b\omega + \cos^2 a\omega}{\omega^2}$$

$$= \frac{2 - 2(\sin a\omega \sin b\omega + \cos a\omega \cos b\omega)}{\omega^2}$$

$$= \frac{2[1 - \cos(a-b)\omega]}{\omega^2} = \frac{4}{\omega^2}\sin^2\left[\frac{(a-b)\omega}{2}\right]$$

$$|F(j\omega)| = \underline{2\left|\frac{1}{\omega}\sin\frac{(a-b)\omega}{2}\right|} = \underline{2\left|\frac{1}{\omega}\sin\frac{(b-a)\omega}{2}\right|}$$

$$\frac{\text{Im } F(j\omega)}{\text{Re } F(j\omega)} = \frac{\cos b\omega - \cos a\omega}{\sin b\omega - \sin a\omega} = \frac{-2\sin\frac{(a+b)\omega}{2}\sin\frac{(b-a)\omega}{2}}{2\cos\frac{(a+b)\omega}{2}\sin\frac{(b-a)\omega}{2}}$$

$$= -\tan\frac{(a+b)\omega}{2}$$

$$\phi(\omega) = \tan^{-1}\left[-\tan\frac{(a+b)\omega}{2}\right]$$

[18.1(b)] $$|F(j\omega)|^2 = \underline{\frac{a^2+\omega^2}{(a^2+b^2-\omega^2)^2 + 4a^2\omega^2}}$$

$$\phi(\omega) = \underline{\tan^{-1}\frac{\omega}{a} - \tan^{-1}\frac{2a\omega}{a^2+b^2-\omega^2}}$$

[18.1(c)] $$|F(j\omega)|^2 = \underline{\frac{b^2}{(a^2+b^2-\omega^2)^2 + 4a^2\omega^2}}$$

$$\phi(\omega) = \underline{-\tan^{-1}\frac{2a\omega}{a^2+b^2-\omega^2}}$$

[18.1.(d)] $$F(j\omega) = \frac{1 - e^{-2a}\cos 2\omega + je^{-2a}\sin 2\omega}{a + j\omega}$$

$$|F(j\omega)|^2 = \frac{(1 - e^{-2a}\cos 2\omega)^2 + e^{-4a}\sin^2 2\omega}{a^2+\omega^2}$$

$$= \underline{\frac{1 + e^{-4a} - 2e^{-2a}\cos 2\omega}{a^2+\omega^2}}$$

$$\phi(\omega) = \underline{\tan^{-1}\frac{e^{-2a}\sin 2\omega}{1 - e^{-2a}\cos 2\omega} - \tan^{-1}\frac{\omega}{a}}$$

18.6 $\mathcal{F}[f(t)] = \mathcal{F}[e^{-at}u(t)] - \mathcal{F}[e^{at}u(-t)]$

$$= \frac{1}{a+j\omega} - \frac{1}{a-j\omega} = \underline{\frac{-j2\omega}{a^2+\omega^2}}$$

18.7 $F(j\omega) = \mathcal{F}[e^{-t}\sin(2t+\frac{\pi}{4})u(t)]$

$$= \frac{1}{\sqrt{2}}\{\mathcal{F}[e^{-t}\sin 2t\, u(t)] + \mathcal{F}[e^{-t}\cos 2t\, u(t)]\}$$

$$= \frac{1}{\sqrt{2}}\left\{\frac{2}{(1+j\omega)^2+2^2} + \frac{1+j\omega}{(1+j\omega)^2+2^2}\right\}$$

$$= \underline{\frac{1}{\sqrt{2}}\frac{3+j\omega}{5-\omega^2+j2\omega}}$$

18.8 (a) $\mathcal{F}[e^{-2t}u(t)] = \frac{1}{j\omega+2} \Rightarrow \mathcal{F}[te^{-2t}u(t)] = -\frac{d}{d(j\omega)}(j\omega+2)^{-1}$

$$\mathcal{F}[te^{-2t}u(t)] = \underline{\frac{1}{(j\omega+2)^2}}$$

(b) $\mathcal{F}[e^{-2t}\sin t\, u(t)] = \frac{1}{(2+j\omega)^2+1}$

$$\mathcal{F}[te^{-2t}\sin t\, u(t)] = -\frac{d}{d(j\omega)}[(2+j\omega)^2+1]^{-1}$$

$$= \underline{\frac{2(2+j\omega)}{[(2+j\omega)^2+1]^2}} = \underline{\frac{2(2+j\omega)}{[5-\omega^2+j4\omega]^2}}$$

(c) $\mathcal{F}[e^{-2t}u(t)] = \frac{1}{j\omega+2}$, $\mathcal{F}[te^{-2t}u(t)] = \frac{1}{(j\omega+2)^2}$

$$\mathcal{F}[t^2e^{-2t}u(t)] = -\frac{d}{d(j\omega)}(j\omega+2)^{-2} = \underline{\frac{2}{(j\omega+2)^3}}$$

(d) $\mathcal{F}[e^{2t}u(-t)] = \frac{1}{2-j\omega}$

$$\mathcal{F}[te^{2t}u(-t)] = -\frac{d}{d(j\omega)}(2-j\omega)^{-1} = \underline{-\frac{1}{(2-j\omega)^2}}$$

(e) $\mathcal{F}[e^{t}\cos 2t\, u(-t)] = \frac{1-j\omega}{(1-j\omega)^2+4}$ [18.2 (b)]

$$\mathcal{F}[e^{t}\cos 2t\, u(-t)] = \frac{1}{2}\mathcal{F}[e^{j2t}e^{t}u(-t)] + \frac{1}{2}\mathcal{F}[e^{-j2t}e^{t}u(-t)]$$

18.8 (e) (cont.) $\mathcal{F}[e^{t}u(-t)] = \dfrac{1}{1-j\omega}$

$$\mathcal{F}[e^{t}\cos 2t\, u(-t)] = \frac{1}{2}\left[\frac{1}{1-j(\omega-2)} + \frac{1}{1-j(\omega+2)}\right]$$

$$= \frac{1-j\omega}{[1-j(\omega-2)][1-j(\omega+2)]} = \underline{\frac{1-j\omega}{(1-j\omega)^2+4}}$$

(f) $\mathcal{F}[e^{-2|t|}] = \dfrac{4}{\omega^2+4}$ [Ex. 18.2.1]

$$\mathcal{F}[t e^{-2|t|}] = 4\left[-\frac{d}{d(j\omega)}(\omega^2+4)^{-1}\right] = j4\frac{d}{d\omega}(\omega^2+4)^{-1}$$

$$= -j4(2\omega)(\omega^2+4)^{-2} = \underline{\frac{-j8\omega}{(\omega^2+4)^2}}$$

$$\mathcal{F}[t^2 e^{-2|t|}] = j\frac{d}{d\omega}\left[-j8\omega(\omega^2+4)^{-2}\right]$$

$$= 8\left[\omega(-2)(\omega^2+4)^{-3}(2\omega) + (\omega^2+4)^{-2}\right]$$

$$= \underline{\frac{8(4-3\omega^2)}{(\omega^2+4)^3}}$$

18.9 (a) $\mathcal{F}[e^{-2t}\sin 2t\, u(t)] = \mathcal{F}\left[\dfrac{e^{-2t}e^{j2t}u(t)}{2j}\right] - \mathcal{F}\left[\dfrac{e^{-2t}e^{-j2t}u(t)}{2j}\right]$

$$= \frac{1}{2j}\left\{\left.\frac{1}{j\omega+2}\right|_{\omega\to\omega-2} - \left.\frac{1}{j\omega+2}\right|_{\omega\to\omega+2}\right\}$$

$$= \frac{1}{2j}\left[\frac{1}{j(\omega-2)+2} - \frac{1}{j(\omega+2)+2}\right] = \underline{\frac{2}{(2+j\omega)^2+4}}$$

(b) $\mathcal{F}[e^{t}\cos 3t\, u(-t)] = \frac{1}{2}\left\{\mathcal{F}[e^{t}e^{j3t}u(-t)] + \mathcal{F}[e^{t}e^{-j3t}u(-t)]\right\}$

$$= \frac{1}{2}\left\{\left.\frac{1}{1-j\omega}\right|_{\omega\to\omega-3} + \left.\frac{1}{1-j\omega}\right|_{\omega\to\omega+3}\right\}$$

$$= \frac{1}{2}\left[\frac{1}{1-j(\omega-3)} + \frac{1}{1-j(\omega+3)}\right] = \underline{\frac{1-j\omega}{(1-j\omega)^2+9}}$$

18.10 (a) $\mathcal{F}[e^{-2t}u(t-2)] = \mathcal{F}[e^{-4}e^{-2(t-2)}u(t-2)]$

$$= e^{-4}\frac{1}{2+j\omega}e^{-j2\omega} = \underline{\frac{e^{-2(j\omega+2)}}{j\omega+2}}$$

(b) $\mathcal{F}[e^{-t}\cos\frac{\pi t}{2}\, u(t-1)] = \mathcal{F}[e^{-(t-1+1)}\cos\frac{\pi}{2}(t-1+1)\, u(t-1)]$

18.10 (b) $F(j\omega) = -e^{-1}\mathcal{F}[e^{-(t-1)}\sin\frac{\pi}{2}(t-1)\,u(t-1)]$

since $\cos\frac{\pi}{2}[(t-1)+1] = \cos[\frac{\pi}{2}(t-1)+\frac{\pi}{2}] = -\sin\frac{\pi}{2}(t-1)$

$$F(j\omega) = -e^{-1}e^{-j\omega}\mathcal{F}[e^{-t}\sin\frac{\pi t}{2}\,u(t)]$$

$$= -e^{-1}e^{-j\omega}\frac{\pi/2}{(1+j\omega)^2+\frac{\pi^2}{4}} = -\frac{(\pi/2)\,e^{-(j\omega+1)}}{(1+j\omega)^2+\frac{\pi^2}{4}}$$

[From Prob. 18.1(c)]

18.11 $f(t) = 2\{[u(t+4)-u(t+2)] - [u(t-1)-u(t-3)]$

If $f(t) = 2[u(t+4)-u(t+2)]$, then $f(t) = g(t)+g(t-5)$.

$$G(j\omega) = 2\int_{-4}^{-2} e^{-j\omega t}\,dt = \frac{2}{j\omega}[e^{j4\omega}-e^{j2\omega}]$$

$$= 4e^{j3\omega}\frac{\sin\omega}{\omega}$$

$$F(j\omega) = G(j\omega)[1+e^{-j5\omega}]$$

$$= 4e^{j3\omega}\frac{\sin\omega}{\omega}e^{-j\frac{5\omega}{2}}[e^{j\frac{5\omega}{2}}+e^{-j\frac{5\omega}{2}}]$$

$$= \frac{8}{\omega}e^{j\omega/2}\cos\frac{5}{2}\omega\,\sin\omega$$

8.12 (a) $\mathcal{F}[e^{-a|t|}] = \frac{2a}{a^2+\omega^2} \Rightarrow \mathcal{F}[\frac{1}{2a}e^{-a|t|}] = \frac{1}{\omega^2+a^2}$

$$\mathcal{F}[\frac{1}{a^2+t^2}] = 2\pi(\frac{1}{2a})\,e^{-a|-\omega|} = \frac{\pi}{a}e^{-a|\omega|} \quad \text{(Property 5)}$$

(b) $\mathcal{F}[e^{-at}u(t)] = \frac{1}{a+j\omega} \Rightarrow \mathcal{F}[\frac{1}{a+jt}] = 2\pi e^{-a(-\omega)}u(-\omega)$

$$\mathcal{F}[\frac{1}{a+jt}] = 2\pi e^{a\omega}u(-\omega)$$

(c) $\mathcal{F}[Au(t+\frac{\delta}{2}) - Au(t-\frac{\delta}{2})] = \frac{2A}{\omega}\sin\frac{\omega\delta}{2}$

$\delta = 2,\ A = \frac{1}{2} \Rightarrow \mathcal{F}[\frac{1}{2}\{u(t+1)-u(t-1)\}] = \frac{\sin\omega}{\omega} = Sa(\omega)$

$\therefore$ (By 5) $\mathcal{F}[\frac{\sin t}{t}] = 2\pi(\frac{1}{2})[u(-\omega+1)-u(-\omega-1)]$

$$= \pi[u(-\omega+1)-u(-\omega-1)]$$

(d) From Ex. 18.2.3 $\quad f(t) = \begin{cases} t+1, & -1<t<0 \\ -t+1, & 0<t<1 \\ 0, & \text{elsewhere} \end{cases} \leftrightarrow Sa^2(\frac{\omega}{2})$

$$\mathcal{F}[Sa^2(\frac{t}{2})] = \mathcal{F}[\sin^2(t/2)/(t/2)^2] = 2\pi f(-\omega)$$

$$= 2\pi(-\omega+1),\ -1<\omega<0$$

$$= 2\pi(\omega+1),\ 0<\omega<1$$

$$= 0,\ \text{elsewhere}$$

18.12 (d) (cont.) $\mathcal{F}[f(t/a)] = |a| F(j\omega a)$

For $a=\frac{1}{2}$, $\mathcal{F}[f(2t)] = \frac{1}{2} F(j\omega/2)$.

$$\mathcal{F}[Sa^2(t)] = 2\pi\left(\tfrac{1}{2}\right)\left(-\tfrac{1}{2}\omega+1\right), \quad -1<\tfrac{\omega}{2}<0$$
$$= 2\pi\left(\tfrac{1}{2}\right)\left(\tfrac{1}{2}\omega+1\right), \quad 0<\tfrac{\omega}{2}<1$$
$$= 0, \text{ elsewhere}$$

Finally, $\mathcal{F}[Sa^2(t)] = \frac{\pi}{2}(-\omega+2)$, $-2<\omega<0$

$$= \frac{\pi}{2}(\omega+2), \quad 0<\omega<2$$
$$= 0, \text{ elsewhere}$$

18.13 (a) $F(j\omega) = e^{-a|\omega|}$, $a>0$. From Prob. 18.12 (a)

$$\mathcal{F}\left[\frac{1}{a^2+t^2}\right] = \frac{\pi}{a} e^{-a|\omega|} \Rightarrow \mathcal{F}^{-1}\left[e^{-a|\omega|}\right] = \frac{a/\pi}{a^2+t^2} = f(t)$$

(b) $\mathcal{F}^{-1}[j\omega F(j\omega)] = \frac{d}{dt} f(t) = \frac{a}{\pi}(-2t)(t^2+a^2)^{-2}$

$$= \frac{-2at}{\pi(t^2+a^2)^2}$$

(c) $\mathcal{F}^{-1}\left[e^{-2j\omega} F(j\omega)\right] = f(t-2) = \dfrac{a/\pi}{(t-2)^2+a^2}$

(d) $\mathcal{F}^{-1}\left[(j\omega)^2 F(j\omega)\right] = \frac{d^2}{dt^2} f(t) = \frac{d}{dt}\frac{-2at}{\pi(t^2+a^2)^2}$

$$= -\frac{2a}{\pi}\frac{(t^2+a^2)-t(2)(t^2+a^2)(2t)}{(t^2+a^2)^4} = \frac{2a}{\pi}\frac{3t^2-a^2}{(t^2+a^2)^3}$$

18.14 $F(j\omega) = \dfrac{3+j\omega}{2-\omega^2+3j\omega} = \dfrac{2}{j\omega+1} - \dfrac{1}{j\omega+2}$

(a) $\mathcal{F}[f(t-2)] = e^{-j2\omega} F(j\omega) = e^{-j2\omega}\dfrac{3+j\omega}{2-\omega^2+3j\omega}$

(b) $\mathcal{F}[e^{-t} f(t)] = F(j\omega - j\omega_0) = F(j\omega+1) = \dfrac{3+(j\omega+1)}{(j\omega+1)^2+3(j\omega+1)+2}$

$j\omega_0 = -1$

$$= \frac{j\omega+4}{(j\omega)^2+5j\omega+6}$$

(c) $\mathcal{F}[f(2t)] = \frac{1}{2} F\left(j\frac{\omega}{2}\right) = \frac{1}{2}\dfrac{3+j\frac{\omega}{2}}{\left(j\frac{\omega}{2}\right)^2+j3\frac{\omega}{2}+2}$

$a=\frac{1}{2}$

$$= \frac{6+j\omega}{(j\omega)^2+6j\omega+8}$$

18.14 (d) $\mathcal{F}[f(-t)] = F(-j\omega) = \dfrac{3-j\omega}{(j\omega)^2 - 3j\omega + 2}$

$f(t) = (2e^{-t} - e^{-2t})u(t)$

18.15 (a) $\mathcal{F}^{-1}\left[\dfrac{1}{j\omega-2}\right] = \mathcal{F}^{-1}\left[\dfrac{-1}{2-j\omega}\right] = -e^{2t}u(-t)$ [Prob. 18.2(a)]

(b) $\mathcal{F}^{-1}\left[\dfrac{1}{(j\omega-2)^2}\right] = \mathcal{F}^{-1}\left[-\dfrac{d}{d(j\omega)}\dfrac{1}{j\omega-2}\right] = t\,\mathcal{F}^{-1}\left[\dfrac{1}{j\omega-2}\right]$

$= -te^{2t}u(-t)$

18.16 KCL yields $-i + v_g - i + \dfrac{d}{dt}(v_g - i) = 0$

Transforming: $V_g(j\omega) + j\omega V_g(j\omega) = 2I(j\omega) + j\omega I(j\omega)$

$H(j\omega) = \dfrac{I(j\omega)}{V_g(j\omega)} = \dfrac{1+j\omega}{2+j\omega}$

18.17 $2v_c + \dfrac{dv_c}{dt} = v_g \Rightarrow (j\omega+2)V_c(j\omega) = V_g(j\omega)$

(a) $H(j\omega) = \dfrac{V_c(j\omega)}{V_g(j\omega)} = \dfrac{1}{j\omega+2}$

(b) $v_g = e^{-t}u(t) \Rightarrow V_g(j\omega) = \dfrac{1}{j\omega+1}$

$V_c(j\omega) = \dfrac{V_g(j\omega)}{j\omega+2} = \dfrac{1}{(j\omega+1)(j\omega+2)} = \dfrac{1}{j\omega+1} - \dfrac{1}{j\omega+2}$

$v_c = (e^{-t} - e^{-2t})u(t)$

18.18 v_1 = voltage at noninverting terminal

$\dfrac{dv_1}{dt} + v_1 = v_g\ ;\ \dfrac{1}{2}\dfrac{dv}{dt} + v = v_1 \Rightarrow (j\omega+1)V_1 = V_g\ ;\ (j\omega+2)V = 2V_1$

(a) $H(j\omega) = \dfrac{2}{(j\omega+1)(j\omega+2)} = \dfrac{V(j\omega)}{V_g(j\omega)}$

(b) $v_g = e^{-3t}u(t) \Rightarrow V_g(j\omega) = \dfrac{1}{j\omega+3}$

$V(j\omega) = H(j\omega)V_g(j\omega) = \dfrac{2}{(j\omega+1)(j\omega+2)(j\omega+3)}$

$= \dfrac{1}{j\omega+1} + \dfrac{-2}{j\omega+2} + \dfrac{1}{j\omega+3}$

$v = [e^{-t} - 2e^{-2t} + e^{-3t}]u(t)$ V

18.19 $\frac{dv}{dt} + v = v_1 \Rightarrow (j\omega+1)V(j\omega) = V_1(j\omega);\ V_1 = \frac{1}{j\omega+1} V_g$

(a) $H(j\omega) = \underline{\frac{1}{(j\omega+1)^2}}$; $|H(j\omega)| = \frac{1}{(\sqrt{\omega^2+1})^2} = \underline{\frac{1}{\omega^2+1}}$ (b)

(c) $\phi(\omega) = -2\tan^{-1}\omega$;

$|H(j\omega)|_{max} = |H(j0)| = 1$; $|H(j\omega_c)| = \frac{1}{\omega_c^2+1} = \frac{1}{\sqrt{2}}$

$\omega_c = \underline{\sqrt{\sqrt{2}-1}\ \text{rad/s}} \approx \underline{0.644\ \text{rad/s}}$

18.20 $V(j\omega) = H(j\omega)V_g(j\omega) = \frac{1}{(j\omega+1)^2(j\omega+2)}$

$$= \frac{1}{(j\omega+1)^2} - \frac{1}{j\omega+1} + \frac{1}{j\omega+2}$$

$v = \underline{(te^{-t} - e^{-t} + e^{-2t})u(t)\ \text{V}}$

18.21 $[(j\omega)^2 + 3j\omega + 2]Y(j\omega) = 2j\omega X(j\omega)$

$$H(j\omega) = \frac{Y(j\omega)}{X(j\omega)} = \frac{2j\omega}{(j\omega+1)(j\omega+2)} = \frac{2j\omega}{2-\omega^2+j3\omega}$$

$$|H(j\omega)| = \frac{2|\omega|}{\sqrt{(\omega^2+1)(\omega^2+4)}} = \underline{\frac{2|\omega|}{\sqrt{4+5\omega^2+\omega^4}}}$$

$$\phi(\omega) = \underline{90^\circ - \tan^{-1}\frac{3\omega}{2-\omega^2}}$$

18.22 $[(j\omega)^2 + 4j\omega + 4]Y(j\omega) = 2j\omega X(j\omega)$

$H(j\omega) = \frac{2j\omega}{(j\omega+2)^2}$; $|H(j\omega)| = \underline{\frac{2|\omega|}{\omega^2+4}}$

$$\phi(\omega) = \underline{90^\circ - 2\tan^{-1}\frac{\omega}{2}}$$

18.23 $X(j\omega) = \frac{1}{j\omega+1} - \frac{1}{j\omega+2} = \frac{1}{(j\omega+1)(j\omega+2)}$

$Y(j\omega) = \frac{1}{(j\omega+1)^2}$; $H(j\omega) = \frac{Y(j\omega)}{X(j\omega)} = \frac{1/(j\omega+1)^2}{1/[(j\omega+1)(j\omega+2)]}$

$H(j\omega) = \underline{\frac{j\omega+2}{j\omega+1}} \Rightarrow (j\omega+1)Y(j\omega) = (j\omega+2)X(j\omega)$

$\therefore\ \underline{y' + y = x' + 2x}$

18.24 $y(t) = (2 + \cos\omega_0 t)\,x(t)$

$$= 2x(t) + \tfrac{1}{2}e^{j\omega_0 t}x(t) + \tfrac{1}{2}e^{-j\omega_0 t}x(t)$$

(a) $\underline{Y(j\omega) = 2X(j\omega) + \tfrac{1}{2}X(j\omega - j\omega_0) + \tfrac{1}{2}X(j\omega + j\omega_0)}$

(b)

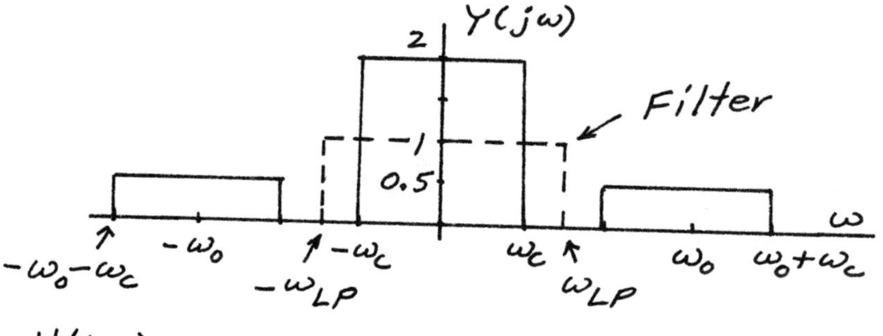

If $H(j\omega) = 1, \; -\omega_{LP} < \omega < \omega_{LP}$

$= 0$, otherwise

then $H(j\omega)Y(j\omega) = 2, \; -\omega_c < \omega < \omega_c$

$= 0$, otherwise

or $H(j\omega)Y(j\omega) = \underline{2X(j\omega)}$

18.25 $W(-1,1) = \frac{1}{2\pi}\int_{-1}^{1}\left|\frac{1}{1+j\omega}\right|^2 d\omega = \frac{1}{\pi}\int_0^1 \frac{d\omega}{1+\omega^2}$

$$= \frac{1}{\pi}\tan^{-1}\omega\Big|_0^1 = \frac{1}{\pi}\frac{\pi}{4} = \underline{\frac{1}{4}\text{ J}}$$

$$W(-\infty,\infty) = \frac{1}{\pi}\int_0^\infty \frac{d\omega}{1+\omega^2} = \frac{1}{\pi}\tan^{-1}\omega\Big|_0^\infty = \frac{1}{\pi}\frac{\pi}{2} = \underline{\frac{1}{2}\text{ J}}$$

18.26 $v_i = 2e^{-2t}u(t) \Rightarrow V_i(j\omega) = \dfrac{2}{j\omega+2}$

$$W_0 = \frac{1}{2\pi}\int_{-\infty}^{\infty}|H(j\omega)V_i(j\omega)|^2 d\omega$$

$$= \frac{1}{2\pi}\left[\int_{-\infty}^{-1}|V_i(j\omega)|^2 d\omega + \int_1^\infty |V_i(j\omega)|^2 d\omega\right]$$

$$= \frac{1}{\pi}\int_1^\infty \frac{4}{\omega^2+4}d\omega = \frac{4}{\pi}\frac{1}{2}\tan^{-1}\frac{\omega}{2}\Big|_1^\infty$$

$$= \frac{2}{\pi}\left(\frac{\pi}{2} - \tan^{-1}\frac{1}{2}\right) = 1 - \frac{2}{\pi}\tan^{-1}\frac{1}{2} \approx 0.705\text{ J}$$

18.27 $V_i(j\omega) = \dfrac{A}{j\omega+a}$; $W_i = \int_0^\infty A^2 e^{-2at}dt = -\dfrac{A}{2a}e^{-2at}\Big|_0^\infty$

$W_i = \dfrac{A^2}{2a}$; $W_0 = \dfrac{1}{\pi}\int_1^\infty \dfrac{A^2}{\omega^2+a^2}d\omega = \dfrac{A^2}{\pi a}\tan^{-1}\dfrac{\omega}{a}\Big|_1^\infty$

$$W_0 = \frac{A^2}{\pi a}\left(\frac{\pi}{2} - \tan^{-1}\frac{1}{a}\right) = \frac{1}{2}\frac{A^2}{2a} = \frac{A^2}{4a}$$

18.27 (Cont.) $\frac{\pi}{4} = \frac{\pi}{2} - \tan^{-1}\frac{1}{a} \Rightarrow \tan^{-1}\frac{1}{a} = \frac{\pi}{4} \Rightarrow \underline{a = 1}$

18.28 (a) $W_i = \frac{A^2}{2a}$; $W_o = \frac{1}{\pi}\int_0^{\omega_c} \frac{A^2}{\omega^2 + a^2}\,d\omega = \frac{A^2}{a\pi}\tan^{-1}\frac{\omega}{a}\Big|_0^{\omega_c}$

$W_o = \frac{A^2}{a\pi}\tan^{-1}\frac{\omega_c}{a}$; $\frac{W_o}{W_i} = \frac{(A^2/a\pi)\tan^{-1}(\omega_c/a)}{A^2/2a}$

$\underline{\frac{W_o}{W_i} = \frac{2}{\pi}\tan^{-1}\frac{\omega_c}{a}}$ (b) $a = 1$: $\frac{2}{\pi}\tan^{-1}\omega_c = \frac{1}{2}$

$\tan^{-1}\omega_c = \frac{\pi}{4} \Rightarrow \omega_c = \underline{1\text{ rad/s}}$

(c) $r = \frac{2}{\pi}\tan^{-1}\frac{\omega_c}{a} \Rightarrow \tan^{-1}\frac{\omega_c}{a} = \frac{\pi r}{2} \Rightarrow \underline{\frac{\omega_c}{a} = \tan\frac{r\pi}{2}}$

18.29 $V_i(j\omega) = \frac{4}{j\omega + 1} \Rightarrow |V_i(j\omega)|^2 = \frac{16}{\omega^2 + 1}$

$$W_o = \frac{1}{2\pi}(16)\left[\int_{-\sqrt{3}}^{-1}\frac{d\omega}{\omega^2+1} + \int_1^{\sqrt{3}}\frac{d\omega}{\omega^2+1}\right]$$

$$= \frac{16}{\pi}\left[\tan^{-1}\omega\right]\Big|_1^{\sqrt{3}} = \frac{16}{\pi}\left[\tan^{-1}\sqrt{3} - \tan^{-1}1\right]$$

$$= \frac{16}{\pi}\left[\frac{\pi}{3} - \frac{\pi}{4}\right] = \underline{\frac{4}{3}\text{ J}}$$

18.30 $W_o = \frac{1}{2\pi}\left[\int_{-\infty}^{-\sqrt{3}}\frac{d\omega}{\omega^2+1} + \int_{-1/\sqrt{3}}^{1/\sqrt{3}}\frac{d\omega}{\omega^2+1} + \int_{\sqrt{3}}^{\infty}\frac{d\omega}{\omega^2+1}\right]$

$$= \frac{1}{2\pi}\Big[\tan^{-1}(-\sqrt{3}) - \tan^{-1}(-\infty) + \tan^{-1}\left(\tfrac{1}{\sqrt{3}}\right) - \tan^{-1}\left(-\tfrac{1}{\sqrt{3}}\right) + \tan^{-1}(\infty) - \tan^{-1}(\sqrt{3})\Big]$$

$$= \frac{1}{2\pi}(2)\left[-\frac{\pi}{3} - \left(-\frac{\pi}{2}\right) + \frac{\pi}{6}\right] = \underline{\frac{1}{3}\text{ J}}$$

18.31 $V_i(j\omega) = \frac{3}{j\omega + a}$; $W_o = \frac{1}{2\pi}\int_{-\infty}^{\infty}|H(j\omega)V_i(j\omega)|^2\,d\omega$

$$W_o = \frac{1}{2\pi}(2)\int_0^{\infty}\frac{9}{(\omega^2+1)(\omega^2+a^2)}\,d\omega$$

(a) $a = 2$: $W_o = \frac{9}{\pi}\int_0^{\infty}\frac{1}{3}\left[\frac{1}{\omega^2+1} - \frac{1}{\omega^2+4}\right]d\omega$

$$W_o = \frac{3}{\pi}\left[\tan^{-1}\omega\Big|_0^{\infty} - \frac{1}{2}\tan^{-1}\frac{\omega}{2}\Big|_0^{\infty}\right] = \frac{3}{\pi}\left[\frac{\pi}{2} - \frac{1}{2}\left(\frac{\pi}{2}\right)\right]$$

$W_o = \underline{\frac{3}{4}\text{ J}}$

(b) $a = 1$: $W_o = \frac{9}{\pi}\int_0^{\infty}\frac{d\omega}{(\omega^2+1)^2}$; $\omega = \tan\theta,\ d\omega = \sec^2\theta\,d\theta$

$$W_o = \frac{9}{\pi}\int_0^{\pi/2}\frac{\sec^2\theta\,d\theta}{(\tan^2\theta+1)^2} = \frac{9}{\pi}\int_0^{\pi/2}\frac{1}{2}(1+\cos 2\theta)\,d\theta$$

18.31 (cont.)

$$W_o = \frac{9}{2\pi}\left[\theta + \frac{1}{2}\sin 2\theta\right]\Big|_0^{\frac{\pi}{2}} = \frac{9}{2\pi}\frac{\pi}{2} = \underline{\frac{9}{4}\ \text{J}}$$

18.32 $j\omega Q_1(j\omega) = -Q_1(j\omega) - Q_3(j\omega) + X(j\omega)$

$j\omega Q_2(j\omega) = -Q_2(j\omega) + Q_3(j\omega)$

$j\omega Q_3(j\omega) = \frac{1}{2}\left[Q_1(j\omega) - Q_2(j\omega)\right]$

$Y(j\omega) = Q_2(j\omega)$

or $(j\omega+1)Q_1 + Q_3 = X$

$(j\omega+1)Q_2 - Q_3 = 0$

$Q_1 - Q_2 - 2j\omega Q_3 = 0$

Cramer's rule:

$$\frac{Q_2(j\omega)}{X(j\omega)} = \frac{Y(j\omega)}{X(j\omega)} = \frac{\begin{vmatrix} j\omega+1 & 1 & 1 \\ 0 & 0 & -1 \\ 1 & 0 & -2j\omega \end{vmatrix}}{\begin{vmatrix} j\omega+1 & 0 & 1 \\ 0 & j\omega+1 & -1 \\ 1 & -1 & -2j\omega \end{vmatrix}} = \frac{\Delta_2}{\Delta}$$

$$\Delta = (j\omega+1)\begin{vmatrix} j\omega+1 & -1 \\ -1 & -2j\omega \end{vmatrix} + \begin{vmatrix} 0 & j\omega+1 \\ 1 & -1 \end{vmatrix}$$

$$= (j\omega+1)\left[-2(j\omega)^2 - 2j\omega - 1\right] - (j\omega+1)$$

$$= (j\omega+1)(-2)\left[(j\omega)^2 + j\omega + 1\right]$$

$$\Delta_2 = (-1)\begin{vmatrix} 0 & -1 \\ 1 & -2j\omega \end{vmatrix} = -1$$

$$\frac{Y(j\omega)}{X(j\omega)} = \frac{-1}{-2(j\omega+1)\left[(j\omega)^2+j\omega+1\right]} = \frac{1}{2(j\omega+1)\left[(j\omega)^2+j\omega+1\right]}$$

$$= \underline{\frac{1/2}{(j\omega)^3 + 2(j\omega)^2 + 2j\omega + 1}}$$

CHAPTER 19

- EXERCISES -

19.1.1 (a) $\mathcal{L}[\sin kt\, u(t)] = \int_0^\infty \sin kt\, e^{-st} dt$

$$= \frac{e^{-st}(-s\sin kt - k\cos kt)}{s^2+k^2}\Bigg|_0^\infty = \underline{\frac{k}{s^2+k^2}}$$

(b) $\mathcal{L}[\cos kt\, u(t)] = \int_0^\infty \cos kt\, e^{-st} dt$

$$= \frac{e^{-st}(k\sin kt - s\cos kt)}{s^2+k^2}\Bigg|_0^\infty = \underline{\frac{s}{s^2+k^2}}$$

(c) $\mathcal{L}[(1+3e^{-2t})u(t)] = \int_0^\infty (1+3e^{-2t})e^{-st} dt$

$$= -\frac{1}{s}e^{-st} + \frac{3}{s+2}e^{-(s+2)t}\Bigg|_0^\infty = \underline{\frac{1}{s} + \frac{3}{s+2}}$$

19.1.2 $\mathcal{L}[\frac{d}{dt}\sin kt] = s\mathcal{L}[\sin kt] - \sin kt\big|_{t=0} = s\mathcal{L}[\sin kt]$

$\mathcal{L}[k\cos kt] = k\mathcal{L}[\cos kt] = k\frac{s}{s^2+k^2} = s\mathcal{L}[\sin kt]$

$\therefore\ \mathcal{L}[\sin kt] = \underline{\frac{k}{s^2+k^2}}$

19.1.3 (a) $\mathcal{L}[t^n u(t)] = \int_0^\infty t^n e^{-st} dt$

$$= \frac{1}{-s}t^n e^{-st}\Big|_0^\infty - \frac{n}{(-s)}\int_0^\infty t^{n-1}e^{-st} dt$$

$$= \frac{n}{s}\mathcal{L}[t^{n-1}u(t)]$$

(b) $\mathcal{L}[t^{n-1}u(t)] = \frac{n-1}{s}\mathcal{L}[t^{n-2}u(t)]$

$\mathcal{L}[t^{n-2}u(t)] = \frac{n-2}{s}\mathcal{L}[t^{n-3}u(t)]$

$\vdots$

$\mathcal{L}[t^{n-k}u(t)] = \frac{n-k}{s}\mathcal{L}[t^{n-k-1}u(t)]$

19.1.4 (a) $\mathcal{L}[t^n u(t)] = \frac{n}{s}\frac{n-1}{s}\frac{n-2}{s}\cdots\frac{n-k}{s}\mathcal{L}[t^{n-k-1}u(t)]$

$$= \frac{n(n-1)(n-2)\cdots(n-k)}{s^{k+1}}\mathcal{L}[t^{n-k-1}u(t)]$$

(b) $k = n-1 \Rightarrow n-k-1 = 0$ and $n-k = 1$

$\mathcal{L}[t^n u(t)] = \frac{n(n-1)(n-2)\cdots(1)}{s^n}\mathcal{L}[u(t)] = \frac{n!}{s^n}\frac{1}{s} = \underline{\frac{n!}{s^{n+1}}}$

19.2.1 (a) $\mathcal{L}[(3-2e^{-3t})u(t)] = 3\mathcal{L}[u(t)] - 2\mathcal{L}[e^{-3t}u(t)]$

$$= \frac{3}{s} - 2\frac{1}{s+3} = \underline{\frac{3}{s} - \frac{2}{s+3}}$$

19.2.1 (b) $\mathcal{L}[(\sin 2t + 2\cos 2t)u(t)]$

$$= \mathcal{L}[\sin 2t\, u(t)] + 2\mathcal{L}[\cos 2t\, u(t)]$$

$$= \frac{2}{s^2+2^2} + 2\frac{s}{s^2+2^2} = \underline{\frac{2s+2}{s^2+4}}$$

(c) $\mathcal{L}[\cosh Kt\, u(t)] = \frac{1}{2}\mathcal{L}[e^{Kt}u(t)] + \frac{1}{2}\mathcal{L}[e^{-Kt}u(t)]$

$$= \frac{1}{2}\frac{1}{s-K} + \frac{1}{2}\frac{1}{s+K} = \underline{\frac{s}{s^2-K^2}}$$

(d) $\mathcal{L}[\sinh Kt\, u(t)] = \frac{1}{2}\mathcal{L}[e^{Kt}u(t)] - \frac{1}{2}\mathcal{L}[e^{-Kt}u(t)]$

$$= \frac{1}{2}\frac{1}{s-K} - \frac{1}{2}\frac{1}{s+K} = \underline{\frac{K}{s^2-K^2}}$$

19.2.2 (a) $\mathcal{L}^{-1}\left[\frac{5}{s^2} - \frac{8}{s^2+4}\right] = 5\mathcal{L}^{-1}\left[\frac{1}{s^2}\right] - 4\mathcal{L}^{-1}\left[\frac{2}{s^2+2^2}\right]$

$$= \underline{(5t - 4\sin 2t)u(t)}$$

(b) $\mathcal{L}^{-1}\left[\frac{5s+8}{s^2+16}\right] = 5\mathcal{L}^{-1}\left[\frac{s}{s^2+4^2}\right] + 2\mathcal{L}^{-1}\left[\frac{4}{s^2+4^2}\right]$

$$= \underline{(5\cos 4t + 2\sin 4t)u(t)}$$

(c) $\mathcal{L}^{-1}\left[\frac{2}{s} - \frac{1}{s+2}\right] = 2\mathcal{L}^{-1}\left[\frac{1}{s}\right] - \mathcal{L}^{-1}\left[\frac{1}{s+2}\right]$

$$\therefore \mathcal{L}^{-1}\left[\frac{s+4}{s(s+2)}\right] = \underline{(2 - e^{-2t})u(t)}$$

19.2.3 $3\frac{di}{dt} + 6i = v_g = 12u(t)$

Transforming: $3sI(s) - 3i(0) + 6I(s) = \frac{12}{s}$

(a) $i(0) = 1$ A : $I(s) = \frac{1}{3s+6}\left[\frac{12}{s} + 3i(0)\right] = \frac{s+4}{s(s+2)}$

$$i(t) = \mathcal{L}^{-1}\left[\frac{s+4}{s(s+2)}\right] = \underline{2 - e^{-2t}\ \text{A}}$$

(b) $i(0) = 2$ A: $I(s) = \frac{1}{3s+6}\left[\frac{12}{s} + 6\right] = \frac{6(s+2)}{3s(s+2)}$

$$i(t) = \mathcal{L}^{-1}\left[\frac{2}{s}\right] = \underline{2\ \text{A}}$$

19.3.1 (a) $\mathcal{L}[tu(t)] = \frac{1}{s^2} \Rightarrow \mathcal{L}[te^{-3t}u(t)] = \frac{1}{s^2}\Big|_{s\to s+3}$

$$\mathcal{L}[te^{-3t}u(t)] = \underline{\frac{1}{(s+3)^2}}$$

(b) $\mathcal{L}[u(t-2)] = e^{-2s}\mathcal{L}[u(t)] = \underline{\frac{e^{-2s}}{s}}$

(c) $\mathcal{L}[f(t)] = \mathcal{L}[u(t) - u(t-1)] = \mathcal{L}[u(t)] - \mathcal{L}[u(t-1)]$

$$= \frac{1}{s} - e^{-s}\mathcal{L}[u(t)] = \underline{\frac{1-e^{-s}}{s}}$$

19.3.2 (a) $\mathcal{L}^{-1}\left[\frac{e^{-3s}}{s+2}\right] = \mathcal{L}^{-1}\left[\frac{1}{s+2}\right]\Big|_{t\to t-3}$

$$= e^{-2t}u(t)\Big|_{t\to t-3} = \underline{e^{-2(t-3)}u(t-3)}$$

(b) $\mathcal{L}^{-1}\left[\frac{s-1}{s^2}e^{-2s}\right] = \mathcal{L}^{-1}\left[\frac{1}{s}-\frac{1}{s^2}\right]\Big|_{t\to t-2}$

$$= (1-t)u(t)\Big|_{t\to t-2} = (1-t+2)u(t-2)$$

$$= \underline{(3-t)u(t-2)}$$

(c) $\mathcal{L}^{-1}\left[\frac{2s+1}{s^2+2s+2}\right] = \mathcal{L}^{-1}\left[\frac{2(s+\ )-1}{(s+1)^2+1}\right]$

$$= 2\mathcal{L}^{-1}\left[\frac{(s+1)}{(s+1)^2+1}\right] - \mathcal{L}^{-1}\left[\frac{1}{(s+1)^2+1}\right]$$

$$= e^{-t}\left\{2\mathcal{L}^{-1}\left[\frac{s}{s^2+1}\right] - \mathcal{L}^{-1}\left[\frac{1}{s^2+1}\right]\right\}$$

$$= \underline{e^{-t}(2\cos t - \sin t)u(t)}$$

19.3.3 $\mathcal{L}[\cos t] = \frac{s}{s^2+1} = F(s)$

$$\mathcal{L}[\cos kt] = \frac{1}{k}F\left(\frac{s}{k}\right) = \frac{1}{k}\,\frac{(s/k)}{\left(\frac{s}{k}\right)^2+1} = \underline{\frac{s}{s^2+k^2}}$$

19.3.4 $\mathcal{L}[t^n u(t)] = \frac{n!}{s^{n+1}} \Rightarrow \mathcal{L}[e^{-at}t^n u(t)] = \underline{\frac{n!}{(s+a)^{n+1}}}$

19.4.1 $f(t)*g(t) = \int_0^t f(\tau)g(t-\tau)d\tau$

$$t-\tau = \lambda,\quad d\tau = -d\lambda$$

$$f(t)*g(t) = -\int_t^0 f(t-\lambda)g(\lambda)d\lambda = \int_0^t g(\lambda)f(t-\lambda)d\lambda$$

$$= g(t)*f(t)$$

19.4.2 (a) $F(s) = G(s) = \frac{1}{s^2+1}$; $f(t) = g(t) = \sin t$

$$\mathcal{L}^{-1}\left[\frac{1}{(s^2+1)^2}\right] = f(t)*g(t) = \int_0^t \sin\tau\sin(t-\tau)d\tau$$

$$= \frac{1}{2}\int_0^t [\cos(2\tau-t) - \cos t\ ]d\tau$$

$$= \frac{1}{2}\left[\frac{1}{2}\sin(2\tau-t) - \tau\cos t\right]\Big|_0^t$$

$$= \frac{1}{2}(\sin t - t\cos t)u(t)$$

(b) $H(s) = \frac{1}{(s^2+1)^2}$; $\frac{1}{(s^2+k^2)^2} = \frac{1}{k^4}\,\frac{1}{[(s/k)^2+1]^2}$

19.4.2 (b) (cont.)

$$\mathcal{L}^{-1}\left[\frac{1}{(s^2+K^2)^2}\right]=\frac{1}{K^3}\mathcal{L}^{-1}\left[\frac{1}{K}\frac{1}{[(\frac{s}{K})^2+1]^2}\right]$$

$$=\frac{1}{K^3}\mathcal{L}^{-1}\left[\frac{1}{K}H(\tfrac{s}{K})\right]$$

$$=\frac{1}{K^3}h(Kt)$$

where, from part (a), $h(t)=\frac{1}{2}(\sin t - t\cos t)u(t)$

$$\therefore \mathcal{L}^{-1}\left[\frac{1}{(s^2+K^2)^2}\right]=\frac{1}{K^3}\frac{1}{2}(\sin Kt - Kt\cos Kt)\,u(t)$$

$$=\frac{1}{2K^2}\left(\frac{1}{K}\sin Kt - t\cos Kt\right)u(t),\ K>0$$

19.4.3 $\frac{di}{dt}+2i+5\int_0^t i\,d\tau+2=12u(t),\quad i(0)=2A$

$$sI(s)-2+2I(s)+\frac{5}{s}I(s)+\frac{2}{s}=\frac{12}{s}$$

$$I(s)=\frac{2s+10}{s^2+2s+5}=\frac{2(s+1)+4(2)}{(s+1)^2+2^2}$$

$$i(t)=\underline{2e^{-t}(\cos 2t+2\sin 2t)\ A,\ t>0}$$

19.4.4 $y(t)=3+2\,y(t)*e^{-2t}$

$$Y(s)=\frac{3}{s}+2Y(s)\frac{1}{s+2}\Rightarrow Y(s)=\frac{3(s+2)}{s^2}=\frac{3}{s}+\frac{6}{s^2}$$

$$y(t)=\underline{3+6t,\ t>0}$$

19.4.5 $x'(t)+x(t)+x(t)*e^{-t}=0,\ x(0)=2$

$$sX(s)-2+X(s)+X(s)\frac{1}{s+1}=0$$

$$\left[s+1+\frac{1}{s+1}\right]X(s)=2\Rightarrow X(s)=\frac{2(s+1)}{(s+1)^2+1}$$

$$x(t)=\underline{2e^{-t}\cos t,\ t>0}$$

19.4.6 $\mathcal{L}\left[\int_{-\infty}^t f(\tau)d\tau\right]=\mathcal{L}\left[\int_{-\infty}^0 f(\tau)d\tau+\int_0^t f(\tau)d\tau\right]$

$$=\underline{\frac{1}{s}F(s)+\frac{1}{s}\int_{-\infty}^0 f(\tau)d\tau}$$

19.5.1 (a) $\int_{-1}^3 (t^2-3\cos 2t)\delta(t)dt = t^2-3\cos 2t\Big|_{t=0}=\underline{-3}$

(b) $\int_1^3 (t^2-3\cos 2t)\delta(t)dt=\underline{0}$

19.5.2 $f(t) = \frac{1}{a}u(t+a) - \frac{1}{a}u(t-a) = \frac{u(t+a) - u(t-a)}{a}$

19.5.3 $\frac{d}{dt}[f(t)u(t)] = f(t)\frac{du(t)}{dt} + \frac{df(t)}{dt}u(t)$

$$= f(t)\delta(t) + \frac{df(t)}{dt}u(t) = f(0)\delta(t) + \frac{df(t)}{dt}u(t)$$

19.5.4 $f(t) = u(t),\ f'(t) = \delta(t)$

$$\mathcal{L}[\delta(t)] = s\mathcal{L}[u(t)] - u(0-) = s\frac{1}{s} - 0 = \underline{1}$$

19.6.1 (a) $\frac{3s+7}{(s+1)(s+2)(s+3)} = \frac{A}{s+1} + \frac{B}{s+2} + \frac{C}{s+3}$

$$A = \left.\frac{3s+7}{(s+2)(s+3)}\right|_{s=-1} = 2;\quad B = \left.\frac{3s+7}{(s+1)(s+3)}\right|_{s=-2} = -1$$

$$C = \left.\frac{3s+7}{(s+1)(s+2)}\right|_{s=-3} = -1$$

$$\mathcal{L}^{-1}\left[\frac{3s+7}{(s+1)(s+2)(s+3)}\right] = \underline{(2e^{-t} - e^{-2t} - e^{-3t})u(t)}$$

(b) $F(s) = \frac{s}{(s^2+1)(s^2+4)} = \frac{As+B}{s^2+1} + \frac{Cs+D}{s^2+4}$

$$\left.\frac{s}{s^2+4}\right|_{s=j} = jA + B = \frac{j1}{3} \Rightarrow A = \frac{1}{3},\ B = 0$$

$$\left.\frac{s}{s^2+1}\right|_{s=j2} = j2C + D = \frac{j2}{-3} \Rightarrow C = -\frac{1}{3},\ D = 0$$

$$\mathcal{L}^{-1}[F(s)] = \underline{\frac{1}{3}(\cos t - \cos 2t)u(t)}$$

(c) $F(s) = \frac{s^4 + 5s^3 + 21s^2 + 47s + 78}{(s^2+9)(s^2+2s+5)} = 1 + \frac{As+B}{s^2+9} + \frac{Cs+D}{(s+1)^2+4}$

$$(s^2+9)F(s)\Big|_{s=j3} = 3(1+j1) = j3A + B \Rightarrow A = 1,\ B = 3$$

$$(s^2+9)(s^2+2s+5) + (s+3)(s^2+2s+5) + (Cs+D)(s^2+9)$$

$$= s^4 + 5s^3 + 21s^2 + 47s + 78$$

s^3: $2 + 1 + C = 5 \Rightarrow C = 2$

s^0: $45 + 15 + 9D = 78 \Rightarrow D = 2$ $\Big\}$ $2s + 2 = 2(s+1)$

$$\mathcal{L}^{-1}[F(s)] = \underline{\delta(t) + (\cos 3t + \sin 3t + 2e^{-t}\cos 2t)u(t)}$$

19.6.1(d) $F(s) = \frac{s^3+5s^2+4s+4}{s^2(s^2+4)} = \frac{A}{s} + \frac{1}{s^2} + \frac{Bs+C}{s^2+4}$

$$(s^2+4)F(s)\Big|_{s=j2} = \frac{-j8-20+j8+4}{-4} = 4 = j2B+C$$

$$B=0, C=4;\ F(1) = \frac{14}{5} = A+1+\frac{4}{5} \Rightarrow A=1$$

$$f(t) = \underline{(1+t+2\sin 2t)u(t)}$$

19.6.2 By long division

$$F(s) = \frac{2s^3-s^2-2s+2}{s^2+s} = 2s-3+\frac{s+2}{s(s+1)} = 2s-3+\frac{2}{s}-\frac{1}{s+1}$$

$$\mathcal{L}^{-1}[F(s)] = \underline{2\delta'(t)-3\delta(t)+(2-e^{-t})u(t)}$$

19.6.3 $\frac{9s^3}{(s+1)(s^2+2s+10)} - 9 + \frac{1}{s+1} = -2\frac{13s^2+53s+40}{(s+1)(s^2+2s+10)}$

$$\frac{9s^3}{(s+1)(s^2+2s+10)} = 9 - \frac{1}{s+1} - 2\frac{13s+40}{s^2+2s+10}$$

19.6.4 $F(s) = \frac{2s^2+5s+6}{(s+1)^2(s+2)} = \frac{A}{s+1} + \frac{3}{(s+1)^2} + \frac{4}{s+2}$

$$s=0:\ 3 = A+3+2 \Rightarrow A=-2$$

$$f(t) = \underline{[e^{-t}(-2+3t)+4e^{-2t}]u(t)}$$

19.6.5 $F(s) = \frac{2s^2+s+2}{s(s^2+1)^2} = \frac{2}{s} + \frac{A}{s-j} + \frac{A^*}{s+j} + \frac{B}{(s-j)^2} + \frac{B^*}{(s+j)^2}$

$$B = \frac{2s^2+s+2}{s(s+j)^2}\Bigg|_{s=j} = \frac{-2+j+2}{j(-4)} = -\frac{1}{4}$$

$$\frac{d}{ds}\frac{2s^2+s+2}{s(s+j)^2}\Bigg|_{s=j} = A = \frac{s(s+j)^2(4s+1)-(2s^2+s+2)\frac{d}{ds}[s(s+j)^2]}{s^2(s+j)^4}\Bigg|_{s=j}$$

$$A = \frac{j(2j)^2(4j+1)-(-2+j+2)[2j(2j)+(2j)^2]}{-16} = \frac{-4-j}{4}$$

$$\mathcal{L}^{-1}[F(s)] = 2 + 2\,\mathrm{Re}\Big[\frac{-4-j}{4}(\cos t + j\sin t) - \frac{1}{4}t(\cos t + j\sin t)\Big]$$

$$= \underline{[2-2\cos t+\tfrac{1}{2}(\sin t - t\cos t)]u(t)}$$

19.6.5 (Cont.) Also

$$\frac{2s^2+s+2}{s(s^2+1)^2} = \frac{2}{s} + \frac{As+B}{s^2+1} + \frac{Cs+D}{(s^2+1)^2}$$

$A=-2,\ B=C=0,\ D=1$

19.7.1 (a) $\mathcal{L}[t^4] = \frac{4!}{s^5} = \underline{\frac{24}{s^5}}$

(b) $\mathcal{L}[t^5e^{-3t}] = \mathcal{L}[t^5]\Big|_{s\to s+3} = \frac{120}{s^6}\Big|_{s\to s+3} = \underline{\frac{120}{(s+3)^6}}$

(c) $\mathcal{L}[\sin kt] = \frac{k}{s^2+k^2}$. From Property 10

$$\mathcal{L}[t\sin kt] = -\frac{d}{ds}[k(s^2+k^2)^{-1}] = k(s^2+k^2)^{-2}(2s)$$

$$= \underline{\frac{2ks}{(s^2+k^2)^2}}$$

(d) From Property 10, $\mathcal{L}[t^2\sin t] = -\frac{d}{ds}\{\mathcal{L}[t\sin t]\}$

From Part (c) $\mathcal{L}[t^2\sin t] = -\frac{d}{ds}\frac{2s}{(s^2+1)^2}$

$$\mathcal{L}[t^2\sin t] = -2\,\frac{(s^2+1)^2(1) - s(2)(s^2+1)(2s)}{(s^2+1)^4}$$

$$= \underline{\frac{2(3s^2-1)}{(s^2+1)^3}}$$

19.7.2 $F(s) = \frac{s^4-s^3-4s^2-6s-2}{s^2(s+1)^3} = \frac{A_1}{s} + \frac{A_2}{s^2} + \frac{B_1}{s+1} + \frac{B_2}{(s+1)^2} + \frac{B_3}{(s+1)^3}$

$$\frac{s^4-s^3-4s^2-6s-2}{s^2} = \left(\frac{A_1}{s} + \frac{A_2}{s^2}\right)(s+1)^3 + B_1(s+1)^2 + B_2(s+1) + B_3$$

$$B_3 = \frac{s^4-s^3-4s^2-6s-2}{s^2}\Big|_{s=-1} = 2$$

$$B_2 = \frac{d}{ds}\left(s^2-s-4-\frac{6}{s}-\frac{2}{s^2}\right)\Big|_{s=-1} = \left(2s-1+\frac{6}{s^2}+\frac{4}{s^3}\right)\Big|_{s=-1} = -1$$

$$2B_1 = \frac{d}{ds}\left(2s-1+\frac{6}{s^2}+\frac{4}{s^3}\right)\Big|_{s=-1} = \left(2-\frac{12}{s^3}-\frac{12}{s^4}\right)\Big|_{s=-1} = 2$$

$B_1 = 1$

19.7.2 (cont.) $A_2 = \left.\dfrac{s^4 - s^3 - 4s^2 - 6s - 2}{(s+1)^3}\right|_{s=0} = -2$

$s=1: \quad \dfrac{1-1-4-6-2}{2^3} = A_1 - 2 + \frac{1}{2} - \frac{1}{4} + \frac{2}{8} \Rightarrow A_1 = 0$

$f(t) = \underline{[e^{-t}(t^2 - t + 1) - 2t]\,u(t)}$

19.7.3 From (19.50) and Property 6

$\mathcal{L}^{-1}\left[\dfrac{1}{(s+a)^n}\right] = e^{-at}\mathcal{L}^{-1}\left[\dfrac{1}{s^n}\right] = \underline{e^{-at}\dfrac{t^{n-1}}{(n-1)!}}$

19.7.4 $F(s) = \dfrac{6}{s(s+1)^4} = 6\dfrac{1}{(p-1)p^4} = -\dfrac{6}{p^4}\dfrac{1}{1-p}$
$s+1 = p$

$F(s) = -\dfrac{6}{p^4}\left(1 + p + p^2 + p^3 + \dfrac{p^4}{1-p}\right)$

$= -\left[\dfrac{6}{p^4} + \dfrac{6}{p^3} + \dfrac{6}{p^2} + \dfrac{6}{p}\right] + \dfrac{6}{p-1}$

$= -\left[\dfrac{6}{(s+1)^4} + \dfrac{6}{(s+1)^3} + \dfrac{6}{(s+1)^2} + \dfrac{6}{s+1}\right] + \dfrac{6}{s}$

$f(t) = [6 - (t^3 + 3t^2 + 6t + 6)e^{-t}]u(t)$

19.7.5 $\int_s^x F(x)dx = \int_s^\infty \int_0^\infty f(t)e^{-xt}dt\,dx$

Interchanging the order of integration

$\int_s^\infty F(x)dx = \int_0^\infty f(t)\left[\int_s^\infty e^{-xt}dx\right]dt$

$= \int_0^\infty f(t)\left[-\frac{1}{t}e^{-xt}\right]_s^\infty dt = \int_0^\infty \frac{f(t)}{t}e^{-st}dt$

$= \underline{\mathcal{L}\left[\frac{f(t)}{t}\right]}$

19.8.1 (a) $x'' + 4x' + 3x = 2\delta(t)$

$(s^2 + 4s + 3)X(s) = 2 \Rightarrow X(s) = \dfrac{2}{(s+1)(s+3)} = \dfrac{1}{s+1} - \dfrac{1}{s+3}$

$x = \underline{e^{-t} - e^{-3t}}$

(b) $x'' + 4x' + 3x = 4e^{-t}$; $x(0) = x'(0) = 4$

$s^2X(s) - 4s - 4 + 4[sX(s) - 4] + 3X(s) = \dfrac{4}{s+1}$

$X(s) = \dfrac{4(s^2 + 6s + 6)}{(s+1)^2(s+3)} = \dfrac{A}{s+1} + \dfrac{2}{(s+1)^2} - \dfrac{3}{s+3}$

$s=0: \quad \dfrac{24}{3} = A + 2 - 1 \Rightarrow A = 7$

$x(t) = \underline{e^{-t}(2t+7) - 3e^{-3t}}$

19.8.2 Let i and -3 be the mesh currents clockwise.

$3i + v + 2(i+3) = 10, \quad i = 0.1\frac{dv}{dt}$

$0.5\frac{dv}{dt} + v = 4 \Rightarrow \frac{dv}{dt} + 2v = 8 \; ; \; v(0) = 8 \text{ V}$

$sV(s) - 8 + 2V(s) = \frac{8}{s} \Rightarrow V(s) = \frac{8(s+1)}{s(s+2)} = \frac{4}{s} - \frac{4}{s+2}$

$v(t) = \underline{4 - 4e^{-2t} \text{ V}}$

19.8.3 $x' = x + 2y, \; y' = 2x + y, \; x(0) = 0, \; y(0) = 2$

$sX(s) = X(s) + 2Y(s), \quad sY(s) - 2 = 2X(s) + Y(s)$

$(s-1)X(s) - 2Y(s) = 0$

$2X(s) - (s-1)Y(s) = -2$

$X(s) = \begin{vmatrix} 0 & -2 \\ -2 & -(s-1) \end{vmatrix} \Big/ \begin{vmatrix} s-1 & -2 \\ 2 & -(s-1) \end{vmatrix} = \frac{-4}{-(s-1)^2 + 4} = \frac{4}{(s-3)(s+1)}$

$X(s) = \frac{1}{s-3} - \frac{1}{s+1} \Rightarrow x(t) = \underline{e^{3t} - e^{-t}}$

$Y(s) = \begin{vmatrix} s-1 & 0 \\ 2 & -2 \end{vmatrix} \Big/ [-(s-1)^2 + 4] = \frac{2(s-1)}{(s-3)(s+1)} = \frac{1}{s-3} + \frac{1}{s+1}$

$y(t) = \underline{e^{3t} + e^{-t}}$

– PROBLEMS –

19.1 (a) $F(s) = \int_0^2 (1)e^{-st}dt + \int_2^\infty (-1)e^{-st}dt$

$= \frac{-e^{-st}}{s}\Big|_0^2 + \frac{e^{-st}}{s}\Big|_2^\infty = \underline{\frac{1}{s}(1 - 2e^{-st})}$

(b) $F(s) = \int_a^b (1)e^{-st}dt = \frac{-e^{-st}}{s}\Big|_a^b = \underline{\frac{1}{s}(e^{-as} - e^{-bs})}$

19.2 $\int te^{\alpha t}dt = \frac{1}{\alpha^2}(\alpha t - 1)e^{\alpha t}$

(a) $F(s) = \int_0^\infty te^{-st}dt = \frac{1}{(-s)^2}(-st - 1)e^{-st}\Big|_0^\infty = \underline{\frac{1}{s^2}}$

(b) $\mathcal{L}[te^{-at}] = \int_0^\infty te^{-(s+a)t}dt = \left\{\frac{1}{[-(s+a)]^2}[-(s+a)t - 1] \times e^{-(s+a)t}\right\}\Big|_0^\infty$

$= \underline{\frac{1}{(s+a)^2}}$

(c) $F(s) = \int_2^\infty te^{-st}dt = \frac{1}{(-s)^2}(-st - 1)e^{-st}\Big|_2^\infty$

$= \underline{\frac{1}{s^2}(2s + 1)e^{-2s}}$

19.2(d) $f(t) = t, \quad 0 < t < 1$

$$= -(t-2), \quad 1 < t < 2$$
$$= 0, \quad t > 2$$

$$F(s) = \int_0^1 t e^{-st} dt + \int_1^2 (2-t) e^{-st} dt$$
$$= \frac{1}{(-s)^2}(-st-1)\Big|_0^1 + \frac{2}{-s} e^{-st}\Big|_1^2 - \frac{1}{(-s)^2}(-st-1)e^{-st}\Big|_1^2$$
$$= \underline{\frac{1}{s^2}(1-e^{-s})^2}$$

19.3 $\mathcal{L}\left[\frac{d}{dt}\cos t\right] = s\mathcal{L}[\cos t] - \cos 0 = \mathcal{L}[-\sin t]$

$$\mathcal{L}[\cos t] = \frac{1}{s}\left[-\frac{1}{s^2+1} + 1\right] = \frac{1}{s}\frac{s^2+1-1}{s^2+1} = \underline{\frac{s}{s^2+1}}$$

19.4 (a) $\mathcal{L}[\sinh kt\, u(t)] = \frac{1}{2}\mathcal{L}[e^{kt}u(t)] - \frac{1}{2}\mathcal{L}[e^{-kt}u(t)]$

$$= \frac{1}{2}\left[\frac{1}{s-k} - \frac{1}{s+k}\right] = \underline{\frac{k}{s^2-k^2}}$$

(b) $F(s) = 2\mathcal{L}[u(t)] - 3\mathcal{L}[e^{-t}u(t)] = \frac{2}{s} - \frac{3}{s+1} = \underline{\frac{-s+2}{s(s+1)}}$

(c) $\mathcal{L}[\sin 2t \cos 2t\, u(t)] = \frac{1}{2}\mathcal{L}[\sin 4t\, u(t)] = \frac{1}{2}\frac{4}{s^2+4^2}$

$$= \underline{\frac{2}{s^2+16}}$$

(d) $\mathcal{L}[\sin^2 4t\, u(t)] = \mathcal{L}\left[\frac{1-\cos 8t}{2} u(t)\right]$

$$= \frac{1}{2}\mathcal{L}[u(t)] - \frac{1}{2}\mathcal{L}[\cos 8t\, u(t)]$$
$$= \frac{1}{2}\left[\frac{1}{s} - \frac{s}{s^2+64}\right] = \underline{\frac{32}{s(s^2+64)}}$$

19.5 (a) $\mathcal{L}^{-1}\left[\frac{2}{s} - \frac{3}{s+2}\right] = 2\mathcal{L}^{-1}\left[\frac{1}{s}\right] - 3\mathcal{L}^{-1}\left[\frac{1}{s+2}\right]$

$$= \underline{(2-3e^{-2t})u(t)}$$

(b) $\mathcal{L}^{-1}\left[\frac{4}{s^2+4} + \frac{2}{s^2}\right] = 2\mathcal{L}^{-1}\left[\frac{2}{s^2+2^2}\right] + 2\mathcal{L}^{-1}\left[\frac{1}{s^2}\right]$

$$= \underline{2(\sin 2t + t)u(t)}$$

(c) $\mathcal{L}^{-1}\left[\frac{3s+6}{s^2+9}\right] = 3\mathcal{L}^{-1}\left[\frac{s}{s^2+3^2}\right] + 2\mathcal{L}^{-1}\left[\frac{3}{s^2+3^2}\right]$

$$= \underline{(3\cos 3t + 2\sin 3t)u(t)}$$

(d) $\mathcal{L}^{-1}\left[\frac{s}{s^2+1} - \frac{1}{s^2} + \frac{2}{s+1}\right] = \mathcal{L}^{-1}\left[\frac{s}{s^2+1}\right] - \mathcal{L}\left[\frac{1}{s^2}\right] + 2\mathcal{L}^{-1}\left[\frac{1}{s+1}\right]$

$$= \underline{(\cos t - t + 2e^{-t})u(t)}$$

19.6 (a) $\mathcal{L}[e^{-2t}(t+2)u(t)] = \mathcal{L}[(t+2)u(t)]\Big|_{s\to s+2}$

$$= \frac{1}{s^2} + \frac{2}{s}\Big|_{s\to s+2} = \underline{\frac{1}{(s+2)^2} + \frac{2}{s+2}}$$

(b) $\mathcal{L}[e^{-4t}\sin 2t\, u(t)] = \mathcal{L}[\sin 2t\, u(t)]\Big|_{s\to s+4}$

$$= \frac{2}{s^2+4}\Big|_{s\to s+4} = \underline{\frac{2}{(s+4)^2+4}}$$

(c) $\mathcal{L}[e^{-3t}\cosh 2t\, u(t)] = \mathcal{L}[\cosh 2t\, u(t)]\Big|_{s\to s+3}$

$$= \frac{s}{s^2-4}\Big|_{s\to s+3} = \underline{\frac{s+3}{(s+3)^2-4}}$$

(d) $\mathcal{L}[e^{-t}\cos 4t\, u(t)] = \mathcal{L}[\cos 4t\, u(t)]\Big|_{s\to s+1}$

$$= \frac{s}{s^2+16}\Big|_{s\to s+1} = \underline{\frac{s+1}{(s+1)^2+16}}$$

19.7 (a) $\mathcal{L}^{-1}\left[\frac{2s-4}{s^2+2s+2}\right] = \mathcal{L}^{-1}\left[\frac{2(s+1)-6}{(s+1)^2+1}\right]$

$$= 2\mathcal{L}^{-1}\left[\frac{s+1}{(s+1)^2+1}\right] - 6\mathcal{L}^{-1}\left[\frac{1}{(s+1)^2+1}\right]$$

$$= e^{-t}\left\{2\mathcal{L}^{-1}\left[\frac{s}{s^2+1}\right] - 6\mathcal{L}^{-1}\left[\frac{1}{s^2+1}\right]\right\}$$

$$= \underline{e^{-t}(2\cos t - 6\sin t)u(t)}$$

(b) $\mathcal{L}^{-1}\left[\frac{2}{(s+3)^2}\right] = 2e^{-3t}\mathcal{L}^{-1}\left[\frac{1}{s^2}\right] = \underline{2te^{-3t}u(t)}$

(c) $\mathcal{L}^{-1}\left[\frac{2s+1}{(s+1)^2}\right] = \mathcal{L}^{-1}\left[\frac{2(s+1)-1}{(s+1)^2}\right] = e^{-t}\mathcal{L}^{-1}\left[\frac{2}{s} - \frac{1}{s^2}\right]$

$$= \underline{e^{-t}(2-t)u(t)}$$

(d) $\mathcal{L}^{-1}\left[\frac{2s+10}{s^2+4s+13}\right] = \mathcal{L}^{-1}\left[\frac{2(s+2)+2(3)}{(s+2)^2+3^2}\right]$

$$= e^{-2t}\mathcal{L}^{-1}\left[\frac{2s+2(3)}{s^2+3^2}\right] = \underline{e^{-2t}(2\cos 3t + 2\sin 3t)u(t)}$$

19.8 (a) $\mathcal{L}[\sin 2t \sinh t\, u(t)] = \frac{1}{2}\mathcal{L}[e^{t}\sin 2t\, u(t) - e^{-t}\sin 2t\, u(t)]$

$$= \frac{1}{2}\left[\frac{2}{(s-1)^2+4} - \frac{2}{(s+1)^2+4}\right]$$

$$= \frac{4s}{(s^2-2s+5)(s^2+2s+5)} = \underline{\frac{4s}{s^4+6s^2+25}}$$

19.8 (b) $\mathcal{L}[\cos t \cosh 2t\, u(t)] = \frac{1}{2}\mathcal{L}[(e^{2t}\cos t + e^{-2t}\cos t)u(t)]$

$$= \frac{1}{2}\left[\frac{s-2}{(s-2)^2+1} + \frac{s+2}{(s+2)^2+1}\right]$$

$$= \frac{s(s^2-3)}{(s^2-4s+5)(s^2+4s+5)} = \underline{\frac{s^3-3s}{s^4-6s^2+25}}$$

(c) $\mathcal{L}[\sin t \cos 2t\, u(t)] = \frac{1}{2}\mathcal{L}[(\sin 3t - \sin t)u(t)]$

$$= \frac{1}{2}\left[\frac{3}{s^2+9} - \frac{1}{s^2+1}\right] = \underline{\frac{s^2-3}{(s^2+9)(s^2+1)}}$$

$$\cos\alpha \sin\alpha = \frac{1}{2}[\sin(\alpha+\beta) - \sin(\alpha-\beta)]$$

19.9 (a) $\mathcal{L}[u(t) - u(t-2)] = \frac{1}{s} - \frac{e^{-2s}}{s} = \underline{\frac{1}{s}(1-e^{-2s})}$

(b) $\mathcal{L}[e^{-2t}\{u(t) - u(t-1)\}] = \mathcal{L}[e^{-2t}u(t)] - \mathcal{L}[e^{-2}e^{-2(t-1)}u(t-1)]$

$$= \frac{1}{s+2} - e^{-2}\frac{e^{-s}}{s+2} = \underline{\frac{1-e^{-(s+2)}}{s+2}}$$

(c) $\mathcal{L}[(t+1)u(t-1)] = \mathcal{L}[(t-1)u(t-1) + 2u(t-1)]$

$$= e^{-s}\mathcal{L}[(t+2)u(t)] = e^{-s}\left(\frac{1}{s^2} + \frac{2}{s}\right) = \underline{\frac{2s+1}{s^2}e^{-s}}$$

(d) $\mathcal{L}[e^{-2t}u(t-2)] = \mathcal{L}[e^{-4}e^{-2(t-2)}u(t-2)]$

$$= e^{-4}e^{-2s}\mathcal{L}[e^{-2t}u(t)] = \underline{\frac{e^{-2(s+2)}}{s+2}}$$

19.10 (a) $f(t) = u(t) - 2u(t-2)$

$$F(s) = \underline{\frac{1}{s}(1 - 2e^{-2s})}$$

(b) $f(t) = u(t-a) - u(t-b)$

$$F(s) = \underline{\frac{1}{s}(e^{-as} - e^{-bs})}$$

19.11 [19.2(c)] $f(t) = tu(t-2) = (t-2)u(t-2) + 2u(t-2)$

$$F(s) = e^{-2s}\left(\frac{1}{s^2} + \frac{2}{s}\right) = \underline{\frac{2s+1}{s^2}e^{-2s}}$$

[19.2(d)] $f(t) = t[u(t) - u(t-2)] + [-(t-2)][u(t-1) - u(t-2)]$

$$f(t) = tu(t) - 2(t-1)u(t-1) + (t-2)u(t-2)$$

$$F(s) = \frac{1}{s^2}(1 - 2e^{-s} + e^{-2s}) = \underline{\frac{(1-e^{-s})^2}{s^2}}$$

19.12 $\mathcal{L}[t\cos 2t\, u(t)] = \frac{1}{2}\{\mathcal{L}[(te^{j2t} + te^{-j2t})u(t)]\}$

$$= \frac{1}{2}\left[\frac{1}{(s+j2)^2} - \frac{1}{(s-j2)^2}\right] = \underline{\frac{s^2-4}{(s^2+4)^2}}$$

19.13 (a) $\mathcal{L}^{-1}\left[\frac{e^{-s}-e^{-2s}}{s^2}\right]=\mathcal{L}^{-1}\left[\frac{1}{s^2}\right]\Big|_{t\to t-1}-\mathcal{L}^{-1}\left[\frac{1}{s^2}\right]_{t\to t-2}$

$=\underline{(t-1)u(t-1)-(t-2)u(t-2)}$

(b) $\mathcal{L}^{-1}\left[\frac{2s+6}{s^2+4}e^{-\pi s}\right]=\mathcal{L}^{-1}\left[2\frac{s}{s^2+4}+3\frac{2}{s^2+4}\right]\Big|_{t\to t-\pi}$

$=[2\cos 2(t-\pi)+3\sin 2(t-\pi)]u(t-\pi)$

$=\underline{(2\cos 2t+3\sin 2t)u(t-\pi)}$

(c) $\mathcal{L}^{-1}\left[\frac{1+e^{-\pi s}}{s^2+9}\right]=\mathcal{L}^{-1}\left[\frac{1}{s^2+9}\right]+\mathcal{L}^{-1}\left[\frac{1}{s^2+9}\right]\Big|_{t\to t-\pi}$

$=\frac{1}{3}[\sin 3t\, u(t)+\sin 3(t-\pi)u(t-\pi)]$

$=\underline{\frac{1}{3}\sin 3t\,[u(t)-u(t-\pi)]}$

19.14 (a) $\frac{1}{s^2+5s+6}=\frac{1}{s+2}\,\frac{1}{s+3}=\mathcal{L}[e^{-2t}u(t)]\,\mathcal{L}[e^{-3t}u(t)]$

$\mathcal{L}^{-1}\left[\frac{1}{s^2+5s+6}\right]=e^{-2t}*e^{-3t}=\int_0^t e^{-2\tau}e^{-3(t-\tau)}d\tau$

$=e^{-3t}\int_0^t e^{\tau}d\tau=e^{-3t}(e^t-1)$

$=\underline{(e^{-2t}-e^{-3t})u(t)}$

(b) $\mathcal{L}^{-1}\left[\frac{1}{s(s^2+1)}\right]=u(t)*\sin t\,u(t)=\int_0^t \sin\tau\, d\tau$

$=-\cos\tau\Big|_0^t=\underline{(1-\cos t)u(t)}$

19.15 $F(s)=\frac{s}{s^2+k^2}\Rightarrow f(t)=\cos kt\, u(t)$

$\mathcal{L}^{-1}\left[\left(\frac{s}{s^2+k^2}\right)^2\right]=\cos kt*\cos kt$

$=\int_0^t \cos k\tau\cos k(t-\tau)d\tau$

$=\frac{1}{2}\int_0^t[\cos k(2\tau-t)+\cos kt]d\tau$

$=\frac{1}{2}\left[\frac{1}{2k}\sin k(2\tau-t)+\tau\cos kt\right]_0^t$

$=\underline{\frac{1}{2}\left[\frac{1}{k}\sin kt+t\cos kt\right]}$

19.16 $\mathcal{L}^{-1}\left[\frac{s^2-1}{(s^2+1)^2}\right]=\mathcal{L}^{-1}\left[\frac{s^2}{(s^2+1)^2}\right]-\mathcal{L}^{-1}\left[\frac{1}{(s^2+1)^2}\right]$

$=\frac{1}{2}(\sin t+t\cos t)-\frac{1}{2}(\sin t-t\cos t)$

$=\underline{t\cos t\, u(t)}$

19.17 (a) $y(t) = \cos t + y(t) * e^{-t}u(t)$

$$Y(s) = \frac{s}{s^2+1} + \frac{1}{s+1}Y(s) \Rightarrow Y(s) = \frac{s+1}{s^2+1}$$

$$y(t) = \underline{\cos t + \sin t}$$

(b) $y(t) = \sin t + e^{-t} * y(t) \Rightarrow Y(s) = \frac{1}{s^2+1} + \frac{1}{s+1}Y(s)$

$$Y(s) = \frac{s+1}{s(s^2+1)} = \frac{1}{s} + \frac{As+B}{s^2+1}\ ;\ \frac{As+B}{s^2+1} = \frac{s+1-(s^2+1)}{s(s^2+1)} = \frac{-s+1}{s^2+1}$$

$$y(t) = \underline{1 - \cos t + \sin t}$$

19.18 $e^{-\sigma t} f(t) = \frac{1}{2\pi}\int_{-\infty}^{\infty}\left[\int_{-\infty}^{\infty} e^{-\sigma x} f(x) e^{-j\omega(x-t)} dx\right]d\omega$

$$f(t) = \frac{1}{2\pi}\int_{-\infty}^{\infty}\left[\int_{-\infty}^{\infty} e^{-(\sigma+j\omega)x} f(x) e^{(\sigma+j\omega)t} dx\right]d\omega$$

$$= \frac{1}{2\pi}\int_{-\infty}^{\infty} e^{st}\left[\int_{0}^{\infty} f(x) e^{-sx} dx\right]d\omega$$

Let $\omega = (s-\sigma)/j$: $f(t) = \underline{\frac{1}{2\pi}\int_{\sigma-j\infty}^{\sigma+j\infty} e^{st} F(s)\,ds}$

19.19

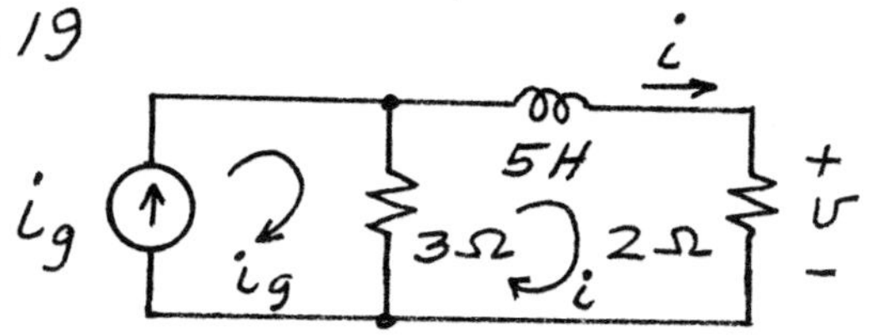

KVL: $5\frac{di}{dt} + 2i + 3(i - i_g) = 0$

$$\frac{di}{dt} + i = \frac{3}{5} i_g$$

$$sI(s) - i(0^-) + I(s) = \frac{3}{5} I_g(s)$$

$i(0^-) = 0 \Rightarrow I(s) = \frac{3}{5(s+1)} I_g(s)\ ;\ V(s) = 2I(s) = \frac{6}{5(s+1)} I_g(s)$

(a) $i_g = 10u(t) \Rightarrow I_g(s) = \frac{10}{s} \Rightarrow V(s) = \frac{12}{s(s+1)} = \frac{12}{s} - \frac{12}{s+1}$

$$v = \underline{12(1-e^{-t})u(t)\ \text{V}}$$

(b) $i_g = 10u(t) - 10u(t-1) \Rightarrow I_g(s) = \frac{10}{s}(1-e^{-s})$

$$V(s) = \frac{12}{s(s+1)}(1-e^{-s}) = 12\left(\frac{1}{s} - \frac{1}{s+1}\right)(1-e^{-s})$$

$$v(t) = \underline{12(1-e^{-t})u(t) - 12[1-e^{-(t-1)}]u(t-1)\ \text{V}}$$

19.20 (a) $\int_{-2}^{6}(t^2+\sin 2t)[\delta(t) - 3\delta(t-2)]dt$

$$= (t^2+\sin 2t)\big|_{t=0} - 3(t^2+\sin 2t)\big|_{t=2}$$

$$= \underline{-3(4+\sin 4)}$$

19.20(b) $\int_1^6 (t^2+\sin 2t)[\delta(t)-3\delta(t-2)]dt = -3(t^2+\sin 2t)\Big|_{t=2}$

$= \underline{-3(4+\sin 4)}$

(c) $\int_3^6 (t^2+\sin 2t)[\delta(t)-3\delta(t-2)]dt = \underline{0}$

19.21

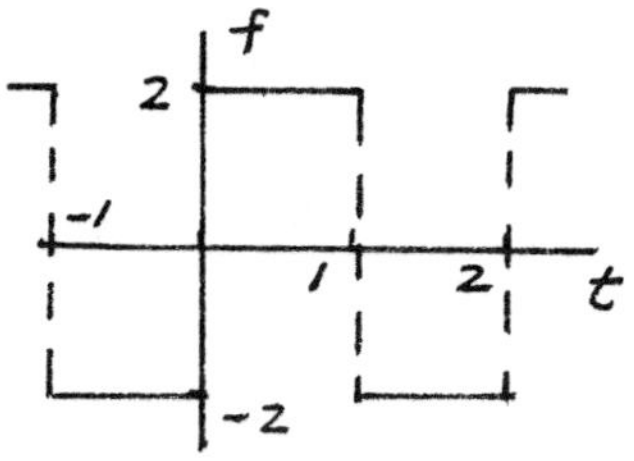

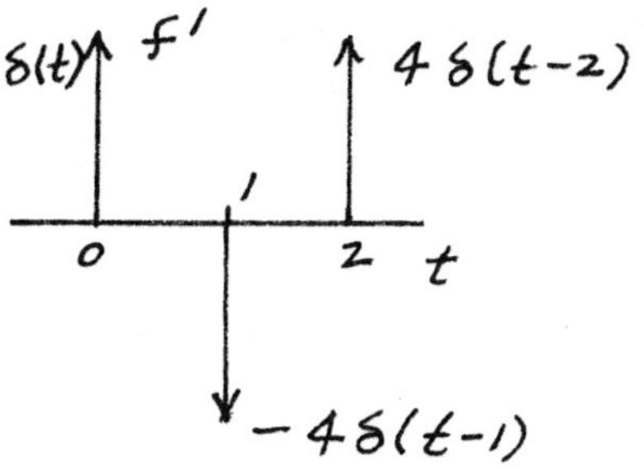

$$f'(t) = \sum_{n=1}^{\infty} n\pi b_n \cos n\pi t$$

$$n\pi b_n = \frac{2}{2}\int_{0^-}^{2^-} f'(t)\cos n\pi t\,dt = \int_{0^-}^{2'} 4[\delta(t)-\delta(t-1)]\cos n\pi t\,dt$$

$$= 4-4\cos n\pi = 4[1-(-1)^n] \Rightarrow b_n = \frac{4[1-(-1)^n]}{n\pi}$$

$$\underline{f(t) = \frac{8}{\pi}\sum_{n=1}^{\infty}\frac{1}{2n-1}\sin(2n-1)\pi t}$$

19.22 $u = f(t),\ dv = \delta'(t-\tau)dt \Rightarrow du = f'(t)dt,\ v = \delta(t-\tau)$

$$\int_a^b f(t)\,\delta'(t-\tau)dt = f(t)\,\delta(t-\tau)\Big|_a^b - \int_a^b \delta(t-\tau)f'(t)dt$$

$f(t)\,\delta(t-\tau)\Big|_a^b = 0$ since $\delta(t-\tau)=0$ if $t \neq \tau$

$$\int_a^b f(t)\delta'(t-\tau)dt = -\int_a^b \delta(t-\tau)f'(t)dt = \underline{0,\ \tau<a \text{ or } \tau>b}$$

$$= \underline{f'(\tau)\quad \text{if}\quad a<\tau<b}$$

19.23 $f(t) = t,\ -\pi<t<\pi,\ f(t+2\pi)=f(t)$

$f(t) = t - 2\pi u(t-\pi^+),\ -\pi^+<t<\pi^+$, and

$f'(t) = 1-2\pi\,\delta(t-\pi^+),\ f''(t) = -2\pi\,\delta'(t-\pi^+)$

$$f(t) = \sum_{n=1}^{\infty} b_n \sin nt \Rightarrow f''(t) = \sum_{n=1}^{\infty}(-n^2 b_n)\sin nt$$

$$-n^2 b_n = \frac{2}{2\pi}\int_{-\pi^+}^{\pi^+} f''(t)\sin nt\,dt = \frac{1}{\pi}\int_{-\pi^+}^{\pi^+}[-2\pi\,\delta'(t-\pi^+)\sin nt\,dt$$

$$= -2\left[-\frac{d}{dt}\sin nt\right]\Big|_{t=\pi^+} = 2n\cos n\pi = 2n(-1)^n$$

$$b_n = \frac{2n(-1)^n}{-n^2} = \underline{\frac{2}{n}(-1)^{n+1}}$$

19.24 (a) $\mathcal{L}^{-1}\left[\dfrac{s}{(s+a)(s+b)}\right] = \mathcal{L}^{-1}\left[\dfrac{-a/(b-a)}{s+a} + \dfrac{-b/(a-b)}{s+b}\right]$

$$= \underline{\dfrac{ae^{-at} - be^{-bt}}{a-b}\, u(t)}$$

(b) $\mathcal{L}^{-1}\left[\dfrac{s+4}{(s+1)(s+2)}\right] = 3\mathcal{L}^{-1}\left[\dfrac{1}{s+1}\right] - 2\mathcal{L}^{-1}\left[\dfrac{1}{s+2}\right]$

$$= \underline{(3e^{-t} - 2e^{-2t})u(t)}$$

(c) $\mathcal{L}^{-1}\left[\dfrac{s^2+9s+6}{s^3+4s^2+3s}\right] = \mathcal{L}^{-1}\left[\dfrac{2}{s} + \dfrac{1}{s+1} - \dfrac{2}{s+3}\right]$

$$= (2 + e^{-t} - 2e^{-3t})u(t)$$

(d) $\mathcal{L}^{-1}\left[\dfrac{5s^3-3s^2+2s-1}{s^4+s^2}\right] = \mathcal{L}^{-1}\left[\dfrac{A}{s} - \dfrac{1}{s^2} + \dfrac{Cs+D}{s^2+1}\right] = f(t)$

$Cj + D = \left.\dfrac{5s^3-3s^2+2s-1}{s^2}\right|_{s=j} = 3j - 2 \Rightarrow C = 3, D = -2$

$As(s^2+1) - (s^2+1) + (Cs+D)s^2 = 5s^3 - 3s^2 + 2s - 1$

$s^3:\ A + C = 5 \Rightarrow A = 5 - C = 2$

$f(t) = \underline{(2 - t + 3\cos t - 2\sin t)u(t)}$

19.25 (a) $\mathcal{L}^{-1}\left[\dfrac{3s^2+6}{(s^2+1)(s^2+4)}\right] = \mathcal{L}^{-1}\left[\dfrac{As+B}{s^2+1} + \dfrac{Cs+D}{s^2+4}\right] = f(t)$

$Aj + B = \left.\dfrac{3s^2+6}{s^2+4}\right|_{s=j} = 1 \Rightarrow A = 0, B = 1$

$C(2j) + D = \left.\dfrac{3s^2+6}{s^2+1}\right|_{s^2=-4} = 2 \Rightarrow C = 0, D = 2$

$f(t) = \underline{(\sin t + \sin 2t)u(t)}$

(b) $\dfrac{4s^2}{s^4-1} = \dfrac{2}{s^2-1} + \dfrac{2}{s^2+1} = \dfrac{1}{s-1} - \dfrac{1}{s+1} + \dfrac{2}{s^2+1}$

$\mathcal{L}^{-1}\left[\dfrac{4s^2}{s^4-1}\right] = \underline{(e^{t} - e^{-t} + 2\sin t)u(t)}$

(c) $F(s) = \dfrac{2s+3}{(s+1)(s+2)^2} = \dfrac{1}{s+1} + \dfrac{A}{s+2} + \dfrac{1}{(s+2)^2}$

$s = 0:\ \dfrac{3}{4} = 1 + \dfrac{1}{2}A + \dfrac{1}{4} \Rightarrow A = -1$

$f(t) = (e^{-t} - e^{-2t} + te^{-2t})u(t)$

$$= \underline{[e^{-t} + (t-1)e^{-2t}]\, u(t)}$$

19.25 (d) $F(s) = \frac{s^3-1}{s^3+s} = 1 - \frac{1}{s} + \frac{As+B}{s^2+1}$; $jA+B = \left.\frac{s^3-1}{s}\right|_{s=j}$

$jA+B = -1+j1 \Rightarrow A=1,\ B=-1 \Rightarrow f(t) = \underline{\delta(t) - (1 - \cos t + \sin t)u(t)}$

(e) $F(s) = \frac{s^3-2s^2+4s-2}{(s^2+1)(s^2+4)} = \frac{As+B}{s^2+1} + \frac{Cs+D}{s^2+4}$

$jA+B = \left.\frac{s^3-2s^2+4s-2}{s^2+4}\right|_{s=j} = j1 \Rightarrow A=1,\ B=0$

$j2C+D = \left.\frac{s^3-2s^2+4s-2}{s^2+1}\right|_{s=j2} = -2 \Rightarrow C=0,\ D=-2$

$f(t) = \underline{(\cos t - \sin 2t)\,u(t)}$

19.26 (a) $F(s) = \frac{s^2-2s+5}{(s+1)(s^2+2s+5)} = \frac{2}{s+1} + \frac{As+B}{s^2+2s+5}$

$\frac{As+B}{s^2+2s+5} = \frac{s^2-2s+5-2(s^2+2s+5)}{(s+1)(s^2+2s+5)} = \frac{-(s+1)-2(2)}{(s^2+2s+1)+4}$

$f(t) = \underline{[2e^{-t} - e^{-t}(\cos 2t + 2\sin 2t)]\,u(t)}$

(b) $F(s) = \frac{s+2}{(s^2+2s+2)(s+1)^2} = \frac{A}{s+1} + \frac{1}{(s+1)^2} + \frac{Bs+C}{s^2+2s+2}$

$s+2 = A(s+1)(s^2+2s+2) + s^2+2s+2 + (Bs+C)(s+1)^2$

s^3: $A+B=0 \Rightarrow B=-A$

s^2: $3A+1+2B+C=0 \Rightarrow A+C=-1$

1: $2A+2+C=2 \Rightarrow C=-2A \Rightarrow A-2A=-1 \Rightarrow A=1$

$B=1,\ C=-2$: $f(t) = \underline{e^{-t}(1+t-\cos t-\sin t)\,u(t)}$

(c) $F(s) = \frac{4(s^3-s^2+3s-15)}{(s^2+9)(s^2+4s+13)} = \frac{A}{s-j3} + \frac{A^*}{s+j3} + \frac{B}{s+2-j3} + \frac{B^*}{s+2+j3}$

$A = \left.\frac{4(s^3-s^2+3s-15)}{(s+j3)(s^2+4s+13)}\right|_{s=j3} = j1$

$B = \left.\frac{4(s^3-s^2+3s-15)}{(s^2+9)(s+2+j3)}\right|_{s=-2+j3} = 2+j1$

$2\,\mathrm{Re}[Ae^{j3t}] = 2\,\mathrm{Re}[j(\cos 3t + j\sin 3t)] = -2\sin 3t$

$2\,\mathrm{Re}[Be^{(-2+j3)t}] = 2\,\mathrm{Re}[e^{-2t}(2+j1)(\cos 3t + j\sin 3t)]$

$= 2e^{-2t}(2\cos 3t - \sin 3t)$

$f(t) = \underline{[-2\sin 3t + 2e^{-2t}(2\cos 3t - \sin 3t)]\,u(t)}$

19.26 (d) $\frac{100}{(s+2)(s^2+2s+5)^2} - \frac{4(s^2+2s+5)^2}{(s+2)(s^2+2s+5)^2}$

$$= \frac{-4s[s^2+2s+5+5]}{(s^2+2s+5)^2} = -\frac{4(s+1)-4}{(s+1)^2+2^2} - \frac{20(s+1)-20}{[(s+1)^2+2^2]^2}$$

From Ex. 19.7.1(c) $\mathcal{L}[t\sin kt] = \frac{2ks}{(s^2+k^2)^2}$

$k=2$: $\mathcal{L}[t\sin 2t] = \frac{4s}{(s^2+4)^2}$

From Ex. 19.4.2(b) $\mathcal{L}[\frac{1}{2k^2}(\frac{1}{k}\sin kt - t\cos kt)u(t)] = \frac{1}{(s^2+k^2)^2}$

$k=2$: $\mathcal{L}[\frac{1}{8}(\frac{1}{2}\sin 2t - t\cos 2t)u(t) = \frac{1}{(s^2+4)^2}$

$$F(s) = \frac{4}{s+2} + \frac{-4(s+1)+2(2)}{(s+1)^2+2^2} + \frac{-5[4(s+1)]+20}{[(s+1)^2+2^2]^2}$$

$$f(t) = 4e^{-2t}u(t) + e^{-t}[(-4\cos 2t + 2\sin 2t) - 5t\sin 2t + 20(\tfrac{1}{8})(\tfrac{1}{2}\sin 2t - t\cos 2t]u(t)$$

$$f(t) = \underline{[4e^{-2t} + e^{-t}(-4\cos 2t + \tfrac{13}{4}\sin 2t - 5t\sin 2t - \tfrac{5}{2}t\cos 2t] \times u(t)}$$

19.27 (a) $\frac{27}{(s+1)^3(s+4)} = 27\frac{1}{p^3(3+p)} = \frac{9}{p^3}\frac{1}{1+\frac{p}{3}}$

$s+1=p$

$$= \frac{9}{p^3}\left[1 - \frac{p}{3} + \frac{p^2}{9} + \frac{p^3/27}{1+\frac{p}{3}}\right]$$

$$= 9\left[\frac{1}{p^3} - \frac{1}{3p^2} + \frac{1}{9p} + \frac{1}{27}\frac{1}{1+\frac{p}{3}}\right]$$

$$F(s) = \frac{9}{(s+1)^3} - \frac{3}{(s+1)^2} + \frac{1}{s+1} + \frac{1}{s+4}$$

$$f(t) = \underline{[e^{-t}(1 - 3t + \tfrac{9}{2}t^2) + e^{-4t}]u(t)}$$

(b) $\frac{1}{s(s+1)^4} = \frac{1}{p^4}\frac{-1}{1-p} = -\frac{1}{p^4}\left(1+p+p^2+p^3+\frac{p^4}{1-p}\right)$

$s+1=p$

$$= \frac{1}{p-1} - \left(\frac{1}{p} + \frac{1}{p^2} + \frac{1}{p^3} + \frac{1}{p^4}\right)$$

$$F(s) = \frac{1}{s} - \left[\frac{1}{s+1} + \frac{1}{(s+1)^2} + \frac{1}{(s+1)^3} + \frac{1}{(s+1)^4}\right]$$

19.27 (b)(Cont.) $f(t) = \left[1 - e^{-t}\left(1 + t + \frac{t^2}{2} + \frac{t^3}{6}\right)\right]u(t)$

19.28 $\mathcal{L}[f(t)] = \int_0^T e^{-st} f(t)dt + \int_T^{2T} e^{-st} f(t)\,dt + \cdots$

$$= \sum_{n=0}^{\infty} \int_{nT}^{(n+1)T} e^{-st} f(t)\,dt = \sum_{n=0}^{\infty} \int_0^T e^{-s(t+nT)} f(t)dt$$

$$= \left[\int_0^T e^{-st} f(t)dt\right] \sum_{n=0}^{\infty} e^{-nsT} = \frac{\int_0^T e^{-st} f(t)dt}{1 - e^{-sT}}$$

if $\text{Re}(e^{-sT}) = e^{-\sigma T} < 1 \Rightarrow \sigma > 0$

19.29 (a) $F(s) = \dfrac{\int_0^2 e^{-st} f(t)dt}{1 - e^{-2s}} = \dfrac{\int_0^1 e^{-st}dt}{1 - e^{-2s}} = \dfrac{-\frac{1}{s}(e^{-st})\Big|_0^1}{1 - e^{-2s}}$

$$= \frac{1 - e^{-s}}{s(1 - e^{-2s})} = \frac{1}{s(1 + e^{-s})}$$

(b) $T = \pi$: $F(s) = \dfrac{\int_0^{\pi} e^{-st} \sin t\,dt}{1 - e^{-\pi s}} = \dfrac{\frac{e^{-st}}{s^2+1}(-s\sin t - \cos t)\Big|_0^{\pi}}{1 - e^{-\pi s}}$

$$F(s) = \frac{1 + e^{-\pi s}}{(s^2+1)(1 - e^{-\pi s})}$$

(c) $T = 2\pi$: $F(s) = \dfrac{\int_0^{2\pi} e^{-st} \cos t\,dt}{1 - e^{-2\pi s}}$

$$F(s) = \frac{1}{1 - e^{-2\pi s}}\left[\frac{e^{-st}}{s^2+1}(-s\cos t + \sin t)\right]\Bigg|_0^{2\pi}$$

$$= \frac{e^{-2\pi s}(-s) - (-s)}{(s^2+1)(1 - e^{-2\pi s})} = \frac{s(1 - e^{-2\pi s})}{(s^2+1)(1 - e^{-2\pi s})} = \frac{s}{s^2+1}$$

19.30 $\mathcal{L}[p(t)] = \int_0^{\infty} p(t)e^{-st}dt = \int_0^T p(t)\,e^{-st}dt$

$$= \int_0^T f(t)e^{-st}dt$$

$$\therefore \mathcal{L}[f(t)] = \frac{\mathcal{L}[p(t)]}{1 - e^{-sT}}$$

$F(s) = \dfrac{(1 - e^{-s})^2}{s(1 - e^{-2s})}$. Try $T = 2$, $p(t) = \mathcal{L}^{-1}\left[\dfrac{(1 - e^{-s})^2}{s}\right]$

$p(t) = u(t) - 2u(t-1) + u(t-2)$. Since $p(t) = 0$ for $t > T = 2$, we have

$$f(t) = p(t),\quad 0 < t < 2$$

$$f(t+2) = f(t)$$

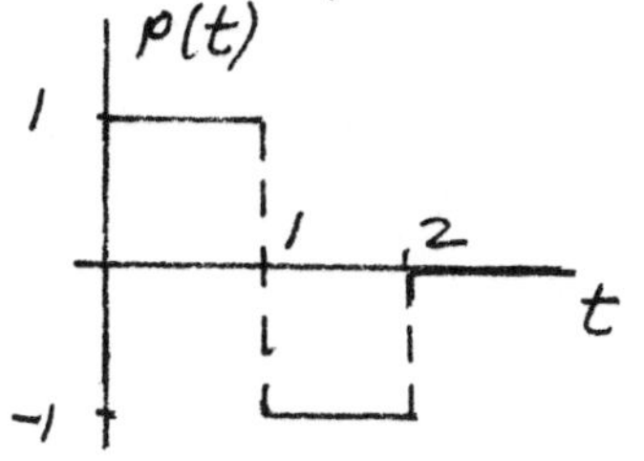

19.31 $5\frac{di}{dt} + 20\int_0^t i\,d\tau = 10\sin 2t$ (Divide by 5.)

$$sI(s) + \frac{4}{s}I(s) = 2\frac{2}{s^2+4}$$

$$I(s) = \frac{4s}{(s^2+4)^2}\;;\quad \mathcal{L}^{-1}\left[\frac{2ks}{(s^2+k^2)^2}\right] = t\sin kt$$

$$k=2:\quad i(t) = \mathcal{L}^{-1}\left[\frac{2(2)s}{(s^2+2^2)^2}\right] = \underline{t\sin 2t\ A,\ t>0}$$

9.32 (a) $s^2X(s) - 1 + s + X(s) = 0 \Rightarrow X(s) = \frac{-s+1}{s^2+1}$

$$x = \underline{-\cos t + \sin t}$$

(b) $s^2X(s) - 1 + 2sX(s) + 2X(s) = 0;\ X(s) = \frac{1}{(s+1)^2+1}$

$$x = \underline{e^{-t}\sin t}$$

(c) $s^3X(s) - s^2 - s - 2 - 2s^2X(s) + 2s + 2 + 2sX(s) - 2 = 0$

$$X(s) = \frac{s^2-s+2}{s^3-2s^2+2s} = \frac{1}{s} + \frac{1}{(s-1)^2+1}$$

$$x = \underline{1 + e^t\sin t}$$

(d) $s^2X(s) - 3s + 1 + 4sX(s) - 12 + 3X(s) = \frac{4+8s}{s^2+1}$

$$X(s) = \frac{3s^3+11s^2+11s+15}{(s+1)(s+3)(s^2+1)} = \frac{3}{s+1} + \frac{0}{s+3} + \frac{As+B}{s^2+1}$$

$$jA + B = \left.\frac{(3s^2+2s+5)(s+3)}{(s+1)(s+3)}\right|_{s=j} = 2 \Rightarrow A = 0,\ B = 2$$

$$x = \underline{3e^{-t} + 2\sin t}$$

(e) $(s^2+4s+3)X(s) = \frac{4}{s+3} \Rightarrow X(s) = \frac{4}{(s+1)(s+3)^2}$

$$X(s) = \frac{1}{s+1} + \frac{A}{s+3} - \frac{2}{(s+3)^2}\;;\ s=0:\ \frac{4}{9} = 1 + \frac{A}{3} - \frac{2}{9} \Rightarrow A = -1$$

$$x = \underline{e^{-t} - e^{-3t} - 2te^{-3t}}$$

(f) $(s^2+4s+3)X(s) = \frac{4}{s+1} + \frac{8}{s+3} = \frac{12s+20}{(s+1)(s+3)}$

$$X(s) = \frac{12s+20}{(s+1)^2(s+3)^2} = \frac{A}{s+1} + \frac{2}{(s+1)^2} + \frac{B}{s+3} - \frac{4}{(s+3)^2}$$

$$s=0:\quad \frac{20}{9} = A + 2 + \frac{B}{3} - \frac{4}{9} \Rightarrow 3A + B = 2$$

$$s=-2:\quad -4 = -A + 2 + B - 4 \Rightarrow -A + B = -2$$

$$\therefore\ A = 1,\ B = -1$$

19.32 (f) (cont.) $x = \underline{e^{-t}(1+2t) - e^{-3t}(1+4t)}$

19.33 (a) $sX(s) - 1 + 4X(s) + \frac{3}{s}X(s) = \frac{5}{s}$

$$X(s) = \frac{s+5}{s^2+4s+3} = \frac{2}{s+1} - \frac{1}{s+3}$$

$x = \underline{2e^{-t} - e^{-3t}}$

(b) $sX(s) - 4 + \frac{4}{s}X(s) = \frac{3}{s^2+1}$

$$X(s) = \frac{s(4s^2+7)}{(s^2+4)(s^2+1)} = \frac{As+B}{s^2+4} + \frac{Cs+D}{s^2+1}$$

$$\left.\frac{s(4s^2+7)}{s^2+1}\right|_{s=j2} = j2A + B = j6 \Rightarrow A = 3,\ B = 0$$

$$\left.\frac{s(4s^2+7)}{s^2+4}\right|_{s=j1} = jC + D = j1 \Rightarrow C = 1,\ D = 0$$

$x = \underline{3\cos 2t + \cos t}$

19.34 $sX(s) + X(s) + sY(s) - 1 + Y(s) = \frac{1}{s}$ (1)

$-2X(s) + sY(s) - 1 - Y(s) = 0$ (2)

(1) becomes $(s+1)X(s) + (s+1)Y(s) = \frac{s+1}{s}$ or

$X(s) + Y(s) = \frac{1}{s}$

(2) becomes $-2X(s) + (s-1)Y(s) = 1$

$\therefore -2X(s) + (s-1)\left[\frac{1}{s} - X(s)\right] = 1$

$$X(s) = \frac{-1}{s(s+1)} = -\frac{1}{s} + \frac{1}{s+1} \Rightarrow \underline{x = -1 + e^{-t}}$$

19.35

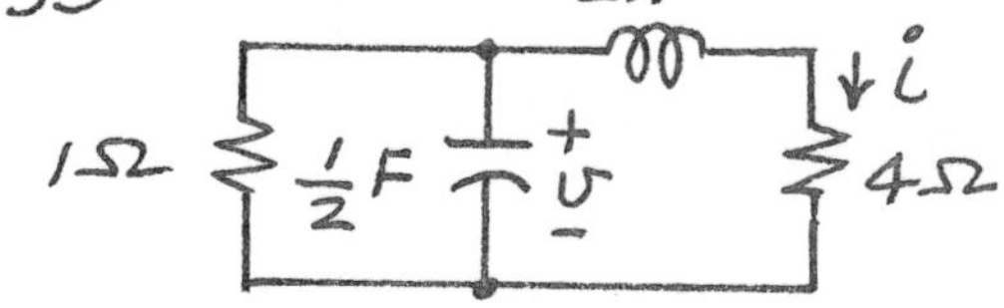

$i(0) = 4$ A, $v(0) = 6$ V

$v = 2\frac{di}{dt} + 4i$

$\therefore V(s) = 2sI(s) - 8 + 4I(s)$

$\frac{1}{2}\frac{dv}{dt} + v + i = 0 \Rightarrow sV(s) - 6 + 2V(s) + 2I(s) = 0$

$(s+2)[(2s+4)I(s) - 8] + 2I(s) = 6$

$$I(s) = \frac{4s+11}{(s+2)^2+1} = \frac{4(s+2)+3}{(s+2)^2+1} \Rightarrow \underline{i = e^{-2t}(4\cos t + 3\sin t)}$$

19.36

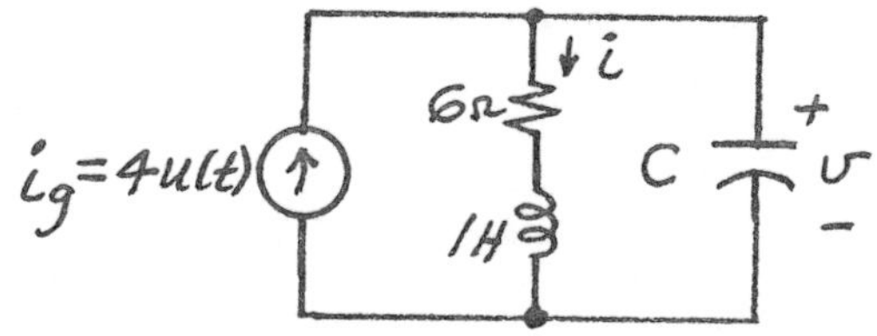

$v = 6i + \frac{di}{dt}$, $i + C\frac{dv}{dt} = i_g$

$i(0^-) = v(0^-) = 0$

$V(s) = (s+6)I(s)$, $I(s) + sCV(s) = \frac{4}{s}$

19.36 (cont.) $V(s) - (s+6)\left[\frac{4}{s} - sC\,V(s)\right] = 0$

$$V(s) = \frac{4(s+6)}{s(Cs^2+6Cs+1)}$$

(a) $C = \frac{1}{5}$ F: $V(s) = \frac{20(s+6)}{s(s+1)(s+5)} = \frac{24}{s} - \frac{25}{s+1} + \frac{1}{s+5}$

$v = \underline{-25e^{-t} + e^{-5t} + 24 \text{ V}}$

(b) $C = \frac{1}{9}$ F: $V(s) = \frac{36(s+6)}{s(s+3)^2} = \frac{24}{s} + \frac{A}{s+3} - \frac{36}{(s+3)^2}$

$s = -2$: $\frac{36(4)}{-2(1)} = \frac{24}{-2} + A - 36 \Rightarrow A = -24$

$v = \underline{24 - (24 + 36t)e^{-3t} \text{ V}}$

19.37 KCL: $\frac{v}{3} + i + \frac{v - 3i}{6} = 0$, $i = \frac{1}{9}\frac{dv}{dt}$, $v(0) = 6$

$\Rightarrow v + i = 0 \Rightarrow v + \frac{1}{9}\frac{dv}{dt} = 0 \Rightarrow 9V(s) + sV(s) - 6 = 0$

$V(s) = \frac{6}{s+9}$; $I(s) = (sV(s) - 6)/9 = -\frac{6}{s+9}$

$\therefore i = \underline{-6e^{-9t} \text{ A}}$

19.38

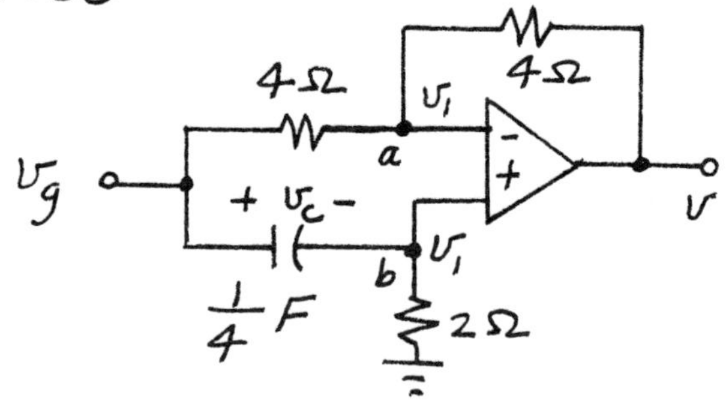

(a) $\left(\frac{1}{4} + \frac{1}{4}\right)v_1 - \frac{1}{4}v = \frac{1}{4}v_g$

$2v_1 - v = v_g$

$2V_1(s) - V(s) = V_g(s)$

(b) $\frac{v_1}{2} + \frac{1}{4}\frac{d}{dt}(v_1 - v_g) = 0$

$2V_1(s) + s[V_1(s) - V_g(s)] - [v_1(0) - v_g(0)] = 0$

$v_g - v_1 = v_c$;

$v_g(0) - v_1(0) = v_c(0) = 0$

$(s+2)V_1(s) = sV_g(s) \Rightarrow V_1(s) = \frac{s}{s+2}V_g(s)$

$V(s) = 2V_1(s) - V_g(s) = \left[\frac{2s}{s+2} - 1\right]\frac{2}{s+3} = \frac{2(s-2)}{(s+2)(s+3)}$

$V(s) = \frac{10}{s+3} - \frac{8}{s+2} \Rightarrow v = \underline{10e^{-3t} - 8e^{-2t} \text{ V}}$

19.39 $2i_1 + \frac{di_1}{dt} - \frac{di_2}{dt} = v_g$: $2I_1(s) + sI_1(s) - 6 - sI_2(s) + 2 = V_g(s)$

$3i_2 + 2\frac{di_2}{dt} - \frac{di_1}{dt} = 0$: $3I_2(s) + 2sI_2(s) - 4 - sI_1(s) + 6 = 0$

19.39 (Cont.) $(s+2)I_1(s) - sI_2(s) = 4 + \frac{14}{s+2} = \frac{4s+22}{s+2}$

$$-sI_1(s) + (2s+3)I_2(s) = -2$$

$$I_1(s) = \begin{vmatrix} \frac{4s+22}{s+2} & -s \\ -2 & 2s+3 \end{vmatrix} \bigg/ \begin{vmatrix} s+2 & -s \\ -s & 2s+3 \end{vmatrix}$$

$$I_1(s) = \frac{2(3s^2+26s+33)}{(s+1)(s+2)(s+6)} = \frac{4}{s+1} + \frac{7/2}{s+2} - \frac{3/2}{s+6}$$

$$\underline{i_1 = 4e^{-t} + \frac{7}{2}e^{-2t} - \frac{3}{2}e^{-6t} \text{ A}}$$

$$I_2(s) = \begin{vmatrix} s+2 & \frac{4s+22}{s+2} \\ -s & -2 \end{vmatrix} \bigg/ (s+1)(s+6)$$

$$I_2(s) = \frac{2s^2+14s-8}{(s+1)(s+2)(s+6)} = \frac{-4}{s+1} + \frac{7}{s+2} + \frac{1}{s+6}$$

$$\underline{i_2 = -4e^{-t} + 7e^{-2t} + e^{-6t} \text{ A}}$$

19.40

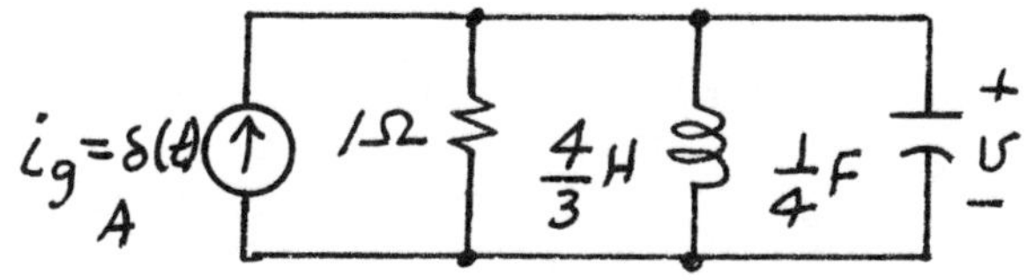

$$v + \frac{3}{4}\int_0^t v\,d\tau + \frac{1}{4}\frac{dv}{dt} = i_g = \delta(t)$$

$$V(s) + \frac{3}{4s}V(s) + \frac{1}{4}sV(s) = 1$$

$$V(s)\left[1 + \frac{3}{4s} + \frac{1}{4}s\right] = \frac{s^2+4s+3}{4s}V(s) = 1$$

$$V(s) = \frac{4s}{(s+1)(s+3)} = \frac{-2}{s+1} + \frac{6}{s+3}$$

$$\underline{v = -2e^{-t} + 6e^{-3t} \text{ V}}$$

CHAPTER 20

-EXERCISES-

20.1.1 $\frac{di}{dt} + 6i + \frac{1}{C}\int_0^t i\,dt + v_C(0) = v_g(t)$

$$\Rightarrow sI(s) - i(0) + 6I(s) + \frac{1}{sC}I(s) + \frac{v_C(0)}{s} = V_g(s)$$

$$I(s) = \frac{V_g(s) + i(0) - v_C(0)/s}{s+6+\frac{1}{sC}}\ ;\ C = \tfrac{1}{5}\text{ F},\ v_g = 6\text{ V},\ i(0) = 1\text{ A},$$

$$v_C(0) = -3\text{ V}:\ I(s) = \frac{(6/s)+1+(3/s)}{s+6+\frac{5}{s}} = \frac{s+9}{(s+1)(s+5)}$$

$$I(s) = \frac{2}{s+1} - \frac{1}{s+5} \Rightarrow i(t) = \underline{2e^{-t} - e^{-5t}\text{ A}},\ t>0$$

20.1.2 $I(s) = \dfrac{\frac{6}{s}+2-\frac{4}{s}}{s+6+\frac{13}{s}} = \dfrac{2(s+1)}{s^2+6s+13}$

$$= 2\left[\frac{(s+3)-2}{(s+3)^2+4^2}\right]$$

$$i = \underline{2e^{-3t}(\cos 2t - \sin 2t)\text{ A}},\ t>0$$

20.1.3 $I(s) = \dfrac{\frac{6}{s}+1-\frac{2}{s}}{s+6+\frac{9}{s}} = \dfrac{s+4}{(s+3)^2} = \dfrac{1}{s+3} + \dfrac{1}{(s+3)^2}$

$$i = \underline{e^{-3t}(t+1)\text{ A}}$$

20.2.1 A transformed circuit is

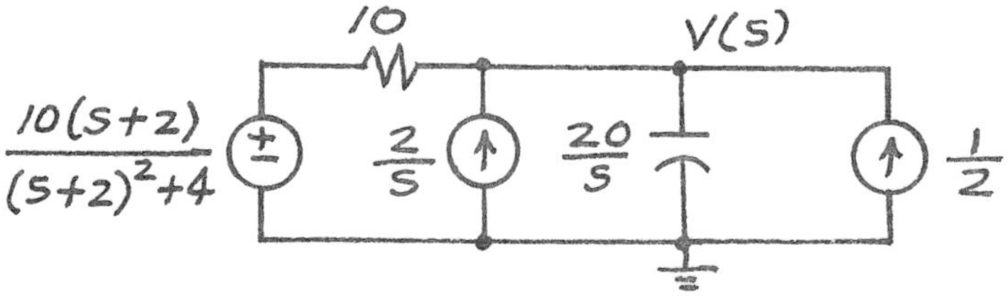

$$\text{KCL}:\ \left(\frac{s}{20}+\frac{1}{10}\right)V(s) = \frac{1}{2} + \frac{2}{s} + \frac{s+2}{(s+2)^2+4}$$

$$V(s) = \frac{10}{s+2} + \frac{40}{s(s+2)} + \frac{20}{(s+2)^2+4}$$

$$= \frac{20}{s} - \frac{10}{s+2} + \frac{20}{(s+2)^2+4}$$

$$v = \underline{10(2 - e^{-2t} + e^{-2t}\sin 2t)\text{ V}}$$

20.2.2

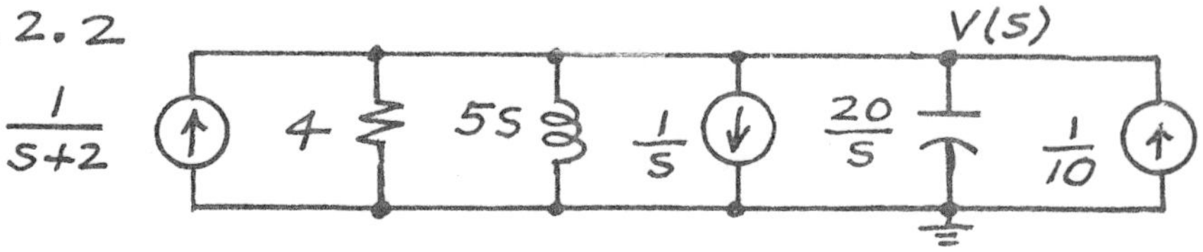

20.2.2 (Cont.) KCL yields

$$\left(\frac{1}{4}+\frac{1}{5s}+\frac{s}{20}\right)V(s)=\frac{1}{s+2}-\frac{1}{s}+\frac{1}{10}$$

$$V(s)=\frac{2s^2+4s-40}{(s+1)(s+2)(s+4)}=\frac{-14}{s+1}+\frac{20}{s+2}-\frac{4}{s+4}$$

$$v=\underline{-14e^{-t}+20e^{-2t}-4e^{-4t}\ \ \text{V}}$$

20.2.3

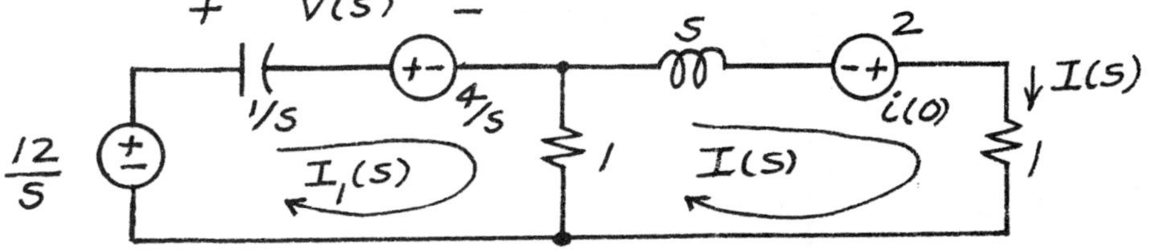

$$\frac{v(0)}{s}=\frac{4}{s}$$

KVL: $\frac{12}{s}=\left(1+\frac{1}{s}\right)I_1(s)-I(s)+\frac{4}{s}\Rightarrow(s+1)I_1(s)-sI(s)=8$

$-I_1(s)+(s+2)I(s)=2$

$$I(s)=\begin{vmatrix}s+1 & 8\\ -1 & 2\end{vmatrix}\Bigg/\begin{vmatrix}s+1 & -s\\ -1 & s+2\end{vmatrix}=\frac{2(s+1)+8}{(s+1)^2+1}$$

$$i=\underline{2e^{-t}(\cos t+4\sin t)\ \ \text{A}}$$

$V(s)=\frac{1}{s}I_1(s)+\frac{4}{s}$; $I_1(s)=(s+2)I(s)-2$

$$I_1(s)=(s+2)\frac{2s+10}{s^2+2s+2}-2=\frac{10s+16}{s^2+2s+2}$$

$$V(s)=\frac{1}{s}\left[\frac{10s+16}{s^2+2s+2}+4\right]=\frac{4s^2+18s+24}{s(s^2+2s+2)}$$

$$=2\left[\frac{6}{s}-\frac{4(s+1)-1}{(s+1)^2+1}\right]$$

$$v(t)=\underline{12-e^{-t}(8\cos t-2\sin t)\ \ \text{V}}$$

20.2.4 $i_R=\frac{1}{R}v_R\Rightarrow\underline{I_R(s)=\frac{1}{R}V_R(s)}$

$i_L(t)=\frac{1}{L}\int_0^t v_L\,d\tau+i_L(0)$; $\underline{I_L(s)=\frac{1}{sL}V_L(s)+\frac{1}{s}i_L(0)}$

$i_C(t)=C\frac{dv_C}{dt}\Rightarrow\underline{I_C(s)=sC\,V_C(s)-C\,v_C(0)}$

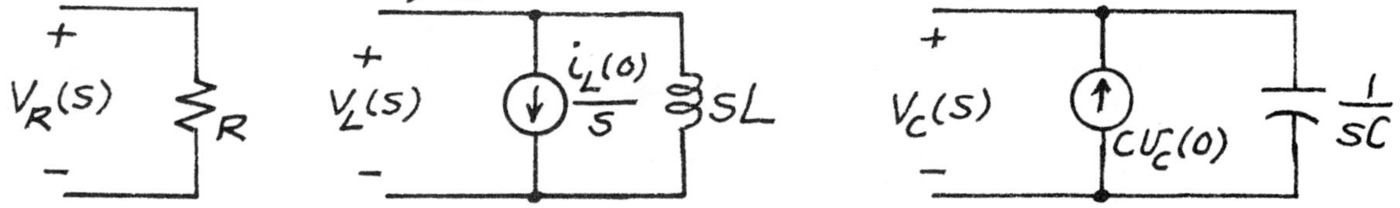

20.2.5 $v_1 = L_1 \dfrac{di_1}{dt} + M\dfrac{di_2}{dt}, \quad v_2 = M\dfrac{di_1}{dt} + L_2\dfrac{di_2}{dt}$

$$\Rightarrow V_1(s) = sL_1 I_1(s) + sMI_2(s) - L_1 i_1(0) - M i_2(0)$$

$$V_2(s) = sMI_1(s) + sL_2 I_2(s) - M i_1(0) - L_2 i_2(0)$$

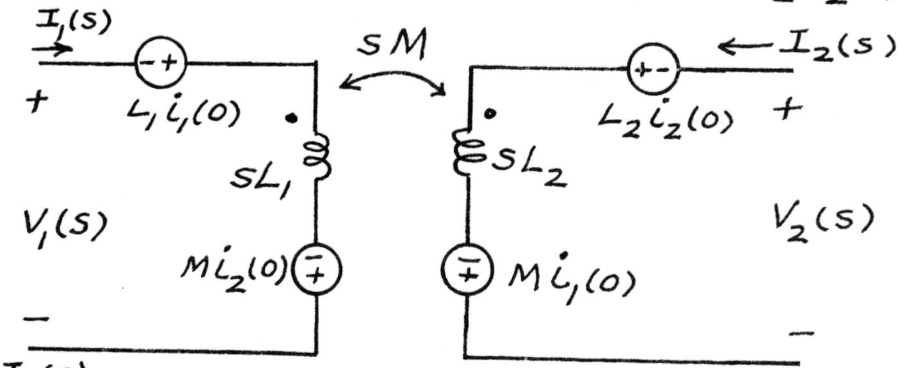

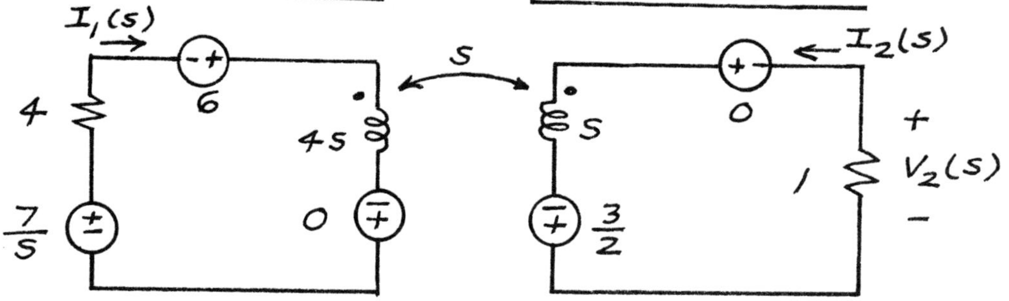

KVL: $(4s+4)I_1(s) + sI_2(s) = \dfrac{7}{s} + 6$

$$sI_1(s) + (s+1)I_2(s) = \frac{3}{2}$$

$$I_2(s) = \frac{(3/2)(4s+4) - 7 - 6s}{4(s+1)^2 - s^2} = \frac{-1}{(3s+2)(s+2)}$$

$$V_2(s) = -I_2(s) = \frac{1}{4}\left[\frac{1}{s+\frac{2}{3}} - \frac{1}{s+2}\right]$$

$$v_2(t) = \frac{1}{4}\left(e^{-2t/3} - e^{-2t}\right) \text{ V}$$

20.2.6

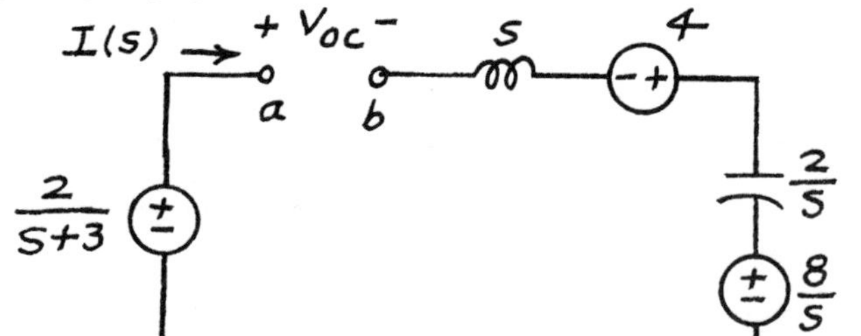

$$V_{oc}(s) = 4 - \frac{8}{s} + \frac{2}{s+3} = \frac{4s^2+6s-24}{s(s+3)}$$

$$Z_{th} = s + \frac{2}{s} = \frac{s^2+2}{s} \ \Omega$$

$$I(s) = \frac{V_{oc}}{Z_{th}+3} = \frac{(4s^2+6s-24)/s(s+3)}{[(s^2+2)/s]+3} = \frac{4s^2+6s-24}{(s+1)(s+2)(s+3)}$$

$$= \frac{-13}{s+1} + \frac{20}{s+2} - \frac{3}{s+3}$$

$$i(t) = -13e^{-t} + 20e^{-2t} - 3e^{-3t} \text{ A}$$

20.3.1 $y'' + 4y' + 13y = 39x \Rightarrow (s^2+4s+13)Y(s) = 39X(s)$

$$H(s) = \frac{Y(s)}{X(s)} = \underline{\frac{39}{s^2+4s+13}} \quad ; \; x = u(t) \Rightarrow X(s) = \frac{1}{s}$$

$$Y(s) = \frac{39}{s(s^2+4s+13)} = \frac{3}{s} - \frac{3(s+2)+2(3)}{(s+2)^2+3^2}$$

$$y(t) = \underline{(3 - 3e^{-2t}\cos 3t - 2e^{-2t}\sin 3t)u(t)} = r(t)$$

20.3.2

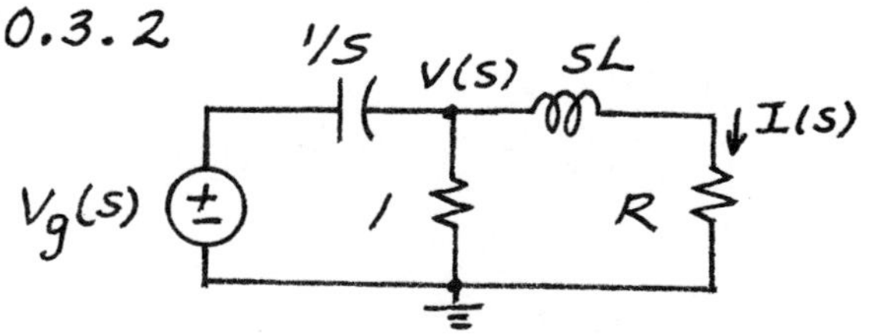

$$V(s) = (R+sL)I(s)$$

KCL: $sV - sV_g + V + I = 0$

$$[(s+1)(R+sL)+1]I = sV_g(s)$$

$$H(s) = \frac{I(s)}{V_g(s)} = \frac{s}{Ls^2+(R+L)s+R+1}$$

(a) $L = 2\,H$, $R = 5\,\Omega$: $H(s) = \underline{\dfrac{s}{2s^2+7s+6}}$

(b) $L = 1\,H$, $R = 3\,\Omega$: $H(s) = \underline{\dfrac{s}{s^2+4s+4}}$

(c) $L = 1\,H$, $R = 1\,\Omega$: $H(s) = \underline{\dfrac{s}{s^2+2s+2}}$

20.3.3 Part (b): $R(s) = \frac{1}{s}H(s) = \frac{1}{(s+2)^2} \Rightarrow r(t) = te^{-2t}u(t)$ A

Part (c): $R(s) = \frac{1}{(s+1)^2+1} \Rightarrow r(t) = \underline{e^{-t}\sin t\, u(t)}$ A

20.4.1 (a) $H(s) = \dfrac{2(s+3)}{(s+1)(s+2)} = \dfrac{4}{s+1} - \dfrac{2}{s+2}$

$$h(t) = \underline{(4e^{-t} - 2e^{-2t})u(t)}$$

(b) $R(s) = \frac{1}{s}H(s) = \dfrac{2(s+3)}{s(s+1)(s+2)} = \dfrac{3}{s} - \dfrac{4}{s+1} + \dfrac{1}{s+2}$

$$r(t) = \underline{(3 - 4e^{-t} + e^{-2t})u(t)}$$

20.4.2 $y'' + 3y' + 2y = 2x$

(a) $(s^2+3s+2)Y(s) = 2X(s) \Rightarrow H(s) = \underline{\dfrac{2}{s^2+3s+2}}$

(b) $H(s) = 2\left[\dfrac{1}{s+1} - \dfrac{1}{s+2}\right] \Rightarrow h(t) = \underline{2(e^{-t} - e^{-2t})u(t)}$

(c) $R(s) = \dfrac{2}{s(s+1)(s+2)} = \dfrac{1}{s} - \dfrac{2}{s+1} + \dfrac{1}{s+2}$

$$r(t) = \underline{(1 - 2e^{-t} + e^{-2t})u(t)}$$

20.4.3 $h(t) = \frac{d}{dt} r(t) = \frac{d}{dt}\left[(3 - 4e^{-t} + e^{-2t})u(t)\right]$

$= (3 - 4e^{-t} + e^{-2t})\,\delta(t) + (4e^{-t} - 2e^{-2t})u(t)$

$= (0)\,\delta(t) + (4e^{-t} - 2e^{-2t})u(t)$

$= \underline{(4e^{-t} - 2e^{-2t})u(t)}$

20.5.1 (a) $s^2 + 2s - 3 = (s+3)(s-1)$

Poles are $s = -3, 1 \Rightarrow$ unstable

(b) $s^2 + 4s + 3 = (s+1)(s+3)$

Poles are $s = -1, -3 \Rightarrow$ absolutely stable

(c) $\lim_{s \to \infty} \frac{s^3+1}{s+3} = \infty$; double pole at $s = \infty$

$\Rightarrow$ unstable

(d) $s^3 + 2s^2 + s + 2 = (s+2)(s^2+1)$

Poles are $s = -2, \pm j1 \Rightarrow$ conditionally stable

(e) $(s^2+9)^2(s+1) = 0 \Rightarrow s = \pm j3, \pm j3, -3$

System is unstable because of double $j\omega$-axis poles at $s = \pm j3$.

20.5.2 $H(s) = \frac{3s+4}{(s+1)(s+2)} = \frac{1}{s+1} + \frac{2}{s+2}$

$h(t) = (e^{-t} + 2e^{-2t})u(t)$

$\int_0^\infty |h(t)|\,dt = \int_0^\infty (e^{-t} + 2e^{-2t})\,dt = (-e^{-t} - e^{-2t})\Big|_0^\infty = \underline{2}$

$\therefore$ system is absolutely stable.

20.6.1 (a) $\lim_{s \to \infty} \frac{s(3s)}{s^2+2s+2} = 3 = f(0^+)$

(b) $F(s)$ is not a proper fraction $\Rightarrow$ Initial-value theorem does not apply.

(c) $\lim_{s \to \infty} s \frac{2(s^2+4)}{(s^2+2s+4)(s+2)} = 2 = f(0^+)$

(d) $\lim_{s \to \infty} s \frac{3}{s^2+2s+2} = 0 = f(0^+)$

20.6.2 (a) $\lim_{s \to 0} s \frac{6}{s(s+1)(s+3)} = 2 = f(\infty)$

(b) Not applicable because of poles at $s = \pm j2$.

(c) $\lim_{s \to 0} s \frac{s}{s^2+4s+5} = 0 = f(\infty)$

20.6.2 (d) Not applicable because of pole at $s=2$.

20.6.3 $$F(s) = \frac{2s^2}{(s+1)(s+3)} = 2 + \frac{1}{s+1} - \frac{9}{s+3}$$

$$f(t) = 2\delta(t) + (e^{-t} - 9e^{-3t})\,u(t)$$

$$\lim_{t\to 0^+} f(t) = 2\,\delta(0^+)$$

$$\lim_{s\to\infty} sF(s) = \lim_{s\to\infty} s\,\frac{s^2}{s^2+4s+3} = \infty$$

20.6.4 $$F(s) = \frac{4}{s(s-2)} = \frac{-2}{s} + \frac{2}{s-2}$$

$$f(t) = 2(-1+e^{2t})\,u(t);\quad \lim_{t\to\infty} f(t) = \infty$$

$$\lim_{s\to 0} sF(s) = \lim_{s\to 0} s\,\frac{4}{s(s-2)} = \underline{-2 \neq f(\infty) = \infty}$$

20.7.1 $$\mathcal{L}[\cos(kt+\theta)] = \mathcal{L}[\cos\theta\cos kt - \sin\theta\sin kt]$$

$$= \cos\theta\,\frac{s}{s^2+k^2} - \sin\theta\,\frac{k}{s^2+k^2} = \frac{s\cos\theta - k\sin\theta}{s^2+k^2}$$

20.7.2 $$v_i = V_m\cos(\omega_o t + \theta_o)$$

$$V_i(s) = V_m\,\frac{s\cos\theta_o - \omega_o\sin\theta_o}{s^2+\omega_o^2}$$

$$F(s) = V_m\,\frac{s\cos\theta_o - \omega_o\sin\theta_o}{s^2+\omega_o^2}\,H(s)$$

$$= \frac{A}{s-j\omega_o} + \frac{A^*}{s+j\omega_o} + F_1(s)$$

$$A = \lim_{s\to j\omega_o} \frac{V_m(s\cos\theta_o - \omega_o\sin\theta_o)}{s+j\omega_o}\,H(s)$$

$$= V_m\,\frac{j\omega_o\cos\theta_o - \omega_o\sin\theta_o}{2j\omega_o}\,H(j\omega_o) = \frac{V_m}{2}e^{j\theta_o}H(j\omega_o)$$

Let $H(j\omega_o) = |H(j\omega_o)|\,e^{j\phi_o}$

$$A = \frac{V_m}{2}|H(j\omega_o)|\,e^{j(\theta_o+\phi_o)}$$

$$\therefore\ f(t) = 2\,\mathrm{Re}[A e^{j\omega_o t}] + f_1(t)$$

$$f(t) = 2\,\mathrm{Re}\left[\frac{V_m}{2}|H(j\omega_o)|\,e^{j(\omega_o t+\theta_o+\phi_o)}\right] + f_1(t)$$

$$= V_m|H(j\omega_o)|\cos(\omega_o t+\theta_o+\phi_o) + f_1(t)$$

$$\therefore\ f_{ss} = \underline{V_m|H(j\omega_o)|\cos(\omega_o t+\theta_o+\phi_o)}$$

20.7.3 $H(j2) = \dfrac{8}{s^2+4s+12}\Big|_{s=j2} = \dfrac{8}{12-4+j8} = \dfrac{1}{\sqrt{2}}\angle -45°$

$|H(j2)| = \dfrac{1}{\sqrt{2}}, \ \phi_0 = -45°$

$\therefore \ f_{ss} = \dfrac{8}{\sqrt{2}}\cos(2t+30°-45°) = 4\sqrt{2}\cos(2t-15°)$

20.8.1 $M = 20\log\left|1+j\dfrac{\omega}{K}\right|$

$\omega \le K$: Error $= 20\log\sqrt{1+\dfrac{\omega^2}{K^2}} - 0 = 10\log\left(1+\dfrac{\omega^2}{K^2}\right)$

$\omega > K$: Error $= 20\log\sqrt{1+\dfrac{\omega^2}{K^2}} - 20\log\dfrac{\omega}{K}$

$= 20\log\dfrac{[1+(\omega^2/K^2)]^{1/2}}{(\omega/K)}$

Error $= 20\log\left[\dfrac{1+(\omega^2/K^2)}{\omega^2/K^2}\right]^{1/2} = 10\log\left(1+\dfrac{K^2}{\omega^2}\right)$

20.8.2 $\phi = 0$ for $\omega < K/10$

$= \dfrac{\pi}{2}$ for $\omega > 10K$

For $0.1K < \omega < 10K$

$\phi = \dfrac{\pi/2 - 0}{\log 10K - \log 0.1K}(\log\omega - \log 0.1K)$

$= \dfrac{\pi}{2}\dfrac{\log(10\omega/K)}{\log(10K/0.1K)} = \dfrac{\pi}{2}\dfrac{\log\frac{10\omega}{K}}{\log 100} = \dfrac{\pi}{4}\log\dfrac{10\omega}{K}$

20.8.3 $H(j\omega) = \dfrac{40(2)(1+j\frac{\omega}{2})}{8(1+j\frac{\omega}{8})} = 10\,\dfrac{1+j\frac{\omega}{2}}{1+j\frac{\omega}{8}}$

(a)

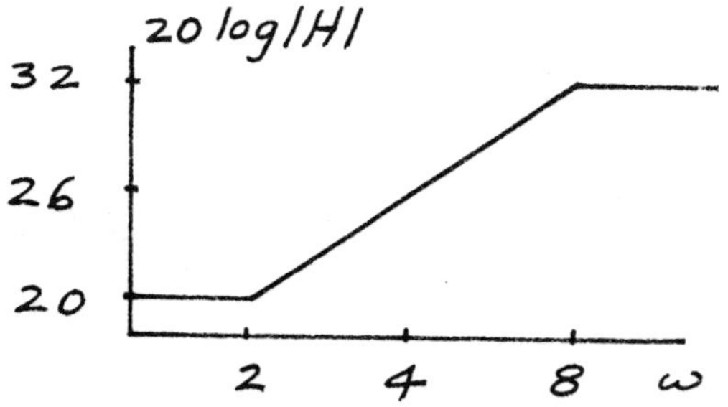

$20\log|H(j2)| \approx \underline{20\text{ dB}}$

$20\log|H(j4)| \approx 20+6 = \underline{26\text{ dB}}$

$20\log|H(j8)| \approx \underline{32\text{ dB}}$

$20\log|H(j10)| \approx \underline{32\text{ dB}}$

(b) $20\log|H(j2)| = 20\log\left|10\dfrac{1+j1}{1+j\frac{1}{4}}\right| = 20\log 10\sqrt{\dfrac{2}{17}} = \underline{22.75\text{ dB}}$

$20\log|H(j4)| = 20\log\left|10\dfrac{1+j2}{1+j\frac{1}{2}}\right| = 20\log 20 = \underline{26.02\text{ dB}}$

$20\log|H(j8)| = 20\log\left|10\dfrac{1+j4}{1+j1}\right| = 20\log 10\sqrt{\dfrac{2}{17}} = \underline{29.29\text{ dB}}$

$20\log|H(j10)| = 20\log\left|10\dfrac{1+j5}{1+j\frac{10}{8}}\right| = 20\log 40\sqrt{\dfrac{26}{41}} = \underline{30.06\text{ dB}}$

20.9.1

$$M^2(\omega) = \frac{1}{\left(1-\frac{\omega^2}{\omega_K^2}\right)^2 + \frac{4\zeta_K^2\omega^2}{\omega_K^2}}$$

$$\frac{dM^2}{d(\omega^2)} = -\frac{2\left(1-\frac{\omega^2}{\omega_K^2}\right)\left(-\frac{1}{\omega_K^2}\right) + \frac{4\zeta_K^2}{\omega_K^2}}{\left[\left(1-\frac{\omega^2}{\omega_K^2}\right)^2 + \frac{4\zeta_K^2\omega^2}{\omega_K^2}\right]^2}$$

$$\frac{dM^2}{d(\omega^2)} = 0 \Rightarrow -2\left(1-\frac{\omega^2}{\omega_K^2}\right)\frac{1}{\omega_K^2} + \frac{4\zeta_K^2}{\omega_K^2} = 0$$

$$\therefore \frac{\omega^2}{\omega_K^2} = 1-2\zeta_K^2 \Rightarrow \omega = \omega_K\sqrt{1-2\zeta_K^2}$$

$$\therefore \omega_{max} = \omega_K\sqrt{1-2\zeta_K^2}$$

$$M^2(\omega_{max}) = \frac{1}{(1-1+2\zeta_K^2)^2 + 4\zeta_K^2(1-2\zeta_K^2)}$$

$$= \frac{1}{4\zeta_K^4 + 4\zeta_K^2 - 8\zeta_K^4} = \frac{1}{4\zeta_K^2(1-\zeta_K^2)}$$

$$M(\omega_{max}) = M_{max} = \frac{1}{2\zeta_K\sqrt{1-\zeta_K^2}}$$

20.9.2

$$F(s) = \frac{1}{s^2 + 2\zeta_K\omega_K s + \omega_K^2}$$

$$= \frac{1}{(s+\zeta_K\omega_K)^2 + \left[\omega_K\sqrt{1-\zeta_K^2}\right]^2}$$

$$f(t) = \frac{1}{\omega_K\sqrt{1-\zeta_K^2}}\, e^{-\zeta_K\omega_K t} \sin \omega_K\sqrt{1-\zeta_K^2}\, t$$

20.9.3

$$F(s) = \frac{16}{s^2+4s+16} = \frac{\omega_K^2}{s^2+2\zeta_K\omega_K s+\omega_K^2}$$

$$\omega_K^2 = 16 \Rightarrow \omega_K = \underline{4}\ ;\ 2\zeta_K\omega_K = 4 \Rightarrow \zeta_K = \frac{4}{2(4)} = \frac{1}{2} = \underline{0.5}$$

$$\omega_{max} = \omega_K\sqrt{1-2\zeta_K^2} = 4\sqrt{1-2\left(\tfrac{1}{2}\right)^2} = \underline{2\sqrt{2}}$$

$$M_{max} = \frac{1}{2\zeta_K\sqrt{1-\zeta_K^2}} = \frac{1}{2\left(\frac{1}{2}\right)\sqrt{1-\left(\frac{1}{2}\right)^2}} = \underline{\frac{2}{\sqrt{3}}} = \frac{2\sqrt{3}}{3}$$

– PROBLEMS –

20.1 KVL: $\frac{di}{dt} + 2i + v = v_g$; $i = \frac{1}{5}\frac{dv}{dt} \Rightarrow \frac{dv}{dt} = 5i$

Differentiating: $\frac{d^2i}{dt^2} + 2\frac{di}{dt} + 5i = \frac{dv_g}{dt}$; $v(0) = 6$,

$i(0) = 2$, $\frac{di(0)}{dt} = v_g(0) - 2i(0) - v(0) = v_g(0) - 10$

Transforming: $(s^2+2s+5)I(s) = \mathcal{L}\left[\frac{dv_g}{dt}\right] + si(o) + \frac{di(o)}{dt} + 2i(0)$

$$(s^2+2s+5)I(s) = \mathcal{L}\left[\frac{dv_g}{dt}\right] + 2s - 6 + v_g(0)$$

(a) $v_g = 10 \Rightarrow \frac{dv_g}{dt} = 0$, $v_g(0) = 10$

$$I(s) = \frac{2s+4}{s^2+2s+5} = \frac{2(s+1)+2}{(s+1)^2+2^2}$$

$$i(t) = \underline{e^{-t}(2\cos 2t + \sin 2t)\ A}$$

(b) $v_g = 4\cos t \Rightarrow \frac{dv_g}{dt} = -4\sin t$, $v_g(0) = 4$

$$(s^2+2s+5)I(s) = -\frac{4}{s^2+1} + 2s - 2 = \frac{-4+(2s-2)(s^2+1)}{s^2+1}$$

$$I(s) = \frac{2s^3-2s^2+2s-6}{(s^2+1)(s^2+2s+5)} = \frac{As+B}{s^2+1} + \frac{Cs+D}{s^2+2s+5}$$

$$As+B\Big|_{s=j} = \frac{-4+(2s-2)(s^2+1)}{s^2+2s+5}\Bigg|_{s=j}$$

$$Aj+B = \frac{-4}{-1+2j+5} = -\frac{4}{5} + j\frac{2}{5} \Rightarrow A = \frac{2}{5},\ B = -\frac{4}{5}$$

$$(As+B)(s^2+2s+5) + (Cs+D)(s^2+1) = 2s^3-2s^2+2s-6$$

s^3: $A + C = 2 \Rightarrow C = 2 - A = \frac{8}{5}$

1: $5B + D = -6 \Rightarrow D = -6 - 5B = -2$

$$Cs+D = \frac{8}{5}s - 2 = \frac{8}{5}(s+1) - \frac{9}{5}(2)$$

$$i(t) = \underline{\frac{2}{5}\cos t - \frac{4}{5}\sin t + e^{-t}\left(\frac{8}{5}\cos 2t - \frac{9}{5}\sin 2t\right) A}$$

20.2 Mesh currents are i_g and i, clockwise.

KVL: $v + \frac{di}{dt} + 4i = 4i_g + \frac{di_g}{dt}$; $i = \frac{1}{5}\frac{dv}{dt}$

$$v + \frac{1}{5}\frac{d^2v}{dt^2} + \frac{4}{5}\frac{dv}{dt} = 4i_g + \frac{di_g}{dt}$$

20.2 (cont.)

$$\left(\frac{1}{5}s^2+\frac{4}{5}s+1\right)V(s)-\frac{1}{5}[v'(0^-)+sv(0^-)]-\frac{4}{5}v(0^-)$$
$$=(s+4)I_g(s)-i_g(0^-)$$

$$v(0^-)=i(0^-)=i_g(0^-)=0,\quad \frac{dv(0^-)}{dt}=5i(0^-)=0$$

$$V(s)=\frac{5(s+4)}{s^2+4s+5}I_g(s)$$

(a) $i_g(t)=2u(t)\Rightarrow I_g(s)=\frac{2}{s}$

$$V(s)=\frac{10(s+4)}{s(s^2+4s+5)}=\frac{8}{s}+\frac{As+B}{s^2+4s+5}$$

$$\frac{As+B}{s^2+4s+5}=\frac{10(s+4)}{s(s^2+4s+5)}-\frac{8(s^2+4s+5)}{s(s^2+4s+5)}$$
$$=\frac{-8s-22}{s^2+4s+5}$$

$$V(s)=\frac{8}{s}-2\,\frac{4(s+2)+3}{(s+2)^2+1}$$

$$v(t)=\underline{[8-2e^{-2t}(4\cos t+3\sin t)]u(t)}$$

(b) $i_g(t)=2e^{-t}u(t)\Rightarrow I_g(s)=\frac{2}{s+1}$

$$V(s)=\frac{10(s+4)}{(s+1)(s^2+4s+5)}=\frac{15}{s+1}+\frac{Cs+D}{s^2+4s+5}$$

$$\frac{10(s+4)}{(s+1)(s^2+4s+5)}-\frac{15(s^2+4s+5)}{(s+1)(s^2+4s+5)}=\frac{-5(3s+7)}{s^2+4s+5}$$

$$V(s)=\frac{15}{s+1}-5\,\frac{3(s+2)+1}{(s+2)^2+1}$$

$$v(t)=\underline{15e^{-t}-5e^{-2t}(3\cos t+\sin t)\ \text{V},\ t>0}$$

20.3

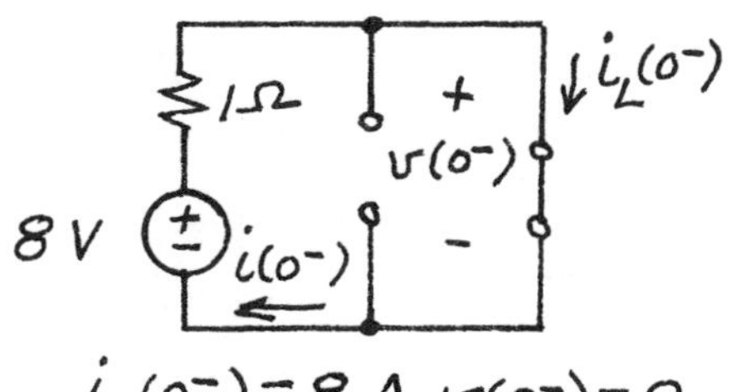

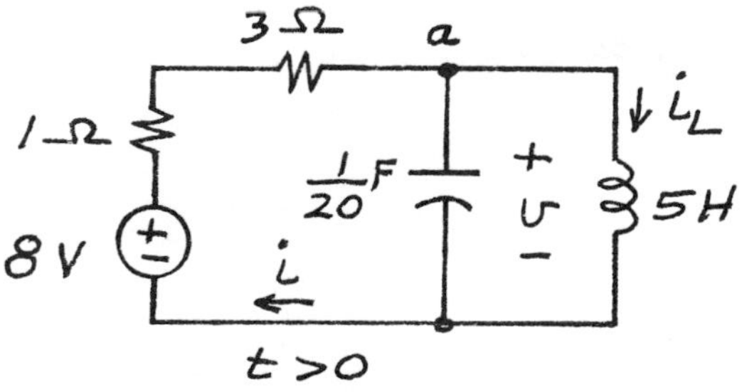

$i_L(0^-)=8$ A, $v(0^-)=0$

KCL at $\underline{a}$: $\frac{1}{20}\frac{dv}{dt}+\frac{1}{5}\int_{0^-}^{t}v\,d\tau+i_L(0^-)+i=0$

KVL : $v=8-4i\Rightarrow V(s)=\frac{8}{s}-4I(s)$

20.3 (cont.) $\frac{1}{20} sV(s) + \frac{1}{5}\frac{V(s)}{s} + \frac{8}{s} + I(s) = 0$

$$\left(\frac{1}{20}s + \frac{1}{5s}\right)\left(\frac{8}{s} - 4I(s)\right) + \frac{8}{s} + I(s) = 0$$

$$I(s) = \frac{2(s^2+20s+4)}{s(s+1)(s+4)} = \frac{2}{s} + \frac{10}{s+1} - \frac{10}{s+4}$$

$$i(t) = \underline{2 + 10e^{-t} - 10e^{-4t} \text{ A}}$$

20.4 KCL at + node of capacitor:

$$i + \frac{v}{3} + \frac{v}{6} - \frac{3i}{6} = 3 \Rightarrow i + v = 6; \; i = \frac{1}{9}\frac{dv}{dt}$$

$$\therefore \frac{dv}{dt} + 9v = 54; \; v(0) = 4$$

$$sV(s) - 4 + 9V(s) = \frac{54}{s}; \; V(s) = \frac{4s+54}{s(s+9)} = \frac{6}{s} - \frac{2}{s+9}$$

$$v = \underline{6 - 2e^{-9t} \text{ V}}$$

20.5 The inductor current and capacitor voltage are zero at $t=0^-$. The transformed circuit is shown below.

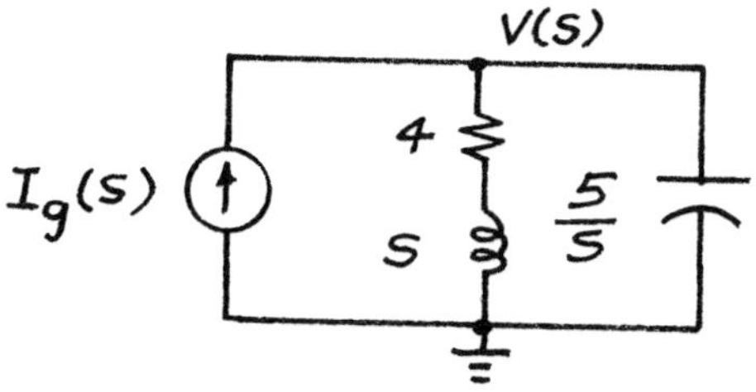

$$\text{KCL: } \left(\frac{s}{4} + \frac{1}{s+4}\right)V(s) = I_g(s)$$

$$V(s) = \frac{5(s+4)}{s^2+4s+5} I_g(s)$$

See solution for Prob. 20.2.

20.6

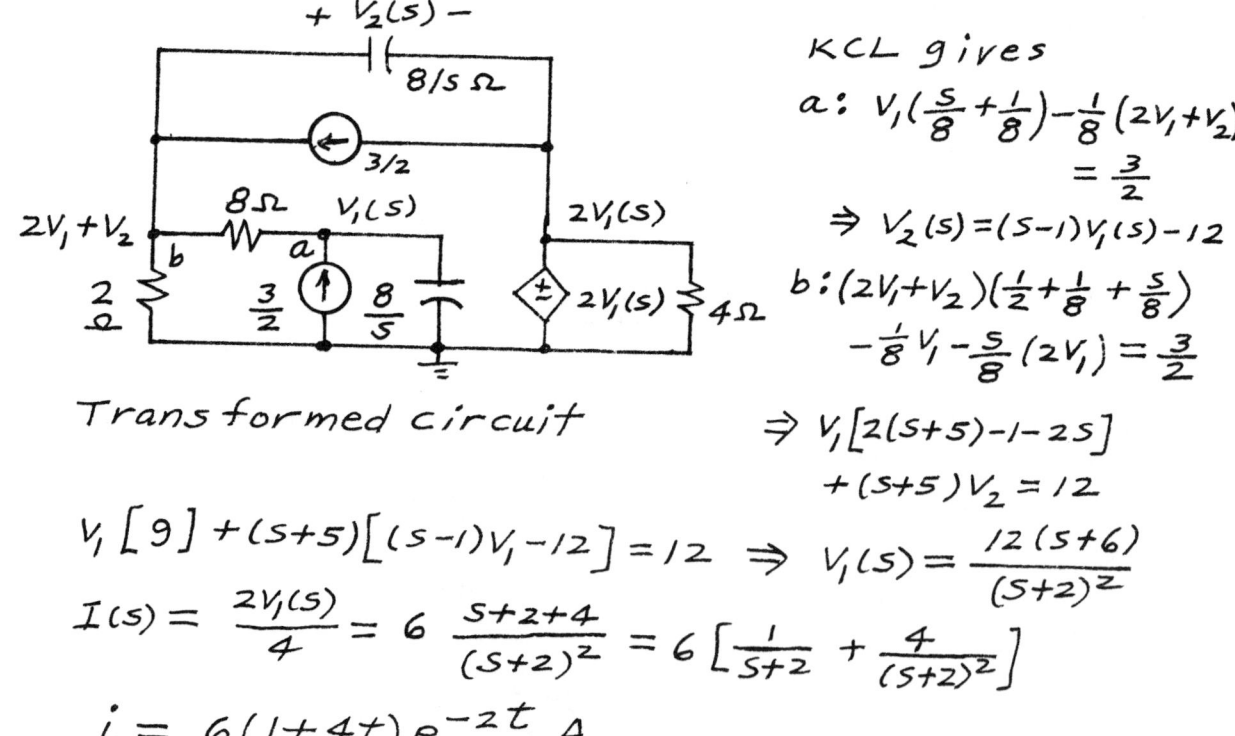

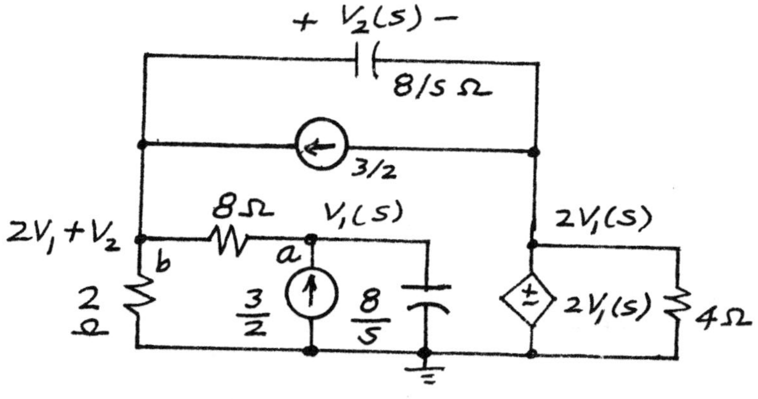

Transformed circuit

KCL gives

$$a: V_1\left(\frac{s}{8} + \frac{1}{8}\right) - \frac{1}{8}(2V_1 + V_2) = \frac{3}{2}$$

$$\Rightarrow V_2(s) = (s-1)V_1(s) - 12$$

$$b: (2V_1+V_2)\left(\frac{1}{2} + \frac{1}{8} + \frac{s}{8}\right) - \frac{1}{8}V_1 - \frac{s}{8}(2V_1) = \frac{3}{2}$$

$$\Rightarrow V_1[2(s+5) - 1 - 2s] + (s+5)V_2 = 12$$

$$V_1[9] + (s+5)[(s-1)V_1 - 12] = 12 \Rightarrow V_1(s) = \frac{12(s+6)}{(s+2)^2}$$

$$I(s) = \frac{2V_1(s)}{4} = 6\frac{s+2+4}{(s+2)^2} = 6\left[\frac{1}{s+2} + \frac{4}{(s+2)^2}\right]$$

$$i = \underline{6(1+4t)e^{-2t} \text{ A}}$$

20.7

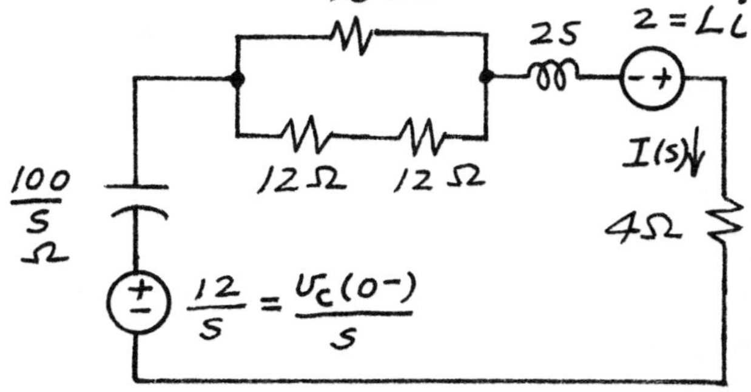

From Prob. 9.13

$i(0^-) = 1\,A,\; v_c(0^-) = 12\,V$

$$R_{eq} = \frac{48(24)}{48+24} = 16\,\Omega$$

KVL:

$$\left(16 + 4 + 2s + \frac{100}{s}\right) I(s) = 2 + \frac{12}{s}$$

$$I(s) = \frac{s+6}{s^2+10s+25} = \frac{s+5+1}{(s+5)^2+5^2}$$

$$\underline{i = e^{-5t}(\cos 5t + 0.2\sin 5t)\ A}$$

20.8

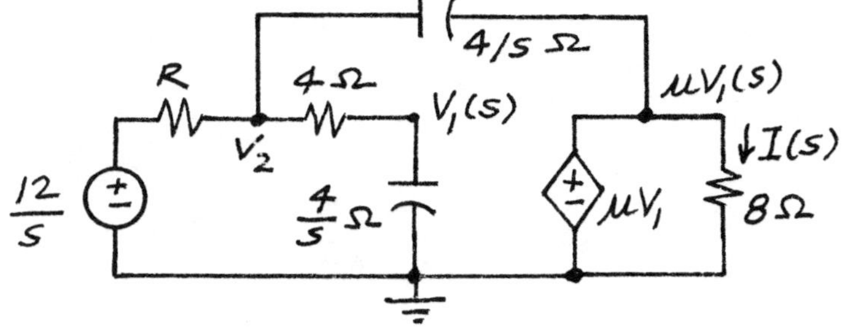

KCL:

$$\left(\frac{1}{4} + \frac{s}{4}\right) V_1 - \frac{1}{4} V_2 = 0$$

$$V_2 = (s+1) V_1$$

$$(s+1)V_1\left[\frac{1}{R} + \frac{1}{4} + \frac{s}{4}\right] - \frac{V_1}{4} - \frac{s}{4}\mu V_1 = \frac{12}{Rs}$$

$$V_1 = \frac{48/R}{s\left[s^2 + \left(2 - \mu + \frac{4}{R}\right)s + \frac{4}{R}\right]}$$

$$I(s) = \frac{\mu V_1(s)}{8} = \frac{6\mu/R}{s\left[s^2 + \left(2 - \mu + \frac{4}{R}\right)s + \frac{4}{R}\right]}$$

(a) $R = 2, \mu = 2$: $I(s) = \dfrac{6}{s(s^2+2s+2)} = \dfrac{3}{s} + \dfrac{As+B}{s^2+2s+2}$

$$\frac{As+B}{s^2+2s+2} = \frac{6 - 3(s^2+2s+2)}{s(s^2+2s+2)} = -3\,\frac{(s+1)+1}{(s+1)^2+1}$$

$$\underline{i = 3[1 - e^{-t}(\cos t + 0.2\sin t)]\ A}$$

(b) $R = 2, \mu = 1$: $I(s) = \dfrac{3}{s(s^2+3s+2)} = \dfrac{\frac{3}{2}}{s} - \dfrac{3}{s+1} + \dfrac{3/2}{s+2}$

$$\underline{i = 1.5(1 - 2e^{-t} + e^{-2t})\ A}$$

(c) $R = 1, \mu = 2$: $I(s) = \dfrac{12}{s(s^2+4s+4)} = \dfrac{3}{s} + \dfrac{A}{s+2} - \dfrac{6}{(s+2)^2}$

$s = -1: -12 = -3 + A - 6 \Rightarrow A = -3$

$$\underline{i = 3[1 - (1+2t)e^{-2t}]\ A}$$

20.9 From Prob. 9.20 $i_L(0-) = 2$ A downward and $v_C(0-) = 4$ V, positive at top. The transformed circuit is as shown.

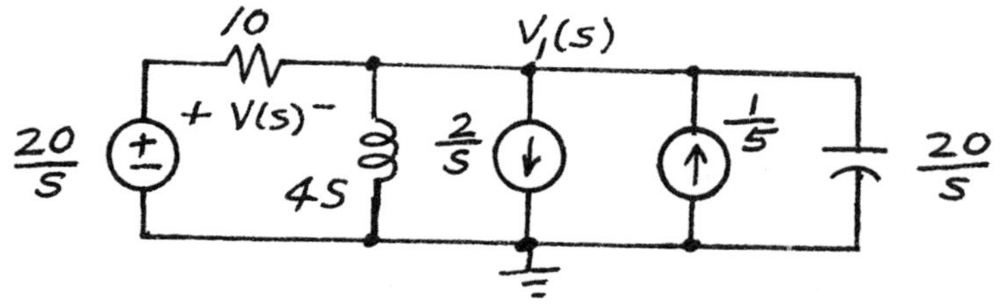

KCL: $V_1(s)\left(\frac{1}{10} + \frac{1}{4s} + \frac{s}{20}\right) = \frac{1}{10}\frac{20}{s} - \frac{2}{s} + \frac{1}{5} = \frac{1}{5}$

$V_1(s) = \dfrac{4s}{s^2+2s+5}$; $V(s) = \frac{20}{s} - V_1(s) = \frac{20}{s} - \dfrac{4(s+1)-4}{(s+1)^2+2^2}$

$\underline{v = 20 - e^{-t}(4\cos 2t - 2\sin 2t)\ \text{V}}$

20.10

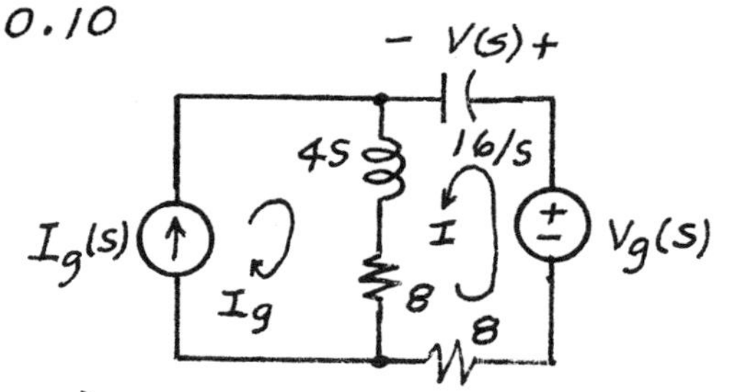

$\left(\frac{16}{s} + 4s + 16\right)I(s) = V_g(s) - (4s+8)I_g(s)$

$I(s) = \dfrac{s[V_g - (4s+8)I_g]}{4(s+2)^2}$

(a) $I_g(s) = \frac{2}{s}$, $V_g(s) = \frac{6}{s} \Rightarrow I(s) = \dfrac{-(4s+5)}{2(s+2)^2}$

$V(s) = \frac{16}{s}I(s) = \dfrac{-8(4s+5)}{s(s+2)^2} = \dfrac{-10}{s} + \dfrac{A}{s+2} - \dfrac{12}{(s+2)^2}$

$s = -1$: $\dfrac{-8(-4+5)}{(-1)(+1)^2} = 8 = 10 + A - 12 \Rightarrow A = 10$

$\underline{v = (10 - 12t)e^{-2t} - 10\ \text{V}}$

(b) $I_g = \dfrac{2s}{s^2+4}$, $V_g = \dfrac{6s}{s^2+4}$

$V(s) = \frac{16}{s}I(s) = \frac{16}{s}\dfrac{s[6s - (4s+8)(2s)]}{4(s+2)^2(s^2+4)} = \dfrac{-8s(4s+5)}{(s^2+4)(s+2)^2}$

$= \dfrac{A}{s+2} - \dfrac{6}{(s+2)^2} + \dfrac{Bs+C}{s^2+4}$; $j2B + C = \left.\dfrac{-8s(4s+5)}{(s+2)^2}\right|_{s=j2}$

$B = -8, C = -10$; $s = 0$: $0 = \frac{A}{2} - \frac{6}{4} - \frac{10}{4} \Rightarrow A = 8$

$V(s) = \dfrac{8}{s+2} - \dfrac{6}{(s+2)^2} - \dfrac{8s+10}{s^2+4}$

$\underline{v = (8 - 6t)e^{-st} - 8\cos 2t - 5\sin 2t}$

20.11

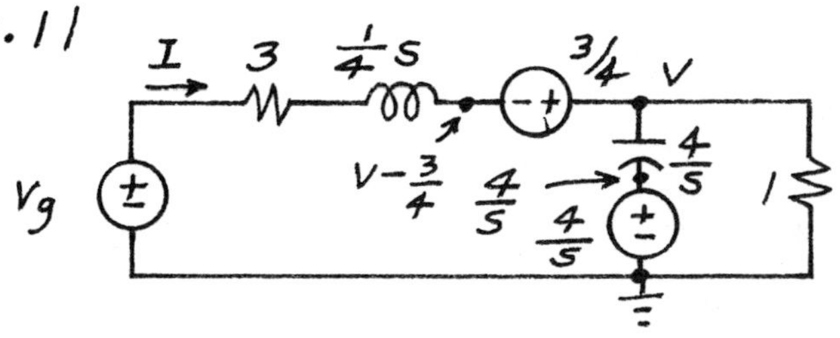

KCL:

$$V(s) + \frac{s}{4}\left[V(s) - \frac{4}{s}\right] + \frac{V - \frac{3}{4} - V_g}{3 + \frac{s}{4}} = 0$$

$$V\left[1 + \frac{s}{4} + \frac{1}{3 + \frac{s}{4}}\right] = 1 + \frac{\frac{3}{4} + V_g}{3 + \frac{s}{4}}, \quad V_g(s) = \frac{16s}{s^2+64}$$

$$\left(\frac{s^2}{16} + s + 4\right)V(s) = \frac{s+15}{4} + \frac{16s}{s^2+64}$$

$$V(s) = \frac{4s^3 + 60s^2 + 512s + 3840}{(s+8)^2(s^2+64)} = \frac{A}{s+8} + \frac{12}{(s+8)^2} + \frac{Bs+C}{s^2+64}$$

$$\frac{4(j8)^3 + 60(j8)^2 + 512(j8) + 3840}{(j8+8)^2} = 16 = j8B + C \Rightarrow B = 0, C = 16$$

$$s = 0: \quad \frac{3840}{(64)^2} = \frac{A}{8} + \frac{12}{64} + \frac{16}{64} \Rightarrow A = 4$$

$$v = \underline{(4 + 12t)e^{-8t} + 2\sin 8t \ \text{V}}$$

20.12

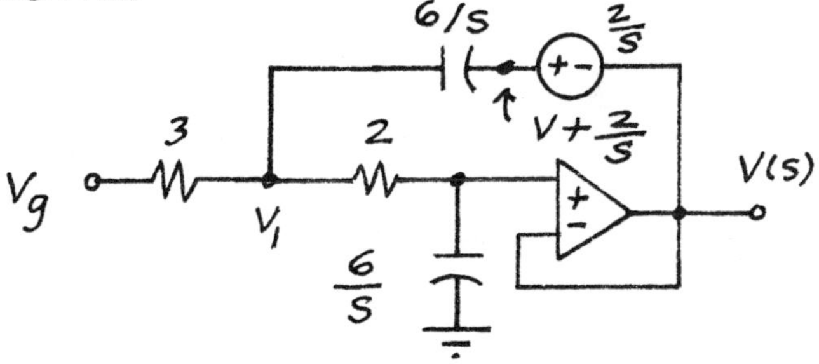

KCL:

$$V_1\left(\frac{1}{2} + \frac{1}{3} + \frac{s}{6}\right) - \frac{V}{2} - \frac{s}{6}\left(V + \frac{2}{s}\right) = \frac{1}{3}V_g$$

$$V = \frac{6(V_g + 1)}{(s+2)(s+3)}$$

(a) $v_g = 4 \Rightarrow V_g(s) = \frac{4}{s}$: $\quad V(s) = \frac{6\left(\frac{4}{s} + 1\right)}{(s+2)(s+3)} = \frac{6(s+4)}{s(s+2)(s+3)}$

$$V(s) = \frac{4}{s} - \frac{6}{s+2} + \frac{2}{s+3} \Rightarrow v = \underline{-6e^{-2t} + 2e^{-3t} + 4 \ \text{V}}$$

(b) $v_g = 26\cos 2t \Rightarrow V_g(s) = \frac{26s}{s^2+4}$

$$V = \frac{6\left(\frac{26s}{s^2+4} + 1\right)}{(s+2)(s+3)} = \frac{6(s^2 + 26s + 4)}{(s+2)(s+3)(s^2+4)} = \frac{-33}{s+2} + \frac{30}{s+3} + \frac{As+B}{s^2+4}$$

$$\left.\frac{6(s^2 + 26s + 4)}{(s+2)(s+3)}\right|_{s=j2} = 30 + j6 = 2jA + B \Rightarrow A = 3, B = 30$$

$$v = \underline{-33e^{-2t} + 30e^{-3t} + 3\cos 2t + 15\sin 2t \ \text{V}}$$

(c) $v_g = 2e^{-t} \Rightarrow V_g = \frac{2}{s+1} \Rightarrow V(s) = \frac{6\left(\frac{2}{s+1} + 1\right)}{(s+2)(s+3)} = \frac{6}{(s+1)(s+2)}$

$$V(s) = \frac{6}{s+1} - \frac{6}{s+2} \Rightarrow v = \underline{-6e^{-2t} + 6e^{-t} \ \text{V}}$$

20.13

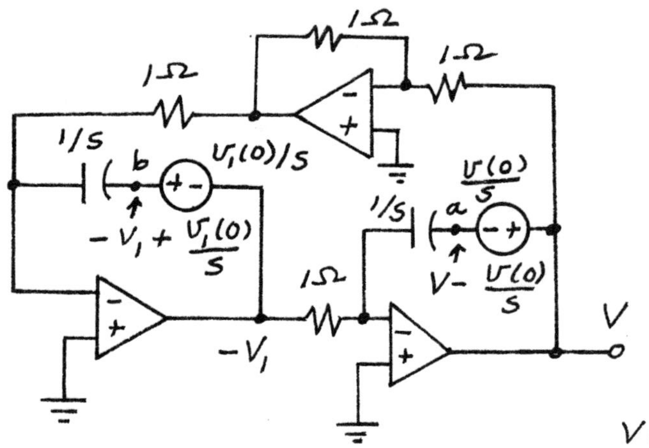

KCL

$$a: -V_1 + s\left[V - \frac{v(0)}{s}\right] = 0$$

$$\therefore\ V_1 = sV - v(0)$$

$$b: -V + \frac{s}{4}\left[-V_1 + \frac{v_1(0)}{s}\right] = 0$$

$$\Rightarrow \left(\frac{s^2}{4}+1\right)V = \frac{sv(0)+v_1(0)}{4}$$

$$V(s) = \frac{sv(0)+v_1(0)}{s^2+4}$$

$$v = v(0)\cos 2t + \tfrac{1}{2}v_1(0)\sin 2t$$

(a) $v_1(0) = 4,\ v(0) = 0 \Rightarrow v = \underline{2\sin 2t\ \text{V}}$

(b) $v_1 = 0,\ v(0) = 2 \Rightarrow v = \underline{2\cos 2t\ \text{V}}$

(c) $v_1 = 4,\ v(0) = 2 \Rightarrow v = \underline{2\cos 2t + 2\sin 2t\ \text{V}}$

20.14

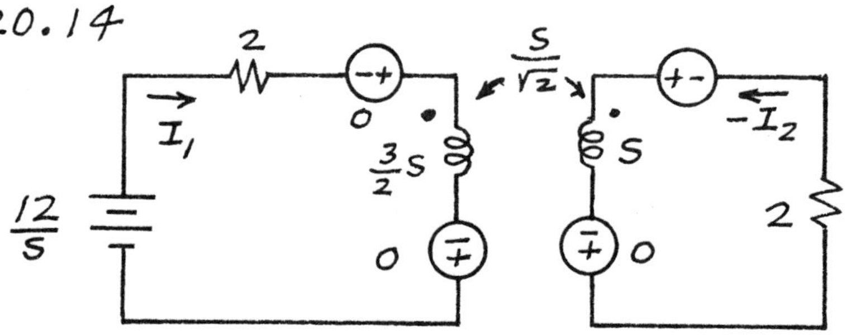

KVL:

$$\frac{12}{s} = \left(2+\frac{3}{2}s\right)I_1 + \frac{s}{\sqrt{2}}(-I_2)$$

$$0 = \frac{s}{\sqrt{2}}I_1 - (s+2)I_2 = 0$$

$$I_1 = \frac{\sqrt{2}}{s}(s+2)I_2$$

$$\frac{12}{s} = \left[\left(2+\frac{3}{2}s\right)\frac{\sqrt{2}}{s}(s+2) - \frac{s}{\sqrt{2}}\right]I_2$$

$$I_2 = \frac{12/\sqrt{2}}{(s+1)(s+4)} = \frac{1}{\sqrt{2}}\left(\frac{4}{s+1} - \frac{4}{s+4}\right)$$

$$i_2 = \underline{2\sqrt{2}\left(e^{-t} - e^{-4t}\right)\ \text{A}}$$

20.15

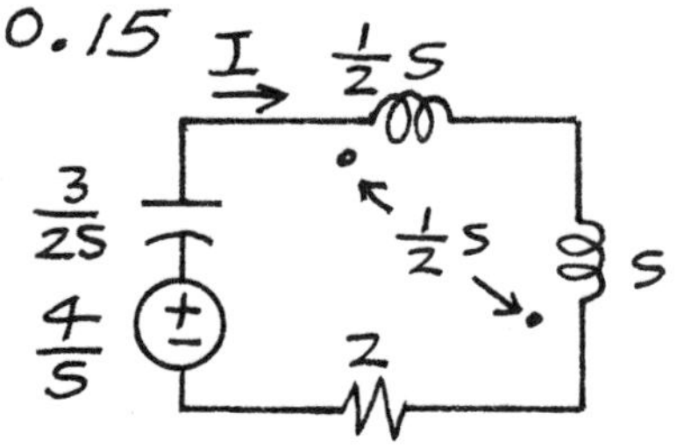

KVL: $\left(\frac{3}{2s} + \frac{s}{2} + s + 2\right)I(s)$

$$- \frac{s}{2}I(s) - \frac{s}{2}I(s) = \frac{4}{s}$$

$$I(s) = \frac{8}{(s+1)(s+3)} = \frac{4}{s+1} - \frac{4}{s+3}$$

$$i = \underline{4\left(e^{-t} - e^{-3t}\right)\ \text{A}}$$

20.16 $\mathcal{L}^{-1}\left[\frac{s}{s^2+a^2}\right] = \cos at\, u(t),\quad \mathcal{L}^{-1}\left[\frac{1}{s^2+a^2}\right] = \frac{1}{a}\sin at\, u(t)$

$$\mathcal{L}^{-1}\left[\frac{s}{(s^2+a^2)^2}\right] = \cos at\, u(t) * \frac{1}{a}\sin at\, u(t)$$

20.16 (Cont.)

$$\mathcal{L}^{-1}\left[\frac{s}{(s^2+a^2)^2}\right] = \frac{1}{a}\int_0^t \cos a\tau \sin a(t-\tau)\,d\tau$$

$$= \frac{1}{2a}\int_0^t [\sin at + \sin a(t-2\tau)]\,d\tau$$

$$= \frac{1}{2a}\left[\tau \sin at + \frac{1}{2a}\cos a(t-2\tau)\right]_0^t$$

$$= \underline{\frac{t}{2a}\sin at\, u(t)}$$

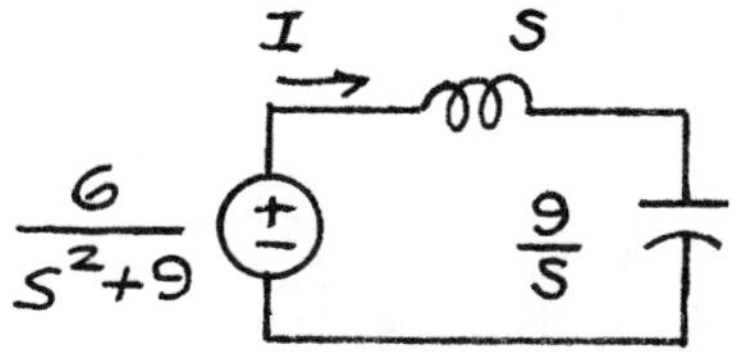

$$I(s) = \frac{6/(s^2+9)}{s+\frac{9}{s}} = \frac{6s}{(s^2+9)^2}$$

$$a=3: \quad i = 6\left(\frac{t}{6}\right)\sin 3t \text{ A}$$

$$i = \underline{t \sin 3t \text{ A}}$$

20.17 (a) $y'' + 6y' + 5y = 20x$

$$H(s) = \frac{Y(s)}{X(s)} = \frac{20}{s^2+6s+5} = \frac{5}{s+1} - \frac{5}{s+5}$$

$$R(s) = \frac{1}{s}H(s) = \frac{20}{s(s+1)(s+5)} = \frac{4}{s} - \frac{5}{s+1} + \frac{1}{s+5}$$

$$r(t) = \underline{(4 - 5e^{-t} + e^{-5t})\,u(t)}$$

$$h(t) = \underline{5(e^{-t} - e^{-5t})\,u(t)}$$

(b) $y'' + 4y' + 13y = 13x$

$$H(s) = \frac{13}{s^2+4s+13} = \frac{13}{(s+2)^2+3^2}$$

$$R(s) = \frac{13}{s(s^2+4s+13)} = \frac{1}{s} - \frac{(s+2)}{(s+2)^2+3^2} - \frac{2}{3}\,\frac{3}{(s+2)^2+3^2}$$

$$r(t) = \underline{\left[1 - e^{-2t}\left(\cos 3t + \frac{2}{3}\sin 3t\right)\right]u(t)}$$

$$h(t) = \underline{\frac{13}{3}e^{-2t}\sin 3t\, u(t)}$$

20.18

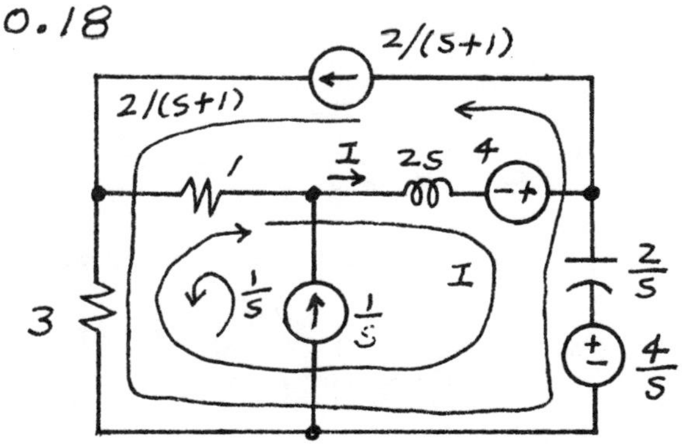

$$\text{KVL}: \left(1+3+2s+\frac{2}{s}\right)I(s) - \frac{2}{s+1}\left(3+\frac{2}{s}\right) - \frac{1}{s}(4) - 4 + \frac{4}{s} = 0$$

$$I(s) = \frac{2s^2+5s+2}{(s+1)^3} = \frac{2(s^2+2s+1)+(s+1)-1}{(s+1)^3}$$

$$i = \underline{e^{-t}\left(2 + t - \frac{1}{2}t^2\right) \text{ A}}$$

20.19

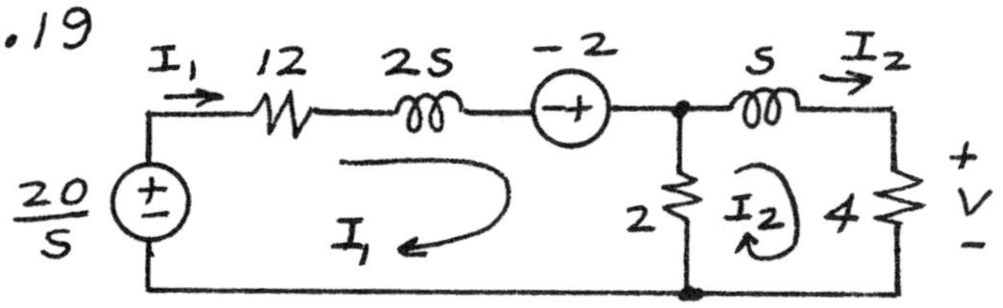

$V(s) = 4I_2(s)$

$(2s+14)I_1 - 2I_2 = \frac{20}{s} - 2$

$-2I_1 + (s+6)I_2 = 0$

$I_1 = \frac{1}{2}(s+6)I_2; \quad [(s+7)(s+6) - 2]I_2 = \frac{20-2s}{s}$

$I_2 = \frac{20-2s}{s(s+5)(s+8)}; \quad V(s) = \frac{4(20-2s)}{s(s+5)(s+8)} = \frac{2}{s} - \frac{8}{s+5} + \frac{6}{s+8}$

$v = \underline{2 + 6e^{-8t} - 8e^{-5t} \text{ V}}$

20.20

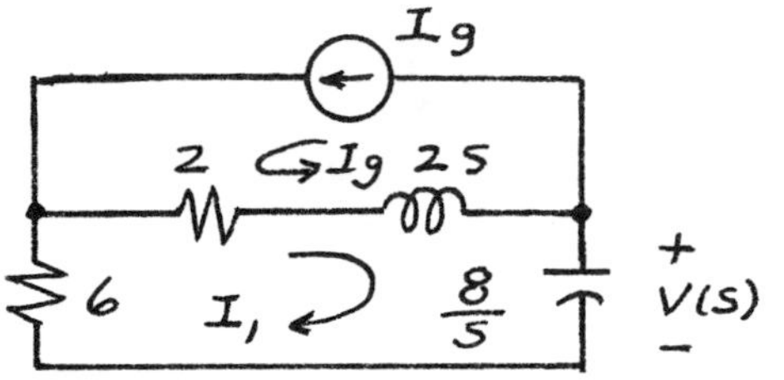

$V(s) + (6+2+2s)I_1(s) + (2s+2)I_g(s) = 0$

$I_1(s) = \frac{s}{8}V(s)$

$V(s)\left[1 + (8+2s)\frac{s}{8}\right] = -2(s+1)I_g(s)$

$H(s) = \frac{V(s)}{I_g(s)} = \frac{-2(s+1)}{1 + (8+2s)\frac{s}{8}} = \frac{-8(s+1)}{s^2+4s+4} = \underline{\frac{-8(s+1)}{(s+2)^2}}$

20.21 Response is $y(t) \Rightarrow Y(s) = H(s)F(s) = \frac{1}{(s+2)^2}\,\frac{s+2}{(s+2)^2+1}$

$Y(s) = \frac{1}{s+2} - \frac{s+2}{(s+2)^2+1} \Rightarrow y(t) = \underline{e^{-2t}(1 - \cos t)u(t)}$

20.22

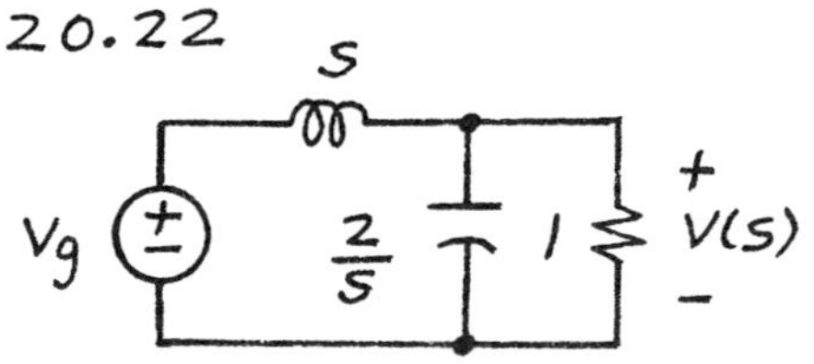

(a) KCL: $V\left(\frac{1}{s} + \frac{s}{2} + 1\right) = \frac{1}{s}V_g$

$H(s) = \frac{V(s)}{V_g(s)} = \frac{2}{s^2+2s+2} = \underline{\frac{2}{(s+1)^2+1}}$

$h(t) = \underline{2e^{-t}\sin t\, u(t)}$

(b) $V_g(s) = \frac{1}{s}(1 - e^{-s}) \Rightarrow V(s) = \frac{2}{s(s^2+2s+2)}(1 - e^{-s})$

$\mathcal{L}^{-1}\left[\frac{2}{s(s^2+2s+2)}\right] = \mathcal{L}^{-1}\left[\frac{1}{s} - \frac{(s+1)+1}{(s+1)^2+1}\right]$

$= [1 - e^{-t}(\cos t + \sin t)]u(t)$

$v = [1 - e^{-t}(\cos t + \sin t)]u(t) - \{1 - e^{-(t-1)}[\cos(t-1) + \sin(t-1)]\} \cdot u(t-1)$

20.23

By voltage division, the voltage $V_c(s)$ across the capacitor is

20.23 (Cont.)

$$V_c(s) = \frac{\dfrac{(4/s)(2s+4)}{2s+4+(4/s)}}{1+\dfrac{(4/s)(2s+4)}{2s+4+(4/s)}} V_g(s) = \frac{4(s+2)}{s^2+6s+10} V_g(s)$$

$$I(s) = \frac{V_c(s)}{2s+4} = \frac{2}{s^2+6s+10} V_g(s);\ H(s) = \frac{I(s)}{V_g(s)} = \underline{\frac{2}{(s+3)^2+1}}$$

$$h(t) = \underline{2e^{-3t}\sin t\, u(t)}$$

20.24 $\underline{v = 6u(t)}$ since the switch is closed at $t=0$ and $v(0^-)=0$. Also $i = 2\dfrac{dv}{dt} = \underline{12\delta(t)\text{ A}}$

20.25 $H(s) = \mathcal{L}[\sqrt{2}e^{-t/\sqrt{2}}\sin\frac{t}{\sqrt{2}}u(t)]$

$$= \sqrt{2}\frac{1/\sqrt{2}}{(s+\frac{1}{\sqrt{2}})^2+(\frac{1}{\sqrt{2}})^2} = \underline{\frac{1}{s^2+\sqrt{2}s+1}}$$

$$|H(j\omega)| = \frac{1}{\sqrt{(1-\omega^2)^2+2\omega^2}} = \frac{1}{\sqrt{1+\omega^4}}.$$ This is the amplitude response of a second order Butterworth filter with $\omega_c = 1$ rad/s.

20.26 From Prob. 19.28(a)

$$F(s) = \frac{1}{s(1+e^{-s})} = \frac{1-e^{-s}}{s(1-e^{-2s})},\ T=2$$

$$Y(s) = H(s)F(s) = \frac{1-e^{-s}}{s(s+1)(1-e^{-2s})}$$

$$P(s) = \frac{1-e^{-s}}{s(s+1)} = \left(\frac{1}{s}-\frac{1}{s+1}\right)(1-e^{-s})$$

$$p(t) = (1-e^{-t})u(t) - [1-e^{-(t-1)}]u(t-1)$$

For $t>2$, $p(t) = 1-e^{-t}-1+e^{-(t-1)} \neq 0$.

$\therefore$ $y(t)$ is not periodic of period $T=2$. Then

$$Y(s) = \frac{P(s)}{1-e^{-2s}} = P(s)\sum_{n=0}^{\infty} e^{-2ns} = \sum_{n=0}^{\infty} P(s)e^{-2ns}$$

$$\therefore\ y(t) = \underline{\sum_{n=0}^{\infty} p(t-2n) = p(t)+p(t-2)+p(t-4)+\cdots}$$

20.27

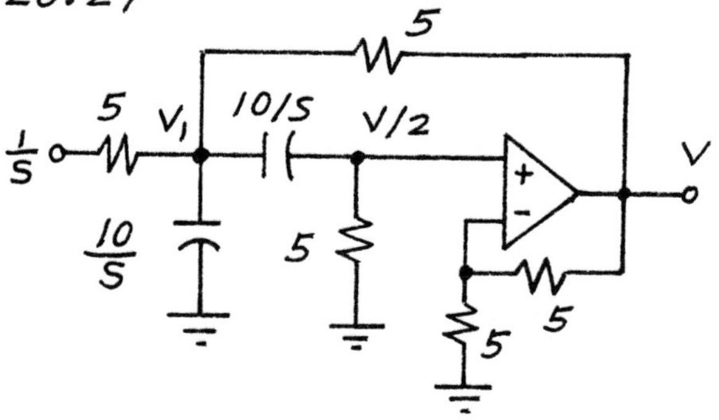

KCL:

$$\frac{1}{5}\left(V_1-\frac{1}{s}\right)+\frac{s}{10}V_1+\frac{s}{10}\left(V_1-\frac{V}{2}\right)+\frac{1}{5}(V_1-V)=0$$

$$\frac{V}{10}+\left(\frac{V}{2}-V_1\right)\frac{s}{10}=0\Rightarrow V_1=\frac{s+2}{2s}V$$

$$\left[\left(\frac{2}{5}+\frac{s}{5}\right)\frac{s+2}{2s}-\left(\frac{s}{20}-\frac{1}{5}\right)\right]V=\frac{1}{5s}$$

$$V=\frac{4}{s^2+4s+8}=\frac{2(2)}{(s+2)^2+2^2}\Rightarrow v=\underline{2e^{-2t}\sin 2t \text{ V}}$$

20.28

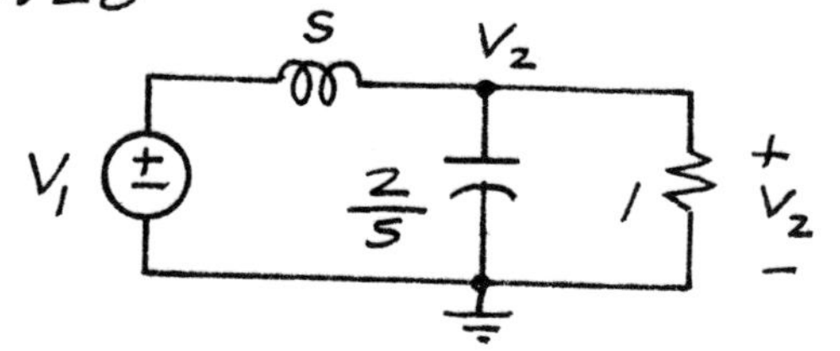

KCL:

$$V_2\left(1+\frac{s}{2}+\frac{1}{s}\right)=\frac{1}{s}V_1$$

$$H(s)=\frac{V_2(s)}{V_1(s)}=\underline{\frac{2}{s^2+2s+2}}$$

$$h(t)=\mathcal{L}^{-1}\left[\frac{2}{(s+1)^2+1}\right]=\underline{2e^{-t}\sin t\, u(t)}$$

$$R(s)=\frac{1}{s}H(s)=\frac{2}{s(s^2+2s+2)}=\frac{1}{s}-\frac{(s+1)+1}{(s+1)^2+1}$$

$$r(t)=\underline{[1-e^{-t}(\cos t+\sin t)]u(t)}$$

20.29

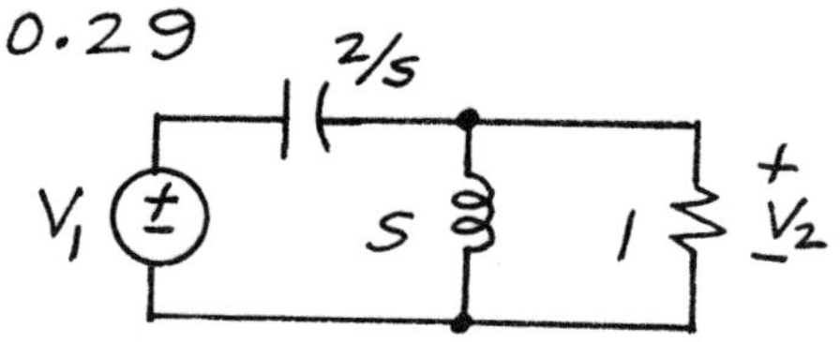

$$V_2\left(\frac{s}{2}+\frac{1}{s}+1\right)=\frac{s}{2}V_1$$

$$H(s)=\frac{V_2}{V_1}=\frac{s^2}{s^2+2s+2}$$

$$H(s)=\frac{s^2+2s+2-2(s+1)}{s^2+2s+2}=1-2\,\frac{s+1}{(s+1)^2+1}$$

$$h(t)=\underline{\delta(t)-2e^{-t}\cos t\, u(t) \text{ V}}$$

$$R(s)=\frac{1}{s}H(s)=\frac{s}{(s+1)^2+1}=\frac{(s+1)-1}{(s+1)^2+1}$$

$$r(t)=\underline{e^{-t}(\cos t-\sin t)\,u(t) \text{ V}}$$

20.30

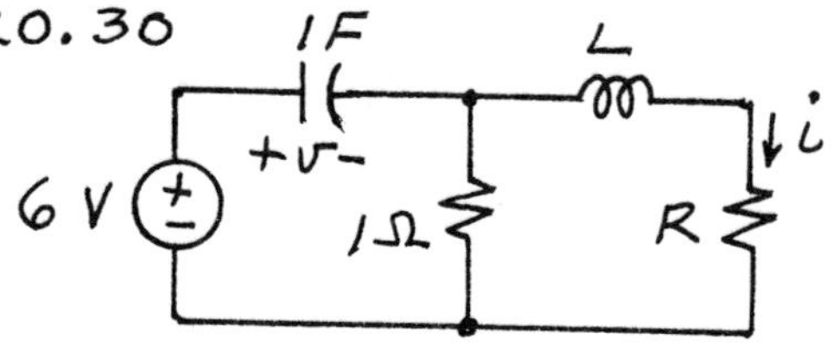

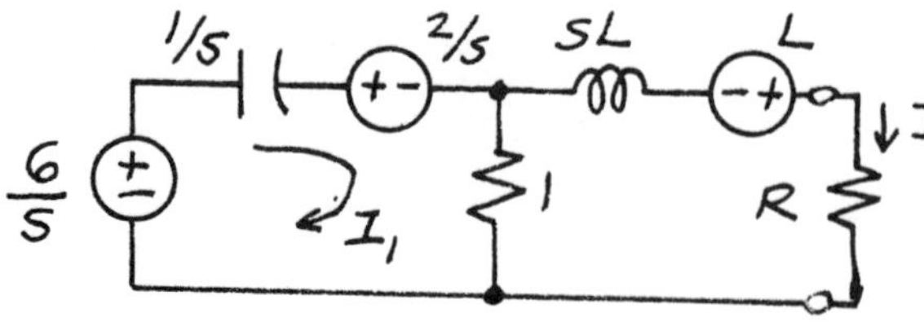

20.30 (Cont.) $I_1 = \dfrac{\frac{6}{s} - \frac{2}{s}}{1 + \frac{1}{s}} = \dfrac{4}{s+1}$; $V_{oc} = (1)I_1 + L = \dfrac{4}{s+1} + L$

$$Z_{th} = sL + \frac{(1)(1/s)}{1+\frac{1}{s}} = sL + \frac{1}{sL}$$

$$I = \frac{V_{oc}}{Z_{th}+R} = \frac{\left(\frac{4}{s+1}\right)+L}{sL + \frac{1}{s+1} + R} = \frac{Ls+4+L}{Ls^2+(R+L)s+R+1}$$

(a) $L = R = 1$: $I = \dfrac{s+5}{s^2+2s+2} = \dfrac{(s+1)+4}{(s+1)^2+1}$

$$i = \underline{e^{-t}(\cos t + 4\sin t)\ \text{A}}$$

(b) $L = 1, R = 3$: $I = \dfrac{s+5}{s^2+4s+4} = \dfrac{(s+2)+3}{(s+2)^2}$

$$i = \underline{e^{-2t}(1+3t)\ \text{A}}$$

(c) $L = 2, R = 5$: $I = \dfrac{2s+6}{2s^2+7s+6} = \dfrac{3}{s+\frac{3}{2}} - \dfrac{2}{s+2}$

$$i = \underline{3e^{-3t/2} - 2e^{-2t}\ \text{A}}$$

20.31

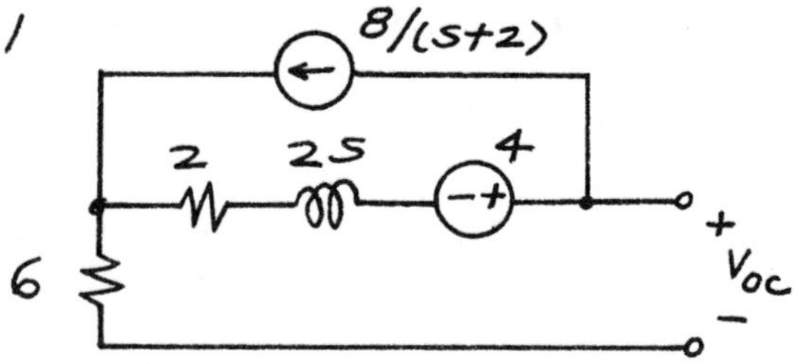

$$V_{oc} = 4 - (2s+2)\frac{8}{s+2}$$

$$= \underline{-4\ \frac{(3s+2)}{s+2}}$$

$$Z_{th} = 2s+2+6 = \underline{2s+8\ \Omega}$$

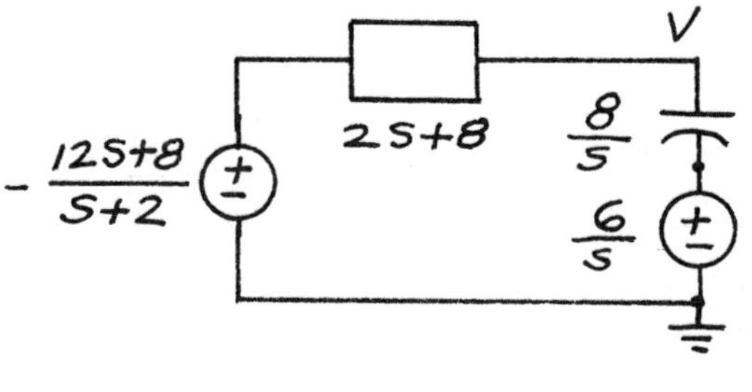

$$V\left[\frac{s}{8} + \frac{1}{2s+8}\right] = \frac{6/s}{8/s} + \frac{-(12s+8)}{(s+2)(2s+8)}$$

$$V = \frac{2(3s^2-6s+8)}{(s+2)^3}$$

$$3s^2 - 6s + 8 = 3(s+2)^2 - 18(s+2) + 32$$

$$V(s) = 2\left[\frac{3}{s+2} - \frac{18}{(s+2)^2} + \frac{32}{(s+2)^3}\right]$$

$$v = \underline{(6 - 36t + 32t^2)e^{-2t}\ \text{V}}$$

20.32

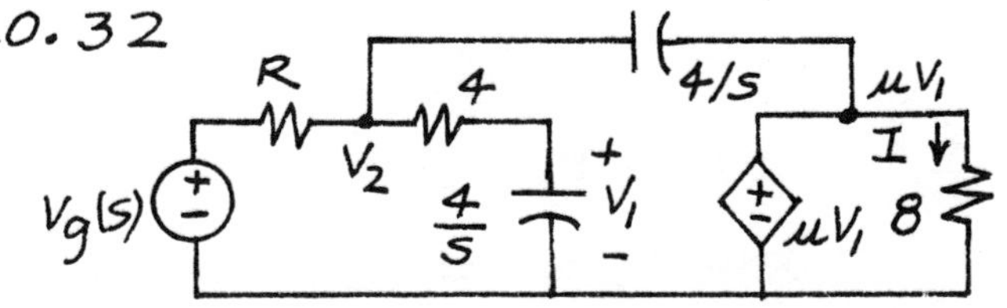

$$V_1 = \frac{4/s}{4+\frac{4}{s}} V_2 \Rightarrow V_2 = (s+1)V_1$$

$$V_2\left(\frac{1}{R} + \frac{1}{4} + \frac{s}{4}\right) - \frac{s}{4}\mu V_1 - \frac{V_1}{4} = \frac{V_g}{R}$$

20.32 (Cont.) $\left[(s+1)\left(\frac{1}{R}+\frac{s+1}{4}\right)-\frac{\mu s}{4}-\frac{1}{4}\right]V_1=\frac{V_g}{R}$

$$I=\frac{\mu V_1}{8}=\frac{(4/R)V_g}{s^2+(2-\mu+\frac{4}{R})s+\frac{4}{R}}\frac{\mu}{8}$$

$$H(s)=\frac{I}{V_g}=\frac{(\mu/2R)}{s^2+(2-\mu+\frac{4}{R})s+\frac{4}{R}}$$

(a) absolutely stable $\Rightarrow 2-\mu+\frac{4}{R}>0 \Rightarrow \mu<2+\frac{4}{R}$

(b) conditionally stable $\Rightarrow 2-\mu+\frac{4}{R}=0 \Rightarrow \mu=2+\frac{4}{R}$

(c) unstable $\Rightarrow 2-\mu+\frac{4}{R}<0 \Rightarrow \mu>2+\frac{4}{R}$

20.33

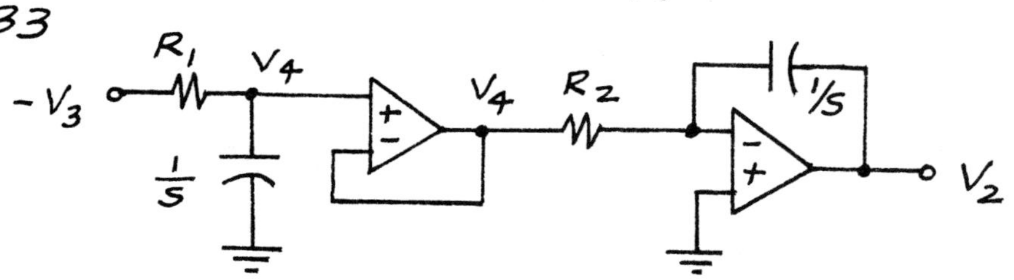

KCL at inverting terminal of second op amp

$$sV_2+\frac{1}{R_2}V_4=0 \Rightarrow V_4=-sR_2V_2$$

voltage division: $V_4=\frac{1/s}{R_1+\frac{1}{s}}(-V_3)=\frac{-V_3}{1+R_1s}=-sR_2V_2$

$$\frac{V_2}{-V_3}=-\frac{1}{1+R_1s}\frac{1}{sR_2}=-G(s) \Rightarrow G(s)=\frac{1/(R_1R_2)}{s(s+\frac{1}{R_1})}$$

$$H(s)=\frac{G(s)}{1+G(s)}=\frac{\frac{1/(R_1R_2)}{s(s+\frac{1}{R_1})}}{1+\frac{1/(R_1R_2)}{s(s+\frac{1}{R_1})}}=\frac{1/(R_1R_2)}{s^2+\frac{1}{R_1}s+\frac{1}{R_1R_2}}$$

$H(s)$ has poles at $s=-1\pm j1$ if

$$(s+1+j1)(s+1-j1)=s^2+2s+2=s^2+\frac{1}{R_1}s+\frac{1}{R_1R_2}$$

$$\frac{1}{R_1}=2,\ \frac{1}{R_1R_2}=2 \Rightarrow \underline{R_1=\tfrac{1}{2}\,\Omega},\ \underline{R_2=1\,\Omega}$$

20.34

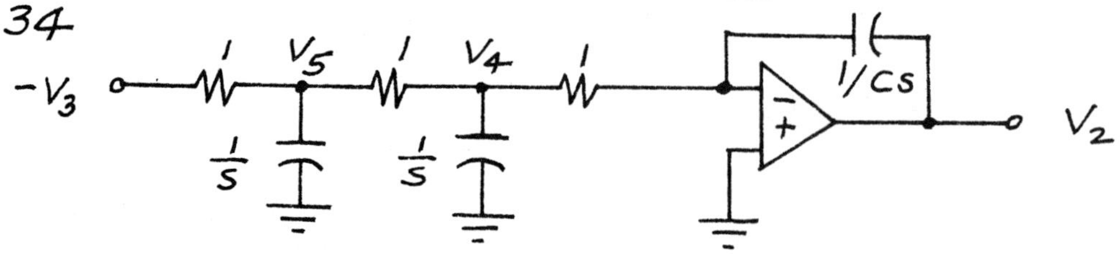

KCL: $V_4(s+2)=V_5$; $V_5(s+2)=-V_3+V_4$

$V_4[(s+2)^2-1]=-V_3$; $sCV_2+V_4=0 \Rightarrow sCV_2=-V_4$

20.34 (Cont.) $V_2 = -\frac{1}{sC}\,\frac{-1}{s^2+4s+3}\,V_3$

$$G(s) = \frac{V_2(s)}{V_3(s)} = \frac{1/C}{s(s^2+4s+3)}$$

$$H(s) = \frac{G(s)}{1+G(s)} = \frac{\frac{1/C}{s(s^2+4s+3)}}{1+\frac{1/C}{s(s^2+4s+3)}}$$

$$H(s) = \frac{1/C}{s^3+4s^2+3s+\frac{1}{C}}$$

20.35

s^3	1	1
s^2	3	6
s	$\frac{1}{3}[3(1)-6(1)]=-1$	
1	$(-1)[(-1)(6)-3(0)]=6$	

s^3	1	1
s^2	3	6
s	-1	
1	6	

20.36

(a)

s^3	1	5
s^2	4	2
s	$\frac{9}{2}$	
1	2	

No RHP zeros

(b)

s^3	1	2
s^2	2	5
s	$-\frac{1}{2}$	
1	5	

2 RHP zeros

(c)

s^6	1	3	4	2
s^5	3	4	4	
s^4	$\frac{5}{3}$	$\frac{8}{3}$	2	
s^3	$-\frac{4}{5}$	$\frac{2}{5}$		
s^2	$\frac{7}{2}$	2		
s	$\frac{6}{7}$			
1	2			

2 RHP zeros

(d)

s^4	1	7	2
s^3	4	6	
s^2	$\frac{11}{2}$	2	
s	$\frac{50}{11}$		
1	2		

No RHP zeros

20.37 $Q(s) = s^3 + 4s^2 + 3s + \frac{1}{C}$

s^3	1	3
s^2	4	1/C
s	$\frac{1}{4}(12 - \frac{1}{C})$	
1	$\frac{1}{C}$	

$\frac{1}{C} > 0$, $12 > \frac{1}{C} \Rightarrow$

$C > \frac{1}{12}$ F for absolute stability.

20.38

$$H(s) = \frac{G(s)}{1 + G(s)} = \frac{\frac{K}{s(s+1)(s+3)}}{1 + \frac{K}{s(s+1)(s+3)}} = \frac{K}{s^3 + 4s^2 + 3s + K}$$

$Q(s) = s^3 + 4s^2 + 3s + K$

s^3	1	3
s^2	4	K
s	$\frac{12 - K}{4}$	
1	K	

Absolutely stable $\Rightarrow$

$12 - K > 0 \Rightarrow K < 12$

$K > 0 \Rightarrow \underline{0 < K < 12}$

20.39

$$H(s) = \frac{\frac{K}{s(s + 2\zeta_K \omega_K)}}{1 + \frac{K}{s(s + 2\zeta_K \omega_K)}} = \frac{K}{s^2 + 2\zeta_K \omega_K s + K}$$

s^2	1	K
s	$2\zeta_K \omega_K$	
1	K	

Absolutely stable for $\underline{K > 0}$ and $\underline{\zeta_K \omega_K > 0}$.

$$s^2 + 2\zeta_K \omega_K s + K = 0 \Rightarrow s = -\zeta_K \omega_K \pm \sqrt{\zeta_K^2 \omega_K^2 - K}$$

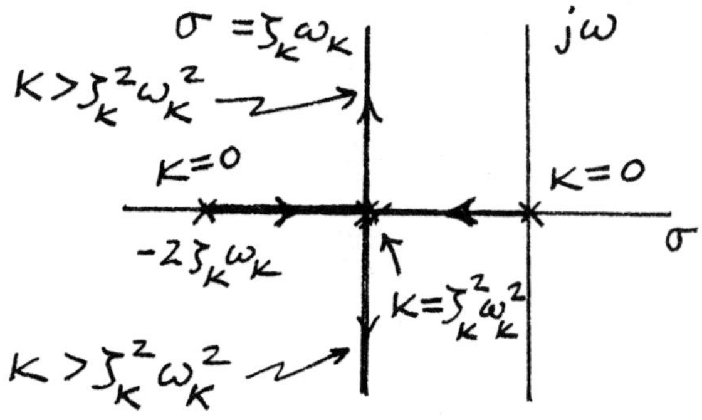

$K = 0$: $s = 0, -2\zeta_K \omega_K$

$0 < K < \zeta_K^2 \omega_K^2$:

$s = -\zeta_K \omega_K \pm \sqrt{\zeta_K^2 \omega_K^2 - K}$

$K = \zeta_K^2 \omega_K^2$: $s = -\zeta_K \omega_K, -\zeta_K \omega_K$

$K > \zeta_K^2 \omega_K^2$:

$s = -\zeta_K \omega_K \pm j\sqrt{K - \zeta_K^2 \omega_K^2}$

20.40 (a) $f(0^+) = \lim_{s\to\infty} \dfrac{3s(s+1)}{(s+2)(s+3)} = \underline{3}$

(b) $f(0^+) = \lim_{s\to\infty} \dfrac{s}{s(s+4)^2} = \underline{0}$

(c) $f(0^+) = \lim_{s\to\infty} \dfrac{s}{s^2+2s+5} = \underline{0}$

(d) $f(0^+) = \lim_{s\to\infty} \dfrac{s(2s^2+3)}{(s+1)(s^2+2s+5)} = \underline{2}$

(e) $f(0^+) = \lim_{s\to\infty} \dfrac{s}{(s+1)(s+2)^3} = \underline{0}$

(f) $f(0^+) = \lim_{s\to\infty} \dfrac{s(s+1)}{(s^2+2s+2)(s+2)^2} = \underline{0}$

20.41 (a) $R(s) = \frac{1}{s}H(s) \Rightarrow sR(s) = H(s)$

$r_{ss} = \lim_{s\to 0} sR(s) = \lim_{s\to 0} H(s) = \lim_{s\to 0} \dfrac{1/R_1R_2}{s^2 + \frac{1}{R_1}s + \frac{1}{R_1R_2}}$

$r_{ss} = \underline{1\ V}$

(b) $t>0$:

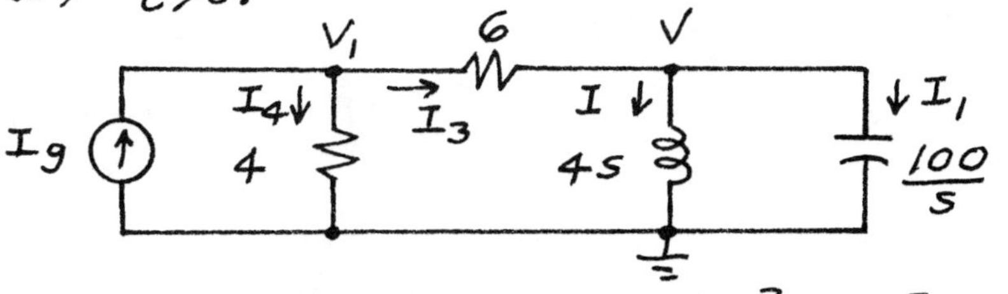

$I = 1,\quad V = 4s,\quad I_1 = \dfrac{4s^2}{100} = \dfrac{s^2}{25},\quad I_3 = I + I_1 = \dfrac{s^2+25}{25}$

$V_1 = 6\,\dfrac{s^2+25}{25} + 4s = 6I_3 + V = \dfrac{6s^2+100s+150}{25}$

$I_4 = \dfrac{V_1}{4} = \dfrac{3s^2+50s+75}{50},\quad I_g = I_3 + I_4$

$I_g = \dfrac{s^2+25}{25} + \dfrac{3s^2+50s+75}{50} = \dfrac{s^2+10s+25}{10}$

$H(s) = \dfrac{I}{I_g} = \dfrac{10}{s^2+10s+25}$

$r_{ss} = \lim_{s\to 0} sR(s) = \lim_{s\to 0} H(s) = \dfrac{10}{25} = \underline{0.4\ A}$

20.42 $H(s) = \dfrac{G(s)}{1+G(s)} \Rightarrow H(s) = G(s) - G(s)H(s) = G(1-H)$

$\therefore\ G(s) = \dfrac{H(s)}{1-H(s)}$

20.42 (Cont.) $G(s) = \frac{V_2(s)}{V_3(s)}$, $H(s) = \frac{V_2(s)}{V_1(s)} \Rightarrow \frac{H(s)}{G(s)} = \frac{V_3(s)}{V_1(s)}$

$\therefore \frac{V_3(s)}{V_1(s)} = \frac{1}{1+G(s)}$; $1+G(s) = 1 + \frac{H(s)}{1-H(s)} = \frac{1}{1-H(s)}$

$V_3(s) = \frac{1}{1+G(s)} V_1(s) = [1-H(s)]V_1(s) = \left[1 - \frac{K}{s^2+as+b}\right]V_1$

$V_3(s) = \frac{s^2+as+b-K}{s^2+as+b}\frac{1}{s}$

$v_{3ss} = \lim_{s\to 0} sV_3(s) = \lim_{s\to 0} \frac{s^2+as+b-K}{s^2+as+b} = \frac{b-K}{b}$

$v_{3ss} = 0 \Rightarrow \underline{K = b}$

20.43 $V_3(s) = [1-H(s)]V_1(s) = \left[1 - \frac{K(1+k_1 s)}{s^2+as+b}\right]V_1(s)$

$V_3(s) = \frac{s^2+(a-Kk_1)s+b-K}{s^2+as+b} V_1(s)$

(a) $v_1(t) = u(t) \Rightarrow V_1(s) = \frac{1}{s}$

$\lim_{s\to 0} sV_3(s) = \lim_{s\to 0} \frac{s^2+(a-Kk_1)s+b-K}{s^2+as+b} = \frac{b-K}{b}$

$v_{3ss} = 0 \Rightarrow \underline{K=b}$; $v_1 = tu(t) \Rightarrow V_1(s) = \frac{1}{s^2}$

$\lim_{s\to 0} sV_3(s) = \lim_{s\to 0} s\frac{s^2+(a-Kk_1)s}{s^2+as+b}\frac{1}{s^2} = \frac{a-Kk_1}{b}$

$v_{3ss} = 0 \Rightarrow Kk_1 = a \Rightarrow k_1 = \frac{a}{K} = \underline{\frac{a}{b}}$

(b) $v_2 = v_1 - v_3 \Rightarrow v_{2ss} = v_{1ss} - v_{3ss} = v_{1ss}$

$v_1(t) = tu(t) \Rightarrow v_{1ss} = t \Rightarrow v_{2ss} = \underline{t}$

20.44 $H_1(s) = \frac{2(1+s)}{s^2+2s+2} \Rightarrow \begin{cases} a=b=2=K \\ k_1 = \frac{a}{b} = \frac{2}{2} = 1 \end{cases}$

$\therefore v_{3ss} = 0$ and $v_{2ss} = v_{1ss}$ for $v_1 = u(t)$ and for $v_1 = tu(t)$

For $H(s) = \frac{2(1+2s)}{s^2+2s+2}$, $a=b=2$; $K=2=b$

$\therefore v_{3ss} = 0$ for $v_1 = u(t)$. Since $k_1 = 2 \neq \frac{a}{b} = 1$, $v_{2ss} \neq 0$ for $v_1 = tu(t)$.

20.44 (Cont.) For $v_1 = t\,u(t)$

$$v_{3ss} = \lim_{s\to 0} s\left[1 - H(s)\right]\frac{1}{s^2} = \lim_{s\to 0} \frac{1}{s}\left[1 - \frac{2(1+2s)}{s^2+2s+2}\right]$$

$$= \lim_{s\to 0} \frac{s^2+2s+2-2-4s}{s(s^2+2s+2)} = \lim_{s\to 0} \frac{s-2}{s^2+2s+2}$$

$$v_{3ss} = -1;\quad v_{2ss} = v_{1ss} - v_{3ss} = t-(-1) = \underline{t+1}$$

20.45

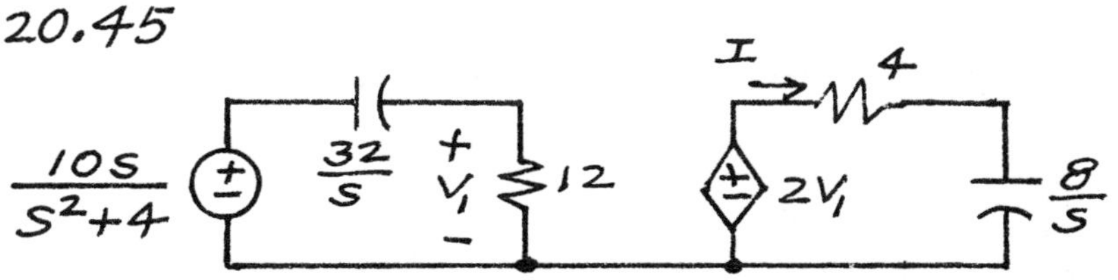

$$V_1 = \frac{12}{12+\frac{32}{s}}\,\frac{10s}{s^2+4} = \frac{30s^2}{(3s+8)(s^2+4)}$$

$$I = \frac{2V_1}{4+\frac{8}{s}} = \frac{s}{2s+4}\,\frac{30s^2}{(3s+8)(s^2+4)} = \frac{As+B}{s^2+4} + I_1(s)$$

$$\left.\frac{15s^3}{(s+2)(3s+8)}\right|_{s=j2} = 2jA+B = \frac{15(-j8)}{(2+j2)(8+j6)}$$

$$2jA+B = -\frac{3}{5}(7+j1) \Rightarrow A = -\frac{3}{10},\; B = -\frac{21}{5}$$

$$i_{ss} = \mathcal{L}^{-1}\left[\frac{\frac{-3}{10}s - \frac{21}{5}}{s^2+4}\right] = \frac{-3}{10}\cos 2t - \frac{21}{10}\sin 2t \text{ A}$$

$$= -\frac{3}{10}\sqrt{50}\left[\frac{1}{\sqrt{50}}\cos 2t + \frac{7}{\sqrt{50}}\sin 2t\right]$$

$$= \frac{3(5)\sqrt{2}}{10}\cos(2t+180^\circ - \tan^{-1}7)$$

$$= \underline{\frac{3}{\sqrt{2}}\cos(2t+98.1^\circ) \text{ A}}$$

20.46

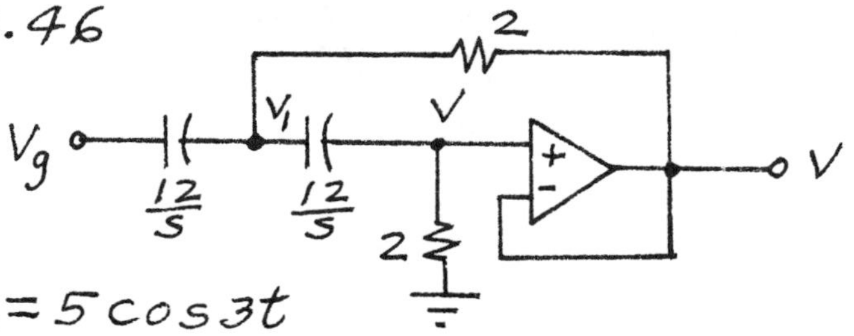

$v_g = 5\cos 3t$

$$V_1\left(2\frac{s}{12}+\frac{1}{2}\right) - \left(\frac{1}{2}+\frac{s}{12}\right)V = \frac{s}{12}V_g$$

$$\left(\frac{s}{12}+\frac{1}{2}\right)V = \frac{s}{12}V_1$$

$$V_1 = \frac{s+6}{s}V$$

$$\left[\frac{s+3}{6}\,\frac{s+6}{s} - \frac{s+6}{12}\right]V = \frac{s}{12}V_g \Rightarrow H(s) = \frac{V}{V_g} = \frac{s^2}{(s+6)^2}$$

20.46 (Cont.) $H(j3) = \frac{-9}{(j3+6)^2} = \frac{-1}{3+j4} = \frac{1}{5}\angle 180^\circ - 53.1^\circ$

$v = (\frac{1}{5})(5)\cos(3t + 126.9^\circ)\ V$

$v = \cos(3t + 126.9^\circ)\ V$

20.47 (a) $H(j\omega) = \frac{1+j\omega}{1+\frac{j\omega}{10}}$; $\phi(\omega) = \tan^{-1}\omega - \tan^{-1}\frac{\omega}{10}$

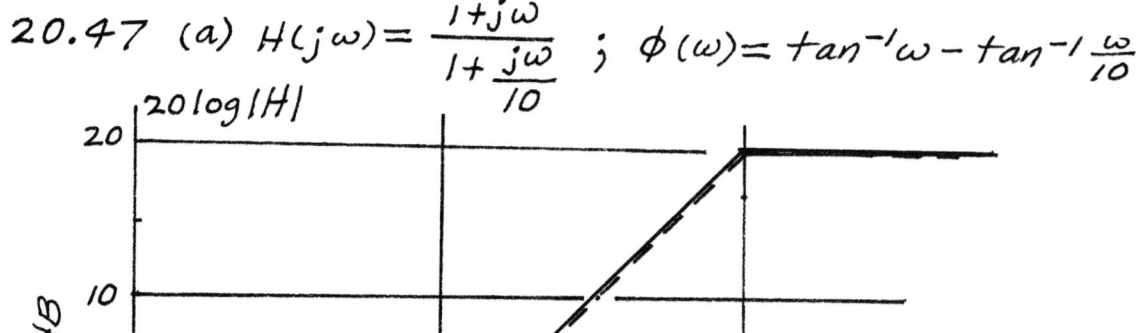

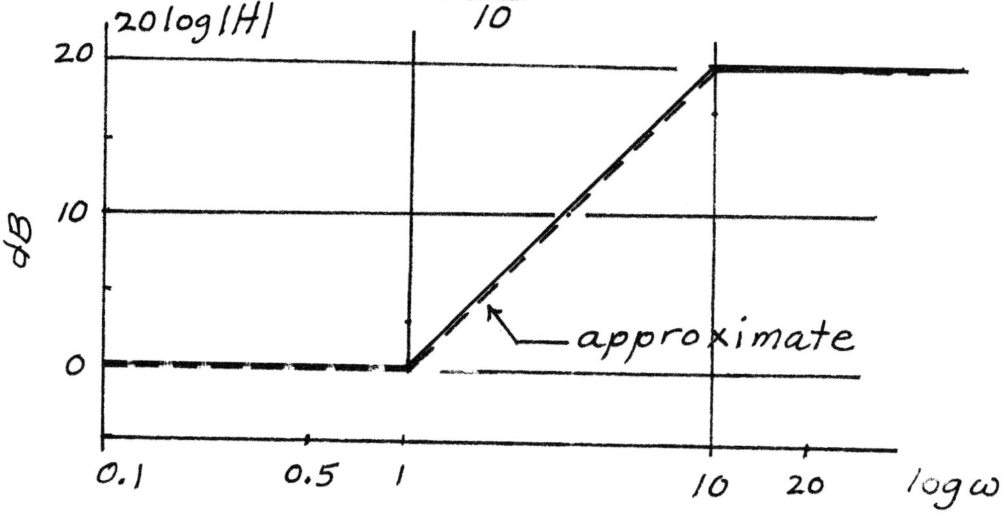

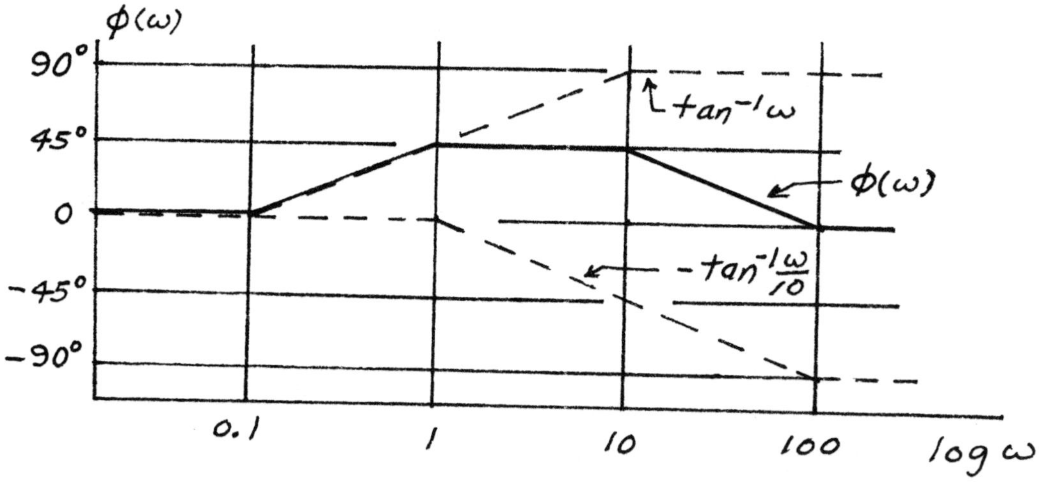

(b) $H(j\omega) = \frac{50(2)(1+\frac{j\omega}{2})}{100(1+\frac{j\omega}{10})^2} = \frac{1+\frac{j\omega}{2}}{(1+\frac{j\omega}{10})^2}$

$|H(j\omega)| = \frac{|1+\frac{j\omega}{2}|}{|1+\frac{j\omega}{10}|^2}$

$\phi(\omega) = \tan^{-1}\frac{\omega}{2} - 2\tan^{-1}\frac{\omega}{10}$

20.47 (b) (Cont.)

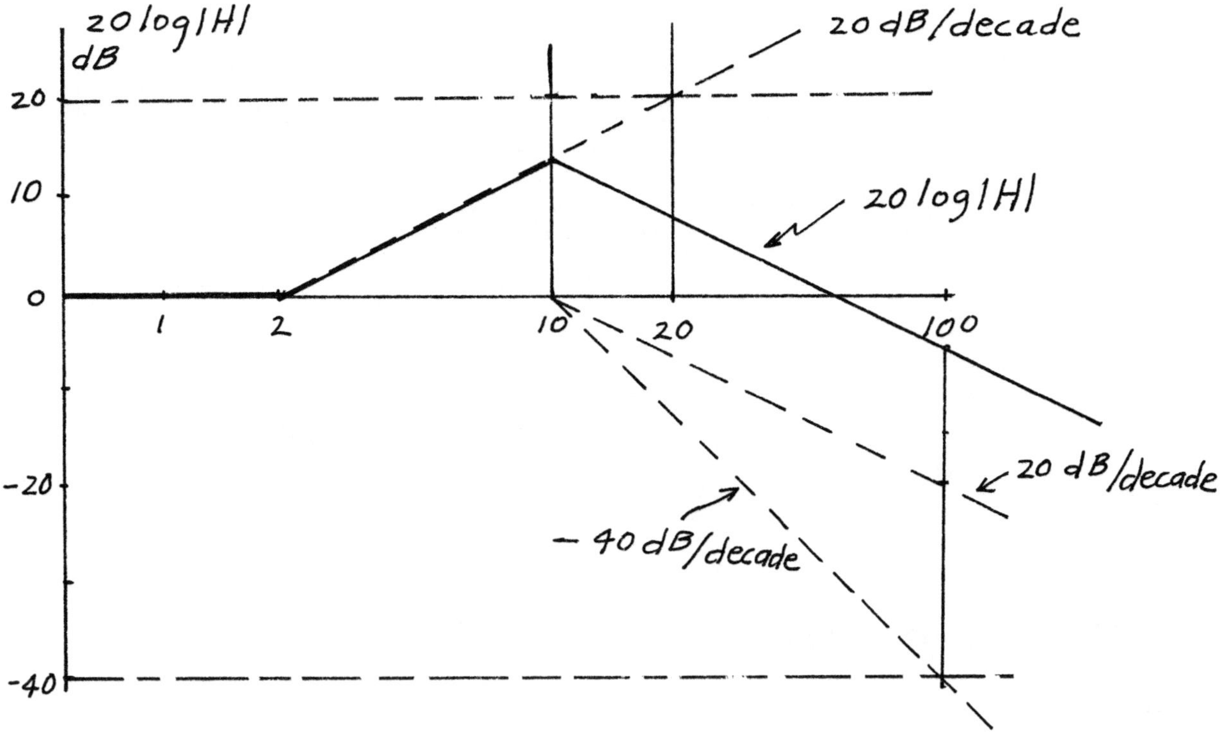

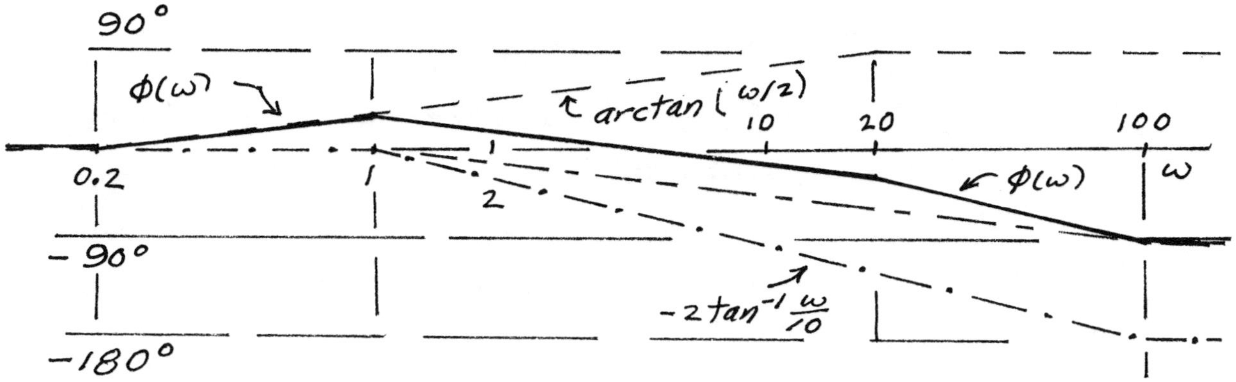

(c) $H(j\omega) = 10\,\dfrac{1-j\omega}{1+j\frac{\omega}{4}}$; $|H(j\omega)| = 10\,\dfrac{|1-j\omega|}{|1+j\frac{\omega}{4}|}$

$$\phi(\omega) = \tan^{-1}\frac{-\omega}{1} - \tan^{-1}\frac{\omega}{4} = -\tan^{-1}\omega - \tan^{-1}\frac{\omega}{4}$$

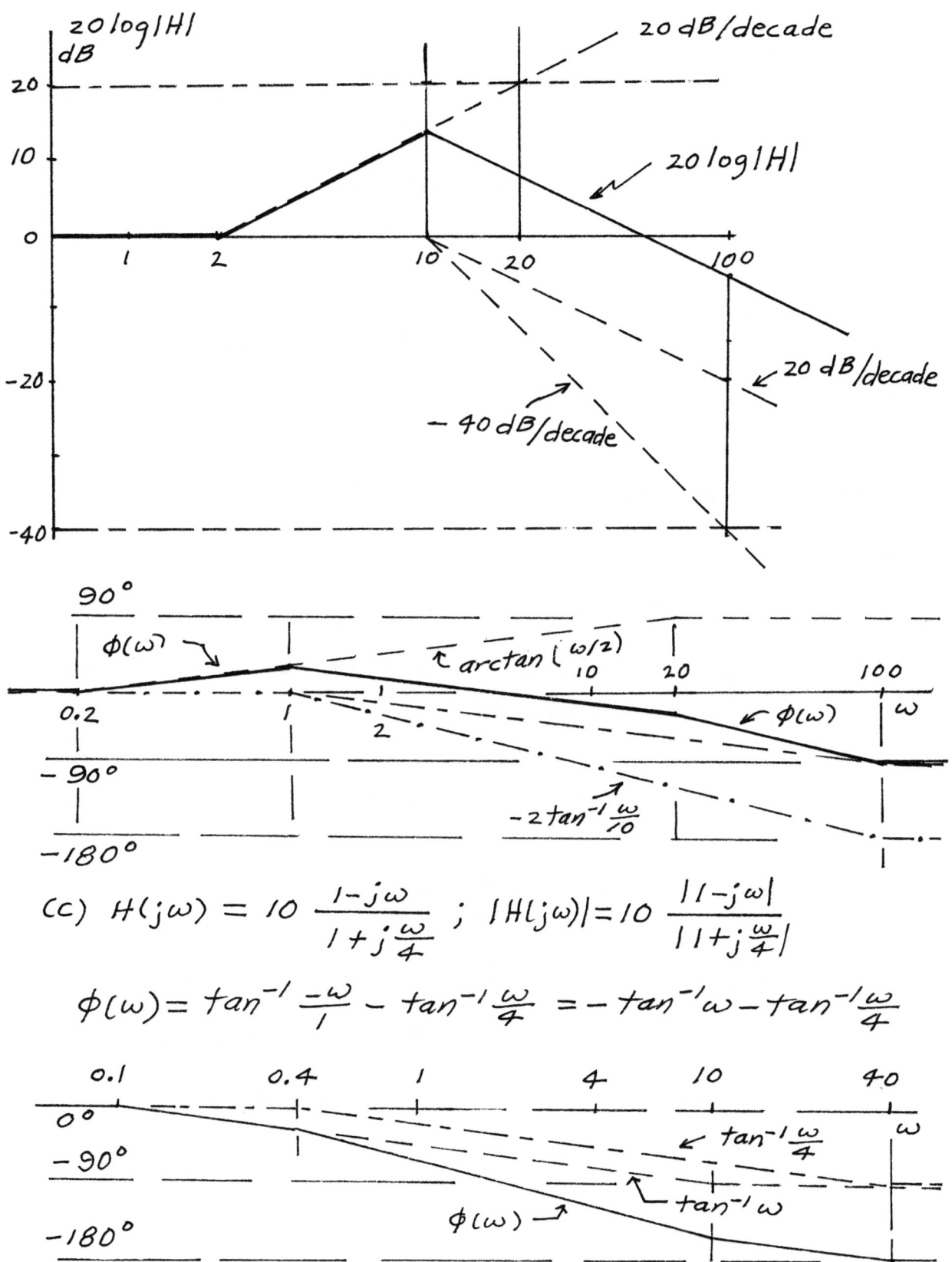

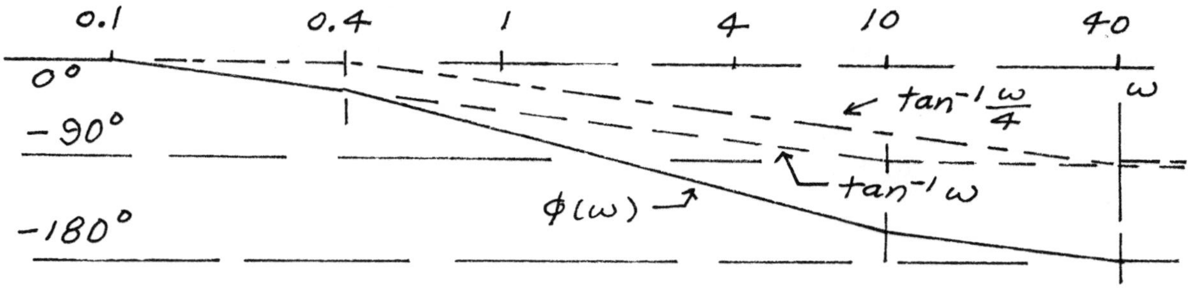

20.47(c)(Cont.)

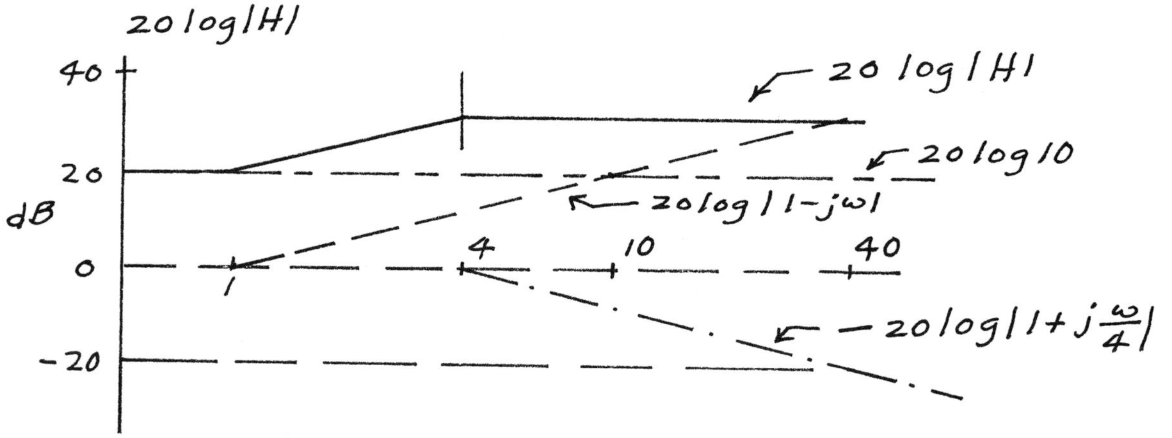

(d) $H(j\omega) = 10\dfrac{(j\omega - 1)}{1 + j\frac{\omega}{4}}$; $|H| = 10\dfrac{|j\omega - 1|}{|1 + j\frac{\omega}{4}|}$

Magnitude response is the same as in (c).

$\phi(\omega) = \text{ang}(j\omega - 1) - \text{ang}(1 + j\frac{\omega}{4})$

$= 180° - \tan^{-1}\omega - \tan^{-1}\frac{\omega}{4}$

The shape of ϕ vs ω is the same as in (c)
$\phi(\omega)$ is obtained by adding 180° to the phase in (c). This accomplished relabelling the vertical axis. [0° → 180° ; −90° → 90° and 180° → 0°]

20.48 $H(j\omega) = 10\dfrac{1 + j\omega}{(1 + j\frac{\omega}{4})(1 + j\frac{\omega}{10})}$

$20\log|H(j\omega)| = 20\log 10 + 20\log|1 + j\omega|$
$\quad -20\log|1 + j\frac{\omega}{4}| - 20\log|1 + j\frac{\omega}{10}|$

$\phi(\omega) = \tan^{-1}\omega - \tan^{-1}\frac{\omega}{4} - \tan^{-1}\frac{\omega}{10}$

20.48 (cont.)

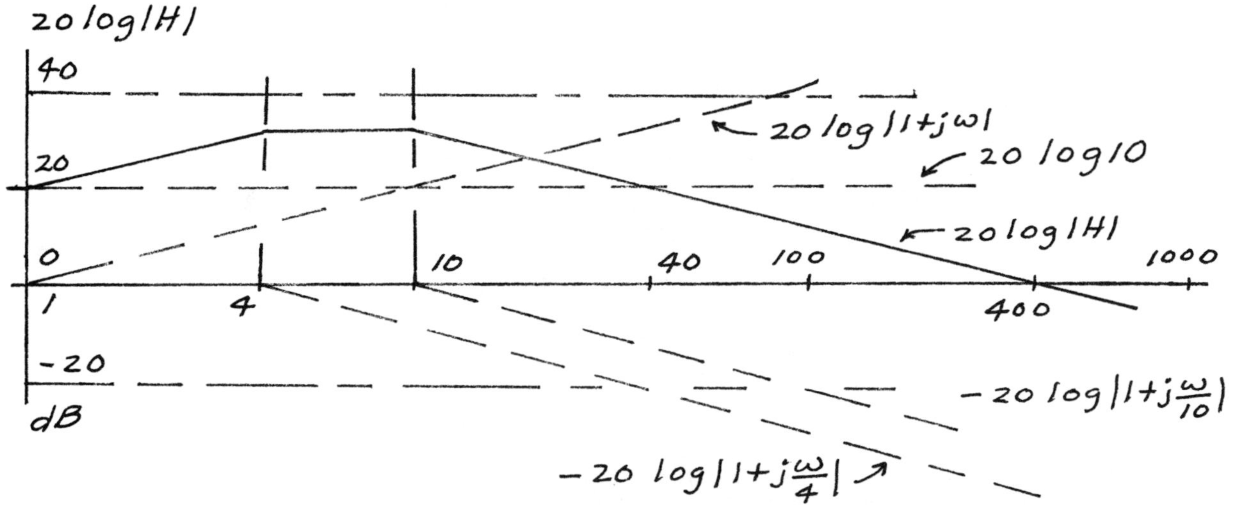

$|H(j\omega)| = 1$ when $20\log|H(j\omega)| = 0 \Rightarrow \omega \approx 400$ rad/s

Actually $H(j\omega) \approx 10\,\dfrac{400}{100(40)} = 1$ when $\omega = 400$.

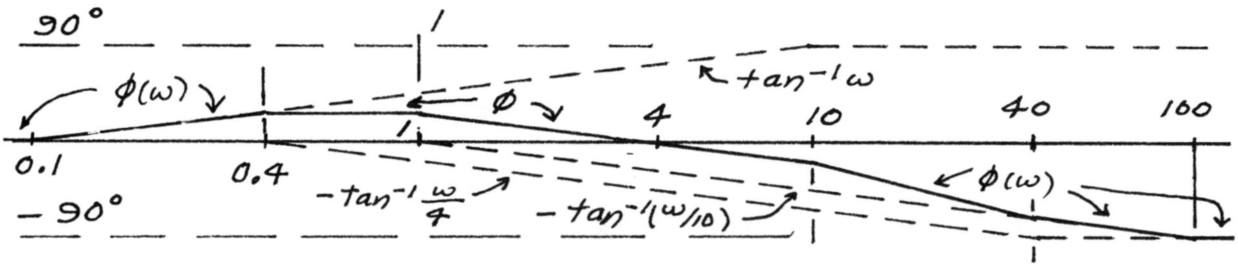

20.49 $H(j\omega) = \dfrac{j16\omega}{16\left[1 - \frac{\omega^2}{16} + j\frac{\omega}{4}\right]} = \dfrac{j\omega}{1 - \frac{\omega^2}{16} + j\frac{\omega}{4}}$

$\phi(\omega) = 90° - \text{ang}\left(1 - \frac{\omega^2}{16} + j\frac{\omega}{4}\right)$; $\omega_K = 4$ rad/s

$2\zeta_K\omega_K = 4 \Rightarrow \zeta_K = \frac{4}{2(4)} = 0.5$

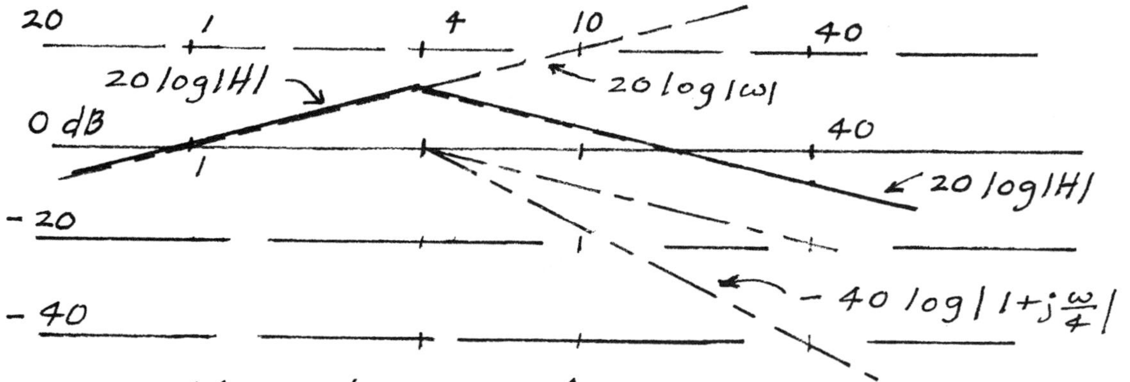

correction at $\omega = 4$ is 0 dB from graph and

20.49 (Cont.) from $20\log\left|\dfrac{1}{1-\frac{\omega^2}{16}+j\frac{\omega}{4}}\right|$ for $\omega=4$.

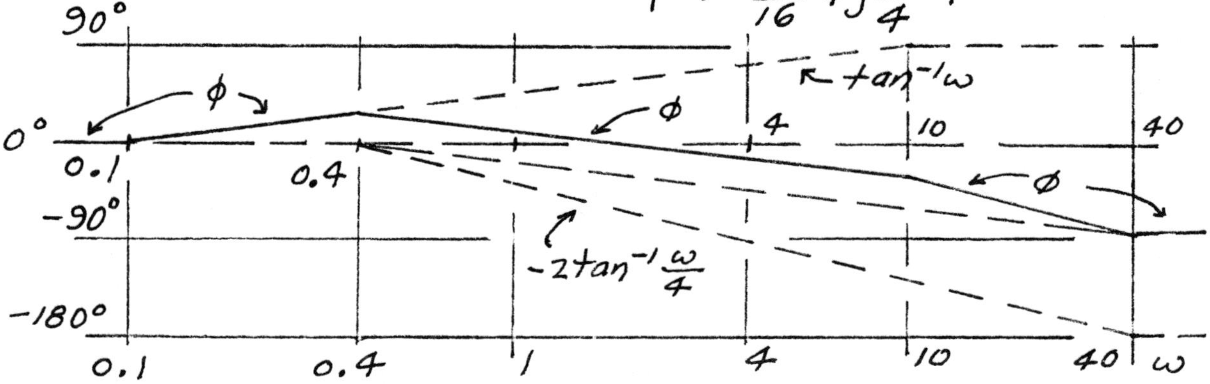

20.50 $$H(j\omega)=\frac{800(1+j\omega)}{j\omega(1+j\frac{\omega}{2})(1-\frac{\omega^2}{100}+j\frac{\omega}{10})(200)}$$

$$=\frac{1+j\omega}{(j\frac{\omega}{4})(1+j\frac{\omega}{2})(1-\frac{\omega^2}{100}+j\frac{\omega}{10})}$$

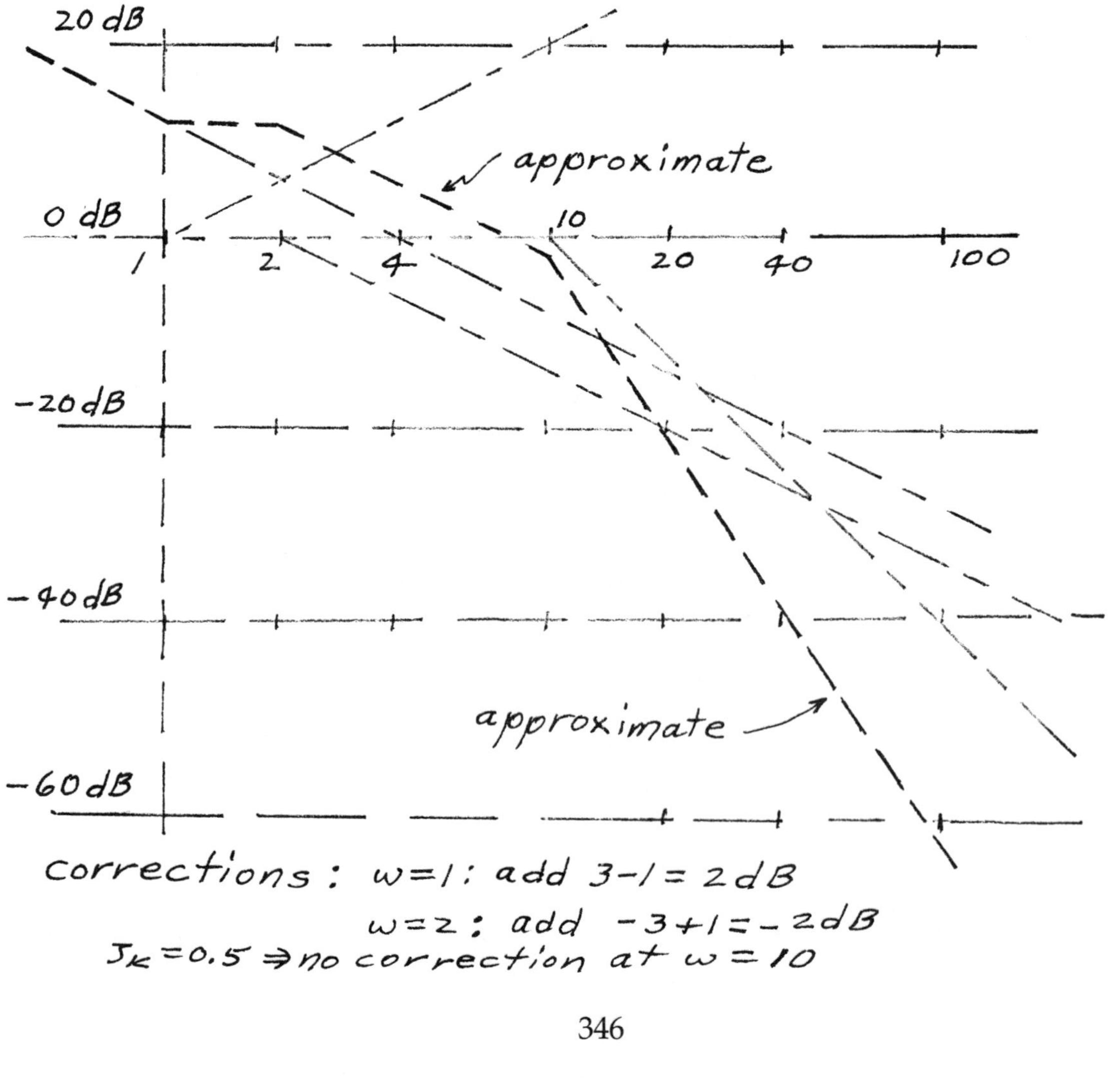

corrections: $\omega=1$: add $3-1=2$dB

$\omega=2$: add $-3+1=-2$dB

$\zeta_k=0.5 \Rightarrow$ no correction at $\omega=10$

Solutions to Computer Application Problems

Ex.4.8.1

```
CIRCUIT FILE FOR FINDING v IN FIG. 4.7.

* Data Statements

VA 1 0 DC 20V
R1 1 2 6K
R2 2 0 2K
VB 2 3 DC 3V
R3 3 0 4K
IA 0 3 DC 6MA

* Solution control statement for dc solution with VA = 20V

.DC VA 20 20 1

* Output Control Statement for V(1)

.PRINT DC V(3)

* End Statement

.END
```

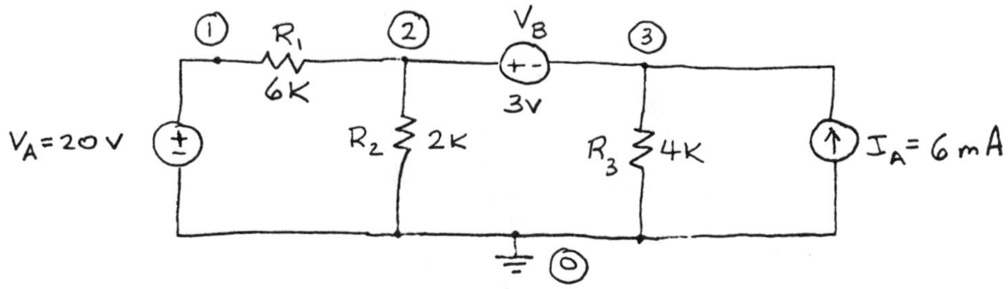

Ex.4.8.2

CIRCUIT FILE FOR FINDING NODE VOLTAGES IN FIG. 4.9.

```
* Data Statements

VA 1 0 DC 2V
R1 1 2 1
VD 5 2 DC 0V
R2 5 0 2
H1 2 3 VD 3
G1 0 3 1 4 2
R3 3 4 1
IA 4 0 DC 9A
R4 4 1 2

* Solution control statement for dc solution with VA = 20V

.DC VA 2 2 1

* Output Control Statement for V(1)

.PRINT DC V(1) V(2) V(3) V(4)

* End Statement

.END
```

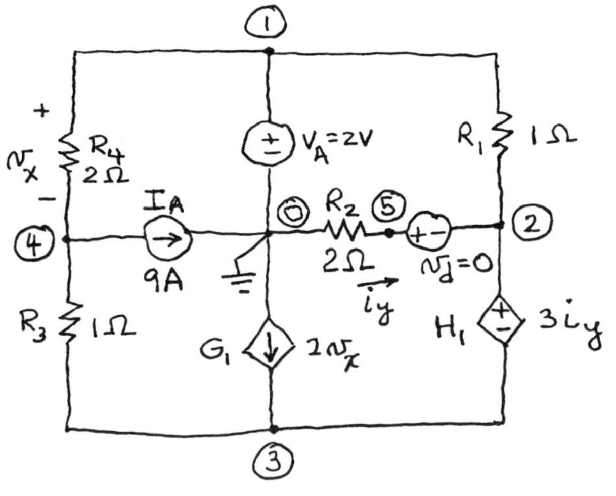

CIRCUIT FILE FOR EXERCISE 4.8.3.

```
* Data Statements

VI 10 11 DC 0.3V
R1 10 1 10K
R2 1 12 100K
R3 11 2 10K
R4 2 0 100K
R5 3 12 100

XAMP1 1 2 3 OPAMP

* Define file of OPAMP Subcircuit

.LIB OPAMP.CKT

* Solution control statements

.DC VI 0.3 0.3 1
.TF V(12) VI

* Output Control Statement

.PRINT DC V(12)

* End statement

.END
```

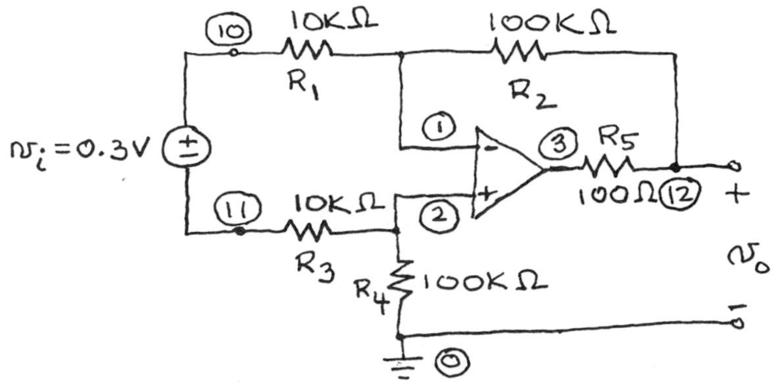


```
************************* SOLUTION *****************************
  VI           V(12)
3.000E-01   -3.000E+00

      V(12)/VI = -1.000E+01

      INPUT RESISTANCE AT VI =  2.000E+04

      OUTPUT RESISTANCE AT V(12) =  1.100E-03
```

4.40(a)

CIRCUIT FILE FOR PROBLEM 4.40(a)

```
* Data Statements

I1 0 1 DC 2MA
R1 1 0 3K
R2 1 2 2K
R3 2 0 1K
I2 0 2 6MA
I3 2 1 12MA

* Solution Control Statement

.DC I1 2M 2M 1

* Output Control Statement

.PRINT DC I(R2)

.END
```

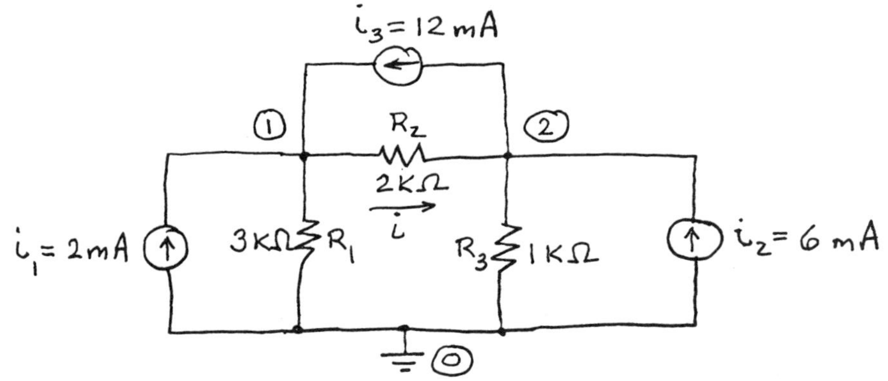


```
***************************SOLUTION****************************
  I1            I(R2)
2.000E-03    8.000E-03
***************************************************************
```

4.40(b)

```
PROBLEM 4.40(b)CIRCUIT FILE

* Data Statements

I1  1  0  DC  12A
R1  1  3  10
VD  3  0  DC  0
R2  1  2  40
R3  2  0  20
I2  0  2  DC  2A
F1  2  1  VD  6

* Solution Control Statement

.DC I1  12  12  1

* Output Control Statement

.PRINT DC I(R1)

.END
```

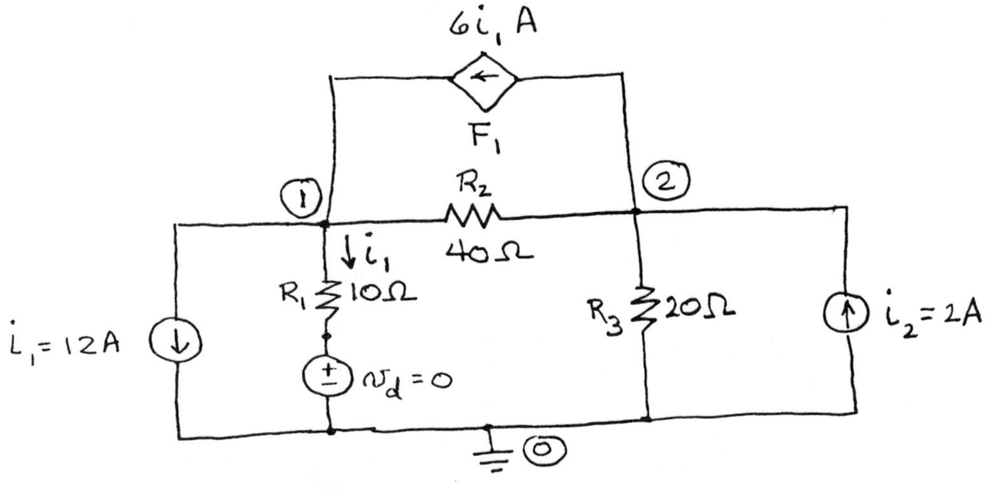


```
****************************SOLUTION****************************
  I1            I(R1)
1.200E+01    4.000E+00
****************************************************************
```

4.40(c)

```
PROBLEM 4-40(c) CIRCUIT FILE

* Data Statements

VA 1 0 DC 24
R1 1 2 8
R2 2 0 8
R3 2 3 4
R4 3 0 8
R5 3 4 8
IA 3 2 DC 5
VB 4 0 DC 8

* Solution Control Statement

.DC VA 24 24 1

* Output Control Statement

.PRINT DC I(R3)

.END
```

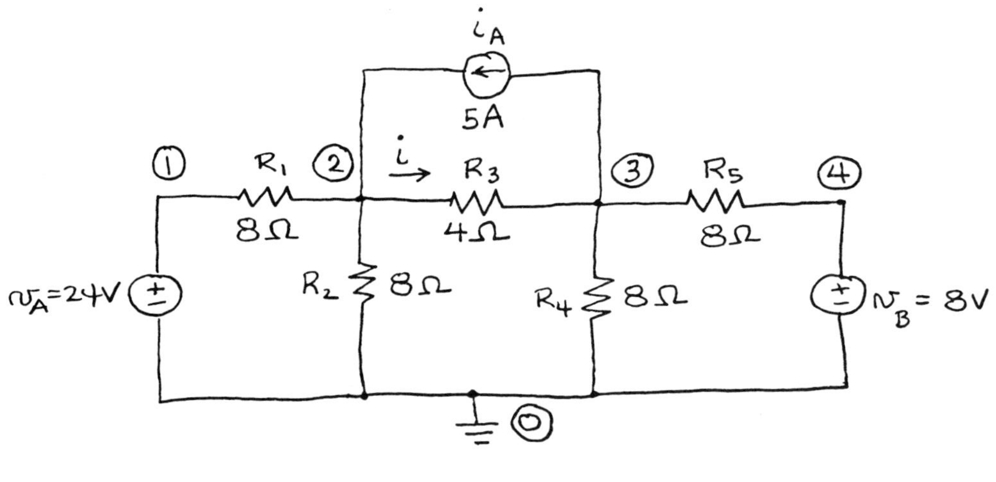


```
***************************SOLUTION****************************
  VA            I(R3)
2.400E+01    4.000E+00
***************************************************************
```

4-40(d)

PROBLEM 4-40(d) CIRCUIT FILE

```
* Data Statements

VD 0 1 DC 0
R1 2 1 1
VA 2 5 DC 6
IA 3 2 DC 6
R2 5 0 4
H1 4 5 VD 4
G1 0 4 3 4 1.5
R3 3 4 1
R4 3 0 2

* Solution Control Statement

.DC VA 6 6 1

* Output Control Statement

.PRINT DC V(2) V(R1)

.END
```

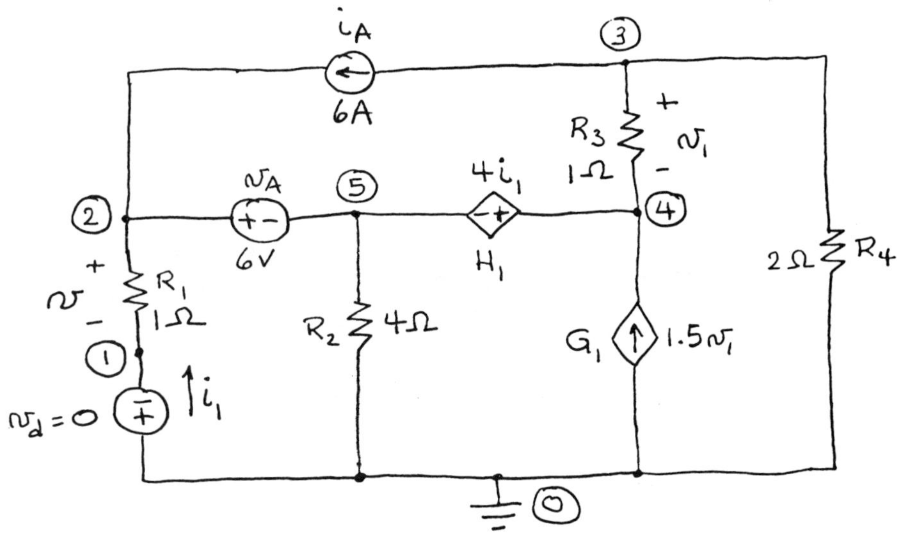


```
*****************************SOLUTION*****************************
  VA           V(2)          V(R1)
6.000E+00  -2.000E+00  -2.000E+00
******************************************************************
```

4.41

PROBLEM 4.41 CIRCUIT FILE

```
* Data Statements

VG 10 0 DC 0.5
R1 10 11 4
R2 11 0 8
R3 11 1 16
R4 11 3 8
R5 3 1 24
XAMP1 1 0 3 OPAMP

* Define file of OPAMP Subcircuit

.LIB OPAMP.CKT

* Solution control statements

.DC VG 0.5 0.5 1

* Output Control Statement

.PRINT DC V(3)

* End statement

.END
```

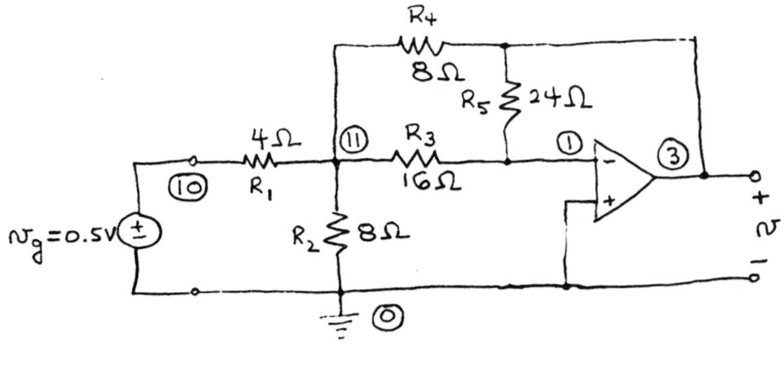


```
****************************SOLUTION******************************
  VG           V(3)
5.000E-01  -2.500E-01
******************************************************************
```

4.42

PROBLEM 4.42 CIRCUIT FILE

```
* Data Statements

VG 10 0 DC 5
R1 10 11 12
R2 11 2 6
R3 2 0 6
R4 11 3 30
R5 1 0 9
R6 1 3 9
XAMP1 1 2 3 OPAMP

* Define file of OPAMP Subcircuit

.LIB OPAMP.CKT

* Solution control statements

.DC VG 5 5 1
.TF V(3) VG

* Output Control Statement

.PRINT DC V(3)

* End statement

.END
```

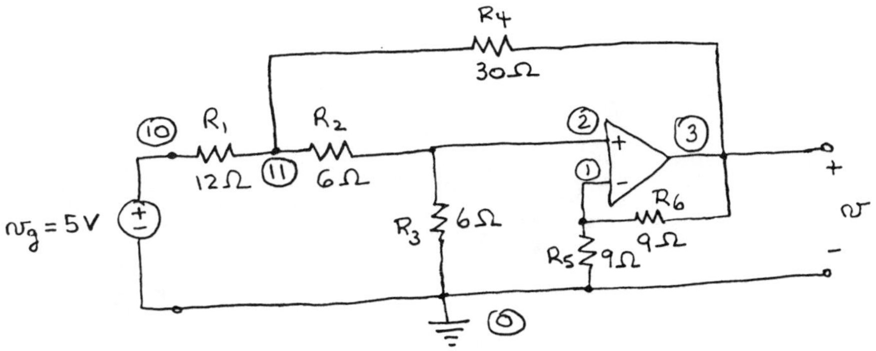


```
****************************SOLUTION****************************
      VG = 5.000E+00    V(3) = 2.500E+00

      V(3)/VG =   5.000E-01

      INPUT RESISTANCE AT VG =   2.400E+01

      OUTPUT RESISTANCE AT V(3) =   0.000E+00
*****************************************************************
```

4.43

PROBLEM 4.43 CIRCUIT FILE

```
* Data Statements

VG 1 0 DC 1
R1 1 2 1K
R2 2 3 10K
R3 3 4 4K
R4 2 5 5K
R5 5 0 1K
R6 4 0 2K
XAMP1 2 0 3 OPAMP
XAMP2 5 4 5 OPAMP

* Define file of OPAMP Subcircuit

.LIB OPAMP.CKT

* Solution control statements

.DC VG 1 1 1

* Output Control Statement

.PRINT DC I(R4)

* End statement

.END
```

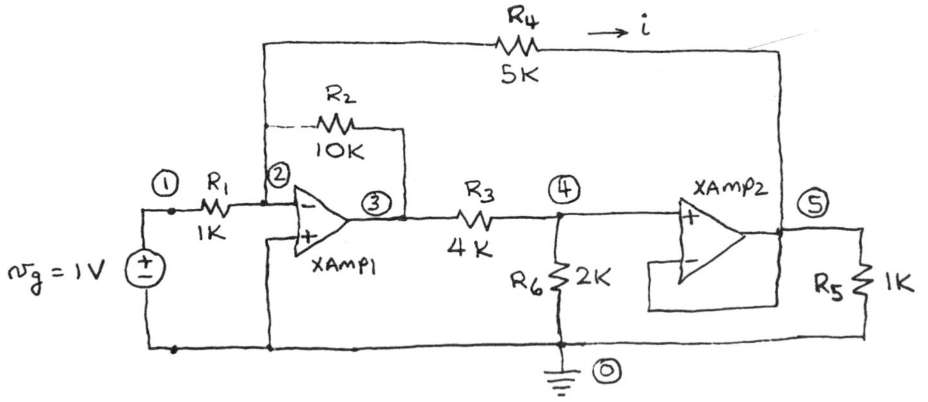


```
***************************SOLUTION****************************
  VG            I(R4)
1.000E+00    4.000E-04
***************************************************************
```

4.44

PROBLEM 4.44 CIRCUIT FILE

```
* Data Statements

VA 2 1 DC 16
IA 2 4 DC 5
R1 1 0 4
R2 2 3 2
R3 4 0 4
R4 4 5 2
VD 0 3 DC 0
H1 5 1 VD 8
G1 5 0 4 5 0.75

* Solution Control Statement

.DC VA 0 16 2

* Output Control Statement

.PRINT DC V(R4)

.END
```

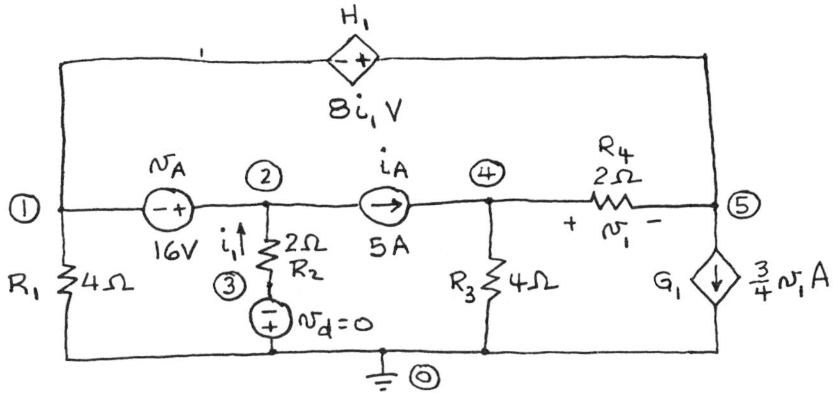


```
****************************SOLUTION******************************
     VA            V(R4)
   0.000E+00     0.000E+00
   2.000E+00     1.000E+00
   4.000E+00     2.000E+00
   6.000E+00     3.000E+00
   8.000E+00     4.000E+00
   1.000E+01     5.000E+00
   1.200E+01     6.000E+00
   1.400E+01     7.000E+00
   1.600E+01     8.000E+00
******************************************************************
```

Ex.5.6.1

```
EXERCISE 5.6.1 CIRCUIT FILE

* Data Statements

VG 1 0 DC 4
R1 1 3 2K
R2 1 2 1K
F1 2 1 VD 0.5
VD 3 0 DC 0

.DC VG 4 4 1
.TF V(2) VG

.PRINT DC V(2)

* Solution is Voc = V(2), Rth = Output Resistance at V(2).

.END
```

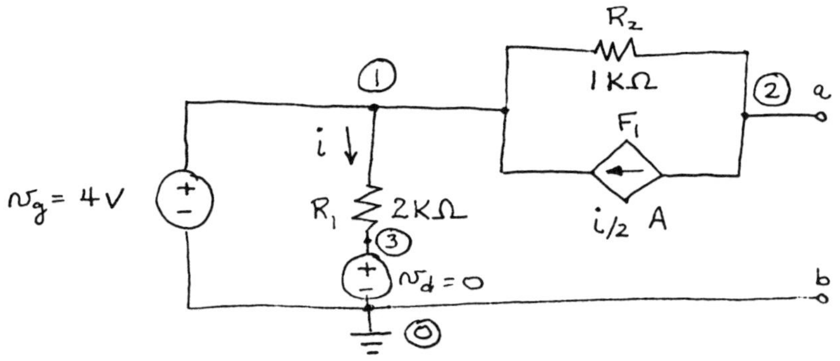


```
***************************SOLUTION****************************
  VG            V(2)
4.000E+00    3.000E+00

OUTPUT RESISTANCE AT V(2) =   1.000E+03

Rmax power = 1 KOhm, P = (3/2000)**2/1000 = 9/4 mW
***************************************************************
```

5.41

```
PROBLEM 5.41 CIRCUIT FILE.

* Data Statements

IA 1 0 DC 6
VA 2 3 DC 3
VB 4 0 DC 16
R1 1 3 6
R2 1 2 3
R3 3 4 2

* Solution Control Statements

.TF V(1) IA
.DC IA 6 6 1

.PRINT DC V(1)

* Solution: Voc = V(1), Rth = Output R at V(1),  Rmax. power = Rth.

.END
```

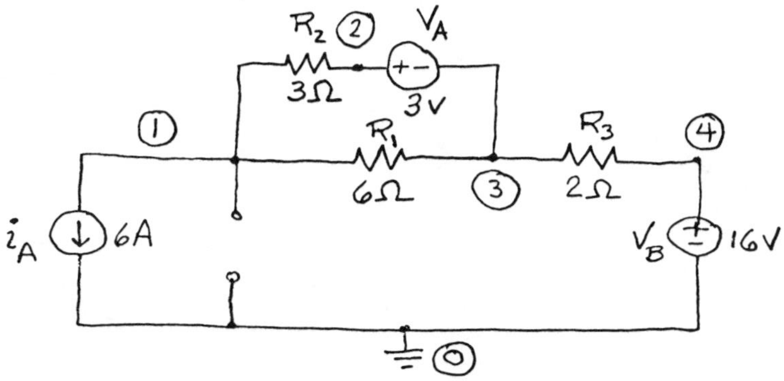


```
****************************SOLUTION****************************
  IA           V(1)
6.000E+00   -6.000E+00

OUTPUT RESISTANCE AT V(1) =  4.000E+00
****************************************************************
```

5.42

```
PROBLEM 5.42 CIRCUIT FILE

* Data Statements

VA 1 0 DC 20
R1 1 2 50
R2 3 0 12
E1 2 0 3 0 2
F1 3 0 VA -10

* Solution Control Statements

.TF V(3) VA
.DC VA 20 20 1

.PRINT DC V(3)

* Solution: Voc = V(3), Rth = Output R at V(3) + 24,
* v = Voc*36/(36 + Rth).

.END
```

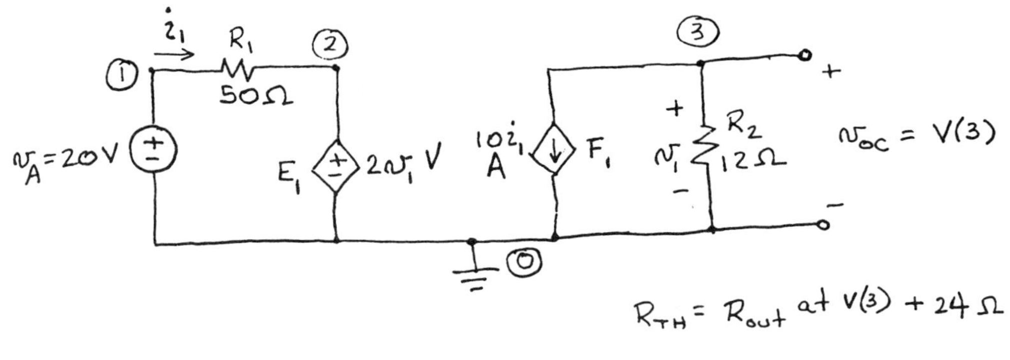


```
*****************************SOLUTION*****************************
  VA            V(3)
2.000E+01    1.263E+01

OUTPUT RESISTANCE AT V(3) = -3.158E+00
******************************************************************
```

5.44

PROBLEM 5.44 CIRCUIT FILE

```
* Data Statements

VD 5 1 DC 0
VA 1 4 DC 3
IA 2 1 DC 2.5
R1 5 0 12
R2 4 0 12
R3 2 3 6
H1 3 4 VD 6
G1 0 3 3 2 0.25

.TF V(2) VA
.DC VA 3 3 1

.PRINT DC V(2)

* Solution: Voc = V(2), Rth = Output R at V(2), Rmax. power = R,
*                2
* Power = Voc /4R.

.END
```

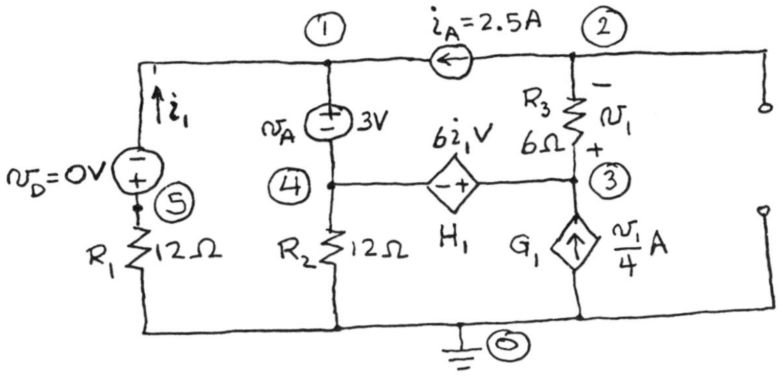


```
***************************SOLUTION****************************
  VA            V(2)
3.000E+00   -6.000E+00

OUTPUT RESISTANCE AT V(2) =   4.500E+00
***************************************************************
```

Ex.8.10.1

EXERCISE 8.10.1 CIRCUIT FILE

```
* Data Statements for finding initial voltage of C at t = 0-.

I 1 0 DC 5M
R1 1 0 10K
R2 1 0 10K
C 1 2 0.1UF
R3 2 0 5.1K

.DC I 5M 5M 1

.PRINT DC V(C)

.END
```

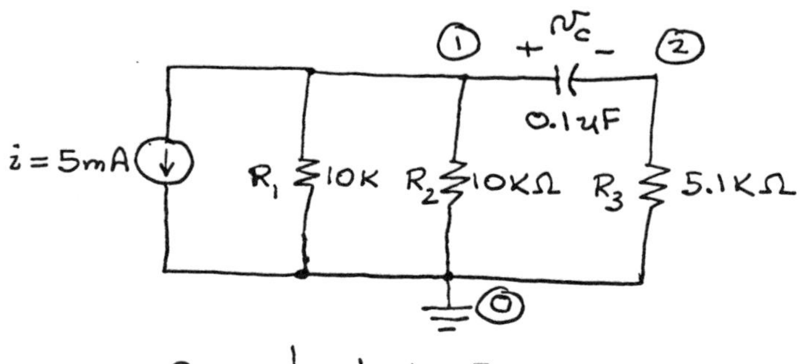

Circuit at t=0⁻.

```
***************************SOLUTION***************************
  I            V(C)
5.000E-03   -2.500E+01
**************************************************************

* Data Statements for transient response for 0 < t < 10 ms.

V 3 0 DC 10
R2 1 0 10K
C 1 2 0.1UF IC=-25
R3 2 0 5.1K
R4 2 3 2K

* Solution Control Statement for transient response

.TRAN 250US 10MS UIC

* Output Control Statements

.PRINT TRAN V(C)
.PLOT TRAN V(C)

.END
```

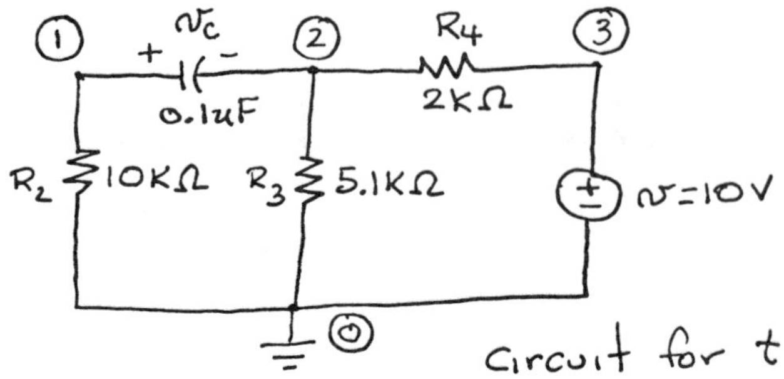

Circuit for t>0.

```
********************** SOLUTION - Ex.8.10.1 ***********************

  TIME          V(C)
(*)----------      -2.5000E+01  -2.0000E+01  -1.5000E+01  -1.0000E+01  -5.0000E+00
                        - - - - - - - - - - - - - - - - - - - - - - - - - - -
  0.000E+00 -2.500E+01 *            .            .            .            .
  2.500E-04 -2.150E+01 .        *   .            .            .            .
  5.000E-04 -1.871E+01 .            .  *         .            .            .
  7.500E-04 -1.645E+01 .            .        *   .            .            .
  1.000E-03 -1.463E+01 .            .            .*           .            .
  1.250E-03 -1.314E+01 .            .            .    *       .            .
  1.500E-03 -1.198E+01 .            .            .       *    .            .
  1.750E-03 -1.104E+01 .            .            .         *  .            .
  2.000E-03 -1.028E+01 .            .            .           *.            .
  2.250E-03 -9.664E+00 .            .            .            .*           .
  2.500E-03 -9.180E+00 .            .            .            . *          .
  2.750E-03 -8.789E+00 .            .            .            .  *         .
  3.000E-03 -8.472E+00 .            .            .            .   *        .
  3.250E-03 -8.216E+00 .            .            .            .    *       .
  3.500E-03 -8.014E+00 .            .            .            .    *       .
  3.750E-03 -7.851E+00 .            .            .            .     *      .
  4.000E-03 -7.720E+00 .            .            .            .     *      .
  4.250E-03 -7.613E+00 .            .            .            .     *      .
  4.500E-03 -7.529E+00 .            .            .            .     *      .
  4.750E-03 -7.461E+00 .            .            .            .      *     .
  5.000E-03 -7.406E+00 .            .            .            .      *     .
  5.250E-03 -7.362E+00 .            .            .            .      *     .
  5.500E-03 -7.327E+00 .            .            .            .      *     .
  5.750E-03 -7.299E+00 .            .            .            .      *     .
  6.000E-03 -7.276E+00 .            .            .            .      *     .
  6.250E-03 -7.258E+00 .            .            .            .      *     .
  6.500E-03 -7.243E+00 .            .            .            .      *     .
  6.750E-03 -7.231E+00 .            .            .            .      *     .
  7.000E-03 -7.222E+00 .            .            .            .      *     .
  7.250E-03 -7.214E+00 .            .            .            .      *     .
  7.500E-03 -7.208E+00 .            .            .            .      *     .
  7.750E-03 -7.203E+00 .            .            .            .      *     .
  8.000E-03 -7.199E+00 .            .            .            .      *     .
  8.250E-03 -7.196E+00 .            .            .            .      *     .
  8.500E-03 -7.193E+00 .            .            .            .      *     .
  8.750E-03 -7.191E+00 .            .            .            .      *     .
  9.000E-03 -7.190E+00 .            .            .            .      *     .
  9.250E-03 -7.188E+00 .            .            .            .      *     .
  9.500E-03 -7.187E+00 .            .            .            .      *     .
  9.750E-03 -7.187E+00 .            .            .            .      *     .
  1.000E-02 -7.186E+00 .            .            .            .      *     .
                        - - - - - - - - - - - - - - - - - - - - - - - - - - -
```

Ex.8.10.2

```
EXERCISE 8.10.2 CIRCUIT FILE

* Data Statements for finding initial voltage of C at t = 0-.

I 1 0 DC 5M
R1 1 0 10K
R2 1 0 10K
C 1 2 0.1UF
R3 2 0 5.1K

.DC I 5M 5M 1

.PRINT DC V(C)

.END
```

*** SAME CIRCUIT AS EX.8.10.1 ***

```
****************************SOLUTION****************************
  I            V(C)
5.000E-03  -2.500E+01
****************************************************************
```

```
* Data Statements for transient response for 0 < t < 10 ms.

V 3 0 PWL(0S 0V 10MS -10V)
R2 1 0 10K
C 1 2 0.1UF IC=-25
R3 2 0 5.1K
R4 2 3 2K

* Solution Control Statement for transient response

.TRAN 250US 10MS UIC

* Output Control Statements

.PRINT TRAN V(C)
.PLOT TRAN V(C)

.END
```

CIRCUIT SAME AS EX.8.10.2 WITH v = 1000t V.

```
*********************** SOLUTION - Ex.8.10.2 ************************

 TIME         V(C)
(*)----------   -3.0000E+01 -2.0000E+01 -1.0000E+01  0.0000E+00  1.0000E+01

                        - - - - - - - - - - - - - - - - - - - - - - - - - -
   0.000E+00 -2.500E+01 .      *    .            .           .            .
   2.500E-04 -2.008E+01 .           *            .           .            .
   5.000E-04 -1.611E+01 .           .    *       .           .            .
   7.500E-04 -1.286E+01 .           .        *   .           .            .
   1.000E-03 -1.020E+01 .           .            *           .            .
   1.250E-03 -8.013E+00 .           .            .  *        .            .
   1.500E-03 -6.255E+00 .           .            .    *      .            .
   1.750E-03 -4.801E+00 .           .            .      *    .            .
   2.000E-03 -3.588E+00 .           .            .       *   .            .
   2.250E-03 -2.572E+00 .           .            .        *  .            .
   2.500E-03 -1.736E+00 .           .            .         * .            .
   2.750E-03 -1.025E+00 .           .            .          *.            .
   3.000E-03 -4.159E-01 .           .            .          *.            .
   3.250E-03  1.118E-01 .           .            .           *            .
   3.500E-03  5.648E-01 .           .            .           *            .
   3.750E-03  9.652E-01 .           .            .           *            .
   4.000E-03  1.324E+00 .           .            .           . *          .
   4.250E-03  1.648E+00 .           .            .           . *          .
   4.500E-03  1.942E+00 .           .            .           .  *         .
   4.750E-03  2.213E+00 .           .            .           .  *         .
   5.000E-03  2.467E+00 .           .            .           .  *         .
   5.250E-03  2.707E+00 .           .            .           .   *        .
   5.500E-03  2.934E+00 .           .            .           .   *        .
   5.750E-03  3.152E+00 .           .            .           .   *        .
   6.000E-03  3.362E+00 .           .            .           .   *        .
   6.250E-03  3.567E+00 .           .            .           .    *       .
   6.500E-03  3.766E+00 .           .            .           .    *       .
   6.750E-03  3.962E+00 .           .            .           .    *       .
   7.000E-03  4.154E+00 .           .            .           .    *       .
   7.250E-03  4.344E+00 .           .            .           .     *      .
   7.500E-03  4.532E+00 .           .            .           .     *      .
   7.750E-03  4.718E+00 .           .            .           .     *      .
   8.000E-03  4.903E+00 .           .            .           .     *      .
   8.250E-03  5.087E+00 .           .            .           .      *     .
   8.500E-03  5.270E+00 .           .            .           .      *     .
   8.750E-03  5.452E+00 .           .            .           .      *     .
   9.000E-03  5.634E+00 .           .            .           .      *     .
   9.250E-03  5.816E+00 .           .            .           .       *    .
   9.500E-03  5.997E+00 .           .            .           .       *    .
   9.750E-03  6.177E+00 .           .            .           .       *    .
   1.000E-02  6.358E+00 .           .            .           .       *    .
                        - - - - - - - - - - - - - - - - - - - - - - - - - -
```

Ex.8.10.3

EX.8.10.3 CIRCUIT FILE

```
* Data Statements transient response.

V 1 0 EXP(5V 0V 0S 10MS 15MS)
R1 1 2 2K
R2 2 3 4.7K
R3 3 0 1K
L 2 0 5 IC=10MA
G1 3 0 2 0 5M

.TRAN 500US 15MS UIC

.PLOT TRAN I(L)

.END
```

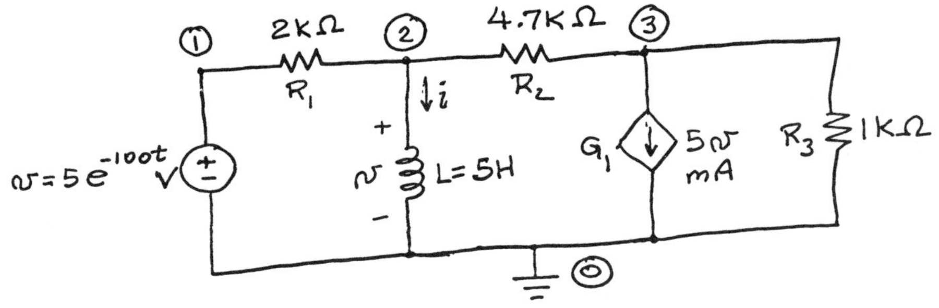


```
********************** SOLUTION - Ex.8.10.3 ************************

  TIME          I(L)
(*)----------      2.0000E-03  4.0000E-03  6.0000E-03  8.0000E-03  1.0000E-02
                        - - - - - - - - - - - - - - - - - - - - - - - - - - - - - - - - - - - - - - - -
  0.000E+00   1.000E-02 .                   .                   .                   .                   *
  5.000E-04   9.529E-03 .                   .                   .                   .              *    .
  1.000E-03   9.079E-03 .                   .                   .                   .          *        .
  1.500E-03   8.651E-03 .                   .                   .                   .      *            .
  2.000E-03   8.242E-03 .                   .                   .                   . *                 .
  2.500E-03   7.852E-03 .                   .                   .                  *.                   .
  3.000E-03   7.481E-03 .                   .                   .              *    .                   .
  3.500E-03   7.127E-03 .                   .                   .          *        .                   .
  4.000E-03   6.789E-03 .                   .                   .       *           .                   .
  4.500E-03   6.468E-03 .                   .                   .    *              .                   .
  5.000E-03   6.161E-03 .                   .                   . *                 .                   .
  5.500E-03   5.869E-03 .                   .                  *.                   .                   .
  6.000E-03   5.591E-03 .                   .               *   .                   .                   .
  6.500E-03   5.326E-03 .                   .            *      .                   .                   .
  7.000E-03   5.072E-03 .                   .          *        .                   .                   .
  7.500E-03   4.832E-03 .                   .       *           .                   .                   .
  8.000E-03   4.602E-03 .                   .     *             .                   .                   .
  8.500E-03   4.383E-03 .                   .   *               .                   .                   .
  9.000E-03   4.175E-03 .                   . *                 .                   .                   .
  9.500E-03   3.977E-03 .                   *                   .                   .                   .
  1.000E-02   3.787E-03 .                 * .                   .                   .                   .
                        - - - - - - - - - - - - - - - - - - - - - - - - - - - - - - - - - - - - - - - -
```

8.41(a)

PROBLEM 8.41 (a) CIRCUIT FILE.

```
* Data Statements for finding initial currents.

V 1 0 DC 40
R1 1 2 5
R2 2 0 4
R3 2 0 12

.DC V 40 40 1

.PRINT DC I(R2) I(R3)

.END
```

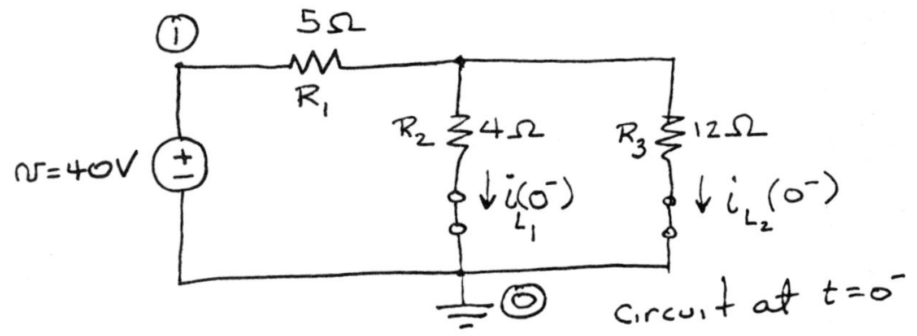


```
***************************SOLUTION***************************
  V               I(R2)          I(R3)
4.000E+01    3.750E+00    1.250E+00
**************************************************************
```

```
* Data Statements for transient response for 0 < t < 1s.

V 1 0 DC 40
R1 1 2 5
VD 2 0 DC 0
L1 3 0 1 IC=3.75
L2 4 0 4 IC=1.25
R2 2 3 4
R3 2 4 12

.TRAN 50MS 1S UIC

.PLOT TRAN I(VD)

.END
```

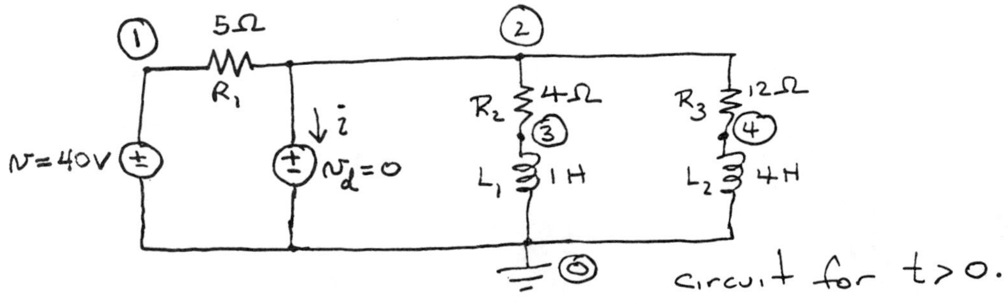

```
********************** SOLUTION - 8.41(a) ***********************

  TIME          I(VD)
(*)----------        2.0000E+00  4.0000E+00  6.0000E+00  8.0000E+00  1.0000E+01
                       - - - - - - - - - - - - - - - - - - - - - - - - -
  0.000E+00  3.000E+00 .     *     .           .           .           .
  5.000E-02  3.852E+00 .          *.           .           .           .
  1.000E-01  4.559E+00 .           .  *        .           .           .
  1.500E-01  5.144E+00 .           .     *     .           .           .
  2.000E-01  5.628E+00 .           .         * .           .           .
  2.500E-01  6.030E+00 .           .           *           .           .
  3.000E-01  6.362E+00 .           .           . *         .           .
  3.500E-01  6.638E+00 .           .           .  *        .           .
  4.000E-01  6.867E+00 .           .           .    *      .           .
  4.500E-01  7.056E+00 .           .           .     *     .           .
  5.000E-01  7.214E+00 .           .           .      *    .           .
  5.500E-01  7.345E+00 .           .           .       *   .           .
  6.000E-01  7.453E+00 .           .           .       *   .           .
  6.500E-01  7.544E+00 .           .           .        *  .           .
  7.000E-01  7.619E+00 .           .           .         * .           .
  7.500E-01  7.682E+00 .           .           .         * .           .
  8.000E-01  7.734E+00 .           .           .         * .           .
  8.500E-01  7.777E+00 .           .           .          *.           .
  9.000E-01  7.814E+00 .           .           .          *.           .
  9.500E-01  7.844E+00 .           .           .          *.           .
  1.000E+00  7.869E+00 .           .           .          *.           .
                       - - - - - - - - - - - - - - - - - - - - - - - - -
```

8.41(b)

```
PROBLEM 8.41(b) CIRCUIT FILE

* Data Statements

I 0 1 DC 4
R1 1 0 2
R2 1 2 12
L 2 3 2 IC=0
E1 0 3 1 0 5

.TRAN 25MS 0.5S UIC

.PLOT TRAN V(R1)

.END
```

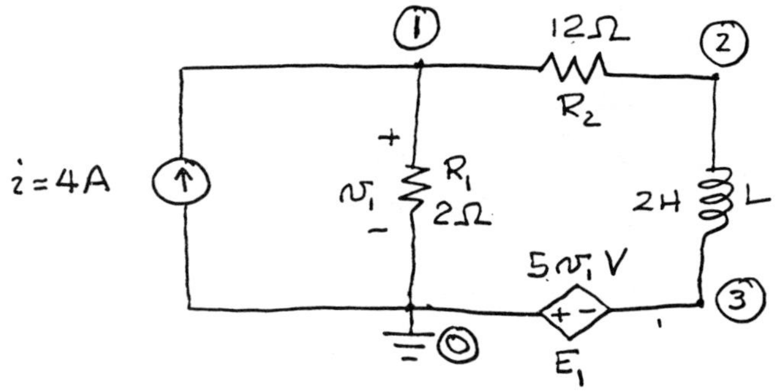

TIME (*)---------- V(R1) 4.0000E+00 5.0000E+00 6.0000E+00 7.0000E+00 8.0000E+00

TIME	V(R1)
0.000E+00	8.000E+00
2.500E-02	6.966E+00
5.000E-02	6.197E+00
7.500E-02	5.627E+00
1.000E-01	5.205E+00
1.250E-01	4.892E+00
1.500E-01	4.661E+00
1.750E-01	4.489E+00
2.000E-01	4.362E+00
2.250E-01	4.268E+00
2.500E-01	4.199E+00
2.750E-01	4.147E+00
3.000E-01	4.109E+00
3.250E-01	4.081E+00
3.500E-01	4.060E+00
3.750E-01	4.044E+00
4.000E-01	4.033E+00
4.250E-01	4.024E+00
4.500E-01	4.018E+00
4.750E-01	4.013E+00
5.000E-01	4.010E+00

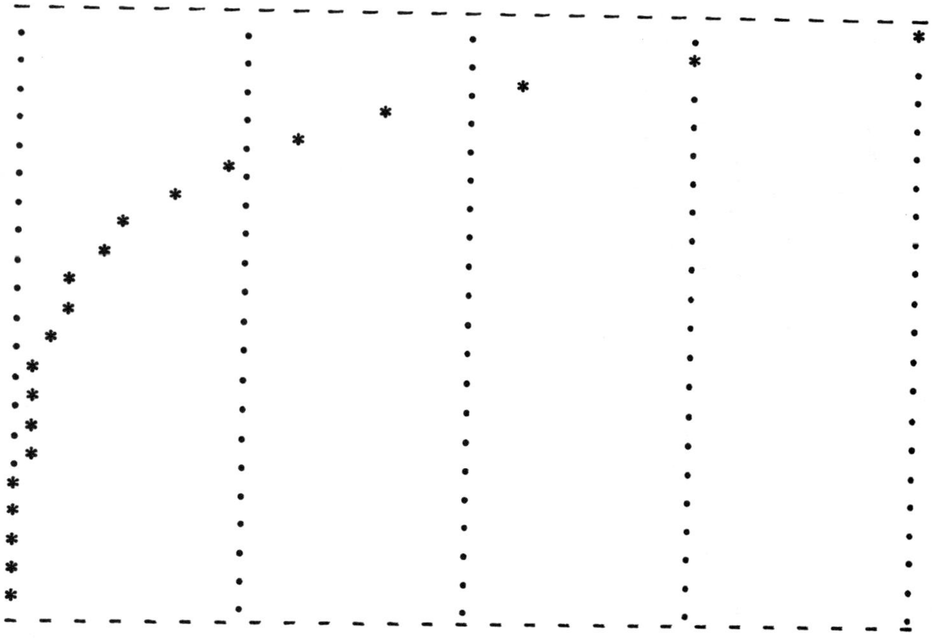

8.41(c)

```
PROBLEM 8.41(C) CIRCUIT FILE

* Data Statements for transient response

VG 1 0 EXP(2V 0V 0S 0.3333S 1.5S)
R1 1 2 2
R2 1 4 2
R3 2 3 2
C 4 0 0.125 IC=0
XAMP1 2 4 3 OPAMP

.LIB OPAMP.CKT

.TRAN 50MS 1.5S UIC

.PLOT TRAN V(3)

.END
```

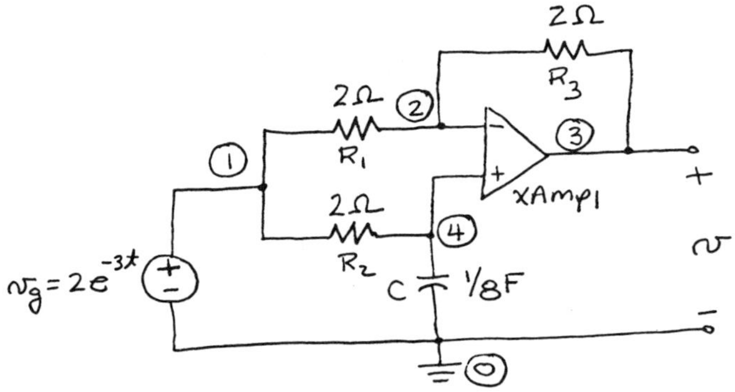


```
 TIME          V(3)
(*)----------    -2.0000E+00  -1.0000E+00   0.0000E+00   1.0000E+00   2.0000E+00
                 - - - - - - - - - - - - - - - - - - - - - - - - - - - - - - - - -
 0.000E+00 -2.000E+00 *         .            .            .            .
 5.000E-02 -1.060E+00 .        *.            .            .            .
 1.000E-01 -3.533E-01 .         .      *     .            .            .
 1.500E-01  1.430E-01 .         .            . *          .            .
 2.000E-01  4.924E-01 .         .            .    *       .            .
 2.500E-01  7.295E-01 .         .            .       *    .            .
 3.000E-01  8.736E-01 .         .            .         *  .            .
 3.500E-01  9.545E-01 .         .            .          * .            .
 4.000E-01  9.888E-01 .         .            .            *            .
 4.500E-01  9.861E-01 .         .            .            *            .
 5.000E-01  9.599E-01 .         .            .          * .            .
 5.500E-01  9.176E-01 .         .            .          * .            .
 6.000E-01  8.641E-01 .         .            .         *  .            .
 6.500E-01  8.047E-01 .         .            .        *   .            .
 7.000E-01  7.426E-01 .         .            .        *   .            .
 7.500E-01  6.800E-01 .         .            .       *    .            .
 8.000E-01  6.187E-01 .         .            .      *     .            .
 8.500E-01  5.598E-01 .         .            .     *      .            .
 9.000E-01  5.043E-01 .         .            .     *      .            .
 9.500E-01  4.524E-01 .         .            .    *       .            .
 1.000E+00  4.043E-01 .         .            .   *        .            .
 1.050E+00  3.604E-01 .         .            .   *        .            .
 1.100E+00  3.203E-01 .         .            .  *         .            .
```

8.42

```
PROBLEM 8.42 CIRCUIT FILE.

* Data Statements for 0 < t < 0.025s

VG 1 0 PULSE(10V -10V 5MS 0 0 5MS 10MS)
R1 1 2 10K
R2 2 4 100K
R3 3 0 20K
R4 3 4 10K
C 2 0 1U IC=0
XAMP1 3 2 4 OPAMP

.LIB OPAMP.CKT

.TRAN .5M 25M UIC

.PLOT TRAN V(4)

.END
```

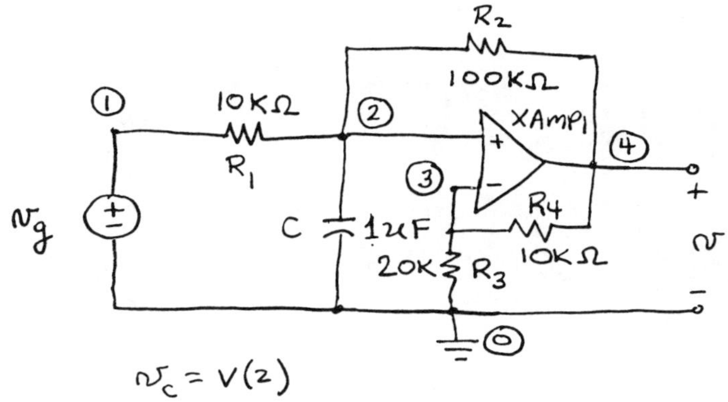

********************** SOLUTION - 8.42 ************************

(*) plot scale: -5.0000E+00 0.0000E+00 5.0000E+00 1.0000E+01 1.5000E+01

TIME	V(4)
0.000E+00	3.559E-06
5.000E-04	7.308E-01
1.000E-03	1.428E+00
1.500E-03	2.094E+00
2.000E-03	2.730E+00
2.500E-03	3.336E+00
3.000E-03	3.913E+00
3.500E-03	4.464E+00
4.000E-03	4.990E+00
4.500E-03	5.491E+00
5.000E-03	5.971E+00
5.500E-03	5.682E+00
6.000E-03	4.688E+00
6.500E-03	3.739E+00
7.000E-03	2.833E+00
7.500E-03	1.969E+00
8.000E-03	1.145E+00
8.500E-03	3.594E-01
9.000E-03	-3.899E-01
9.500E-03	-1.104E+00
1.000E-02	-1.786E+00
1.050E-02	-2.438E+00
1.100E-02	-2.312E+00
1.150E-02	-1.474E+00
1.200E-02	-6.748E-01
1.250E-02	8.913E-02
1.300E-02	8.176E-01
1.350E-02	1.512E+00
1.400E-02	2.175E+00
1.450E-02	2.806E+00
1.500E-02	3.411E+00
1.550E-02	3.240E+00
1.600E-02	2.359E+00
1.650E-02	1.519E+00
1.700E-02	7.157E-01
1.750E-02	-5.009E-02
1.800E-02	-7.804E-01
1.850E-02	-1.477E+00
1.900E-02	-2.141E+00
1.950E-02	-2.774E+00
2.000E-02	-3.378E+00
2.050E-02	-3.956E+00
2.100E-02	-3.760E+00
2.150E-02	-2.855E+00
2.200E-02	-1.991E+00
2.250E-02	-1.166E+00
2.300E-02	-3.798E-01
2.350E-02	3.705E-01
2.400E-02	1.086E+00
2.450E-02	1.768E+00
2.500E-02	2.421E+00

8.43(a)

```
PROBLEM 8.43(a) CIRCUIT FILE.

* Data Statements for 0 < t < 0.025s

VG 1 0 EXP(10V 0 0 0.01 25M)
R1 1 2 10K
R2 2 4 100K
R3 3 0 20K
R4 3 4 10K
C 2 0 1U IC=4
XAMP1 3 2 4 OPAMP

.LIB OPAMP.CKT

.TRAN .5M 25M UIC

.PLOT TRAN V(4) V(1)

.END
```

CIRCUIT SAME AS PROBLEM 8.42 WITH APPROPRIATE v_g.

********************** SOLUTION - 8.43(a) ***********************

LEGEND:

*: V(4)
+: V(1)

TIME	V(4)				
(*)----------	2.0000E+00	4.0000E+00	6.0000E+00	8.0000E+00	1.0000E+01
(+)----------	-5.0000E+00	0.0000E+00	5.0000E+00	1.0000E+01	1.5000E+01

0.000E+00	6.000E+00
5.000E-04	6.433E+00
1.000E-03	6.812E+00
1.500E-03	7.143E+00
2.000E-03	7.427E+00
2.500E-03	7.668E+00
3.000E-03	7.869E+00
3.500E-03	8.033E+00
4.000E-03	8.164E+00
4.500E-03	8.265E+00
5.000E-03	8.337E+00
5.500E-03	8.384E+00
6.000E-03	8.407E+00
6.500E-03	8.410E+00
7.000E-03	8.393E+00
7.500E-03	8.358E+00
8.000E-03	8.308E+00
8.500E-03	8.244E+00
9.000E-03	8.167E+00
9.500E-03	8.079E+00
1.000E-02	7.980E+00
1.050E-02	7.873E+00
1.100E-02	7.758E+00
1.150E-02	7.636E+00
1.200E-02	7.508E+00
1.250E-02	7.375E+00
1.300E-02	7.238E+00
1.350E-02	7.097E+00
1.400E-02	6.953E+00
1.450E-02	6.806E+00
1.500E-02	6.658E+00
1.550E-02	6.509E+00
1.600E-02	6.359E+00
1.650E-02	6.208E+00
1.700E-02	6.057E+00
1.750E-02	5.907E+00
1.800E-02	5.757E+00
1.850E-02	5.608E+00
1.900E-02	5.460E+00
1.950E-02	5.314E+00
2.000E-02	5.169E+00
2.050E-02	5.026E+00
2.100E-02	4.885E+00
2.150E-02	4.746E+00
2.200E-02	4.609E+00
2.250E-02	4.474E+00

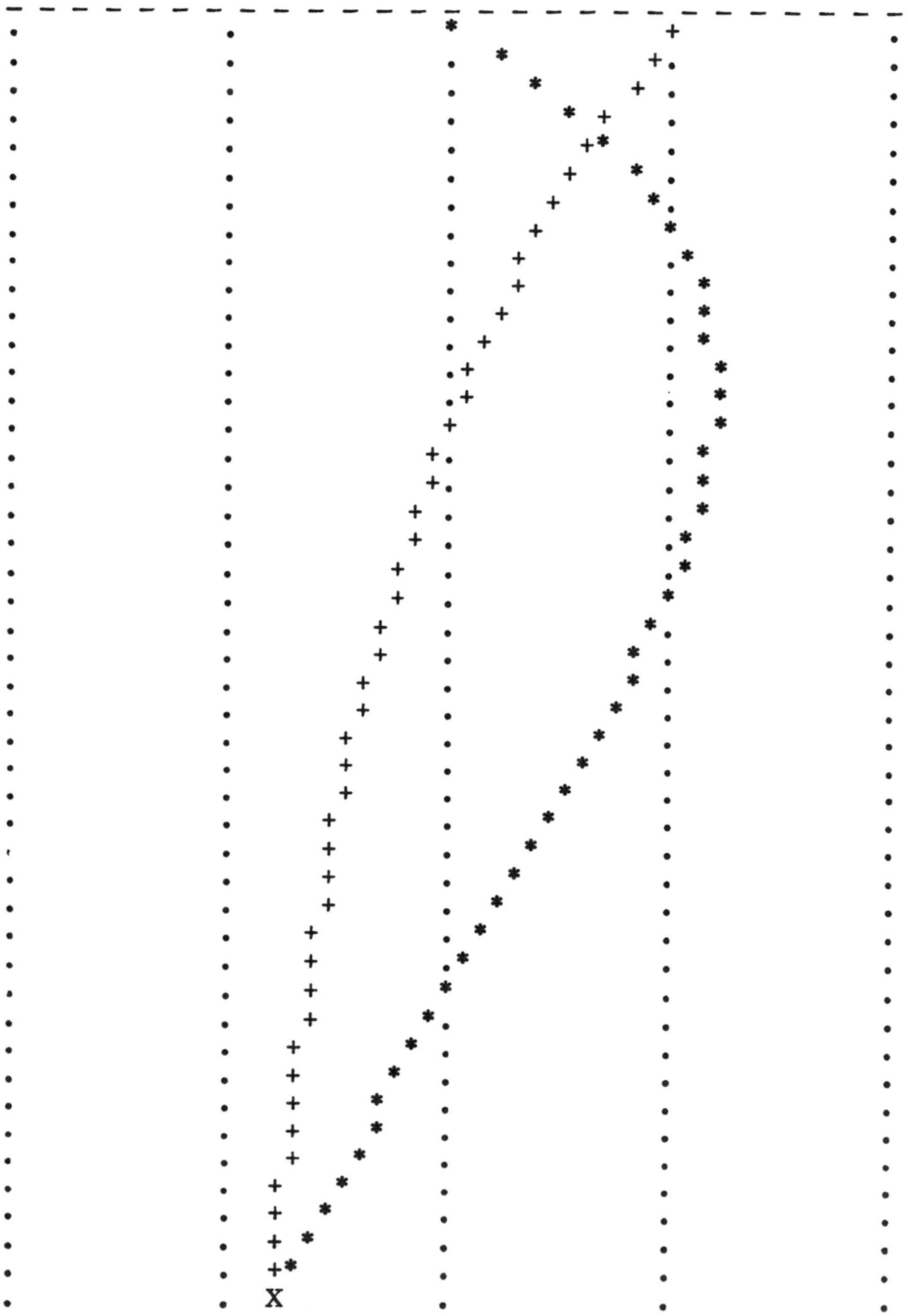

8.43(b)

```
PROBLEM 8.43(b) CIRCUIT FILE.

* Data Statements for 0 < t < 0.025s with VG replaced by the
* series connection of VG1 and VG2 with node 5 between the
* sources.

VG1 1 5 EXP(50V 0 0 10M 25M)
VG2 5 0 EXP(-50V 0 0 5M 25M)
R1 1 2 10K
R2 2 4 100K
R3 3 0 20K
R4 3 4 10K
C 2 0 1U IC=0
XAMP1 3 2 4 OPAMP

.LIB OPAMP.CKT

.TRAN .5M 25M UIC

.PLOT TRAN V(4) V(1)

.END
```

CIRCUIT SAME AS PROBLEM 8.42 WITH APPROPRIATE v_g.

```
********************** SOLUTION - 8.43(b) ************************

 LEGEND:

*: V(4)
+: V(1)

  TIME          V(4)
(*+)---------    0.0000E+00  5.0000E+00  1.0000E+01  1.5000E+01  2.0000E+01
                       - - - - - - - - - - - - - - - - - - - - - - - - - - -
  0.000E+00 -1.574E-06 X
  5.000E-04  9.424E-02 *     +      .            .            .            .
  1.000E-03  3.380E-01 .*         + .            .            .            .
  1.500E-03  6.977E-01 . *          .  +         .            .            .
  2.000E-03  1.155E+00 .  *         .     +      .            .            .
  2.500E-03  1.687E+00 .   *        .        +   .            .            .
  3.000E-03  2.275E+00 .     *      .           +.            .            .
  3.500E-03  2.901E+00 .       *    .            .+           .            .
  4.000E-03  3.551E+00 .        *   .            .  +         .            .
  4.500E-03  4.213E+00 .          * .            .   +        .            .
  5.000E-03  4.877E+00 .            *            .    +       .            .
  5.500E-03  5.534E+00 .            .*           .     +      .            .
  6.000E-03  6.177E+00 .            .  *         .     +      .            .
  6.500E-03  6.801E+00 .            .    *       .     +      .            .
  7.000E-03  7.400E+00 .            .     *      .     +      .            .
  7.500E-03  7.970E+00 .            .       *    .     +      .            .
  8.000E-03  8.510E+00 .            .        *   .     +      .            .
  8.500E-03  9.016E+00 .            .         *  .     +      .            .
  9.000E-03  9.488E+00 .            .           *.    +       .            .
  9.500E-03  9.923E+00 .            .            *    +       .            .
  1.000E-02  1.032E+01 .            .            .*  +        .            .
  1.050E-02  1.069E+01 .            .            . * +        .            .
  1.100E-02  1.101E+01 .            .            .  X         .            .
  1.150E-02  1.131E+01 .            .            . +*         .            .
  1.200E-02  1.156E+01 .            .            .+  *        .            .
  1.250E-02  1.179E+01 .            .            .+   *       .            .
  1.300E-02  1.198E+01 .            .            +    *       .            .
  1.350E-02  1.214E+01 .            .           +.     *      .            .
  1.400E-02  1.226E+01 .            .          + .     *      .            .
  1.450E-02  1.237E+01 .            .         +  .     *      .            .
  1.500E-02  1.244E+01 .            .         +  .     *      .            .
  1.550E-02  1.248E+01 .            .        +   .     *      .            .
  1.600E-02  1.251E+01 .            .       +    .      *     .            .
  1.650E-02  1.251E+01 .            .      +     .      *     .            .
  1.700E-02  1.248E+01 .            .     +      .     *      .            .
  1.750E-02  1.244E+01 .            .     +      .     *      .            .
  1.800E-02  1.238E+01 .            .    +       .     *      .            .
  1.850E-02  1.230E+01 .            .   +        .     *      .            .
  1.900E-02  1.220E+01 .            .   +        .     *      .            .
  1.950E-02  1.210E+01 .            .  +         .    *       .            .
  2.000E-02  1.197E+01 .            . +          .    *       .            .
  2.050E-02  1.184E+01 .            . +          .    *       .            .
  2.100E-02  1.169E+01 .            .+           .   *        .            .
  2.150E-02  1.153E+01 .            +            .   *        .            .
  2.200E-02  1.137E+01 .            +            .   *        .            .
  2.250E-02  1.119E+01 .           +.            .  *         .            .
```

8.44

```
PROBLEM 8.44 CIRCUIT FILE

* Data Statements

VG 1 0 PWL(0 0 1 2 2 2 3 -1 4 -1)
R1 1 2 6
R2 2 3 2
R3 2 5 4
R4 3 4 1
R5 4 5 1
C 2 3 0.125 IC=0
XAMP1 2 0 3 OPAMP
XAMP2 4 0 5 OPAMP

.LIB OPAMP.CKT

.TRAN 0.1 4 UIC

.PLOT TRAN V(5) V(1)

.END
```

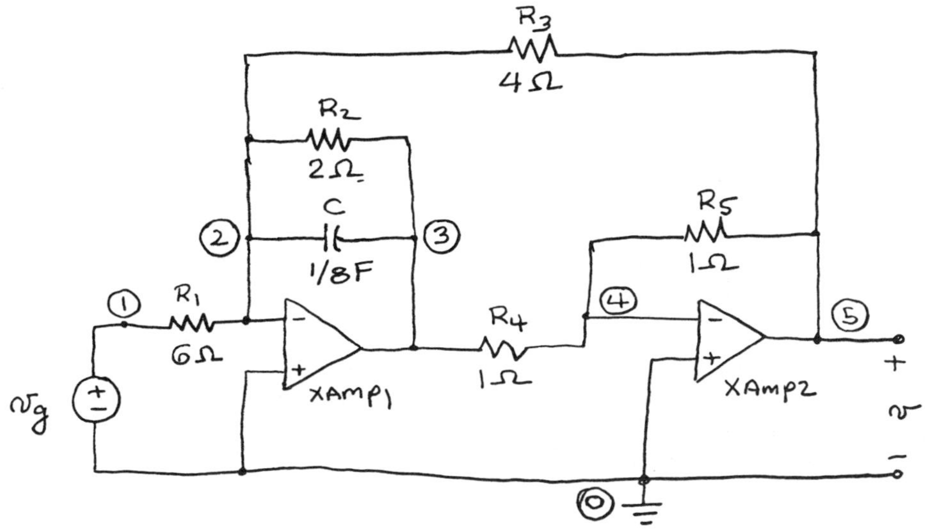

********************** SOLUTION - 8.44 ************************

LEGEND:

*: V(5)
+: V(1)

```
 TIME         V(5)
(*)----------   -1.0000E+00   0.0000E+00   1.0000E+00   2.0000E+00   3.0000E+0
(+)----------   -2.0000E+00   0.0000E+00   2.0000E+00   4.0000E+00   6.0000E+0
```

TIME	V(5)
0.000E+00	-1.433E-07
1.000E-01	1.369E-02
2.000E-01	4.770E-02
3.000E-01	9.895E-02
4.000E-01	1.665E-01
5.000E-01	2.456E-01
6.000E-01	3.342E-01
7.000E-01	4.307E-01
8.000E-01	5.345E-01
9.000E-01	6.435E-01
1.000E+00	7.565E-01
1.100E+00	8.603E-01
1.200E+00	9.469E-01
1.300E+00	1.016E+00
1.400E+00	1.074E+00
1.500E+00	1.121E+00
1.600E+00	1.160E+00
1.700E+00	1.191E+00
1.800E+00	1.217E+00
1.900E+00	1.238E+00
2.000E+00	1.256E+00
2.100E+00	1.249E+00
2.200E+00	1.211E+00
2.300E+00	1.141E+00
2.400E+00	1.048E+00
2.500E+00	9.365E-01
2.600E+00	8.094E-01
2.700E+00	6.676E-01
2.800E+00	5.157E-01
2.900E+00	3.553E-01
3.000E+00	1.880E-01
3.100E+00	3.434E-02
3.200E+00	-9.398E-02
3.300E+00	-1.969E-01
3.400E+00	-2.819E-01
3.500E+00	-3.520E-01
3.600E+00	-4.098E-01
3.700E+00	-4.559E-01
3.800E+00	-4.941E-01
3.900E+00	-5.255E-01
4.000E+00	-5.514E-01

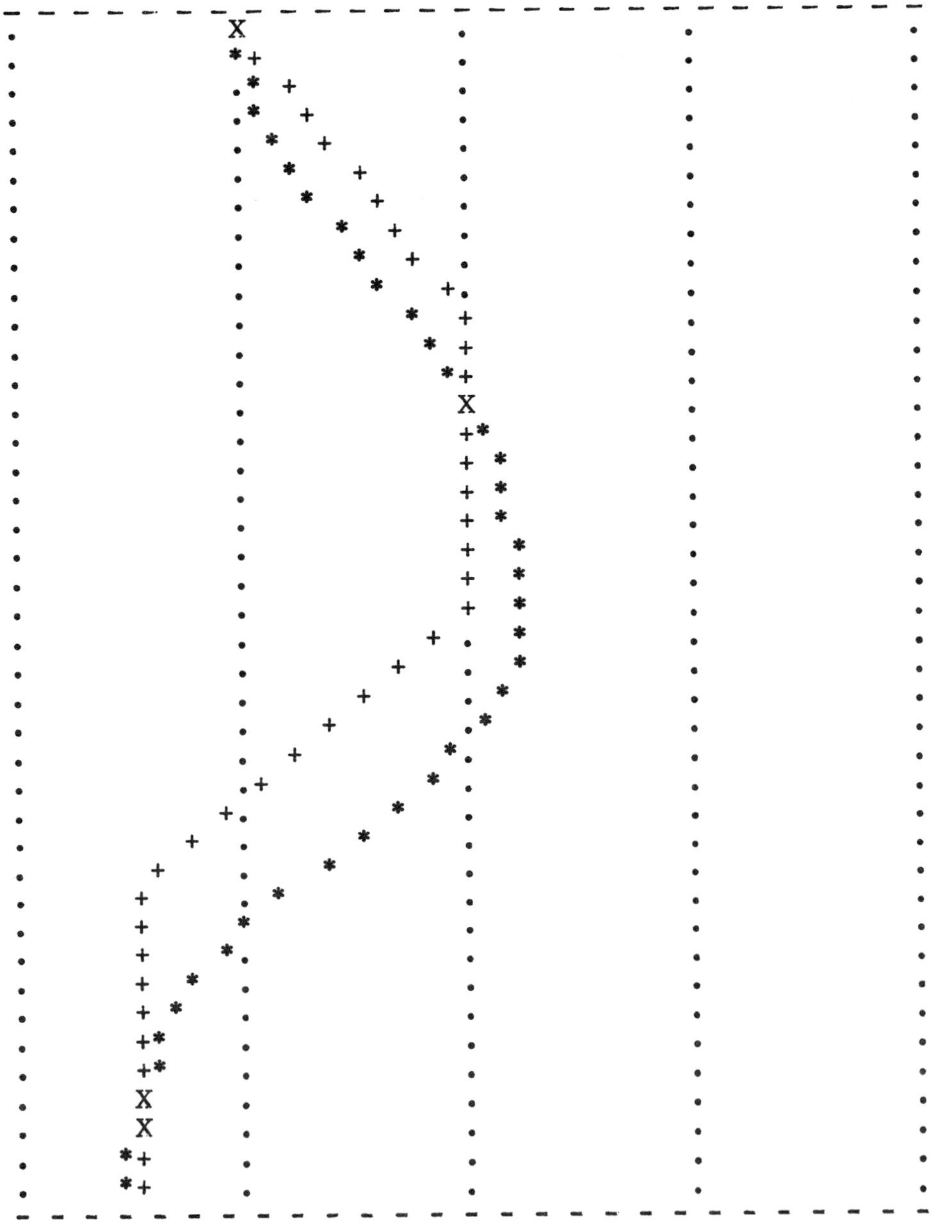

Ex.9.11.1(a)

```
EXERCISE 9.11.1(a) CIRCUIT FILE

* Data Statements

IG 0 1 DC 0.1
R 1 0 25
L 1 0 10M IC=-10M
C 1 0 1U IC=0

.TRAN 20US 500US UIC

.PLOT TRAN V(1)

.END
```

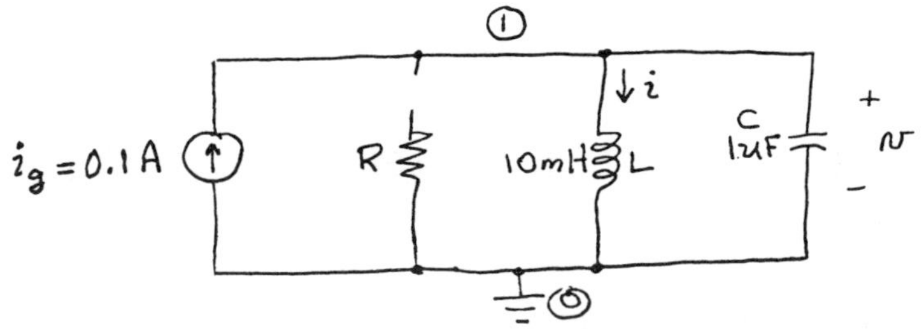


```
 TIME          V(1)
(*)----------      0.0000E+00    1.0000E+00    2.0000E+00    3.0000E+00    4.0000E+00

 0.000E+00  4.367E-05
 2.000E-05  1.488E+00
 4.000E-05  2.138E+00
 6.000E-05  2.368E+00
 8.000E-05  2.405E+00
 1.000E-04  2.355E+00
 1.200E-04  2.268E+00
 1.400E-04  2.166E+00
 1.600E-04  2.061E+00
 1.800E-04  1.957E+00
 2.000E-04  1.856E+00
 2.200E-04  1.760E+00
 2.400E-04  1.669E+00
 2.600E-04  1.582E+00
 2.800E-04  1.500E+00
 3.000E-04  1.421E+00
 3.200E-04  1.347E+00
 3.400E-04  1.277E+00
 3.600E-04  1.210E+00
 3.800E-04  1.147E+00
 4.000E-04  1.087E+00
 4.200E-04  1.031E+00
 4.400E-04  9.767E-01
 4.600E-04  9.258E-01
 4.800E-04  8.775E-01
 5.000E-04  8.316E-01
```

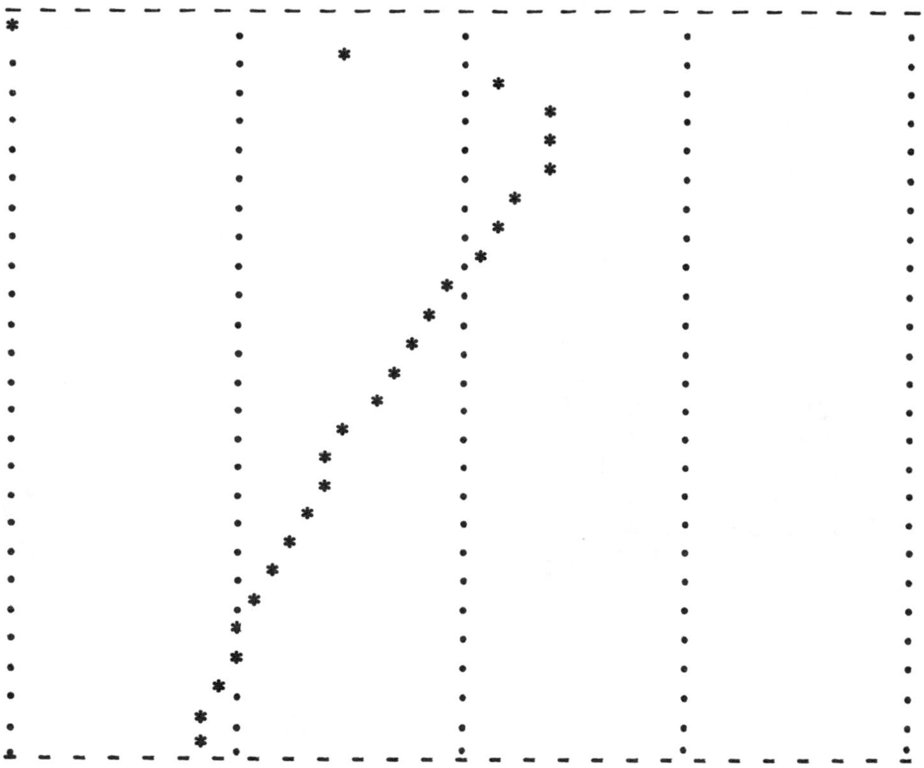

Ex.9.11.1(b)

```
EXERCISE 9.11.1(b) CIRCUIT FILE

* Data Statements

IG 0 1 DC 0.1
R 1 0 50
L 1 0 10M IC=-10M
C 1 0 1U IC=0

.TRAN 20US 500US UIC

.PLOT TRAN V(1)

.END
```

(CIRCUIT SAME AS Ex.9.11.1 WITH APPROPRIATE R)

```
   TIME        V(1)
 (*)----------      0.0000E+00          2.0000E+00          4.0000E+00          6.0000E+00          8.0000E+00
                       ---------------------------------------------------------------------------------
 0.000E+00   2.193E-05 *                   .                   .                   .                   .
 2.000E-05   1.787E+00 .                 * .                   .                   .                   .
 4.000E-05   2.942E+00 .                   .        *          .                   .                   .
 6.000E-05   3.619E+00 .                   .               *   .                   .                   .
 8.000E-05   3.954E+00 .                   .                   *                   .                   .
 1.000E-04   4.049E+00 .                   .                   *                   .                   .
 1.200E-04   3.978E+00 .                   .                   *                   .                   .
 1.400E-04   3.801E+00 .                   .                 * .                   .                   .
 1.600E-04   3.556E+00 .                   .               *   .                   .                   .
 1.800E-04   3.276E+00 .                   .            *      .                   .                   .
 2.000E-04   2.980E+00 .                   .         *         .                   .                   .
 2.200E-04   2.683E+00 .                   .      *            .                   .                   .
 2.400E-04   2.397E+00 .                   .   *               .                   .                   .
 2.600E-04   2.125E+00 .                   .*                  .                   .                   .
 2.800E-04   1.874E+00 .                  *.                   .                   .                   .
 3.000E-04   1.644E+00 .               *   .                   .                   .                   .
 3.200E-04   1.435E+00 .             *     .                   .                   .                   .
 3.400E-04   1.248E+00 .           *       .                   .                   .                   .
 3.600E-04   1.082E+00 .          *        .                   .                   .                   .
 3.800E-04   9.349E-01 .        *          .                   .                   .                   .
 4.000E-04   8.056E-01 .       *           .                   .                   .                   .
 4.200E-04   6.925E-01 .      *            .                   .                   .                   .
 4.400E-04   5.939E-01 .     *             .                   .                   .                   .
 4.600E-04   5.083E-01 .    *              .                   .                   .                   .
 4.800E-04   4.342E-01 .   *               .                   .                   .                   .
 5.000E-04   3.700E-01 .   *               .                   .                   .                   .
                       ---------------------------------------------------------------------------------
```

Ex.9.11.1(c)

```
EXERCISE 9.11.1(c) CIRCUIT FILE

* Data Statements

IG 0 1 DC 0.1
R 1 0 75
L 1 0 10M IC=-10M
C 1 0 1U IC=0

.TRAN 20US 500US UIC

.PLOT TRAN V(1)

.END
```

(CIRCUIT SAME AS Ex.9.11.1(a) WITH APPROPRIATE R)

```
TIME          V(1)
(*)----------    -2.0000E+00    0.0000E+00    2.0000E+00    4.0000E+00    6.0000E+00
```

TIME	V(1)
0.000E+00	1.465E-05
2.000E-05	1.906E+00
4.000E-05	3.311E+00
6.000E-05	4.272E+00
8.000E-05	4.859E+00
1.000E-04	5.138E+00
1.200E-04	5.173E+00
1.400E-04	5.018E+00
1.600E-04	4.724E+00
1.800E-04	4.333E+00
2.000E-04	3.882E+00
2.200E-04	3.401E+00
2.400E-04	2.913E+00
2.600E-04	2.438E+00
2.800E-04	1.988E+00
3.000E-04	1.574E+00
3.200E-04	1.201E+00
3.400E-04	8.742E-01
3.600E-04	5.929E-01
3.800E-04	3.566E-01
4.000E-04	1.631E-01
4.200E-04	9.116E-03
4.400E-04	-1.092E-01
4.600E-04	-1.959E-01
4.800E-04	-2.556E-01
5.000E-04	-2.928E-01

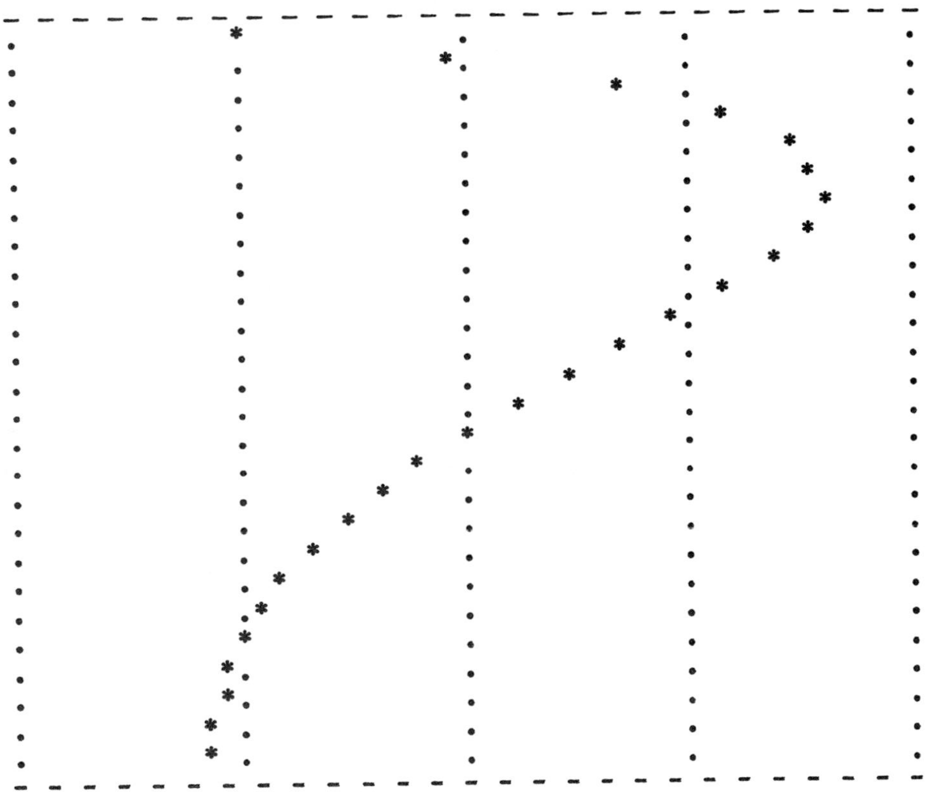

Ex.9.11.2

```
EXERCISE 9.11.2 CIRCUIT FILE

* Data Statements

VG 1 0 PULSE(10 0 1 0 0 5)
L 1 2 1 IC=2
R 2 3 2
C 3 0 0.2 IC=6

.TRAN 0.1 4 UIC

.PLOT TRAN I(R) V(1)

.END
```

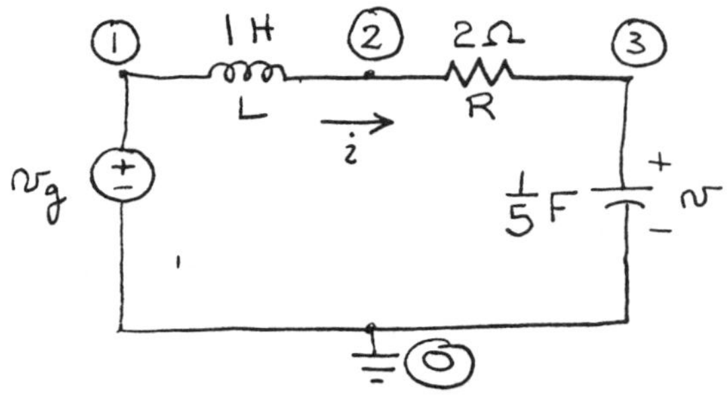

```
********************** SOLUTION - Ex.9.11.2 ***********************

 LEGEND:

*: I(R)
+: V(1)

  TIME           I(R)
(*)----------     -4.0000E+00  -2.0000E+00   0.0000E+00   2.0000E+00   4.0000E+00
(+)----------     -5.0000E+00   0.0000E+00   5.0000E+00   1.0000E+01   1.5000E+01
```

TIME	I(R)
0.000E+00	2.000E+00
1.000E-01	1.953E+00
2.000E-01	1.825E+00
3.000E-01	1.640E+00
4.000E-01	1.416E+00
5.000E-01	1.169E+00
6.000E-01	9.129E-01
7.000E-01	6.624E-01
8.000E-01	4.269E-01
9.000E-01	2.133E-01
1.000E+00	2.979E-02
1.100E+00	-5.864E-01
1.200E+00	-1.489E+00
1.300E+00	-2.167E+00
1.400E+00	-2.634E+00
1.500E+00	-2.904E+00
1.600E+00	-2.980E+00
1.700E+00	-2.911E+00
1.800E+00	-2.727E+00
1.900E+00	-2.457E+00
2.000E+00	-2.119E+00
2.100E+00	-1.748E+00
2.200E+00	-1.366E+00
2.300E+00	-9.898E-01
2.400E+00	-6.392E-01
2.500E+00	-3.230E-01
2.600E+00	-4.791E-02
2.700E+00	1.819E-01
2.800E+00	3.577E-01
2.900E+00	4.864E-01
3.000E+00	5.716E-01
3.100E+00	6.172E-01
3.200E+00	6.236E-01
3.300E+00	6.014E-01
3.400E+00	5.570E-01
3.500E+00	4.960E-01
3.600E+00	4.226E-01
3.700E+00	3.437E-01
3.800E+00	2.637E-01
3.900E+00	1.859E-01
4.000E+00	1.140E-01

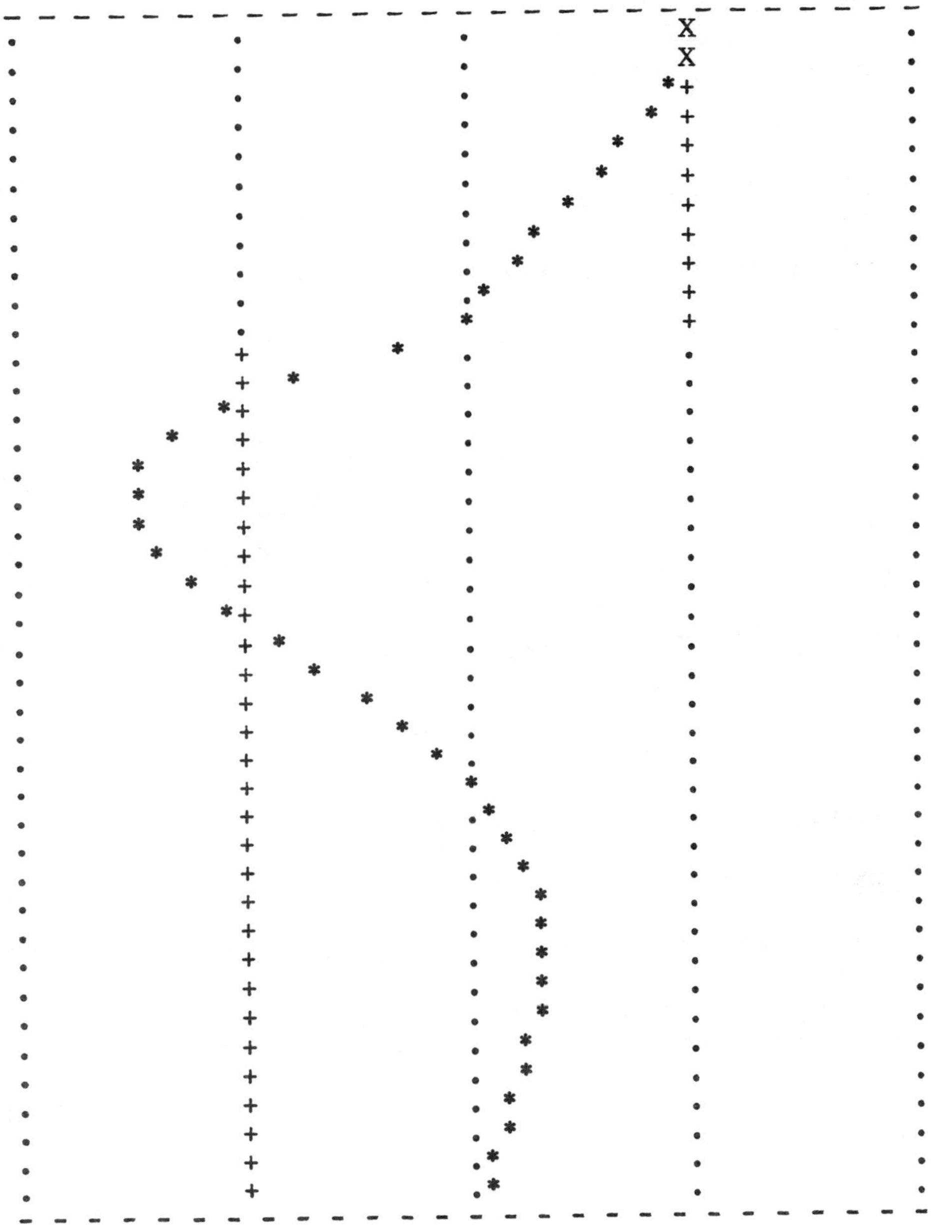

Ex.9.11.3

EXERCISE 9.11.3 CIRCUIT FILE

```
* Data Statements

VG1 1 5 EXP(10 0 0 0.01 0.1)
VG2 5 0 EXP(-10 0 0 0.02 0.1)
R1 1 2 1K
R2 2 4 2K
R3 2 3 2K
C1 2 0 1U IC=0
C2 4 3 0.125U IC=0
XAMP 3 0 4 OPAMP

.LIB OPAMP.CKT

.TRAN 4M 100M UIC

.PLOT TRAN V(4) V(1)

.END
```

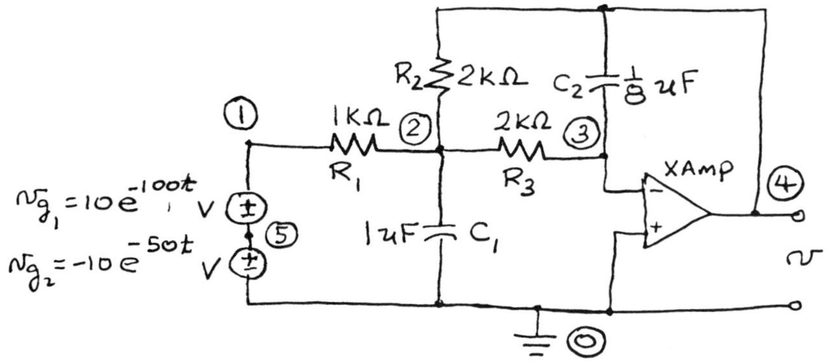

```
********************** SOLUTION - Ex.9.11.3 ************************

 LEGEND:

*: V(4)
+: V(1)

  TIME         V(4)
(*)----------    0.0000E+00   2.0000E+00   4.0000E+00   6.0000E+00   8.0000E+00
(+)----------   -3.0000E+00  -2.0000E+00  -1.0000E+00   2.2204E-16   1.0000E+00
                       - - - - - - - - - - - - - - - - - - - - - - - - - - -
  0.000E+00 -9.180E-07 *            .            .            +            .
  4.000E-03  2.373E+00 .            . *    +     .            .            .
  8.000E-03  4.133E+00 .         +  .            .*           .            .
  1.200E-02  4.866E+00 .      +     .            .     *      .            .
  1.600E-02  4.976E+00 .      +     .            .     *      .            .
  2.000E-02  4.739E+00 .        +   .            .    *       .            .
  2.400E-02  4.326E+00 .           +.            . *          .            .
  2.800E-02  3.841E+00 .            . +         *.            .            .
  3.200E-02  3.345E+00 .            .    +   *   .            .            .
  3.600E-02  2.873E+00 .            .     *  +   .            .            .
  4.000E-02  2.442E+00 .            .  *       + .            .            .
  4.400E-02  2.060E+00 .            *            +            .            .
  4.800E-02  1.727E+00 .          * .            . +          .            .
  5.200E-02  1.441E+00 .        *   .            .   +        .            .
  5.600E-02  1.198E+00 .       *    .            .     +      .            .
  6.000E-02  9.930E-01 .     *      .            .      +     .            .
  6.400E-02  8.212E-01 .    *       .            .       +    .            .
  6.800E-02  6.778E-01 .   *        .            .        +   .            .
  7.200E-02  5.586E-01 .   *        .            .         +  .            .
  7.600E-02  4.598E-01 .  *         .            .         +  .            .
  8.000E-02  3.781E-01 . *          .            .          + .            .
  8.400E-02  3.107E-01 . *          .            .          + .            .
  8.800E-02  2.551E-01 . *          .            .          + .            .
  9.200E-02  2.094E-01 .*           .            .           +.            .
  9.600E-02  1.717E-01 .*           .            .           +.            .
  1.000E-01  1.407E-01 .*           .            .           +.            .
                       - - - - - - - - - - - - - - - - - - - - - - - - - - -
```

Ex.9.11.4

EXERCISE 9.11.4 CIRCUIT FILE

```
* Data Statements for Fig. 9.15(b) with new source
* to get initial values.

VG 10 0 DC -10
R1 10 1 1K
R2 1 2 2K
C1 2 0 1U
L 1 4 0.1
R3 4 0 1K

.DC VG -10 -10 1

.PRINT DC V(C1) I(L)

.END
************************** SOLUTION ******************************
      VG            V(C1)          I(L)
  -1.000E+01   -5.000E+00   -5.000E-03
******************************************************************
```

CIRCUIT OF FIG. 15(c) FOR 0 < t < 20 ms.

```
* Data Statements with VG in series with R1 connected at node 10.

VG 10 0 PWL(0 10 0.01 0 1 0)
R1 10 1 1K
R2 1 2 2K
C1 2 0 1U IC=-5
VD 1 20 DC 0
C2 20 3 1U IC=0
L 3 4 0.1 IC=-5M
R3 4 0 1K
FIX 0 3 VD 10

.TRAN 1M 20M UIC

.PLOT TRAN V(R3) V(10)

.END
```

```
********************** SOLUTION - Ex.9.11.4 ************************

 LEGEND:

*: V(R3)
+: V(10)

  TIME        V(R3)
(*)----------    -1.0000E+01  -5.0000E+00   0.0000E+00   5.0000E+00   1.0000E+01
(+)----------    -5.0000E+00   0.0000E+00   5.0000E+00   1.0000E+01   1.5000E+01
                        ---------------------------------------------------
  0.000E+00 -4.990E+00  .            *           .            +           .
  1.000E-03  4.998E+00  .            .           .         +  *           .
  2.000E-03  4.786E+00  .            .           .       +   *.           .
  3.000E-03  4.283E+00  .            .           .    +     * .           .
  4.000E-03  3.596E+00  .            .           .  +     *   .           .
  5.000E-03  2.809E+00  .            .           +      *     .           .
  6.000E-03  1.973E+00  .            .        +  .    *       .           .
  7.000E-03  1.125E+00  .            .      +    .  *         .           .
  8.000E-03  2.907E-01  .            .   +       .*           .           .
  9.000E-03 -5.168E-01  .            .  +       *.            .           .
  1.000E-02 -1.287E+00  .            +        *  .            .           .
  1.100E-02 -1.428E+00  .            +       *   .            .           .
  1.200E-02 -1.446E+00  .            +       *   .            .           .
  1.300E-02 -1.426E+00  .            +       *   .            .           .
  1.400E-02 -1.378E+00  .            +       *   .            .           .
  1.500E-02 -1.315E+00  .            +        *  .            .           .
  1.600E-02 -1.243E+00  .            +        *  .            .           .
  1.700E-02 -1.168E+00  .            +        *  .            .           .
  1.800E-02 -1.091E+00  .            +        *  .            .           .
  1.900E-02 -1.016E+00  .            +        *  .            .           .
  2.000E-02 -9.429E-01  .            +         * .            .           .
                        ---------------------------------------------------
```

9.41

PROBLEM 9.41 CIRCUIT FILE

```
* Data Statements for finding initial conditions (t < 0).

IG 0 1 DC 6
R1 1 2 3
R2 2 0 6
R3 2 3 3
C 1 3 0.01
VD 3 0 DC 0

.DC IG 6 6 1

.PRINT DC V(C) I(VD)

.END
```

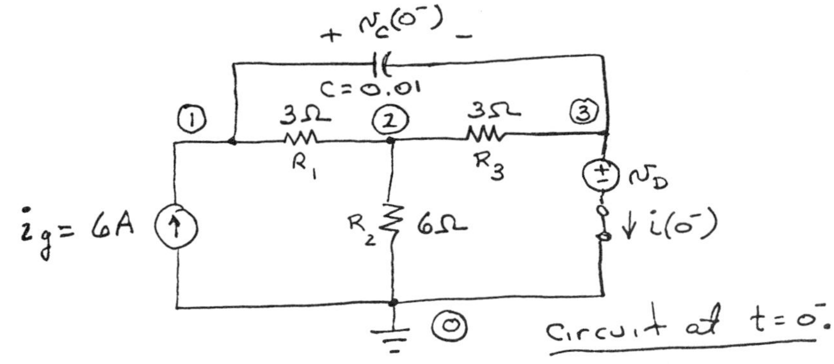


```
*************************** SOLUTION *****************************
  IG             V(C)            I(VD)
6.000E+00    3.000E+01    4.000E+00
******************************************************************
```

```
* Data Statements for transient response for 0 < t <1 s.

R1 0 2 3
R2 2 0 6
R3 2 3 3
C 0 3 0.01 IC=30
L 3 0 1 IC=4

.TRAN 0.05 1 UIC

.PLOT TRAN I(L)

.END
```

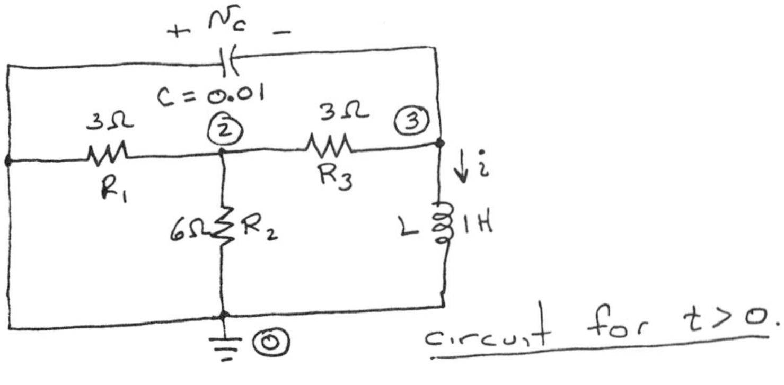

```
********************** SOLUTION - 9.41 ************************

  TIME        I(L)
(*)----------     0.0000E+00  1.0000E+00  2.0000E+00  3.0000E+00  4.0000E+00
                       - - - - - - - - - - - - - - - - - - - - - - - - -
  0.000E+00  4.000E+00 .           .           .           .           *
  5.000E-02  2.734E+00 .           .           .        *  .           .
  1.000E-01  1.842E+00 .           .         * .           .           .
  1.500E-01  1.227E+00 .           .  *        .           .           .
  2.000E-01  8.118E-01 .         * .           .           .           .
  2.500E-01  5.326E-01 .     *     .           .           .           .
  3.000E-01  3.477E-01 .   *       .           .           .           .
  3.500E-01  2.255E-01 .  *        .           .           .           .
  4.000E-01  1.458E-01 . *         .           .           .           .
  4.500E-01  9.379E-02 .*          .           .           .           .
  5.000E-01  6.019E-02 .*          .           .           .           .
  5.500E-01  3.846E-02 .*          .           .           .           .
  6.000E-01  2.453E-02 *           .           .           .           .
  6.500E-01  1.559E-02 *           .           .           .           .
  7.000E-01  9.899E-03 *           .           .           .           .
  7.500E-01  6.264E-03 *           .           .           .           .
  8.000E-01  3.961E-03 *           .           .           .           .
  8.500E-01  2.497E-03 *           .           .           .           .
  9.000E-01  1.574E-03 *           .           .           .           .
  9.500E-01  9.891E-04 *           .           .           .           .
  1.000E+00  6.195E-04 *           .           .           .           .
                       - - - - - - - - - - - - - - - - - - - - - - - - -
```

9.42

```
* Data Statements for 0 < t < 1 s.

IG 1 0 DC 4
R1 1 0 4
R2 1 2 4
C 2 3 0.0833 IC=0
L 3 4 2 IC=0
R3 4 0 4
G1 1 3 1 0 0.25

.TRAN 0.05 1 UIC

.PLOT TRAN I(L)

.END
```

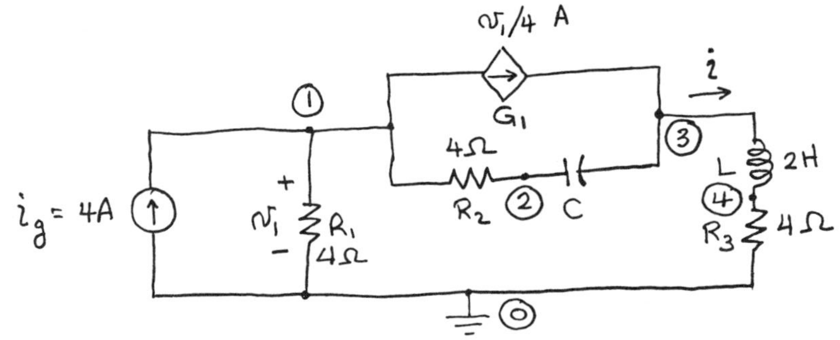


```
 TIME           I(L)
(*)----------  -3.0000E+00   -2.0000E+00   -1.0000E+00    2.2204E-16    1.0000E+00
                        - - - - - - - - - - - - - - - - - - - - - - - - -
0.000E+00 -4.150E-06 .         .         .         *         .
5.000E-02 -6.803E-01 .         .         .  *      .         .
1.000E-01 -1.171E+00 .         .       *  .         .         .
1.500E-01 -1.521E+00 .         .   *      .         .         .
2.000E-01 -1.767E+00 .         . *        .         .         .
2.500E-01 -1.938E+00 .         .*         .         .         .
3.000E-01 -2.053E+00 .        *.          .         .         .
3.500E-01 -2.130E+00 .       * .          .         .         .
4.000E-01 -2.178E+00 .       * .          .         .         .
4.500E-01 -2.205E+00 .      *  .          .         .         .
5.000E-01 -2.219E+00 .      *  .          .         .         .
5.500E-01 -2.223E+00 .      *  .          .         .         .
6.000E-01 -2.220E+00 .      *  .          .         .         .
6.500E-01 -2.212E+00 .      *  .          .         .         .
7.000E-01 -2.202E+00 .      *  .          .         .         .
7.500E-01 -2.190E+00 .       * .          .         .         .
8.000E-01 -2.177E+00 .       * .          .         .         .
8.500E-01 -2.164E+00 .       * .          .         .         .
9.000E-01 -2.152E+00 .       * .          .         .         .
9.500E-01 -2.140E+00 .       * .          .         .         .
1.000E+00 -2.128E+00 .       * .          .         .         .
                        - - - - - - - - - - - - - - - - - - - - - - - - -
```

9.43

PROBLEM 9.43 CIRCUIT FILE

```
* Data Statements for 0 < t < 0.005 s.

VG 1 0 PULSE(15 0 0.5M 0 0 5M)
R1 1 2 1K
R2 2 7 1K
R3 7 6 2K
R4 2 3 1K
R5 3 4 2K
R6 4 5 2K
C1 2 7 1U IC=0
C2 6 5 1U IC=0
XAMP1 2 0 7 OPAMP
XAMP2 6 0 5 OPAMP
XAMP3 4 0 3 OPAMP

.LIB OPAMP.CKT

.TRAN 0.2M 5M UIC

.PLOT TRAN V(5) V(1)

.END
```

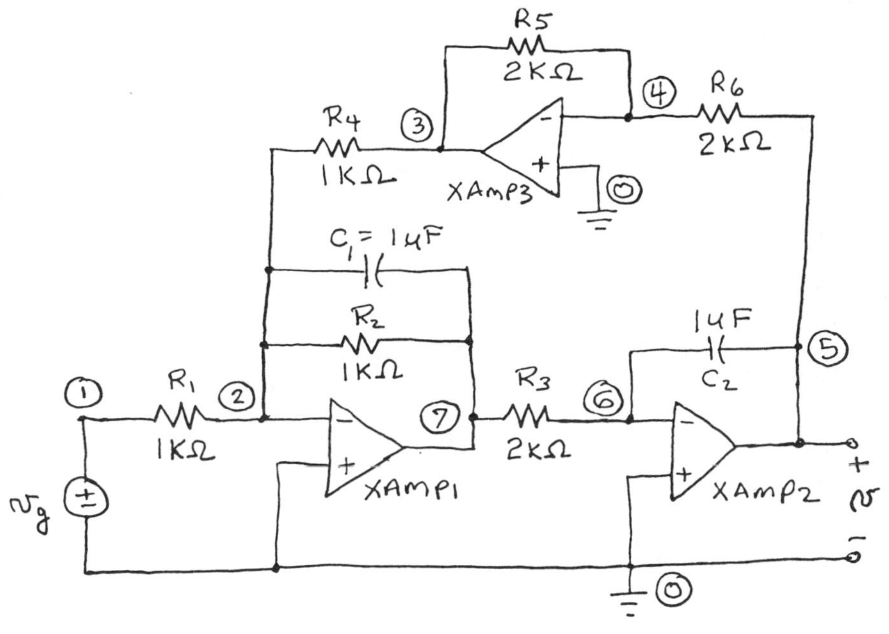

```
********************** SOLUTION - 9.43 ***********************

 LEGEND:

*: V(5)
+: V(1)

  TIME         V(5)
(*)----------      0.0000E+00   1.0000E+00   2.0000E+00   3.0000E+00   4.0000E+00
(+)----------      0.0000E+00   5.0000E+00   1.0000E+01   1.5000E+01   2.0000E+01
                       -----------------------------------------
  0.000E+00 -6.297E-07 *         .         .         +         .
  2.000E-04  1.456E-01 .*        .         .         +         .
  4.000E-04  5.271E-01 .    *    .         .         +         .
  6.000E-04  1.093E+00 .         .*   +    .         .         .
  8.000E-04  1.668E+00 +         .      *  .         .         .
  1.000E-03  2.116E+00 +         .         .*        .         .
  1.200E-03  2.446E+00 +         .         .   *     .         .
  1.400E-03  2.672E+00 +         .         .      *  .         .
  1.600E-03  2.808E+00 +         .         .       * .         .
  1.800E-03  2.870E+00 +         .         .       * .         .
  2.000E-03  2.868E+00 +         .         .       * .         .
  2.200E-03  2.814E+00 +         .         .       * .         .
  2.400E-03  2.720E+00 +         .         .      *  .         .
  2.600E-03  2.593E+00 +         .         .     *   .         .
  2.800E-03  2.442E+00 +         .         .   *     .         .
  3.000E-03  2.274E+00 +         .         .  *      .         .
  3.200E-03  2.096E+00 +         .         .*        .         .
  3.400E-03  1.912E+00 +         .        *.         .         .
  3.600E-03  1.727E+00 +         .      *  .         .         .
  3.800E-03  1.544E+00 +         .    *    .         .         .
  4.000E-03  1.366E+00 +         .   *     .         .         .
  4.200E-03  1.196E+00 +         . *       .         .         .
  4.400E-03  1.035E+00 +         *         .         .         .
  4.600E-03  8.842E-01 +       * .         .         .         .
  4.800E-03  7.449E-01 +      *  .         .         .         .
  5.000E-03  6.174E-01 +     *   .         .         .         .
                       -----------------------------------------
```

9.44.

PROBLEM 9.44 CIRCUIT FILE

```
* Data Statement for 0 < t < 5 s.

R1 2 6 1
R2 1 3 1
R3 3 4 1
R4 4 5 1
C1 1 2 0.25 IC=4
C2 5 6 1 IC=0
XAMP1 1 0 2 OPAMP
XAMP2 6 0 5 OPAMP
XAMP3 4 0 3 OPAMP

.LIB OPAMP.CKT

.TRAN .2 5 UIC

.PLOT TRAN V(5)

.END
```

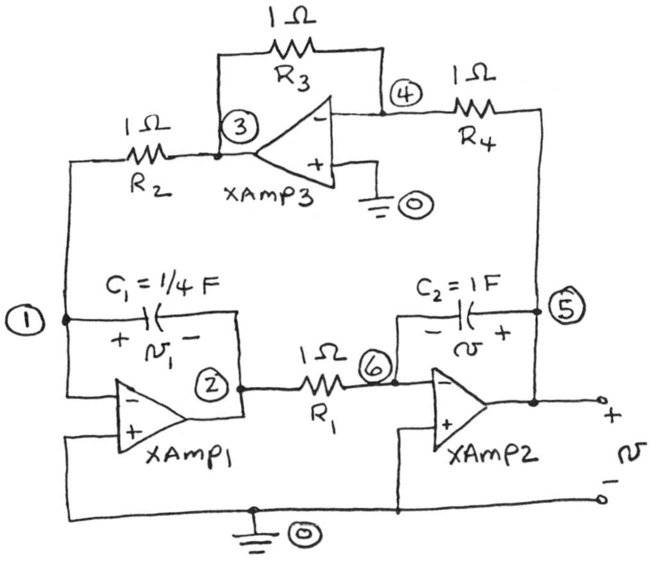

```
********************** SOLUTION - 9.44 ************************

  TIME         V(5)
(*)----------   -2.0000E+00 -1.0000E+00  0.0000E+00  1.0000E+00  2.0000E+00
                       - - - - - - - - - - - - - - - - - - - - - - - - -
  0.000E+00  3.167E-08 .           .           *           .           .
  2.000E-01  7.747E-01 .           .           .        *  .           .
  4.000E-01  1.426E+00 .           .           .           .    *      .
  6.000E-01  1.854E+00 .           .           .           .         * .
  8.000E-01  1.991E+00 .           .           .           .           *
  1.000E+00  1.816E+00 .           .           .           .         * .
  1.200E+00  1.356E+00 .           .           .           .   *       .
  1.400E+00  6.833E-01 .           .           .       *   .           .
  1.600E+00 -9.670E-02 .           .          *.           .           .
  1.800E+00 -8.615E-01 .           . *         .           .           .
  2.000E+00 -1.491E+00 .     *     .           .           .           .
  2.200E+00 -1.887E+00 .*          .           .           .           .
  2.400E+00 -1.987E+00 *           .           .           .           .
  2.600E+00 -1.775E+00 .  *        .           .           .           .
  2.800E+00 -1.285E+00 .       *   .           .           .           .
  3.000E+00 -5.931E-01 .           .   *       .           .           .
  3.200E+00  1.917E-01 .           .           . *         .           .
  3.400E+00  9.463E-01 .           .           .          *.           .
  3.600E+00  1.553E+00 .           .           .           .     *     .
  3.800E+00  1.915E+00 .           .           .           .          *.
  4.000E+00  1.978E+00 .           .           .           .           *
  4.200E+00  1.730E+00 .           .           .           .       *   .
  4.400E+00  1.211E+00 .           .           .           .  *        .
  4.600E+00  5.015E-01 .           .           .     *     .           .
  4.800E+00 -2.862E-01 .           .       *   .           .           .
  5.000E+00 -1.033E+00 .           *           .           .           .
                       - - - - - - - - - - - - - - - - - - - - - - - - -
```

9.45.

PROBLEM 9.45 CIRCUIT FILE

```
* Data Statements for 0 < t < 10 s [Note: VG advanced 2 s].

VG 1 0 PWL(0 10V 3 10 4 -10 5 0 10 0)
R1 1 2 2
R2 2 3 4
R3 4 0 8
C1 3 0 0.25 IC=0
C2 2 4 0.25 IC=0
E1 4 0 3 0 2

.TRAN 0.25 10 UIC

.PLOT TRAN I(R3) V(1)

.END
```

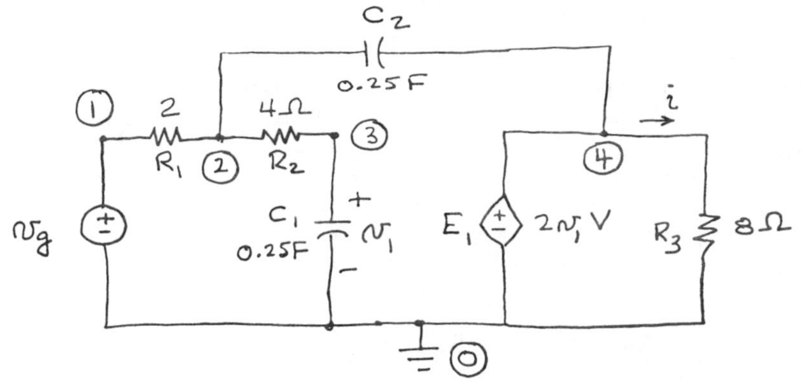

8.41(b)

PROBLEM 8.41(b) CIRCUIT FILE

```
* Data Statements

I 0 1 DC 4
R1 1 0 2
R2 1 2 12
L 2 3 2 IC=0
E1 0 3 1 0 5

.TRAN 25MS 0.5S UIC

.PLOT TRAN V(R1)

.END
```

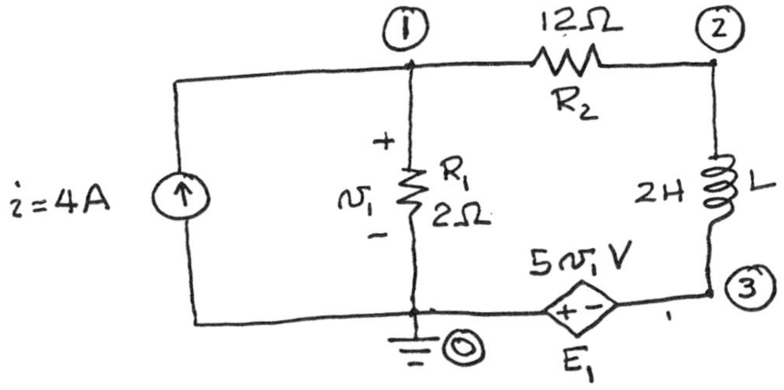


```
  TIME          V(R1)
(*)----------      4.0000E+00   5.0000E+00   6.0000E+00   7.0000E+00   8.0000E+00
                       - - - - - - - - - - - - - - - - - - - - - - - - - - -
 0.000E+00  8.000E+00 .            .             .            .            *
 2.500E-02  6.966E+00 .            .             .            *            .
 5.000E-02  6.197E+00 .            .             .  *         .            .
 7.500E-02  5.627E+00 .            .        *    .            .            .
 1.000E-01  5.205E+00 .            .  *          .            .            .
 1.250E-01  4.892E+00 .           *.             .            .            .
 1.500E-01  4.661E+00 .        *   .             .            .            .
 1.750E-01  4.489E+00 .     *      .             .            .            .
 2.000E-01  4.362E+00 .    *       .             .            .            .
 2.250E-01  4.268E+00 .  *         .             .            .            .
 2.500E-01  4.199E+00 .  *         .             .            .            .
 2.750E-01  4.147E+00 . *          .             .            .            .
 3.000E-01  4.109E+00 .*           .             .            .            .
 3.250E-01  4.081E+00 .*           .             .            .            .
 3.500E-01  4.060E+00 .*           .             .            .            .
 3.750E-01  4.044E+00 .*           .             .            .            .
 4.000E-01  4.033E+00 *            .             .            .            .
 4.250E-01  4.024E+00 *            .             .            .            .
 4.500E-01  4.018E+00 *            .             .            .            .
 4.750E-01  4.013E+00 *            .             .            .            .
 5.000E-01  4.010E+00 *            .             .            .            .
                       - - - - - - - - - - - - - - - - - - - - - - - - - - -
```

Ex.11.5.1

EXERCISE 11.5.1 CIRCUIT FILE

```
* Data Statements

VG 1 0 AC 5 0
R1 1 2 0.5
C1 2 0 0.5
L1 2 3 0.5
C2 2 3 1
L2 3 0 0.25
R2 3 0 1
IG 0 3 AC 5 0

* Solution Control Statements

.AC LIN 1 1 1

.PRINT AC VM(2) VP(2) VM(3) VP(3)

.END
```

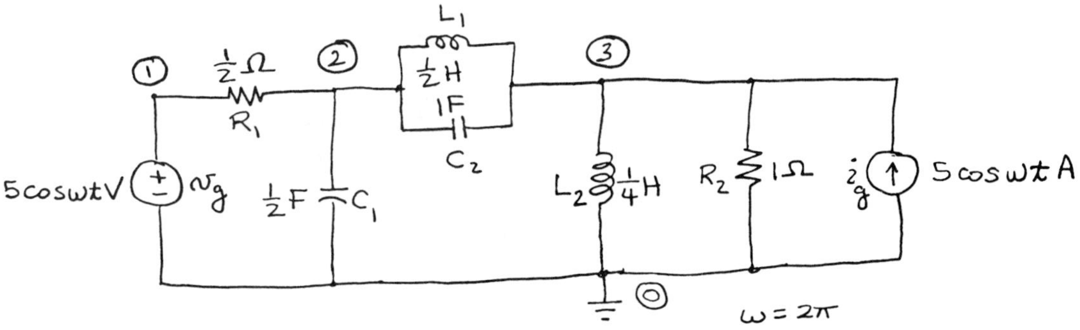


```
************************** SOLUTION *****************************
  FREQ          VM(2)          VP(2)          VM(3)          VP(3)
1.000E+00     3.706E+00     -3.583E+01     4.677E+00     -3.440E+01
*****************************************************************
```

Ex.11.5.2

```
EXERCISE 11.5.2 CIRCUIT FILE

* Data Statements

VG 1 0 AC 4 0
R1 1 2 500
R2 2 0 2K
C1 2 0 0.2U
H1 3 2 VG -3000
R3 3 4 2K
C2 4 0 0.2U

.AC LIN 1 1000 1000

.PRINT AC IR(R1) II(R1)

.END
```

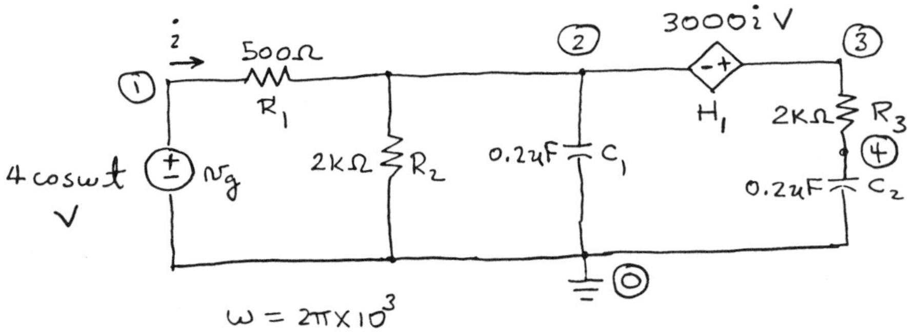


```
*********************** SOLUTION ***************************
  FREQ          IR(R1)        II(R1)
1.000E+03    2.579E-02    3.414E-03
************************************************************
```

11.41.

PROBLEM 11.41 CIRCUIT FILE

```
* Data Statements

I1 0 1 AC 8 0
R1 1 0 8
R2 1 2 8
C 2 0 20.83M
V1 1 2 AC 6 0
I2 0 2 AC 7 -90

.AC LIN 1 1.273 1.273

.PRINT AC VM(1) VP(1)

.END
```

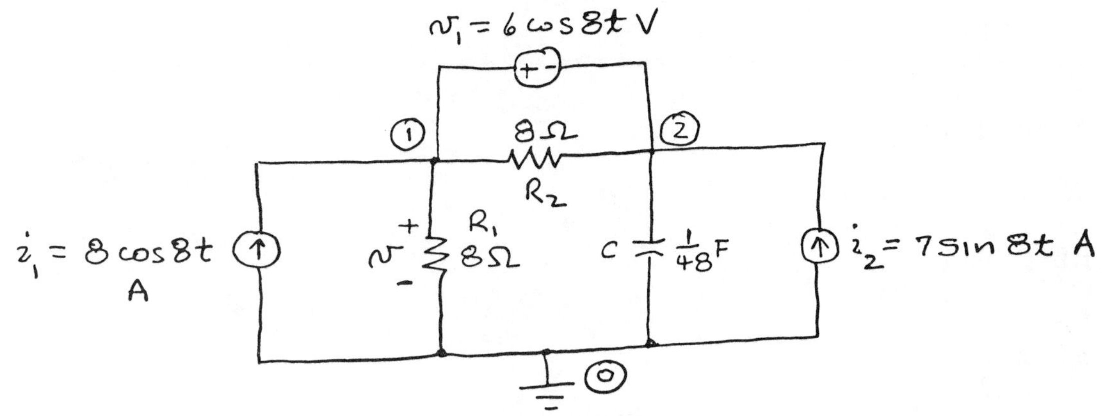


```
********************** SOLUTION *************************
  FREQ          VM(1)        VP(1)
1.273E+00   4.801E+01  -8.999E+01
*********************************************************
```

11.42

PROBLEM 11.42 CIRCUIT FILE

```
* Data Statements for Voc & Isc where the Thevenin Eq. Circuit
* elements are Zth = Voc/Isc & Voc.

* Solution for Voc = V(3)

VG 1 0 AC 8 0
R1 1 2 3
R2 2 0 12
C 2 0 8.33M
R3 2 3 3
F1 2 3 VG -2

.AC LIN 1 .6366 .6366

.PRINT AC VM(3) VP(3)

.END

*********************** SOLUTION *************************
  FREQ          VM(3)        VP(3)
6.366E-01    9.654E+00    3.019E+00
**********************************************************

* Solution for Isc

VG 1 0 AC 8 0
R1 1 2 3
R2 2 0 12
C 2 0 8.33M
R3 2 3 3
F1 2 3 VG -2
VD 3 0 AC 0 0

.AC LIN 1 .6366 .6366

.PRINT AC IM(VD) IP(VD)

.END

*********************** SOLUTION *************************
  FREQ          IM(VD)       IP(VD)
6.366E-01    1.499E+01   -1.420E+01
**********************************************************
```

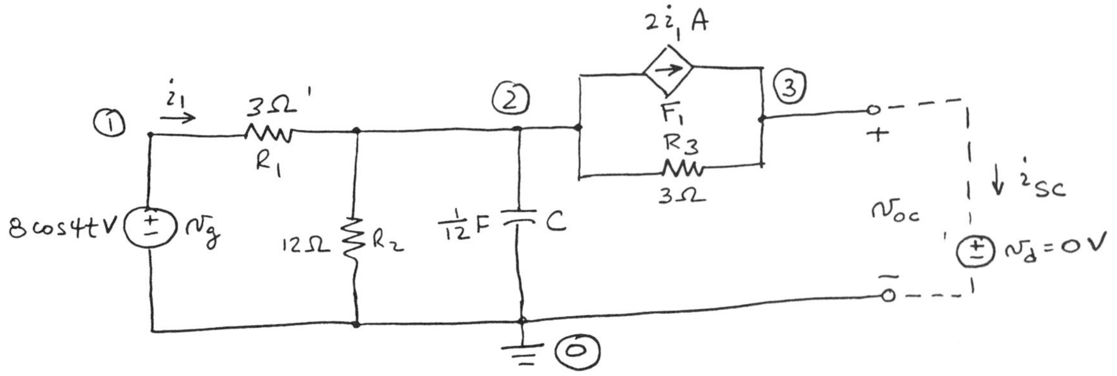

11.43.

PROBLEM 11.43 CIRCUIT FILE

```
* Data Statements

VG 1 0 AC 5 0
C1 1 2 83.33M
C2 2 3 83.33M
R1 3 0 2
R2 2 4 2
XAMP1 4 3 4 OPAMP
R3 4 5 6
C3 5 0 0.1
R4 5 7 12
R5 5 6 4
C4 7 6 4.17M
XAMP2 6 0 7 OPAMP

.LIB OPAMP.CKT

.AC LIN 1 .4774 .4774

.PRINT AC VM(7) VP(7) VR(7) VI(7)

.END
```

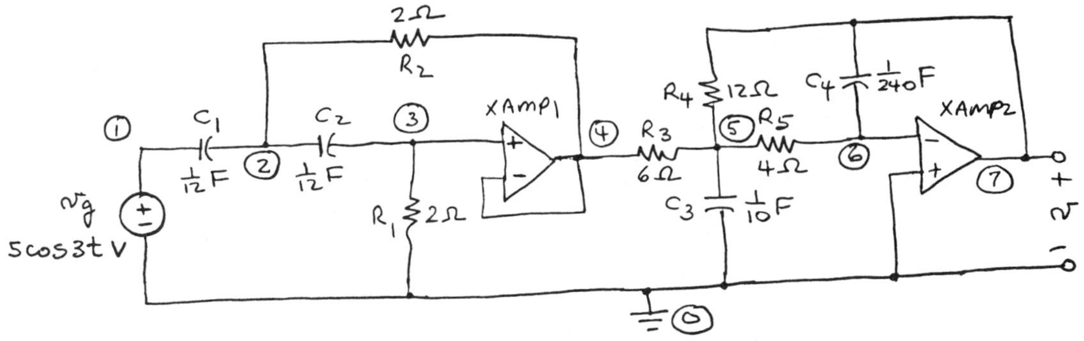


```
**************************** SOLUTION *************************
  FREQ         VM(7)        VP(7)        VR(7)        VI(7)
4.774E-01   2.290E+00  -7.323E+01   6.606E-01  -2.193E+00
***************************************************************
```

11.44

```
PROBLEM 11.44 CIRCUIT FILE
*
* Data Statements for 15sin(10^4 t + 75^o) V = 15cos(10^4 t -15^o) V

VG 1 0 AC 15 -15
R1 1 2 1K
L1 2 0 40M
R2 2 3 2K
F1 2 3 VD2 4M
C1 3 6 10U
L2 3 4 50M
VD1 6 0 AC 0 0
VD2 7 4 AC 0 0
R3 7 0 1.5K
R4 4 5 4.7K
H1 0 5 VD1 10

.AC LIN 1 1.592K 1.592K

.PRINT AC VM(2) VP(2) VR(2) VI(2)

.END
```

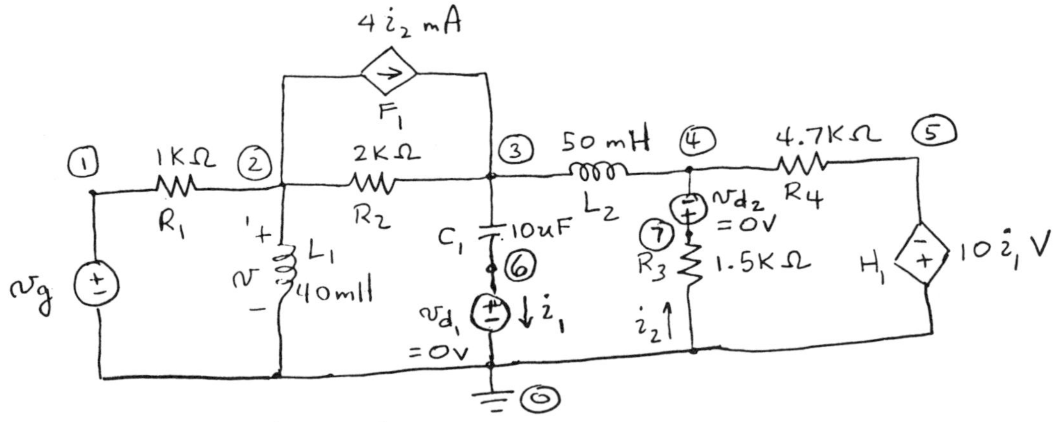

$v_g = 15\sin(10^4t + 75^\circ)$ V

```
************************ SOLUTION **************************
  FREQ          VM(2)        VP(2)         VR(2)        VI(2)
1.592E+03   5.150E+00   4.400E+01   3.704E+00   3.578E+00
************************************************************
```

Ex.13.6.1

```
EXERCISE 13.6.1 CIRCUIT FILE

* Data Statements for Fig. 13.21 with nodes 6 & 10 shorted.
* Let node 6 = node 10 & delete node 9.

VAN 1 0 AC 120 0
VBN 2 0 AC 120 -120
VCN 3 0 AC 120 120
RLOSSA 1 4 2
RLOSSB 2 5 2
RLOSSC 3 10 2
RLOSSN 10 0 2
RA 4 7 10
LA 7 10 0.1
RB 5 8 10
LB 8 10 0.1

.AC LIN 1 60 60

.PRINT AC VM(4,5) VP(4,5) IM(VAN) IP(VAN)

.END

**************************** SOLUTION ****************************
  FREQ        VM(4,5)      VP(4,5)      IM(VAN)      IP(VAN)
6.000E+01   2.049E+02   3.280E+01   4.068E+00   9.054E+01
******************************************************************
```

Ex.13.6.2

```
EXERCISE 13.6.2 CIRCUIT FILE

* Data Statements for Fig. 13.21 with nodes 6 & 10 shorted
* and the neutral connection removed.
* Let node 6 = node 10 & delete node 9.

VAN 1 0 AC 120 0
VBN 2 0 AC 120 -120
VCN 3 0 AC 120 120
RLOSSA 1 4 2
RLOSSB 2 5 2
RLOSSC 3 10 2
RA 4 7 10
LA 7 10 0.1
RB 5 8 10
LB 8 10 0.1

.AC LIN 1 60 60

.PRINT AC VM(4,5) VP(4,5) IM(VAN) IP(VAN)

.END
```

```
**************************** SOLUTION ****************************
  FREQ        VM(4,5)      VP(4,5)      IM(VAN)      IP(VAN)
6.000E+01    2.049E+02    3.280E+01    5.326E+00    8.241E+01
*******************************************************************
```

13.41.

PROBLEM 13.41 CIRCUIT FILE

```
* Data Statements for Fig. 13.21 with 0.1H between nodes 7 and
* 10 replaced by 1000 uF capacitor.

VAN 1 0 AC 120 0
VBN 2 0 AC 120 -120
VCN 3 0 AC 120 120
RLOSSA 1 4 2
RLOSSB 2 5 2
RLOSSC 3 6 2
RLOSSN 10 0 2
RA 4 7 10
CA 7 10 1000U
RB 5 8 10
LB 8 10 0.1
RC 6 9 10
LC 9 10 0.1

.AC LIN 1 60 60

.PRINT AC IM(VAN) IP(VAN) IM(VBN) IP(VBN) IM(VCN) IP(VCN)

.END
********************************* SOLUTION ***************************
  FREQ          IM(VAN)      IP(VAN)       IM(VBN)      IP(VBN)      IM(VCN)
6.000E+01   8.656E+00  -1.725E+02   3.415E+00  -1.556E+01   3.040E+00
**********************************************************************
```

13.42.

PROBLEM 13.42 CIRCUIT FILE

```
* Data Statements for Fig. 13.21 with VCN = 0.

VAN 1 0 AC 120 0
VBN 2 0 AC 120 -120
VCN 3 0 AC 0 0
RLOSSA 1 4 2
RLOSSB 2 5 2
RLOSSC 3 6 2
RLOSSN 10 0 2
RA 4 7 10
LA 7 10 0.1
RB 5 8 10
LB 8 10 0.1
RC 6 9 10
LC 9 10 0.1

.AC LIN 1 60 60

.PRINT AC IM(VAN) IP(VAN)

.END
*************************** SOLUTION ***************************
  FREQ         IM(VAN)      IP(VAN)
6.000E+01   3.118E+00   1.099E+02
*****************************************************************
```

13.44.

PROBLEM 13.44 CIRCUIT FILE

```
* Data Statements for Fig. 13.22 with VCN = 0.

VAN 1 0 AC 120 0
VBN 2 0 AC 120 -120
VCN 3 0 AC 0 0
RLOSSA 1 4 1
RLOSSB 2 5 2
RLOSSC 3 6 3
RAB 4 5 12
RBC 5 7 8
CBC 6 7 1000U
RAC 4 8 10
LAC 6 8 0.05

.AC LIN 1 400 400

.PRINT AC IM(RAB) IP(RAB)

.END

**************************** SOLUTION ****************************
  FREQ          IM(RAB)      IP(RAB)
4.000E+02   1.312E+01   2.754E+01
******************************************************************
```

Ex.15.8.1

EXERCISE 15.8.1 CIRCUIT FILE

```
* Data Statements

IG 0 1 AC 1M 0
R 1 0 500
C 1 0 10U
L 1 0 0.1U

.AC LIN 30 10 400K

.PLOT AC VM(1) VP(1)

.END
```

```
**************************** SOLUTION *****************************
 LEGEND:

*: VM(1)
+: VP(1)

  FREQ          VM(1)


(*)----------    1.0000E-09  1.0000E-07  1.0000E-05  1.0000E-03  1.0000E-01
(+)----------   -1.0000E+02 -5.0000E+01  0.0000E+00  5.0000E+01  1.0000E+02
                      - - - - - - - - - - - - - - - - - - - - - - - - - - -
 1.000E+01  6.283E-09 .     *      .            .            .          + .
 1.380E+04  8.738E-06 .            .            *            .          + .
 2.760E+04  1.788E-05 .            .            . *          .          + .
 4.139E+04  2.789E-05 .            .            .  *         .          + .
 5.518E+04  3.941E-05 .            .            .   *        .          + .
 6.897E+04  5.336E-05 .            .            .    *       .          + .
 8.277E+04  7.128E-05 .            .            .     *      .          + .
 9.656E+04  9.601E-05 .            .            .      *     .          + .
 1.104E+05  1.335E-04 .            .            .       *    .          + .
 1.241E+05  1.992E-04 .            .            .        *   .          + .
 1.379E+05  3.483E-04 .            .            .          * .          + .
 1.517E+05  1.046E-03 .            .            .            .*         + .
 1.655E+05  1.274E-03 .  +         .            .            .*           .
 1.793E+05  4.182E-04 .  +         .            .          * .            .
 1.931E+05  2.570E-04 .  +         .            .         *  .            .
 2.069E+05  1.884E-04 .  +         .            .        *   .            .
 2.207E+05  1.503E-04 .  +         .            .       *    .            .
 2.345E+05  1.259E-04 .  +         .            .       *    .            .
 2.483E+05  1.088E-04 .  +         .            .      *     .            .
 2.621E+05  9.621E-05 .  +         .            .      *     .            .
 2.759E+05  8.648E-05 .  +         .            .      *     .            .
 2.897E+05  7.871E-05 .  +         .            .     *      .
 3.035E+05  7.235E-05 .  +         .            .     *      .
 3.172E+05  6.704E-05 .  +         .            .     *      .            .
 3.310E+05  6.253E-05 .  +         .            .     *      .            .
 3.448E+05  5.865E-05 .  +         .            .    *       .            .
 3.586E+05  5.526E-05 .  +         .            .    *       .            .
 3.724E+05  5.229E-05 .  +         .            .    *       .            .
 3.862E+05  4.964E-05 .  +         .            .    *       .            .
 4.000E+05  4.727E-05 .  +         .            .    *       .            .
```

Ex.15.8.2.

EXERCISE 15.8.2 CIRCUIT FILE

```
* Data Statements

VG 1 5 AC 1 0
R1 1 4 4
R2 4 2 4
R3 3 0 2
C 5 3 0.25
XAMP 4 3 2 OPAMP

.LIB OPAMP.CKT

.AC LIN 30 0.001 1

.PLOT AC VM(2) VP(2)

.END
```

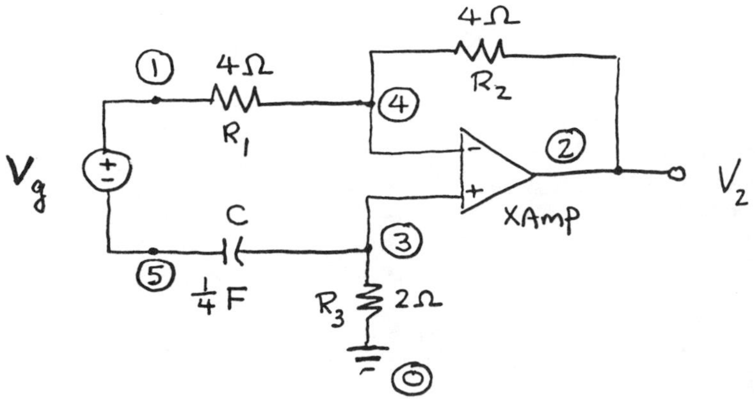

Ex. 15.8.2

```
*************************** SOLUTION ***************************
 LEGEND:

*: VM(2)
+: VP(2)
```

FREQ	VM(2)
1.000E-03	9.425E-03
3.545E-02	3.261E-01
6.990E-02	6.032E-01
1.043E-01	8.224E-01
1.388E-01	9.859E-01
1.732E-01	1.105E+00
2.077E-01	1.191E+00
2.421E-01	1.253E+00
2.766E-01	1.300E+00
3.110E-01	1.335E+00
3.455E-01	1.362E+00
3.799E-01	1.384E+00
4.144E-01	1.400E+00
4.488E-01	1.414E+00
4.833E-01	1.425E+00
5.177E-01	1.434E+00
5.522E-01	1.441E+00
5.866E-01	1.448E+00
6.211E-01	1.453E+00
6.555E-01	1.458E+00
6.900E-01	1.462E+00
7.244E-01	1.465E+00
7.589E-01	1.468E+00
7.933E-01	1.471E+00
8.278E-01	1.473E+00
8.622E-01	1.475E+00
8.967E-01	1.477E+00
9.311E-01	1.479E+00
9.656E-01	1.480E+00
1.000E+00	1.481E+00

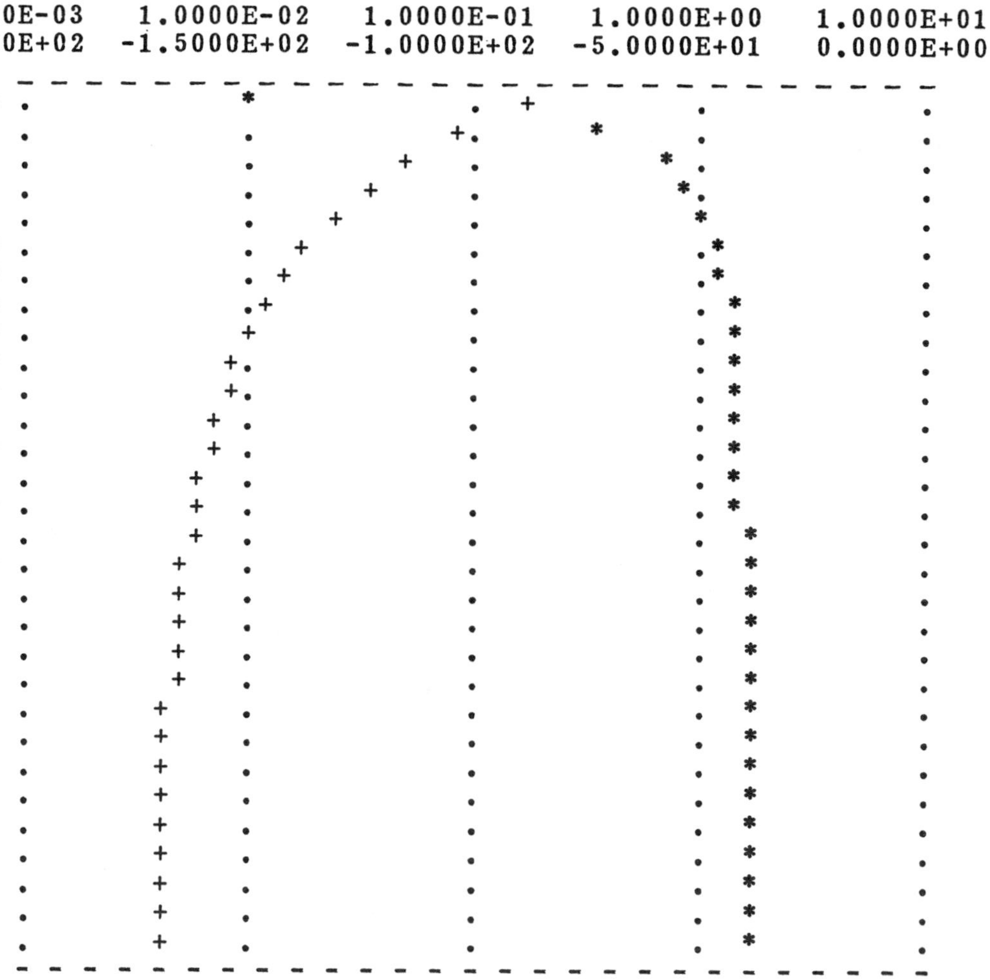

15.41

PROBLEM 15.41 CIRCUIT FILE

```
* Data Statements

V1 1 0 AC 1 0
R1 1 3 2
L 3 2 1
C 2 0 0.25
R2 2 0 2

.AC LIN 30 0.001 2

.PLOT AC VM(2) VP(2)

.END
```

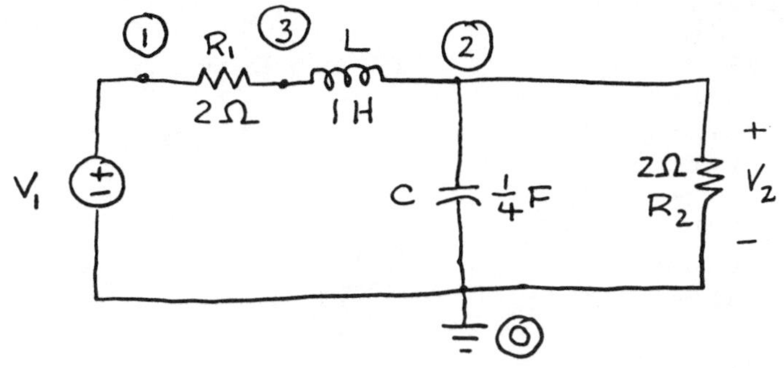

```
************************** SOLUTION - 15.41 **************************
 LEGEND:

*: VM(2)
+: VP(2)

  FREQ        VM(2)

(*)----------      1.0000E-02   1.0000E-01   1.0000E+00   1.0000E+01   1.0000E+02
(+)----------     -2.0000E+02  -1.5000E+02  -1.0000E+02  -5.0000E+01   0.0000E+00
                       - - - - - - - - - - - - - - - - - - - - - - - - - -
  1.000E-03  5.000E-01 .            .         * .            .           +
  6.993E-02  4.999E-01 .            .         * .            .        +  .
  1.389E-01  4.978E-01 .            .         * .            .    +      .
  2.078E-01  4.890E-01 .            .        *  .            . +         .
  2.767E-01  4.677E-01 .            .        *  .           +.           .
  3.457E-01  4.307E-01 .            .        *  .       +    .           .
  4.146E-01  3.813E-01 .            .       *   .   +        .           .
  4.835E-01  3.275E-01 .            .      *    .+           .           .
  5.524E-01  2.766E-01 .            .     *    +.            .           .
  6.214E-01  2.324E-01 .            .    *   +  .            .           .
  6.903E-01  1.957E-01 .            .   *  +    .            .           .
  7.592E-01  1.658E-01 .            .  *  +     .            .           .
  8.282E-01  1.417E-01 .            . *  +      .            .           .
  8.971E-01  1.221E-01 .            . * +       .            .           .
  9.660E-01  1.061E-01 .            .* +        .            .           .
  1.035E+00  9.294E-02 .            * +         .            .           .
  1.104E+00  8.202E-02 .           *.+          .            .           .
  1.173E+00  7.287E-02 .           *.+          .            .           .
  1.242E+00  6.515E-02 .          * +           .            .           .
  1.311E+00  5.857E-02 .         *  +           .            .           .
  1.380E+00  5.293E-02 .         * +.           .            .           .
  1.449E+00  4.806E-02 .        *  +.           .            .           .
  1.517E+00  4.383E-02 .        *  +.           .            .           .
  1.586E+00  4.013E-02 .       *  + .           .            .           .
  1.655E+00  3.688E-02 .       *  + .           .            .           .
  1.724E+00  3.400E-02 .      *   + .           .            .           .
  1.793E+00  3.145E-02 .      *   + .           .            .           .
  1.862E+00  2.917E-02 .      *  +  .           .            .           .
  1.931E+00  2.713E-02 .     *   +  .           .            .           .
  2.000E+00  2.530E-02 .     *   +  .           .            .           .
                       - - - - - - - - - - - - - - - - - - - - - - - - - -
```

15.42

```
PROBLEM 15.42 CIRCUIT FILE

* Data Statements

V1 1 0 AC 1 0
R1 1 3 1
C1 3 4 1
L 4 0 1
C2 4 2 1
R2 2 0 1

.AC LIN 30 0.001 0.5

.PLOT AC VM(2) VP(2)

.END
```

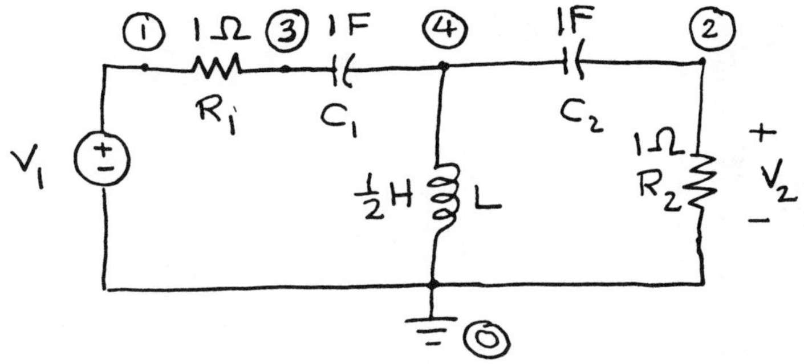

```
**************************** SOLUTION - 15.42 ****************************
 LEGEND:

*: VM(2)
+: VP(2)

  FREQ          VM(2)


(*)----------        1.0000E-07   1.0000E-05   1.0000E-03   1.0000E-01   1.0000E+01
(+)----------       -2.0000E+02  -1.0000E+02   0.0000E+00   1.0000E+02   2.0000E+02
 ------------------------------------------------------------------------------------
  1.000E-03  2.481E-07 .  *        .+           .           .            .
  1.821E-02  1.517E-03 .           +            . *         .            .
  3.541E-02  1.159E-02 .          +.            .      *    .            .
  5.262E-02  4.044E-02 .        +  .            .          *.            .
  6.983E-02  1.024E-01 .      +    .            .           .*           .
  8.703E-02  2.114E-01 .   +       .            .           .  *         .
  1.042E-01  3.507E-01 .           .            .           .   *   +    .
  1.214E-01  4.525E-01 .           .            .           .   +*       .
  1.387E-01  4.919E-01 .           .            .           .+   *       .
  1.559E-01  4.999E-01 .           .            .          +.    *       .
  1.731E-01  4.987E-01 .           .            .         + .    *       .
  1.903E-01  4.961E-01 .           .            .        +  .    *       .
  2.075E-01  4.939E-01 .           .            .        +  .    *       .
  2.247E-01  4.924E-01 .           .            .       +   .    *       .
  2.419E-01  4.915E-01 .           .            .      +    .    *       .
  2.591E-01  4.911E-01 .           .            .      +    .    *       .
  2.763E-01  4.910E-01 .           .            .     +     .    *       .
  2.935E-01  4.911E-01 .           .            .     +     .    *       .
  3.107E-01  4.913E-01 .           .            .     +     .    *       .
  3.279E-01  4.916E-01 .           .            .    +      .    *       .
  3.451E-01  4.920E-01 .           .            .    +      .    *       .
  3.623E-01  4.923E-01 .           .            .    +      .    *       .
  3.796E-01  4.927E-01 .           .            .    +      .    *       .
  3.968E-01  4.931E-01 .           .            .   +       .    *       .
  4.140E-01  4.934E-01 .           .            .   +       .    *       .
  4.312E-01  4.938E-01 .           .            .   +       .    *       .
  4.484E-01  4.941E-01 .           .            .   +       .    *       .
  4.656E-01  4.944E-01 .           .            .   +       .    *       .
  4.828E-01  4.947E-01 .           .            .   +       .    *       .
  5.000E-01  4.950E-01 .           .            .   +       .    *       .
 ------------------------------------------------------------------------------------
```

15.43

```
PROBLEM 15.43 CIRCUIT FILE

* Data Statements

V1  0  1  AC  1  0
C1  1  3  1U
C2  3  4  1U
R1  4  0  500
R2  5  0  1K
R3  3  2  1K
R4  2  5  2K
XAMP  5  4  2  OPAMP

.LIB OPAMP.CKT

.AC LIN 30 1 1200

.PLOT AC VM(2) VP(2)

.END
```

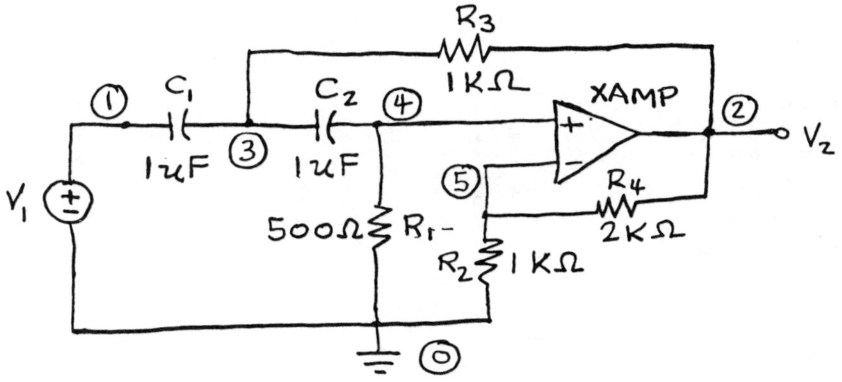

```
*************************** SOLUTION - 15.43 ***************************
 LEGEND:

*: VM(2)
+: VP(2)

  FREQ          VM(2)

(*)----------     1.0000E-05   1.0000E-03   1.0000E-01   1.0000E+01   1.0000E+03
(+)----------    -2.0000E+02  -1.5000E+02  -1.0000E+02  -5.0000E+01   0.0000E+00
```

FREQ	VM(2)
1.000E+00	5.922E-05
4.234E+01	1.061E-01
8.369E+01	4.108E-01
1.250E+02	8.846E-01
1.664E+02	1.439E+00
2.077E+02	1.945E+00
2.491E+02	2.324E+00
2.904E+02	2.572E+00
3.318E+02	2.725E+00
3.731E+02	2.819E+00
4.144E+02	2.877E+00
4.558E+02	2.915E+00
4.971E+02	2.939E+00
5.385E+02	2.955E+00
5.798E+02	2.967E+00
6.212E+02	2.974E+00
6.625E+02	2.980E+00
7.039E+02	2.984E+00
7.452E+02	2.988E+00
7.866E+02	2.990E+00
8.279E+02	2.992E+00
8.692E+02	2.993E+00
9.106E+02	2.994E+00
9.519E+02	2.995E+00
9.933E+02	2.996E+00
1.035E+03	2.997E+00
1.076E+03	2.997E+00
1.117E+03	2.998E+00
1.159E+03	2.998E+00
1.200E+03	2.998E+00

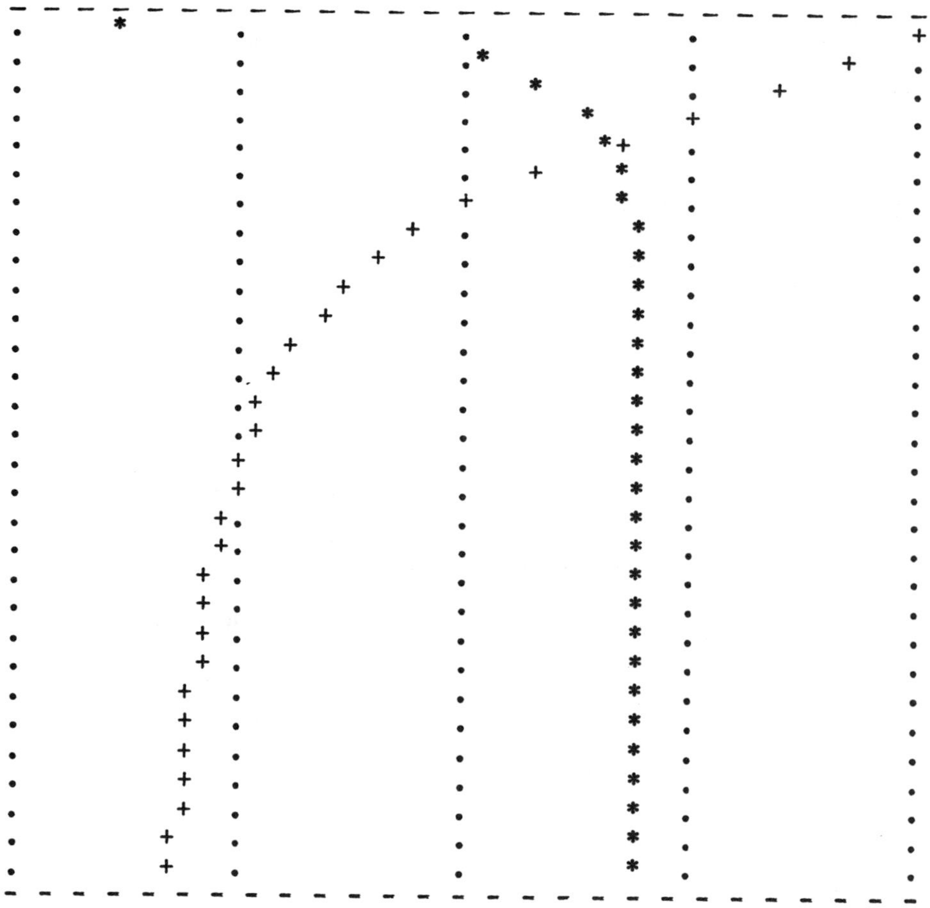

15.44

PROBLEM 15.44 CIRCUIT FILE

```
* Data Statements

V1  0  1  AC  1  0
R1  1  2  7.06K
R2  2  3  8.55K
R3  4  5  15K
R4  5  6  9.17K
R5  6  7  2.21K
R6  8  0  22.7K
R7  8  9  22.7K
R8  9  10  23.25K
R9  10  11  12.53K
R10  12  13  25K
C1  3  0  .01U
C2  2  5  .015U
C3  7  0  .01U
C4  6  9  .015U
C5  2  9  .015U
C6  11  0  .01U
C7  10  13  .015U
C8  2  13  .0033U
XAMP1  4  3  5  OPAMP
XAMP2  8  7  9  OPAMP
XAMP3  12  11  13  OPAMP

.LIB OPAMP.CKT

.AC LIN 30 1 2500

.PLOT AC VM(13)

.END
```

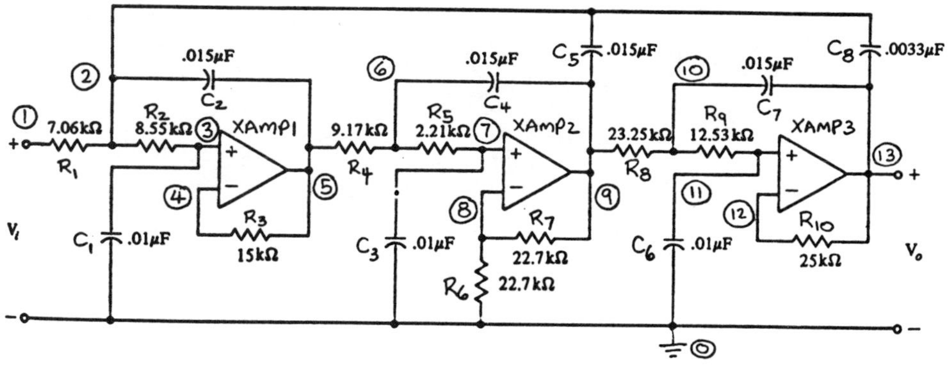

```
**************************** SOLUTION - 15.44 ****************************
  FREQ          VM(13)

(*)----------        1.0000E-01    1.0000E+00    1.0000E+01    1.0000E+02    1.0000E+03

  1.000E+00   2.000E+00
  8.717E+01   2.008E+00
  1.733E+02   2.028E+00
  2.595E+02   2.058E+00
  3.457E+02   2.090E+00
  4.319E+02   2.116E+00
  5.180E+02   2.128E+00
  6.042E+02   2.123E+00
  6.904E+02   2.102E+00
  7.766E+02   2.073E+00
  8.627E+02   2.046E+00
  9.489E+02   2.030E+00
  1.035E+03   2.032E+00
  1.121E+03   2.052E+00
  1.207E+03   2.088E+00
  1.294E+03   2.127E+00
  1.380E+03   2.151E+00
  1.466E+03   2.141E+00
  1.552E+03   2.096E+00
  1.638E+03   2.035E+00
  1.724E+03   1.996E+00
  1.811E+03   2.007E+00
  1.897E+03   2.063E+00
  1.983E+03   2.006E+00
  2.069E+03   1.564E+00
  2.155E+03   1.003E+00
  2.241E+03   6.237E-01
  2.328E+03   4.023E-01
  2.414E+03   2.710E-01
  2.500E+03   1.894E-01
```

Ex.16.7.1

EXERCISE 16.7.1

```
* Data Statements

V 1 0 AC 12 0
R1 1 3 1K
L1 3 4 2M
L2 4 5 4M
R2 5 0 2K
L3 2 4 3M
R3 2 0 3K
K1 L1 L2 0.707
K2 L1 L3 0.408
K3 L2 L3 0.866

.AC LIN 1 10K 10K

.PRINT AC VM(2) VP(2)

.END
```

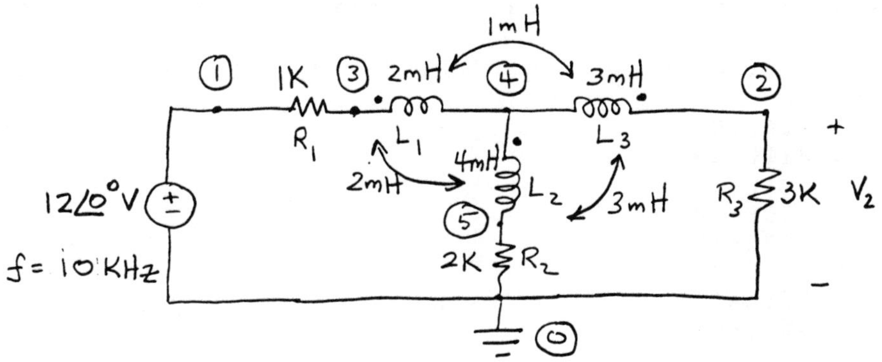


```
**************************** SOLUTION ****************************
  FREQ          VM(2)         VP(2)
1.000E+04    6.674E+00    1.641E+00
******************************************************************
```

16.42

PROBLEM 16.42 CIRCUIT FILE

```
* Data Statements

C 1 0 0.667 IC=4
R 3 0 2
L1 1 2 0.5 IC=0
L2 3 2 1 IC=0
K12 L1 L2 0.707

.TRAN 0.2 5 UIC

.PLOT TRAN V(2)

.END
```

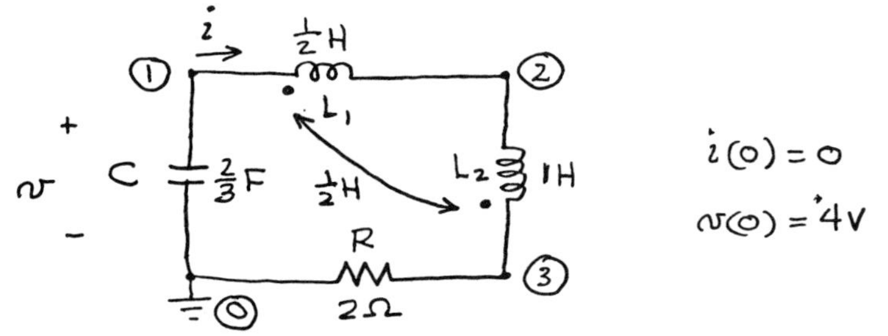


```
**************************** SOLUTION ****************************
  TIME          V(2)
(*)----------       0.0000E+00    1.0000E+00    2.0000E+00    3.0000E+00    4.0000E+00
                    - - - - - - - - - - - - - - - - - - - - - - - - - - - - - - - - - -
 0.000E+00  3.999E+00 .             .             .             .             *
 2.000E-01  3.811E+00 .             .             .             .          *  .
 4.000E-01  3.421E+00 .             .             .             .    *        .
 6.000E-01  2.966E+00 .             .             .             *             .
 8.000E-01  2.518E+00 .             .             .      *      .             .
 1.000E+00  2.110E+00 .             .             .*            .             .
 1.200E+00  1.755E+00 .             .         *   .             .             .
 1.400E+00  1.451E+00 .             .     *       .             .             .
 1.600E+00  1.196E+00 .             .  *          .             .             .
 1.800E+00  9.835E-01 .             *             .             .             .
 2.000E+00  8.076E-01 .          *  .             .             .             .
 2.200E+00  6.625E-01 .         *   .             .             .             .
 2.400E+00  5.431E-01 .       *     .             .             .             .
 2.600E+00  4.450E-01 .      *      .             .             .             .
 2.800E+00  3.645E-01 .     *       .             .             .             .
 3.000E+00  2.986E-01 .    *        .             .             .             .
 3.200E+00  2.445E-01 .   *         .             .             .             .
 3.400E+00  2.002E-01 .   *         .             .             .             .
 3.600E+00  1.639E-01 . *           .             .             .             .
 3.800E+00  1.342E-01 . *           .             .             .             .
 4.000E+00  1.099E-01 .*            .             .             .             .
 4.200E+00  8.996E-02 .*            .             .             .             .
 4.400E+00  7.366E-02 .*            .             .             .             .
 4.600E+00  6.030E-02 .*            .             .             .             .
 4.800E+00  4.937E-02 .*            .             .             .             .
 5.000E+00  4.038E-02 .*            .             .             .             .
```

16.43

PROBLEM 16.43 CIRCUIT FILE

```
* Data Statements

VG 1 0 AC 10 0
L1 1 2 0.5
L2 4 2 0.25
K12 L1 L1 0.707
R1 4 0 3
R2 2 3 1
C 3 0 0.25

.AC LIN 1 10 10

.PRINT AC IM(L1) IP(L1)

.END
```

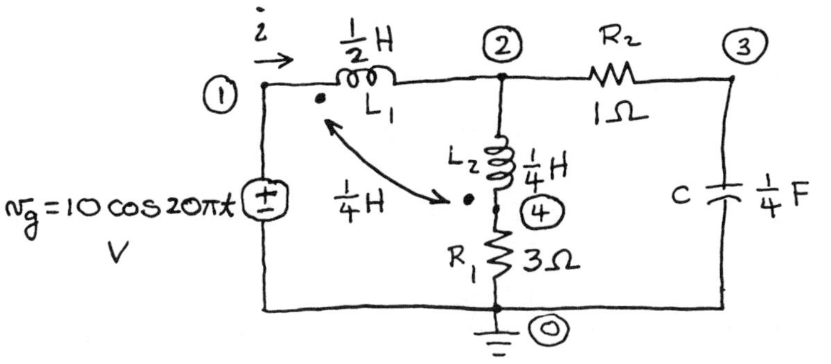


```
*************************** SOLUTION ***************************
  FREQ          IM(L1)       IP(L1)
1.000E+01    1.319E-01   -8.925E+01
****************************************************************
```

16.44

PROBLEM 16.44 CIRCUIT FILE

```
* Data Statements

VG 1 0 AC 16 0
R1 1 2 9
R2 1 3 24
R3 3 0 8
E1 4 0 3 0 0.5
VD 2 4 AC 0 0
F1 0 3 VD 0.5

.AC LIN 1 60 60

.PRINT AC VM(R3) VP(R3)

.END
```

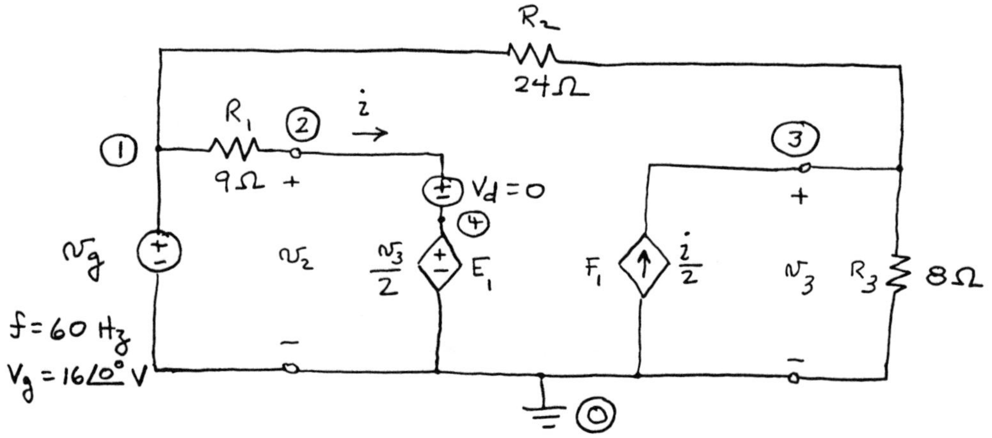


```
**************************** SOLUTION ****************************
  FREQ          VM(R3)        VP(R3)
6.000E+01    8.000E+00    0.000E+00
******************************************************************
```

16.45

PROBLEM 16.45 CIRCUIT FILE

```
* Data Statements

VG 1 0 AC 16 0
R1 1 3 10
R2 1 2 10
C 2 4 1000U
R3 4 0 5
L1 3 0 0.2
L2 4 0 0.2
K12 L1 L2 0.5

.AC LIN 30 1 50

.PLOT AC VM(4) VP(4)

.END
```

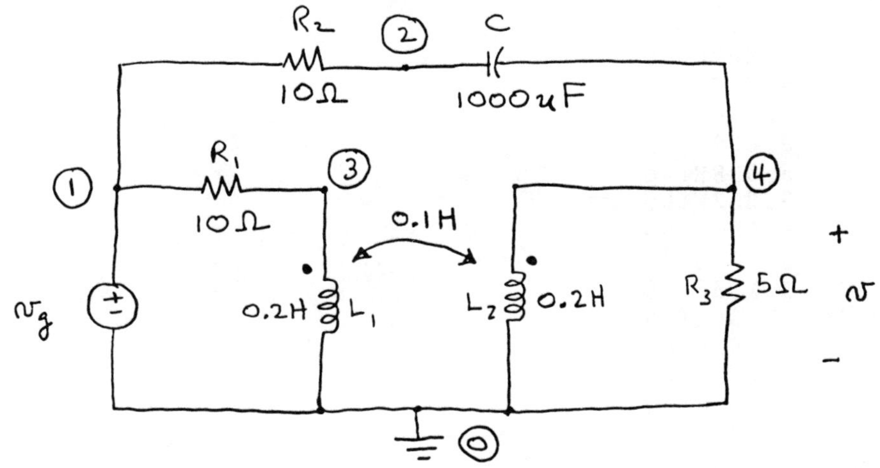

```
********************** SOLUTION - 16.45 ************************
 LEGEND:

*: VM(4)
+: VP(4)

  FREQ          VM(4)


(*)----------       1.0000E-01   1.0000E+00   1.0000E+01   1.0000E+02   1.0000E+03
(+)----------       0.0000E+00   2.0000E+01   4.0000E+01   6.0000E+01   8.0000E+01
                        - - - - - - - - - - - - - - - - - - - - - - - - - - -
  1.000E+00  9.713E-01 .            *            .             .         +  .
  2.690E+00  2.195E+00 .            .    *       .           + .            .
  4.379E+00  2.862E+00 .            .     *      .   +         .            .
  6.069E+00  3.236E+00 .            .      *    +.             .            .
  7.759E+00  3.500E+00 .            .       *+   .             .            .
  9.448E+00  3.725E+00 .            .       X    .             .            .
  1.114E+01  3.929E+00 .            .     + *    .             .            .
  1.283E+01  4.111E+00 .            .    +  *    .             .            .
  1.452E+01  4.271E+00 .            .   +    *   .             .            .
  1.621E+01  4.408E+00 .            .  +     *   .             .            .
  1.790E+01  4.525E+00 .            . +      *   .             .            .
  1.959E+01  4.625E+00 .            .+       *   .             .            .
  2.128E+01  4.709E+00 .            +        *   .             .            .
  2.297E+01  4.780E+00 .            +        *   .             .            .
  2.466E+01  4.841E+00 .           +.        *   .             .            .
  2.634E+01  4.892E+00 .          + .        *   .             .            .
  2.803E+01  4.937E+00 .          + .         *  .             .            .
  2.972E+01  4.975E+00 .         +  .         *  .             .            .
  3.141E+01  5.009E+00 .         +  .         *  .             .            .
  3.310E+01  5.038E+00 .        +   .         *  .             .            .
  3.479E+01  5.063E+00 .        +   .         *  .             .            .
  3.648E+01  5.086E+00 .        +   .         *  .             .            .
  3.817E+01  5.106E+00 .       +    .         *  .             .            .
  3.986E+01  5.123E+00 .       +    .         *  .             .            .
  4.155E+01  5.139E+00 .       +    .         *  .             .            .
  4.324E+01  5.153E+00 .      +     .         *  .             .            .
  4.493E+01  5.165E+00 .      +     .         *  .             .            .
  4.662E+01  5.177E+00 .      +     .         *  .             .            .
  4.831E+01  5.187E+00 .      +     .         *  .             .            .
  5.000E+01  5.196E+00 .     +      .         *  .             .            .
                        - - - - - - - - - - - - - - - - - - - - - - - - - - -
```

Ex.17.7.1

EXERCISE 17.7.1 CIRCUIT FILE

```
* Data Statements for Ig = f(t) A in Fig. 17.5 connected to a
* 1-ohm resistor.

IG 0 1 PWL(0,6,1,6,1.001,0,3,0,3.001,6,4,6)
R 1 0 1

.TRAN 0.01 4

.FOUR 0.25 V(1)

.END
```

*************************** SOLUTION ***************************

FOURIER COMPONENTS OF TRANSIENT RESPONSE V(1)

DC COMPONENT = 2.992481E+00

HARMONIC NO	FREQUENCY (HZ)	FOURIER COMPONENT	NORMALIZED COMPONENT	PHASE (DEG)	NORMALIZED PHASE (DEG)
1	2.500E-01	3.820E+00	1.000E+00	8.910E+01	0.000E+00
2	5.000E-01	1.504E-02	3.937E-03	8.820E+01	-9.023E-01
3	7.500E-01	1.273E+00	3.333E-01	-9.271E+01	-1.818E+02
4	1.000E+00	1.504E-02	3.937E-03	-9.361E+01	-1.827E+02
5	1.250E+00	7.640E-01	2.000E-01	8.549E+01	-3.609E+00
6	1.500E+00	1.504E-02	3.938E-03	8.459E+01	-4.511E+00
7	1.750E+00	5.457E-01	1.429E-01	-9.632E+01	-1.854E+02
8	2.000E+00	1.505E-02	3.939E-03	-9.722E+01	-1.863E+02
9	2.250E+00	4.245E-01	1.111E-01	8.188E+01	-7.218E+00

TOTAL HARMONIC DISTORTION = 4.288901E+01 PERCENT

Ex.17.7.2

```
EXERCISE 17.7.2 CIRCUIT FILE

* Data Statements

IG 0 1 PWL(0 0 5M 5 5.001M -5 10M 0)
R 1 0 1

.TRAN 0.01M 10M

.FOUR 100 V(1)

.END
```

*************************** SOLUTION ***************************

FOURIER COMPONENTS OF TRANSIENT RESPONSE V(1)

DC COMPONENT = 4.765216E-03

HARMONIC NO	FREQUENCY (HZ)	FOURIER COMPONENT	NORMALIZED COMPONENT	PHASE (DEG)	NORMALIZED PHASE (DEG)
1	1.000E+02	3.187E+00	1.000E+00	-3.562E-01	0.000E+00
2	2.000E+02	1.590E+00	4.990E-01	1.793E+02	1.796E+02
3	3.000E+02	1.062E+00	3.333E-01	-1.078E+00	-7.221E-01
4	4.000E+02	7.951E-01	2.495E-01	1.786E+02	1.789E+02
5	5.000E+02	6.373E-01	2.000E-01	-1.798E+00	-1.442E+00
6	6.000E+02	5.301E-01	1.663E-01	1.778E+02	1.782E+02
7	7.000E+02	4.553E-01	1.429E-01	-2.518E+00	-2.162E+00
8	8.000E+02	3.976E-01	1.248E-01	1.771E+02	1.775E+02
9	9.000E+02	3.541E-01	1.111E-01	-3.238E+00	-2.882E+00

TOTAL HARMONIC DISTORTION = 7.337382E+01 PERCENT